WULANCHABU SHI

CAOYUAN ZIYUAN

乌兰察布市草原资源

乌兰察布市草原工作站 编著

中国农业出版社

北 京

图书在版编目（CIP）数据

乌兰察布市草原资源 / 乌兰察布市草原工作站编著.
— 北京：中国农业出版社，2020.4
ISBN 978-7-109-26714-5

Ⅰ.①乌… Ⅱ.①乌… Ⅲ.①草原资源–乌兰察布市
Ⅳ.①S812.8

中国版本图书馆 CIP 数据核字（2020）第 047715 号

中国农业出版社出版
地址：北京市朝阳区麦子店街 18 号楼
邮编：100125
责任编辑：张艳晶　黄向阳
版式设计：杨　婧　责任校对：吴丽婷
印刷：北京通州皇家印刷厂
版次：2020 年 4 月第 1 版
印次：2020 年 4 月北京第 1 次印刷
发行：新华书店北京发行所
开本：880mm×1230mm 1/16
印张：45.25
字数：800 千字
定价：480.00 元

编 委 会

草原资源是一种可更新的自然资源，对人类的生态、生产、生活和文化都具有十分重要的地位和作用。草原资源具有草食动物赖以生存的物质基础和繁衍场所、草业的生产资料，维护良好生态环境和草原文化发祥地等多种功能。

乌兰察布地处内蒙古中部地区。拥有杜尔伯特草原、辉腾锡勒高山草甸草原和乌兰哈达火山草原等独特草原风貌。这里的草原碧波千里，万物生长繁荣，羊群如流云飞絮，生物多样性丰富。神舟飞船在这里着陆，成千上万的人们涌向草原那达慕大会。美丽的草原养育了千千万万的草原子民。

作为草原的儿女，乌兰察布市草原工作者多年来跋山涉水，对这里的草原进行勘测研究，足迹遍布乌兰察布地区的每一个角落，经过多年的努力探索，撰写出《乌兰察布市草原资源》一书，该书凝聚了乌兰察布草原工作者的热忱和心血，是乌兰察布草原人引以为荣的科学成果。

该书在草原资源调查基础上，运用自然资源可持续发展的理论，以严谨的态度，质朴的语言及清晰真实的图片，图文并茂地反映了乌兰察布地区的草原资源状况，充分展现了乌兰察布市草原工作者扎实的专业理论功底和丰富的基层工作经验。

本书的出版，不仅可以增强人们认知草原和保护草原的意识，同时，对研究乌兰察布地区草地生态资源及发挥其多功能特性是大有裨益的。

就此机会，谨向付出了艰辛劳动的全体参编人员致以崇高的敬意，向扎根于一线的草原工作者表示衷心的感谢！

2019.7.28

乌兰察布市草原地处祖国正北方，是内蒙古大草原的主要组成部分，也是祖国北疆重要的绿色生态屏障。全市天然草地总面积5 251万亩*，草地类型有6个大类、13个亚类、91个草地型，生长植物800多种，草原面积辽阔，类型多样，种类丰富。

本书是以近年来全市草原资源调查工作成果为基础，由乌兰察布市草原工作站组织全市草业工作者，历经3年多时间，认真调查、收集、整理、精心编著而成。

全书对乌兰察布市和所辖11个旗县市区草地类型、面积、草地类型特征及分布规律、草地产量及合理载畜量、草地资源等级评价以及草地退化、沙化、盐碱化状况和全市草地鼠害虫害的种类、分布、发生状况、防治状况等进行了详细论述，同时对全市草原384种野生植物做了分类整理，详细记载了每种植物的中文名、学名、别名、蒙名、特征、生境和用途等，并配附了植物照片。

本书是一本系统介绍乌兰察布市及所辖旗县市区草地资源和乌兰察布市野生植物资源的专业书籍，它为乌兰察布市草地生态资源和植物资源的保护建设利用与研究提供了宝贵的数据资料和文字图像资料，将是本地区及其他地区草原及相关技术人员工作、学习的重要工具书。

---

* 亩为非法定计量单位。1 亩＝1/15 公顷。

在本书编撰过程中,得到了内蒙古自治区草原勘察规划院、内蒙古自治区草原工作站、内蒙古自治区饲料草种监督检验站、乌兰察布市林业和草原局、乌兰察布市农牧局等单位领导和专家的大力支持与帮助;内蒙古大学赵利清教授对本书植物种鉴定、植物图片提供、植物拉丁名修正等方面给予了很多指导帮助;部分旗县市区农牧局、林业和草原局、草原站在外业调查、标本采集、后勤保障、资料提供等方面也给予了大力配合和帮助。在此,对上述单位的领导、专家和所有参与人员一并表示衷心的感谢!

由于编者水平有限,书中难免会有错误、不足和疏漏之处,敬请斧正。

《乌兰察布市草原资源》编委会

2019 年 7 月 11 日

目 录

序言

前言

第一部分 乌兰察布市草地资源综述

第二部分　旗县市区草地资源分述

第三部分　乌兰察布市草地鼠虫害

第四部分　乌兰察布市草地植物图鉴

第一部分 乌兰察布市草地资源综述

第一章　草地类型和面积

　　乌兰察布市拥有广阔的天然草地，是构成内蒙古天然草地的重要组成部分。全市天然草地资源丰富多样，地带性草地从东南向西北依次分布有温性典型草原类、温性荒漠草原类、温性草原化荒漠类，海拔 2 000 米左右山地垂直带上有温性草甸草原类、山地草甸类分布，隐域性低地草甸类在全市各地均有广泛分布。全市草地总面积 5 618.81 万亩，占乌兰察布市国土面积的 68.74%。其中，天然草地面积 5 251.38 万亩，人工饲草地 367.43 万亩。地带性草地面积为 4 916.19 万亩，占全市天然草地面积的 93.62%；隐域性草地低地草甸类面积为 335.19 万亩，占全市天然草地面积的 6.38%。温性典型草原类面积最大，占全市天然草地面积的 40.64%；其次为温性荒漠草原类，占全市天然草地面积 40.29%；山地草甸类面积最小，占全市天然草地面积 0.43%。天然草地面积最大的旗县市区为四子王旗，占全市天然草地面积的 60.61%；集宁区天然草地面积最少，占全市天然草地面积的 0.42%。

第一节　乌兰察布市地理环境和自然资源概况

　　乌兰察布市地处中国正北方，内蒙古自治区中部，地理坐标为北纬 40°10′~43°28′，东经 110°26′~114°49′，东西长 458 千米，南北宽 442 千米，总面积 5.45 万千米²。东部与河北省接壤，东北部与锡林郭勒盟相邻，南部与山西省相连，西南部与呼和浩特市毗连，西北部与包头市相接，北部与蒙古国交界，国境线长超过 100 千米。乌兰察布市地理位置优越，是内蒙古自治区距首都北京最近的城市，也是内蒙古自治区进入东北、华北、西北三大经济圈的交通枢纽。

　　全市辖 1 区(集宁区)、1 市(丰镇市)、4 旗(察哈尔右翼前旗、察哈尔右翼中旗、察哈尔右翼后旗、四子王旗)、5 县(商都县、化德县、卓资县、凉城县、兴和县)，共 11 个旗县市区。2017 年年末全市常住人口 210.25 万人，其中:城镇人口 103.04 万人，乡村人口 107.21 万人。

　　全市地形自北向南由蒙古高原、乌兰察布丘陵、阴山山脉、丘陵台地四部分组成。属于阴山山脉的大青山东段灰腾梁横亘中部，海拔为 1 595~2 150 米，最高峰达 2 271 米，灰腾梁最高海拔 2 118 米。大青山支脉蛮汉山、马头山、苏木山蜿蜒曲折分布于境内的东南部。习惯上将大青山以南部分称为前山地区，以北部分称为后山地区。前山地区的 6 个旗县市区有：集宁区、卓资县、兴和县、丰镇市、察哈尔右翼前旗、凉城县，其余 5 个旗县为后山地区。前山地区地形复杂、丘陵起伏、沟壑纵横、间有高山，平均海拔 1 152~1 321 米，其中乌兰察布市最高点苏木山主峰海拔为 2 349 米。北部丘陵山间盆地相间，有大小不等的平原。最南部为黄土丘陵。后山地区为乌兰察布市丘陵地带，地势南高北低，平均海拔 865~1 489 米。

全市土壤类型分布具有明显的地带性，从北向南水平带谱为棕钙土、栗钙土、栗褐土三大类。在地带性土壤范围内，在湖海周围、河流两岸阶地及河漫滩分布有草甸土、沼泽土、盐碱土等非地带性土壤。随着海拔高度的变化，表现出了土壤的垂直分布规律，主要有灰褐土、山地草甸土、灰色森林土等土类。

全市地处中温带，属大陆性季风气候，四季特征明显。因大青山横亘中部的分隔，形成了前山地区比较温暖，雨量较多，后山地区多风的特殊气候。年平均降水量 150~450 毫米，雨量集中在每年 7、8、9 月份。年平均气温一般在 0~6℃，无霜期 95~145 天。年平均太阳总辐射量为 5 500~6 200 兆焦/米^2，≥10℃的积温为 2 228~3 033℃，年平均日照时数为 2 775~3 080 小时。

全市水资源以河流和湖泊为主，河流分外流河流和内陆河流两大类型，其中外流河流分属黄河、永定河两大水系。汇入黄河的主要支流有大黑河、浑河、杨家川等。汇入永定河的有二道河、饮马河、银子河等。两大外流水系在乌兰察布市境内的流域面积约 1.8 万千米^2，占全市总面积的 32.7%，多年平均径流量 8.75 亿米^3。内陆河水系分为两大块，即后山地区塔布河、无尾闾河等水系，以及前山地区岱海水系、黄旗海水系、察汗淖和碱海子水系等 20 余条河流。内陆水系的总面积占全市水系总面积的 67.3%，多年平均径流量约 4 亿米^3。地下水划分为低山丘陵基岩裂隙水区和山间盆地孔隙水区。低山丘陵基岩裂隙水区分布于卓资县、丰镇市、察哈尔右翼中旗、集宁区等地区沟谷洼地，山间盆地孔隙水区分布于四子王旗、察哈尔右翼中旗、察哈尔右翼后旗、商都县、化德县等地区坳陷盆地和凉城县、察哈尔右翼前旗等地区断陷盆地。

全市野生植物有 107 科、358 属、702 种。其中种子植物，科占 95%，属占 86%，种占 65%。野生药材植物有 487 种之多，常见药材有 20 多种，如柴胡、秦艽、黄芪、防风、柄扁桃、黄芩、甘草、麻黄等。野生乡土树种有 119 种，其中乔木 12 科、16 属、32 种；灌木 24 科、40 属、87 种，主要种类云杉、油松、侧柏、杜松、青杨、山杨、白桦、辽东栎、白榆、胡杨等乔木和柳属、绣线菊属、忍冬属等。野生牧草是乌兰察布市草原植被的主要组成植物,有389种。

全市野生脊椎动物,鱼类有3科6属36种,两栖爬行类有7科11属18种,鸟类有35科74属125种,兽类14科35属42种(其中啮类4科21属36种)。已查明的珍贵和比较珍贵的野生动物有30余种。其中被列入国家一级保护动物的有4种,分别是野驴、大鸨(地鹁)、金雕、雪豹;国家二级保护动物有6种,分别是疣鼻天鹅、鹅喉羚羊、盘羊、青羊、黄羊、蓑羽鹤。

第二节　草地类型分类系统

一、草地类型分类原则和依据

草地类型是把生境条件相同及植物群落特征基本一致的草地,归纳为同一类。属于同一类型的草地,在植物群落成分组成、生活型等特征上具有相似性,其生长地的地形、土壤、水分状况等生境条件亦具相似性,草地类型是草地分类的组成单元。为了正确识别草地的自然属性和经济特征,全面科学地揭示草地形成、发展及演替规律,对草地植物群落及生长地进行科学归类,系统地建立覆盖全市的完整而科学合理的草地分类结构及组成单元。在科学管理中可以依据草地类型分类单元的结构特征,有针对性地合理利用和保护建设草原,以维护草地生态系统的健康及可持续发展。

草地类型分类单位及其指标是根据构成草地诸因素在草地资源形成和发展中的地位和作用,以及人类对其认识的程度而确定的。草地是由气候、地形地貌、土壤、植被、动物等多种生境因素和人类活动的共同作用下形成的自然综合体。草地分类中气候因素是主导因子,对植被水平地带性规律,起着决定性作用;而地形地貌和土壤、基质等则影响水热条件的再分配,形成植被的垂直地带性分布与空间上非地带性分布,且直接影响草地植物种类成分、生长发育、经济价值和利用方式等。各种生态因素对草地的综合影响,又是通过草地植被而表现出来。草地是畜牧业的直接利用对象,草食家畜是依靠牧草来维持生命活动的,植被组成是草地类型的主体,决定着区域草地的自然、经济及社会特性。

因此,草地分类原则是以水、热为中心的气候条件差异和植被类型的不同为主要因素,同时考虑地形、土壤及其基质的异同,从而科学地揭示草地形成、发展及演替规律,正确把握草地自然特点和经济特性,为草地资源的合理利用及其生态系统的保护与管理提供科学依据。

草地资源的空间分布一般分为地带性草地和非地带性草地两种形式。地带性草地也称显域性草地，它的形成和发展是受地带性气候影响，具有相应地带性分布特征。原生草地的形成以水、热状况为主导因素，在一定的气候条件内发育着一定的草地类型，因此，地带性草地分类的主要依据是气候条件。

在气候带内，由于地形、土壤、水文条件的变化，局部地区出现了不同地带性气候决定的水、热状况，特别是水分条件，而形成不同地带性草地的特殊草地，即非地带性草地，也称隐域性。非地带性草地的主要分类依据是地形因素，水、热状况的分配是随地形因素变化而发生改变，地形因素可以造就发育出与其所处气候带的地带性草地不同的草地类型。

二、草地类型分类单位和标准

乌兰察布市近期开展的草地资源调查，所采用的草地分类标准为20世纪80年代《全国草地类型的划分标准和中国草地类型分类系统》。它是根据草地资源分类的原则，采用发生学—植被分类法所规定的草地分类单位与标准。分类系统单位的结构层次是草地类（亚类）、草地型共二级分类单位。各级分类单位划分的标准如下：

（一）第一级 草地类

草地类是草地类型分类的高级单位，即第一级分类单位，具有相同的以水热为中心的气候特性和植被特征，具有独特的地带性或隐域性特征的草地，各类之间在自然和经济特性上具有质的差异。

草地热量条件，用热量带划分，将分布于热带、亚热带、暖温带、温带和高山亚寒带、寒带的草地，分别用热性、暖性、温性和高寒4种热量级表示。

草地植被的水分生态类型用伊万诺夫湿润度划分。草地湿润度与草地植被类型发生的对应关系见表1-1。

表1-1 草地湿润度与草地植被类型发生的对应关系

伊万诺夫湿润度	含 义	草地植被类型
<0.13	极干旱	荒 漠
0.13~0.30	干 旱	荒漠草原
0.30~0.60	半干旱	草 原
0.60~1.00	半湿润	草甸草原
>1.00	湿 润	草甸、森林破坏后的次生草丛

草地亚类是类的补充，是在类的范围内，大地形、土壤基质或植被类型差异明显的草地。地形因素在改变了水、热再分配的情况下，能造就发育出所处气候带的地带性草地不同的草地类型。

（二）第二级　草地型

草地型是指在草地亚类的范围内，主要层片的群落植物优势种或共优种相同，生境条件相似，利用方式一致的草地。草地型是草地资源与生态调查的基本单位。因此，1个草地型是指生境条件和植被相同、利用方式一样的所有草地的总和。

三、乌兰察布市草地类型归纳

（一）草地分类的数据资料

遵循草地分类的原则和标准，根据草地畜牧业生产、草地生态系统的保护及管理需求，以总体反映该地区起重要作用的草地类型为重点，依据地面调查资料及遥感信息源可判程度（制图的遥感信息源为10米、15米、30米的分辨率），制定乌兰察布市草地类型分类系统。基本做法是以野外样地和样方资料为依据，以20世纪80年代乌兰察布市草地普查使用的草地分类系统类（亚类）为框架，保留有代表性的草地类型，归并同一大类中优势种基本相同的类型，并对具有特殊用途草地类型予以保留。

遵循基本涵盖乌兰察布市11个旗县市区的主体草地植被类型为原则，归纳调查区草地类型分类系统；依据2016年、2010年、2000年的野外样地资料，按照草地分类标准进行聚类与归并。

（二）草地类型的归纳

1.县级草地类型归纳

以县为单位，依据地面调查样地，对面积小、没有代表性的草地型进行归并，总体上正确反映乌兰察布市各旗县市区主要草地类型分布情况。通过对地面样地样方的草地类型信息加以聚类和汇总，对照20世纪80年代草地类型系统进行研究、补充、修改和完善。

根据植被和地境的相似性，按地境一致第一位植物种相同，第二、第三位植物排序不同或第二、第三位植物其中一种植物不同的样地资料聚类归纳。将归类后的草地类型及地境的相关信息，按着经度、纬度链接到空间数据库中，与降水量图、气温图、热量带划分图、遥感图、地形图及历史的草地类型图进行叠加，分析各草地类型在调查区内的分布规律和状况，与各草地类型的空间关系，并对野外定名的草地类型进一步复核。

2.全市草地类型归纳

全市草地分类系统以各旗县市区级草地类型为基础,对县级草地类型中相同或相近的草地型适当综合或归并,归并面积小、不具代表性的草地型。县级草地类型分类系统中,若此类草地型所在的类或亚类中仅此一型,应予以保留,总体上综合反映旗县市区级大面积、常见及具代表性草地类型。对面积较小,但有畜牧业利用价值,对草地类型分布界线有指标意义的草地类型也予以保留。此外,山地垂直带谱宽度较窄,却是垂直带草地类型重要组成成分的草地类型也予以保留。总体上,从全市角度上综合反映各地草地资源的自然和经济特征。

四、乌兰察布市草地类型分类系统

依据上述的原则、标准和方法,以旗县市区级分类为基础,归纳和组合形成乌兰察布市草地资源分类系统。乌兰察布市共有6个草地大类,13个草地亚类,91个草地型。见表1-2。

表1-2 乌兰察布市草地类型分类系统

草地类	草地亚类		草地型
I 温性草甸草原类	(一)平原丘陵草甸草原亚类	1	贝加尔针茅、羊草
	(二)山地草甸草原亚类	2	具灌木的铁杆蒿、杂类草
		3	具灌木的凸脉苔草
		4	铁杆蒿、脚苔草
		5	脚苔草、贝加尔针茅
		6	脚苔草、杂类草
II 温性典型草原类	(一)平原丘陵草原亚类	7	西伯利亚杏、糙隐子草
		8	小叶锦鸡儿、克氏针茅
		9	小叶锦鸡儿、冷蒿
		10	小叶锦鸡儿、羊草
		11	小叶锦鸡儿、冰草
		12	小叶锦鸡儿、糙隐子草
		13	中间锦鸡儿、糙隐子草
		14	冷蒿、克氏针茅
		15	冷蒿、羊草
		16	冷蒿、糙隐子草

（续）

草地类	草地亚类		草地型
Ⅱ 温性典型草原类	（一）平原丘陵草原亚类	17	亚洲百里香、克氏针茅
		18	亚洲百里香、冷蒿
		19	亚洲百里香、糙隐子草
		20	达乌里胡枝子、杂类草
		21	大针茅、杂类草
		22	克氏针茅、羊草
		23	克氏针茅、冷蒿
		24	克氏针茅、糙隐子草
		25	克氏针茅、亚洲百里香
		26	克氏针茅、杂类草
		27	本氏针茅、杂类草
		28	羊草、克氏针茅
		29	羊草、冷蒿
		30	羊草、糙隐子草
		31	羊草、杂类草
		32	冰草、禾草、杂类草
		33	糙隐子草、克氏针茅
		34	糙隐子草、小半灌木
		35	糙隐子草、杂类草
	（二）山地草原亚类	36	柄扁桃、克氏针茅
		37	铁杆蒿、克氏针茅
		38	大针茅、杂类草
		39	克氏针茅、杂类草
		40	虎榛子、克氏针茅
		41	铁杆蒿、百里香
		42	百里香、杂类草
	（三）沙地草原亚类	43	小叶锦鸡儿、杂类草

（续）

草地类	草地亚类	草地型	
Ⅲ 温性荒漠草原类	（一）平原丘陵荒漠草原亚类	44	狭叶锦鸡儿、丛生小禾草
		45	中间锦鸡儿、丛生小禾草
		46	中间锦鸡儿、杂类草
		47	短花针茅、无芒隐子草
		48	短花针茅、冷蒿
		49	短花针茅、杂类草
		50	小针茅、无芒隐子草
		51	小针茅、杂类草
		52	戈壁针茅、无芒隐子草
		53	戈壁针茅、冷蒿
		54	戈壁针茅、杂类草
		55	沙生针茅、无芒隐子草
		56	沙生针茅、冷蒿
		57	多根葱、杂类草
		58	刺叶柄棘豆、沙生针茅
	（二）山地荒漠草原亚类	59	戈壁针茅、杂类草
	（三）沙地荒漠草原亚类	60	中间锦鸡儿、沙鞭
		61	油蒿、杂类草
Ⅳ 温性草原化荒漠类	草原化荒漠亚类	62	白刺、旱生杂类草
		63	垫状锦鸡儿、小针茅
		64	红砂、戈壁针茅
		65	红砂、小针茅
		66	红砂、沙生针茅
		67	红砂、无芒隐子草
		68	驼绒藜、丛生小禾草
		69	珍珠、杂类草

(续)

草地类	草地亚类		草地型
V 温性山地草甸类	低中山山地草甸亚类	70	凸脉苔草、杂类草
VI 低地草甸类	(一)低湿地草甸亚类	71	芦苇、中生杂类草
		72	羊草、中生杂类草
		73	鹅绒委陵菜、杂类草
		74	寸草苔、中生杂类草
	(二)盐化低地草甸亚类	75	白刺、盐生杂类草
		76	红砂、盐生杂类草
		77	芨芨草、芦苇
		78	芨芨草、羊草
		79	芨芨草、马蔺
		80	芨芨草、碱蓬
		81	芨芨草、寸草苔
		82	芨芨草、盐生杂类草
		83	碱茅、盐生杂类草
		84	碱蓬、盐生杂类草
		85	芦苇、盐生杂类草
		86	羊草、盐生杂类草
		87	盐爪爪、盐生杂类草
		88	马蔺、盐生杂类草
	(三)沼泽化低地草甸亚类	89	小叶章、苔草
		90	芦苇、湿生杂类草
		91	灰脉苔草、湿生杂类草

第三节　全市草地资源面积

一、草地资源面积调查方法

利用3S技术，即遥感（RS）、地理信息系统（GIS）、全球定位系统（GPS），依据地面调查资料和相关图件及历史资料，通过遥感影像目视判读技术，获取了乌兰察布市11个旗县市区草地资源空间分布图及面积统计数据。

草地遥感的判读原理是利用其光谱特征，生态环境及季相规律等在遥感影像上的反映，基于地学分析，通过气候、植被、社会经济等各种因素的综合分析，来分辨判断遥感图像的地物光谱特征。依据野外调查资料及遥感影像特征，通过人机交互式目视判读解译的方法，进行草地类型及草地退化、沙化、盐渍化（简称草地"三化"）分判读与勾绘，即各类型草地的判读与勾绘，制作相应的草地遥感调查的图件。

基础图件农区和半农半牧区采用1:10万或1:5万比例尺地形图和遥感影像图，四子王旗采用了1:25万遥感影像图。图斑边界漂移小于2个像元。为确保数据精确度，最小上图面积为：面状图斑6x6像元以上；线状图斑（或狭长地物）宽度在2个像元以上。草地与非草地边界偏差小于2个像元，草地类型、草地"三化"等边界偏差平均小于6个像元。

在草地遥感解译、勾图，完成各类草地图件基础上，构建了草地GIS图形数据库和属性数据库，依据属性数据库，汇总统计各类草地面积。

草地总面积：在数据库中包括天然草地和人工饲料地图斑面积的总和。

草地可利用面积：在数据库中草地总面积减去最小图形的小居民地，道路、冲沟、零星裸地、盐斑、流沙、小溪及不可利用的非草地面积。这些地物占地面积因分布地区和地形不同而异，不同类型草地可利用面积系数见表1-3。

表1-3　不同类型草地可利用面积系数

草地类（亚类）	草地利用面积系数（%）	难量算地物占地面积及 不可利用草地面积系数（%）
一、温性草甸草原类	91.08	8.92
（一）平原丘陵草甸草原亚类	95.00	5.00
（二）山地草甸草原亚类	90.94	9.06

（续）

草地类(亚类)	草地利用面积系数（%）	难量算地物占地面积及不可利用草地面积系数(%)
二、温性草原类	94.25	5.75
(一)平原丘陵草原亚类	95.55	4.45
(二)山地草原亚类	90.92	9.08
(三)沙地草原亚类	90.00	10.00
三、温性荒漠草原类	94.16	5.84
(一)平原丘陵荒漠草原亚类	94.92	5.08
(二)山地荒漠草原亚类	90.00	10.00
(三)沙地荒漠草原亚类	85.00	15.00
四、温性草原化荒漠类	95.00	5.00
(一)草原化荒漠亚类	95.00	5.00
五、山地草甸类	90.00	10.00
(一)低中山山地草甸亚类	90.00	10.00
六、低地草甸类	89.40	10.60
(一)低湿地草甸亚类	95.00	5.00
(二)盐化低地草甸亚类	87.47	12.53
(三)沼泽化低地草甸亚类	82.37	17.63

二、全市土地利用现状

草地是指天然草地和人工草地。天然草地包括草地、草山和草坡。全国第二次土地调查采用《土地利用现状分类》(GB/T 21010—2007)标准,该标准界定草地是指以生长草本植物为主的土地,包括天然牧草地、人工牧草地和其他草地。

按内蒙古草地资源调查统一要求,乌兰察布市土地利用类型划分为天然草地、人工草地、非草地共三类。全市土地总面积为 8 173.65 万亩,其中天然草地面积为 5 251.38 万亩,占全市土地面积的 64.25%;人工草地面积为 367.43 万亩,占全市土地面积的 4.50%;非草地包括林地、耕地、城镇乡村居民区及公路、铁路、工矿用地,占全市土地总面积的

31.26%。

在乌兰察布市 11 个旗县市区中,四子王旗作为乌兰察布市的纯牧业旗,草地总面积居第一位,天然草地和人工草地面积共为 3 279.71 万亩,该旗草地总面积占全市草地总面积的 58.37%。天然草地为 3 182.71 万亩,占全市天然草地面积的 60.61%;人工草地面积为 97.00 万亩,占全市人工草地面积的 26.40%。

草地总面积排第二位、第三位是两个半农半牧旗,即察哈尔右翼后旗和察哈尔右翼中旗,草地总面积分别为 374.84 万亩和 356.87 万亩,占全市草地总面积的 6.67%和6.35%,天然草地面积分别为 353.84 万亩和 327.77 万亩,人工草地面积分别为 21.00 万亩和 29.10 万亩。其他农业旗县市区见图 1-1。

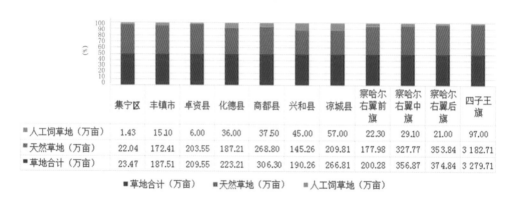

图1-1　乌兰察布市土地利用现状统计

三、全市草地类（亚类）面积及分布

乌兰察布市天然草地处在亚洲草地的南部,分布于内蒙古自治区中北部的乌兰察布高原,属于中温带干旱半干旱大陆性季风气候区,地带性天然草地为温性草甸草原类、温性典型草原类和温性荒漠草原类。由于地形地貌、土壤、气候及水文、生物资源等自然环境的影响,乌兰察布市天然草地植被具有相应的地理分布规律。与生物气候条件相适应,表现为广域的水平分布规律和垂直分布规律。乌兰察布市天然草地的水平分布格局,受由南向北水热条件的气候及地形变化的影响,依次为温性典型草原类、温性荒漠草原类、温性草原化荒漠类草地。大青山山麓及丘陵垂直带谱有温性草甸草原类分布,山地顶部林线以上分布有山地草甸类。在低平地和河谷地带,由于地形、水文、土壤、基质等条件影响,分布有隐域性低地草甸类草地,低地草甸类的形成与分布是受土壤水分补给状况和土壤盐渍化程度制约的。在内蒙古草地类型划定的 8 个草地类中除荒漠类和沼泽类外,其他 6 个草地类在乌兰察布市均有

分布。

全市天然草地各大类草地面积共 5 251.38 万亩，可利用草地面积共 4 929.09 万亩。在各大类草地中，以温性典型草原类面积最大，为 2 134.17 万亩，占全市天然草地面积的40.64%；其次是温性荒漠草原类，面积为 2 115.89 万亩，占全市天然草地面积的40.29%，这两大类草地占乌兰察布市天然草地面积80.93%，构成了全市草地资源的主体。居第三位、第四位是温性草原化荒漠类、低地草甸类，草地面积分别为487.63万亩、335.19万亩，分别占全市天然草地面积的9.29%、6.38%。第五位是温性草甸草原类，面积为155.91万亩，占全市天然草地面积的2.97%，面积最小的是山地草甸类，面积为22.59万亩，占全市天然草地面积的0.43%。见图1-2、表1-4。

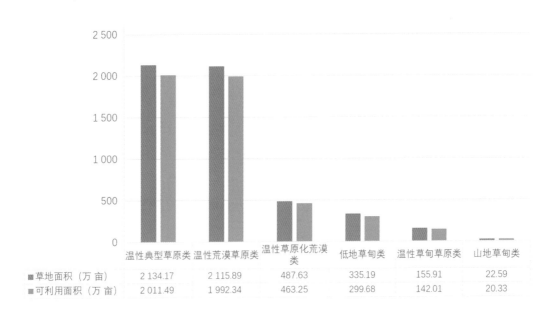

图1-2 乌兰察布市草地类型面积排序

从草地亚类看（表1-4、图1-3），平原丘陵荒漠草原亚类分布面积最大，面积为1 946.66万亩，占全市天然草地面积的37.07%；其次为平原丘陵草原亚类，面积为1 536.34万亩，占全市天然草地面积的29.26%；第三位是山地草原亚类，面积为596.77万亩，占全市天然草地面积的11.36%。500万~100万亩亚类依次为草原化荒漠亚类、盐化低地草甸亚类、沙地荒漠草原亚类、山地草甸草原亚类，面积分别为487.63万亩、236.43万亩、154.96万亩、150.60万亩，占全市天然草地面积分别为9.29%、4.50%、2.95%、2.87%。低湿地草甸亚类、低中山山地草甸亚类、山地荒漠草原亚类、沼泽化低地草甸亚类、平原丘陵草甸草原亚类、沙地草原亚类面积均小于100万亩，占全市天然草地面积均在2%以下。

表1–4 乌兰察布市草地类（亚类）面积统计

草地类（亚类）	草地面积		草地可利用面积	
	面积（万亩）	占全市天然草地面积比例（%）	面积（万亩）	占全市天然草地可利用面积比例（%）
一、温性草甸草原类	155.91	2.97	142.01	2.88
（一）平原丘陵草甸草原亚类	5.32	0.10	5.05	0.10
（二）山地草甸草原亚类	150.60	2.87	136.96	2.78
二、温性典型草原类	2 134.17	40.64	2 011.48	40.81
（一）平原丘陵草原亚类	1 536.34	29.26	1 467.94	29.78
（二）山地草原亚类	596.77	11.36	542.59	11.01
（三）沙地草原亚类	1.06	0.02	0.95	0.02
三、温性荒漠草原类	2 115.89	40.29	1 992.33	40.42
（一）平原丘陵荒漠草原亚类	1 946.66	37.07	1 847.79	37.49
（二）山地荒漠草原亚类	14.27	0.27	12.84	0.26
（三）沙地荒漠草原亚类	154.96	2.95	131.71	2.67
四、温性草原化荒漠类	487.63	9.29	463.25	9.40
（一）草原化荒漠亚类	487.63	9.29	463.25	9.40
五、山地草甸类	22.59	0.43	20.33	0.41
（一）低中山山地草甸亚类	22.59	0.43	20.33	0.41
六、低地草甸类	335.20	6.38	299.68	6.08
（一）低湿地草甸亚类	91.20	1.74	86.64	1.76
（二）盐化低地草甸亚类	236.43	4.50	206.81	4.20
（三）沼泽化低地草甸亚类	7.56	0.14	6.23	0.13
合　计	5 251.38	100.00	4 929.09	100.00

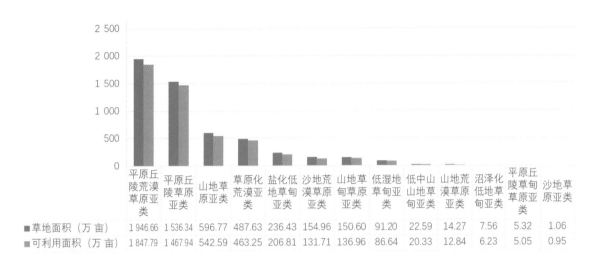

图1-3 乌兰察布市草地亚类面积排序

第四节 旗县市区草地资源面积

一、旗县市区草地资源面积

各旗县市区天然草地面积最大的是四子王旗，天然草地为3 182.71万亩，占全市天然草地面积的60.61%；可利用草地面积为2 999.87万亩，占全市天然草地可利用面积的60.86%，占全旗天然草地面积的94.26%。该旗天然草地是全市草原畜牧业发展的重要物质基础。

天然草地总面积位列第二位和第三位的分别是察哈尔右翼后旗和察哈尔右翼中旗，天然草地总面积分别为353.84万亩和327.77万亩，占全市天然草地面积的6.74%、6.24%；可利用草地面积分别为333.29万亩和301.94万亩，占全市可利用草地面积的6.76%、6.13%；之后按面积大小依次排序为商都县、凉城县、卓资县、化德县等农业旗县市区，见表1-5。

二、旗县市区草地类面积

各旗县市区草地类分布见表1-6，温性草甸草原类以卓资县分布最大，面积为55.44万亩，占温性草甸草原面积的35.56%；其次为察哈尔右翼中旗，面积为32.12万亩，占温性草甸草原面积的20.60%；再次为凉城县，面积为28.35万亩，占温性草甸草原面积的18.18%。第四位以下依次为丰镇市、兴和县、察哈尔右翼后旗、四子王旗，面积分别为21.40万亩、12.67万亩、4.87万亩、0.95万亩，分别占温性草甸草原面积的 13.73%、8.13%、3.12%、0.61%。察哈尔右翼前旗面积最小，为 0.11 万亩，占温性草甸草原面积的 0.07%。

表1-5　旗县市区草地资源面积统计

市、旗县市区	天然草地		可利用草地面积	
	面积（万亩）	旗县市区草地面积占全市草地面积比例(%)	面积（万亩）	旗县市区可利用草地面积占全市可利用草地面积比例(%)
乌兰察布市	5 251.38	100.00	4 929.09	100.00
集宁区	22.04	0.42	20.73	0.42
丰镇市	172.41	3.28	159.42	3.23
卓资县	203.55	3.88	185.15	3.76
化德县	187.21	3.56	176.26	3.57
商都县	268.80	5.12	253.55	5.14
兴和县	145.26	2.77	133.44	2.71
凉城县	209.81	4.00	200.61	4.07
察哈尔右翼前旗	177.98	3.39	164.83	3.34
察哈尔右翼中旗	327.77	6.24	301.94	6.13
察哈尔右翼后旗	353.84	6.74	333.29	6.76
四子王旗	3 182.71	60.61	2 999.87	60.86

温性典型草原类以四子王旗居多，面积为 456.23 万亩，占温性典型草原类面积的 21.38%；察哈尔右翼后旗次之，面积为 306.42 万亩，占温性典型草原类面积的 14.36%；第三位和第四位是商都县和察哈尔右翼中旗，面积分别为 238.21 万亩、227.82 万亩，分别占温性典型草原类面积均在 11.16%、10.68%。其他旗县市区该类草地面积均在 200 万亩以下。

温性荒漠草原类主要分布在四子王旗，面积为 2 085.06 万亩，占全市温性荒漠草原类面积比例为 98.54%；其次为察哈尔右翼中旗，面积为 27.85 万亩，占 1.32%，察哈尔右翼后旗面积为 2.98 万亩，占 0.14%。其他旗县市区均无此类草地分布。

温性草原化荒漠类只分布于四子王旗，面积为 487.63 万亩。

山地草甸类分布面积最大为卓资县，面积为 11.88 万亩，占全市山地草甸类面积的 52.59%；其次为察哈尔右翼中旗，面积为 8.48 万亩，占 37.54%；四子王旗面积为 2.23 万亩，占 9.87%。其他旗县市区均无此类草地分布。

低地草甸类在全市各旗县市区均有分布，分布面积最大的是四子王旗，面积为150.61万亩，占全市低地草甸类面积的44.93%；其次为察哈尔右翼后旗、察哈尔右翼前旗，面积分别为39.57万亩、35.07万亩，占比分别为11.80%、10.46%；再其次为察哈尔右翼中旗、商都县，面积分别为31.50万亩、30.59万亩，占比分别为9.40%、9.13%。其他旗县市区见表1-6。

表1-6 乌兰察布市旗县市区草地类型面积比例统计

市、旗县市区	温性草甸草原类		温性典型草原类		温性荒漠草原类		温性草原化荒漠类		山地草甸类		低地草甸类	
	面积（万亩）	占类草地面积比例（%）	面积（万亩）	占类草地面积比例（%）	面积（万亩）	占类草地面积比例（%）	面积（万亩）	占类草地面积比例（%）	面积（万亩）	占类草地面积比例（%）	面积（万亩）	占类草地面积比例（%）
乌兰察布市	155.91	100.00	2 134.17	100.00	2 115.89	100.00	487.63	100.00	22.59	100.00	335.19	100.00
集宁区	—	—	18.79	0.88	—	—	—	—	—	—	3.25	0.97
丰镇市	21.40	13.73	139.56	6.54	—	—	—	—	—	—	11.45	3.42
卓资县	55.44	35.56	135.18	6.33	—	—	—	—	11.88	52.59	1.05	0.31
化德县	—	—	176.36	8.26	—	—	—	—	—	—	10.85	3.24
商都县	—	—	238.21	11.16	—	—	—	—	—	—	30.59	9.13
兴和县	12.67	8.13	123.61	5.79	—	—	—	—	—	—	8.98	2.68
凉城县	28.35	18.18	169.19	7.93	—	—	—	—	—	—	12.27	3.66
察哈尔右翼前旗	0.11	0.07	142.80	6.69	—	—	—	—	—	—	35.07	10.46
察哈尔右翼中旗	32.12	20.60	227.82	10.68	27.85	1.32	—	—	8.48	37.54	31.50	9.40
察哈尔右翼后旗	4.87	3.12	306.42	14.36	2.98	0.14	—	—	—	—	39.57	11.80
四子王旗	0.95	0.61	456.23	21.38	2 085.06	98.54	487.63	100.00	2.23	9.87	150.61	44.93

第五节 20世纪60年代至2016年草地资源面积变化

一、草地资源面积总体变化

通过对比分析方法，分析了全市20世纪60年代、80年代、2000年、2016年四个时期天然草地面积变化趋势。2016年全市天然草地面积5 251.38万亩，与20世纪60年代

6 341.60 万亩相比，天然草地面积减少了 1 090.22 万亩，变化率为-17.19%；2016 年天然草地面积与 20 世纪 80 年代 5152.79 万亩相比，天然草地面积增加了 98.59 万亩，变化率为 1.91%；2016 年天然草地面积与 2000 年天然草地面积 5 180.24 万亩相比，近 16 年天然草地面积总量增加了 71.14 万亩，变化率为 1.37%。从数据分析得出，乌兰察布市天然草地面积变化主要集中在 20 世纪 60 年代至 80 年代，这个时期共减少 1 188.81 万亩，变化率为-18.75%。近年来天然草地面积变化趋缓，则略显增加。见图 1-4、表 1-7。

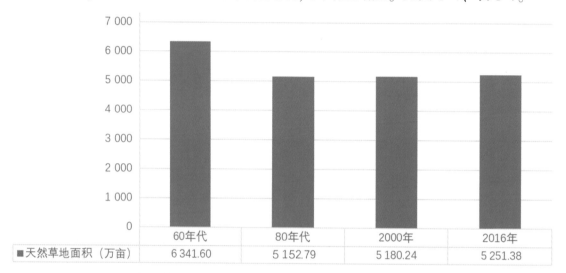

■天然草地面积（万亩）	60年代	80年代	2000年	2016年
	6 341.60	5 152.79	5 180.24	5 251.38

图1-4　乌兰察布市20世纪60年代以来四个时期天然草地面积变化

表1-7　乌兰察布市不同时期草地面积变化

时期	2016 年与 20 世纪 60 年代相比		2016 年与 20 世纪 80 年代相比		2016 年与 2000 年相比	
	面积变化	变化率（%）	面积变化	变化率（%）	面积变化	变化率（%）
天然草地面积（万亩）	-1 090.22	-17.19	98.59	1.91	71.14	1.37

二、草地类型面积变化

各类型草地面积数据与 20 世纪 80 年代、2000 年相比，全市 6 大类草地面积有增有减。温性草甸草原类 20 世纪 80 年代、2000 年、2016 年为先增加后减少的趋势，20 世纪 80 年代与 2000 年对比，增加 64.73 万亩，变化率为 28.84%；2000 年至 2016 年期间变化率为-46.09%。温性典型草原面积两个时段变化过程亦呈先增后减的趋势，由 20 世纪 80 年代的 2 069.39 万亩，到 2000 年增加了 279.86 万亩，变化率为 13.52%；

2000年至2016年期间变化率为-9.16%。温性荒漠草原类20世纪80年代以来面积呈先减后增的趋势，两个时段变化率分别为-14.95%和32.81%。温性草原化荒漠类一直呈减少趋势，变化率分别为-12.50%和-2.64%。山地草甸类亦呈减少趋势，20世纪80年代至2000年变化率为-64.34%，2000年至2016年变化率为-52.12%。低地草甸类呈先增后减趋势，20世纪80年代至2000年变化率为42.58%，2000年至2016年变化率为-16.33%。见图1-5、表1-8。

表1-8 乌兰察布市草地类面积变化

草地类型（类）	20世纪80年代草地面积（万亩）	2000年草地面积（万亩）	2016年草地面积（万亩）	2016年与20世纪80年代相比		2016年与2000年相比	
				面积变化（万亩）	变化率（%）	面积变化（万亩）	变化率（%）
温性草甸草原类	224.47	289.20	155.91	-68.56	-30.54	-133.29	-46.09
温性典型草原类	2 069.39	2 349.25	2 134.17	64.78	3.13	-215.08	-9.16
温性荒漠草原类	1 873.25	1 593.14	2 115.89	242.64	12.95	522.75	32.81
温性草原化荒漠类	572.38	500.84	487.63	-84.75	-14.81	-13.21	-2.64
低地草甸类	280.98	400.63	335.19	54.21	19.29	-65.44	-16.33
山地草甸类	132.32	47.18	22.59	-109.73	-82.93	-24.59	-52.12
合 计	5 152.79	5 180.24	5 251.38	98.59	1.91	71.14	1.37

三、旗县市区草地资源面积变化

2016年各旗县市区草地面积与20世纪60年代相比，全市11旗县市区草地面积均呈减少趋势，变化率最高的为兴和县，为-44.62%，其次为化德县，变化率为-42.82%；变化最小的为四子王旗，变化率为-8.32%。

2016年与20世纪80年代相比，草地资源面积减少的旗县市区有5个，草地面积增加的旗县市区有 6 个。草地面积增加的旗县市区中，变化率较高的为凉城县、商都县，草地面积分别增加 91.45 万亩、61.90 万亩，变化率分别为 77.26%、29.92%。草地面积减少变化率较大的旗县市区有卓资县、化德县，变化率分别为 -18.20%、-6.59%。这个时期，凉城县草地面积增加最大，卓资县草地面积减少最大。

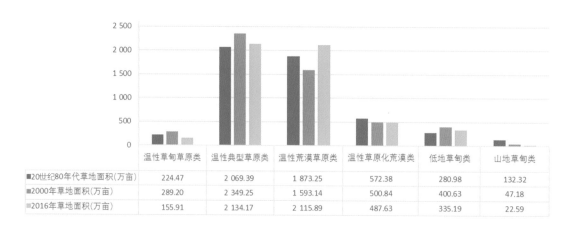

	温性草甸草原类	温性典型草原类	温性荒漠草原类	温性草原化荒漠类	低地草甸类	山地草甸类
20世纪80年代草地面积(万亩)	224.47	2 069.39	1 873.25	572.38	280.98	132.32
2000年草地面积(万亩)	289.20	2 349.25	1 593.14	500.84	400.63	47.18
2016年草地面积(万亩)	155.91	2 134.17	2 115.89	487.63	335.19	22.59

图1-5　乌兰察布市草地类面积变化

2016 年与 2000 年相比，全市草地面积增加的旗县市区有 6 个，草地面积减少的有 5 个旗县市区，面积增加的旗县市区为集宁区、丰镇市、商都县、凉城县、察哈尔右翼中旗、察哈尔右翼后旗，增加的幅度在 14.03 万~48.87 万亩。减少的旗县市区为卓资县、化德县、兴和县、察哈尔右翼前旗、四子王旗，减少幅度在 3.43 万~55.78 万亩。见图 1-6、表 1-9。

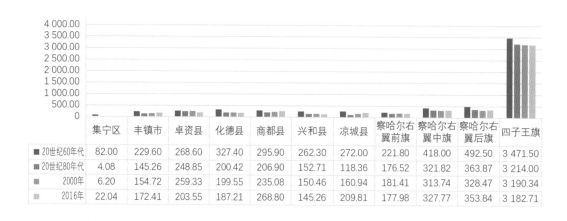

	集宁区	丰镇市	卓资县	化德县	商都县	兴和县	凉城县	察哈尔右翼前旗	察哈尔右翼中旗	察哈尔右翼后旗	四子王旗
20世纪60年代	82.00	229.60	268.60	327.40	295.90	262.30	272.00	221.80	418.00	492.50	3 471.50
20世纪80年代	4.08	145.26	248.85	200.42	206.90	152.71	118.36	176.52	321.82	363.87	3 214.00
2000年	6.20	154.72	259.33	199.55	235.08	150.46	160.94	181.41	313.74	328.47	3 190.34
2016年	22.04	172.41	203.55	187.21	268.80	145.26	209.81	177.98	327.77	353.84	3 182.71

图1-6　乌兰察布市四个时期天然草地面积对比变化

表1-9 乌兰察布市旗县市区草地面积对比变化

市、旗县市区	2016年与20世纪60年代相比		2016年与20世纪80年代相比		2016年与2000年相比	
	面积变化(万亩)	变化率(%)	面积变化(万亩)	变化率(%)	面积变化(万亩)	变化率(%)
乌兰察布市	−1 090.22	−17.19	98.59	1.91	71.14	1.37
集宁区	−59.96	−73.12	17.96	440.20	15.84	255.75
丰镇市	−57.19	−24.91	27.15	18.69	17.69	11.43
卓资县	−65.05	−24.22	−45.30	−18.20	−55.78	−21.51
化德县	−140.19	−42.82	−13.21	−6.59	−12.34	−6.18
商都县	−27.10	−9.16	61.90	29.92	33.72	14.34
兴和县	−117.04	−44.62	−7.45	−4.88	−5.20	−3.46
凉城县	−62.19	−22.86	91.45	77.26	48.87	30.37
察哈尔右翼前旗	−43.82	−19.76	1.46	0.83	−3.43	−1.89
察哈尔右翼中旗	−90.23	−21.59	5.95	1.85	14.03	4.47
察哈尔右翼后旗	−138.66	−28.15	−10.03	−2.76	25.37	7.72
四子王旗	−288.79	−8.32	−31.29	−0.97	−7.63	−0.24

四、草地面积变化原因

造成草地总面积增减变化的原因是多方面的。20世纪60年代到80年代草地面积减少的主要原因是草地被开垦，使草地面积减少。20世纪80年代以来各旗县市区草地面积有增有减，减少主要原因是，第一，开垦草地变为耕地；第二，草地适宜造林地区，生态建设造林力度较大，部分草地变成林地；第三，疏林草地、疏灌丛草地封育而成有林地或灌木林地，使草地减少；第四，城市扩建、工矿及交通用地，使部分草地变为非草地。

草地面积增加原因，主要表现在：一是部分农区坡度>25°的旱坡地退耕还牧，撂荒地5年后或种草后成为草地；二是部分裸沙地进行围封或播种牧草使草地植被恢复，牧草覆盖度增加到大于5%以上，变为草地。

除上述变化之外，两期草地面积变化原因，也有不可比因素。一是行政区划的界线从20世纪60年代以后进行过不同程度的调整；二是草地普查手段发生了变化，20世纪60年代和80年代采用传统的草地调查方法，在图形形成中采用地形图为工作底图，沿等高线进行勾绘图斑界线，而2000年和2016年草地调查，采用遥感影像解译的方法形成图斑界线，因此，调查精度方面有所不同。

第二章 草地类型特征及分布规律

乌兰察布市是以蒙古高平原为主体，兼有山地、丘陵等多种地貌单元组成的地域，由于地理位置差异而引起的草地水平分布格局极其明显，因海拔高度的不同局部表现出垂直分布规律。由南向北随着气候地形的变化，水平地带性依次为温性典型草原类、温性荒漠草原类和温性草原化荒漠类。从东向西温性典型草原面积变小，而荒漠草原和草原化荒漠面积增多，从东南向西北草地类型的植物群落组成成分、产草量、盖度、高度呈递减变化趋势，草地载畜量亦是南部大，北部小，以温性典型草原类和温性荒漠草原类为主要类型。温性典型草原类是以旱生的大针茅、克氏针茅、糙隐子草、冰草等建群的草地型面积居多；温性荒漠草原类主要以强旱生的戈壁针茅、小针茅、中间锦鸡儿为建群的草地类型面积为主。全市天然草地具有质量高、产量低的特点。全市连片面积较大的天然草地集中分布在中北部牧区四子王旗和半农半牧区察哈尔右翼中旗和察哈尔右翼后旗。

第一节 温性草甸草原类

温性草甸草原类主要由中旱生多年生丛生禾草及根茎禾草和中旱生、中生杂类草组成，并或多或少混生中旱生小灌木。它是我国温带半湿润地区地带性的一种草地类型，是内蒙古构成天然草地的1个主要类型。乌兰察布市温性草甸草原类分布在阴山山脉的局部地段，主要分布在大青山山地垂直带，与林地处于同一垂直带谱上，或与林地、灌丛镶嵌分布，或围绕在林地外围。海拔在 1 600~1 800 米，阴坡和半阴坡居多，由原来森林植被遭破坏后形成的残留植被。面积不大，多呈零星岛状和片状分布。土壤以黑钙土和暗钙土为主，土层较深厚，土壤腐殖质层厚35~55厘米。除集宁区、化德县、商都县外，其他各旗县市区均有分布，分布面积较大的旗县是卓资县、察哈尔右翼中旗、凉城县、丰镇市。

乌兰察布市的温性草甸草原类处于半干旱的气候区域，分布于年降水量400毫米左右、平均气温 2.5℃的山麓坡地。主要植物由铁杆蒿、脚苔草、贝加尔针茅、线叶菊、羊茅、羊草，伴生种有多叶隐子草、野古草、地榆等。中生灌丛主要以虎榛子、绣线菊为主，其他还有胡枝子、枸子木等。灌木层下植物生长茂密，水分条件较好的山坡有苔草、野豌豆、地榆、铃兰、歪头菜、大叶糙苏等多种草本植物。较干燥的山坡常有线叶菊、铁杆蒿、冷蒿等草原成分侵入。草甸草原类是较好的天然植被，该类草地产量较高，年变率较小。平均亩产干草 63.23 千克，最高可达 90 千克左右。全市该类草地Ⅲ等、Ⅳ等居多，属于中质中产型为主的草地。

由于地形、土壤基质条件和草地优势种组成不同，温性草甸草原类包括 2 个草地亚类和 6 个草地型。其中，平原丘陵草甸草原亚类面积占温性草甸草原类面积的 3.41%，有 1 个草地型；山地草甸草原亚类面积占温性草甸草原类面积的 96.59%，有 5 个草地型。

一、平原丘陵草甸草原亚类

贝加尔针茅、羊草草地型

该草地型分布于海拔 1 700~1 800 米，土壤为暗钙土。优势种植物为贝加尔针茅和羊草，伴生种有裂叶蒿、冷蒿、兴安柴胡、石竹、火绒草、南牡蒿、蚤缀、麦瓶草、蒙古山萝卜、地榆、狼毒等。草群盖度为 46%~60%，高度 10~28 厘米，平均亩产干草 59.69 千克，年产干草总量为 301.50 万千克。多年生草本占绝对优势，达 98%。草地面积为 5.32 万亩，可利用草地面积为 5.05 万亩；草地面积占草甸草原类面积的 3.41%；全年合理载畜量为 0.81 万羊单位，27.50 亩草地可承载 1 个羊单位。该草地类是优良的放牧和打草场，属优质中产型Ⅱ等 6 级草地，分布在低山及丘陵区，主要分布于察哈尔右翼中旗。

二、山地草甸草原亚类

根据组成各草地型的建群种和优势种，按生活型归纳为灌木建群的草地和草本建群的草地。

（一）灌木建群的草地

在山地草甸草原亚类中，灌木建群的草地分布较广。主要包括具灌木的铁杆蒿、杂类草草地型、具灌木的凸脉苔草草地型。灌木以虎榛子、绣线菊为建群种，主要分布在山地的阴坡上，海拔 1 800~1 900 米，其上限接次生林山杨和白桦。下限与温性典型草原带相接，土壤为灰色森林土和山地草甸土，主要伴生种有中生灌木，绣线菊、黄刺梅、山刺梅。中生草木有山丹、野豌豆、早熟禾、凸脉苔草、草玉梅、黄精、玉竹、歪头菜、达乌里龙胆、防风、兰盆花、马先蒿、山菊花等。草群盖度 25%~35%，草群高度 20~40 厘米，每平方米植物有 10~16 种。草本植物占绝对优势，约占草群的

97%。草地面积为 70.21 万亩，可利用草地面积为 63.82 万亩；草地面积占山地草甸草原亚类面积的 46.20%。平均亩产干草 52.41 千克，总产干草量为 3 836.46 万千克；全年载畜量平均为 2.48 万羊单位，平均 30.51 亩可饲养 1 个羊单位。草地质量属于中等，为Ⅲ等 6 级草地。见表 2-1、图 2-1。

(二) 草本建群的草地

主要包括脚苔草、贝加尔针茅草地型，脚苔草、杂类草草地型，铁杆蒿、脚苔草草地型。该草地型主要分布在山地的阴坡上，海拔 1 900 米左右，主要优势种为脚苔草、铁杆蒿、贝加尔针茅，伴生种有早熟禾、齿缘草、火绒草、菊叶萎陵菜、裂叶蒿、小红菊、柴胡、野罂粟。土壤为山地草甸草原土，草群盖度 45%~55%，草群高度 6~14 厘米，每平方米有植物 11~21 种。草本占绝对优势，约在 97%。草地面积为 80.39 万亩，可利用草地面积为 73.13 万亩；草地面积占山地草甸草原亚类面积的 53.37%。平均亩产干草 67.33 千克，总产干草量为 4 841.15 万千克；全年载畜量平均为 3.14 万羊单位，年平均 23.01 亩可饲养 1 个羊单位。草地质量属于中等，为Ⅲ等 6 级草地。见表 2-1、图 2-1。

该草地的主体分布在阴山山地丘陵上，它具有涵养水源、保持水土、维持生态平衡的重要作用，但是大面积草地已被垦殖。改革开放以来，党中央、国务院高度重视生态保护与建设工作，采取了一系列战略措施，加大该区域草地生态保护与建设力度，阴山两麓包括大青山山地草地植被得到了有效保护和改善。

表2-1 乌兰察布市温性草甸草原类山地草甸草原亚类的草地型状况

草地类、亚类、草地型	草地面积（万亩）	可利用草地面积（万亩）	单位面积产干草（千克/亩）	全年载畜量（万羊单位）	产干草总量（万千克）
温性草甸草原类	155.91	142.01	63.23	5.81	8 979.11
山地草甸草原亚类	150.60	136.95	63.36	5.62	8 677.61
具灌木的铁杆蒿、杂类草	65.34	59.44	61.34	2.36	3 645.94
具灌木的凸脉苔草	4.87	4.38	43.47	0.12	190.52
铁杆蒿、脚苔草	54.39	48.98	63.11	2.00	3 091.04
脚苔草、贝加尔针茅	0.01	0.01	66.42	0.00	0.76
脚苔草、杂类草	25.99	24.14	72.46	1.14	1 749.35

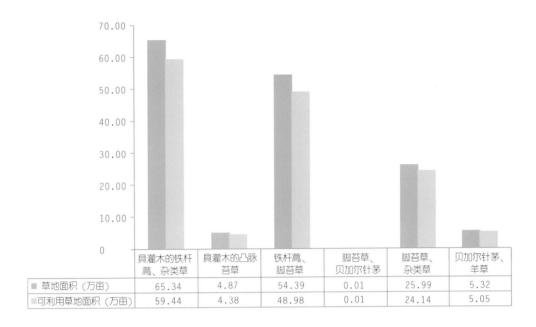

图2-1 乌兰察布市温性草甸草原的草地型面积统计

	具灌木的铁杆蒿、杂类草	具灌木的凸脉苔草	铁杆蒿、脚苔草	脚苔草、贝加尔针茅	脚苔草、杂类草	贝加尔针茅、羊草
草地面积（万亩）	65.34	4.87	54.39	0.01	25.99	5.32
可利用草地面积（万亩）	59.44	4.38	48.98	0.01	24.14	5.05

第二节 温性典型草原类

温性典型草原类是在温带半干旱气候条件下发育形成的，是以典型旱生的多年生丛生禾草为优势种的一类草地。它是内蒙古草地的主体，是欧亚大陆草原区的重要组成部分也是乌兰察布市水平地带分布的主要草地类之一，分布在乌兰察布高原、大青山山麓阳坡及黄土丘陵区。该类草地在全市各旗县市区均有分布，在四子王旗、察哈尔右翼后旗、察哈尔右翼中旗、商都县分布较广。

该类草地在乌兰察布市，分布在海拔 1 000~1 800 米，地形以高平原和缓坡丘陵为主，山地一般分布于阳坡和半阳坡，位于草甸草原类的下限。年平均气温 1.3~5.6℃，年平均降水 300~400 毫米。土壤以栗钙土和淡栗钙土为主。草地建群种和优势种为克氏针茅、糙隐子草、冷蒿、亚洲百里香、小叶锦鸡儿、达乌里胡枝子、本氏针茅和冰草。灌木主要有西伯利亚杏、铁杆蒿、虎榛子和柄扁桃。伴生种有大针茅、羊草、星毛委陵菜、阿尔泰狗娃花、细叶韭、达乌里芯芭和细叶鸢尾等。草群覆盖度在 20%~35%；草本层高度在 12~25 厘米，生殖枝高度在 35~60 厘米；每平方米内植物 11~14 种；平均亩产干草 45.55 千克，最高可达 61.45 千克。典型草原主要以Ⅱ、Ⅲ等草地为主，属于优质中产型草地。

该类草地包括 3 个草地亚类，37 个草地型。

以平原丘陵草原亚类为主体，面积为 1 536.34 万亩，占温性典型草原面积 71.99%；可利用草原面积为 1 467.94 万亩，占温性典型草原可利用面积 72.98%。平原丘陵草原亚类草地质量较好，一般为Ⅱ等6级草地居多。平均亩产干草 43.59 千克，年产干草 63 989.78 万千克，全年合理载畜量 35.39 万羊单位。该亚类全市各旗县市区均有分布，土壤为栗钙土，分布于缓坡和丘间平地。

山地典型草原亚类面积为 596.77 万亩，占温性典型草原面积的 27.96%；可利用草原面积占温性典型草原可利用面积的 26.97%。平均亩产干草 50.85 千克，年产干草 27 590 万千克，全年合理载畜量 16.23 万羊单位。土壤为暗栗钙土和典型栗钙土，阳坡砾石化程度高，土层很薄，蒸发量大，水土流失严重。灌木、半灌木为建群种和优势种草地占有一定比例，这类草地为Ⅲ等7级和Ⅲ等6级较多。

沙地典型草原亚类面积较少，为 1.06 万亩，占温性典型草原面积的 0.05%。产草量低，平均亩产干草 39.86 千克，年产干草 37.89 万千克，全年合理载畜量 0.02 万羊单位。属于中等质量草地，为Ⅲ等6级草地。土壤疏松，多为小叶锦鸡儿、杂类草草地型。

在温性典型草原的三个亚类中，共有 37 个草地型，其中排前三位的草地型为克氏针茅、杂类草草地型,克氏针茅、糙隐子草草地型，克氏针茅、冷蒿草地型，面积分别为 345.80 万亩、182.62 万亩、171.60 万亩，占温性典型草原面积比例分别为 16.20%、8.56%、8.04%；面积最小的草地型是冷蒿、羊草草地型，面积为 0.07 万亩。排在前 20 位的草地型排序见图 2-2。

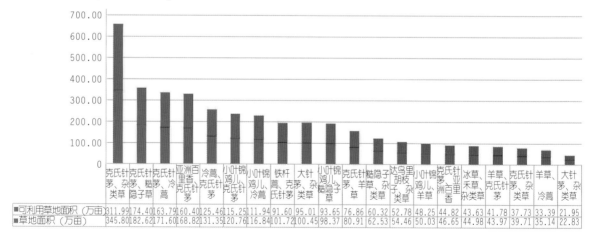

图2-2 温性典型草原的草地型排序

一、平原丘陵草原亚类

乌兰察布市平原丘陵草原亚类包括 29 个草地型，即西伯利亚杏、糙隐子草草地型；

小叶锦鸡儿、克氏针茅草地型；小叶锦鸡儿、冷蒿草地型；小叶锦鸡儿、羊草草地型；小叶锦鸡儿、冰草草地型；小叶锦鸡儿、糙隐子草草地型；中间锦鸡儿、糙隐子草草地型；冷蒿、克氏针茅草地型；冷蒿、羊草草地型；冷蒿、糙隐子草草地型；亚洲百里香、克氏针茅草地型；亚洲百里香、冷蒿草地型；亚洲百里香、糙隐子草草地型；达乌里胡枝子、杂类草草地型；大针茅、杂类草草地型；克氏针茅、羊草草地型；克氏针茅、冷蒿草地型；克氏针茅、糙隐子草草地型；克氏针茅、亚洲百里香草地型；克氏针茅、杂类草草地型；本氏针茅、杂类草草地型；羊草、克氏针茅草地型；羊草、冷蒿草地型；羊草、糙隐子草草地型；羊草、杂类草草地型；冰草、禾草、杂类草草地型；糙隐子草、克氏针茅草地型；糙隐子草、小半灌木草地型；糙隐子草、杂类草草地型。根据组成各草地型的建群种和优势种生活型及相关特性，将29个草地型归纳为以下5组草地。

(一) 本氏针茅、达乌里胡枝子、亚洲百里香为优势种草地

该组草地主要分布在乌兰察布市大青山两麓山前和山后丘陵坡地和南部黄土丘陵一带，除四子王旗外，在中南部旗县市区均有分布。主要以亚洲百里香、克氏针茅草地型和达乌里胡枝子、杂类草草地型为主，占平原丘陵草原亚类面积的90.81%。主要植物有本氏针茅、克氏针茅、达乌里胡枝子、亚洲百里香、糙隐子草、冷蒿等。草群盖度28%~35%，高度10~15厘米，每平方米有10~14种植物。草地面积为245.86万亩，可利用草地面积为234.64万亩；草地面积占平原丘陵草原面积的16.02%。平均亩产干草50.55千克，总产干草量为11 864.93万千克；全年载畜量平均为6.68万羊单位，年平均36.41亩草原可饲养1个羊单位。草地质量属于中等草地，Ⅲ等草地面积居多。见表2-2。

表2-2 本氏针茅、达乌里胡枝子、亚洲百里香为优势种草地统计

草地类型	干草单产(千克/亩)	草地面积(万亩)	可利用面积(万亩)	全年载畜量(万羊单位)	产干草总量(万千克)
本氏针茅、杂类草	40.51	0.23	0.22	0.00	8.71
达乌里胡枝子、杂类草	53.99	54.45	52.78	1.62	2 849.59
亚洲百里香、糙隐子草	49.35	5.84	5.55	0.15	273.85
亚洲百里香、克氏针茅	49.68	168.82	160.40	4.49	7 968.69
亚洲百里香、冷蒿	48.68	16.52	15.69	0.42	764.09
平　　均	50.55	—	—	—	—
合　　计	—	245.86	234.64	6.68	11 864.93

（二）冷蒿为优势种的草地

旱生的小半灌木冷蒿为第一优势种的草地，优势种植物还有克氏针茅、糙隐子草、羊草。伴生植物有本氏针茅、沙生冰草、乳白花黄芪、百里香、糙叶黄芪、岩蒿、达乌里芯芭、阿尔泰狗娃花、蒙古韭、细叶韭、星毛委陵菜、二裂委陵菜、细叶鸢尾等。冷蒿枝条呈半匍匐状，生根及萌蘗能力很强，耐践踏和固土作用大。在过度放牧和强烈风蚀等因素作用下，冷蒿可以逐渐代替针茅、羊草等不耐牧的优势种，形成相对稳定的冷蒿草地。冷蒿为优势种的草地型广泛分布于全市各地，阴山北麓丘陵居多，地形多为高平原和缓坡丘陵，土壤为淡栗钙土，地表具有沙砾或薄层覆沙。冷蒿为优势种的草地是广泛分布于严重退化区的草地，在全市各旗县市区均有分布，面积共135.71万亩，平均亩产干草43.23千克，产干草总量5 602.83万千克，全年载畜量3.1万羊单位。草地质量较高，产量偏低，为 I 等 7 级草地。见表2-3。

表2-3　冷蒿为优势种的草地型统计

草地类型	干草单产（千克/亩）	草地面积（万亩）	可利用面积（万亩）	全年载畜量（万羊单位）	产干草总量（万千克）
冷蒿、糙隐子草	44.46	4.29	4.07	0.10	181.07
冷蒿、克氏针茅	43.19	131.35	125.47	3.00	5 418.91
冷蒿、羊草	44.40	0.07	0.06	0.00	2.85
平　　均	43.23	—	—	—	—
合　　计	—	135.71	129.60	3.10	5 602.83

（三）丛生禾草为建群种草地

丛生禾草草地是以旱生的大针茅、克氏针茅、糙隐子草、冰草为建群种的草地。大针茅为建群种的草地，在乌兰察布市分布面积较小，主要出现在大青山山麓的缓和丘陵区，排水良好，土壤以暗栗钙土为主。以克氏针茅为建群种的草地主要分布在阴山山脉的丘陵区，地形以开阔的高平原和缓坡丘陵为主，土壤多为典型栗钙土，腐殖质层厚45厘米左右，有机质含量2.1%~3.5%。以糙隐子草和冰草为建群种的草地型，分布于大青山北麓和南部丘陵区，主要伴生种有达乌里胡枝子、扁蓿豆、麻花头、草芸香、星毛委陵菜、银灰旋花、寸草苔、糙叶黄芪、达乌里芯芭、阿尔泰狗娃花、蒙古韭、细叶韭，星毛委陵菜、二裂委陵菜、细叶鸢尾等。草地面积 662.19 万亩，平均亩产干草 41.29 千克，产干草总量 26 142.09 万千克，全年载畜量 14.31 万羊单位。草地质量较高，产量偏低，为Ⅱ等 7 级草地。见表2-4。

表2-4 丛生禾草为建群种和优势种草地型统计

草地类型	干草单产 (千克/亩)	草地面积 (万亩)	可利用面积 (万亩)	全年载畜量 (万羊单位)	产干草总量 (万千克)
冰草、禾草、杂类草	36.72	44.98	43.63	0.89	1 602.00
糙隐子草、克氏针茅	46.21	2.85	2.71	0.06	125.19
糙隐子草、小半灌木	44.31	7.49	7.12	0.15	315.51
糙隐子草、杂类草	36.57	62.55	60.32	1.08	2 206.05
大针茅、杂类草	51.85	22.83	21.95	0.64	1 138.31
克氏针茅、糙隐子草	40.35	182.62	174.40	3.90	7 036.24
克氏针茅、冷蒿	40.18	171.60	163.79	3.64	6 581.41
克氏针茅、亚洲百里香	41.77	46.65	44.82	1.04	1 872.19
克氏针茅、羊草	46.33	80.91	76.86	1.97	3 560.56
克氏针茅、杂类草	45.18	39.71	37.73	0.94	1 704.63
平　　均	41.29	—	—	—	—
合　　计	—	662.19	633.33	14.31	26 142.09

(四) 根茎禾草为建群种草地

阴山山地以南的平原丘陵区，以中型根茎禾草羊草为建群种的草地，分布面积较小，但具有较好的利用价值。多生于开阔平原、起伏的低山丘陵，产草量高、营养丰富，耐践踏，耐放牧。土壤以暗栗钙土和典型栗钙土为主。其他优势种主要为克氏针茅、糙隐子草、冷蒿等。主要伴生植物有冰草、洽草、乳白花黄芪、扁蓿豆、草木樨状黄芪、菊叶委陵菜、星毛委陵菜等。草群盖度 25%~45%，草层平均高 20~48 厘米。草地面积共 103.87 万亩，其中以羊草、克氏针茅草地型最多，为 43.97 万亩。平均亩产干草 45.57 千克，产干草总量 4 498.18 万千克，全年载畜量 2.49 万羊单位。在放牧过重的地段常出现羊草、冷蒿类型。草地适口性好，营养价值高。草地质量较高，全部为Ⅰ等，以Ⅰ等 6 级居多。见表 2-5。

表2-5　根茎禾草为优势种的草地型统计

草地类型	干草单产（千克/亩）	草地面积（万亩）	可利用面积（万亩）	全年载畜量（万羊单位）	产干草总量（万千克）
羊草、糙隐子草	54.25	4.94	4.69	0.14	254.64
羊草、克氏针茅	42.92	43.97	41.78	0.99	1 793.35
羊草、冷蒿	45.95	35.15	33.39	0.85	1 534.21
羊草、杂类草	48.63	19.81	18.84	0.51	915.98
平　　均	45.57	—	—	—	—
合　　计	—	103.87	98.70	2.49	4 498.18

（五）具灌木的禾草草地

旱生灌木和旱生多年生禾草共同建群的草地，主要分布于高平原和丘陵区，土壤为典型栗钙土和淡栗钙土。草群结构明显，灌木层分别由西伯利亚杏、小叶锦鸡儿、中间锦鸡儿组成，每百平方米有灌木17~35丛，株丛径55~115厘米。由小叶锦鸡儿建群的有5个草地型，主要分布在乌兰察市东部旗县市区。禾草类优势植物为糙隐子草、冰草、克氏针茅、羊草。主要伴生种有洽草、亚洲百里香、阿尔泰狗娃花、星毛委陵菜、木地肤、寸草苔等。草群盖度35%~50%，草本层高度12~24厘米，每平方米有植物8~16种。草地面积为388.73万亩，平均亩产干草42.74千克，产干草总量15 881.74万千克，全年载畜量8.8万羊单位。草地质量较高，产量偏低，为Ⅱ等7级草地。见表2-6。

表2-6　具灌木的禾草草地的草地型统计

草地类型	干草单产（千克/亩）	草地面积（万亩）	可利用面积（万亩）	全年载畜量（万羊单位）	产干草总量（万千克）
西伯利亚杏、糙隐子草	39.45	1.98	1.88	0.04	74.12
小叶锦鸡儿、冰草	42.07	0.35	0.33	0.01	14.01
小叶锦鸡儿、糙隐子草	48.41	98.37	93.65	2.52	4 533.51
小叶锦鸡儿、克氏针茅	40.49	120.76	115.25	2.58	4 666.82
小叶锦鸡儿、冷蒿	42.38	116.84	111.94	2.63	4 743.48
小叶锦鸡儿、羊草	37.93	50.03	48.25	1.01	1 830.22
中间锦鸡儿、糙隐子草	51.12	0.4	0.38	0.01	19.58
平　　均	42.74	—	—	—	—
合　　计	—	388.73	371.68	8.8	15 881.74

二、山地草原亚类

(一) 针茅属为建群种的草地

在乌兰察布市几个大的山体的阳坡上及温性草甸草原下限，以丛生禾草大针茅和克氏针茅为建群种的草地型广泛分布，面积最大。常见于海拔1 000~1 200米，土壤为暗栗钙土。伴生种有糙隐子草、冰草、羊草、冷蒿、细叶韭、细叶苔草、双齿葱、乳白花黄芪、星毛委陵菜等。草群结构简单，草群盖度25%~35%，高度10~16厘米，每平方米有14~22种植物。面积为446.25万亩，占山地典型草原亚类的74.78%；平均亩产干草48.93千克，产干草总量19 969.67万千克，全年载畜量11.75万羊单位，为Ⅲ等6级草地居多。大针茅、杂类草草地型分布于南部凉城县、丰镇市、卓资县等农业县；克氏针茅、杂类草草地型在全市各旗县市区均有分布，分布面积较大的是四子王旗、察哈尔右翼中旗、察哈尔右翼前旗、卓资县。见表2-7、表2-8。

表2-7 针茅为建群种的草地统计

草地类型	干草单产（千克/亩）	草地面积（万亩）	可利用面积（万亩）	全年载畜量（万羊单位）	产干草总量（万千克）
大针茅、杂类草	61.46	100.45	95.01	3.49	5 838.94
克氏针茅、杂类草	45.29	345.80	311.98	8.26	14 130.73
平　　均	48.93	—	—	—	—
合　　计	—	446.25	406.99	11.75	19 969.67

表2-8 针茅为建群种的草地在旗县市区分布情况统计

草地类型	各旗（县、区）	干草单产（千克/亩）	草地等级	草地面积（万亩）	可利用面积（万亩）	全年载畜量（万羊单位）	产干草总量（万千克）
大针茅、杂类草	凉城县	61.42	Ⅲ6	92.06	87.45	3.21	5 371.25
	丰镇市	62.95	Ⅲ6	5.88	5.30	0.20	333.35
	卓资县	59.41	Ⅲ6	2.51	2.26	0.08	134.34
克氏针茅、杂类草	四子王旗	38.07	Ⅲ7	111.32	100.19	2.23	3 813.94
	察哈尔右翼中旗	42.68	Ⅲ6	77.33	69.60	1.74	2 970.67
	卓资县	51.85	Ⅲ6	56.55	50.90	1.54	2 638.79
	察哈尔右翼前旗	55.00	Ⅲ6	36.65	32.98	1.06	1 813.99
	兴和县	57.54	Ⅲ6	23.11	20.80	0.70	1 196.75
	察哈尔右翼后旗	42.10	Ⅲ6	17.39	15.65	0.38	658.85
	商都县	46.93	Ⅲ6	15.33	14.56	0.40	683.45
	丰镇市	51.34	Ⅲ6	4.49	4.04	0.12	207.33
	化德县	45.45	Ⅲ6	3.08	2.77	0.07	125.87
	集宁区	42.58	Ⅲ6	0.55	0.50	0.01	21.09

（二）百里香、杂类草草地

以小半灌木或半灌木的百里香、杂类草为优势种的草地型，主要分布在大青山东南部低山丘陵及黄土丘陵地带，土壤为暗栗钙土和淡栗钙土，地表多为砾质、砾石质或沙质。伴生种以冷蒿、星毛委陵菜、克氏针茅、糙隐子草、阿尔泰狗娃花等植物为主。草群高度2~12厘米，植被盖度在18%~30%，每平方米7~10种植物，草群结构中多年生草本占多数，约占60%。面积为19.62万亩；平均亩产干草41.19千克，干草总量730.26万千克，全年载畜量0.43万羊单位，为Ⅲ等7级草地居多。百里香对环境的适应性强，能在干旱贫瘠的土壤上很好地生长，根系发达，匍匐或斜升，抗寒、抗旱、耐高温、耐风蚀、耐盐碱，可作为草地植被恢复的植物种。见表2-9。

表2-9　百里香、杂类草草地型在旗县市区分布统计

行政区划名称	干草单产（千克/亩）	草地等级	草地面积（万亩）	可利用面积（万亩）	全年载畜量（万羊单位）	产干草总量（万千克）
化德县	38.78	Ⅲ7	16.00	14.40	0.33	558.36
商都县	54.98	Ⅲ6	1.36	1.29	0.04	71.14
察哈尔右翼前旗	38.77	Ⅲ7	0.02	0.02	0.00	0.82
丰镇市	49.62	Ⅲ6	2.24	2.02	0.06	99.94
平　均	41.19	—	—	—	—	—
合　计	—	—	19.62	17.73	0.43	730.26

（三）柄扁桃、克氏针茅草地

该型是由旱生灌木和旱生多年生禾草共同建群的草地，集中分布于低山的阳坡上，主要在乌兰察布市东南部旗县市区分布。草本优势种为克氏针茅，伴生种有糙隐子草、冷蒿、狭叶青蒿、阿尔泰狗娃花、冷蒿、星毛委陵菜等。草群高度8~15厘米，植被盖度在25%~42%，每平方米植物10种左右。草地面积为9.04万亩；平均亩产干草56.46千克，干草总量459.21万千克，全年载畜量0.27万羊单位，为Ⅲ等6级草地居多。柄扁桃耐旱、耐寒、耐贫瘠、枝叶繁茂，根系发达，既是优良的灌木饲料，也是良好的蜜源植物。见表2-10。

表2-10 柄扁桃、克氏针茅草地型在旗县市区分布统计

行政区划名称	干草单产（千克/亩）	草地等级	草地面积（万亩）	可利用面积（万亩）	全年载畜量（万羊单位）	产干草总量（万千克）
集宁区	39.42	Ⅲ7	0.74	0.67	0.02	26.30
化德县	51.93	Ⅲ6	0.80	0.72	0.02	37.60
察哈尔右翼前旗	56.77	Ⅳ6	3.47	3.12	0.10	177.05
察哈尔右翼后旗	37.75	Ⅲ7	0.04	0.04	0.00	1.38
丰镇市	60.48	Ⅲ6	3.99	3.58	0.13	216.71
卓资县	39.42	Ⅲ7	0.00	0.00	0.00	0.17
平　均	56.46	—	—	—	—	—
合　计	—	—	9.04	8.13	0.27	459.21

（四）虎榛子、克氏针茅草地

该型由旱生灌木和旱生多年生禾草共同建群，主要在乌兰察布市南部旗县市区分布。土壤以暗栗钙土为主，薄质栗钙土和灰褐土少有分布，地表水土流失严重，有较多的基岩裸露。建群种为虎榛子，优势种为克氏针茅，伴生种以铁杆蒿、细裂叶蒿、糙隐子草、冷蒿、狭叶青蒿、阿尔泰狗娃花、星毛委陵菜、细叶鸢尾等植物为主。草本层植物高度18~25厘米，植被盖度在10%~30%，每平方米植物13种左右。面积为19.41万亩；平均亩产干草60千克，产干草总量1 047.93万千克，全年载畜量0.61万羊单位，为Ⅲ等6级草地居多。虎榛子是阴山山脉极度退化生态系统中残存的重要植物种，据研究资料表明，在其他植被不断退化的同时，虎榛子的存活却比较稳定。它耐旱、耐寒、耐贫瘠，具有独特的适应机制，是我国特有的优良护土植物。见表2-11。

表2-11 虎榛子、克氏针茅草地型在旗县市区分布统计

行政区划名称	干草单产（千克/亩）	草地等级	草地面积（万亩）	可利用面积（万亩）	全年载畜量（万羊单位）	产干草总量（万千克）
兴和县	60.01	Ⅲ6	18.66	16.81	0.59	1 008.13
凉城县	72.36	Ⅲ6	0.02	0.01	0.00	1.04
卓资县	59.28	Ⅲ6	0.73	0.65	0.02	38.76
平　均	60.00	—	—	—	—	—
合　计	—	—	19.41	17.47	0.61	1 047.93

（五）铁杆蒿为建群种的草地

该草地以旱生多年生蒿类半灌木的铁杆蒿为建群种，包括 2 个草地型，即铁杆蒿、克氏针茅草地型和铁杆蒿、百里香草地型。广泛分布于大青山两麓低山丘陵阳坡、半阳坡干旱地带。包括兴和县、凉城县、察哈尔右翼前旗等。见表 2-12。

土壤以栗褐土和栗钙土为主，常出现在土层不厚的砂砾质土的阳坡上，海拔 1 100~1 800 米。优势种为克氏针茅、百里香，伴生种以狭叶青蒿、轮叶委陵菜、糙隐子草、冷蒿、亚洲百里香等植物为主。草本层植物高度 8~12 厘米，植被盖度 18%~30%，每平方米植物 9~20 种。面积为 102.45 万亩；平均亩产干草 58.34 千克，产干草总量 5 382.93 万千克，全年载畜量 3.17 万羊单位，为Ⅲ等 6 级草地居多。见表 2-13。

表2-12　铁杆蒿为建群的草地在旗县市区分布统计

行政区划名称	干草单产（千克/亩）	草地等级	草地面积（万亩）	可利用面积（万亩）	全年载畜量（万羊单位）	产干草总量（万千克）
丰镇市	67.88	Ⅳ6	0.74	0.66	0.03	45.01
兴和县	57.60	Ⅳ6	26.69	24.02	0.81	1 383.67
凉城县	62.40	Ⅳ6	1.16	1.10	0.04	68.61
察哈尔右翼前旗	54.79	Ⅲ6	2.05	1.84	0.06	100.92
察哈尔右翼中旗	57.84	Ⅳ6	0.62	0.56	0.02	32.39
丰镇市	62.48	Ⅳ6	34.01	30.63	1.14	1 913.19
卓资县	54.96	Ⅳ6	37.18	33.46	1.07	1 839.14
平　均	58.34	—	—	—	—	—
合　计	—	—	102.45	92.27	3.17	5 382.93

表2-13　铁杆蒿为建群的草地分布统计

草地类型	干草单产（千克/亩）	草地面积（万亩）	可利用面积（万亩）	全年载畜量（万羊单位）	产干草总量（万千克）
铁杆蒿、克氏针茅	58.27	101.71	91.61	3.14	5 337.92
铁杆蒿、百里香	67.88	0.74	0.66	0.03	45.01
平　均	58.34	—	—	—	—
合　计	—	102.45	92.27	3.17	5 382.93

三、沙地草原亚类

小叶锦鸡儿、杂类草草地

该型是在温性典型草原地带沙性土壤发育形成的一种草地类型。以旱生灌木为建群层片，形成明显的景观。在乌兰察布市分布于阴山北麓东端，阴山山地与乌兰察布高原的过渡带，分布在浑善达克沙地西南边缘的延伸地段化德县境内。小叶锦鸡儿、杂类草草地型属于沙地植被类型，以固定和半固定沙地为主，沙丘起伏小，土壤为固定和半固定风沙土。建群种为小叶锦鸡儿、杂类草。主要包括糙隐子草、冷蒿、褐沙蒿、沙生冰草、细叶沙参、麻花头、虫实、沙蓬、狗尾草、画眉草、三芒草、猪毛菜等；草本层植物高度18~34厘米，植被盖度在17%~22%，每平方米植物9~15种。面积为1.06万亩；平均亩产干草39.86千克，产干草总量37.89万千克，全年载畜量0.02万羊单位，为Ⅲ等7级。小叶锦鸡儿是喜光、耐瘠薄、耐旱性的豆科植物，喜生于通气良好的沙地、沙丘及干燥山坡地，是干旱、半干旱地带的先锋植物种。在沙地治理中，小叶锦鸡儿作为一种优良固沙植物材料被广泛应用，是良好的防风、固沙植物，在植被恢复中多用于立地条件差的地区。

第三节 温性荒漠草原类

温性荒漠草原类是由旱生多年生丛生小禾草和旱生小灌木为建群种的草地。该草地类是温性典型草原类向温性草原化荒漠过渡的类型，为内蒙古地带性草地的一个主要类型。在乌兰察布市主要分布在大青山山脉以北的乌兰察布高原中北部，北与中蒙边界一带的草原化荒漠相连，南抵阴山北麓低山丘陵。乌兰察布市是内蒙古温性荒漠草原分布的腹地，主要分布在四子王旗、察哈尔右翼中旗、察哈尔右翼后旗。

该草地类已跨入欧亚内陆干旱地区的范畴，是生境条件最为严酷的草原地带，常年受蒙古高压气团所控制，受海洋季风的影响不强。水热组合气候总特点表现为由东北向西南，热量有所增高，湿润度明显下降。海拔在1 100~1 600米，年降水量170~250毫米；地貌由高平原、山地、沙地组成；主要土壤为棕钙土、淡栗钙土及沙质土；群落组成以强旱生的丛生禾草和小半灌木为主体，成分以禾本科为主，其次是菊科。该草地类建群种分别由戈壁针茅、短花针茅、沙生针茅等旱生丛生小禾草组成，其中以戈壁针茅的作用最为突出，由它建群的草地型分布广泛、面积大，占本草地类总面积的57.20%。次优势种植物有无芒隐子草、沙生冰草、冷蒿、多根葱等，常见种有冰草、细叶苔、女蒿、细叶葱、草芸香、兔唇花、叉枝鸦葱、箸状亚菊、多根葱、阿氏旋花等。植物组成受草原和荒漠双方的影响与渗透。在分布区的东部和南部可见到克氏针茅、糙隐子草、寸草苔等典型草原成分；而在分布区西部可见到一些荒漠成分如红砂、白刺等。

受生境条件的制约，该草地类结构简单，层次分明；旱生丛生禾草和小半灌木成为主要层片，多年生杂类草数量少，发育差。夏季形成一年生草本植物群落，如栉叶蒿、猪毛菜、画眉草、冠芒草、三芒草、虎尾草等，生长发育良好，但产草量极不稳定，在多雨的年份形成一定的优势。在该地区的覆沙和砾石质地段，小叶锦鸡儿、狭叶锦鸡儿、中间锦鸡儿等灌木的作用明显增强，形成由灌木、半灌木、草本三个不同层片组成的灌丛化草地。草群低矮稀疏、种类不多。草群覆盖度在13%~25%；草本层高度在11~20厘米；每平方米植物种饱和度在10~12种；产草量低而不稳定，平均亩产干草27.02千克，最高可达53.58千克，产干草总量53 832.32万千克；全年载畜量26.76万羊单位。该类草地Ⅱ等7级居多，属于优质低产型草地。

该类草地划分为3个亚类，18个草地型。温性荒漠草原类主要分布在阴山以北的高原与丘陵区，主要分布在四子王旗。该类以平原丘陵荒漠草原亚类为主体，面积为1 946.66万亩，占温性荒漠草原面积的92.00%；可利用面积为1 847.79万亩，占温性荒漠草原可利用面积的92.74%。山地荒漠草原亚类和沙地荒漠草原亚类面积分布较少，分别为14.27万亩、154.96万亩，仅占温性荒漠草原面积的0.67%和7.32%。主要草地型有戈壁针茅、无芒隐子草地型，中间锦鸡儿、丛生小禾草草地型，短花针茅、冷蒿草地型，其面积分别为1 059.87万亩、316.14万亩、231.39万亩，分别占温性荒漠草原面积的50.09%、14.94%、10.94%。见图2-3。

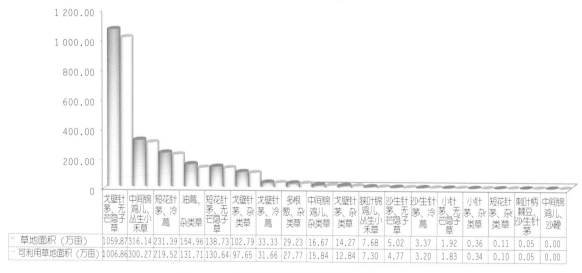

	戈壁针茅、无芒隐子草	中间锦鸡儿、丛生小禾草	短花针茅、冷蒿	油蒿、杂类草	短花针茅、无芒隐子草	戈壁针茅、杂类草	戈壁针茅、冷蒿	多根葱、杂类草	中间锦鸡儿、杂类草	戈壁针茅、杂类草	狭叶锦鸡儿、丛生小禾草	沙生针茅、无芒隐子草	沙生针茅、冷蒿	小针茅、无芒隐子草	小针茅、杂类草	短花针茅、杂类草	刺叶柄棘豆、沙生针茅	中间锦鸡儿、沙鞭
草地面积（万亩）	1059.87	316.14	231.39	154.96	138.73	102.79	33.33	29.23	16.67	14.27	7.68	5.02	3.37	1.92	0.36	0.11	0.05	0.00
可利用草地面积（万亩）	1006.86	300.27	219.52	131.71	130.64	97.65	31.66	27.77	15.84	12.84	7.30	4.77	3.20	1.83	0.34	0.10	0.05	0.00

图2-3 温性荒漠草原的草地型排序

一、平原丘陵荒漠草原亚类

乌兰察布市平原丘陵荒漠草原亚类包括 15 个草地型, 即狭叶锦鸡儿、丛生小禾草草地型; 中间锦鸡儿、丛生小禾草草地型; 中间锦鸡儿、杂类草草地型; 短花针茅、无芒隐子草草地型; 短花针茅、冷蒿草地型; 短花针茅、杂类草草地型; 小针茅、无芒隐子草草地型; 小针茅、杂类草草地型; 戈壁针茅、无芒隐子草草地型; 戈壁针茅、冷蒿草地型; 戈壁针茅、杂类草草地型; 沙生针茅、无芒隐子草草地型; 沙生针茅、冷蒿草地型; 多根葱、杂类草草地型; 刺叶柄棘豆、沙生针茅草地型。根据组成各草地型的建群种和优势种的生活型及相关特性的异同, 将 15 个草地型归纳为以下 2 组草地。

(一) 灌木为建群种的草地

灌木为建群种的草地包括 4 个草地型, 分布在波状、层状高原的覆沙地带, 98.42% 分布于四子王旗, 在察哈尔右翼中旗、察哈尔右翼后旗有小面积分布。土壤为沙质、沙壤质棕钙土和棕钙土。建群种为旱生灌木中间锦鸡儿、狭叶锦鸡儿和刺叶柄棘豆; 次优势种是丛生小禾草及杂类草。丛生小禾草一般包括戈壁针茅、短花针茅、沙生针茅等。草群垂直结构明显分化, 水平结构多镶嵌分布。伴生植物有细叶苔、多根葱、冷蒿、青蒿、乳白花黄芪、阿尔泰狗娃花、蓍状亚菊、女蒿、茵陈蒿、北芸香、星毛委陵菜、香青兰、木地肤等。主要类型为中间锦鸡儿、丛生小禾草草地型, 占该组草地面积的 92.85%。平均亩产干草 30.72 千克, 全年合理载畜量 4.95 万羊单位, 饲养 1 个羊单位需要可利用草地面积为 65.37 亩。Ⅱ 等 7 级草地居多。见表 2-14、表 2-15。

表 2-14 灌木为建群种的草地型统计

草地类型	干草单产 (千克/亩)	总产草量 (万千克)	草地面积 (万亩)	可利用面积 (万亩)	年载蓄能力 (亩/羊)	年载畜量 (万羊单位)
狭叶锦鸡儿、丛生小禾草	27.22	198.57	7.68	7.30	73.73	0.10
中间锦鸡儿、丛生小禾草	30.96	9 295.44	316.14	300.26	64.82	4.63
中间锦鸡儿、杂类草	28.11	445.29	16.67	15.84	71.38	0.22
刺叶柄棘豆、沙生针茅	7.84	0.37	0.05	0.05	256.01	0.00
平　　均	30.72	—	—	—	—	—
合　　计	—	9 939.67	340.54	323.45	65.37	4.95

表2-15　灌木为建群种的草地型在旗县市区分布

行政区划名称	草地类型	干草单产（千克/亩）	草地等级	草地面积（万亩）	可利用面积（万亩）	全年载畜量（万羊单位）	产干草总量（万千克）
四子王旗	中间锦鸡儿、杂类草	28.11	Ⅲ7	16.67	15.84	0.22	445.29
	中间锦鸡儿、丛生小禾草	30.96	Ⅱ7	314.92	299.16	4.61	9 261.48
	狭叶锦鸡儿、丛生小禾草	27.22	Ⅱ7	7.68	7.30	0.10	198.57
	刺叶柄棘豆、沙生针茅	7.84	Ⅳ8	0.05	0.05	0.00	0.37
察哈尔右翼后旗	中间锦鸡儿、丛生小禾草	30.89	Ⅱ7	1.22	1.10	0.02	33.96
平　　均		30.72	—	—	—	—	—
合　　计		—	—	340.54	323.45	4.95	9 939.67

（二）旱生丛生禾草的草地

旱生丛生禾草草地包括10个草地型，分别是以小针茅、戈壁针茅、短花针茅、沙生针茅为建群种组成的草地型，是温性荒漠草原类的地带性植被。分布区以高平原为主，南抵阴山北麓的缓坡丘陵，是温性荒漠草原亚类主要组成部分。主要土壤类型为淡棕钙土、棕钙土；次优势种为无芒隐子草、冷蒿；伴生植物有菴状亚菊、碱韭、细叶葱、星毛委陵菜、阿尔泰狗娃花等。草地面积1 576.89万亩，占该亚类面积的81.00%。主要类型为戈壁针茅、无芒隐子草草地型，占该亚类草地面积54.45%。旱生丛生禾草的草地面积占本亚类的81.00%，有98.12%分布在四子王旗，在察哈尔右翼中旗、察哈尔右翼后旗有局部分布。草群覆盖度在10%~24%；草本层高度5~15厘米；每平方米内植物种的饱和度在7~15种。草群质量高，产草量低，平均亩产干草25.60千克，产干草总量为38 303.89万千克，全年合理载畜量19.90万羊单位。以Ⅱ等7级草地居多。见表2-16、表2-17。

表2-16　旱生丛生禾草的草地型统计

草地类型	干草单产（千克/亩）	草地面积（万亩）	可利用草地面积（万亩）	全年载畜量（万羊单位）	产干草总量（万千克）
小针茅、杂类草	20.90	0.36	0.34	0.00	7.06
小针茅、无芒隐子草	38.26	1.92	1.83	0.03	69.83
沙生针茅、无芒隐子草	27.13	5.02	4.77	0.06	129.42
沙生针茅、冷蒿	33.79	3.37	3.20	0.05	108.21
戈壁针茅、杂类草	18.13	102.79	97.65	0.88	1 770.88
戈壁针茅、无芒隐子草	25.08	1 059.87	1 006.86	12.60	25 250.18
戈壁针茅、冷蒿	25.88	33.33	31.66	0.41	819.25
短花针茅、杂类草	53.59	0.11	0.10	0.00	5.12
短花针茅、无芒隐子草	25.98	138.73	130.64	1.69	3 394.09
短花针茅、冷蒿	30.75	231.39	219.52	3.37	6 749.85
平　　均	25.60	—	—	—	—
合　　计	—	1 576.89	1 496.57	19.09	38 303.89

表2-17　旱生丛生禾草的草地在旗县市区分布

行政区划名称	干草单产（千克/亩）	草地等级	草地面积（万亩）	可利用草地面积（万亩）	全年载畜量（万羊单位）	产干草总量（万千克）
四子王旗	25.53	Ⅱ7	1 547.28	1 469.92	18.70	37 524.64
察哈尔右翼中旗	29.24	Ⅰ7	27.85	25.06	0.37	732.93
察哈尔右翼后旗	29.23	Ⅰ7	1.76	1.58	0.02	46.32

二、山地荒漠草原亚类

戈壁针茅、杂类草草地型

该型是最耐旱的草原群落之一，以小型丛生禾草和杂类草占优势，多出现在海拔1 400米左右的丘陵坡地，全市只分布在四子王旗，草地面积为14.27万亩。土壤为棕钙土，腐殖质层比较浅薄，由于风蚀，地面通常覆盖薄层的粗砂与砾石，建群种为戈壁针茅，次优势种有短花针茅、沙生针茅、冷蒿、蓍状亚菊等，伴生植物有无芒隐子草、糙隐子草、多根葱、银灰旋花等。植株矮小，高度在 10~14 厘米，草丛密集坚实，须根发达。每平方米内植物种的饱和度在 8~12 种，种类组成较稳定，草群质量高，产草量低，平均亩产干草 32.55 千克，产干草总量为 418.24 万千克，全年合理载畜量 0.22 万羊单位。属于Ⅱ等 7 级草地。

三、沙地荒漠草原亚类

油蒿、杂类草草地型

该草地型为沙地植被，全市只有四子王旗零星分布。以半灌木油蒿建群的类型，是沙地先锋植物群聚后形成的半郁闭型草地，也是最有代表性的沙地植被组成类型之一。该型是在干旱半干旱气候条件下的沙土基质上发育而成，油蒿是 1 个相当稳定的建群种，分布在半固定沙丘和固定沙丘，面积为 154.96 万亩。次优势种有无芒隐子草、地梢瓜、细叶鸢尾、冷蒿、蒙古韭、地锦、沙蓬、虫实、骆驼蓬、沙鞭、三芒草等。高度在 25~52 厘米，每平方米内植物种的饱和度在 2~8 种，平均亩产干草 34.62 千克，产干草总量为 4 560.22 万千克，全年合理载畜量 2.27 万羊单位。属于Ⅲ等 7 级草地。

第四节　温性草原化荒漠类

温性草原化荒漠草地是在温带干旱气候条件下，由旱生、超旱生的小灌木、小半灌木或灌木为建群种，并混生有一定数量的强旱生多年生草本植物和一年生草本植物而形成的一类过渡性的草地类型。该草地类是荒漠向草原的过渡地带。在乌兰察布市主要分布在西北部高平原及剥蚀残丘一带，分布在四子王旗高平原北部。

温性草原化荒漠类的生境条件，比温性荒漠草原类差一些，气候比温性荒漠草原类干燥。年降水量在 110~200 毫米，多集中在 7—9 月，占全年降水量的 70% 以上，蒸发量为降水量的 12~15 倍，干燥度 4~6，气候干旱，并多风沙。日照较充足，年平均气温 3~6℃。海拔在 1 000~1 300 米；土壤为沙砾质棕钙土，地表土层薄，基岩裸露，土壤表层砾质化或有覆沙，风蚀强烈。

温性草原化荒漠类草地的建群种是荒漠成分。建群植物为驼绒藜、白刺、垫状锦鸡儿、红砂、珍珠；次优势种为小针茅、戈壁针茅、无芒隐子草、旱生杂类草等，伴生植物为菭状亚菊、无芒隐子草等。草群以豆科、藜科和禾本科为主。植被稀疏低矮、盖度低，草群盖度为 8%~20%；灌木层高度平均为 40 厘米，草本层高度在 8~17 厘米；每平方米植物种饱和度在 4~8 种；平均亩产干草 34.17 千克，产干草总量15 833.55 万千克；全年载畜量7.01万羊单位。属于Ⅲ等7级草地，中质低产型。

该类草地有1个亚类，即草原化荒漠亚类，面积为487.63万亩，共包括7个草地型。主要为珍珠、杂类草草地型，红砂、无芒隐子草草地型，红砂、沙生针茅草地型，其面积分别为450.19万亩、17.38万亩、10.33万亩，分别占温性草原化荒漠面积的92.32%、3.56%、2.12%。见表2-18。

表2-18 温性草原化荒漠类草地型分布统计

行政区划名称	草地类型	干草单产（千克/亩）	草地等级	草地面积（万亩）	可利用草地面积（万亩）	全年载畜量（万羊单位）	产干草总量（万千克）
四子王旗	白刺、旱生杂类草	35.48	Ⅳ7	1.63	1.55	0.02	54.87
	垫状锦鸡儿、小针茅	30.09	Ⅲ7	1.14	1.09	0.01	32.71
	红砂、戈壁针茅	17.00	Ⅲ8	3.88	3.69	0.03	62.67
	红砂、沙生针茅	41.75	Ⅲ6	10.34	9.81	0.18	409.61
	红砂、无芒隐子草	36.33	Ⅲ7	17.38	16.51	0.27	599.90
	驼绒藜、丛生小禾草	40.98	Ⅱ6	3.07	2.92	0.05	119.64
	珍珠、杂类草	34.03	Ⅲ7	450.19	427.68	6.45	14 554.15
	平　　均	34.17	—				
	合　　计	—	—	487.63	463.25	7.01	15 833.55

（一）珍珠、杂类草草地

该型是草原化荒漠的代表型，地表有不均匀的粗砂和砾石，土壤为淡棕钙土，质地偏黏重。分布在四子王旗的北部，生境严酷，分布面积为450.19万亩，占该亚类的92.3%。主要优势植物种为超旱生藜科的珍珠（珍珠群落属典型的肉质叶微盐生类小半灌木，是地带性荒漠植被的建群种），次优势种和伴生种有红砂、短叶假木贼、松叶猪毛菜、碱韭等。草群植物种类单一，100米²内有2~6种灌木，4米²内有3~10种植物。草群盖度为8%~20%，草层高度在7~20厘米。平均亩产干草34.03千克，产干草总量14 554.15万千克；全年载畜量6.45万羊单位，全年1个羊单位需要草地面积66.34亩。

植物粗灰分和钙的含量较高，家畜采食此类牧草可达到补充矿物质营养的作用。粗蛋白质含量大多在10%~12%，仅次于豆科牧草。利用率低，除骆驼能较好地利用，羊可以季节性采食外，其余家畜利用很差或几乎不食。一般在早春、晚秋或冬季作为骆驼、羊的放牧场。属于Ⅲ等7级草地。

（二）以红砂为主要优势种草地

以红砂为主要优势种草地分布于四子王旗高平原剥蚀残丘之间的洼地及延伸到洼地的南北两麓，呈岛状分布。建群种为红砂，次优势种为无芒隐子草、沙生针茅、小针茅、戈壁针茅等。伴生灌木植物有狭叶锦鸡儿、中间锦鸡儿、霸王等；伴生草本层植物有小针茅、无芒隐子草、戈壁针茅等。草群盖度在16%左右，草层高度5~16厘米，平均亩产干草35.48千克，产干草总量1 072.17万千克；全年载畜量0.47万羊单位，全年1个羊单位需要草地面积67.19亩。共有3个草地型，即红砂、戈壁针茅草地型，红砂、沙生针茅草地型，红砂、无芒隐子草草地型，面积为31.58万亩，其中以红砂、无芒隐子草草地型为最大，面积为17.38万亩，其他在10万亩以下。主要适宜放牧骆驼、羊。

第五节　山地草甸类

山地草甸类的土壤水分直接来源于大气降水，它由多年生中生草本植物建群，是在土壤水分充足和大气中等湿度条件下发育成的草地类型。内蒙古地区由于受气候条件和地形的限制，绝大多数地区没有形成的基础。山地草甸类在内蒙古属于特殊而重要的一种草地资源。在阴山山地，由于海拔升高，大气降水增多，温度降低，空气湿度大，形成了小面积的垂直地带性的山地草甸植被。

乌兰察布市山地草甸类主要集中分布在阴山山脉大青山东段山顶和灰腾锡勒垂直带谱的最高生境。2 000米以上的低山丘陵，相对高度200~700米。山脉走向略向东北偏斜，山坡缓伏，峰顶齐平，断层以山间谷地形式表现。峰顶齐平的山地和半阴坡山地下为次生林植被。由于地势较高，气候同相邻地区比，气温较低，山顶风大，属寒温型的湿润半湿润气候类型。年降水量多在400~450毫米，年平均气温在0~1.5℃。土壤以山地草甸土、灰色森林土为主。腐殖质层厚为25~30厘米，色暗黑，富含养分，有弹性。该类草地面积22.59万亩，可利用草地为20.33万亩。

草群繁茂而略显低矮，群落盖度一般为75%~95%，草层高度15~30厘米。每平方米植物种数为 20~35 种。主要优势植物以凸脉苔草为主，该类草地由于海拔高，湿度大，杂类草较多，次优势种有嵩草、黄囊苔草、脚苔草、羊茅、早熟禾、地榆、野火球、齿缘草、火绒草、银穗草等。平均亩产干草 75.85 千克，最高亩产达 165 千克，最低亩产为 50.12 千克。杂类草占 38%，禾本科占 22%，莎草科占 16%，菊科占 20%，豆科占 4%，全年可养 1.08 万羊单位。乌兰察布市山地草甸类只有 1 个草地型，为凸脉苔草、杂类草草地型。属于Ⅲ等 7 级草地。

乌兰察布市山地草甸类是我国保持完好的天然草地，可以放牧，也可以打草利用。辉腾锡勒草地由于植物种类丰富，生长茂密，景色优美，是自北魏以来历代帝王将相常临之地。

第六节　低地草甸类

低地草甸类草地是在土壤湿润或地下水丰富的生境条件下，由中生、湿生、湿中生多年生草本植物为主形成的一种隐域性草地类型。该类草地植被发育，除受大气、水分条件影响外，还与地形、土壤及其盐渍化程度等生态因子密切相关。它以斑块状、条带状或地带环状，零星分布在地表径流汇集的低湿洼地、湖盆周围、河滩两岸、季节性洪水径流等地带。这些地段除接受大气降水外，还接受河流春、夏泛水或由高处注入的地表径流，在泉水溢出的地段，尚有地下水的补给，因而有时草地常出现季节性积水过多的现象。地下水位一般在 1~2 米。土壤为草甸土、沼泽化草甸土、盐化草甸土及碱化草甸土等。地表常有泛水淤泥沉积，土壤富含有机质。土层腐殖层较厚，肥力较高。

低地草甸类面积不大，分布区生境条件多变，植物组成和草地类型分化多种多样。该类草地植被禾本科及莎草科植物占有较大比例，其他科在局部地段成为优势种。依据土壤中水分和盐分含量高低该类草地包括低湿地草甸亚类、盐化低地草甸亚类和沼泽化草甸亚类。低湿地草甸亚类为 4 个草地型；盐化低地草甸亚类为 14 个草地型；沼泽化低地草甸亚类为 3 个草地型。

一、低湿地草甸亚类

低湿地草甸亚类是在土壤含水量较高或地表径流汇集以及非盐化生境条件下，由中生多年生草本植物为主组成的一种草甸类型。一般分布在排水良好的河漫滩、宽谷地上，土壤潮湿，土层较厚而肥沃。土壤类型主要为草甸黑钙土、周期性地表积水的草甸土以及沙质草甸土。乌兰察布市降水量少，蒸发量多，加上大部分地区常年重度利用，低湿地草甸亚类发育较差，产草量低，退化严重。低湿地草甸亚类主要植物有芦苇、羊草、鹅绒委陵菜、寸草苔、芨芨草、金戴戴、海乳草、圆果水麦冬、平车前、委陵菜等。全市低湿地草甸亚类为91.20万亩，占低地草甸类面积的27.21%。该亚类亩产干草50.04千克，产干草总量4 334.96万千克，全年载畜量3.05万羊单位。质量好，属于Ⅱ等7级草地。见表2-19。

表2-19 低湿地草甸亚类及草地型

草地类型	干草单产（千克/亩）	草地等级	草地面积（万亩）	可利用草地面积（万亩）	全年载畜量（万羊单位）	产干草总量（万千克）
芦苇、中生杂类草	58.81	Ⅲ6	6.80	6.46	0.27	379.64
羊草、中生杂类草	44.84	Ⅱ7	52.39	49.77	1.56	2 231.82
鹅绒委陵菜、杂类草	62.06	Ⅳ6	15.46	14.69	0.65	911.50
寸草苔、中生杂类草	51.65	Ⅲ6	16.55	15.72	0.57	812.00
平　　均	50.04	—	—	—	—	—
合　　计	—	—	91.20	86.64	3.05	4 334.96

在该亚类中，主要草地类型为羊草、中生杂类草草地型，面积占该亚类的54.87%。羊草、中生杂类草草地型植物种类比较丰富，建群植物为羊草，主要次优势种和伴生种有芦苇、寸草苔、苣荬菜、二裂叶委陵菜、糙隐子草、赖草、冷蒿、鹅绒委陵菜等。面积为52.39万亩，占该亚类草地面积的57.45%。亩产干草44.84千克，产干草总量2 231.82万千克，全年载畜量1.57万羊单位，Ⅱ等7级草地较多。羊草草地是最优质的天然草地，为牲畜越冬提供优质的饲草。由于长期不合理利用，羊草草地退化严重，草群生物量显著降低。

还有芦苇、中生杂类草草地型；鹅绒委陵菜、杂类草草地型；寸草苔、中生杂类草草地型。

二、盐化低地草甸亚类

该亚类分布面积较大，占低地草甸类面积的70.54%。

盐化草甸亚类主要分布在土壤盐渍化程度高的低地上，它由耐盐的中生多年生草类组成，草群优势种大部分是丛生型和根茎型禾草，主要植物有芨芨草、白刺、红砂、芦苇、羊草、盐爪爪、马蔺、寸草苔、野大麦草、碱蓬、碱茅等。全市盐化低地草甸亚类为236.43万亩，占低地草甸类面积的70.54%。平均亩产干草40.41千克，产干草总量8 356.90万千克，全年载畜量5.87万羊单位。草地质量中等，属于Ⅲ等7级草地。

以芨芨草建群的草地，面积为152.28万亩，占盐化低地草甸亚类64.41%。次优势种有芦苇、羊草、马蔺、碱蓬、寸草苔、盐生杂类草等。平均亩产干草44.99千克，产干草总量5 034.08万千克，全年载畜量3.53万羊单位，Ⅲ等6级草地较多。芨芨草经济利用价值高，是干旱地区抗灾保畜的重要基地。其他草地型见表2-20。

表2-20 盐化低地草甸亚类及草地型状况

草地类型	干草单产（千克/亩）	干草总量（万千克）	草地等级	草地面积（万亩）	可利用草地面积（万亩）	全年载畜量（万羊单位）
芨芨草、寸草苔	36.10	581.11	Ⅲ7	18.40	16.10	0.41
芨芨草、碱蓬	54.04	15.30	Ⅳ6	0.33	0.28	0.01
芨芨草、芦苇	59.27	95.87	Ⅲ6	1.86	1.62	0.07
芨芨草、马蔺	44.28	485.78	Ⅲ6	12.55	10.97	0.34
芨芨草、盐生杂类草	40.82	1 242.15	Ⅲ6	34.78	30.43	0.88
芨芨草、羊草	35.41	2 613.87	Ⅲ6	84.36	73.81	1.83
白刺、盐生杂类草	33.02	327.95	Ⅴ7	11.35	9.93	0.23
红砂、盐生杂类草	35.68	40.26	Ⅳ7	1.29	1.13	0.03
碱茅、盐生杂类草	48.76	161.18	Ⅲ6	3.79	3.31	0.11
碱蓬、盐生杂类草	58.80	719.01	Ⅳ6	13.96	12.23	0.51
芦苇、盐生杂类草	56.27	78.38	Ⅲ6	1.62	1.39	0.05
马蔺、盐生杂类草	58.48	86.66	Ⅳ6	1.73	1.48	0.06
盐爪爪、盐生杂类草	28.66	401.44	Ⅳ6	16.01	14.00	0.28
羊草、盐生杂类草	50.05	1 507.94	Ⅲ6	34.40	30.13	1.06
平　　均	40.41	—	—	—	—	—
合　　计	—	8 356.90	—	236.43	206.81	5.87

三、沼泽化低地草甸亚类

沼泽化低地草甸亚类是在季节性积水地上发育形成的，分布范围有限，面积较小，共7.56万亩，占低地草甸类面积的4.01%。该亚类建群种为小叶章、芦苇、灰脉苔草，平均亩产干草53.83千克，产干草总量335.17万千克；全年载畜量0.24万羊单位，全年 1 个羊单位需要草地面积 26.46 亩。该类草地Ⅳ等 6 级居多，草地质量差，利用价值低。

该亚类包括 3 个草地型，其中小叶章、苔草草地型面积较大，占该亚类面积的 37.17%。平均亩产干草 54.81 千克，产干草总量 127.23 万千克；全年载畜量 0.09 万羊单位。该类草地Ⅳ等 6 级。其他草地型见表 2-21。

表2-21　沼泽化低地草甸亚类

草地类型	干草单产 (千克/亩)	干草总量 (万千克)	草地 等级	草地面积 (万亩)	可利用 草地面积 (万亩)	全年载畜量 (万羊单位)
小叶章、苔草	54.81	127.23	Ⅳ6	2.81	2.32	0.09
芦苇、湿生杂类草	53.36	105.19	Ⅳ6	2.40	1.98	0.08
灰脉苔草、湿生杂类草	53.11	102.75	Ⅲ6	2.35	1.93	0.07
平　　均	53.83	—	—	—	—	—
合　　计	—	335.17	—	7.56	6.23	0.24

第三章　草地产草量及合理载畜量

根据地面常规调查方法，结合遥感估产模型计算结果，乌兰察布市天然草地单位面积干草产量平均为37.50千克/亩，牧草总贮藏量为18.48亿千克。单位面积产量最高的是山地草甸类，干草产量为75.88千克/亩。牧草总贮藏量最高的是温性典型草原类，牧草总贮量为91 617.67万千克；其次为温性荒漠草原类，牧草总贮量为53 832.32万千克，两大类牧草总贮量占全市天然草地总贮量的78.69%，在全市草地总产量中处于主要地位，构成全市放牧畜牧业的家畜饲草来源。全市天然草地全年的合理载畜量为101.48万羊单位，暖季合理载畜量为137.06万羊单位，冷季合理载畜量为84.06万羊单位；全年平均1个羊单位需要草地面积为48.57亩，暖季需要15.89亩，冷季需要32.68亩。由于草地类型不同载畜量差异较大，山地草甸类全年平均1个羊单位需要草地18.79亩，而温性荒漠草原类全年平均1个羊单位需要草地74.39亩，二者相差近3倍。天然草地合理载畜量最高是四子王旗，为45.65万羊单位，其他旗县市区均在7.88万羊单位以下。

第一节　草地产草量及载畜量计算方法

一、天然草地产草量测定与计算

根据NY/T 635—2015《天然草地合理载畜量的计算》，以野外测定及计算的产草量为基础，利用遥感植被指数图、遥感模型估产进行"点"与"面"有效结合，进而复核不同旗县市区不同类型草地产草量分布现状及趋势。草地产草量测定是野外齐地面剪割草地地上部可食牧草称其鲜重，风干或折算成含水量为14%的干草。

天然草地产草量的基本计算单元为草地型。各地某一草地型所有样方实测产草量算术平均数，即为该草地型的产草量。可食产草量是平年最高产草量减去有毒、有害和不可食草的重量。可采食的产草量是可食产草量乘以利用率求得。

草地类型和行政区的产草量计算。草地型是草地类型和区域产草量的最基本计算单元，其单产是同一型草地所有野外样方实测基数经月动态系数、丰欠年系数校正后的算术平均数。草地型的总产量是单产乘以该型可利用草地面积。

遥感植被指数图采用同期的 MODIS 影像数据，通过 NDVI 植被指标从宏观的层面对全市草地产草量进行趋势性的复核并予以校正。

二、草地合理载畜量计算

草地载畜量是表示草地产草量及载畜量高低的主要指标，是合理利用、科学管理草地资源最重要的技术指标。草地合理载畜量是指一定的草地面积，在某一利用时段内，在适度放牧或割草利用并维持草地可持续生产的前提下，满足家畜正常生长、繁殖、生产的需要，所能承载的最多家畜数量。合理载畜量又称理论载畜量。根据不同类型草地利用率、再生率、保存率及放牧时间、家畜日食量等基本参数，按行政区域界线分别统计计算各旗县市区不同草地类型冷季、暖季和全年的合理载畜量。

各旗县市区平均草地冷季、暖季放牧天数见表 3-1。

表3-1　各旗县市区草地冷季、暖季放牧天数比例

行政区划名称	平均冷季天数（天）	平均暖季天数（天）	冷季天数占全年天数的系数比例	暖季天数占全年天数的系数比例
集宁区	160	205	0.44	0.56
丰镇市	185	180	0.51	0.49
卓资县	160	205	0.44	0.56
化德县	160	205	0.44	0.56
商都县	160	205	0.44	0.56
兴和县	160	205	0.44	0.56
凉城县	185	180	0.51	0.49
察哈尔右翼前旗	160	205	0.44	0.56
察哈尔右翼中旗	160	205	0.44	0.56
察哈尔右翼后旗	160	205	0.44	0.56
四子王旗	160	205	0.44	0.56

草地的利用率是维持草地良性循环的重要指标，指在既充分合理利用又不发生草地退化的放牧或割草强度下，可供利用的草地牧草产量占草地牧草年产量的百分比。乌兰察布市不同类型草地的合理利用率指标见表 3-2。

野外测定产草量经过校正后基本上代表秋季产草量，将秋季最高产草量乘以饲草

保存率换算成冷季平均产草量。冷季因牧草叶凋零、籽实脱落、部分枝叶断落，冷季枯草期牧草贮藏量比秋季牧草生长结束时的牧草贮藏量要少。

表3-2 不同利用季节放牧草地的利用率

草地类型	暖季放牧利用率（%）	冷季放牧利用率（%）	全年放牧利用率（%）
温性草甸草原类	50~60	60~70	50~55
温性典型草原类	45~50	55~65	45~50
温性荒漠草原类	40~45	50~60	40~45
温性草原化荒漠类	30~35	40~45	30~35
沙地草原（包括各种沙地温性草原）	20~30	20~30	20~30
低地草甸类	50~55	60~70	50~55

可食草产量的换算公式：

暖季可食产量=最高产量×暖季利用率

冷季可食产量=最高产量×保存率×冷季利用率

野外测定的产草量系当时当地一次测产，依据月和年度动态变化系数，将野外一次测定的产草量换算成月、年度的产草量即最高产量。月份产量换算，参照了已有文献相关调查年各月产量动态系数，求调查年的月产量即最高月产量。确定丰、欠、平年的主要依据之一是降雨条件，年降水量和产草量之间相对稳定的变动系数为相近平年产草量。

草地合理载畜量用草地可利用面积、单位面积草地可食产草量、草地牧草的利用率、家畜的日食量和放牧利用时间进行计算。

日食量标准：家畜在维持正常生长发育和一定生产性能下，每天所需要的饲草数量。乌兰察布市暖、冷季1个羊单位日食量为1.8千克干草。

1. 用草地面积单位表示的草地合理承载量的计算

$$暖季1个羊单位需草地面积=\frac{暖季放牧天数×日食量}{暖季单位面积可食草产量}$$

$$冷季1个羊单位需草地面积=\frac{冷季放牧天数×日食量}{冷季单位面积可食草产量}$$

1个羊单位全年需要草地面积=暖季1个羊单位需要草地面积+冷季1个羊单位需要草地面积。

2. 用家畜单位表示的草地合理承载量的计算

$$暖季总载畜量 = \frac{暖季可利用草地面积}{暖季1个羊单位需草地面积}$$

$$冷季总载畜量 = \frac{冷季可利用草地面积}{冷季1个羊单位需草地面积}$$

$$全年总载畜量 = \frac{可利用草地总面积}{1个羊单位全年需草地面积}$$

暖、冷季可利用面积依据当地草地利用的暖、冷季利用天数比例划分季节可利用草地面积，即冷季和暖季可利用面积，公式：

冷季可利用面积=可利用面积×冷季天数比

暖季可利用面积=可利用面积×暖季天数比

冷暖季草地面积是按冷、暖季放牧天数比例推算的。

第二节　全市草地产草量

一、草地类（亚类）产草量

乌兰察布市天然草地单位面积产量每亩37.50千克，总产量为18.48亿千克。天然草地产草量受水热条件的影响极其明显，由于降水量从东南向西北逐渐减少，气温从东南向西北逐渐增加，而地带性草地类型的产草量相应具有从东南向西北递减的变化规律。乌兰察布市6大类草地中，单位面积牧草产量最高的是山地草甸类，平均亩产干草在75.88千克；其次是温性草甸草原类，平均亩产干草63.23千克；第三位为温性典型草原类，亩产干草45.55千克，第四位为低地草甸类，平均亩产干草43.47千克，最后两位是温性草原化荒漠类和温性荒漠草原类，平均亩产干草34.18千克和27.02千克。草地亚类的单位面积产草量中，低中山山地草甸亚类单位面积产量最高，第二是温性山地草甸草原亚类，最低是山地荒漠草原亚类。见表3-3、图3-1、图3-2。

表3-3 乌兰察布市天然草地干草产量统计

草地类（亚类）	干草单产 （千克/亩）	全年总产干草量 （万千克）	各类（亚类） 占全市产草 总量比例（%）
乌兰察布市	37.50	184 832.36	100.00
一、温性草甸草原类	63.23	8 979.11	4.86
（一）平原丘陵草甸草原亚类	59.69	301.50	0.16
（二）山地草甸草原亚类	63.36	8 677.61	4.70
二、温性典型草原类	45.55	91 617.67	49.57
（一）平原丘陵草原亚类	43.59	63 989.78	34.62
（二）山地草原亚类	50.85	27 590.00	14.93
（三）沙地草原亚类	39.86	37.89	0.02
三、温性荒漠草原类	27.02	53 832.32	29.12
（一）平原丘陵荒漠草原亚类	26.44	48 853.86	26.43
（二）山地荒漠草原亚类	32.57	418.24	0.22
（三）沙地荒漠草原亚类	34.62	4 560.22	2.47
四、温性草原化荒漠类	34.18	15 833.55	8.57
（一）草原化荒漠亚类	34.18	15 833.55	8.57
五、温性山地草甸类	75.88	1 542.68	0.83
（一）低中山山地草甸亚类	75.88	1 542.68	0.83
六、低地草甸类	43.47	13 027.03	7.05
（一）低湿地草甸亚类	50.04	4 334.96	2.35
（二）盐化低地草甸亚类	40.41	8 356.90	4.52
（三）沼泽化低地草甸亚类	53.83	335.17	0.18

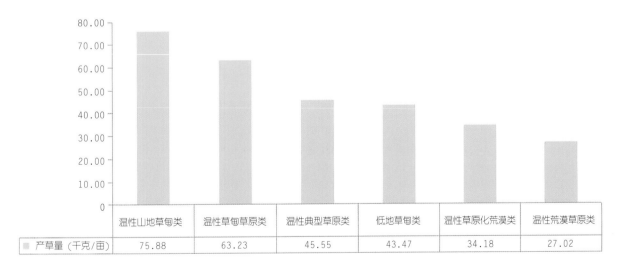

	温性山地草甸类	温性草甸草原类	温性典型草原类	低地草甸类	温性草原化荒漠类	温性荒漠草原类
▪ 产草量（千克/亩）	75.88	63.23	45.55	43.47	34.18	27.02

图3-1 乌兰察布市草地类单位面积产草量

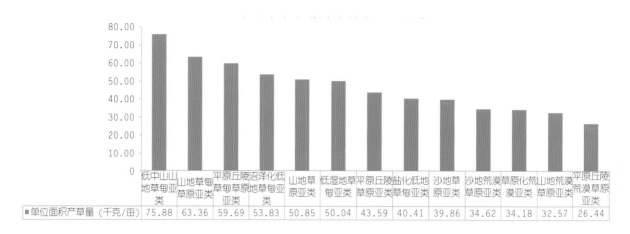

	低中山山地草甸亚类	山地草甸草原亚类	平原丘陵草甸草原亚类	沼泽化低地草甸亚类	山地草原亚类	低湿地草甸亚类	平原丘陵草原亚类	盐化低地草甸亚类	沙地草原亚类	沙地荒漠草原亚类	草原化荒漠亚类	山地荒漠草原亚类	平原丘陵荒漠草原亚类
■单位面积产草量（千克/亩）	75.88	63.36	59.69	53.83	50.85	50.04	43.59	40.41	39.86	34.62	34.18	32.57	26.44

图3-2　乌兰察布市草地亚类单位面积产草量统计

　　各类草地总产量受单产及草地面积因素的影响，乌兰察布市牧草总量排第一位的是温性典型草原类，由于草地可利用面积大，总产草量相对各大类最高，年产干草为91 617.67万千克，占全市总产草量的49.57%；排第二位的是温性荒漠草原类，总产草量为53 832.32万千克，占全市总产草量的29.12%。这两类草地总产草量占全市总产量的78.69%以上，是乌兰察布市草地生产力来源的主要部分。

　　其他草地类相对上述两个草地类产草量偏低，依次为温性草原化荒漠类总产草量为15 833.55万千克，占全市总产草量的8.57%；低地草甸类总产草量为13 027.03万千克，占全市总产草量的7.05%；温性草甸草原类总产草量为8 979.11万千克，占全市总产草量的4.86%；温性山地草甸类总产草量最低，虽然单产最高，但可利用面积最小，因此该类占全市总产草量0.83%。全市草地亚类产草总量排序中，平原丘陵草原亚类总产量排在第一位，沙地草原亚类产草总量最低。见图3-3、图3-4。

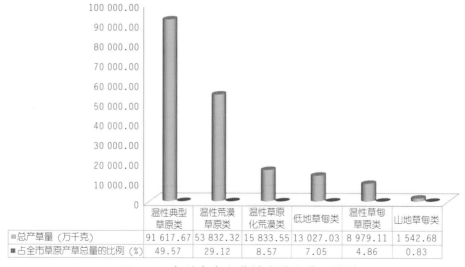

	温性典型草原类	温性荒漠草原类	温性草原化荒漠类	低地草甸类	温性草甸草原类	山地草甸类
■总产草量（万千克）	91 617.67	53 832.32	15 833.55	13 027.03	8 979.11	1 542.68
■占全市草原产草总量的比例（%）	49.57	29.12	8.57	7.05	4.86	0.83

图3-3　乌兰察布市草地类总产草量统计

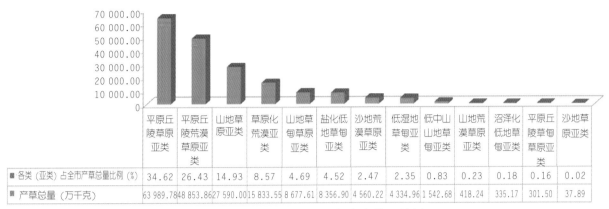

	平原丘陵草原亚类	平原丘陵荒漠草原亚类	山地草原亚类	草原化荒漠亚类	山地草甸草原亚类	盐化低地草甸亚类	沙地荒漠草原亚类	低湿地草甸亚类	低中山山地草甸亚类	山地荒漠草原亚类	沼泽化低地草甸亚类	平原丘陵草甸草原亚类	沙地草甸亚类
■ 各类（亚类）占全市产草量总量比例（%）	34.62	26.43	14.93	8.57	4.69	4.52	2.47	2.35	0.83	0.23	0.18	0.16	0.02
■ 产草总量（万千克）	63 989.78	48 853.86	27 590.00	15 833.55	8 677.61	8 356.90	4 560.22	4 334.96	1 542.68	418.24	335.17	301.50	37.89

图3-4 乌兰察布市草地亚类总产草量统计

二、草地型产草量

温性草甸草原类草地型，单位面积产草量最高是脚苔草、杂类草草地型，单产干草为 72.46 千克/亩；第二位是脚苔草、贝加尔针茅草地型，单产干草为 66.42 千克/亩；排最低是具灌木的凸脉苔草草地型，单位面积干草产草量为 43.47 千克/亩。年产干草总量中，具灌木的铁杆蒿、杂类草草地型最多，为 3 645.94 万千克，占温性草甸草原类的 40.60%；铁杆蒿、脚苔草草地型是第二位，为 3 091.04 万千克，占温性草甸草原类的 34.42%；脚苔草、贝加尔针茅草地型总产量最低，年产草总量为 0.76 万千克，占温性草甸草原类的 0.01%。见表 3-4。

表3-4 乌兰察布市温性草甸草原类草地型干草产量统计

草地亚类、草地型	干草单产（千克/亩）	全年总产干草量（万千克）	各亚类、型总产草量占温性草甸草原类比例（%）
平原丘陵草甸草原亚类	59.69	301.50	3.36
贝加尔针茅、羊草	59.69	301.50	3.36
山地草甸草原亚类	63.36	8 677.61	96.64
具灌木的铁杆蒿、杂类草	61.34	3 645.94	40.60
具灌木的凸脉苔草	43.47	190.52	2.12
铁杆蒿、脚苔草	63.11	3 091.04	34.42
脚苔草、贝加尔针茅	66.42	0.76	0.01
脚苔草、杂类草	72.46	1 749.35	19.48

温性典型草原类草地型，单位面积产草量最高是铁杆蒿、百里香草地型，单位面积产草量为 67.88 千克/亩；第二位是大针茅、杂类草草地型，单位面积产草量为 61.46 千克/亩；较低为冰草、禾草、杂类草草地型；糙隐子草、杂类草草地型，单位面积产草量分别为 36.72 千克/亩、36.57 千克/亩。年产草总量中，山地草原亚类的克氏针茅、杂类草草地型最多，为 14 130.73 万千克，占温性典型草原类的 15.42%；第二位和第

三位的是亚洲百里香、克氏针茅草地型和克氏针茅、糙隐子草草地型，分别为 7 968.69 万千克、7 036.24 万千克，分别占温性典型草原类的 8.70%、7.68%。年总产量较低的草地型为本氏针茅、杂类草草地型和冷蒿、羊草草地型，年总产量分别为 8.71 万千克、2.85 万千克，占温性典型草原类的 0.01% 以下。见表 3-5。

表3-5　乌兰察布市温性典型草原类草地型干草产量统计

草地亚类、草地型	干草单产（千克/亩）	全年总产干草量（万千克）	各亚类、型总产草量占温性典型草原类比例（%）
平原丘陵草原亚类	43.59	63 989.78	69.84
西伯利亚杏、糙隐子草	39.45	74.12	0.08
小叶锦鸡儿、克氏针茅	40.49	4 666.82	5.09
小叶锦鸡儿、冷蒿	42.38	4 743.48	5.18
小叶锦鸡儿、羊草	37.93	1 830.22	2.00
小叶锦鸡儿、冰草	42.07	14.01	0.02
小叶锦鸡儿、糙隐子草	48.41	4 533.51	4.95
中间锦鸡儿、糙隐子草	51.12	19.58	0.02
冷蒿、克氏针茅	43.19	5 418.92	5.91
冷蒿、羊草	44.40	2.85	0.00
冷蒿、糙隐子草	44.46	181.07	0.20
亚洲百里香、克氏针茅	49.68	7 968.69	8.70
亚洲百里香、冷蒿	48.68	764.09	0.83
亚洲百里香、糙隐子草	49.35	273.85	0.30
达乌里胡枝子、杂类草	53.99	2 849.59	3.11
大针茅、杂类草	51.85	1 138.31	1.24
克氏针茅、羊草	46.33	3 560.56	3.89
克氏针茅、冷蒿	40.18	6 581.44	7.18
克氏针茅、糙隐子草	40.35	7 036.24	7.68
克氏针茅、亚洲百里香	41.77	1 872.19	2.04
克氏针茅、杂类草	45.18	1 704.63	1.86
本氏针茅、杂类草	40.51	8.71	0.01
羊草、克氏针茅	42.92	1 793.35	1.96
羊草、冷蒿	45.95	1 534.20	1.67
羊草、糙隐子草	54.25	254.64	0.28
羊草、杂类草	48.63	915.98	1.00
冰草、禾草、杂类草	36.72	1 602.00	1.75
糙隐子草、克氏针茅	46.21	125.19	0.14
糙隐子草、小半灌木	44.31	315.51	0.34
糙隐子草、杂类草	36.57	2 206.03	2.41
山地草原亚类	50.85	27 590.00	30.11
柄扁桃、克氏针茅	56.46	459.21	0.50
铁杆蒿、克氏针茅	58.27	5 337.92	5.83
大针茅、杂类草	61.46	5 838.94	6.37
克氏针茅、杂类草	45.29	14 130.73	15.42
虎榛子、克氏针茅	60.00	1 047.93	1.14
铁杆蒿、百里香	67.88	45.01	0.05
百里香、杂类草	41.19	730.26	0.80
沙地草原亚类	39.86	37.89	0.04
小叶锦鸡儿、杂类草	39.86	37.89	0.04

温性荒漠草原类草地型，单位面积产草量最高的是短花针茅、杂类草草地型，平均亩产干草 53.59 千克；第二位是小针茅、无芒隐子草草地型，平均亩产干草 38.26 千克；最低为刺叶柄棘豆、沙生针茅草地型，平均亩产干草 7.84 千克。年产草总量中，戈壁针茅、无芒隐子草草地型最多，为 25 250.17 万千克，占温性荒漠草原类的 46.91%；第二位是中间锦鸡儿、丛生小禾草草地型，为 9 295.44 万千克，占温性荒漠草原类的 17.27%。第三位是短花针茅、冷蒿草地型，为 6 749.85 万千克，占温性荒漠草原类的 12.54%。年总产量最低的草地型为短花针茅、杂类草草地型和刺叶柄棘豆、沙生针茅草地型，年总产量分别为 5.12 万千克、0.37 万千克，占温性荒漠草原类的 0.01% 以下。见表3-6。

表3-6 乌兰察布市温性荒漠草原类草地型干草产量统计

草地亚类、草地型	干草单产（千克/亩）	全年总产干草量（万千克）	各亚类、型总产草量占温性荒漠草原类比例（%）
平原丘陵荒漠草原亚类	26.44	48 853.86	90.75
狭叶锦鸡儿、丛生小禾草	27.22	198.57	0.37
中间锦鸡儿、丛生小禾草	30.96	9 295.44	17.27
中间锦鸡儿、杂类草	28.11	445.29	0.83
短花针茅、无芒隐子草	25.98	3 394.09	6.30
短花针茅、冷蒿	30.75	6 749.85	12.54
短花针茅、杂类草	53.59	5.12	0.01
小针茅、无芒隐子草	38.26	69.83	0.13
小针茅、杂类草	20.9	7.06	0.01
戈壁针茅、无芒隐子草	25.08	25 250.17	46.91
戈壁针茅、冷蒿	25.88	819.25	1.52
戈壁针茅、杂类草	18.13	1 770.88	3.29
沙生针茅、无芒隐子草	27.13	129.42	0.24
沙生针茅、冷蒿	33.79	108.21	0.20
多根葱、杂类草	21.98	610.31	1.13
刺叶柄棘豆、沙生针茅	7.84	0.37	0.00
山地荒漠草原亚类	32.57	418.24	0.78
戈壁针茅、杂类草	32.57	418.24	0.78
沙地荒漠草原亚类	34.62	4 560.22	8.47
油蒿、杂类草	34.62	4 560.22	8.47

温性草原化荒漠类的草地型，单位面积产草量最高的是红砂、沙生针茅草地型，单位面积产草量为41.75千克/亩；第二位是驼绒藜、丛生小禾草草地型，单位面积产草量为40.98千克/亩；最低为红砂、戈壁针茅草地型，平均亩产干草17千克。年产草总量中，珍珠、杂类草草地型最多，为14 554.15万千克，占温性草原化荒漠类的91.92%；第二位是红砂、无芒隐子草草地型，为599.92万千克，占温性草原化荒漠类的3.79%。年总产量最低的草地型为垫状锦鸡儿、小针茅草地型，年总产量为32.71万千克，占温性草原化荒漠类的0.21%。见表3-7。

表3-7　乌兰察布市温性草原化荒漠类草地型干草产量统计

草地型	干草单产（千克/亩）	全年总产干草量（万千克）	各型总产草量占温性草原化荒漠类比例（%）
白刺、旱生杂类草	35.48	54.87	0.35
垫状锦鸡儿、小针茅	30.09	32.71	0.21
红砂、戈壁针茅	17.00	62.67	0.39
红砂、沙生针茅	41.75	409.59	2.59
红砂、无芒隐子草	36.33	599.92	3.79
驼绒藜、丛生小禾草	40.98	119.64	0.75
珍珠、杂类草	34.03	14 554.15	91.92
平　　均	34.18	—	—
合　　计	—	15 833.55	100.00

山地草甸类只有1个草地型，即凸脉苔草、杂类草草地型，单位面积产草量为75.88千克/亩，年总产量为1 542.68万千克。

低地草甸类的草地型，单位面积产草量最高的是鹅绒委陵菜、杂类草草地型，单位面积产草量为62.06千克/亩；第二位是芨芨草、芦苇草地型，单位面积产草量为59.27千克/亩；第三位至第五位的是芦苇、中生杂类草草地型，碱蓬、盐生杂类草草地型和马蔺、盐生杂类草草地型，单位面积产草量分别为58.81千克/亩、58.80千克/亩、58.48千克/亩；最低为盐爪爪、盐生杂类草草地型，单位面积产草量为28.66千克/亩。年产草总量中，芨芨草、羊草草地型最多，为2 613.86万千克，占低地草甸类的20.06%；第二位是羊草、中生杂类草草地型，为2 231.82万千克，占低地草甸类的17.13%。年总产量最低的草地型为芨芨草、碱蓬草地型，年总产量分别为15.30万千克，占低地草甸类的0.12%。见表3-8。

表3-8　乌兰察布市低地草甸类草地型干草产量统计

草地亚类、草地型	干草单产 (千克/亩)	全年总产干草量 (万千克)	各亚类、型总产草量占 低地草甸类比例（%）
低湿地草甸亚类	50.04	4 334.96	33.28
芦苇、中生杂类草	58.81	379.64	2.91
羊草、中生杂类草	44.84	2 231.82	17.13
鹅绒委陵菜、杂类草	62.06	911.50	7.00
寸草苔、中生杂类草	51.65	812.00	6.23
盐化低地草甸亚类	40.41	8 356.90	64.15
白刺、盐生杂类草	33.02	327.95	2.52
红砂、盐生杂类草	35.68	40.26	0.31
芨芨草、芦苇	59.27	95.87	0.74
芨芨草、羊草	35.41	2 613.86	20.06
芨芨草、马蔺	44.28	485.78	3.73
芨芨草、碱蓬	54.04	15.30	0.12
芨芨草、寸草苔	36.10	581.11	4.46
芨芨草、盐生杂类草	40.82	1 242.15	9.54
碱茅、盐生杂类草	48.76	161.18	1.24
碱蓬、盐生杂类草	58.80	719.01	5.52
芦苇、盐生杂类草	56.27	78.38	0.60
羊草、盐生杂类草	50.05	1 507.94	11.58
盐爪爪、盐生杂类草	28.66	401.45	3.08
马蔺、盐生杂类草	58.48	86.66	0.67
沼泽化低地草甸亚类	53.83	335.17	2.57
小叶章、苔草	54.81	127.23	0.98
芦苇、湿生杂类草	53.36	105.19	0.81
灰脉苔草、湿生杂类草	53.11	102.75	0.79

第三节　全市草地合理载畜量

一、草地类（亚类）合理载畜量

全市天然草地全年合理载畜量为 101.48 万羊单位，全年饲养 1 个羊单位需草地面积为 48.57 亩，暖季草地的合理载畜量为 137.06 万羊单位，暖季饲养 1 个羊单位需草地面积为 15.89 亩；冷季合理载畜量为 84.06 万羊单位，冷季饲养 1 个羊单位需草地面积为 32.68 亩。见表 3-9。

表3-9　草地类（亚类）载畜能力和载畜量统计

草地类、草地亚类	用羊单位表示载畜量（万羊单位）			载畜能力（亩/羊单位）		
	暖季合理载畜量	冷季合理载畜量	全年合理载畜量	暖季1个羊单位需草地面积	冷季1个羊单位需草地面积	全年1个羊单位需草地面积
乌兰察布市	137.06	84.06	101.48	15.89	32.68	48.57
一、温性草甸草原类	7.51	4.87	5.81	8.61	15.84	24.45
（一）平原丘陵草甸草原亚类	0.25	0.15	0.18	8.77	18.73	27.50
（二）山地草甸草原亚类	7.26	4.72	5.63	8.61	15.74	24.35
二、温性典型草原类	69.73	42.69	51.64	12.87	26.08	38.95
（一）平原丘陵草原亚类	48.70	29.02	35.39	13.38	28.10	41.48
（二）山地草原亚类	21.00	13.65	16.23	11.66	21.76	33.42
（三）沙地草原亚类	0.03	0.02	0.02	14.45	30.86	45.31
三、温性荒漠草原类	36.87	22.07	26.78	23.69	50.70	74.39
（一）平原丘陵荒漠草原亚类	33.46	20.01	24.29	24.21	51.86	76.07
（二）山地荒漠草原亚类	0.29	0.19	0.22	19.65	38.74	58.39
（三）沙地荒漠草原亚类	3.12	1.87	2.27	18.49	39.47	57.96
四、温性草原化荒漠类	9.64	5.78	7.01	21.07	44.98	66.05
（一）草原化荒漠亚类	9.64	5.78	7.01	21.07	44.98	66.05
五、山地草甸类	1.41	0.92	1.08	6.33	12.46	18.79
（一）低中山山地草甸亚类	1.41	0.92	1.08	6.33	12.46	18.79
六、低地草甸类	11.90	7.73	9.16	11.13	21.60	32.73
（一）低湿地草甸亚类	3.96	2.57	3.05	9.73	18.68	28.41
（二）盐化低地草甸亚类	7.63	4.96	5.87	11.95	23.28	35.23
（三）沼泽化低地草甸亚类	0.31	0.20	0.24	8.97	17.49	26.46

　　乌兰察布市各类草地载畜量排在第一位的是温性典型草原类，全年合理载畜量为51.64万羊单位，占全市草地全年载畜量的50.89%，暖季载畜量为69.73万羊单位，冷季载畜量为42.69万羊单位。温性荒漠草原类排第二位，全年载畜量为26.78万羊单位，占全市26.39%，暖季载畜量为36.87万羊单位，冷季载畜量为22.07万羊单位。两大类的载畜量占全市载畜量的77.28%；其他草地类全年载畜量占全市的比例都在9.02%以下。从单位面积饲养标准羊单位的载畜能力看，最高载畜能力为山地草甸类，全年饲养1个羊单位需18.79亩草地；其次为温性草甸草原类，全年饲养1个羊单位需24.45亩草地；最低的为温性荒漠草原类，全年饲养1个羊单位需74.39亩草地。见图3-5、图3-6、图3-7、图3-8。

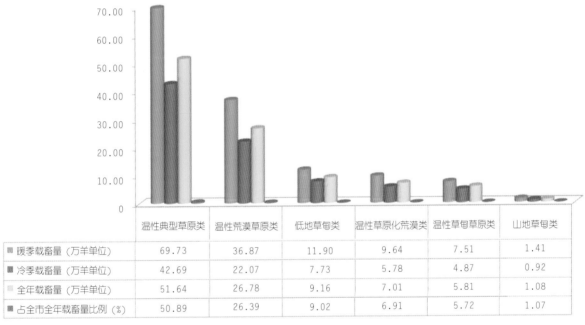

	温性典型草原类	温性荒漠草原类	低地草甸类	温性草原化荒漠类	温性草甸草原类	山地草甸类
■ 暖季载畜量（万羊单位）	69.73	36.87	11.90	9.64	7.51	1.41
■ 冷季载畜量（万羊单位）	42.69	22.07	7.73	5.78	4.87	0.92
□ 全年载畜量（万羊单位）	51.64	26.78	9.16	7.01	5.81	1.08
■ 占全市全年载畜量比例（%）	50.89	26.39	9.02	6.91	5.72	1.07

图3-5　全市不同草地类型载畜量统计

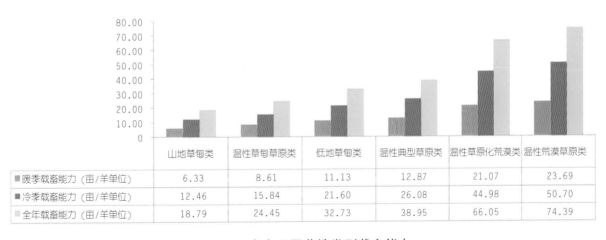

	山地草甸类	温性草甸草原类	低地草甸类	温性典型草原类	温性草原化荒漠类	温性荒漠草原类
■ 暖季载畜能力（亩/羊单位）	6.33	8.61	11.13	12.87	21.07	23.69
■ 冷季载畜能力（亩/羊单位）	12.46	15.84	21.60	26.08	44.98	50.70
□ 全年载畜能力（亩/羊单位）	18.79	24.45	32.73	38.95	66.05	74.39

图3-6　全市不同草地类型载畜能力

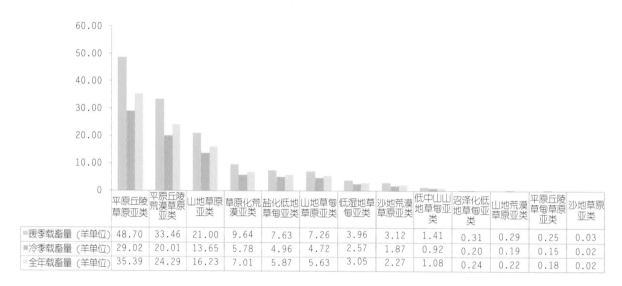

	平原丘陵草原亚类	平原丘陵荒漠草原亚类	山地草原亚类	草原化荒漠亚类	盐化低地草甸亚类	山地草原亚类	低湿地草甸亚类	沙地荒漠草原亚类	低中山山地草甸亚类	沼泽化低地草甸亚类	山地荒漠草原亚类	平原丘陵草甸草原亚类	沙地草原亚类
暖季载畜量（羊单位）	48.70	33.46	21.00	9.64	7.63	7.26	3.96	3.12	1.41	0.31	0.29	0.25	0.03
冷季载畜量（羊单位）	29.02	20.01	13.65	5.78	4.96	4.72	2.57	1.87	0.92	0.20	0.19	0.15	0.02
全年载畜量（羊单位）	35.39	24.29	16.23	7.01	5.87	5.63	3.05	2.27	1.08	0.24	0.22	0.18	0.02

图3-7　各草地亚类载畜量

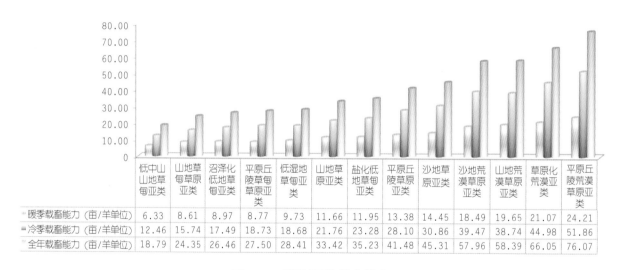

	低中山山地草甸亚类	山地草甸亚类	沼泽化低地草甸亚类	平原丘陵草甸草原亚类	低湿地草甸亚类	山地草原亚类	盐化低地草甸亚类	平原丘陵草原亚类	沙地草原亚类	沙地荒漠草原亚类	山地荒漠草原亚类	草原化荒漠亚类	平原丘陵荒漠草原亚类
暖季载畜能力（亩/羊单位）	6.33	8.61	8.97	8.77	9.73	11.66	11.95	13.38	14.45	18.49	19.65	21.07	24.21
冷季载畜能力（亩/羊单位）	12.46	15.74	17.49	18.73	18.68	21.76	23.28	28.10	30.86	39.47	38.74	44.98	51.86
全年载畜能力（亩/羊单位）	18.79	24.35	26.46	27.50	28.41	33.42	35.23	41.48	45.31	57.96	58.39	66.05	76.07

图3-8　草地亚类载畜能力

二、草地型合理载畜量

温性草甸草原的草地型，全年载畜量最高的是具灌木的铁杆蒿、杂类草草地型，全年载畜量为2.36万羊单位，载畜量占温性草甸草原类载畜量的40.62%；第二位是铁杆蒿、脚苔草草地型，全年载畜量在2.00万羊单位，载畜量占温性草甸草原类载畜量的34.42%，前两位草地型载畜量占该类载畜量的75.04%。全年载畜量较低的是脚苔草、贝加尔针茅草地型和具灌木的凸脉苔草草地型，全年载畜量在0.12万羊单位左右。1个羊单位需要草地面积较少的是脚苔草、贝加尔针茅草地型和脚苔草、杂类草草地型，1个羊单位所需草地面积分别为23.43亩和21.18亩；需草地面积最多的是具灌木的凸脉苔草草地型，1个羊单位所需草地面积为35.79亩。见表3-10。

表3-10　温性草甸草原类的草地亚类、草地型载畜量统计

草地亚类、草地型	用羊单位表示载畜量（万羊单位）			载畜能力（亩/羊单位）		
	暖季合理载畜量	冷季合理载畜量	全年合理载畜量	暖季1个羊单位需草地面积	冷季1个羊单位需草地面积	全年1个羊单位需草地面积
平原丘陵草甸草原亚类	0.25	0.15	0.18	8.77	18.73	27.50
贝加尔针茅、羊草	0.25	0.15	0.18	8.77	18.73	27.50
山地草甸草原亚类	7.26	4.72	5.63	8.61	15.74	24.35
具灌木的铁杆蒿、杂类草	3.05	1.98	2.36	8.78	16.44	25.22
具灌木的凸脉苔草	0.16	0.10	0.12	12.05	23.74	35.79
铁杆蒿、脚苔草	2.59	1.69	2.00	8.68	15.76	24.44
脚苔草、贝加尔针茅	0.00	0.00	0.00	7.88	15.55	23.43
脚苔草、杂类草	1.46	0.95	1.15	7.76	13.42	21.18

温性典型草原类草地型，全年载畜量最高的是克氏针茅、杂类草草地型，全年载畜量为8.26万羊单位，载畜量占该类载畜量的16.00%；第二位是亚洲百里香、克氏针茅草地型，全年载畜量在4.48万羊单位；占该类载畜量8.68%；第三位是克氏针茅、糙隐子草草地型，全年载畜量3.92万羊单位，占该类载畜量7.55%。较低的为中间锦鸡儿、糙隐子草草地型，小叶锦鸡儿、冰草草地型，本氏针茅、杂类草草地型，冷蒿、羊草草地型，四个草地型全年载畜量共0.03万羊单位，四个草地型载畜量占该类载畜量的0.06%。1个羊单位需要草地面积少的是虎榛子、克氏针茅草地型，大针茅、杂类草草地型和铁杆蒿、百里香草地型，1个羊单位所需草地面积分别为28.52亩、27.23亩、24.64亩；1个羊单位所需草地面积多的是糙隐子草、杂类草草地型，冰草、禾草、杂类草草地型，1个羊单位所需草地面积为56.11亩和49.19亩。见表3-11。

表3-11 温性典型草原类的草地亚类、草地型载畜量统计

草地亚类、草地型	用羊单位表示载畜量（万羊单位）			载畜能力（亩/羊单位）		
	暖季合理载畜量	冷季合理载畜量	全年合理载畜量	暖季1个羊单位需草地面积	冷季1个羊单位需草地面积	全年1个羊单位需草地面积
平原丘陵草原亚类	48.70	29.02	35.39	13.38	28.10	41.48
西伯利亚杏、糙隐子草	0.06	0.03	0.04	14.60	31.18	45.78
小叶锦鸡儿、克氏针茅	3.55	2.13	2.58	14.22	30.38	44.60
小叶锦鸡儿、冷蒿	3.61	2.17	2.63	13.59	29.03	42.62
小叶锦鸡儿、羊草	1.39	0.84	1.01	15.19	32.41	47.60
小叶锦鸡儿、冰草	0.01	0.01	0.01	13.69	29.24	42.93
小叶锦鸡儿、糙隐子草	3.45	2.07	2.52	12.03	25.18	37.21
中间锦鸡儿、糙隐子草	0.01	0.01	0.01	11.27	24.06	35.33
冷蒿、克氏针茅	4.12	2.46	3.00	13.34	28.47	41.81
冷蒿、羊草	0.00	0.00	0.00	12.97	27.71	40.68
冷蒿、糙隐子草	0.14	0.08	0.10	12.96	27.66	40.62
亚洲百里香、克氏针茅	6.06	3.64	4.48	12.32	23.48	35.80
亚洲百里香、冷蒿	0.58	0.35	0.42	11.84	25.25	37.09
亚洲百里香、糙隐子草	0.21	0.13	0.15	11.67	24.93	36.60
达乌里胡枝子、杂类草	2.17	1.30	1.62	11.99	20.58	32.57
大针茅、杂类草	0.87	0.52	0.64	11.89	22.38	34.27
克氏针茅、羊草	2.71	1.63	1.97	12.43	26.56	38.99
克氏针茅、冷蒿	5.01	3.01	3.64	14.33	30.61	44.94
克氏针茅、糙隐子草	5.36	3.21	3.92	14.28	30.48	44.76
克氏针茅、亚洲百里香	1.42	0.85	1.04	13.79	29.45	43.24
克氏针茅、杂类草	1.30	0.78	0.94	12.75	27.22	39.97
本氏针茅、杂类草	0.01	0.00	0.00	14.22	30.36	44.58
羊草、克氏针茅	1.36	0.82	0.99	13.43	28.64	42.07
羊草、冷蒿	1.17	0.70	0.85	12.54	26.77	39.31
羊草、糙隐子草	0.19	0.12	0.14	10.62	22.67	33.29
羊草、杂类草	0.70	0.42	0.51	11.93	25.15	37.08
冰草、禾草、杂类草	1.22	0.73	0.89	15.69	33.50	49.19
糙隐子草、克氏针茅	0.10	0.05	0.06	12.48	31.91	44.39
糙隐子草、小半灌木	0.24	0.12	0.15	13.00	33.31	46.31
糙隐子草、杂类草	1.68	0.84	1.08	15.75	40.36	56.11
山地草原亚类	21.00	13.65	16.23	11.66	21.76	33.42
柄扁桃、克氏针茅	0.35	0.23	0.27	10.76	19.23	29.99
铁杆蒿、克氏针茅	4.07	2.64	3.14	10.31	18.81	29.12
大针茅、杂类草	4.44	2.89	3.49	10.52	16.71	27.23
克氏针茅、杂类草	10.75	6.99	8.26	12.74	25.03	37.77
虎榛子、克氏针茅	0.80	0.52	0.61	9.60	18.92	28.52
铁杆蒿、百里香	0.03	0.02	0.03	9.55	15.09	24.64
百里香、杂类草	0.56	0.36	0.43	14.17	27.24	41.41
沙地草原亚类	0.03	0.02	0.02	14.45	30.86	45.31
小叶锦鸡儿、杂类草	0.03	0.02	0.02	14.45	30.86	45.31

温性荒漠草原类的草地型，全年载畜量最高的是戈壁针茅、无芒隐子草草地型，全年载畜量为 12.58 万羊单位，载畜量占该类载畜量的 46.98%；第二位是中间锦鸡儿、丛生小禾草草地型，载畜量在 4.63 万羊单位，占该类载畜量 17.30%；第三位是短花针茅、冷蒿草地型，载畜量在 3.36 万羊单位，占该类全年载畜量 12.56%。较低的是小针茅、无芒隐子草草地型，小针茅、杂类草草地型，短花针茅、杂类草草地型，刺叶柄棘豆、沙生针茅草地型，4 个草地型全年载畜量共 0.04 万羊单位，4 个草地型载畜量占该类年载畜量的 0.15%。1 个羊单位需要草地面积大的是刺叶柄棘豆、沙生针茅草地型，多根葱、杂类草草地型和戈壁针茅、杂类草草地型，1 个羊单位所需草地面积分别为 256.01 亩、112.02 亩、110.66 亩；1 个羊单位所需最少草地面积是短花针茅、杂类草草地型，1 个羊单位所需草地面积为 37.44 亩。见表 3-12。

表3-12 温性荒漠草原类的草地亚类、草地型载畜量统计

草地亚类、草地型	用羊单位表示载畜量（万羊单位）			载畜能力（亩/羊单位）		
	暖季合理载畜量	冷季合理载畜量	全年合理载畜量	暖季1个羊单位需草地面积	冷季1个羊单位需草地面积	全年1个羊单位需草地面积
平原丘陵荒漠草原亚类	33.46	20.01	24.29	24.21	51.86	76.07
狭叶锦鸡儿、丛生小禾草	0.14	0.08	0.10	23.51	50.22	73.73
中间锦鸡儿、丛生小禾草	6.37	3.83	4.63	20.67	44.15	64.82
中间锦鸡儿、杂类草	0.30	0.18	0.22	22.77	48.61	71.38
短花针茅、无芒隐子草	2.34	1.39	1.71	24.63	52.61	77.24
短花针茅、冷蒿	4.62	2.77	3.36	20.81	44.45	65.26
短花针茅、杂类草	0.00	0.00	0.00	11.94	25.50	37.44
小针茅、无芒隐子草	0.05	0.03	0.03	16.73	35.72	52.45
小针茅、杂类草	0.00	0.00	0.00	30.62	65.39	96.01
戈壁针茅、无芒隐子草	17.29	10.38	12.58	25.52	54.50	80.02
戈壁针茅、冷蒿	0.56	0.34	0.41	24.73	52.82	77.55
戈壁针茅、杂类草	1.21	0.73	0.89	35.29	75.37	110.66
沙生针茅、无芒隐子草	0.09	0.05	0.06	23.59	50.37	73.96
沙生针茅、冷蒿	0.07	0.04	0.05	18.94	40.45	59.39
多根葱、杂类草	0.42	0.19	0.25	29.12	82.90	112.02
刺叶柄棘豆、沙生针茅	0.00	0.00	0.00	81.65	174.36	256.01
山地荒漠草原亚类	0.29	0.19	0.22	19.65	38.74	58.39
戈壁针茅、杂类草	0.29	0.19	0.22	19.65	38.74	58.39
沙地荒漠草原亚类	3.12	1.87	2.27	18.49	39.47	57.96
油蒿、杂类草	3.12	1.87	2.27	18.49	39.47	57.96

温性草原化荒漠类的草地型，全年载畜量最高的是珍珠、杂类草草地型，全年载畜量为 6.45 万羊单位，载畜量占该类载畜量的 92.01%；最低的是垫状锦鸡儿、小针茅草地型，全年载畜量为 0.01 万羊单位，占该类载畜量的 0.14%。1 个羊单位需草地面积较少的是红砂、沙生针茅草地型和驼绒藜、丛生小禾草草地型，1 个羊单位所需草地面积分别为 54.07 亩、55.09 亩；1 个羊单位所需草地面积最大是红砂、戈壁针茅草地型，1 个羊单位所需草地面积为 132.77 亩。见表 3-13。

表3-13 温性草原化荒漠类的草地亚类、草地型载畜量统计

草地亚类、草地型	用羊单位表示载畜量（万羊单位）			载畜能力（亩/羊单位）		
	暖季合理载畜量	冷季合理载畜量	全年合理载畜量	暖季1个羊单位需草地面积	冷季1个羊单位需草地面积	全年1个羊单位需草地面积
草原化荒漠亚类	9.64	5.78	7.01	21.07	44.98	66.05
白刺、旱生杂类草	0.03	0.02	0.02	20.30	43.34	63.64
垫状锦鸡儿、小针茅	0.02	0.01	0.01	23.93	51.10	75.03
红砂、戈壁针茅	0.04	0.02	0.03	42.35	90.42	132.77
红砂、沙生针茅	0.25	0.15	0.18	17.24	36.83	54.07
红砂、无芒隐子草	0.37	0.22	0.27	19.82	42.31	62.13
驼绒藜、丛生小禾草	0.07	0.04	0.05	17.57	37.52	55.09
珍珠、杂类草	8.86	5.32	6.45	21.16	45.18	66.34

山地草甸类的凸脉苔草、杂类草草地型，全年载畜量为 1.08 万羊单位，1 个羊单位全年需草地面积 18.79 亩。

低地草甸类的草地型，全年载畜量最高的是芨芨草、羊草草地型，全年载畜量为 1.83 万羊单位，载畜量占该类载畜量的 19.98%；第二位是羊草、中生杂类草草地型，载畜量在 1.57 万羊单位；占该类载畜量 17.09%；第三位是羊草、盐生杂类草草地型，全年载畜量在 1.06 万羊单位；占该类载畜量 11.54%。较低的是马蔺、盐生杂类草草地型，芦苇、盐生杂类草草地型，红砂、盐生杂类草草地型，芨芨草、碱蓬草地型，4 个草地型全年载畜量共 0.15 万羊单位，4 个草地型载畜量占该类载畜量的 1.64%。1 个羊单位需草地面积较少的是碱蓬、盐生杂类草草地型，鹅绒委陵菜、杂类草草地型，1 个羊单位所需草地面积分别为 23.83 亩、22.66 亩；1 个羊单位所需草地面积较多的是盐

爪爪、盐生杂类草草地型和白刺、盐生杂类草草地型，1个羊单位所需草地面积分别为49.77亩、43.19亩。见表3-14。

表3-14 低地草甸类的草地亚类、草地型载畜量统计

草地亚类、草地型	用羊单位表示载畜量（万羊单位）			载畜能力（亩/羊单位）		
	暖季合理载畜量	冷季合理载畜量	全年合理载畜量	暖季1个羊单位需草地面积	冷季1个羊单位需草地面积	全年1个羊单位需草地面积
低湿地草甸亚类	3.96	2.57	3.05	9.73	18.68	28.41
芦苇、中生杂类草	0.35	0.23	0.27	8.16	16.09	24.25
羊草、中生杂类草	2.04	1.32	1.57	10.71	21.09	31.80
鹅绒委陵菜、杂类草	0.83	0.54	0.64	8.34	14.32	22.66
寸草苔、中生杂类草	0.74	0.48	0.57	9.39	18.17	27.56
盐化低地草甸亚类	7.63	4.96	5.87	11.95	23.28	35.23
白刺、盐生杂类草	0.30	0.19	0.23	14.54	28.65	43.19
红砂、盐生杂类草	0.04	0.02	0.03	13.45	26.52	39.97
芨芨草、芦苇	0.09	0.06	0.07	8.10	15.96	24.06
芨芨草、羊草	2.38	1.54	1.83	13.55	26.72	40.27
芨芨草、马蔺	0.44	0.29	0.34	10.84	21.37	32.21
芨芨草、碱蓬	0.01	0.01	0.01	8.88	17.51	26.39
芨芨草、寸草苔	0.53	0.34	0.41	13.30	26.20	39.50
芨芨草、盐生杂类草	1.13	0.74	0.87	11.76	23.18	34.94
碱茅、盐生杂类草	0.15	0.10	0.11	10.32	18.63	28.95
碱蓬、盐生杂类草	0.66	0.43	0.51	8.95	14.88	23.83
芦苇、盐生杂类草	0.07	0.05	0.05	8.53	16.81	25.34
羊草、盐生杂类草	1.38	0.90	1.06	9.59	18.90	28.49
盐爪爪、盐生杂类草	0.37	0.24	0.28	16.75	33.02	49.77
马蔺、盐生杂类草	0.08	0.05	0.06	8.21	16.18	24.39
沼泽化低地草甸亚类	0.31	0.20	0.24	8.97	17.49	26.46
小叶章、苔草	0.12	0.08	0.10	8.76	17.26	26.02
芦苇、湿生杂类草	0.10	0.06	0.07	8.99	17.73	26.72
灰脉苔草、湿生杂类草	0.09	0.06	0.07	9.20	17.54	26.74

第四节　旗县市区草地产草量及合理载畜量

一、旗县市区草地产草量

各旗县市区单位面积产草量亦遵循自东南向西北由高向低分布规律，南部凉城县、丰镇市、卓资县和兴和县单产较高，分别为59.76千克/亩、57.73千克/亩、57.37千克/亩、56.31千克/亩，平均亩产在50~60千克。四子王旗单产最低，为29.90千克/亩。其他旗县市区单产在41.19~49.54千克/亩。

各旗县市区总产量排序中，四子王旗由于草地面积大，产草总量居第一位，年产草总量为89 690.33万千克，占全市产草总量的48.53%。产草总量排在最后的是集宁区，总量为897.57万千克，占全市产草总量的0.48%。其余旗县市区产草总量均占全市产草总量的4.38%~7.43%。见表3-15、图3-9、图3-10。

表3-15　2010年全市旗县市区草地产草量统计

市、旗县市区	可利用草地面积（万亩）	干草单产（千克/亩）	全年总产干草量（万千克）	总产草量占全市总产草量比例（%）
乌兰察布市	4 929.09	37.50	184 832.36	100.00
集宁区	20.73	43.30	897.57	0.48
丰镇市	159.42	57.73	9 202.92	4.98
卓资县	185.15	57.37	10 621.45	5.75
化德县	176.26	45.94	8 097.36	4.38
商都县	253.55	47.48	12 038.93	6.51
兴和县	133.44	56.31	7 513.93	4.06
凉城县	200.61	59.76	11 988.33	6.49
察哈尔右翼前旗	164.83	49.54	8 165.18	4.42
察哈尔右翼中旗	301.94	42.69	12 888.37	6.97
察哈尔右翼后旗	333.29	41.19	13 727.99	7.43
四子王旗	2 999.87	29.90	89 690.33	48.53

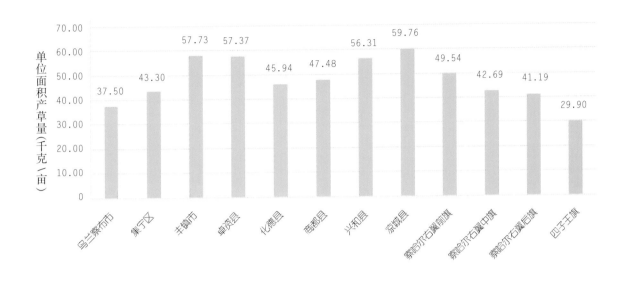

图3-9 市、旗县市区草地单位面积产草量统计

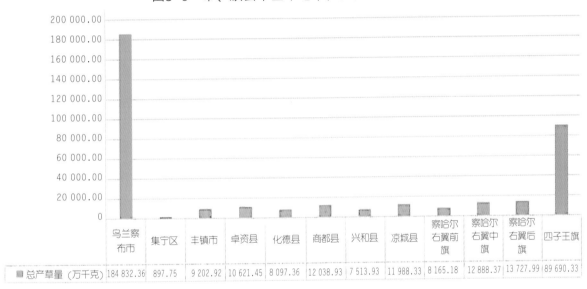

	乌兰察布市	集宁区	丰镇市	卓资县	化德县	商都县	兴和县	凉城县	察哈尔右翼前旗	察哈尔右翼中旗	察哈尔右翼后旗	四子王旗
■总产草量（万千克）	184 832.36	897.75	9 202.92	10 621.45	8 097.36	12 038.93	7 513.93	11 988.33	8 165.18	12 888.37	13 727.99	89 690.33

图3-10 市、旗县市区天然草地总产草量统计

二、旗县市区草地合理载畜量

天然草地合理载畜量的高低与各地产草量有关，四子王旗天然草地面积大，产草总量高，因此，该旗天然草地合理载畜量在全市各旗县市区居第一位，全年载畜量为45.65万羊单位，占全市草地载畜量的44.98%。第二位是察哈尔右翼后旗，为7.88万羊单位，占全市7.77%。其他旗县市区载畜量均在7.55万羊单位以下。见表3-16。

饲养1个羊单位所需要的草地面积，与草地单位面积产草量高低有关，随草地单位面积产草量升高，饲养1个羊单位所需草地面积变小。四子王旗单位面积产草量为29.90千克/亩，饲养1个羊单位则需要草地面积最大，为65.71亩/羊单位。凉城县单位面积产草量为 59.76 千克/亩，饲养 1 个羊单位则需要草地面积最小，为 27.70 亩。见图 3-10、图 3-11、图 3-12、表 3-16。

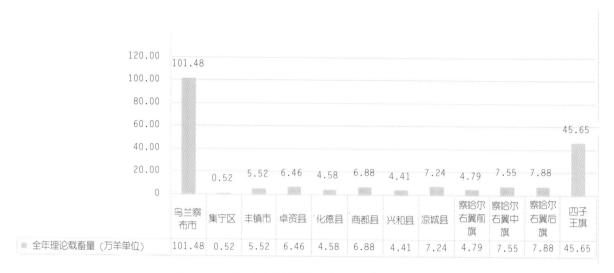

	乌兰察布市	集宁区	丰镇市	卓资县	化德县	商都县	兴和县	凉城县	察哈尔右翼前旗	察哈尔右翼中旗	察哈尔右翼后旗	四子王旗
全年理论载畜量（万羊单位）	101.48	0.52	5.52	6.46	4.58	6.88	4.41	7.24	4.79	7.55	7.88	45.65

图3-11 旗县市区草地全年合理载畜量统计

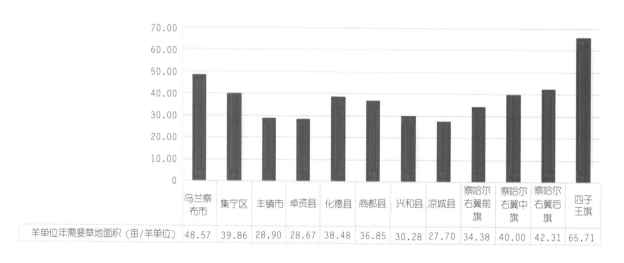

	乌兰察布市	集宁区	丰镇市	卓资县	化德县	商都县	兴和县	凉城县	察哈尔右翼前旗	察哈尔右翼中旗	察哈尔右翼后旗	四子王旗
羊单位年需要草地面积（亩/羊单位）	48.57	39.86	28.90	28.67	38.48	36.85	30.28	27.70	34.38	40.00	42.31	65.71

图3-12 旗县市区1个羊单位需草地面积统计

表3-16 旗县市区草地合理载畜量及羊单位需草地统计

行政区划名称	可利用草地面积（万亩）	全年1个羊单位需草地面积（亩）	全年合理载畜量（万羊单位）	旗县市区合理载畜量占全市草地合理载畜量比例（%）
乌兰察布市	4 929.09	48.57	101.48	100.00
集宁区	20.73	39.86	0.52	0.51
丰镇市	159.42	28.90	5.52	5.44
卓资县	185.15	28.67	6.46	6.37

（续）

行政区划名称	可利用草地面积（万亩）	全年1个羊单位需草地面积（亩）	全年合理载畜量（万羊单位）	旗县市区合理载畜量占全市草地合理载畜量比例（%）
化德县	176.26	38.48	4.58	4.51
商都县	253.55	36.85	6.88	6.78
兴和县	133.44	30.28	4.41	4.35
凉城县	200.61	27.70	7.24	7.13
察哈尔右翼前旗	164.83	34.38	4.79	4.72
察哈尔右翼中旗	301.94	40.00	7.55	7.44
察哈尔右翼后旗	333.29	42.31	7.88	7.77
四子王旗	2 999.87	65.71	45.65	44.98

第四章 草地资源的等级评价

依照《草原生产力等级评价技术规范》（NY/T 1579—2007）规定，草地"等"表示草地牧草群落品质的优劣；草地"级"表示草地牧草群落地上部产草量的高低。在草地类型和草地生产力调查基础上，对乌兰察布市草地资源进行了等和级评价。评价结果显示：属于Ⅰ等的可利用草地面积共414.22万亩，占全市可利用草地面积8.40%；Ⅱ等草地为2 649.73万亩，占全市可利用草地面积53.76%；Ⅲ等草地为1 601.40万亩，占全市可利用草地面积32.49%。草地级属于6级和7级草地居多，共4 833.29万亩，占全市可利用草地面积98.06%。总体上全市草地质量以优良为主，草地产草量则以低产为主。温性典型草原类、温性荒漠草原类整体为品质较好的草地；温性草原化荒漠类、温性草甸草原类、山地草甸类、低地草甸类为中等草地居多。2016年与20世纪80年代对比，随着草地退化、沙化、盐渍化面积的增加，全市草地质量、产草量整体上呈下降趋势。

第一节 草地"等"的评价

一、草地"等"的评价方法

草地的"等"根据草地的优、良、中、低、劣各等饲用植物重量占草群总重量的百分数为指标进行评定。

优类牧草：各种家畜从草群中首选挑食；粗蛋白质含量>10%，粗纤维含量<30%；草质柔软，耐牧性好，冷季保存率高。

良类牧草：各种家畜喜食，但不挑食；粗蛋白质含量>8%，粗纤维含量<35%；草质柔软，耐牧性好，冷季保存率高。

中类牧草：各种家畜均采食，但采食程度不及优等牧草，枯黄后草质迅速变粗硬或青绿期有异味，家畜不愿采食；粗蛋白质含量<10%，粗纤维含量>30%；耐牧性良好。

低类牧草：大多数家畜不愿采食，仅耐粗饲的骆驼或山羊，或草群中优良牧草已被食后才采食，粗蛋白质含量<8%,粗纤维含量>35%；耐牧性较差，冷季保存率低。

劣类牧草：家畜不愿采食或很少采食，或只在饥饿时才采食，或某季节有轻微毒害作用，仅在一定季节少量采食；耐牧性较差，营养物质含量与中低等牧草无明显差异。

草地等的评定标准如下：

Ⅰ等（优等）草地：优良牧草占草地总产量60%以上；

Ⅱ等（良等）草地：良类以上牧草占草地总产量60%以上；

Ⅲ等（中等）草地：中类以上牧草占草地总产量60%以上；

Ⅳ等（低等）草地：低类以上牧草占草地总产量60%以上；

Ⅴ等（劣等）草地：劣类牧草占草地总产量的40%以上。

二、全市草地"等"的评定

依据以上草地等的评定标准，乌兰察布市草地质量总体评价为优良型。全市草地包括Ⅰ等草地、Ⅱ等草地、Ⅲ等草地、Ⅳ等草地、Ⅴ等草地。属于Ⅰ等和Ⅱ等的优质可利用草地面积分别为414.22万亩、2 649.73万亩；占全市可利用草地面积分别为8.40%、53.76%；Ⅲ等的中等质量可利用草地面积为1 601.40万亩，占全市可利用草地面积32.49%；Ⅳ等、Ⅴ等的低质草地面积最少，占全市可利用草地面积比例分别为5.15%和0.20%。温性典型草原类、温性荒漠草原类草地牧草的品质较好，温性草甸草原类、温性草原化荒漠类、山地草甸类、低地草甸类总体为中等质量的草地。见表4-1。

表4-1 乌兰察布市草地"等"分布统计

草地面积（万亩）			占全市草地面积比例（%）	占全市可利用草地面积比例（%）
Ⅰ等草地	草地总面积	435.62	8.29	—
	可利用草地面积	414.22	—	8.40
Ⅱ等草地	草地总面积	2 784.61	53.03	—
	可利用草地面积	2 649.73	—	53.76
Ⅲ等草地	草地总面积	1 738.18	33.10	—
	可利用草地面积	1 601.40	—	32.49
Ⅳ等草地	草地总面积	281.50	5.36	—
	可利用草地面积	253.70	—	5.15
Ⅴ等草地	草地总面积	11.47	0.22	—
	可利用草地面积	10.04	—	0.20

温性草甸草原类主要分布在阴山山脉山麓两侧，以具灌木的铁杆蒿、杂类草和铁杆蒿、脚苔草草地型为主，其草地质量以低中质的居多，该类草地Ⅲ等草地占该类草地面积的20.09%；Ⅳ等的低质草地面积最多，占76.35%。草甸草原生境比较湿润，建群种为中旱生或广旱生的植物，经常混生中生或旱中生植物，主要为杂类草，含水分多、干物质少、无氮浸出物多、粗蛋白质少。铁杆蒿家畜不愿采食，耐牧性差属于低类牧草；脚苔草属于中类牧草。见图4-1。

温性典型草原类的质量属优质类型，主要以Ⅱ等和Ⅲ等草地组成，Ⅱ等草地占44.32%，Ⅲ等草地占37.22%，见图4-2。草群组成以旱生丛生禾草层片占优势，伴生不同数量的中旱生杂类草、旱生根茎禾草，混生旱生灌木和小半灌木。该类草地绝大多数植物均被各种家畜采食，采食部分比例大，粗蛋白质和无氮浸出物含量多。

温性荒漠草原类的质量多数为优质草地，以Ⅱ等的优质草地为主，占该类草地面积的84.62%，Ⅱ等的良类牧草戈壁针茅、无芒隐子草地型占50.54%；中间锦鸡儿、丛生小禾草草地型占15.07%。草群建群种由强旱生丛生禾草组成，并常混生大量强旱生小半灌木。该类草地植物适口性好，采食率较高，干物质含量较多，尤其是粗蛋白质含量较高。见图4-3。

温性草原化荒漠类属于中质草地，主要为Ⅲ等草地，占本类草地的99.03%，见图4-4。草原化荒漠类位于全市西北部的干旱地带，草群基本上由超旱生、叶退化或落叶或落枝半灌木、灌木构成。草原化荒漠类处于草原向荒漠的过渡带，湿润程度次于荒漠草原类。以珍珠、杂类草草地型为主，植物粗纤维含量高，适口性差，骆驼和山羊采食，可食牧草比例相对小，消化率低。

山地草甸类属于中等质量草地，Ⅲ等草地面积占该类草地面积64.02%，Ⅱ等草地占该类草地面积的16.61%。该草地类型的凸脉苔草及杂类草粗纤维含量>30%，耐牧性良好。

分布在全市低地草甸类的牧草饲用价值多属于中等，中类以上牧草占草地总产量60%以上，Ⅲ等草地居多，因局部地形低平，水分条件较好，植物种类组成也较丰富，主要有根茎禾草层片，疏丛禾草层片、苔草层片和杂类草层片，某些草群还有中生灌木层片和一年生草本层片。属Ⅱ等的羊草、中生杂类草草地型占该类可利用草地面积的16%，而芨芨草建群的草地型占44.46%，见图4-5。

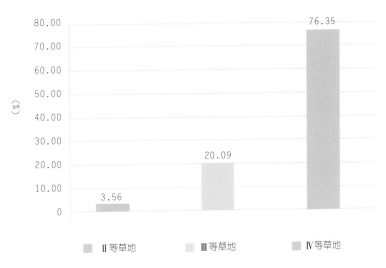

图4-1 温性草甸草原的等占其可利用草原面积比例

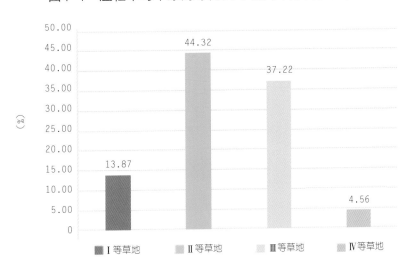

图4-2 温性典型草原的等占其可利用草原面积比例

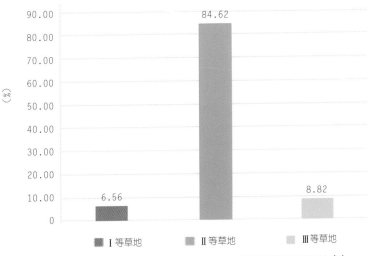

图4-3 温性荒漠草原的等占其可利用草原面积比例

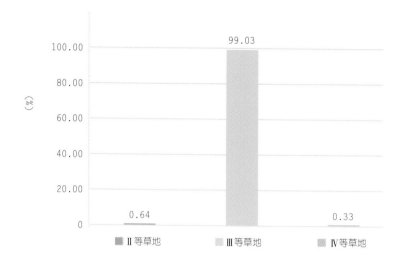

图4-4　温性草原化荒漠的等占其可利用草原面积比例

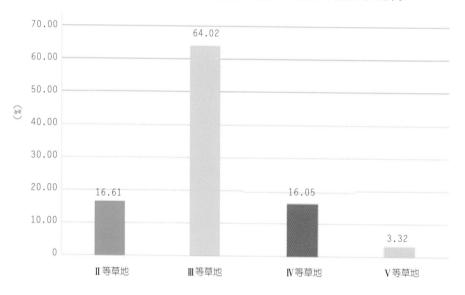

图4-5　山地草甸的等占其可利用草原面积比例

从旗县市区草地"等"评价看，Ⅰ等草地和Ⅱ等草地面积占本旗县市区可利用草地面积的70%以上的包括化德县、商都县、察哈尔右翼后旗、四子王旗，见图4-6、图4-7、图4-8、图4-9。

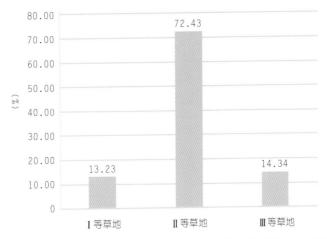

图4-6 化德县各等草地占本县可利用草地面积的比例

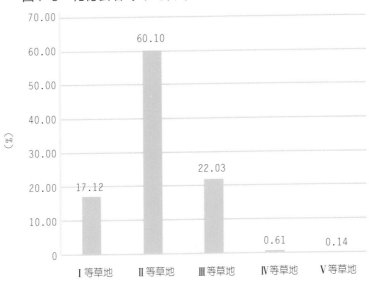

图4-7 商都县各等草地占本县可利用草地面积的比例

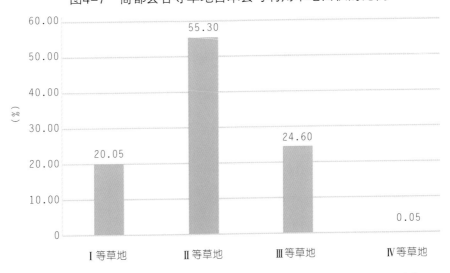

图4-8 察哈尔右翼后旗各等草地占本旗可利用草地面积的比例

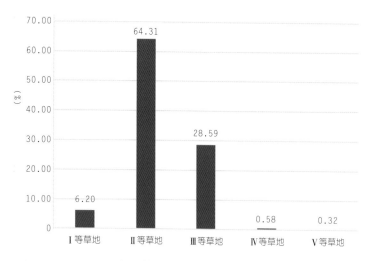

图4-9 四子王旗各等草地占本旗可利用草地面积的比例

Ⅰ等草地和Ⅱ等草地占本旗县市区可利用草地面积50%~70%的有集宁区、察哈尔右翼前旗、察哈尔右翼中旗，见图4-10、图4-11、图4-12。

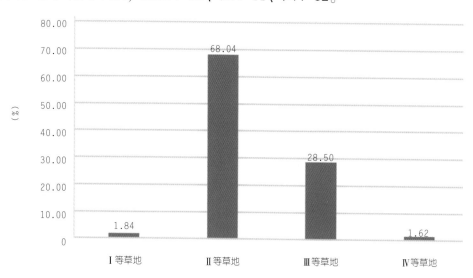

图4-10 集宁区各等草地占本区可利用草地面积的比例

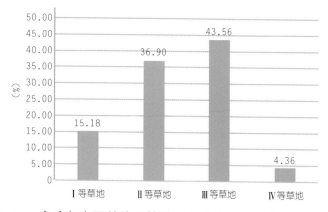

图4-11 察哈尔右翼前旗各等草地占本旗可利用草地面积的比例

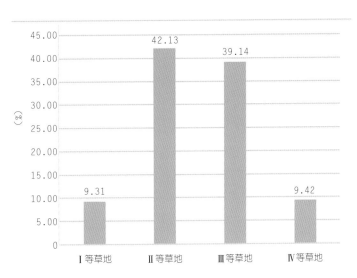

图4-12　察哈尔右翼中旗各等草地占本旗可利用草地面积的比例

Ⅰ等草地和Ⅱ等草地面积占本旗县市区可利用草地面积50%以下的包括丰镇市、卓资县、兴和县、凉城县，见图4-13、图4-14、图4-15、图4-16。

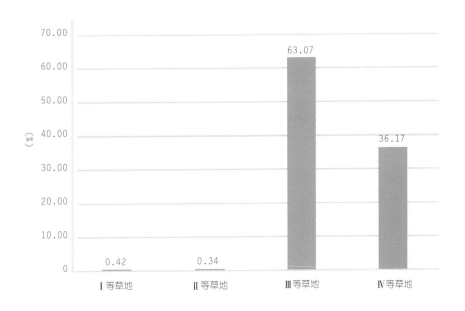

图4-13　丰镇市各等草地占本市可利用草地面积的比例

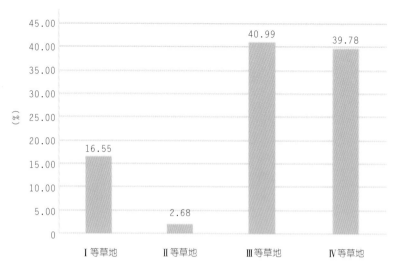

图4-14　卓资县各等草地占本县可利用草地面积的比例

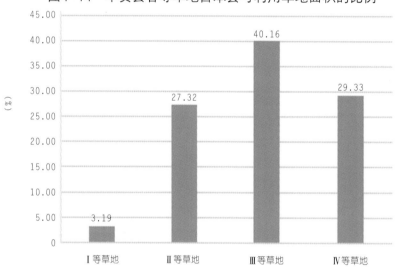

图4-15　兴和县各等草地占本县可利用草地面积的比例

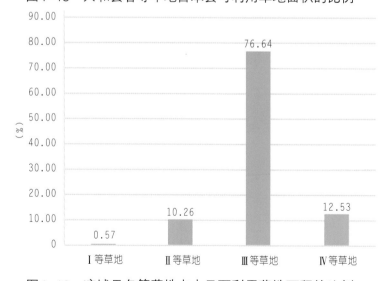

图4-16　凉城县各等草地占本县可利用草地面积的比例

第二节 草地"级"的评价

一、草地"级"的评价方法

草地"级"的评价按干草产量将草地划分为8级，单位为干草千克/亩。

草地"级"评价标准如下：

1级草地：亩产干草，320千克以上；

2级草地：亩产干草，320~240千克；

3级草地：亩产干草，239~160千克；

4级草地：亩产干草，159~120千克；

5级草地：亩产干草，119~80千克；

6级草地：亩产干草，79~40千克；

7级草地：亩产干草，39~20千克；

8级草地：亩产干草，20千克以下。

二、全市草地"级"的评价

受水分不足等气候条件制约，草地产量总体处于低水平且地域性分布差异较大。全市草地级包括5级草地、6级草地、7级草地、8级草地。总体上全市草地属于6级草地和7级草地，年产干草在每亩79~20千克，可利用面积分别为1 732.75万亩、3 100.43万亩，分别占全市可利用草地面积的35.15%、62.90%。见表4-2。

表4-2 乌兰察布市草地"级"分布统计

草地级		5级草地		6级草地		7级草地		8级草地	
		面积（万亩）	占全市可利用面积的比例（%）	面积（万亩）	占全市可利用面积的比例（%）	面积（万亩）	占全市可利用面积的比例（%）	面积（万亩）	占全市可利用面积的比例（%）
级合计	草地总面积	2.24	0.05	1 859.20	37.72	3 291.25	66.77	98.69	2.00
	草地可利用面积	2.13	0.05	1 732.75	35.15	3 100.43	62.90	93.78	1.90

地带性草地级的等级与其地域性降水量的差异呈正相关分布规律，从东南向西北

温性典型草原类到温性草原化荒漠类草地级，随着单位面积的产草量递减而递减。温性草甸草原类以6级草地为主。温性典型草原类由6级草地和7级草地组成，其中以全年每亩产干草79~40千克的6级草地为主，占该类可利用面积的87.18%；温性荒漠草原类由7级草地和8级草地组成，其中以全年亩产干草39~20千克的7级为主，占该类可利用面积的95.09%。温性草原化荒漠类由6级、7级和8级草地组成，其中以7级为主，占该类可利用面积的96.12%。低地草甸类包括39~20千克/亩的7级草地和20千克/亩以下的8级草地，其中7级草地面积为154.27万亩，占该类可利用草地面积的51.48%。见图4-17。

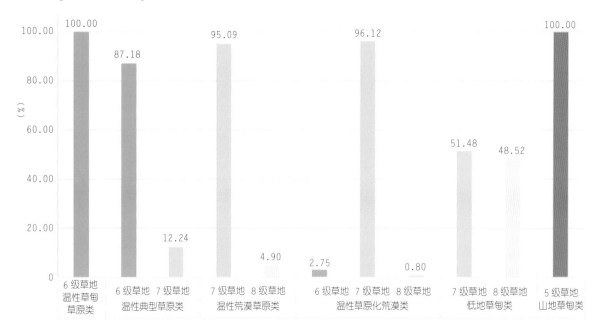

图4-17　各大类草地级占该类可利用面积比例统计

5级草地只分布在四子王旗，为2.13万亩。6级草地在各旗县市区均有分布，6级草地占本旗县市区可利用草地面积100%的有丰镇市、兴和县、凉城县、卓资县；占本旗县市区可利用草地面积90%以上的有化德县、商都县、察哈尔右翼前旗；占本旗县市区可利用草地面积50%~90%以上的有集宁区、察哈尔右翼中旗、察哈尔右翼后旗。7级草地除兴和县、凉城县、丰镇市、卓资县外，其他旗县市区均有分布，四子王旗最大，为2 891.95万亩，占全市7级草地的91.83%。8级草地分布于四子王旗，为93.78万亩。见表4-3。

表4-3 旗县市区可利用草地级统计

旗县市区	可利用草地面积（万亩）	5级草地（万亩）	6级草地（万亩）	7级草地（万亩）	8级草地（万亩）
集宁区	20.73	—	15.76	4.97	—
四子王旗	2 999.87	2.13	12.01	2 891.95	93.78
化德县	176.26	—	160.46	15.80	
商都县	253.55	—	231.26	22.29	
察哈尔右翼前旗	164.83	—	159.54	5.29	
察哈尔右翼中旗	301.94	—	253.93	48.01	
察哈尔右翼后旗	333.29	—	172.43	160.86	
卓资县	185.15	—	185.15	—	—
兴和县	133.44	—	133.44	—	—
凉城县	200.61	—	200.61		
丰镇市	159.42	—	159.42		

第三节 草地等级的综合评价

一、草地等级综合评价方法

草地质量用优质、中质、劣质表示，产量用高产、中产、低产表示，草地质量与产量组合结构见表4-4。草地质量与产量的组合状况可以反映不同草地的质量和草产量特征，等与级组合是草地资源综合评价的一种方法，能够从一定的方面全面表示草地的经济特性。

表4-4 草地质量与产量组合结构

等级组合		高产		中产				低产	
		1	2	3	4	5	6	7	8
优质	I	I 1	I 2	I 3	I 4	I 5	I 6	I 7	I 8
	II	II 1	II 2	II 3	II 4	II 5	II 6	II 7	II 8
中质	III	III 1	III 2	III 3	III 4	III 5	III 6	III 7	III 8
	IV	IV 1	IV 2	IV 3	IV 4	IV 5	IV 6	IV 7	IV 8
劣质	V	V 1	V 2	V 3	V 4	V 5	V 6	V 7	V 8

二、全市草地的等级综合评价

按表4-4的要求，综合全市、各旗县市区草地资源等和级的评价结果，得出乌兰察布市草地等与级综合评价，统计出全市草地资源等级组合结构，见表4-5。

表4-5　全市草地质量与产量组合结构统计

综合评价		5		6		7		8		等合计	
		面积	%	面积	%	面积	%	面积	%	面积	%
I	草地面积(万亩)	0.00	0.00	159.38	3.03	276.24	5.26	0.00	0.00	435.62	8.29
	可利用面积(万亩)	0.00	0.00	151.48	3.07	262.74	5.33	0.00	0.00	414.22	8.40
II	草地面积(万亩)	0.00	0.00	648.85	12.36	2 040.91	38.86	94.85	1.81	2 784.61	53.03
	可利用面积(万亩)	0.00	0.00	617.00	12.52	1 942.60	39.41	90.13	1.83	2 649.73	53.76
III	草地面积(万亩)	2.24	0.04	788.13	15.01	944.02	17.98	3.79	0.07	1 738.18	33.10
	可利用面积(万亩)	2.13	0.04	727.01	14.75	868.66	17.63	3.60	0.07	1 601.40	32.49
IV	草地面积(万亩)	0.00	0.00	262.38	5.00	19.07	0.36	0.05	0.00	281.50	5.36
	可利用面积(万亩)	0.00	0.00	236.86	4.81	16.79	0.34	0.05	0.00	253.70	5.15
V	草地面积(万亩)	0.00	0.00	0.46	0.01	11.01	0.21	0.00	0.00	11.47	0.22
	可利用面积(万亩)	0.00	0.00	0.40	0.01	9.64	0.19	0.00	0.00	10.04	0.20
级合计	草地面积（万亩）	2.24	0.04	1 859.20	35.41	3 291.25	62.67	98.69	1.88	5 251.38	100.00
	可利用面积（万亩）	2.13	0.04	1 732.75	35.16	3 100.43	62.90	93.78	1.90	4 929.09	100.00

从乌兰察布市草地资源质量与产量综合评价看，全市优质低产草地最多，可利用面积占全市可利用面积的46.57%；其次为中质中产草地占19.60%；再次为中质低产占18.03%。由此得出全市草地质量较高，但产草量较低，全市草地总体上属于品质优良的低产草地。见图4-18。

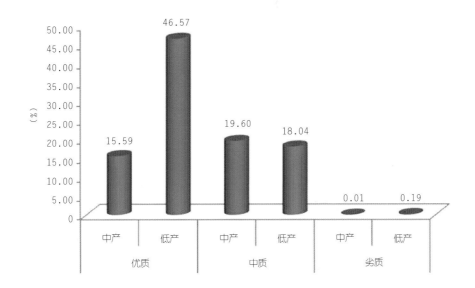

图4-18　草地资源质量与产量综合评价统计

　　按草原类看，温性典型草原类属于优质中产型草地，占全市可利用草地面积的40.81%；温性荒漠草原类属于优质低产型草地，占全市可利用草地面积40.42%；温性草原化荒漠类属于中质低产型草地，占全市可利用草地面积的9.40%；温性草甸草原类以低中质中产型草地为主，占全市可利用草地面积的2.88%；山地草甸类以中质中产型草地为主，占全市可利用面积的6.08%；低地草甸类以中质中产型为主，占0.41%。见图4-19。

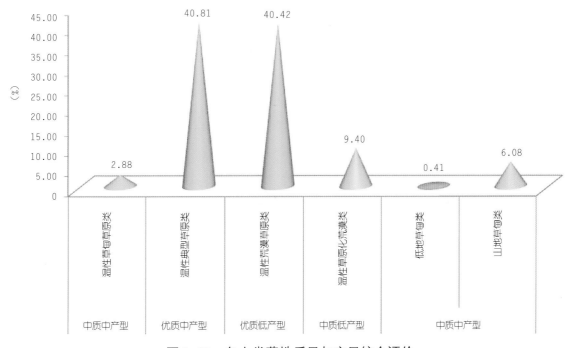

图4-19　各大类草地质量与产量综合评价

第五章 草地退化、沙化、盐渍化状况

在获得全市草地类型面积及生产力图件和统计数据基础上，开展了乌兰察布市各类型草地退化、沙化、盐渍化（简称"三化"）调查工作。调查结果显示：截至 2016 年，全市天然草地退化、沙化、盐渍化面积共 4 605.68 万亩，占全市天然草地总面积的 87.70%，其中轻度"三化"草地占全市草地"三化"面积的 53.80%，中度"三化"占 40.12%，重度"三化"占 6.08%。"三化"草地面积占该旗县市区草地面积比例排前四位的为商都县、凉城县、化德县、察哈尔右翼后旗，分别为 99.86%、99.83%、99.77%、99.37%；卓资县和四子王旗草地"三化"比例排最后两位，分别为 81.28% 和 82.86%。全市 20 世纪 80 年代至 2000 年草地"三化"呈明显增加趋势，共增加了 2 078.36 万亩，而 2000 年至 2016 年草地"三化"总体呈减少趋势，共减少了 28.99 万亩，但沙化和盐渍化在局部仍有增加态势。"三化"草地主要分布于河流、湖泊、井泉、近居民点的附近或周围。草地"三化"原因除自然因素外，主要是由于人口增长和牲畜增加导致过度利用、不合理开垦、挖药及开发等人为因素的作用，在部分草地"三化"严重的区域，草地已失去了利用价值。

第一节 草地退化、沙化、盐渍化分级标准

一、草地退化、沙化、盐渍化的含义

依据《天然草地退化、沙化、盐渍化的分级指标》（GB/T 19377）国家标准，草地退化是指天然草地在干旱、风沙、水蚀、盐碱、内涝、地下水位变化等不利自然因素的影响下，或过度放牧等不合理利用，或滥挖、滥割、樵采破坏草地植被，引起草地生态环境恶化，草地牧草生物产量、品质、草地利用性能降低，甚至失去利用价值的过程。处于正向演替的草地，由于其生态环境改善，灌木侵入、滋生、乔木定居，草地植物群落趋于复杂，乔、灌成分比例上升，不可食牧草成分比例上升，从而导致草地可食生物产量降低，载畜能力下降，不视为草地退化过程。

草地沙化是草地退化的特殊类型。草地沙化指不同气候带具沙质地表环境的草地受风蚀、水蚀、干旱、鼠虫害和人为不当经济活动等影响，如长期的超载过牧、不合理的垦殖、滥伐与樵采、滥挖药材等，使天然草地遭受不同程度破坏，土壤受侵蚀，

土质变粗，土壤有机质含量下降，营养物质流失，草地生产力减弱，致使原非沙漠地区的草地，出现以风沙活动为主要特征的类似沙漠景观的草地退化过程。

草地盐渍化指干旱、半干旱和半湿润半干旱区的河湖平原草地、内陆高原低湿地及沿海泥沙质海岸带草地，在受盐（碱）地下水或海水浸渍，或受内涝，或受人为不合理的利用与灌溉影响，其土壤处于近代积盐，形成草地土壤次生盐渍化的过程。草地盐渍化是草地土壤的盐（碱）含量增加到足以阻碍牧草生长，耐盐（碱）力弱的优良牧草减少，盐生植物比例增加，牧草生物产量降低，草地利用性能降低，盐（碱）斑面积扩大的草地退化过程。次生盐渍化草地是特殊的退化草地类型。

二、草地退化、沙化、盐渍化特征

天然草地在自然与人为因素影响下，草地出现逆向演替现象，草地"三化"的一般特征是：

（1）草群种类成分发生变化，原来的建群种或优势种逐渐衰退或消失，侵入种大量增加，适口性差及有毒有害植物的比重增大或成为群落中的优势种。

（2）草群中家畜喜食的优良牧草生长发育减弱，高度降低，盖度减少，可食性牧草产量下降。

（3）草群生境条件恶化，常表现为干旱、沙化、盐碱化，并伴有风蚀、水蚀、水土流失现象发生。

（4）鼠害、虫害等灾害发生频繁，牧草损失严重，原有的野生动物种类减少，数量下降或完全消失。

三、草地退化、沙化、盐渍化判断原则

（一）草地"三化"的判断

以生态学群落演替理论为基础，比较相同空间下不同时间系列的退化阶段之间的变化，并在同一类草地内按不同草地类型进行不同分级指标判定，同时应具有放牧强度或利用程度所产生的退化效应作指示。

（二）草地"三化"的对照基准

以未退化草地的植被特征与地表、土壤状况等指标为比对标准。调查样地附近相同水热条件，植被状况接近原生状态植被的草地为未退化草地，如相同地区同一类型有历史调查记录的草地，经围封后已恢复的草地，自然保护区、合理利用的草地等都可作为未退化草地的基准。

（三）退化草地分级划分的指标

应以定性指标与定量指标相结合进行划分。依据未退化草地类型特征与相同类型的草地特征相比，考虑草地类型结构成分、外貌特征及生境条件的变化，并重点参考重要的量化指标，即草群中优势植物和退化指示植物(包括有毒有害植物) 的种类、覆盖度、产量相对百分数的减少率。

四、草地退化、沙化、盐渍化分级指标体系

依据国家标准《天然草地退化、沙化、盐渍化的分级指标》 (GB/T 19377)，基于野外调查资料和遥感影像为主要信息源，结合草地"三化"的表现特征和分级原则，将草地"三化"程度按三级进行评定，即轻度退化、中度退化和重度退化；土壤基质为沙质的退化草地分为轻度沙化、中度沙化、重度沙化；土壤盐碱化的退化草地分为轻度盐渍化、中度盐渍化、重度盐渍化。

(一) 草地退化分级指标体系

1.轻度退化草地

(1) 草群基本保持原有外貌，但发育受阻，有少量退化指示植物侵入。

(2) 优势种植物群落总盖度相对百分数减少为 11%~20%，优势种地上部总产量相对百分数减少 11%~20%，或裸地面积占草地地表面积相对百分数增加 11%~15%。

(3) 生境无明显变化，或土壤紧密度有所提高，或出现轻度侵蚀现象。

2.中度退化草地

(1) 草群原有外貌有所改变，草群中原有大量适口性差的植物参与度相对提高，杂类草大量增加，退化指示植物比例增加。

(2) 优势种植物群落总盖度相对百分数减少为 21%~30%，优势种地上部总产量相对百分数减少 21%~50%，或裸地面积占草地地表面积相对百分数增加 16%~40%。

(3) 生境条件有所改变，或土壤紧密度增加明显，或出现中度侵蚀现象。

3.重度退化草地

(1) 草群原有外貌有根本性改变，群落稳定性极度降低，草群种类不断更换，退化指示植物有明显增加，优良牧草基本消失。

(2) 优势种植物群落总盖度相对百分数减少为>30%，优势种地上部总产量相对百分数减少>50%，或裸地面积占草地地表面积相对百分数增加>40%。

(3) 生境条件发生了明显变化，出现严重的侵蚀现象。

(二) 草地沙化指标体系

1.轻度沙化草地

（1）沙生植物成为主要伴生种。

（2）总产量相对百分数的减少率为 11%~15%，或裸沙面积占草地地表面积相对百分数的增加率为 11%~15%。

2.中度沙化草地

（1）沙生植物成为优势种。

（2）总产量相对百分数的减少率为 16%~40%，或裸沙面积占草地地表面积相对百分数的增加率为 16%~40%。

3.重度沙化草地

（1）植被很稀疏，仅存少量沙生植物。

（2）总产量相对百分数的减少率>40%，或裸沙面积占草地地表面积相对百分数的增加率>40%。

（三）草地盐渍化指标体系

1.轻度盐渍化草地

（1）耐盐碱植物成为主要伴生种。

（2）地上部产草量相对百分数减少 11%~15%，或盐碱斑面积占草地总面积相对百分数增加 11%~15%。

2.中度盐渍化草地

（1）耐盐碱植物占绝对优势。

（2）地上部产草量相对百分数减少 21%~70%，或盐碱斑面积占草地总面积相对百分数增加 16%~30%。

3.重度盐渍化草地

（1）仅存少量稀疏耐盐碱植物，不耐盐碱的植物消失。

（2）地上部产草量相对百分数减少>70%，或盐碱斑面积占草地总面积相对百分数增加>30%。

第二节　乌兰察布市草地退化、沙化、盐渍化现状

一、全市草地退化、沙化、盐渍化状况

经遥感制图和数据统计结果显示：乌兰察布市草地退化、沙化、盐渍化总面积为

4 605.68万亩, 占全市草地总面积的87.70%。在全市草地"三化"面积中, 退化草地面积为 4 193.34 万亩, 占全市草地总面积的 79.85%; 沙化草地面积为 161.16 万亩, 占全市草地总面积的 3.07%; 盐渍化草地面积为 251.18 万亩, 占全市草地总面积的 4.78%。全市天然草地"三化"中, 退化草地面积占全市草地面积比例最大。见图5-1。

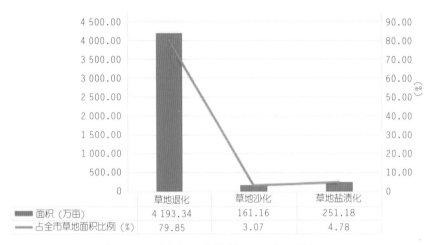

图5-1 乌兰察布市草地"三化"状况

在退化草地分布中, 轻度退化面积为 2 371.24 万亩, 占全市草地退化面积的 56.55%, 中度退化面积 1 610.63 万亩, 占全市草地退化面积 38.41%, 重度退化草地面积 211.47 万亩, 占全市草地退化面积的 5.04%。见图 5-2。

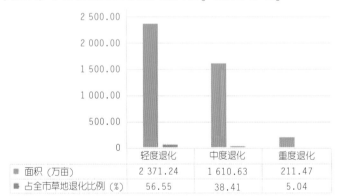

图5-2 乌兰察布市草地退化状况统计

全市沙化草地面积分布中, 轻度沙化草地面积为 12.62 万亩, 占全市草地沙化面积的 7.83%, 中度沙化面积为 111.00 万亩, 占全市草地沙化面积的 68.88%, 重度沙化面积为 37.54 万亩, 占全市草地沙化面积的 23.29%。见图 5-3。

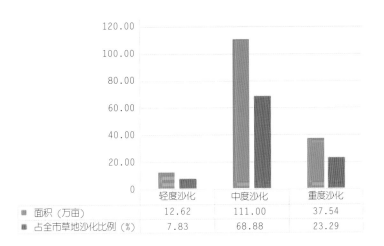

图5-3 乌兰察布市草地沙化状况统计

全市盐渍化草地面积分布中，轻度盐渍化草地面积为94.14万亩，占全市草地盐渍化面积的37.48%，中度盐渍化面积为126.02万亩，占全市草地盐渍化面积的50.17%，重度盐渍化面积为31.02万亩，占全市草地盐渍化面积的12.35%。见图5-4。

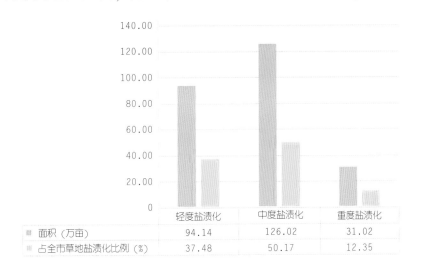

图5-4 乌兰察布市草地盐渍化状况统计

二、旗县市区草地退化、沙化、盐渍化状况

从各旗县市区草地退化、沙化、盐渍化状况总体来看，目前，各旗县市区"三化"草地面积占本旗县市区草地总面积比例的幅度在81.28%~99.86%，各旗县市区草地"三化"现状依然很严峻。卓资县"三化"占比最低，为81.28%；四子王旗次低，为82.86%；商都县、凉城县、化德县、察哈尔右翼后旗"三化"草地面积最高，分别达到了99.86%、99.83%、99.77%、99.37%。见图5-5。

草地退化在全市各旗县市区均有分布，退化草地占全市退化草地面积比例最大的是四子王旗，占56.26%；其余旗县市区在8%以下。草地出现沙化的旗县市区主要在化德县和四子王旗，沙化面积占全市沙化面积比例分别为 0.74% 和 99.26%。草地盐渍化在全市各旗县市区均有分布，盐渍化草地占全市盐渍化面积比例较小的有卓资县、集宁区、凉城县，分别占 0.01%、1.01%、1.32%；分布面积较大的有四子王旗、察哈尔右翼中旗、商都县、察哈尔右翼前旗，盐渍化草地占全市盐渍化面积比例分别为 47.02%、12.30%、11.07%、10.58%。见表 5-1。

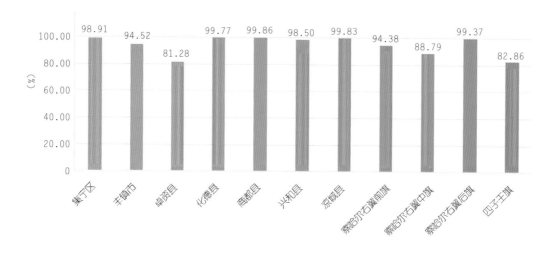

图5-5 旗县市区草地"三化"占本旗县市区草地面积比例

表5-1 市、旗县市区草地"三化"现状统计

行政区划名称	草地面积（万亩）	"三化"草地		退化草地		沙化草地		盐渍化草地	
		面积（万亩）	占本地天然草地面积比例（%）	面积（万亩）	占全市草地退化面积比例（%）	面积（万亩）	占全市草地沙化面积比例（%）	面积（万亩）	占全市草地盐渍化面积比例（%）
乌兰察布市	5 251.38	4 605.68	87.70	4 193.34	100.00	161.16	100.00	251.18	100.00
集宁区	22.04	21.80	98.91	19.27	0.46	—	—	2.53	1.01
丰镇市	172.41	162.96	94.52	153.79	3.67	—	—	9.17	3.65
卓资县	203.55	165.45	81.28	165.43	3.94	—	—	0.02	0.01
化德县	187.21	186.78	99.77	177.52	4.23	1.19	0.74	8.07	3.21
商都县	268.80	268.42	99.86	240.60	5.74	—	—	27.82	11.07
兴和县	145.26	143.09	98.50	138.31	3.30	—	—	4.78	1.90
凉城县	209.81	209.46	99.83	206.15	4.92	—	—	3.31	1.32
察哈尔右翼前旗	177.98	167.97	94.38	141.40	3.37	—	—	26.57	10.58
察哈尔右翼中旗	327.77	291.02	88.79	260.13	6.20	—	—	30.89	12.30
察哈尔右翼后旗	353.84	351.61	99.37	331.70	7.91	—	—	19.91	7.93
四子王旗	3 182.71	2 637.12	82.86	2 359.04	56.26	159.97	99.26	118.11	47.02

全市重度"三化"面积排在前四位的依次是四子王旗、察哈尔右翼中旗、商都县、化德县，分别为 102.13 万亩、44.68 万亩、39.85 万亩、36.52 万亩；重度"三化"面积占本地"三化"面积比例在 10%以上的依次有化德县、察哈尔右翼中旗、商都县、察哈尔右翼前旗，分别为 19.55%、15.35%、14.85%、12.25%。中度"三化"面积排在前三位的依次是四子王旗、商都县、察哈尔右翼中旗，分别为 1 112.58 万亩、149.25 万亩、136.35 万亩；中度"三化"面积占本旗县市区"三化"面积比例在 50%以上的有化德县、商都县，分别为 56.32%、55.60%。见表 5-2、图 5-6。

表5-2 全市各旗县市区"三化"程度统计

行政区划名称	"三化"草地面积（万亩）	轻度"三化"		中度"三化"		重度"三化"	
		面积（万亩）	占本地"三化"面积比例（%）	面积（万亩）	占本地"三化"面积比例（%）	面积（万亩）	占本地"三化"面积比例（%）
乌兰察布市	4 605.68	2 477.98	53.80	1 847.65	40.12	280.05	6.08
集宁区	21.80	10.32	47.31	9.36	42.94	2.12	9.72
丰镇市	162.96	117.40	72.04	44.53	27.32	1.03	0.63
卓资县	165.45	130.00	78.57	33.23	20.08	2.22	1.34
化德县	186.78	45.06	24.12	105.20	56.32	36.52	19.55
商都县	268.42	79.32	29.55	149.25	55.60	39.85	14.85
兴和县	143.09	98.80	69.05	37.22	26.01	7.07	4.94
凉城县	209.46	148.00	70.66	58.17	27.77	3.29	1.57
察哈尔右翼前旗	167.97	86.78	51.67	60.62	36.09	20.57	12.25
察哈尔右翼中旗	291.02	109.99	37.79	136.35	46.85	44.68	15.35
察哈尔右翼后旗	351.61	229.90	65.38	101.14	28.77	20.57	5.85
四子王旗	2 637.12	1 422.41	53.94	1 112.58	42.19	102.13	3.87

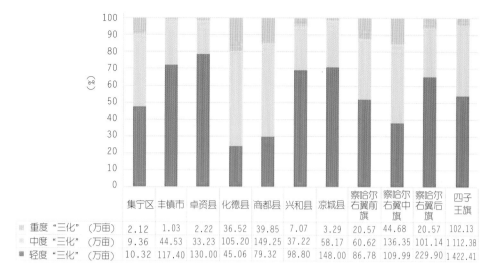

图5-6　各旗县市区草地"三化"分级统计

第三节　草地退化、沙化、盐渍化变化趋势

一、全市草地退化、沙化、盐渍化变化趋势

根据乌兰察布市20世纪80年代、2000年、2016年草地"三化"面积数据对比分析显示，全市20世纪80年代至2000年草地"三化"面积呈明显增加趋势；2000年至2016年草地"三化"面积总体呈减少趋势，但在局部草地，中度、重度"三化"面积仍有增加态势。

20世纪80年代全市"三化"草地面积为2 556.31万亩，2000年"三化"草地面积为4 634.67万亩，2016年"三化"草地面积为4 605.68万亩。20世纪80年代至2000年全市"三化"草地面积呈急剧上升趋势，2000年"三化"草地面积比20世纪80年代共增加了2 078.36万亩，变化率为81.30%。见表5-3。

表5-3　乌兰察布市20世纪80年代至2016年草地"三化"面积变化统计

时　期	"三化"草地		轻度"三化"草地		中度"三化"草地		重度"三化"草地	
	面积（万亩）	变化率（%）	面积（万亩）	变化率（%）	面积（万亩）	变化率（%）	面积（万亩）	变化率（%）
20世纪80年代	2 556.31	—	1 497.96	—	539.13	—	519.22	—
2000年	4 634.67	81.30	2 193.13	46.41	2 139.00	296.75	302.54	−41.73
2016年	4 605.68	−0.63	2 477.98	12.99	1 847.65	−13.62	280.05	−7.43

2000 年至 2016 年全市"三化"草地面积为减少趋势，2016 年"三化"草地面积比 2000 年共减少了 28.99 万亩，变化率为-0.63%，从退化草地、沙化草地、盐渍化草地的变化分析看，虽然"三化"草地面积总体为减少，但其中的沙化和盐渍化草地面积却有增加。2000 年至 2016 年全市退化草地面积减少了 41.83 万亩，变化率为-0.99%。而沙化草地面积增加了 8.52 万亩，变化率为 5.58%；盐渍化草地面积增加了 4.31 万亩，变化率为 1.75%。根据数据分析全市近期草地"三化"总体上是减少趋势，而局部仍然有严重退化现象。见表 5-4。

表5-4 乌兰察布市草地退化、沙化、盐渍化变化统计

草地"三化"	2000 年草地"三化"面积（万亩）	2016 年草地"三化"面积（万亩）	两期面积增减（万亩）	变化率（%）
退化草地	4 235.17	4 193.34	−41.83	−0.99
沙化草地	152.64	161.16	8.52	5.58
盐渍化草地	246.87	251.18	4.31	1.75

在草地"三化"程度的变化方面，2000 年与 20 世纪 80 年代对比，轻度"三化"面积增加了 695.17 万亩，变化率为 46.41%；2000 年至 2016 年轻度"三化"草地面积增加了 284.85 万亩，变化率为 12.99%。2000 年与 20 世纪 80 年代对比，中度"三化"面积变化明显，增加了 1 599.87 万亩，变化率为 296.75%；而 2000 年至 2016 年中度"三化"草地面积却减少了 291.35 万亩，变化率为-13.62%。2000 年与 20 世纪 80 年代对比，重度"三化"面积减少了 216.68 万亩，变化率为-41.73%；而 2000 年至 2016 年重度"三化"草地面积，减少了 22.49 万亩，变化率为-7.43%。见表 5-3、图 5-7。

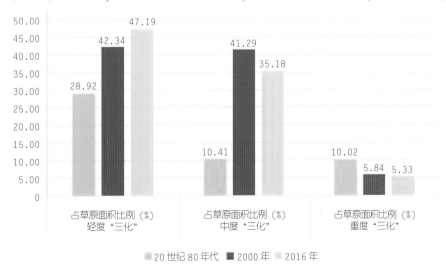

图5-7 乌兰察布市20世纪80年代至2016年草地"三化"程度面积变化

二、旗县市区草地退化、沙化、盐渍化变化趋势

20世纪80年代至2000年全市各旗县市区"三化"草地面积总体呈不同程度的增加趋势，四子王旗"三化"草地面积增加最多，增加了1 852.15万亩，增加了1.61倍以上。察哈尔右翼后旗、商都县、化德县、凉城县，"三化"草地面积增加在31.86万~45.04万亩，变化率分别在16.98%、24.12%、23.21%、35.78%。其他旗县市区"三化"面积增加小于30万亩。

2000年至2016年，全市各旗县市区"三化"草地面积有增有减，而且变化趋缓。全市11个旗县市区中"三化"草地面积减少的旗县市区为四子王旗、化德县，分别减少了362.92万亩和1.86万亩，变化率分别为-12.10%和-0.99%。"三化"草地面积增加50万亩以上的旗县市区有丰镇市和凉城县，其他旗县市区的"三化"草地面积增加都在50万亩以下。见表5-5、表5-6。

表5-5　20世纪80年代至2016年全市、旗县市区草地"三化"面积状况

行政区划名称	80年代		2000年		2016年	
	"三化"面积	占本地草地总面积比例（%）	"三化"面积	占本地草地总面积比例（%）	"三化"面积	占本地草地总面积比例（%）
乌兰察布市	2 556.31	49.61	4 634.67	89.47	4 605.68	87.70
集宁区	3.65	89.54	5.88	94.99	21.80	98.91
丰镇市	106.88	73.58	112.05	72.42	162.96	94.52
卓资县	142.79	57.38	150.63	58.08	165.45	81.28
化德县	153.10	76.39	188.64	94.53	186.78	99.77
商都县	176.00	85.06	218.45	92.93	268.42	99.86
兴和县	110.43	72.32	110.97	73.76	143.09	98.50
凉城县	89.04	75.23	120.90	75.12	209.46	99.83
察哈尔右翼前旗	128.78	72.96	156.72	86.39	167.97	94.38
察哈尔右翼中旗	232.57	72.27	260.17	82.92	291.02	88.79
察哈尔右翼后旗	265.18	72.88	310.22	94.44	351.61	99.37
四子王旗	1 147.89	35.72	3 000.04	94.04	2 637.12	82.86

表5-6 20世纪80年代至2016年全市、旗县市区草地"三化"面积增减及变化率

行政区划名称	20 世纪 80 年代至 2000 年		2000 年至 2016 年	
	"三化"面积增减	变化率（%）	"三化"面积增减	变化率（%）
乌兰察布市	2 078.36	81.30	−28.99	−0.63
集宁区	2.23	61.07	15.92	270.48
丰镇市	5.17	4.83	50.91	45.44
卓资县	7.84	5.49	14.82	9.84
化德县	35.54	23.21	−1.86	−0.99
商都县	42.45	24.12	49.97	22.87
兴和县	0.54	0.49	32.12	28.94
凉城县	31.86	35.78	88.56	73.25
察哈尔右翼前旗	27.94	21.70	11.25	7.18
察哈尔右翼中旗	27.60	11.87	30.85	11.86
察哈尔右翼后旗	45.04	16.98	41.39	13.34
四子王旗	1 852.15	161.35	−362.92	−12.10

从全市各旗县市区草地"三化"程度分级来看，从 20 世纪 80 年代至 2000 年，轻度"三化"草地面积除卓资县是减少之外，其他旗县市区均有不同程度的增加；四子王旗增加面积最大，共增加了 379.46 万亩，其他旗县市区增加为 64.94 万亩以下。中度"三化"草地面积除察哈尔右翼前旗、察哈尔右翼中旗减少之外，其他旗县市区为增加；四子王旗增加面积最大，增加了 1 383.73 万亩，其次是化德县，增加了 83.44 万亩。重度"三化"草地面积除四子王旗增加 88.96 万亩外，其他旗县市区均为减少。见表 5-7、表 5-8。

2000 年到 2016 年，轻度"三化"草地面积减少的是 3 个旗县市区，增加的是 8 个旗县市区。减少最多的是察哈尔右翼中旗，共减少了 91.07 万亩；其次是察哈尔右翼前旗，共减少了 39.69 万亩。中度"三化"草地面积减少的是 4 个旗县市区，增加的是 7 个旗县市区，其中增加最大的是察哈尔右翼中旗，增加了 80.78 万亩，察哈尔右翼前旗增加 33.70 万亩；中度"三化"草地面积减少面积最多的是四子王旗，减少 409.36 万亩，其次是卓资县，减少了 32.12 万亩。重度"三化"草地面积除四子王旗减少150.40万亩外，其他旗县市区均为增加态势；其中重度"三化"面积增加最大的是察哈尔右翼中旗，共增加了 41.14 万亩，其次是化德县，增加了 31.62 万亩。见表 5-8。

表5-7 全市各旗县市区三期草地"三化"分级面积统计

行政区划名称	20世纪80年代"三化"面积（万亩）			2000年"三化"面积（万亩）			2016年"三化"面积（万亩）		
	轻度	中度	重度	轻度	中度	重度	轻度	中度	重度
乌兰察布市	1 497.96	539.13	519.22	2 193.13	2 139.00	302.54	2 477.98	1 847.65	280.05
集宁区	0.91	1.28	1.46	2.16	3.54	0.18	10.32	9.36	2.12
丰镇市	32.07	32.06	42.75	73.35	37.79	0.91	117.40	44.53	1.03
卓资县	85.67	35.70	21.42	85.10	65.35	0.18	130.00	33.23	2.22
化德县	38.27	53.59	61.24	46.71	137.03	4.90	45.06	105.20	36.52
商都县	35.20	52.80	88.00	70.14	124.18	24.13	79.32	149.25	39.85
兴和县	23.09	34.63	52.71	68.09	41.60	1.28	98.80	37.22	7.07
凉城县	52.53	30.27	6.24	75.03	44.90	0.97	148.00	58.17	3.29
察哈尔右翼前旗	86.91	36.21	5.66	126.47	26.92	3.33	86.78	60.62	20.57
察哈尔右翼中旗	142.69	59.17	30.71	201.06	55.57	3.54	109.99	136.35	44.68
察哈尔右翼后旗	154.51	65.21	45.46	219.45	80.18	10.59	229.90	101.14	20.57
四子王旗	846.11	138.21	163.57	1 225.57	1 521.94	252.53	1 422.41	1 112.58	102.13

表5-8 全市各旗县市区草地"三化"面积变化

行政区划名称	20世纪80年代至2000年"三化"草地分级变化			2000年至2016年"三化"草地分级变化		
	轻度"三化"草地面积增减（万亩）	中度"三化"草地面积增减（万亩）	重度"三化"草地面积增减（万亩）	轻度"三化"草地面积增减（万亩）	中度"三化"草地面积增减（万亩）	重度"三化"草地面积增减（万亩）
乌兰察布市	695.17	1 599.87	−216.68	284.85	−291.35	−22.49
集宁区	1.25	2.26	−1.28	8.16	5.82	1.94
丰镇市	41.28	5.73	−41.84	44.05	6.74	0.12
卓资县	−0.57	29.65	−21.24	44.90	−32.12	2.04
化德县	8.44	83.44	−56.34	−1.65	−31.83	31.62
商都县	34.94	71.38	−63.87	9.18	25.07	15.72
兴和县	45.00	6.97	−51.43	30.71	−4.38	5.79
凉城县	22.50	14.63	−5.27	72.97	13.27	2.32
察哈尔右翼前旗	39.56	−9.29	−2.33	−39.69	33.70	17.24
察哈尔右翼中旗	58.37	−3.60	−27.17	−91.07	80.78	41.14
察哈尔右翼后旗	64.94	14.97	−34.87	10.45	20.96	9.98
四子王旗	379.46	1 383.73	88.96	196.84	−409.36	−150.40

第二部分　旗县市区草地资源分述

第六章　四子王旗草地资源

第一节　草地资源概况

一、地理位置及基本情况

四子王旗是乌兰察布市唯一的纯牧业旗，地处乌兰察布市西北部，北纬41°10′~43°22′，东经110°20′~113°00′。东与察哈尔右翼中旗、察哈尔右翼后旗及锡林郭勒盟苏尼特右旗毗邻，南与卓资县、呼和浩特市武川县交界，西与包头市达尔罕茂明安联合旗相连，北与蒙古国接壤，国境线全长104千米。总面积25 516千米^2。

该旗辖5个苏木3个乡4个镇。北部包括白音朝克图镇、查干补力格苏木、红格尔苏木、脑木更苏木、白音敖包苏木、江岸苏木；南部包括供济堂镇、库伦图镇、乌兰花镇、忽鸡图乡、大黑河乡、东八号乡。

四子王旗地形从南至北由阴山山脉北缘的低山、丘陵和北部层状高平原的地貌单元组成。其中，低山占4.1%，丘陵占56.1%，高原占39.8%。地形趋势东南高而西北低，南部平均海拔1 700米，海拔最高点为2 164米，北部海拔最低点为938米。

地处中温带大陆性季风气候，年平均气温在1~6℃，1月最冷，平均气温自北向南由−14℃递降到−17℃，极端最低气温−39℃，7月最热，平均气温自南向北由16℃递升到24℃，极端最高气温35.7℃。其特点是春温骤升、秋温剧降、无霜期短，平均无霜期108天。最短无霜期年份为1965年，仅78天，最长无霜期年份为2000年，无霜期142天。历年平均降水量在110~350毫米。

境内地表水主要以塔布河流域为主，其他区域地表水资源贫乏且利用困难。全旗水资源总量为4.44亿米^3，其中地表水平均径流量为3 649万米^3。该旗有呼和淖尔和查干淖尔两大湖泊。呼和淖尔是塔布河注入的主要内陆湖，位于旗境北部的江岸苏木和脑木更苏木境内，中心位置在北纬42°48′、东经111°05′。高程在955米左右，水面面积丰水年超过20千米^2，一般年份水深在2米左右，干旱年份出现过干涸现象。水质矿化度大于5克/升，为咸水湖。查干淖尔在呼和淖尔东南约4千米处，为塔布河注入的内陆湖，干旱年份时湖水干枯。当湖内水面超过955米时，即流入呼和淖尔。

二、土地利用现状和草地面积

全旗土地面积为3 602.40万亩，其中，天然草地面积为3 182.71万亩，占土地总面积的88.35%；人工草地面积为97.00万亩，占土地总面积的2.69%；非草地面积（林地、耕地、水域、居民点及工矿用地、道路等）为322.69万亩，占土地总面积的8.96%。见图6-1。

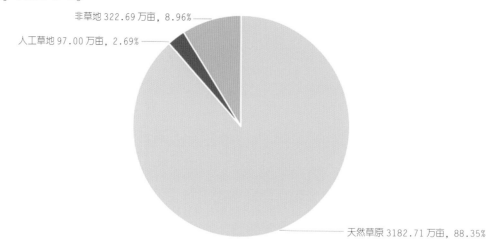

非草地 322.69万亩，8.96%

人工草地 97.00万亩，2.69%

天然草原 3182.71万亩，88.35%

图6-1　四子王旗土地利用现状比例

三、天然草地状况

四子王旗天然草地分布于阴山北部，受地形和土壤等多种因素影响，草地分布规律性较强。草地植被随着降水自东南向西北递减趋势的影响，呈地带性分布，依次分布有温性典型草原类、温性荒漠草原类、温性草原化荒漠类；在阴山北部山麓独特的水分和温度的作用下，山顶分布有山地草甸类，山脉阴坡分布着温性草甸草原类；在各类分布区镶嵌分布具有地下水补给的低地草甸类。旗境天然草地面积为3 182.71万亩，占乌兰察布市天然草地面积的60.61%。南部天然草地以温性典型草原类为主，中、北部以温性荒漠草原类和温性草原化荒漠类为主。

旗境南部草地处于阴山山脉北坡。地形为笔架山、大银山、大脑包和格此老山等组成的低山丘陵区与阴山山脉紧密相连，海拔1 700~2 100米，相对高度150米。低山丘陵区为塔布河流域上游的源头区。山间形成了乌兰花和供济堂盆地，海拔1 500米左右。盆地内季节性洪水沟较多，地下水埋藏浅，已被开垦为农田，个别山顶部还保存有少量的草甸植被。绝大部分草地分布在狭窄的空间，草地强度利用，退化严重。南部年平均气温为2.9℃，1月平均气温-15.9℃，7月平均19.5℃；无霜期103~120天，≥5℃积温2 133℃；年平均降水量310毫米左右，蒸发量2 355毫米。土壤类型以栗钙土和淡栗钙土为主，相当部分栗钙土已开垦为农田，草地植被分布在低山丘陵的顶部。

北部为层状高平原,主要分布在丘陵以北的广大地区,由南向北倾斜,海拔1 100~1 350米;年平均气温为3.5℃,1月平均气温-18.5~-14℃,7月平均21.4~23℃;无霜期103~120天,≥5℃积温2 500~2 675℃;降水210~134毫米;棕钙土广泛分布在层状高平原上,地表覆盖较薄细沙和微弱砾质化,土层较薄。

南部天然草地面积小,共291.87万亩,占全旗草地总面积9.17%,包括吉生太镇、供济堂镇、库伦图镇、乌兰花镇、忽鸡图乡、大黑河乡、东八号乡7个乡镇。南部草原面积最大的为吉生太镇,面积102.51万亩,占全旗草地总面积的3.22%。

北部草地面积大,共2 890.84万亩,占全旗草地总面积的90.83%,包括白音朝克图镇、查干补力格苏木、红格尔苏木、脑木更苏木、白音敖包苏木、江岸苏木6个苏木(镇)。北部草原面积最大的是脑木更苏木,面积708.38万亩,占全旗草地总面积的22.26%。见表6-1。

表6-1 四子王旗苏木(乡、镇)天然草地统计

苏木(乡、镇)名称		草地面积		可利用面积	
		面积(万亩)	占草地总面积比例(%)	面积(万亩)	占草地总面积比例(%)
南部	吉生太镇	102.51	3.22	97.52	3.06
	供济堂镇	49.17	1.55	46.41	1.46
	库仑图镇	32.85	1.03	30.85	0.97
	乌兰花镇	24.76	0.78	23.49	0.74
	忽鸡图乡	44.31	1.39	41.18	1.29
	大黑河乡	16.51	0.52	15.94	0.50
	东八号乡	21.76	0.68	20.33	0.64
	小计	291.87	9.17	275.72	8.66
北部	白音朝克图镇	455.80	14.32	430.09	13.51
	查干补力格苏木	400.50	12.58	381.06	11.97
	红格尔苏木	429.05	13.48	406.56	12.77
	脑木更苏木	708.38	22.26	666.73	20.95
	白音敖包苏木	381.00	11.97	354.39	11.14
	江岸苏木	516.11	16.22	485.32	15.25
	小计	2 890.84	90.83	2 724.15	85.59

第二节　草地类型分布规律及特征

四子王旗天然草地由 6 个草地类，10 个草地亚类，49 个草地型组成。草地类面积最大的是温性荒漠草原类，面积为 2 085.06 万亩，占四子王旗草地面积的 65.51%；其次是温性草原化荒漠类，面积为 487.63 万亩，占四子王旗草地面积的 15.32%；第三位是温性典型草原类，面积为 456.23 万亩，占四子王旗草地面积的 14.34%；草地类面积最小的是温性草甸草原类，面积为 0.95 万亩，占四子王旗草地面积的 0.03%。见图6-2、表 6-2。

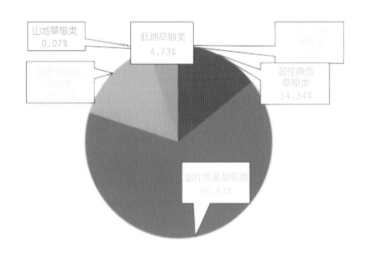

图6-2　四子王旗天然草地类比例

表6-2　四子王旗天然草地类统计

草地类	草地面积（万亩）	占全旗草地面积比例（%）	可利用面积（万亩）	占该类草地面积比例（%）
温性草甸草原类	0.95	0.03	0.85	89.47
温性典型草原类	456.23	14.34	434.75	95.29
温性荒漠草原类	2 085.06	65.51	1 964.59	94.22
温性草原化荒漠类	487.63	15.32	463.25	95.00
山地草甸类	2.23	0.07	2.01	90.13
低地草甸类	150.61	4.73	134.42	89.25
合　计	3 182.71	100.00	2 999.87	—

一、温性草甸草原类

温性草甸草原类由山地草甸草原1个草地亚类组成，包括2个草地型。该类草地面积为0.95万亩，占全旗草地面积的0.03%，其中可利用面积为0.85万亩。温性草甸草原类在四子王旗分布较小，分布在南部山地垂直带谱及丘陵地区的阴坡，主要分布于忽鸡图乡、东八号乡。见表6-3。

草地型以具灌木的铁杆蒿、杂类草草地型为主。具灌木的铁杆蒿、杂类草草地型总面积为0.69万亩，占全旗山地草甸草原亚类面积的72.63%，可利用面积为0.62万亩；分布在南部的忽鸡图乡、东八号乡，其中忽鸡图乡分布面积为0.39万亩，占全旗该型草地面积的56.52%。铁杆蒿、脚苔草草地型总面积为0.26万亩，占全旗山地草甸草原亚类面积的27.37%，可利用面积为0.23万亩，分布在东八号乡。

表6-3 四子王旗山地草甸草原亚类及草地型统计

草地型	分布地区	草地面积		可利用面积	
		面积（万亩）	占该型的比例（%）	面积（万亩）	占该型的比例（%）
具灌木的铁杆蒿、杂类草	忽鸡图乡	0.39	56.52	0.35	50.73
	东八号乡	0.30	43.48	0.27	39.13
	小计	0.69	100.00	0.62	89.86
铁杆蒿、脚苔草	东八号乡	0.26	100.00	0.23	88.46
	小计	0.26	100.00	0.23	88.46
合　计		0.95	—	0.85	—

二、温性典型草原类

温性典型草原类面积为456.23万亩，占全旗天然草地面积的14.34%，其中可利用面积为434.75万亩，占全旗该类草地面积的95.29%。温性典型草原类分布在旗境中南部山地阳坡及丘陵地区，在中南部各苏木（乡、镇）均有分布。其中查干补力格苏木草地面积最大，为125.16万亩，占该类草地面积的27.43%；其次是白音朝克图镇，面积为104.70万亩，占该类草地面积的22.95%；面积最小的是江岸苏木，面积为0.29万亩，占该类草地面积的0.06%。见表6-4。

表6-4 四子王旗苏木（乡、镇）温性典型草原类统计

苏木（乡、镇）	合计		平原丘陵草原亚类		山地草原亚类	
	草地面积（万亩）	可利用面积（万亩）	草地面积（万亩）	可利用面积（万亩）	草地面积（万亩）	可利用面积（万亩）
白音朝克图镇	104.70	99.82	79.60	77.22	25.10	22.60
查干补力格苏木	125.16	120.11	106.65	103.45	18.51	16.66
大黑河乡	15.56	15.09	15.56	15.09	—	—
东八号乡	17.32	16.32	10.63	10.30	6.69	6.02
供济堂镇	5.55	5.02	0.32	0.31	5.23	4.71
红格尔苏木	67.60	64.59	53.43	51.84	14.17	12.75
忽鸡图乡	37.03	34.39	15.19	14.74	21.84	19.65
吉生太镇	50.16	48.08	42.02	40.75	8.14	7.33
江岸苏木	0.29	0.26	—	—	0.29	0.26
库伦图镇	21.56	20.12	10.34	10.03	11.22	10.09
乌兰花镇	11.30	10.95	11.17	10.84	0.13	0.11
合　计	456.23	434.75	344.91	334.57	111.32	100.18

温性典型草原类由平原丘陵草原亚类和山地草原亚类 2 个草地亚类，13 个草地型组成。

（一）平原丘陵草原亚类

总面积为 344.91 万亩，占全旗该类草地面积的 75.60%，其中可利用面积为 334.57 万亩。该亚类在中南部苏木（乡、镇）均有分布，包括 12 个草地型。其中小叶锦鸡儿、冷蒿草地型面积最大，为 47.08 万亩，占该亚类的 13.65%；第二位为糙隐子草、杂类草草地型，为 45.84 万亩，占该亚类的 13.29%；第三位为克氏针茅、糙隐子草草地型，为 45.47 万亩，占该亚类的 13.18%；面积最小的是大针茅、杂类草草地型，为 0.01 万亩。其他见表 6-5。

表6-5　四子王旗平原丘陵草原亚类及草地型统计

草地型	草地面积		可利用面积	
	面积 (万亩)	占亚类的比例 (%)	面积 (万亩)	占亚类的比例 (%)
小叶锦鸡儿、克氏针茅	26.62	7.72	25.83	7.49
小叶锦鸡儿、冷蒿	47.08	13.65	45.67	13.24
小叶锦鸡儿、羊草	35.94	10.42	34.86	10.11
小叶锦鸡儿、糙隐子草	1.76	0.51	1.71	0.50
冷蒿、克氏针茅	33.36	9.68	32.36	9.38
大针茅、杂类草	0.01	0.00	0.01	0.00
克氏针茅、冷蒿	38.48	11.16	37.32	10.82
克氏针茅、糙隐子草	45.47	13.18	44.11	12.79
克氏针茅、亚洲百里香	25.22	7.31	24.46	7.09
羊草、冷蒿	0.36	0.10	0.35	0.10
冰草、禾草、杂类草	44.77	12.98	43.42	12.59
糙隐子草、杂类草	45.84	13.29	44.47	12.89
合　计	344.91	100.00	334.57	97.00

（二）山地草原亚类

总面积为 111.32 万亩，占全旗温性典型草原类的 24.40%，其中可利用面积为 100.18 万亩，分布在旗境中南部山地的阳坡。该亚类有 1 个草地型，即克氏针茅、杂类草。

三、温性荒漠草原类

该类天然草地总面积为 2 085.06 万亩，占全旗草地面积的 65.51%，其中可利用面积为 1 964.59 万亩。温性荒漠草原类除南部的东八号乡外，在 11 个苏木（乡、镇）均有分布。其中脑木更苏木草地面积最大，为 409.06 万亩，占该类草地面积的 19.62%；其次是江岸苏木，面积为 346.28 万亩，占该类草地面积的 16.61%；该类面积最小的是忽鸡图乡，面积为 5.30 万亩，占该类草地面积的 0.25%。见表 6-6。

表6-6　四子王旗各苏木（乡、镇）温性荒漠草原类统计

苏木（乡、镇）	合　计		平原丘陵荒漠草原亚类		沙地荒漠草原亚类		山地荒漠草原亚类	
	草地面积（万亩）	可利用面积（万亩）	草地面积（万亩）	可利用面积（万亩）	草地面积（万亩）	可利用面积（万亩）	草地面积（万亩）	可利用面积（万亩）
乌兰花镇	9.57	9.10	9.57	9.10	—	—	—	—
脑木更苏木	409.06	384.71	370.15	351.64	38.91	33.07	—	—
库伦图镇	10.99	10.44	10.99	10.44	—	—	—	—
江岸苏木	346.28	325.36	307.22	291.86	33.03	28.08	6.03	5.42
吉生太镇	46.99	44.62	46.68	44.34	—	—	0.31	0.28
忽鸡图乡	5.30	5.04	5.30	5.04	—	—	—	—
红格尔苏木	330.75	314.07	329.35	312.88	1.40	1.19	—	—
供济堂镇	41.47	39.40	41.47	39.40	—	—	—	—
查干补力格苏木	261.11	247.82	258.78	245.84	2.33	1.98	—	—
白音朝克图镇	315.13	297.81	295.64	280.85	11.56	9.82	7.93	7.14
白音敖包苏木	308.41	286.22	240.68	228.65	67.73	57.57	—	—
合　计	2 085.06	1 964.59	1 915.83	1 820.04	154.96	131.71	14.27	12.84

温性荒漠草原类由平原丘陵荒漠草原亚类、沙地荒漠草原亚类和山地荒漠草原亚类，14个草地型组成。

（一）平原丘陵荒漠草原亚类

总面积为1 915.83万亩，占温性荒漠草原类的91.88%，其中，可利用面积为1 820.04万亩。戈壁针茅、无芒隐子草草地型面积最大，为1 059.51万亩，占该亚类的55.30%；第二位是中间锦鸡儿、丛生小禾草草地型，为314.92万亩，占该亚类的16.44%；第三位是短花针茅、冷蒿草地型，为225.40万亩，占该亚类的11.77%。面积最小的是刺叶柄棘豆、沙生针茅草地型，为0.05万亩。见表6-7。

该亚类草地脑木更苏木面积最大，为370.15万亩，占该亚类草地面积的19.32%；其次是红格尔苏木，面积为329.35万亩，占该亚类草地面积的17.19%；第三位是江岸苏木，面积为307.22万亩，占该亚类草地面积的16.04%。见图6-3。

表6-7　四子王旗平原丘陵荒漠草原亚类及草地型统计

草地型	草地面积		可利用面积	
	面积（万亩）	占亚类的比例（%）	面积（万亩）	占亚类的比例（%）
狭叶锦鸡儿、丛生小禾草	7.68	0.40	7.30	0.38
中间锦鸡儿、丛生小禾草	314.92	16.44	299.17	15.62
中间锦鸡儿、杂类草	16.67	0.87	15.84	0.83
短花针茅、无芒隐子草	115.58	6.03	109.80	5.73
短花针茅、冷蒿	225.40	11.77	214.13	11.18
小针茅、无芒隐子草	1.92	0.10	1.83	0.10
小针茅、杂类草	0.36	0.02	0.34	0.02
戈壁针茅、无芒隐子草	1 059.51	55.30	1 006.53	52.54
戈壁针茅、冷蒿	33.33	1.74	31.66	1.65
戈壁针茅、杂类草	102.79	5.36	97.65	5.10
沙生针茅、无芒隐子草	5.02	0.26	4.77	0.25
沙生针茅、冷蒿	3.37	0.18	3.20	0.17
多根葱、杂类草	29.23	1.53	27.77	1.45
刺叶柄棘豆、沙生针茅	0.05	0.00	0.05	0.00
合　计	1 915.83	100.00	1 820.04	95.00

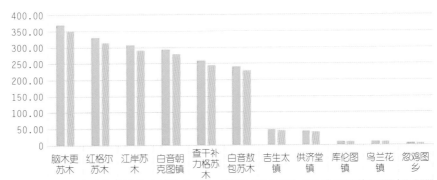

图6-3　四子王旗平原丘陵荒漠草原亚类面积排序

(二) 山地荒漠草原亚类

总面积为 14.27 万亩, 占全旗温性荒漠草原类的 0.68%, 其中可利用面积为 12.84 万亩, 分布在旗境中南部山地的阳坡。该亚类有 1 个草地型, 即戈壁针茅、杂类草草地型。该亚类分布在白音朝克图镇、江岸苏木、吉生太镇, 面积分别为 7.93 万亩、6.03 万亩、0.31 万亩, 其中白音朝克图镇占比最大, 占该亚类草地面积的 55.57%。见图 6-4。

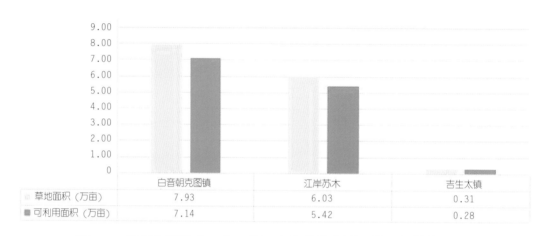

	白音朝克图镇	江岸苏木	吉生太镇
草地面积 (万亩)	7.93	6.03	0.31
可利用面积 (万亩)	7.14	5.42	0.28

图6-4 四子王旗苏木 (乡、镇) 山地荒漠草原亚类面积排序

(三) 沙地荒漠草原亚类

总面积为 154.96 万亩, 占全旗温性荒漠草原类的 7.43%, 其中, 可利用面积为 131.71 万亩。主要分布于北部层状高平原的沙质草地, 由油蒿、杂类草草地型组成。沙地荒漠草原亚类分布在脑木更苏木、江岸苏木、红格尔苏木、查干补力格苏木、白音朝克图镇、白音敖包苏木, 其中白音敖包苏木占比最大, 占该亚类面积的 43.71%。见表 6-8。

表6-8 四子王旗苏木 (乡、镇) 沙地荒漠草原亚类及草地型统计

草地型	分布地区	草地面积		可利用面积	
		面积 (万亩)	占亚类草地比例 (%)	面积 (万亩)	占亚类可利用面积比例 (%)
油蒿、杂类草	脑木更苏木	38.91	25.11	33.07	25.11
	江岸苏木	33.03	21.32	28.08	21.32
	红格尔苏木	1.40	0.90	1.19	0.90
	查干补力格苏木	2.33	1.50	1.98	1.50
	白音朝克图镇	11.56	7.46	9.82	7.46
	白音敖包苏木	67.73	43.71	57.57	43.71
	合 计	154.96	100.00	131.71	100.00

四、温性草原化荒漠类

该类草地总面积为 487.63 万亩，占全旗草地面积的 15.32%，其中可利用面积为 463.25 万亩。集中分布于北部的脑木更苏木、江岸苏木、白音敖包苏木，以及中部的红格尔苏木、供济堂镇、查干补力格苏木、白音朝克图镇。其中脑木更苏木该类草地面积最大，为 267.77 万亩，占全旗该类草地面积的 54.91%；第二位为江岸苏木，该类草地面积为150.91 万亩，占全旗该类草地面积的 30.95%；排在第三位的为白音敖包苏木，该类草地面积为58.96 万亩，占全旗该类草地面积的 12.09%。见表 6-9。

表6-9 四子王旗各苏木（乡、镇）温性草原化荒漠类统计

苏木（乡、镇）	温性草原化荒漠类			
	草地面积（万亩）	占该类草地比例（%）	可利用面积（万亩）	占该类草地比例（%）
脑木更苏木	267.77	54.91	254.38	52.17
江岸苏木	150.91	30.95	143.36	29.40
红格尔苏木	4.28	0.88	4.06	0.83
供济堂镇	0.16	0.03	0.16	0.03
查干补力格苏木	3.21	0.66	3.05	0.62
白音朝克图镇	2.34	0.48	2.23	0.46
白音敖包苏木	58.96	12.09	56.01	11.49
合　　计	487.63	100.00	463.25	95.00

温性草原化荒漠类包括 8 个草地型，其中以珍珠、杂类草草地型面积最大，为 450.19 万亩，占该类草地面积的 92.32%；以红砂为建群种的草地型，即红砂、戈壁针茅草地型，红砂、小针茅草地型，红砂、沙生针茅草地型，红砂、无芒隐子草草地型，这 4 个草地型面积共 31.60 万亩，占该类草地面积的 6.48%。见表 6-10。

表6-10 四子王旗温性草原化荒漠类草地型统计

草地型	草地面积		可利用面积	
	面积（万亩）	占亚类的比例（%）	面积（万亩）	占亚类的比例（%）
白刺、旱生杂类草	1.63	0.34	1.55	0.32
垫状锦鸡儿、小针茅	1.14	0.23	1.09	0.22
红砂、戈壁针茅	3.88	0.80	3.69	0.75
红砂、小针茅	0.00	0.00	0.00	0.00
红砂、沙生针茅	10.34	2.12	9.81	2.01
红砂、无芒隐子草	17.38	3.56	16.51	3.39
驼绒藜、丛生小禾草	3.07	0.63	2.92	0.60
珍珠、杂类草	450.19	92.32	427.68	87.71
合　　计	487.63	100.00	463.25	95.00

草地型面积在各苏木（乡、镇）分布，珍珠、杂类草草地型在脑木更苏木分布最大，面积为 259.80 万亩，占该型总面积的 57.71%；其次为江岸苏木，面积为 137.34 万亩，占该型总面积的 30.51%。以红砂为建群种的 4 个草地型，主要分布在江岸苏木、脑木更苏木、白音敖包苏木、红格尔苏木，其中江岸苏木分布最多，面积为 31.56 万亩，占红砂为建群种的 4 个草地型总面积的 99.91%。

五、山地草甸类

山地草甸类在四子王旗分布较小，总面积为 2.23 万亩，占全旗草地面积的 0.07%，可利用面积为 2.01 万亩。集中分布于东八号乡阴山山顶林线以上。山地草甸类由中低山草甸亚类 1 个亚类组成，草地型为凸脉苔草、杂类草草地型。

六、低地草甸类

低地草甸类总面积为 150.61 万亩，占全旗草地面积的 4.73%，其中可利用面积为 134.42 万亩。广泛分布于水位较低的湖泊、河流及低洼地段，13 个苏木（乡、镇）均有分布。白音朝克图镇、脑木更苏木面积最大，分别为 33.62 万亩、31.55 万亩，分别占全旗该类草地面积的 22.32%、20.95%，其次为红格尔苏木、江岸苏木，面积依次为 26.41 万亩、18.62 万亩，分别占该类草地面积的 17.54%、12.36%，其他苏木（乡、镇）占该类草地面积的 10% 以下。见表 6-11。

表6-11 四子王旗各苏木（乡、镇）低地草甸类统计

苏木（乡、镇）	草地面积（万亩）	可利用面积（万亩）	低湿地草甸亚类		盐化低地草甸亚类	
			草地面积（万亩）	可利用面积（万亩）	草地面积（万亩）	可利用面积（万亩）
乌兰花镇	3.88	3.44	0.59	0.56	3.29	2.88
脑木更苏木	31.55	27.63	0.37	0.35	31.18	27.28
库伦图镇	0.30	0.28	0.23	0.22	0.07	0.06
江岸苏木	18.62	16.33	0.42	0.40	18.20	15.93
吉生太镇	5.36	4.81	0.96	0.96	4.40	3.85
忽鸡图乡	1.59	1.40	0.22	0.21	1.37	1.19
红格尔苏木	26.41	23.84	9.69	9.20	16.72	14.64
供济堂镇	1.99	1.84	0.83	0.83	1.16	1.01
东八号乡	1.69	1.52	0.59	0.56	1.10	0.96
大黑河乡	0.95	0.85	0.13	0.13	0.82	0.72
查干补力格苏木	11.02	10.08	5.87	5.58	5.15	4.50
白音朝克图镇	33.62	30.24	12.09	11.39	21.53	18.85
白音敖包苏木	13.63	12.16	3.16	3.00	10.47	9.16
合 计	150.61	134.42	35.15	33.39	115.46	101.03

低地草甸类由低湿地草甸亚类、盐化低地草甸亚类2个亚类组成。低湿地草甸亚类面积为35.15万亩，占该类草地面积的23.34%。低湿地草甸亚类包括羊草、中生杂类草草地型，寸草苔、中生杂类草草地型2个草地型，其中，羊草、中生杂类草草地型面积占该亚类面积的99.26%。盐化低地草甸亚类面积为115.46万亩，占该类草地面积的76.66%。该亚类包括白刺、盐生杂类草草地型，红砂、盐生杂类草草地型，芨芨草、羊草草地型，芨芨草、寸草苔草地型等7个草地型，其中面积最大的是芨芨草、羊草草地型，面积为66.84万亩，占该亚类面积的57.89%。其他详见表6-12。

表6-12 四子王旗低地草甸类草地型统计

草地(亚类)	草地型	草地面积			可利用面积		
		面积(万亩)	占该亚类的比例(%)	占全旗草地的比例(%)	面积(万亩)	占该亚类的比例(%)	占全旗草地的比例(%)
低湿地草甸亚类	羊草、中生杂类草	34.89	99.26	1.09	33.15	94.31	1.04
	寸草苔、中生杂类草	0.26	0.74	0.01	0.24	0.68	0.01
	小 计	35.15	100.00	1.10	33.39	94.99	1.05
盐化低地草甸亚类	白刺、盐生杂类草	10.93	9.47	0.34	9.56	8.28	0.30
	红砂、盐生杂类草	1.29	1.12	0.04	1.13	0.98	0.03
	芨芨草、羊草	66.84	57.89	2.10	58.49	50.66	1.84
	芨芨草、寸草苔	13.80	11.95	0.44	12.08	10.46	0.38
	芨芨草、盐生杂类草	6.71	5.81	0.21	5.87	5.08	0.18
	羊草、盐生杂类草	0.00	0.00	0.00	0.00	0.00	0.00
	盐爪爪、盐生杂类草	15.89	13.76	0.50	13.90	12.04	0.44
	小 计	115.46	100.00	3.63	101.03	87.50	3.17
合 计		150.61	—	4.73	134.42	—	4.22

第三节　草地生产力状况

一、天然草地产草量

四子王旗天然草地平均亩产干草 29.90 千克，年产草总量为 89 690.33 万千克。由于受水热条件的制约，单位面积产草量从南向北递减。单位面积牧草产量最高的是山地草甸类，平均亩产干草 80.51 千克；其次是温性草甸草原类，平均亩产干草 53.21 千克；第三位为温性典型草原类，平均亩产干草 36.87 千克，第四位为低地草甸类，平均亩产干草 34.22 千克。四子王旗各类草地总产量最高的是温性荒漠草原类，总产草量为 53 019.12 万千克，占全旗总产草量的 59.11%；总产草量最低的是温性草甸草原类，总产草量为 45.42 万千克，占全旗总产草量的 0.05%。见表 6–13。

表6–13　四子王旗年产草量统计

草地类	单位面积产量（千克/亩）	产草总量（万千克）		
		产草总量	暖季	冷季
温性草甸草原类	53.21	45.42	24.98	16.24
温性典型草原类	36.87	16 030.26	8 015.14	4 830.34
温性荒漠草原类	26.99	53 019.12	23 858.60	14 283.38
温性草原化荒漠类	34.18	15 833.55	6 333.42	3 800.05
山地草甸类	80.51	161.87	97.12	63.13
低地草甸类	34.22	4 600.11	2 760.07	1 794.04
平　　均	29.90	—	—	—
合　　计	—	89 690.33	41 089.33	24 787.18

在各苏木（乡、镇）产草量中，单位面积产草量较高的是南部的东八号乡、大黑河乡、忽鸡图乡、库伦图镇，平均亩产干草分别为 42.12 千克、37.14 千克、35.91 千克、34.13 千克；单位面积产草量最低的是江岸苏木，平均亩产 27.89 千克。总产草量较高的是脑木更苏木、白音朝克图镇、江岸苏木，产草总量分别为 19 599.25 万千克、13 818.88 万千克、13 533.70 万千克，分别占全旗年总产草量 21.85%、15.41%、15.09%，三个苏木（镇）共占 52.35%。最低的是大黑河乡，产草总量为 591.56 万千克，占全旗总产草量的 0.66%。见表 6–14。

表6-14　四子王旗苏木（乡、镇）草地干草产量统计

苏木（乡、镇）	干草单产（千克/亩）	总干草产量（万千克）			
		年总产量	占全旗年产草量比例（%）	暖季	冷季
乌兰花镇	34.07	800.32	0.89	397.79	242.21
脑木更苏木	29.40	19 599.25	21.85	8 519.19	5 138.15
库伦图镇	34.13	1 053.00	1.17	512.64	317.10
江岸苏木	27.89	13 533.70	15.09	5 928.06	3 552.83
吉生太镇	31.60	3 079.99	3.43	1 496.53	888.72
忽鸡图乡	35.91	1 478.96	1.65	738.80	461.56
红格尔苏木	28.65	11 649.50	12.99	5 499.02	3 281.03
供济堂镇	31.33	1 452.89	1.62	672.22	409.66
东八号乡	42.12	857.61	0.96	451.77	283.94
大黑河乡	37.14	591.56	0.66	298.60	179.98
查干补力格苏木	30.82	11 753.52	13.11	5 534.32	3 344.09
白音朝克图镇	32.12	13 818.88	15.41	6 565.27	3 990.22
白音敖包苏木	28.28	10 021.15	11.17	4 475.12	2 697.69
平　均	29.90	—	—	—	—
合　计	—	89 690.33	100.00	41 089.33	24 787.18

二、天然草地合理载畜量

四子王旗天然草地平均饲养1个羊单位，全年所需要的可利用草地面积为65.71亩，暖季需要21.04亩，冷季需要44.67亩。天然草地全年合理载畜量为45.65万羊单位；暖季合理载畜量为62.54万羊单位；冷季合理载畜量为37.73万羊单位。

在草地类中，温性荒漠草原类全年合理载畜量最高，为26.38万羊单位，暖季合理载畜量为36.31万羊单位，冷季合理载畜量为21.75万羊单位；全年74.48亩草地能饲养1个羊单位。其次为温性典型草原类，全年合理载畜量为8.89万羊单位，暖季合理载畜量为12.20万羊单位，冷季合理载畜量为7.35万羊单位；全年48.88亩草地能饲养1个羊单位。温性草甸草原类全年合理载畜量最低，为0.03万羊单位，暖季合理载畜量为0.04万羊单位，冷季合理载畜量为0.02万羊单位；全年29.24亩草地能饲养1个羊单位。见表6-15。

表6-15　四子王旗天然草地合理载畜量统计

草地类	天然草地合理载畜量					
	用草地面积表示（亩）			用羊单位表示（万羊单位）		
	全年1个羊单位需草地面积	暖季1个羊单位需草地面积	冷季1个羊单位需草地面积	全年合理载畜量	暖季合理载畜量	冷季合理载畜量
四子王旗	65.71	21.04	44.67	45.65	62.54	37.73
温性草甸草原类	29.24	9.84	19.40	0.03	0.04	0.02
温性典型草原类	48.88	15.64	33.24	8.89	12.20	7.35
温性荒漠草原类	74.48	23.72	50.76	26.38	36.31	21.75
温性草原化荒漠类	66.05	21.07	44.98	7.01	9.64	5.78
温性山地草甸类	17.71	5.96	11.75	0.11	0.15	0.10
低地草甸类	41.67	14.03	27.64	3.23	4.20	2.73

　　四子王旗各苏木（乡、镇）合理载畜量最高的为脑木更苏木，天然草地全年可承载9.47万羊单位，70.43亩草地可饲养1个羊单位；其次为白音朝克图镇，全年可承载7.33万羊单位，58.68亩草地可饲养1个羊单位；再次是江岸苏木，全年可承载6.56万羊单位，74.02亩草地可饲养1个羊单位。见表6-16。

表6-16　四子王旗苏木（乡、镇）合理载畜量统计

苏木（乡、镇）	天然草地合理载畜量					
	用草地面积表示（亩）			用羊单位表示（万羊单位）		
	全年1个羊单位需草地面积	暖季1个羊单位需草地面积	冷季1个羊单位需草地面积	全年合理载畜量	暖季合理载畜量	冷季合理载畜量
乌兰花镇	52.80	17.02	35.78	0.44	0.61	0.37
脑木更苏木	70.43	22.55	47.88	9.47	12.97	7.82
库伦图镇	53.25	17.35	35.90	0.58	0.78	0.48
江岸苏木	74.02	23.61	50.41	6.56	9.02	5.41
吉生太镇	59.29	18.82	40.47	1.64	2.28	1.35
忽鸡图乡	49.01	16.09	32.92	0.84	1.12	0.70
红格尔苏木	68.47	21.79	46.68	5.93	8.19	4.90
供济堂镇	61.65	19.88	41.77	0.75	1.02	0.62
东八号乡	39.46	13.00	26.46	0.52	0.69	0.43
大黑河乡	48.03	15.37	32.66	0.33	0.45	0.27
查干补力格苏木	60.56	19.41	41.14	6.29	8.61	5.20
白音朝克图镇	58.68	18.89	39.79	7.33	9.99	6.07
白音敖包苏木	71.29	22.81	48.48	4.97	6.81	4.11

第四节　草地资源等级综合评价

依据草地等级评定标准，四子王旗草地质量总体评价为优良型，草地产量评价为低产型，草地等包括Ⅰ等、Ⅱ等、Ⅲ等、Ⅳ等、Ⅴ等；草地级包括5级、6级、7级、8级。

一、草地等的评价及特点

全旗天然草地属于Ⅰ等和Ⅱ等的优质草地面积分别为194.07万亩、2 026.76万亩；占全旗草地面积分别为6.10%、63.68%。Ⅲ等、Ⅳ等的中等质量草地面积分别为931.15万亩、19.8万亩，占全旗草地面积分别为29.26%、0.62%。Ⅴ等的劣质草地面积10.93万亩，占全旗草地面积0.34%。东南部草地质量好，西北部草原化荒漠区域草地质量以劣质型草地居多。

Ⅰ等草地分布在温性典型草原类和温性荒漠草原类，分别占全旗草地面积的2.47%、3.63%；Ⅱ等草地分布于温性典型草原类、温性荒漠草原类、温性草原化荒漠类、低地草甸类，其中温性荒漠草原类面积最大，占全旗草地面积的55.56%；Ⅲ等草地除温性草甸草原类外，各大类草地均有分布，其中温性草原化荒漠类面积最大，为482.92万亩，占旗草地面积的15.18%；Ⅳ等草地分布于温性草甸草原类、温性荒漠草原类、温性草原化荒漠类、低地草甸类，其中低地草甸类面积最大，占全旗草地面积的0.54%；Ⅴ等草地分布在低地草甸类，面积为10.93万亩，占全旗草地面积的0.34%。见表6-17。

从苏木（乡、镇）草地等评价看，Ⅰ等草地江岸苏木面积最大，为49.81万亩，占Ⅰ等草地面积的25.67%；其次是红格尔苏木、查干补力格苏木，面积分别为44.55万亩、44.38万亩，分别占Ⅰ等草地面积的22.96%、22.87%。Ⅱ等草地白音朝克图镇、脑木更苏木面积较大，分别为363.29万亩、350.72万亩，占Ⅱ等草地面积的17.92%、17.30%；其次是查干补力格苏木，面积328.22万亩，占Ⅱ等草地面积的16.19%。见表6-18。

表6-17 四子王旗草地等评定统计

草地类型的等	合计		I 等		II 等		III 等		IV 等		V 等	
	面积(万亩)	占草地面积比例(%)	面积(万亩)	占草地面积比例(%)	面积(万亩)	占草地面积比例(%)	面积(万亩)	占草地面积比例(%)	面积(万亩)	占草地面积比例(%)	面积(万亩)	占草地面积比例(%)
温性草甸草原类	0.95	0.03	—	—	—	—	—	—	0.95	0.03	—	—
温性典型草原类	456.23	14.34	78.49	2.47	220.57	6.93	157.17	4.94	—	—	—	—
温性荒漠草原类	2 085.06	65.51	115.58	3.63	1 768.21	55.56	201.22	6.32	0.05	0.00	—	—
温性草原化荒漠类	487.63	15.32	—	—	3.08	0.09	482.92	15.18	1.63	0.05	—	—
山地草甸类	2.23	0.07	—	—	—	—	2.23	0.07	—	—	—	—
低地草甸类	150.61	4.73	—	—	34.90	1.10	87.61	2.75	17.17	0.54	10.93	0.34
合　计	3 182.71	100.00	194.07	6.10	2 026.76	63.68	931.15	29.26	19.80	0.62	10.93	0.34

表6-18 四子王旗苏木（乡、镇）草地等评定统计

苏木（乡、镇）	I 等		II 等		III 等		IV 等		V 等	
	面积(万亩)	占该等草地面积的比例(%)	面积(万亩)	占该等草地面积的比例(%)	面积(万亩)	占该等草地面积的比例(%)	面积(万亩)	占该等草地面积的比例(%)	面积(万亩)	占该等草地面积的比例(%)
白音敖包苏木	4.51	2.32	239.34	11.81	132.34	14.21	1.07	5.40	3.74	34.22
白音朝克图镇	27.20	14.01	363.29	17.92	62.36	6.70	0.74	3.74	2.21	20.22
查干补力格苏木	44.38	22.87	328.22	16.19	25.85	2.77	0.71	3.59	1.34	12.26
大黑河乡	0.06	0.03	15.61	0.77	0.84	0.09	—	—	—	—
东八号乡	1.48	0.76	9.64	0.48	10.12	1.08	0.52	2.63	—	—
供济堂镇	0.05	0.03	42.73	2.11	5.57	0.60	0.82	4.14	—	—
红格尔苏木	44.55	22.96	294.80	14.55	88.05	9.46	0.08	0.40	1.57	14.36
忽鸡图乡	0.24	0.12	19.04	0.94	24.64	2.65	0.39	0.97	0.00	0.00
吉生太镇	2.00	1.03	74.82	3.69	25.67	2.76	0.02	0.10	0.00	0.00
江岸苏木	49.81	25.67	246.02	12.14	215.54	23.15	2.80	14.14	1.94	17.75
库伦图镇	0.00	0.00	21.32	1.05	11.53	1.24	—	—	—	—
脑木更苏木	19.73	10.17	350.72	17.30	325.73	34.98	12.07	60.96	0.13	1.19
乌兰花镇	0.06	0.03	21.21	1.05	2.91	0.31	0.58	2.93	0.00	0.00
合　计	194.07	100.00	2 026.76	100.00	931.15	100.00	19.80	100.00	10.93	100.00

二、草地级的评价及特点

受水分不足的气候条件制约，全旗草地产量总体处于低水平且地域性分布差异较大。草地级包括 5 级、6 级、7 级、8 级，其中 7 级草地居多，占全旗草地面积的 96.12%。

亩产干草 119~80 千克的 5 级草地面积为 2.23 万亩，分布于南部阴山山顶的山地草甸类。亩产干草 79~40 千克的 6 级草地面积为 14.62 万亩，占全旗草地面积的 0.46%；分布于温性草甸草原类、温性典型草原类、温性草原化荒漠类、低地草甸类，其中，温性草原化荒漠类面积最大，面积为 13.40 万亩，占全旗 6 级草地面积的 91.66%。亩产干草 39~20 千克的 7 级草地面积为 3 059.14 万亩，占全旗草地面积的 96.12%，广泛分布于层状高平原，分布于除温性草甸草原类、山地草甸类外的各大类草地；其中，温性荒漠草原类面积最大，为 1 982.22 万亩，占全旗 7 级草地面积的 64.80%。亩产干草 20 千克以下的 8 级草地面积 106.72 万亩，占全旗草地面积的 3.35%，分布在温性荒草原类、温性草原化荒漠类。见表 6-19。

表6-19　四子王旗草地级评定统计

草地类型的级	合计 面积（万亩）	合计 占全旗草地总面积的比例（%）	5级 面积（万亩）	5级 占全旗草地总面积的比例（%）	6级 面积（万亩）	6级 占全旗草地总面积的比例（%）	7级 面积（万亩）	7级 占全旗草地总面积的比例（%）	8级 面积（万亩）	8级 占全旗草地总面积的比例（%）
温性草甸草原类	0.95	0.03	—	—	0.95	0.03	—	—	—	—
温性典型草原类	456.23	14.34	—	—	0.01	0.00	456.22	14.34	—	—
温性荒漠草原类	2 085.06	65.51	—	—	—	—	1 982.22	62.28	102.84	3.23
温性草原化荒漠类	487.63	15.32	—	—	13.40	0.42	470.35	14.78	3.88	0.12
山地草甸类	2.23	0.07	2.23	0.07	—	—	—	—	—	—
低地草甸类	150.61	4.73	—	—	0.26	0.01	150.35	4.72	—	—
合　计	3 182.71	100.00	2.23	0.07	14.62	0.46	3 059.14	96.12	106.72	3.35

在各苏木（乡、镇）中，5级草地分布在东八号乡，草地面积2.23万亩。6级草地除乌兰花镇外，其他苏木（乡、镇）均有分布，占该级草地面积比例最多的是白音敖包苏木，占该级草地面积的27.56%。7级草地在各苏木（乡、镇）均有分布，脑木更苏木面积最大，为692.40万亩，占该级草地面积的22.63%。8级草地出现在白音朝克图镇、白音敖包苏木、江岸苏木、脑木更苏木，其中江岸苏木面积最大，为51.59万亩，占该级草地面积的48.34%。见表6-20。

表6-20 四子王旗苏木（乡、镇）草地级评定统计

苏木（乡、镇）	5级		6级		7级		8级	
	面积（万亩）	占该级草地面积比例（%）	面积（万亩）	占该级草地面积比例（%）	面积（万亩）	占该级草地面积比例（%）	面积（万亩）	占该级草地面积比例（%）
白音敖包苏木	—	—	4.03	27.56	337.90	11.05	39.07	36.61
白音朝克图镇	—	—	2.19	14.98	453.46	14.82	0.15	0.14
查干补力格苏木	—	—	1.26	8.62	399.24	13.05	—	—
大黑河乡	—	—	0.30	2.05	16.21	0.53	—	—
东八号乡	2.23	100.00	0.70	4.79	18.83	0.62	—	—
供济堂镇	—	—	1.04	7.11	48.13	1.57	—	—
红格尔苏木	—	—	2.28	15.60	426.77	13.95	—	—
忽鸡图乡	—	—	0.45	3.08	43.86	1.43	—	—
吉生太镇	—	—	0.24	1.64	102.27	3.34	—	—
江岸苏木	—	—	0.00	0.00	464.52	15.19	51.59	48.34
库伦图镇	—	—	2.06	14.09	30.79	1.01	—	—
脑木更苏木	—	—	0.07	0.48	692.40	22.63	15.91	14.91
乌兰花镇	—	—	—	—	24.76	0.81	—	—

三、草地综合评价

根据草地等和草地级组合的评定结果显示，全旗草地质量较好，但产草量较低，全旗草地总体上属于优质低产草地。优质中产型草地面积为 5.18 万亩，占全旗草地面积的 0.16%；优质低产型草地面积为 2 215.65 万亩，占全旗草地面积的 69.62%；中质中产型草地面积为 10.67 万亩，占全旗草地面积的 0.37%；中质低产型草地面积为939.28万亩，占全旗草地面积的29.51%；劣质低产型草地面积为10.93万亩，占全旗草地面积的0.34%。见表6-21、图6-5。

表6-21　四子王旗草地等级组合评定统计

综合评定		合计		中产				低产			
				5		6		7		8	
		面积	%	面积	%	面积	%	面积	%	面积	%
全旗合计		3 182.71	100.00	2.23	0.07	14.62	0.46	3 059.14	96.12	106.72	3.35
优质	Ⅰ	194.07	6.10	—	—	—	—	194.07	6.10	0.00	0.00
	Ⅱ	2 026.76	63.68	—	—	5.18	0.16	1 918.77	60.29	102.81	3.23
中质	Ⅲ	931.15	29.26	2.23	0.07	8.45	0.27	916.61	28.80	3.86	0.12
	Ⅳ	19.80	0.62	—	—	0.99	0.03	18.76	0.59	0.05	0.00
劣质	Ⅴ	10.93	0.34	—	—	—	—	10.93	0.34	0.00	0.00

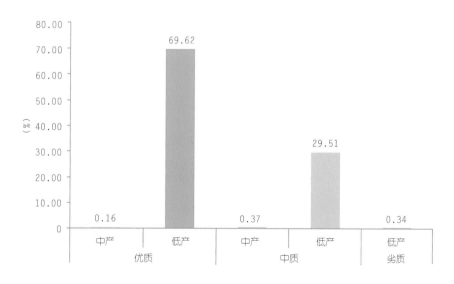

图6-5　四子王旗草地等级综合评价情况

第五节　草地退化、沙化、盐渍化状况

经制图和数据统计结果显示，四子王旗草地退化、沙化、盐渍化总面积为 2 637.12 万亩，占全旗草地总面积的 82.86%。在"三化"草地面积中，退化草地面积为 2 359.04 万亩，占全旗草地面积的 74.12%；沙化草地面积为 159.97 万亩，占全旗草地面积的 5.03%；盐渍化草地面积为 118.11 万亩，占全旗草地总面积的 3.71%。中度和重度"三化"草地面积为 1 214.71 万亩，占全旗"三化"草地面积比例为 46.06%。见表 6-22。

四子王旗退化草地分布很普遍，各类型草地都有不同程度的退化现象，以轻度退化为主体，中南部草地退化程度较严重，未退化和轻度退化草地主要分布于北部边境一带。沙化草地主要分布于北部温性荒漠草原的沙质草地植被中，以中度沙化为主。盐渍化草地在湖泊、河流沿岸的低地草甸分布广泛，草地以中度盐化为主。

表6-22　四子王旗草地"三化"统计

"三化"草地面积		面积（万亩）	占草地面积比例（%）	占"三化"草地面积比例（%）
全旗草地面积		3 182.71	100.00	—
未"三化"草地		545.59	17.14	—
"三化"草地		2 637.12	82.86	100.00
退化草地	轻度退化	1 359.94	42.73	51.57
	中度退化	937.24	29.45	35.54
	重度退化	61.86	1.94	2.34
	小　计	2 359.04	74.12	89.45
沙化草地	轻度沙化	12.28	0.39	0.47
	中度沙化	110.57	3.47	4.19
	重度沙化	37.12	1.17	1.41
	小　计	159.97	5.03	6.07
盐渍化草地	轻度盐渍化	50.19	1.58	1.90
	中度盐渍化	64.77	2.03	2.46
	重度盐渍化	3.15	0.10	0.12
	小　计	118.11	3.71	4.48

各苏木（乡、镇）退化、沙化、盐渍化草地分布情况看，"三化"草地面积最大的是白音朝克图镇，面积为435.87万亩，占全旗草地"三化"面积的16.53%。"三化"草地占本苏木（乡、镇）草地面积的比例排在前五位的依次是大黑河乡、忽鸡图乡、库伦图镇、乌兰花镇、供济堂镇，这些苏木（乡、镇）"三化"草地占其草地面积的比例都在99%以上；其他苏木（乡、镇）"三化"草地占其草地面积的比例在61%~99%，中度和重度"三化"草地占本苏木（乡、镇）"三化"草地面积比例较高的是供济堂镇、库伦图镇、江岸苏木，占比分别达到81.91%、73.87%、72.39%。见表6-23。

表6-23　四子王旗苏木（乡、镇）草地"三化"统计

苏木（乡、镇）	草地面积（万亩）	"三化"草地面积（万亩）	"三化"占本苏木（乡、镇）草地面积比例（%）	草地"三化"分级			中度和重度"三化"占本苏木（乡、镇）"三化"比例（%）
				轻度（万亩）	中度（万亩）	重度（万亩）	
白音敖包苏木	381.00	319.34	83.82	181.87	116.19	21.28	43.05
白音朝克图镇	455.80	435.87	95.63	195.91	227.55	12.41	55.05
查干补力格苏木	400.50	390.31	97.46	221.89	163.03	5.39	43.15
大黑河乡	16.51	16.51	100.00	14.56	1.39	0.56	11.81
东八号乡	21.76	19.22	88.33	17.31	1.91	0.00	9.94
供济堂镇	49.17	48.76	99.17	8.82	36.50	3.44	81.91
红格尔苏木	429.05	422.83	98.55	303.12	113.66	6.05	28.31
忽鸡图乡	44.31	44.30	99.98	35.16	9.14	0.00	20.63
吉生太镇	102.51	100.33	97.87	87.01	11.51	1.81	13.28
江岸苏木	516.11	347.33	67.30	95.90	247.74	3.69	72.39
库伦图镇	32.85	32.84	99.97	8.58	19.83	4.43	73.87
脑木更苏木	708.38	434.73	61.37	229.31	162.74	42.68	47.25
乌兰花镇	24.76	24.75	99.96	22.97	1.39	0.39	7.19
合　计	3 182.71	2 637.12	82.86	1 422.41	1 112.58	102.13	46.06

退化草地面积占本苏木（乡、镇）草地"三化"比例在90%以上的苏木（乡、镇）有9个，即库伦图镇、查干补力格苏木、供济堂镇、忽鸡图乡、红格尔苏木、吉生太镇、大黑河乡、东八号乡、白音朝克图镇。江岸苏木、脑木更苏木、白音敖包苏木、乌兰花镇退化比例在74%~87%。沙化草地面积最大的是白音敖包苏木，面积为70.92万亩，占本苏木（乡、镇）草地"三化"的22.21%。盐渍化草地面积较大的是脑木更苏木、白音朝克图镇、江岸苏木，面积为32.18万亩、22.33万亩、19.17万亩，盐渍化草地占本苏木（乡、镇）"三化"比例分别为7.40%、5.12%、5.52%。见表6-24。

表6-24 四子王旗苏木（乡、镇）草地"三化"统计

苏木（乡、镇）	"三化"草地		退化草地		沙化草地		盐渍化草地	
	面积（万亩）	占本苏木（乡、镇）草地面积比例（%）	面积（万亩）	占本苏木（乡、镇）草地"三化"比例（%）	面积（万亩）	占本苏木（乡、镇）草地"三化"比例（%）	面积（万亩）	占本苏木（乡、镇）草地"三化"比例（%）
库伦图镇	32.84	99.97	32.78	99.82	—	—	0.06	0.18
查干补力格苏木	390.31	97.46	384.22	98.44	1.22	0.31	4.87	1.25
供济堂镇	48.76	99.17	47.60	97.62	0.00	0.00	1.16	2.38
忽鸡图乡	44.30	99.98	42.94	96.93	—	—	1.36	3.07
红格尔苏木	422.83	98.55	404.34	96.63	1.44	0.34	17.05	4.03
吉生太镇	100.33	97.87	95.94	95.62	—	—	4.39	4.38
大黑河乡	16.51	100.00	15.69	95.03	—	—	0.82	4.97
东八号乡	19.22	88.33	18.25	94.95	—	—	0.97	5.05
白音朝克图镇	435.87	95.63	401.10	92.02	12.44	2.86	22.33	5.12
江岸苏木	347.33	67.30	294.12	84.68	34.04	9.80	19.17	5.52
脑木更苏木	434.73	61.37	362.64	83.42	39.91	9.18	32.18	7.40
白音敖包苏木	319.34	83.82	237.96	74.52	70.92	22.21	10.46	3.27
乌兰花镇	24.75	99.96	21.46	86.71	—	—	3.29	13.29

第七章 察哈尔右翼中旗草地资源

第一节 草地资源概况

一、地理位置及基本情况

察哈尔右翼中旗地处阴山北麓，乌兰察布市的中部，地理坐标为北纬41°06′~41°29′，东经111°55′~112°49′，总面积4 190.2千米²。全旗人口22.18万人，蒙古族0.39万人，其他少数民族1 852人。

察哈尔右翼中旗辖2个苏木、5个镇、4个乡，即乌兰哈页苏木、库伦苏木、科布尔镇、铁沙盖镇、乌素图镇、广益隆镇、黄羊城镇、宏盘乡、大滩乡、土城子乡、巴音乡。

该旗平均海拔1 700米，海拔最高为2 100米左右，丘陵、高平原各占42.3%，山地占15.4%。东部、中部为丘陵区，南部为灰腾梁，西部为大青山山地，北部为高平原。气候属温带大陆性气候，昼夜温差大，年平均气温为1.3℃，年日照为3 088小时，年降水量300~400毫米，无霜期90~100天。察哈尔右翼中旗境内主要河流有丁计河、黑山子河等。

二、土地利用现状

全旗土地面积为630.00万亩，其中，天然草地面积为327.77万亩，占土地总面积的52.03%；人工草地面积为29.10万亩，占土地总面积的4.62%；非草地面积（林地、耕地、水域、居民点及工矿用地、道路）273.13万亩，占土地总面积的43.35%。见表7-1。

表7-1 察哈尔右翼中旗土地利用现状统计

土地面积（万亩）	草地面积			非草地面积
	草地总面积（万亩）	天然草原（万亩）	人工饲草地（万亩）	林地、耕地、水域、居民点及工矿用地、道路等（万亩）
630.00	356.87	327.77	29.10	273.13

三、天然草地状况

全旗天然草地分布于阴山北麓，大部分为温性典型草原；南部阴山山麓具有独特的水分和温度作用，从山顶向山坡、丘陵依次分布有山地草甸类、温性草甸草原类；隐域性低地草甸类镶嵌分布于各草地类分布区中。旗境天然草地面积为327.77万亩，占乌兰察布市天然草地面积的6.24%，可利用草地面积为301.94万亩。

察哈尔右翼中旗11个苏木乡镇中，草地面积由大到小排序，排在前三位的为乌兰哈页苏木、库伦苏木、大滩乡，草地面积分别为54.03万亩、47.28万亩、46.32万亩，分别占旗草地面积的16.49%、14.43%、14.13%，草地面积最小的是乌素图镇，为8.31万亩，占旗草地面积的2.54%。见表7-2、图7-1。

表7-2　察哈尔右翼中旗苏木（乡、镇）天然草地（可利用草地）面积统计

苏木（乡、镇）	草地面积		可利用面积	
	面积（万亩）	占全旗草地总面积比例（%）	面积（万亩）	占全旗草地总面积比例（%）
全　旗	327.77	100	301.94	92.12
乌兰哈页苏木	54.03	16.49	49.55	15.12
库伦苏木	47.28	14.43	43.16	13.17
大滩乡	46.32	14.13	41.92	12.79
广益隆镇	43.41	13.24	40.15	12.25
宏盘乡	37.51	11.44	35.10	10.71
黄羊城镇	24.62	7.51	22.83	6.96
铁沙盖镇	21.62	6.60	19.93	6.08
科布尔镇	19.74	6.02	18.46	5.63
土城子乡	13.42	4.09	12.67	3.86
巴音乡	11.51	3.51	10.55	3.22
乌素图镇	8.31	2.54	7.62	2.33

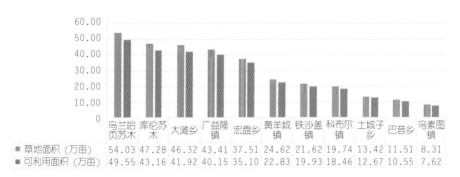

图7-1　察哈尔右翼中旗苏木（乡、镇）天然草地（可利用草地）面积统计

全旗天然草地由 5 个草地类、9 个亚类、31 个草地型组成。其中以温性典型草原类面积最大，构成该旗天然草地的主体，面积为 227.82 万亩，占全旗草地面积的69.50%；第二位是温性草甸草原类，面积为 32.12 万亩，占全旗草地面积的 9.80%；第三位是低地草甸类，为 31.50 万亩，占全旗草地面积的 9.61%。见图 7-2、表 7-3。

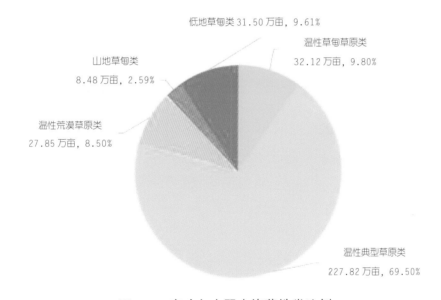

图7-2　察哈尔右翼中旗草地类比例

表7-3　察哈尔右翼中旗苏木（乡、镇）草地类面积统计

苏木 （乡、镇）	温性草甸 草原类		温性典型 草原类		温性荒漠 草原类		山地草甸类		低地草甸类	
	面积 （万亩）	占该类 草地面 积比例 （%）	面积 （万亩）	占该类 草地面 积比例 （%）	面积 （万亩）	占该类 草地面 积比例 （%）	面积 （万亩）	占该类 草地面 积比例 （%）	面积 （万亩）	占该类 草地面 积比例 （%）
乌兰哈页苏木	24.38	75.90	20.09	8.82	—	—	8.13	95.87	1.43	4.54
科布尔镇	0.03	0.09	16.71	7.34	—	—	—	—	3.00	9.52

(续)

苏木 (乡、镇)	温性草甸 草原类		温性典型 草原类		温性荒漠 草原类		山地草甸类		低地草甸类	
	面积 (万亩)	占该类 草地面 积比例 (%)	面积 (万亩)	占该类 草地面 积比例 (%)	面积 (万亩)	占该类 草地面 积比例 (%)	面积 (万亩)	占该类 草地面 积比例 (%)	面积 (万亩)	占该类 草地面 积比例 (%)
宏盘乡	0.00	0.00	34.25	15.04	—	—	—	—	3.26	10.35
黄羊城镇	0.77	2.40	23.70	10.40	—	—	—	—	0.15	0.48
大滩乡	6.94	21.61	38.77	17.02	—	—	0.35	4.13	0.26	0.83
土城子乡	—	—	13.19	5.79	—	—	—	—	0.23	0.73
铁沙盖镇	—	—	14.15	6.21	3.00	10.77	—	—	4.47	14.19
乌素图镇	—	—	4.61	2.02	0.23	0.82	—	—	3.47	11.02
广益隆镇	—	—	38.66	16.97	1.60	5.75	—	—	3.15	10.00
巴音乡	—	—	6.82	2.99	1.40	5.03	—	—	3.29	10.44
库伦苏木	—	—	16.87	7.40	21.62	77.63	—	—	8.79	27.90
合　计	32.12	100.00	227.82	100.00	27.85	100.00	8.48	100.00	31.50	100.00

第二节 草地类型分布规律及特征

一、温性草甸草原类

该类草地总面积为32.12万亩，占该旗草地面积9.80%，其中可利用面积为29.18万亩。温性草甸草原类包括2个草地亚类、3个草地型。分布在旗境的西南部山地垂直带谱及丘陵的阴坡，出现在乌兰哈页苏木、科布尔镇、黄羊城镇、大滩乡4个苏木（乡、镇），其中乌兰哈页苏木面积最大，为24.38万亩，占该类草地面积的75.90%。见表7-4。

表7-4 察哈尔右翼中旗温性草甸草原类分布情况

苏木(乡、镇)	草地面积(万亩)	可利用面积(万亩)	平原丘陵草甸草原亚类		山地草甸草原亚类	
			草地面积(万亩)	可利用面积(万亩)	草地面积(万亩)	可利用面积(万亩)
乌兰哈页苏木	24.38	22.11	5.31	5.05	19.07	17.06
科布尔镇	0.03	0.02	—	—	0.03	0.02
黄羊城镇	0.77	0.70	—	—	0.77	0.70
大滩乡	6.94	6.35	—	—	6.94	6.35
合 计	32.12	29.18	5.31	5.05	26.81	24.13

（一）平原丘陵草甸草原亚类

面积为5.31万亩，占该类草地面积的16.53%。草地型为贝加尔针茅、羊草草地型，分布于乌兰哈页苏木。

（二）山地草甸草原亚类

面积为26.81万亩，占该类草地面积的83.47%。包括2个草地型，即铁杆蒿、脚苔草草地型；具灌木的铁杆蒿、杂类草草地型，其中具灌木的铁杆蒿、杂类草为主，面积为26.42万亩，占该亚类的比例为98.55%。见表7-5。

表7-5 察哈尔右翼中旗温性草甸草原类、亚类、草地型面积统计

草地（亚类）	草地型	草地面积			可利用面积		
		面积（万亩）	占该亚类的比例（%）	占全旗草地的比例（%）	面积（万亩）	占该亚类的比例（%）	占全旗草地的比例（%）
	温性草甸草原类	32.12	—	9.80	29.18	—	8.90
平原丘陵草甸草原亚类	贝加尔针茅、羊草	5.31	100.00	1.62	5.05	100.00	1.54
	小计	5.31	100.00	1.62	5.05	100.00	1.54
山地草甸草原亚类	具灌木的铁杆蒿、杂类草	26.42	98.55	8.06	23.78	98.55	7.25
	铁杆蒿、脚苔草	0.39	1.45	0.12	0.35	1.45	0.11
	小计	26.81	100.00	8.18	24.13	100.00	7.36

铁杆蒿、脚苔草草地型主要分布在乌兰哈页苏木，面积为0.39万亩。具灌木的铁杆蒿、杂类草草地型分布在乌兰哈页苏木、科布尔镇、黄羊城镇、大滩乡，其中乌兰哈页苏木分布面积最大，为18.66万亩。见表7-6。

表7-6 察哈尔右翼中旗山地草甸草原亚类草地型在苏木（乡、镇）分布情况

草地型	分布地区	草地面积		可利用面积	
		面积（万亩）	占该草地型总面积比例（%）	面积（万亩）	占该草地型可利用面积比例（%）
铁杆蒿、脚苔草	乌兰哈页苏木	0.39	100.00	0.35	100.00
	小　计	0.39	100.00	0.35	100.00
具灌木的铁杆蒿、杂类草	乌兰哈页苏木	18.68	70.70	16.79	70.37
	科布尔镇	0.03	0.11	0.02	0.08
	黄羊城镇	0.77	2.92	0.70	2.93
	大滩乡	6.94	26.27	6.35	26.62
	小　计	26.42	100.00	23.86	100.00
合　　计		26.81	—	24.21	—

二、温性典型草原类

该类草地总面积为227.82万亩，占全旗草地面积的69.51%，其中可利用面积为212.53万亩。包括2个草地亚类、18个草地型。该类草地在各苏木（乡、镇）均有分布。其中大滩乡、广益隆镇面积较大，面积分别为38.77万亩、38.66万亩，分别占该类草地面积的17.02%、16.97%。见表7-7。

表7-7 察哈尔右翼中旗温性典型草原类统计

苏木（乡、镇）	草地面积（万亩）	可利用面积（万亩）	平原丘陵草原亚类		山地草原亚类	
			草地面积（万亩）	可利用面积（万亩）	草地面积（万亩）	可利用面积（万亩）
乌素图镇	4.61	4.38	4.61	4.38	—	—
乌兰哈页苏木	20.09	18.78	14.04	13.44	6.05	5.34
土城子乡	13.19	12.47	11.96	11.36	1.23	1.11
铁沙盖镇	14.15	13.32	11.75	11.28	2.40	2.04
库伦苏木	16.87	16.02	16.87	16.02	—	—
科布尔镇	16.71	15.88	16.71	15.88	—	—
黄羊城镇	23.70	22.00	13.42	12.75	10.28	9.25
宏盘乡	34.25	32.19	27.23	25.87	7.02	6.32
广益隆镇	38.66	37.30	21.45	21.64	17.21	15.66
大滩乡	38.77	35.01	5.00	4.57	33.77	30.44
巴音乡	6.82	5.18	6.82	5.18	—	—

（一）平原丘陵草原亚类

总面积为149.86万亩，占全旗温性典型草原类的65.78%，其中，可利用面积为142.37万亩。该亚类包括16个草地型，其中克氏针茅、冷蒿草地型面积最大，为86.65万亩，占该亚类的57.82%；第二位为小叶锦鸡儿、克氏针茅草地型，为11.68万亩，占该亚类的7.79%；第三位为克氏针茅、羊草草地型，为10.65万亩，占该亚类的7.11%。见表7-8。

表7-8　察哈尔右翼中旗平原丘陵草原亚类草地型统计

草地型	草地面积		可利用面积	
	面积（万亩）	占该亚类的比例（%）	面积（万亩）	占该亚类可利用草地的比例（%）
小叶锦鸡儿、克氏针茅	11.68	7.79	11.10	7.79
小叶锦鸡儿、冷蒿	0.52	0.35	0.50	0.35
冷蒿、克氏针茅	0.18	0.12	0.17	0.12
冷蒿、糙隐子草	0.81	0.54	0.77	0.54
亚洲百里香、克氏针茅	8.62	5.75	8.19	5.75
亚洲百里香、冷蒿	0.00	0.00	0.00	0.00
亚洲百里香、糙隐子草	0.00	0.00	0.00	0.00
大针茅、杂类草	9.27	6.19	8.81	6.19
克氏针茅、羊草	10.65	7.11	10.12	7.11
克氏针茅、冷蒿	86.65	57.82	82.31	57.82
克氏针茅、糙隐子草	3.16	2.11	3.00	2.11
克氏针茅、亚洲百里香	1.12	0.75	1.06	0.75
羊草、克氏针茅	2.10	1.40	2.00	1.40
羊草、冷蒿	5.35	3.57	5.08	3.57
羊草、杂类草	0.32	0.21	0.30	0.21
糙隐子草、杂类草	9.43	6.29	8.96	6.29
合　计	149.86	100.00	142.37	100.00

（二）山地草原亚类

总面积为77.96万亩，占温性典型草原类的34.22%，其中可利用面积为70.16万亩。该亚类有2个草地型，即铁杆蒿、克氏针茅草地型，克氏针茅、杂类草草地型，其中以克氏针茅、杂类草草地型为主，面积为77.34万亩，占该亚类的99.20%。见表7-9。

表7-9　察哈尔右翼中旗山地草原亚类草地型统计

草地型	草地面积		可利用面积	
	面积（万亩）	占该亚类的比例（%）	面积（万亩）	占该亚类可利用面积比例（%）
铁杆蒿、克氏针茅	0.62	0.80	0.56	0.80
克氏针茅、杂类草	77.34	99.20	69.60	99.20
合　计	77.96	100.00	70.16	100.00

三、温性荒漠草原类

该类草地总面积为 27.85 万亩，占全旗草地面积的 8.50%，其中可利用面积为 25.06 亩。分布于旗北部的乌素图镇、铁沙盖镇、库伦苏木等苏木（乡、镇），其中最北的库伦苏木面积最大，为 21.62 万亩，占该类草地面积的 77.63%。温性荒漠草原类由平原丘陵荒漠草原 1 个亚类组成。见表 7-10。

表7-10　察哈尔右翼中旗各苏木（乡、镇）温性荒漠草原类统计

苏木(乡、镇)	平原丘陵荒漠草原亚类			
	草地面积		可利用面积	
	面积（万亩）	占亚类草地面积比例(%)	面积（万亩）	占亚类可利用草地面积比例(%)
乌素图镇	0.23	0.83	0.21	0.84
铁沙盖镇	3.00	10.77	2.70	10.77
库伦苏木	21.62	77.63	19.45	77.61
广益隆镇	0.35	1.26	0.31	1.24
巴音乡	2.65	9.51	2.39	9.54
合　计	27.85	100.00	25.06	100.00

包括 4 个草地型。其中短花针茅、无芒隐子草草地型面积最大，为 21.98 万亩，占该亚类草地的 78.92%；第二位是短花针茅、冷蒿草地型，为 5.39 万亩，占该亚类草地的 19.36%。见表 7-11。

表7-11　察哈尔右翼中旗平原丘陵草原亚类各型统计

草地型	草地面积		可利用面积	
	面积（万亩）	占该亚类的比例（%）	面积（万亩）	占该亚类草地的比例（%）
短花针茅、无芒隐子草	21.98	78.92	19.79	71.06
短花针茅、冷蒿	5.39	19.36	4.85	17.41
短花针茅、杂类草	0.11	0.39	0.10	0.36
戈壁针茅、无芒隐子草	0.37	1.33	0.33	1.18
合　计	27.85	100.00	25.06	89.98

四、山地草甸类

山地草甸类面积为 8.48 万亩，占全旗草地面积的 2.59%，占全市该类草地面积的 38%；可利用草地面积为 7.63 万亩，占全旗草地面积的 2.33%。集中分布于阴山山顶林线以上。山地草甸类由中低山草甸亚类 1 个亚类组成，草地型为凸脉苔草、杂类草1 个草地型。

五、低地草甸类

低地草甸类总面积为 31.50 万亩，占全旗草地面积的 9.61%，其中可利用面积为 27.53 万亩。广泛分布于水位较低的湖泊、河流及低洼地段，11 个苏木（乡、镇）均有分布。库伦苏木、铁沙盖镇、乌素图镇面积较大，分别为 8.79 万亩、4.47 万亩、3.47 万亩，分别占该类草地面积的 27.90%、14.19%、11.02%。其他见表 7-12。

低地草甸类由低湿地草甸亚类、盐化低地草甸亚类、沼泽化低地草甸亚类 3 个亚类组成。低湿地草甸亚类包括鹅绒委陵菜、杂类草 1 个草地型，面积为 1.49 万亩，占该类草地面积的 4.73%。

盐化低地草甸亚类包括芨芨草、马蔺草地型，芨芨草、盐生杂类草草地型，羊草、盐生杂类草草地型 3 个草地型，该亚类草地面积为 27.18 万亩，占该类草地面积的 86.29%。盐化低地草甸亚类以芨芨草、盐生杂类草草地型为主，面积为 23.96 万亩，占该亚类面积的 88.15%。

沼泽化低地草甸亚类包括小叶章、苔草 1 个草地型，面积 2.83 万亩，占该类面积的 8.98%。见表 7-13。

表7-12　察哈尔右翼中旗各苏木（乡、镇）低地草甸类统计

苏木(乡、镇)	合　计		低湿地草甸亚类		盐化低地草甸亚类		沼泽化低地草甸亚类	
	草地面积(万亩)	可利用面积(万亩)	草地面积(万亩)	可利用面积(万亩)	草地面积(万亩)	可利用面积(万亩)	草地面积(万亩)	可利用面积(万亩)
乌素图镇	3.47	3.03	—	—	3.47	3.03	—	—
乌兰哈页苏木	1.43	1.25	0.33	0.32	0.48	0.42	0.62	0.51
土城子乡	0.23	0.20	—	—	0.23	0.20	—	—
铁沙盖镇	4.47	3.83	—	—	4.47	3.83	—	—
库伦苏木	8.79	7.69	0.00	0.00	8.79	7.69	—	—
科布尔镇	3.01	2.55	0.18	0.17	1.09	0.95	1.74	1.43
黄羊城镇	0.15	0.13	—	—	0.15	0.13	—	—
宏盘乡	3.26	2.91	0.93	0.89	2.06	1.80	0.27	0.22
广益隆镇	3.15	2.84	—	—	3.15	2.84	—	—
大滩乡	0.25	0.21	0.05	0.05	0.00	0.00	0.20	0.16
巴音乡	3.29	2.89	—	—	3.29	2.89	—	—

表7-13　察哈尔右翼中旗低地草甸类草地型统计

草地(亚类)	草地型	草地面积			可利用面积		
		面积(万亩)	占亚类面积比例(%)	占全旗草地的比例(%)	面积(万亩)	占亚类面积比例(%)	占全旗草地的比例(%)
低湿地草甸亚类	鹅绒委陵菜、杂类草	1.49	100.00	0.46	1.43	100.00	0.43
	小　计	1.49	100.00	0.46	1.43	100.00	0.43
盐化低地草甸亚类	芨芨草、马蔺	0.00	0.01	0.00	0.00	0.01	0.00
	芨芨草、盐生杂类草	23.96	88.15	7.31	20.97	88.13	6.40
	羊草、盐生杂类草	3.22	11.84	0.98	2.81	11.86	0.86
	小　计	27.18	100.00	8.29	23.78	100.00	7.26
沼泽化低地草甸亚类	小叶章、苔草	2.83	100.00	0.86	2.32	100.00	0.71
	小　计	2.83	100.00	0.86	2.32	100.00	0.71
低地草甸类合计		31.50	—	9.61	27.53	—	8.40

第三节　草地生产力状况

一、草地产草量

察哈尔右翼中旗天然草地平均亩产干草 42.69 千克，产草总量 12 888.37 万千克。单位面积牧草产量最高是山地草甸类，平均亩产干草 74.22 千克；其次是温性草甸草原类，平均亩产干草 52.23 千克；第三位为低地草甸类，平均亩产干草 43.59 千克，最低是温性荒漠草原类，平均亩产干草 29.24 千克。各类草地总产量最高是温性典型草原类，总产草量为 8 864.83 万千克，占全旗总产草量的 68.78%；总量最低是山地草甸类，总产草量为 566.46 万千克，占全旗总产草量的 4.40%。见表 7-14。

表7-14　察哈尔右翼中旗盛草期干草产量统计

草地类	单产 （千克/亩）	全年总产干草量 （万千克）	占全旗总产量 比例（%）	暖季产干草量 （万千克）	冷季产干草量 （万千克）
全　　旗	42.69	12 888.37	100.00	6 660.39	4 138.42
温性草甸草原类	52.23	1 524.09	11.83	838.25	536.58
温性典型草原类	41.71	8 864.83	68.78	4 432.41	2 715.01
温性荒漠草原类	29.24	732.93	5.68	329.82	197.89
山地草甸类	74.22	566.46	4.40	339.88	220.92
低地草甸类	43.59	1 200.06	9.31	720.03	468.02

在各苏木（乡、镇）产草量中，单产最高为南部的乌兰哈页苏木，平均亩产干草52.72 千克；单产最低的是库伦苏木，平均亩产干草 34.12 千克。总产最高是乌兰哈页苏木，全年干草总量为 2 610.69 万千克，占全旗总产量的 20.26%；第二位是大滩乡，产干草为 1 845.08 万千克，占全旗总产量的 14.32%；而最低是乌素图镇，总产草量为305.50 万千克，占全旗总产量的 2.37%。见表 7-15。

表7-15　察哈尔右翼中旗苏木（乡、镇）干草产量统计

苏木（乡、镇）	单产 （千克/亩）	全年总产干草量 （万千克）	暖季产干草量 （万千克）	冷季产干草量 （万千克）
乌素图镇	40.07	305.50	165.02	102.10
乌兰哈页苏木	52.72	2 610.69	1 425.58	902.04
土城子乡	40.88	517.92	259.80	157.31
铁沙盖镇	39.71	791.25	408.11	252.11
库伦苏木	34.12	1 471.23	739.64	454.10
科布尔镇	46.79	863.61	444.70	261.72
黄羊城镇	42.56	971.27	488.06	296.12
宏盘乡	41.80	1 467.07	745.57	456.79
广益隆镇	41.17	1 649.25	836.41	521.92
大滩乡	44.01	1 845.08	941.34	606.86
巴音乡	37.49	395.50	206.16	127.35
平　均	42.69	—	—	—
合　计	—	12 888.37	6 660.39	4 138.42

二、草地合理载畜量

察哈尔右翼中旗天然草地全年平均饲养1个羊单位，需要的可利用草地面积为40.00亩，暖季需要13.07亩，冷季需要26.93亩。天然草地全年合理载畜量为7.55万羊单位；暖季合理载畜量为10.14万羊单位；冷季合理载畜量为6.30万羊单位。

在草地类中，温性典型草原类全年合理载畜量最高，为4.97万羊单位，占全旗全年合理载畜量的65.83%；暖季合理载畜量为6.74万羊单位；冷季合理载畜量为4.13万羊单位。山地草甸类全年合理载畜量最低，为0.40万羊单位；暖季合理载畜量为0.52万羊单位；冷季合理载畜量为0.34万羊单位。见表7-16。

表7-16 察哈尔右翼中旗天然草地合理载畜量统计

草地类	用草地面积表示（亩）			用羊单位表示（万羊单位）		
	全年1个羊单位需草地面积	暖季1个羊单位需草地面积	冷季1个羊单位需草地面积	全年合理载畜量	暖季合理载畜量	冷季合理载畜量
察哈尔右翼中旗	40.00	13.07	26.93	7.55	10.14	6.30
温性草甸草原类	30.10	10.03	20.07	0.97	1.28	0.82
温性典型草原类	42.72	13.82	28.90	4.97	6.74	4.13
温性荒漠草原类	68.62	21.89	46.73	0.37	0.50	0.30
山地草甸类	19.21	6.47	12.74	0.40	0.52	0.34
低地草甸类	32.72	11.01	21.71	0.84	1.10	0.71

各苏木（乡、镇）合理载畜量最高的是乌兰哈页苏木，天然草地全年可承载1.63万羊单位，30.27亩可饲养1个羊单位；其次为大滩乡，全年可承载1.10万羊单位，38.26亩可饲养1个羊单位。全年1个羊单位需草地面积最大的是库伦苏木，1个羊单位需草地面积为51.89亩。见表7-17。

表7-17 察哈尔右翼中旗苏木（乡、镇）合理载畜量统计

苏木（乡、镇）	用草地面积表示载畜量（亩）			用羊单位表示载畜量（万羊单位）		
	全年1个羊单位需草地面积	暖季1个羊单位需草地面积	冷季1个羊单位需草地面积	全年合理载畜量	暖季合理载畜量	冷季合理载畜量
察哈尔右翼中旗	40.00	13.07	26.93	7.55	10.14	6.30
乌素图镇	40.69	13.31	27.38	0.19	0.25	0.16
乌兰哈页苏木	30.27	10.01	20.26	1.63	2.17	1.37
土城子乡	43.76	14.04	29.72	0.29	0.40	0.24
铁沙盖镇	43.24	14.06	29.18	0.46	0.62	0.38
库伦苏木	51.89	16.79	35.10	0.83	1.13	0.69
科布尔镇	38.03	11.97	26.06	0.49	0.68	0.40
黄羊城镇	41.98	13.50	28.48	0.54	0.74	0.45
宏盘乡	41.89	13.53	28.36	0.84	1.14	0.70
广益隆镇	42.18	13.81	28.37	0.95	1.27	0.79
大滩乡	38.26	12.81	25.45	1.10	1.43	0.93
巴音乡	45.32	14.71	30.57	0.23	0.31	0.19

第四节　草地等级评价

依据草地等级评定标准，察哈尔右翼中旗草地质量总体评价为优质偏中型，产草量评价为低产型。草地等包括Ⅰ等、Ⅱ等、Ⅲ等、Ⅳ等；草地级包括6级、7级。

一、草地等的评价及特点

Ⅰ等草地面积30.76万亩，占全旗草地面积的9.38%；Ⅱ等草地面积134.22万亩，占全旗草地面积的40.95%；Ⅲ等草地面积131.06万亩，占全旗草地面积的39.99%；Ⅳ等草地面积31.74万亩，占全旗草地面积的9.68%。

Ⅰ等草地分布于温性典型草原类、温性荒漠草原类，面积分别为8.76万亩、21.99万亩，分别占全旗草地面积的2.67%、6.71%。Ⅱ等草地分布于温性草甸草原类、温性典型草原类、温性荒漠草原类，其中温性典型草原类面积最大，为123.05万亩，占全旗草地面积的37.54%。Ⅲ等草地分布于温性山地草甸类、温性典型草原类、低地草甸类，其中温性典型草原类分布最大，为95.39万亩，占全旗草地面积的29.10%。Ⅳ等草地分布于温性草甸草原类、温性典型草原类、低地草甸类，其中温性草甸草原类面积最大，面积为26.81万亩，占全旗草地面积的8.18%。见表7-18。

表7-18　察哈尔右翼中旗草地等评定统计

草地类	Ⅰ等		Ⅱ等		Ⅲ等		Ⅳ等	
	面积（万亩）	占全旗草地面积的比例（%）	面积（万亩）	占全旗草地面积的比例（%）	面积（万亩）	占全旗草地面积的比例（%）	面积（万亩）	占全旗草地面积的比例（%）
低地草甸类	—	—	—	—	27.19	8.30	4.31	1.31
温性草甸草原类	—	—	5.31	1.62	0.00	0.00	26.81	8.18
温性典型草原类	8.76	2.67	123.05	37.54	95.39	29.10	0.62	0.19
温性荒漠草原类	21.99	6.71	5.86	1.79	—	—	—	—
温性山地草甸类	—	—	—	—	8.48	2.59	—	—
合　　计	30.75	9.38	134.22	40.95	131.06	39.99	31.74	9.68

从苏木（乡、镇）草地等评价看，Ⅰ等草地面积最大的是库伦苏木，面积为16.78万亩，占Ⅰ等草地面积的54.56%；其次是科布尔镇，面积为4.94万亩，占Ⅰ等草地面积的16.06%；其他苏木（乡、镇）都在3万亩以下。Ⅱ等草地宏盘乡面积最大，为25.97万亩，占Ⅱ等草地面积的19.35%；其次是广益隆镇，面积为22.75万亩，占Ⅱ等草地面积的16.95%，其他苏木（乡、镇）都在18万亩以下。Ⅲ等、Ⅳ等见表7-19。

表7-19　察哈尔右翼中旗苏木（乡、镇）草地等评定统计

苏木（乡、镇）	Ⅰ等		Ⅱ等		Ⅲ等		Ⅳ等	
	面积（万亩）	占该等总面积的比例（%）	面积（万亩）	占该等总面积的比例（%）	面积（万亩）	占该等总面积的比例（%）	面积（万亩）	占该等总面积的比例（%）
巴音乡	2.60	8.46	2.00	1.49	6.91	5.27	0.00	0.00
大滩乡	0.22	0.72	4.59	3.42	34.19	26.09	7.32	23.06
广益隆镇	0.00	0.00	22.75	16.95	20.66	15.77	0.00	0.00
宏盘乡	0.08	0.26	25.97	19.35	10.26	7.83	1.20	3.78
黄羊城镇	0.12	0.39	9.57	7.13	14.16	10.80	0.77	2.43
科布尔镇	4.94	16.06	7.32	5.45	5.63	4.30	1.85	5.83
库伦苏木	16.78	54.56	17.82	13.27	12.68	9.67	0.00	0.00
铁沙盖镇	2.60	8.46	11.97	8.92	7.05	5.38	0.00	0.00
土城子乡	0.00	0.00	11.96	8.91	1.46	1.11	0.00	0.00
乌兰哈页苏木	2.62	8.52	16.45	12.26	14.36	10.96	20.60	64.90
乌素图镇	0.79	2.57	3.82	2.85	3.70	2.82	0.00	0.00
合　计	30.75	100.00	134.22	100.00	131.06	100.00	31.74	100.00

二、草地级的评价及特点

察哈尔右翼中旗草地级包括6级、7级草地。全旗主体属于6级草地，面积为274.99万亩，占全旗草地面积的83.90%。

6级草地在各大类草地均有分布，其中温性典型草原类面积最大，草地面积为206.01万亩，占全旗草地面积的62.85%。7级草地分布于温性典型草原类、温性荒漠草原类、低地草甸类，其中温性荒漠草原类面积最大，面积为27.74万亩，占全旗草地面积的8.46%。见表7-20。

表7-20 察哈尔右翼中旗草地级评定统计

草地类	合计		6级		7级	
	面积（万亩）	占全旗草地面积比例（%）	面积（万亩）	占全旗草地面积比例（%）	面积（万亩）	占全旗草地面积比例（%）
低地草甸类	31.50	9.61	28.27	8.63	3.23	0.99
温性草甸草原类	32.12	9.80	32.12	9.80	—	—
温性典型草原类	227.82	69.50	206.01	62.85	21.81	6.65
温性荒漠草原类	27.85	8.50	0.11	0.03	27.74	8.46
山地草甸类	8.48	2.59	8.48	2.59	—	—
合 计	327.77	100.00	274.99	83.90	52.78	16.10

6级草地在各苏木（乡、镇）均有分布，其中乌兰哈页苏木分布最大，面积为53.93万亩，占该级草地面积的19.61%，其次是大滩乡，6级草地占该级草地面积的16.80%，其他各苏木（乡、镇）占该级草地面积的15%以下；7级草地除土城子乡以外，在各苏木（乡、镇）均有分布，其中库伦苏木分布面积所占比例最大，占该级草地面积的70.82%。见表7-21。

表7-21 察哈尔右翼中旗苏木（乡、镇）草地级评定统计

苏木（乡、镇）	6级		7级	
	面积（万亩）	占该级总面积的比例（%）	面积（万亩）	占该级总面积的比例（%）
巴音乡	5.26	1.91	6.25	11.84
大滩乡	46.19	16.80	0.13	0.25
广益隆镇	40.05	14.56	3.36	6.37
宏盘乡	37.06	13.48	0.45	0.85
黄羊城镇	24.61	8.95	0.01	0.02
科布尔镇	19.57	7.12	0.17	0.32
库伦苏木	9.90	3.60	37.38	70.82
铁沙盖镇	18.40	6.69	3.22	6.10
土城子乡	13.42	4.88	—	—
乌兰哈页苏木	53.93	19.61	0.10	0.19
乌素图镇	6.60	2.40	1.71	3.24
合 计	274.99	100.00	52.78	100.00

三、草地综合评价

根据草地等和草地级组合的综合评定结果显示，优质中产型草地面积为124.16万亩，占全旗草地面积的37.88%；优质低产型草地面积为40.81万亩，占全旗草地面积的12.45%；中质中产型草地面积为150.83万亩，占全旗草地面积的46.02%；中质低产型草地面积为11.97万亩，占旗草地面积的3.65%。全旗草地质量较高，但产草量较低，总体上属于偏优型的中产草地。见表7-22、图7-3。

表7-22　察哈尔右翼中旗草地等级组合评定统计

综合评价		合　计		中产6级		低产7级	
		面积（万亩）	占全旗草地面积的比例（%）	面积	占全旗草地面积的比例（%）	面积	占全旗草地面积的比例（%）
优质	Ⅰ等	30.75	9.38	7.46	2.28	23.29	7.10
	Ⅱ等	134.22	40.95	116.70	35.60	17.52	5.35
中质	Ⅲ等	131.06	39.99	119.09	36.34	11.97	3.65
	Ⅳ等	31.74	9.68	31.74	9.68	—	—
合　计		327.77	100.00	274.99	83.90	52.78	16.10

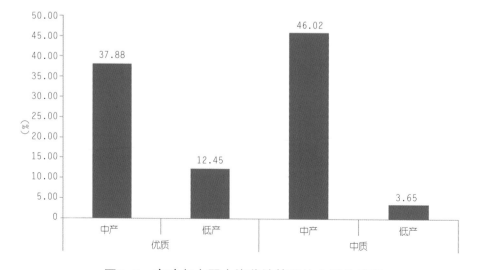

图7-3　察哈尔右翼中旗草地等级综合评价情况

第五节　草地退化、盐渍化状况

经制图和数据统计结果显示，察哈尔右翼中旗主要以退化、盐渍化草地为主，总面积为291.02万亩，占全旗草地总面积的88.79%；其中草地退化面积为260.13万亩，占全旗草地面积的79.36%。见表7-23。

表7-23　察哈尔右翼中旗草地退化、盐渍化统计

项　目		面积（万亩）	占全旗草地面积比例（%）	占全旗退化、盐渍化草地面积比例（%）
全旗草地面积		327.77	100.00	—
未退化、未盐渍化草地		36.75	11.21	—
草地退化、盐渍化		291.02	88.79	100.00
退　化	轻度退化	101.21	30.88	34.78
	中度退化	121.14	36.96	41.63
	重度退化	37.78	11.52	12.98
	小　计	260.13	79.36	89.39
盐渍化	轻度盐渍化	8.78	2.68	3.01
	中度盐渍化	15.21	4.64	5.23
	重度盐渍化	6.90	2.11	2.37
	小　计	30.89	9.43	10.61

全旗草地有不同程度的退化、盐渍化现象，其中以中度退化和轻度退化为主，面积分别为121.14万亩、101.21万亩，分布于中北高平原。未退化和轻度退化草地主要分布于南部的山麓一带，以轻度退化为主。盐渍化草地在湖泊、河流沿岸的低地草甸分布广泛，草地以中度盐化为主。

从各苏木（乡、镇）退化、盐渍化草地分布情况看，退化、盐渍化草地占本苏木（乡、镇）草地面积比例达到100%的苏木（乡、镇）有巴音乡、黄羊城镇、库伦苏木、铁沙盖镇、土城子乡、乌素图镇。中度和重度退化、盐渍化草地占本苏木（乡、镇）退化盐渍化草地面积比例最高的是巴音乡，占比达到91.23%；其他各苏木（乡、镇）

集中在 50%~86% 的居多。见表 7-24。

表7-24 察哈尔右翼中旗苏木（乡、镇）草地退化、盐渍化统计

各苏木（乡、镇）	草地面积（万亩）	退化、盐渍化草地面积（万亩）	退化、盐渍化占本苏木（乡、镇）草地面积比例（%）	草地退化、盐渍化分级			中度和重度退化、盐渍化草地占本苏木（乡、镇）退化、盐渍化草地面积比例（%）
				轻度（万亩）	中度（万亩）	重度（万亩）	
巴音乡	11.51	11.51	100.00	1.01	3.66	6.84	91.23
大滩乡	46.32	44.65	96.39	10.95	31.21	2.49	77.71
广益隆镇	43.41	42.30	97.44	6.47	24.68	11.15	84.70
宏盘乡	37.51	35.76	95.33	24.34	10.95	0.47	31.94
黄羊城镇	24.62	24.62	100.00	4.38	16.64	3.60	82.21
科布尔镇	19.74	16.74	84.80	11.89	4.83	0.02	28.97
库伦苏木	47.28	47.28	100.00	13.80	18.82	14.66	70.81
铁沙盖镇	21.62	21.62	100.00	9.34	9.42	2.86	56.80
土城子乡	13.42	13.42	100.00	6.06	7.23	0.13	54.84
乌兰哈页苏木	54.03	24.81	45.92	20.35	3.75	0.71	17.98
乌素图镇	8.31	8.31	100.00	1.40	5.16	1.75	83.15
合 计	327.77	291.02	88.79	109.99	136.35	44.68	62.21

退化草地面积占本苏木（乡、镇）草地退化、盐渍化比例较高的为大滩乡、黄羊城镇、土城子乡、乌兰哈页苏木，四个苏木（乡、镇）占本苏木（乡、镇）退化、盐渍化草地面积比例在 97.82%~100%。盐渍化草地比例占本苏木（乡、镇）退化、盐渍化草地面积比例较高的是乌素图镇、巴音乡、铁沙盖镇，占比分别为 47.29%、32.58%、23.36%。见表 7-25。

表7-25 察哈尔右翼中旗苏木（乡、镇）草地退化、盐渍化统计

苏木（乡、镇）	草地退化、盐渍化（万亩）	退化草地		盐渍化草地	
		面积（万亩）	占本苏木（乡、镇）退化、盐渍化草地面积比例（%）	面积（万亩）	占本苏木（乡、镇）退化、盐渍化草地面积比例（%）
巴音乡	11.51	7.76	67.42	3.75	32.58
大滩乡	44.65	44.65	100.00	—	—
广益隆镇	42.30	38.62	91.30	3.68	8.70
宏盘乡	35.76	33.43	94.48	2.33	6.52
黄羊城镇	24.62	24.45	99.31	0.17	0.69
科布尔镇	16.74	15.51	92.65	1.23	7.35
库伦苏木	47.28	37.33	78.96	9.95	21.04
铁沙盖镇	21.62	16.57	76.64	5.05	23.36
土城子乡	13.42	13.16	98.06	0.26	1.94
乌兰哈页苏木	24.81	24.27	97.82	0.54	2.18
乌素图镇	8.31	4.38	52.71	3.93	47.29

第八章　察哈尔右翼后旗草地资源

第一节　草地资源概况

一、地理位置及基本情况

察哈尔右翼后旗位于乌兰察布市中北部，地处阴山山脉大青山北麓。地理坐标为北纬40°03′~41°59′，东经112°42′~113°30′。东与商都县、兴和县接壤，南与察哈尔右翼前旗、卓资县毗邻，西与察哈尔右翼中旗、四子王旗交界，北与锡林郭勒盟苏尼特右旗相连。面积3 910千米²，总人口21.83万人，其中蒙古族1.3万人，是一个以蒙古族为主体，汉族占多数的半农半牧旗。全旗辖5个镇、2个苏木、1个乡，即白音察干镇、土牧尔台镇、红格尔图镇、贲红镇、大六号镇、当郎忽洞苏木、乌兰哈达苏木、锡勒乡。

地形地貌以蒙古高原、山地与丘陵为主体，丘陵面积占总面积的45%，高原占20%，山地占35%。整个地形由南向北渐低，略呈长方形。海拔高度平均1 500米，西南最高点2 053米，西北最低点1 322米，境内超过海拔1 500米的山峰46座，其中西南部灰梁山、苏集梁山、大脑包山、韩勿拉山、锡勒脑包山较高。气候为温带半干旱大陆性季风气候，日照充分，风多雨少，冷热不匀。因受中纬度及季风的影响，春季干旱多风，夏季雨量集中，秋季早寒易冻，冬季漫长寒冷。年平均气温3.4℃，年平均日照数2 986.2小时，年平均无霜期70~102天，年日均气温0℃持续203天，5℃持续160天，年平均降水量292毫米。

旗境内属内陆河水系。有大小河流12条，大小湖泊7处，泉水41处，总涌水量5 038.6吨/昼夜。河网密度0.09千米/千米²，径流总量0.474亿米³。河流短小而稀疏，水量较少，季节特征非常明显，而且还有相当面积的无流区。

二、土地利用现状和草地面积

全旗土地面积为570.45万亩，其中，天然草地面积为353.84万亩，占土地总面积的62.03%；人工草地面积为21.00万亩，占土地总面积的3.68%；非草地面积（林地、耕地、水域、居民点及工矿用地、道路）195.61万亩，占土地总面积的34.29%。见表8-1。

表8-1　察哈尔右翼后旗土地利用现状统计

土地面积（万亩）	草地面积			非草地面积（万亩）
	草地总面积（万亩）	天然草原（万亩）	人工草地（万亩）	
570.45	374.84	353.84	21.00	195.61

三、天然草地状况

察哈尔右翼后旗天然草地分布于阴山北麓，草地类型由温性草甸草原类、温性典型草原类、温性荒漠草原类和低地草甸类组成。天然草地面积为353.84万亩，占乌兰察布市天然草地面积的6.74%，可利用草地面积为333.29万亩。在4个草地类中，由7个亚类，35个草地型组成，其中以温性典型草原类面积最大，为306.42万亩，占该旗草地面积的86.60%，构成该旗天然草地的主体；第二位是低地草甸类，面积为39.57万亩，占该旗草地面积的11.18%。见表8-2。

全旗8个苏木（乡、镇）草地面积由大到小排序为锡勒乡、乌兰哈达苏木、白音察干镇、当郎忽洞苏木、土牧尔台镇、贲红镇、红格尔图镇、大六号镇，排在前三位的草地面积分别为87.70万亩、73.36万亩、61.77万亩，占该旗天然草地面积分别为24.79%、20.73%、17.46%；草地面积最小的是大六号镇，为6.55万亩，占该旗天然草地面积的1.85%。见表8-3。

表8-2　察哈尔右翼后旗苏木（乡、镇）草地类统计

苏木（乡、镇）	低地草甸类		温性草甸草原类		温性典型草原类		温性荒漠草原类	
	草地面积（万亩）	可利用面积（万亩）	草地面积（万亩）	可利用面积（万亩）	草地面积（万亩）	可利用面积（万亩）	草地面积（万亩）	可利用面积（万亩）
锡勒乡	1.86	1.77	3.86	3.47	81.98	77.70	—	—
乌兰哈达苏木	10.21	9.36	—	—	63.15	59.75	—	—
土牧尔台镇	1.81	1.60	—	—	38.79	36.71	2.91	2.63
红格尔图镇	0.32	0.28	—	—	13.23	12.53	—	—
当郎忽洞苏木	10.92	9.89	—	—	39.97	37.94	0.07	0.07
大六号镇	0.23	0.22	—	—	6.32	5.93	—	—
贲红镇	1.08	0.95	1.01	0.91	14.35	13.63	—	—
白音察干镇	13.14	11.91	—	—	48.63	46.04	—	—
合　计	39.57	35.98	4.87	4.38	306.42	290.23	2.98	2.70

表8-3　察哈尔右翼后旗苏木（乡、镇）天然草地统计

苏木（乡、镇）	草地面积		可利用面积	
	面积（万亩）	占全旗草地面积比例（%）	面积（万亩）	占全旗草地面积比例（%）
锡勒乡	87.70	24.79	82.94	23.44
乌兰哈达苏木	73.36	20.73	69.11	19.53
白音察干镇	61.77	17.46	57.95	16.38
当郎忽洞苏木	50.96	14.4	47.90	13.54
土牧尔台镇	43.51	12.29	40.94	11.57
贲红镇	16.44	4.65	15.49	4.37
红格尔图镇	13.55	3.83	12.81	3.62
大六号镇	6.55	1.85	6.15	1.74
合　计	353.84	100.00	333.29	94.19

第二节　草地类型分布规律及特征

一、温性草甸草原类

温性草甸草原类分布在该旗境内山地及其阴坡，总面积为4.87万亩，占该旗草地面积的1.38%，其中可利用面积为4.38万亩，占该旗草地面积的1.24%。包括山地草甸草原亚类，由具灌木的凸脉苔草1个草地型组成。出现在锡勒乡、贲红镇2个乡镇，草地面积分别为3.86万亩、1.01万亩，占全旗占该类草地面积的79.26%、20.73%。见表8-2。

二、温性典型草原类

该类草地总面积为306.42万亩，占全旗草地面积的86.60%，其中可利用面积为290.23万亩，占全旗草地面积的82.02%。温性典型草原构成该旗的主体类型，在8个苏木（乡、镇）均有分布。其中锡勒乡面积最大，为81.98万亩，占全旗该类草地面积的26.77%，其次是乌兰哈达苏木，草地面积为63.15万亩，占全旗该类草地面积的20.59%。见表8-4。温性典型草原类包括2个草地亚类、20个草地型。

表8-4　察哈尔右翼后旗苏木（乡、镇）温性典型草原类统计

苏木（乡、镇）	草地面积		可利用面积	
	面积(万亩)	占该类草地面积比例（%）	面积（万亩）	占该类草地面积比例（%）
锡勒乡	81.98	26.77	77.70	25.36
乌兰哈达苏木	63.15	20.59	59.75	19.49
土牧尔台镇	38.79	12.65	36.71	11.98
红格尔图镇	13.23	4.32	12.53	4.09
当郎忽洞苏木	39.97	13.07	37.94	12.38
大六号镇	6.32	2.04	5.93	1.94
贲红镇	14.35	4.70	13.63	4.45
白音察干镇	48.63	15.86	46.04	15.03
合　计	306.42	100.00	290.23	94.72

（一）平原丘陵草原亚类

总面积为288.99万亩，占全旗温性典型草原类的94.31%，其中可利用面积为274.54万亩。该亚类包括18个草地型，其中克氏针茅、糙隐子草草地型面积最大，为97.22万亩，占该亚类的33.64%，占全旗草地面积的27.48%；第二位是冷蒿、克氏针茅草地型，为38.24万亩，占该亚类的13.23%，占全旗草地面积的10.81%；第三位是亚洲百里香、克氏针茅草地型，为33.94万亩，占该亚类的11.75%，占全旗草地面积的9.59%。见表8-5。

表8-5　察哈尔右翼后旗平原丘陵草原亚类草地型统计

草地型	草地面积			可利用面积		
	面积（万亩）	占该亚类的比例（%）	占全旗草地的比例（%）	面积（万亩）	占该亚类可利用面积比例（%）	占全旗草地的比例（%）
小叶锦鸡儿、克氏针茅	27.70	9.59	7.83	26.31	9.58	7.44
小叶锦鸡儿、冷蒿	19.51	6.75	5.51	18.53	6.75	5.24
小叶锦鸡儿、羊草	1.33	0.46	0.38	1.27	0.46	0.36
小叶锦鸡儿、糙隐子草	1.12	0.39	0.32	1.06	0.39	0.30
冷蒿、克氏针茅	38.24	13.23	10.81	36.33	13.23	10.27
冷蒿、糙隐子草	1.60	0.55	0.45	1.52	0.55	0.43
亚洲百里香、克氏针茅	33.94	11.74	9.59	32.25	11.75	9.11
亚洲百里香、冷蒿	1.85	0.64	0.52	1.76	0.64	0.50
亚洲百里香、糙隐子草	0.80	0.28	0.23	0.76	0.28	0.21
达乌里胡枝子、杂类草	0.05	0.02	0.01	0.05	0.02	0.01
克氏针茅、羊草	11.44	3.96	3.23	10.87	3.96	3.07
克氏针茅、冷蒿	10.02	3.47	2.83	9.52	3.47	2.69
克氏针茅、糙隐子草	97.22	33.64	27.48	92.36	33.64	26.10
克氏针茅、亚洲百里香	1.87	0.65	0.53	1.77	0.64	0.50
克氏针茅、杂类草	12.89	4.46	3.64	12.25	4.46	3.46
羊草、克氏针茅	21.14	7.31	5.98	20.08	7.32	5.68
羊草、冷蒿	7.94	2.75	2.24	7.55	2.75	2.13
羊草、杂类草	0.33	0.11	0.09	0.30	0.11	0.09
合　计	288.99	100.00	81.67	274.54	100.00	77.59

从苏木（乡、镇）看，锡勒乡平原丘陵草原亚类面积最大，为78.37万亩，占该亚类的27.12%；其次为乌兰哈达苏木，面积为58.27万亩，占该亚类的20.16%。见表8-6。

表8-6　察哈尔右翼后旗苏木（乡、镇）平原丘陵草原亚类统计

苏木（乡、镇）	草地面积		可利用草地面积	
	面积（万亩）	占该亚类的比例（%）	面积（万亩）	占该亚类的比例（%）
锡勒乡	78.37	27.12	74.45	25.76
乌兰哈达苏木	58.27	20.16	55.35	19.15
土牧尔台镇	35.99	12.45	34.19	11.83
红格尔图镇	12.68	4.39	12.04	4.17
当郎忽洞苏木	39.51	13.67	37.54	12.99
大六号镇	4.94	1.71	4.69	1.62
贲红镇	14.36	4.97	13.65	4.72
白音察干镇	44.87	15.53	42.63	14.75
合　计	288.99	100.00	274.54	95.00

（二）山地草原亚类

总面积为17.43万亩，占全旗温性典型草原类的5.69%，其中可利用面积为15.69万亩。该亚类有2个草地型，即柄扁桃、克氏针茅草地型和克氏针茅、杂类草草地型，面积分别为0.04万亩和17.39万亩，分别占该亚类的0.23%、99.77%。见表8-7。

表8-7　察哈尔右翼后旗山地草原亚类草地型统计

草地型	草地面积			可利用面积		
	面积（万亩）	占该亚类的比例（%）	占全旗草地的比例（%）	面积（万亩）	占该亚类可利用面积比例（%）	占全旗草地的比例（%）
柄扁桃、克氏针茅	0.04	0.23	0.01	0.04	0.23	0.01
克氏针茅、杂类草	17.39	99.77	4.92	15.65	99.77	4.42
合　计	17.43	100.00	4.93	15.69	100.00	4.43

乌兰哈达苏木山地草原亚类面积最大，为4.91万亩，占该亚类的28.17%；其次为白音察干镇、锡勒乡，面积分别为3.64万亩、3.62万亩，分别占该亚类草地面积的20.89%、20.79%。其他苏木（乡、镇）见表8-8。

表8-8　察哈尔右翼后旗苏木（乡、镇）山地草原亚类统计

苏木(乡、镇)	草地面积		可利用草地面积	
	面积(万亩)	占该亚类的比例(%)	面积(万亩)	占该亚类的比例(%)
锡勒乡	3.62	20.79	3.26	18.70
乌兰哈达苏木	4.91	28.17	4.42	25.36
土牧尔台镇	2.81	16.14	2.53	14.51
红格尔图镇	0.57	3.26	0.51	2.93
当郎忽洞苏木	0.47	2.68	0.42	2.41
大六号镇	1.40	8.02	1.26	7.23
贲红镇	0.01	0.05	0.01	0.06
白音察干镇	3.64	20.89	3.28	18.82
合　计	17.43	100.00	15.69	90.02

三、温性荒漠草原类

该类草地总面积为2.98万亩，占全旗草地面积的0.84%，其中可利用面积为2.70万亩，占全旗草地面积的0.76%。温性荒漠草原类分布在该旗境内的西北部，由平原丘陵荒漠草原1个亚类，中间锦鸡儿、丛生小禾草草地型，短花针茅、无芒隐子草草地型，短花针茅、冷蒿草地型3个草地型组成。草地型面积最大的是中间锦鸡儿、丛生小禾草草地型，面积为1.22万亩，占该亚类的40.94%。见表8-9。

表8-9　察哈尔右翼后旗平原丘陵荒漠草原亚类及草地型统计

草地型	草地面积			可利用面积		
	面积(万亩)	占该亚类的比例(%)	占全旗草地的比例(%)	面积(万亩)	占该亚类可利用面积比例(%)	占全旗草地的比例(%)
中间锦鸡儿、丛生小禾草	1.22	40.94	0.34	1.11	41.11	0.31
短花针茅、无芒隐子草	1.16	38.93	0.33	1.05	38.89	0.30
短花针茅、冷蒿	0.60	20.13	0.17	0.54	20.00	0.15
合　　计	2.98	100.00	0.84	2.70	100.00	0.76

平原丘陵荒漠草原亚类分布在土牧尔台镇、当郎忽洞苏木，面积分别为 2.91 万亩、0.07 万亩；分别占该亚类草地面积的 97.65%、2.35%。

四、低地草甸类

低地草甸类总面积为 39.57 万亩，占全旗草地面积的 11.18%，其中可利用面积为 35.98 万亩，占全旗草地面积的 10.17%。广泛分布于水位较低的湖泊、河流及低洼地段，8 个苏木（乡、镇）均有分布。低地草甸类面积最大的是白音察干镇，面积为 13.14 万亩，占该类草地面积的 33.21%；第二位和第三位分别为当郎忽洞苏木、乌兰哈达苏木，分别为 10.92 万亩和 10.21 万亩，分别占该类草地面积的 27.60%、25.80%。其他苏木（乡、镇）详见表 8-10。

表8-10　察哈尔右翼后旗各苏木（乡、镇）低地草甸类、亚类统计

苏木 （乡、镇）	合　计		低湿地草甸亚类		盐化低地草甸亚类		沼泽化低地草甸亚类	
	面积 （万亩）	可利用 面积 （万亩）	面积 （万亩）	可利用 面积 （万亩）	面积 （万亩）	可利用 面积 （万亩）	面积 （万亩）	可利用 面积 （万亩）
锡勒乡	1.86	1.77	1.86	1.77	—	—	—	—
乌兰哈达苏木	10.21	9.36	5.99	5.69	3.76	3.29	0.46	0.38
土牧尔台镇	1.81	1.60	0.22	0.21	1.59	1.39	—	—
红格尔图镇	0.32	0.28	—	—	0.32	0.28	—	—
当郎忽洞苏木	10.92	9.89	4.53	4.21	6.28	5.59	0.11	0.09
大六号镇	0.23	0.22	0.23	0.22	—	—	—	—
贲红镇	1.08	0.95	0.11	0.10	0.97	0.85	0.00	0.00
白音察干镇	13.14	11.91	6.01	5.81	6.49	5.58	0.64	0.52
合　计	39.57	35.98	18.95	18.01	19.41	16.98	1.21	0.99

低地草甸类由低湿地草甸亚类、盐化低地草甸亚类、沼泽化低地草甸亚类 3 个亚类组成。低湿地草甸亚类面积为 18.95 亩，占低地草甸类草地面积的 47.89%，包括羊草、中生杂类草草地型，鹅绒委陵菜、杂类草草地型，寸草苔、中生杂类草草地型，共 3 个草地型。其中寸草苔、中生杂类草草地型面积最大，为 12.25 万亩，占该亚类面积的 64.63%。

盐化低地草甸亚类面积为 19.41 万亩，占该类草地面积的 49.05%，包括芨芨草、羊草草地型，芨芨草、马蔺草地型，芨芨草、寸草苔草地型，芨芨草、盐生杂类草草

地型等 7 个草地型；其中芨芨草、马蔺草地型面积最大，面积为 10.48 万亩，占该亚类面积的 54.00%。

沼泽化低地草甸亚类面积 1.21 万亩，包括灰脉苔草、湿生杂类草 1 个草地型。见表8-11。

表8-11　察哈尔右翼后旗低地草甸类草地型统计

草地（亚类）	草地型	草地面积			可利用面积		
		面积（万亩）	占该亚类的比例（%）	占全旗草地的比例（%）	面积（万亩）	占该亚类可利用面积比例（%）	占全旗草地的比例（%）
低湿地草甸亚类	羊草、中生杂类草	6.51	34.37	1.84	6.19	34.37	1.75
	鹅绒委陵菜、杂类草	0.19	1.00	0.06	0.18	1.00	0.05
	寸草苔、中生杂类草	12.25	64.63	3.46	11.64	64.63	3.29
	小　计	18.95	100.00	5.36	18.01	100.00	5.09
盐化低地草甸亚类	芨芨草、羊草	4.16	21.43	1.18	3.65	21.43	1.03
	芨芨草、马蔺	10.48	54.00	2.96	9.17	54.00	2.59
	芨芨草、寸草苔	0.72	3.73	0.20	0.63	3.73	0.18
	芨芨草、盐生杂类草	1.15	5.90	0.32	1.00	5.90	0.29
	碱茅、盐生杂类草	1.75	9.02	0.49	1.53	9.02	0.43
	芦苇、盐生杂类草	0.09	0.47	0.03	0.08	0.47	0.02
	羊草、盐生杂类草	1.06	5.45	0.30	0.92	5.45	0.26
	小　计	19.41	100.00	5.48	16.98	100.00	4.80
沼泽化低地草甸亚类	灰脉苔草、湿生杂类草	1.21	100.00	0.34	0.99	100.00	0.28
	小　计	1.21	100.00	0.34	0.99	100.00	0.28
合　计		39.57	—	11.18	35.98	—	10.17

第三节　草地生产力状况

一、天然草地盛草期干草产量

察哈尔右翼后旗天然草地平均亩产干草 41.19 千克，产干草总量 13 727.99 万千克。单位面积牧草产量最高的是低地草甸类，平均亩产干草 45.90 千克；其次是温性草甸草原类，平均亩产干草在 43.47 千克；第三是温性典型草原类，平均亩产干草 40.68 千克；最低的是温性荒漠草原类，平均亩产干草 29.91 千克。各类草地总产量最高的是温性典型草原类，总产草量为 11 805.46 万千克，占全旗总产草量的 86.00%；总产量最低的是温性荒漠草原类，总产草量为 80.28 万千克，占全旗总产草量的 0.58%。见表 8-12。

表8-12　察哈尔右翼后旗盛草期干草产量统计

草地类	单产（千克/亩）	全年总产干草量（万千克）	各类占旗总产量的比例（%）	暖季产干草量（万千克）	冷季产干草量（万千克）
全　旗	41.19	13 727.99	100.00	7 034.68	4 292.10
温性草甸草原类	43.47	190.52	1.39	104.79	68.11
温性典型草原类	40.68	11 805.46	86.00	5 902.73	3 558.15
温性荒漠草原类	29.91	80.28	0.58	36.12	21.67
低地草甸类	45.90	1 651.73	12.03	991.04	644.17

在各苏木（乡、镇）产草量中，单位面积产草量最高的为东南部的大六号镇，盛草期亩产干草为 43.86 千克；单位面积产草量最低的是锡勒乡，亩产干草为 39.85 千克。总产草量最高的是锡勒乡，全年干草总量为 3 305.31 万千克，最低的是大六号镇，总产干草量为 269.75 万千克。见表 8-13。

表8-13　察哈尔右翼后旗苏木（乡、镇）盛草期干草产量统计

苏木（乡、镇）	干草单产（千克/亩）	全年总产干草量（万千克）	暖季产干草量（万千克）	冷季产干草量（万千克）
锡勒乡	39.85	3 305.31	1 667.15	1 009.96
乌兰哈达苏木	41.26	2 851.79	1 469.48	899.41
土牧尔台镇	39.99	1 636.89	821.36	497.53
红格尔图镇	40.81	523.14	262.79	158.58
当郎忽洞苏木	41.65	1 994.98	1 042.11	639.12
大六号镇	43.86	269.75	135.89	83.16
贲红镇	43.57	675.29	343.99	208.80
白音察干镇	42.63	2 470.84	1 291.91	795.54
平　均	41.19	—	—	—
合　计	—	13 727.99	7 034.68	4 292.10

二、天然草地合理载畜量

察哈尔右翼后旗全年平均饲养 1 个羊单位需要可利用草地面积为 42.31 亩，暖季需要可利用草地面积 13.65 亩，冷季需要可利用草地面积 28.66 亩。天然草地全年合理载畜量为 7.88 万羊单位，暖季合理载畜量为 10.71 万羊单位，冷季合理载畜量为 6.53 万羊单位。

在草地类中，温性典型草原类全年合理载畜量最高，为 6.56 万羊单位，占全旗合理载畜量的 83.25%，全年 1 个羊单位需草地面积为 44.26 亩。温性荒漠草原类全年合理载畜量最低，为 0.04 万羊单位，占全旗合理载畜量的 0.51%，全年 1 个羊单位需草地面积为 67.10 亩。见表 8-14。

表8-14　察哈尔右翼后旗天然草地合理载畜量统计

草地类	用草地面积表示（亩）			用羊单位表示（万羊单位）		
	全年1个羊单位需草地面积	暖季1个羊单位需草地面积	冷季1个羊单位需草地面积	全年合理载畜量	暖季合理载畜量	冷季合理载畜量
全　旗	42.31	13.65	28.66	7.88	10.71	6.53
温性草甸草原类	35.79	12.05	23.74	0.12	0.16	0.10
温性典型草原类	44.26	14.16	30.10	6.56	8.99	5.42
温性荒漠草原类	67.10	21.40	45.70	0.04	0.05	0.03
低地草甸类	31.07	10.46	20.61	1.16	1.51	0.98

各苏木（乡、镇）合理载畜量最高是锡勒乡，天然草地全年可承载 1.86 万羊单位，44.51 亩可饲养 1 个羊单位。其次为乌兰哈达苏木，全年可承载 1.65 万羊单位，41.91 亩可饲养 1 个羊单位。见表 8-15。

表8-15　察哈尔右翼后旗苏木（乡、镇）合理载畜量统计

苏木（乡、镇）	用草地面积表示载畜量（亩）			用羊单位表示载畜量（万羊单位）		
	全年1个羊单位需草地面积	暖季1个羊单位需草地面积	冷季1个羊单位需草地面积	全年合理载畜量	暖季合理载畜量	冷季合理载畜量
全　旗	42.31	13.64	28.65	7.88	10.71	6.54
锡勒乡	44.51	14.29	30.22	1.86	2.53	1.54
乌兰哈达苏木	41.91	13.55	28.36	1.65	2.24	1.37
土牧尔台镇	44.71	14.36	30.35	0.92	1.25	0.76
红格尔图镇	43.88	14.05	29.83	0.29	0.40	0.24
当郎忽洞苏木	40.90	13.25	27.65	1.17	1.59	0.97
大六号镇	40.33	13.04	27.29	0.15	0.21	0.13
贲红镇	40.37	12.98	27.39	0.38	0.52	0.32
白音察干镇	39.82	12.93	26.89	1.46	1.97	1.21

第四节 草地资源等级综合评价

依据草地等级评定标准，察哈尔右翼后旗草地总体评价为优质低产型草地。草地等包括Ⅰ等、Ⅱ等、Ⅲ等、Ⅳ等，草地级包括6级、7级。

一、草地等的评价及特点

全旗天然草地属于Ⅰ等草地面积为70.41万亩，占全旗草地面积的19.90%；Ⅱ等草地面积194.08万亩，占全旗草地面积的54.85%；Ⅲ等的草地面积为89.16万亩，占全旗草地面积的25.20%；Ⅳ等的低质草地面积占全旗草地面积为0.05%。

Ⅰ等草地分布于温性典型草原类、温性荒漠草原类，其中温性典型草原类面积最大，占全旗Ⅰ等草地的98.35%；Ⅱ等草地分布在温性典型草原类、温性荒漠草原类、低地草甸类中，其中温性典型草原类面积最大，占全旗Ⅱ等草地的95.35%；Ⅲ等草地分布在温性草甸草原类、温性典型草原类、低地草甸类，其中温性典型草原类面积最大，占全旗Ⅲ等草地面积的57.67%；Ⅳ等草地分布在低地草甸类，占全旗草地面积的0.05%。见表8-16。

表8-16 察哈尔右翼后旗草地等评定统计

草地类	合计		Ⅰ等		Ⅱ等		Ⅲ等		Ⅳ等	
	面积（万亩）	占全旗草地总面积的比例（%）	面积（万亩）	占全旗草地总面积的比例（%）	面积（万亩）	占全旗草地总面积的比例（%）	面积（万亩）	占全旗草地总面积的比例（%）	面积（万亩）	占全旗草地总面积的比例（%）
温性草甸草原类	4.87	1.38	—	—	—	—	4.87	1.38	—	—
温性典型草原类	306.42	86.60	69.25	19.57	185.75	52.50	51.42	14.53	—	—
温性荒漠草原类	2.98	0.84	1.16	0.33	1.82	0.51	—	—	—	—
低地草甸类	39.57	11.18	—	—	6.51	1.84	32.87	9.29	0.19	0.05
合计	353.84	100.00	70.41	19.90	194.08	54.85	89.16	25.20	0.19	0.05

从苏木（乡、镇）草地等显示，Ⅰ等草地面积最大的是锡勒乡，面积为22.71万亩，占Ⅰ等草地面积的32.25%；其次是土牧尔台镇，面积为18.82万亩，占Ⅰ等草地面积的26.73%。Ⅱ等草地面积最大的是乌兰哈达苏木，为53.64万亩，占Ⅱ等草地面积的27.64%；其次是锡勒乡，面积为42.64万亩，占Ⅱ等草地面积的21.97%。Ⅲ等草

地面积最大是锡勒乡，为 22.35 万亩，占Ⅲ等草地面积的 25.07%；Ⅳ等草地面积较小，分布于白音察干镇、贲红镇、乌兰哈达苏木、锡勒乡。见表 8–17。

表8–17　察哈尔右翼后旗苏木（乡、镇）草地等评定统计

苏木（乡、镇）	Ⅰ等		Ⅱ等		Ⅲ等		Ⅳ等	
	面积（万亩）	占该等草地面积比例（%）	面积（万亩）	占该等草地面积比例（%）	面积（万亩）	占该等草地面积比例（%）	面积（万亩）	占该等草地面积比例（%）
白音察干镇	15.15	21.52	31.41	16.18	15.21	17.06	0.00	0.00
贲红镇	0.37	0.53	13.40	6.91	2.67	2.99	0.00	0.00
大六号镇	0.07	0.10	5.03	2.59	1.45	1.63	—	—
当郎忽洞苏木	9.34	13.26	27.25	14.04	14.37	16.12	—	—
红格尔图镇	0.03	0.04	6.14	3.16	7.38	8.28	—	—
土牧尔台镇	18.82	26.73	14.57	7.51	10.12	11.35	—	—
乌兰哈达苏木	3.92	5.57	53.64	27.64	15.61	17.50	0.19	100.00
锡勒乡	22.71	32.25	42.64	21.97	22.35	25.07	0.00	0.00
合　计	70.41	100.00	194.08	100.00	89.16	100.00	0.19	100.00

二、草地级的评价及特点

察哈尔右翼后旗草地级较低，为 6 级草地和 7 级草地。6 级草地亩产干草 79~40 千克，面积为 183.40 万亩，占全旗草地面积的 51.83%；而亩产干草 39~20 千克的 7 级草地面积为 170.44 万亩，占全旗草地面积的 48.17%。

6 级草地主要分布在温性草甸草原类、温性典型草原类、低地草甸类，其中温性典型草原类面积最大，为 138.96 万亩，占 6 级草地面积的 75.77%。7 级草地分布于温性典型草原类、温性荒漠草原类，其中温性典型草原类面积最大，面积为 167.46 万亩，占旗 7 级草地面积的 98.25%。见表 8–18。

表8–18　察哈尔右翼后旗草地级评定统计

草地类	合计		6 级		7 级	
	面积（万亩）	占全旗草地面积的比例（%）	面积（万亩）	占该级草地面积的比例（%）	面积（万亩）	占该级草地面积的比例（%）
温性草甸草原类	4.87	1.38	4.87	2.66	—	—
温性典型草原类	306.42	86.60	138.96	75.77	167.46	98.25
温性荒漠草原类	2.98	0.84	0.00	0.00	2.98	1.75
低地草甸类	39.57	11.18	39.57	21.58	—	—
合　　计	353.84	100.00	183.40	100.00	170.44	100.00

6级和7级草地在各苏木（乡、镇）均有分布，6级草地中，乌兰哈达苏木分布最大，面积为40.61万亩，占该级草地面积22.14%；其次是当郎忽洞苏木，面积为38.54万亩，占该级草地面积21.01%；其他各苏木（乡、镇）占该级草地面积20%以下。7级草地中，锡勒乡分布面积最大，占该级草地面积36.61%；其次为乌兰哈达苏木，7级面积为32.75万亩，占该级草地面积19.22%。其他见表8-19。

表8-19 察哈尔右翼后旗苏木（乡、镇）草地级评定统计

苏木（乡、镇）	6级		7级	
	面积（万亩）	占该级草地面积的比例（%）	面积（万亩）	占该级草地面积的比例（%）
白音察干镇	35.33	19.26	26.44	15.51
贲红镇	11.07	6.04	5.37	3.15
大六号镇	4.08	2.22	2.47	1.45
当郎忽洞苏木	38.54	21.01	12.42	7.29
红格尔图镇	8.76	4.78	4.79	2.81
土牧尔台镇	19.71	10.75	23.80	13.96
乌兰哈达苏木	40.61	22.14	32.75	19.22
锡勒乡	25.30	13.80	62.40	36.61
合　计	183.40	100.00	170.44	100.00

三、草地综合评价

根据草地等和草地级组合评定结果显示，优质低产型草地面积为170.33万亩，占全旗草地面积的48.14%；优质中产型草地面积为94.16万亩，占全旗草地面积的26.61%；中质中产型草地面积为89.24万亩，占全旗草地面积的25.22%。全旗草地质量评价为优良型草地，草地产草量评价为中低产型草地，总体上属于优质中低产草地。见表8-20、图8-1。

表8-20 察哈尔右翼后旗草地等级组合评定统计

综合评价		合 计		中产6级		低产7级	
		面积(万亩)	占全旗草地总面积的比例(%)	面积(万亩)	占全旗草地面积的比例(%)	面积(万亩)	占全旗草地面积的比例(%)
优质	Ⅰ等	70.41	19.90	9.97	2.82	60.44	17.08
	Ⅱ等	194.08	54.85	84.19	23.79	109.89	31.06
中质	Ⅲ等	89.16	25.20	89.05	25.17	0.11	0.03
	Ⅳ等	0.19	0.05	0.19	0.05	—	—
合 计		353.84	100	183.40	51.83	170.44	48.17

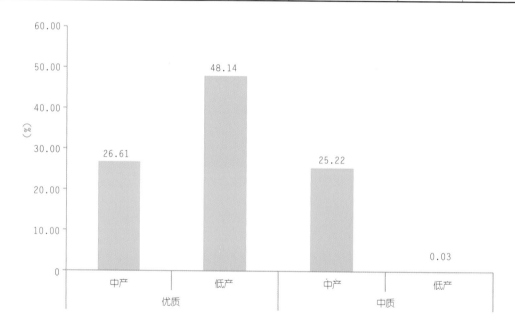

图8-1 察哈尔右翼后旗草地等级综合评价情况

第五节 草地退化、盐渍化状况

经制图和数据统计结果显示：察哈尔右翼后旗主要以草地退化、盐渍化草地为主，草地退化、盐渍化草地总面积为351.61万亩，占全旗草地面积的99.37%，其中草地退化面积为331.70万亩，占全旗草地面积的93.74%；盐渍化草地面积为19.91万亩，占全旗草地面积的5.63%。见表8-21。

表8-21 察哈尔右翼后旗草地退化、盐渍化统计

项　　目		面积(万亩)	占全旗草地面积比例（%）	占全旗退化、盐渍化草地面积比例（%）
全旗草地面积		353.84	100.00	—
未退化、未盐渍化草地面积		2.23	0.63	—
退化、盐渍化草地面积		351.61	99.37	100.00
退化草地面积	轻度退化	223.21	63.08	63.48
	中度退化	92.21	26.06	26.23
	重度退化	16.28	4.60	4.63
	小　　计	331.70	93.74	94.34
盐渍化草地面积	轻度盐渍化	6.69	1.89	1.90
	中度盐渍化	8.93	2.53	2.54
	重度盐渍化	4.29	1.21	1.22
	小　　计	19.91	5.63	5.66

在草地退化中，以轻度退化为主，面积为223.21万亩，占全旗退化、盐渍化面积的63.48%；重度退化面积为16.28万亩，占全旗退化、盐渍化面积的4.63%；未退化和轻度退化草地主要分布于山麓一带。盐渍化草地在湖泊、河流沿岸的低地草甸分布广泛，以中度盐化为主，面积为8.93万亩，占全旗退化、盐渍化草地面积的2.54%。

各苏木（乡、镇）退化、盐渍化草地分布情况，退化、盐渍化草地占本苏木（乡、镇）草地面积比例都在98%以上，其中贲红镇、红格尔图镇、大六号镇草地退化、盐渍化面积为100%。中度和重度退化、盐渍化草地占本苏木（乡、镇）退化、盐渍化草地面积比例较高的是当郎忽洞苏木和土牧尔台镇，中度和重度退化、盐渍化草地面积占本苏木（乡、镇）退化、盐渍化草地面积的分别为59.12%、58.97%。见表8-22。

表8-22 察哈尔右翼后旗苏木（乡、镇）草地退化、盐渍化统计

苏木（乡、镇）	草地面积（万亩）	退化、盐渍化草地面积（万亩）	退化、盐渍化占本苏木（乡、镇）草地面积比例（%）	草地退化、盐渍化分级			中度和重度退化、盐渍化草地占本苏木（乡、镇）退化、盐渍化草地面积比例（%）
				轻度（万亩）	中度（万亩）	重度（万亩）	
锡勒乡	87.70	87.03	99.24	81.71	4.53	0.79	6.11
乌兰哈达苏木	73.36	72.89	99.36	43.26	26.03	3.60	40.65
白音察干镇	61.77	61.13	98.98	40.94	16.45	3.74	33.03
当郎忽洞苏木	50.96	50.83	99.74	20.78	24.41	5.64	59.12
土牧尔台镇	43.51	43.19	99.26	17.72	20.23	5.24	58.97
贲红镇	16.44	16.44	100.00	12.07	3.62	0.75	26.58
红格尔图镇	13.55	13.55	100.00	7.06	5.68	0.81	47.90
大六号镇	6.55	6.55	100.00	6.36	0.19	0.00	2.90
合计	353.84	351.61	99.37	229.90	101.14	20.57	34.62

退化草地面积占本苏木（乡、镇）草地退化、盐渍化比例较高的是大六号镇、锡勒乡，占本苏木（乡、镇）退化、盐渍化草地面积比例分别为100%、99.57%。盐渍化草地比例最高的是当郎忽洞苏木，占本苏木（乡、镇）草地退化、盐渍化比例的12.55%。见表8-23。

表8-23 察哈尔右翼后旗苏木（乡、镇）草地退化、盐渍化统计

苏木（乡、镇）	退化、盐渍化草地	退化草地		盐渍化草地	
	面积（万亩）	面积（万亩）	占本苏木（乡、镇）退化、盐渍化比例（%）	面积（万亩）	占本苏木（乡、镇）退化、盐渍化比例（%）
白音察干镇	61.13	54.82	89.68	6.31	10.32
贲红镇	16.44	15.47	94.10	0.97	5.90
大六号镇	6.55	6.55	100.00	—	—
当郎忽洞苏木	50.83	44.45	87.45	6.38	12.55
红格尔图镇	13.55	13.23	97.64	0.32	2.36
土牧尔台镇	43.19	41.49	96.06	1.70	3.94
乌兰哈达苏木	72.89	69.03	94.70	3.86	5.30
锡勒乡	87.03	86.66	99.57	0.37	0.43

第九章　商都县草地资源

第一节　草地资源概况

一、地理位置及基本情况

商都县处于阴山北麓，乌兰察布市东北部。地理坐标为北纬41°18′~42°09′，东经113°08′~114°15′。县境北部与苏尼特右旗和镶黄旗接壤，南部与兴和县相邻，西依察哈尔右翼后旗，东靠化德县和河北省的康保县、张北县和尚义县。总面积4 353千米²，总人口34.2万人。

商都县地处内蒙古高原，境内平均海拔为1 400米。全境地形起伏不平，西高东低，向东南方向倾斜。土壤绝大部分属栗钙土，其余为盐碱土、草甸土、沼泽土、灰褐土。由于地处阴山东西复杂构造带和大兴安岭新华夏隆起带的交汇处，所以形成了多样型的地貌，大体分为缓坡丘陵、浅山丘陵、山间盆地、河谷洼地等。整个地势由西北向东南逐渐低下，西北多浅山丘陵，地势较高；中部多丘陵，地势次之；东南部多滩川、平原，地势较低。全境浅山丘陵占总面积的64%，滩川平原占总面积的34%。主要山脉有麻黄山、青石脑包山、元宝山、铜顶山、马鬃山、黄龙洞山、公鸡山、大脑包山等。

商都县属中温带大陆性季风气候，具有风光资源异常丰富、昼夜温差大、降水分布不均等特点。年均气温3.1℃，≥10℃的积温为2 075℃，无霜期115~120天，年均降水量350毫米。主要集中在7、8、9三个月，约占全年降水量的70%。全县河流均为内陆河，其径流较为贫乏，发源于或流经境内较大河流共11条，除不冻河、五台河、六台河常年有微量基流外，其余均为季节性洪水河流。县境河流共分五大水系，分别注入五湖泊。地下水总储量5.8亿米³，主要分布在盆地及丘间宽谷地带。地下水补给量2.62亿米³/年，可开采量1.22亿米³，水质较好，适于农田灌溉和人畜饮用。

商都县辖6镇4乡，分别为屯垦队镇、十八顷镇、西井子镇、小海子镇、大黑沙土镇、七台镇、大库伦乡、玻璃忽镜乡、三大顷乡、卯都乡。

二、草地资源状况

商都县天然草地面积为268.80万亩，占乌兰察布市天然草地面积的5.12%，草地可利用面积为253.55万亩。各乡镇的草地面积由大到小排序为大库伦乡、屯垦队镇、十八顷镇、西井子镇、玻璃忽镜乡、三大顷乡、小海子镇、卯都乡、大黑沙土镇、七台镇，排在前四位的乡镇草地面积分别为39.81万亩、35.27万亩、33.29万亩、33.24万亩，四个乡镇共占该县天然草地面积的52.68%，草地面积最小的是七台镇，面积为14.30万亩，占该县草地面积的5.32%。见表9-1。

表9-1　商都县各乡镇天然草地（可利用草地）面积统计

乡　镇	草地面积		可利用面积	
	面积（万亩）	乡镇占全县草地面积比例（%）	面积（万亩）	乡镇占全县草地面积比例（%）
小海子镇	20.41	7.59	18.97	7.06
西井子镇	33.24	12.37	31.56	11.74
屯垦队镇	35.27	13.12	33.46	12.45
十八顷镇	33.29	12.38	31.39	11.68
三大顷乡	26.39	9.82	24.60	9.15
七台镇	14.30	5.32	13.42	4.99
卯都乡	20.31	7.56	19.29	7.18
大库伦乡	39.81	14.81	37.80	14.06
大黑沙土镇	18.47	6.87	17.16	6.38
玻璃忽镜乡	27.31	10.16	25.90	9.64
合　计	268.80	100.00	253.55	94.33

全县天然草地由2个草地类组成，共有5个草地亚类，35个草地型。其中，温性典型草原类面积最大，为238.21万亩，占全县草地面积的88.62%；温性典型草原类分布面积最大的是大库伦乡，面积为39.35万亩，占该类草地面积的16.52%。低地草甸类分布面积为30.59万亩，占全县草地面积的11.38%，其中面积最大的是小海子镇，面积为7.45万亩，占该类草地面积的24.35%。见表9-2。

表9-2　商都县乡镇草地类面积统计

乡　镇	温性典型草原类		低地草甸类	
	面积(万亩)	占该类草地面积比例(%)	面积(万亩)	占该类草地面积比例(%)
小海子镇	12.96	5.44	7.45	24.35
西井子镇	32.90	13.81	0.34	1.12
屯垦队镇	34.48	14.47	0.79	2.58
十八顷镇	29.57	12.41	3.72	12.16
三大顷乡	19.35	8.12	7.04	23.01
七台镇	11.53	4.84	2.77	9.06
卯都乡	20.11	8.44	0.20	0.65
大库伦乡	39.35	16.52	0.46	1.51
大黑沙土镇	11.43	4.81	7.04	23.01
玻璃忽镜乡	26.53	11.14	0.78	2.55

第二节　草地类型分布规律及特征

一、温性典型草原类

温性典型草原类由2个草地亚类组成，即平原丘陵草原亚类和山地草原亚类。

（一）平原丘陵草原亚类

草地面积为221.51万亩，占温性典型草原类的92.99%。包括21个草地型，其中小叶锦鸡儿、糙隐子草草地型面积最大，为84.78万亩，占该亚类的38.27%；第二位为小叶锦鸡儿、冷蒿草地型，为25.63万亩，占该亚类的11.57%；第三位为冷蒿、克氏针茅草地型，为25.34万亩，占该亚类的11.44%。排在前三位草地型，面积占平原丘陵草原亚类的61.28%。平原丘陵草原亚类以小叶锦鸡儿为建群种的草地型，占该亚类的54.05%；克氏针茅为建群种的草地型，占该亚类面积的17.25%。见表9-3。

表9-3　商都县平原丘陵草原亚类草地型统计

草地(亚类)	草地型	草地面积			可利用面积		
		面积(万亩)	占该亚类的比例(%)	占全县草地的比例(%)	面积(万亩)	占该亚类可利用面积比例(%)	占全县草地的比例(%)
平原丘陵草原亚类	小叶锦鸡儿、克氏针茅	5.61	2.53	2.09	5.33	2.53	1.98
	小叶锦鸡儿、冷蒿	25.63	11.57	9.53	24.35	11.57	9.06
	小叶锦鸡儿、羊草	3.36	1.52	1.25	3.19	1.52	1.19
	小叶锦鸡儿、冰草	0.35	0.16	0.13	0.33	0.16	0.12
	小叶锦鸡儿、糙隐子草	84.78	38.27	31.54	80.54	38.27	29.96
	冷蒿、克氏针茅	25.34	11.44	9.43	24.08	11.44	8.96
	冷蒿、羊草	0.07	0.03	0.03	0.06	0.03	0.02
	冷蒿、糙隐子草	0.15	0.07	0.05	0.14	0.07	0.05
	亚洲百里香、克氏针茅	11.20	5.06	4.17	10.64	5.06	3.96
	亚洲百里香、冷蒿	2.34	1.06	0.87	2.23	1.06	0.83
	克氏针茅、羊草	3.42	1.54	1.27	3.25	1.54	1.21
	克氏针茅、冷蒿	21.62	9.76	8.04	20.54	9.76	7.64
	克氏针茅、糙隐子草	12.01	5.42	4.47	11.41	5.42	4.24
	克氏针茅、亚洲百里香	0.74	0.33	0.28	0.70	0.33	0.26
	克氏针茅、杂类草	0.45	0.20	0.17	0.43	0.20	0.16
	羊草、冷蒿	16.29	7.35	6.06	15.47	7.35	5.76
	羊草、糙隐子草	0.08	0.04	0.03	0.08	0.04	0.03
	羊草、杂类草	3.76	1.70	1.40	3.58	1.70	1.33
	冰草、禾草、杂类草	0.00	0.00	0.00	0.00	0.00	0.00
	糙隐子草、克氏针茅	0.08	0.04	0.03	0.08	0.04	0.03
	糙隐子草、杂类草	4.23	1.91	1.57	4.02	1.91	1.50
	合　计	221.51	100.00	82.41	210.45	100.00	78.29

（二）山地草原亚类

草地面积16.70万亩，占温性典型草原类的7.01%。包括2个草地型，其中克氏针茅、杂类草草地型为15.34万亩，占该亚类的91.86%；百里香、杂类草草地型为1.36万亩，占该亚类的8.14%。见表9-4。

表9-4 商都县山地草原亚类草地型统计

草地 (亚类)	草地型	草地面积			可利用面积		
		面积 (万亩)	占该亚类的比例(%)	占全县草地的比例(%)	面积 (万亩)	占该亚类可利用面积比例(%)	占全县草地的比例(%)
山地草原亚类	克氏针茅、杂类草	15.34	91.86	5.70	14.56	91.86	5.42
	百里香、杂类草	1.36	8.14	0.50	1.29	8.14	0.48
	合 计	16.70	100.00	6.21	15.85	100.00	5.90

二、低地草甸类

低地草甸类面积为30.59万亩，占全县草地面积的11.38%，其中可利用面积为27.25万亩。低地草甸类包括3个草地亚类，即低湿地草甸亚类、盐化低地草甸亚类、沼泽化低地草甸亚类，面积分别为7.00万亩、22.72万亩、0.87万亩，分别占低地草甸类的22.88%、74.27%、2.85%。低湿地草甸亚类包括芦苇、中生杂类草草地型，鹅绒委陵菜、杂类草草地型，面积分别为6.25万亩和0.75万亩，分别占该亚类的89.29%、10.71%。见表9-5。

表9-5 商都县低湿地草甸亚类草地型统计

草地 (亚类)	草地型	草地面积			可利用面积		
		面积 (万亩)	占该亚类的比例(%)	占全县草地的比例(%)	面积 (万亩)	占该亚类可利用面积比例(%)	占全县草地的比例(%)
低湿地草甸亚类	芦苇、中生杂类草	6.25	89.29	2.32	5.93	89.24	2.21
	鹅绒委陵菜、杂类草	0.75	10.71	0.28	0.72	10.76	0.27
	合 计	7.00	100.00	2.60	6.65	100.00	2.48

盐化低地草甸亚类包括9个草地型，其中羊草、盐生杂类草草地型面积最大，为11.54万亩，占该亚类的50.79%；其次为芨芨草、羊草草地型，面积为6.68万亩，占该亚类的29.40%；第三位是芨芨草、盐生杂类草草地型，面积为2.29万亩，占该亚类的10.07%。见表9-6。

表9-6　商都县盐化低地草甸亚类草地型统计

草地 (亚类)	草地型	草地面积			可利用面积		
		面积 (万亩)	占该亚类的比例(%)	占该县草地的比例(%)	面积(万亩)	占该亚类可利用面积比例(%)	占该县草地的比例(%)
盐化低地草甸亚类	白刺、盐生杂类草	0.42	1.87	0.16	0.37	1.87	0.14
	芨芨草、羊草	6.68	29.40	2.48	5.84	29.36	2.17
	芨芨草、马蔺	0.35	1.56	0.13	0.31	1.56	0.12
	芨芨草、寸草苔	1.07	4.70	0.40	0.94	4.73	0.35
	芨芨草、盐生杂类草	2.29	10.07	0.85	2.00	10.07	0.74
	碱茅、盐生杂类草	0.03	0.13	0.01	0.03	0.13	0.01
	芦苇、盐生杂类草	0.21	0.93	0.08	0.19	0.94	0.07
	羊草、盐生杂类草	11.54	50.79	4.29	10.10	50.78	3.76
	盐爪爪、盐生杂类草	0.13	0.57	0.05	0.11	0.56	0.04
	合　计	22.72	100.00	8.45	19.89	100.00	7.40

沼泽化低地草甸亚类包括1个草地型，即芦苇、湿生杂类草，面积为0.87万亩，占低地草甸类的2.84%，占全县草地面积的0.32%。

第三节　草地生产力状况

商都县天然草地平均每亩干草产量为47.48千克，全县干草总量为12 038.93万千克，年合理载畜量为6.88万羊单位，平均36.85亩草地可饲养1个羊单位。

单位面积产草量最高的为低地草甸类草地，单位面积产草量平均为51.08千克/亩，全年产干草为1 392.05万千克，产草总量占全县草地产草总量的11.56%，年合理载畜量为0.98万羊单位，平均27.92亩草地可饲养1个羊单位。低湿地草甸亚类、盐化低地草甸亚类、沼泽化低地草甸亚类，单位面积产草量分别为58.81千克/亩、48.29千克/亩、56.90千克/亩，其中盐化低地草甸亚类的产草总量最高，为960.03万千克干草。

温性典型草原类草地全年产干草总量较多，为10 646.88万千克，产草总量占全县草地产草总量的 88.44%，单位面积产草量平均为 47.05 千克/亩，年合理载畜量为 5.90 万羊单位，平均 38.32 亩草地可饲养 1 个羊单位。其中平原丘陵草原亚类总产干草量最高，为 9 892.29 万千克，占该类草地总产量的 92.91%，年合理载畜量为 5.46 万羊单位，平均 38.51 亩草地可饲养 1 个羊单位。草地亚类和草地型生产力见表 9-7。

表9-7　商都县类、亚类、草地型干草产量统计

草地类	草地亚类	草地型	单产（千克/亩）	总产干草量（万千克）			载畜量（万羊单位）		
				全年	暖季	冷季	全年	暖季	冷季
		商都县	47.48	12 038.93	6 158.67	3 745.91	6.88	9.37	5.70
温性典型草原类	平原丘陵草原亚类	小叶锦鸡儿、克氏针茅	40.30	214.92	107.46	64.47	0.12	0.16	0.10
		小叶锦鸡儿、冷蒿	45.89	1 117.20	558.60	335.16	0.62	0.86	0.51
		小叶锦鸡儿、羊草	42.15	134.48	67.24	40.35	0.07	0.10	0.06
		小叶锦鸡儿、冰草	42.07	14.01	7.01	4.20	0.01	0.01	0.01
		小叶锦鸡儿、糙隐子草	47.65	3 837.57	1 918.79	1 151.27	2.13	2.93	1.75
		冷蒿、克氏针茅	51.57	1 241.62	620.81	372.49	0.69	0.94	0.57
		冷蒿、羊草	44.40	2.85	1.42	0.85	0.00	0.00	0.00
		冷蒿、糙隐子草	54.89	7.65	3.82	2.29	0.00	0.01	0.00
		亚洲百里香、克氏针茅	52.74	561.12	280.56	168.35	0.32	0.43	0.26
		亚洲百里香、冷蒿	54.02	120.20	60.10	36.06	0.07	0.09	0.05
		克氏针茅、羊草	44.28	143.83	71.92	43.15	0.08	0.11	0.07
		克氏针茅、冷蒿	39.89	819.23	409.62	245.77	0.45	0.62	0.37
		克氏针茅、糙隐子草	48.13	549.29	274.64	164.79	0.30	0.42	0.25
		克氏针茅、亚洲百里香	41.49	29.21	14.60	8.76	0.02	0.02	0.01
		克氏针茅、杂类草	44.43	19.17	9.59	5.75	0.01	0.01	0.01
		羊草、冷蒿	47.27	731.01	365.51	219.30	0.40	0.56	0.33
		羊草、糙隐子草	45.55	3.44	1.72	1.03	0.00	0.00	0.00
		羊草、杂类草	41.15	147.17	73.58	44.15	0.08	0.11	0.07
		冰草、禾草、杂类草	53.12	0.00	0.00	0.00	0.00	0.00	0.00
		糙隐子草、克氏针茅	53.13	4.28	2.14	1.07	0.00	0.00	0.00
		糙隐子草、杂类草	48.29	194.04	97.02	48.51	0.09	0.15	0.07
		平　均	47.01	—	—	—	—	—	—
		小　计	—	9 892.29	4 946.15	2 957.77	5.46	7.53	4.49
	山地草原亚类	克氏针茅、杂类草	46.93	683.45	341.72	222.12	0.40	0.52	0.34
		百里香、杂类草	54.98	71.14	35.57	23.12	0.04	0.05	0.04
		平　均	47.58	—	—	—	—	—	—
		小　计	—	754.59	377.29	245.24	0.44	0.57	0.38
	平　均		47.05	—	—	—	—	—	—
	小　计		—	10 646.88	5 323.44	3 203.01	5.90	8.10	4.87

(续)

草地类	草地亚类	草地型	单产(千克/亩)	总产干草量（万千克）			载畜量(万羊单位)		
				全年	暖季	冷季	全年	暖季	冷季
低地草甸类	低湿地草甸亚类	芦苇、中生杂类草	58.63	347.80	208.68	135.64	0.24	0.32	0.21
		鹅绒委陵菜、杂类草	60.37	43.19	25.92	16.85	0.03	0.04	0.03
		平　均	58.81	—	—	—	—	—	—
		小　计	—	390.99	234.60	152.49	0.27	0.36	0.24
	盐化低地草甸亚类	白刺、盐生杂类草	41.88	15.53	9.32	6.06	0.01	0.01	0.01
		芨芨草、羊草	47.68	278.59	167.14	108.65	0.20	0.25	0.17
		芨芨草、马蔺	51.36	15.94	9.56	6.22	0.01	0.01	0.01
		芨芨草、寸草苔	38.06	35.59	21.36	13.88	0.02	0.03	0.02
		芨芨草、盐生杂类草	42.48	85.08	51.05	33.18	0.06	0.08	0.05
		碱茅、盐生杂类草	40.41	1.03	0.62	0.40	0.00	0.00	0.00
		芦苇、盐生杂类草	39.98	7.44	4.46	2.90	0.01	0.01	0.00
		羊草、盐生杂类草	50.89	513.77	308.26	200.37	0.37	0.47	0.31
		盐爪爪、盐生杂类草	63.10	7.06	4.24	2.75	0.00	0.01	0.00
		平　均	48.29	—	—	—	—	—	—
		小　计	—	960.03	576.01	374.41	0.68	0.87	0.57
	沼泽化低地草甸亚类	芦苇、湿生杂类草	56.90	41.03	24.62	16.00	0.03	0.04	0.02
		小　计	56.90	41.03	24.62	16.00	0.03	0.04	0.02
	平　均		51.08	—	—	—	—	—	—
	小　计		—	1 392.05	835.23	542.90	0.98	1.27	0.83

在各乡镇产草量中，小海子镇单位面积产草量最高，为50.01千克/亩，年产干草总量为948.57万千克。单位面积产草量最低的是玻璃忽镜乡，为44.46千克/亩，年产干草总量为1 151.53万千克。年产干草总量最高的是大库伦乡，年产干草1 712.82万千克。见表9-8。

表9-8　商都县乡镇干草产量统计

乡　镇	干草单产(千克/亩)	全年总产干草量(万千克)	暖季产干草量(万千克)	冷季产干草量(万千克)
小海子镇	50.01	948.57	508.77	315.61
西井子镇	46.78	1 476.52	739.25	448.59
屯垦队镇	49.08	1 642.11	823.58	493.83
十八顷镇	48.97	1 537.04	783.64	475.28
三大顷乡	46.32	1 139.48	599.26	372.10
七台镇	47.85	642.01	332.86	203.94
卯都乡	45.18	871.63	436.08	262.73

(续)

乡　镇	干草单产 (千克/亩)	全年总产干草量 (万千克)	暖季产干草量 (万千克)	冷季产干草量 (万千克)
大库伦乡	45.32	1 712.82	857.77	515.43
大黑沙土镇	49.01	840.76	453.18	279.90
玻璃忽镜乡	44.46	1 151.53	578.70	348.99

　　商都县各乡镇合理载畜量最高的为大库伦乡，天然草地全年可承载0.95万羊单位，全年39.76亩草地可饲养1个羊单位。其次为屯垦队镇，草地全年可承载0.91万羊单位，36.71亩可饲养1个羊单位。合理载畜量最低的是七台镇，全年可承载0.37万羊单位，全年35.90亩可饲养1个羊单位。见表9-9。

表9-9　商都县乡镇载畜量统计

乡　镇	用草地面积表示载畜量(亩)			用羊单位表示载畜量(万羊单位)		
	全年1个 羊单位需 草地面积	暖季1个 羊单位需 草地面积	冷季1个 羊单位需 草地面积	全年合理 载畜量	暖季合理 载畜量	冷季合理 载畜量
小海子镇	32.92	10.74	22.18	0.58	0.77	0.48
西井子镇	38.27	12.30	25.97	0.82	1.13	0.68
屯垦队镇	36.71	11.70	25.01	0.91	1.25	0.75
十八顷镇	35.91	11.54	24.37	0.87	1.19	0.72
三大顷乡	36.23	11.83	24.40	0.68	0.91	0.57
七台镇	35.90	11.62	24.28	0.37	0.51	0.31
卯都乡	39.84	12.74	27.10	0.48	0.66	0.40
大库伦乡	39.76	12.69	27.07	0.95	1.31	0.78
大黑沙土镇	33.55	10.91	22.64	0.51	0.69	0.43
玻璃忽镜乡	40.28	12.89	27.39	0.64	0.88	0.53

第四节　草地资源等级综合评价

一、草地等的评价及特点

商都县草地等级包括Ⅰ等、Ⅱ等、Ⅲ等、Ⅳ等、Ⅴ等。在草地等的排序中，Ⅱ等草地居多，面积为161.47万亩，占全县草地面积的60.07%；排第二位的是Ⅲ等草地，面积为59.96万亩，占全县草地面积的22.31%；Ⅰ等草地面积为45.42万亩，占全县草地面积的16.90%；Ⅳ等和Ⅴ等草地面积较小，共1.95万亩，占全县草地面积的0.72%。见表9-10。

Ⅰ等、Ⅱ等、Ⅲ等草地分布于各乡镇，Ⅳ等草地分布于玻璃忽镜乡、大黑沙土镇等6个乡镇，Ⅴ等草地只分布于屯垦队镇。Ⅰ等草地面积最大的是十八顷镇，面积为13.19万亩，占Ⅰ等草地面积的29.04%；Ⅱ等草地分布面积最大的是大库伦乡，面积为35.76万亩，占Ⅱ等草地面积的22.15%；Ⅲ等草地分布面积最大的是三大顷乡，面积为10.03万亩，占Ⅲ等草地面积的16.73%；Ⅳ等草地和Ⅴ等草地见表9-10。

表9-10　商都县乡镇草地等评定统计

乡　镇	Ⅰ等		Ⅱ等		Ⅲ等		Ⅳ等		Ⅴ等	
	面积（万亩）	占该等总面积的比例（%）	面积（万亩）	占该等总面积的比例（%）	面积（万亩）	占该等总面积的比例（%）	面积（万亩）	占该等总面积的比例（%）	面积（万亩）	占该等总面积的比例（%）
玻璃忽镜乡	8.61	18.96	14.04	8.70	4.64	7.74	0.02	1.32	—	—
大黑沙土镇	0.22	0.48	9.60	5.95	7.35	12.26	1.30	85.53	—	—
大库伦乡	0.02	0.04	35.76	22.15	4.03	6.72	—	—	—	—
卯都乡	4.33	9.53	14.84	9.19	1.14	1.90	—	—	—	—
七台镇	4.20	9.25	5.38	3.33	4.68	7.81	0.04	2.63	—	—
三大顷乡	1.26	2.77	14.98	9.28	10.03	16.73	0.12	7.89	—	—
十八顷镇	13.19	29.04	13.86	8.58	6.21	10.36	0.03	1.97	—	—
屯垦队镇	7.98	17.57	19.77	12.24	7.09	11.82	—	—	0.43	100.00
西井子镇	3.19	7.02	23.10	14.31	6.95	11.59	—	—	—	—
小海子镇	2.42	5.33	10.14	6.28	7.84	13.08	0.01	0.66	—	—

二、草地级的评价及特点

商都县草地级为6级草地和7级草地，6级草地亩产干草79~40千克，7级草地亩产干草39~20千克。全县以6级草地为主，面积为245.26万亩，占全县草地面积的91.24%；7级草地面积为23.54万亩，占全县草地面积的8.76%。6级草地分布于全县各乡镇，7级草地除大黑沙土镇、十八顷镇、七台镇、小海子镇外，其余各乡镇均有分布。见表9-11。

表9-11　商都县草地级评定统计

乡　镇	6级		7级	
	面积（万亩）	占该级总面积的比例（%）	面积（万亩）	占该级总面积的比例（%）
玻璃忽镜乡	19.89	8.11	7.42	31.52
大黑沙土镇	18.47	7.53	—	—
大库伦乡	33.89	13.82	5.92	25.15
卯都乡	14.93	6.09	5.38	22.85
七台镇	14.30	5.83	—	—
三大顷乡	24.20	9.87	2.19	9.30
十八顷镇	33.29	13.57	—	—
屯垦队镇	34.96	14.25	0.31	1.32
西井子镇	30.92	12.61	2.32	9.86
小海子镇	20.41	8.32	—	—

三、草地综合评价

根据草地等和草地级组合的综合评定显示，商都县草地总体以优质中产草地居多，草地面积为184.53万亩，占全县草地面积的68.65%；中质中产草地面积为60.30万亩，占全县草地面积的22.43%；优质低产草地面积为22.36万亩，占全县草地面积的8.32%。劣质中产草地面积为0.43万亩，占全县草地面积的0.16%。见表9-12、图9-1。

表9-12　商都县草地等级组合评定统计

综合评价		合　计		6级中产草地		7级低产草地	
		草地面积（万亩）	占全县草地面积比例（%）	草地面积（万亩）	占全县草地面积比例（%）	草地面积（万亩）	占全县草地面积比例（%）
优质	Ⅰ等	45.42	16.90	45.42	16.90	—	—
	Ⅱ等	161.47	60.07	139.11	51.75	22.36	8.32
中质	Ⅲ等	59.96	22.31	58.78	21.87	1.18	0.44
	Ⅳ等	1.52	0.56	1.52	0.56	—	—
劣质	Ⅴ等	0.43	0.16	0.43	0.16	—	—
合　计		268.80	100.00	245.26	91.24	23.54	8.76

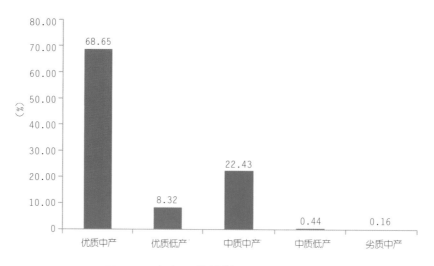

图9-1　商都县草地等级组合评定统计

第五节　草地退化、盐渍化状况

经制图和数据统计结果显示，商都县草地退化和盐渍化面积为268.42万亩，占全县草地总面积的99.86%；其中草地退化面积为240.60万亩，占全县退化、盐渍化草地面积的89.64%；盐渍化草原面积为27.82万亩，占全县退化、盐渍化草地面积的10.36%。见表9-13。

表9-13　商都县草地退化、盐渍化统计

项　　目		面积(万亩)	占全县草地面积比例（%）	占全县草地退化、盐渍化比例（%）
全县草地面积		268.80	100.00	—
未退化、未盐渍化草地面积		0.38	0.14	—
草地退化、盐渍化合计		268.42	99.86	100.00
退化草地	轻度	72.12	26.83	26.87
	中度	135.13	50.27	50.34
	重度	33.35	12.41	12.43
	小计	240.60	89.51	89.64
盐渍化草地	轻度	7.20	2.68	2.68
	中度	14.12	5.25	5.26
	重度	6.50	2.42	2.42
	小计	27.82	10.35	10.36

在草地退化中，以中度退化为主，面积为135.13万亩，占全县退化、盐渍化草地面积的50.34%；重度退化面积为33.35万亩，占全县退化、盐渍化草地面积的12.43%。盐渍化草地以中度为主，面积为14.12万亩，占全县草地退化、盐渍化比例的5.26%。

从各乡镇看，退化、盐渍化草地占本乡镇草地面积比例在100%的有7个乡镇，其他乡镇占比在99%以上。中度和重度退化、盐渍化草地占本乡镇退化、盐渍化草地比例最高的是大库伦乡，其所占比例为82.52%。见表9-14。

表9-14　商都县乡镇草地退化、盐渍化统计

乡　镇	草地面积（万亩）	退化、盐渍化草地面积（万亩）	退化、盐渍化草地占本乡镇草地面积比例(%)	草地退化、盐渍化分级			中度和重度退化、盐渍化草地占本乡镇退化、盐渍化草地面积比例(%)
				轻度（万亩）	中度（万亩）	重度（万亩）	
玻璃忽镜乡	27.31	27.31	100.00	11.08	10.36	5.87	59.43
大黑沙土镇	18.47	18.32	99.19	6.26	10.92	1.14	65.83
大库伦乡	39.81	39.81	100.00	6.96	29.02	3.83	82.52
卯都乡	20.31	20.31	100.00	4.92	9.80	5.59	78.78
七台镇	14.30	14.30	100.00	4.25	7.58	2.47	70.28
三大顷乡	26.39	26.23	99.39	6.41	15.92	3.90	75.56
十八顷镇	33.29	33.29	100.00	10.14	16.61	6.54	69.54
屯垦队镇	35.27	35.27	100.00	8.99	21.69	4.59	74.51
西井子镇	33.24	33.17	99.79	10.24	18.23	4.70	69.13
小海子镇	20.41	20.41	100.00	10.07	9.12	1.22	50.66
合　计	268.80	268.42	99.86	79.32	149.25	39.85	70.45

从退化草地看，面积占本乡镇草地退化、盐渍化在97%以上的有大库伦乡、卯都乡、西井子镇。盐渍化草地面积占本乡镇退化、盐渍化草地面积比例最大的是小海子镇，占本乡镇退化、盐渍化草地的30.08%。见表9-15。

表9-15　商都县乡镇草地退化、盐渍化统计

乡镇	退化、盐渍化草地面积(万亩)	退化草地		盐渍化草地	
		面积(万亩)	占本乡镇退化、盐渍化草地比例(%)	面积(万亩)	占本乡镇退化、盐渍化草地比例(%)
玻璃忽镜乡	27.31	26.28	96.23	1.03	3.77
大黑沙土镇	18.32	13.77	75.16	4.55	24.84
大库伦乡	39.81	38.97	97.89	0.84	2.11
卯都乡	20.31	19.74	97.19	0.57	2.81
七台镇	14.30	11.57	80.91	2.73	19.09
三大顷乡	26.23	19.63	74.84	6.60	25.16
十八顷镇	33.29	29.71	89.25	3.58	10.75
屯垦队镇	35.27	34.13	96.77	1.14	3.23
西井子镇	33.17	32.53	98.07	0.64	1.93
小海子镇	20.41	14.27	69.92	6.14	30.08

第十章　化德县草地资源

第一节　草地资源概况

一、地理位置及基本情况

化德县位于乌兰察布市东北部，北纬 41°36′~42°17′，东经 113°33′~114°48′。北连镶黄旗，西和南与商都县隔山相望，东部与河北省康保县接壤，总面积 2 527 千米²。该县处于蒙、汉、满、回、朝鲜等多民族居住的农牧结合地带，2012 年总人口 17.5 万人。

化德县辖 3 个镇、3 个乡。辖乡镇有朝阳镇、长顺镇、七号镇、公腊胡洞乡、德包图乡、白音特拉乡。

该县地处阴山北麓东端，内蒙古高原中部南缘，属阴山山地与乌兰察布高原的过渡带。地形西高东低，由西北向东南缓缓倾斜。山地、丘陵、川地相间。最高点是西北部公腊胡洞乡境内的大脑包山，海拔 1 791 米；最低处是七号镇境内的孔督营子，海拔 1 244 米。境内土壤为粟钙土、草甸土、盐土三种类型。

气候属半干旱大陆性季风气候，年平均气温 2.5℃，年均降水量 330 毫米，雨水大都集中在 6—8 月份。年均无霜期 102 天，春秋季节多风，年均大风日数 67 天，冬季寒冷漫长，夏季干热短促。年均日照 3 078.7 小时，太阳辐射强。干旱、大风、霜冻为主要灾害性天气。

水资源主要来源于大气降水。境内有 10 余条季节性河流，流域面积约 2 214 千米²。雨季河水潺潺，天旱河床干涸。境内有汛期季节性淖泊约 100 多个，积水面积在 1 千米²以上的有民乐淖、勿兰淖、二计淖等。化德县可开采利用的地下水资源为 2 276.5 万米³。

二、土地利用现状和草地面积

全县土地面积为 379.05 万亩，其中，天然草地面积为 187.21 万亩，占土地总面积的 49.39%；人工草地面积为 36.00 万亩，占土地总面积的 9.5%；非草地面积（林地、耕地、水域、居民点及工矿用地、道路等）155.84 万亩，占土地总面积的 41.11%。见

表10-1。

表10-1　化德县土地利用现状统计

土地面积 (万亩)	草地面积			非草地面积
	草地总面积 (万亩)	天然草原 (万亩)	人工饲草地 (万亩)	林地、耕地、水域、居民点及工矿用地、 道路等(万亩)
379.05	223.21	187.21	36.00	155.84

三、草地资源状况

化德县天然草地面积为 187.21 万亩，占乌兰察布市天然草地面积的 3.57%，可利用草地面积为 176.26 万亩。各乡镇的草地面积由大到小排序为朝阳镇、七号镇、公腊胡洞乡、长顺镇、德包图乡、白音特拉乡；排在前 3 位的草地面积分别为 39.39 万亩、32.66 万亩、31.88 万亩，共占全县天然草地面积的 55.51%，草地面积最小的是白音特拉乡，为 24.45 万亩，占全县草地面积的 13.06%。见表 10-2。

表10-2　化德县乡镇天然草地（可利用草地）面积统计

乡　镇	草地面积		可利用面积	
	面积 (万亩)	占全县草地面积比例（%）	面积 (万亩)	占全县草地面积比例 （%）
长顺镇	29.84	15.94	28.14	15.03
七号镇	32.66	17.44	30.73	16.41
公腊胡洞乡	31.88	17.03	30.13	16.09
德包图乡	28.99	15.49	27.42	14.65
朝阳镇	39.39	21.04	36.95	19.74
白音特拉乡	24.45	13.06	22.89	12.23
合　计	187.21	100.00	176.26	94.15

全县天然草地由温性典型草原类和低地草甸类组成，共有 5 个草地亚类，13 个草地型，其中温性典型草原类为 176.36 万亩，占该县草地面积的 94.21%；低地草甸类面积为 10.85 万亩，占全县草地面积的 5.79%。温性典型草原类和低地草甸类的草地在各乡镇分布面积最大的是朝阳镇，分别为 35.83 万亩和 3.53 万亩。见表 10-3。

表10-3　化德县乡镇草地类面积统计

乡　镇	温性典型草原类		低地草甸类	
	面积（万亩）	占该类草地面积比例（%）	面积（万亩）	占该类草地面积比例（%）
长顺镇	26.59	15.08	3.19	29.40
七号镇	30.57	17.33	2.06	18.99
公腊胡洞乡	31.00	17.57	0.85	7.83
德包图乡	28.57	16.20	0.39	3.60
朝阳镇	35.83	20.32	3.53	32.53
白音特拉乡	23.80	13.50	0.83	7.65
合　计	176.36	100.00	10.85	100.00

第二节　草地类型分布规律及特征

一、温性典型草原类

全县温性典型草原类包括 3 个草地亚类，即平原丘陵草原亚类、山地草原亚类、沙地草原亚类。

（一）平原丘陵草原亚类

草地总面积为 155.43 万亩，占全县温性典型草原类的88.13%，其中可利用面积为147.66 万亩。该亚类包括 13 个草地型，其中克氏针茅、羊草草地型面积最大，为52.13 万亩，占该亚类的 33.54%；第二位为小叶锦鸡儿、克氏针茅草地型，为39.92 万亩，占该亚类的 25.68%；第三位为小叶锦鸡儿、冷蒿草地型，为24.07 万亩，占该亚类的 15.49%。见表 10-4。

表10-4　化德县平原丘陵草原亚类草地型统计

草地(亚类)	草地型	草地面积			可利用面积		
		草地面积（万亩）	占该亚类的比例（%）	占该县草地的比例（%）	可利用面积（万亩）	占该亚类可利用面积比例（%）	占该县草地面积比例（%）
温性典型草原类		176.36	—	94.21	166.50	—	88.94
平原丘陵草原亚类	小叶锦鸡儿、克氏针茅	39.92	25.68	21.32	37.93	25.69	20.26
	小叶锦鸡儿、冷蒿	24.07	15.49	12.86	22.87	15.49	12.22
	小叶锦鸡儿、羊草	8.48	5.45	4.53	8.05	5.45	4.30
	小叶锦鸡儿、糙隐子草	0.81	0.52	0.43	0.77	0.52	0.41
	冷蒿、糙隐子草	1.52	0.98	0.81	1.45	0.98	0.77
	克氏针茅、羊草	52.13	33.54	27.85	49.51	33.53	26.45
	克氏针茅、冷蒿	5.08	3.27	2.71	4.83	3.27	2.58
	克氏针茅、糙隐子草	0.15	0.10	0.08	0.15	0.10	0.08
	克氏针茅、杂类草	0.01	0.01	0.01	0.01	0.01	0.01
	本氏针茅、杂类草	0.23	0.15	0.12	0.22	0.15	0.11
	羊草、克氏针茅	18.57	11.95	9.92	17.64	11.95	9.42
	羊草、冷蒿	4.20	2.70	2.24	3.99	2.70	2.13
	羊草、杂类草	0.26	0.16	0.14	0.24	0.16	0.13
	小　计	155.43	100.00	83.02	147.66	100.00	78.87

（二）山地草原亚类

草地总面积为19.88万亩，占全县温性典型草原类的11.27%，其中可利用面积为17.89万亩。该亚类有3个草地型，其中百里香、杂类草草地型面积最大，为16.00万亩，占该亚类的80.48%。见表10-5。

表10-5　化德县山地草原亚类草地型统计

草地（亚类）	草地型	草地面积			可利用面积		
		草地面积（万亩）	占该亚类的比例（%）	占全县草地的比例（%）	可利用面积（万亩）	占该亚类可利用面积比例（%）	占全县草地的比例（%）
山地草原亚类	百里香、杂类草	16.00	80.48	8.55	14.40	80.49	7.69
	柄扁桃、克氏针茅	0.80	4.03	0.43	0.72	4.03	0.39
	克氏针茅、杂类草	3.08	15.49	1.64	2.77	15.48	1.48
	合　计	19.88	100.00	10.62	17.89	100.00	9.56

（三）沙地草原亚类

总面积为 1.05 万亩，占全县温性典型草原类的 0.60%，其中，可利用面积为 0.95 万亩。该亚类有 1 个草地型，即小叶锦鸡儿、杂类草草地型。

二、低地草甸类

该县低地草甸类由低湿地草甸亚类、盐化低地草甸亚类组成。

（一）低湿地草甸亚类

包括芦苇、中生杂类草草地型，羊草、中生杂类草草地型，寸草苔、中生杂类草草地型，共 3 个草地型，面积为 3.67 万亩，占全县低地草甸类草地面积的 33.84%。其中羊草、中生杂类草草地型面积最大，面积为 3.50 万亩，占该亚类的 95.36%。见表10-6。

表10-6　化德县低湿地草甸亚类草地型统计

草地亚类及草地型		草地面积			可利用面积		
		草地面积（万亩）	占该亚类的比例（%）	占全县草地的比例（%）	可利用面积（万亩）	占该亚类可利用面积比例（%）	占全县草地的比例（%）
低湿地草甸亚类	芦苇、中生杂类草	0.17	4.63	0.09	0.16	4.58	0.09
	羊草、中生杂类草	3.50	95.37	1.87	3.33	95.42	1.78
	寸草苔、中生杂类草	0.00	0.00	0.00	0.00	0.00	0.00
	合　计	3.67	100.00	1.96	3.49	100.00	1.86

（二）盐化低地草甸亚类

包括 2 个草地型，面积为 7.18 万亩，占全县该类草地面积的 66.16%。芨芨草、羊草草地型，面积为 4.61 万亩，占该亚类草地面积的 64.21%。见表10-7。

表10-7　化德县盐化低地草甸亚类草地型统计

草地亚类及草地型		草地面积			可利用面积		
		草地面积（万亩）	占该亚类的比例（%）	占全县草地的比例（%）	可利用面积（万亩）	占该亚类可利用面积比例（%）	占全县草地的比例（%）
盐化低地草甸亚类	芨芨草、羊草	4.61	64.21	2.46	4.04	64.33	2.16
	羊草、盐生杂类草	2.57	35.79	1.37	2.24	35.67	1.19
	合　计	7.18	100.00	3.83	6.28	100.00	3.35

第三节　草地生产力状况

化德县天然草地平均亩产干草为 45.94 千克，年干草总量为 8 097.36 万千克，全年合理载畜量为 4.58 万羊单位，平均 38.47 亩草地可饲养 1 个羊单位。

一、温性典型草原类生产力

该类草地的平均亩产干草为 45.56 千克，全年产草总量为 7 585.32 万千克，草总量占全县草地产草总量的 93.68%，全年合理载畜量为 4.22 万羊单位，占全县合理载畜量的 92.16%，平均 39.43 亩草地可饲养 1 个羊单位。

（一）平原丘陵草原亚类

平均亩产为 46.23 千克，全年产干草为 6 825.61 万千克，干草总量占全县温性典型草原类产草总量的 89.98%，年合理载畜量为 3.78 万羊单位，平均 39.07 亩草地可饲养 1 个羊单位。该亚类的草地型单产排在前四位的有冷蒿、糙隐子草草地型，小叶锦鸡儿、冷蒿草地型，克氏针茅、羊草草地型，羊草、克氏针茅草地型，单产分别为 50.50 千克/亩、49.33 千克/亩、47.74 千克/亩、47.58 千克/亩。草地型全年干草总量排序在前四位的是克氏针茅、羊草草地型，小叶锦鸡儿、克氏针茅草地型，小叶锦鸡儿、冷蒿草地型，羊草、克氏针茅草地型，这四个草地型总产草量共占平原丘陵草原亚类总产草量的87.22%。见表 10-8。

表10-8 化德县平原丘陵草原亚类及草地型生产力统计

草地亚类	草地型	单产（千克/亩）	全年干草量（万千克）	各型占亚类产量比例（%）	载畜量（万羊单位）		
					暖季	冷季	全年
	温性典型草原类	45.56	7 585.32	—	5.77	3.49	4.22
平原丘陵草原亚类	小叶锦鸡儿、克氏针茅	42.76	1 621.59	23.76	1.23	0.74	0.90
	小叶锦鸡儿、冷蒿	49.33	1 128.18	16.53	0.86	0.52	0.62
	小叶锦鸡儿、羊草	42.35	341.10	5.00	0.26	0.16	0.19
	小叶锦鸡儿、糙隐子草	45.32	34.78	4.99	0.03	0.02	0.02
	冷蒿、糙隐子草	50.50	73.05	1.07	0.06	0.03	0.04
	克氏针茅、羊草	47.74	2 364.46	34.64	1.80	1.08	1.32
	克氏针茅、冷蒿	43.35	209.21	3.07	0.16	0.10	0.12
	克氏针茅、糙隐子草	35.20	5.11	0.07	0.00	0.00	0.00
	克氏针茅、杂类草	37.16	0.47	0.01	0.00	0.00	0.00
	本氏针茅、杂类草	40.51	8.71	0.13	0.01	0.00	0.00
	羊草、克氏针茅	47.58	839.23	12.30	0.64	0.38	0.46
	羊草、冷蒿	47.34	188.77	2.76	0.14	0.09	0.10
	羊草、杂类草	45.05	10.95	0.16	0.01	0.00	0.01
	平　均	46.23	—	—	—	—	—
	合　计	—	6 825.61	100.00	5.19	3.12	3.78

（二）山地草原亚类

平均亩产为40.34千克，全年产干草为721.83万千克，干草总量占全县温性典型草原类产草总量的9.52%，全年合理载畜量为0.42万羊单位，平均42.42亩草地可饲养1个羊单位。该亚类的草地型单产最大的是柄扁桃、克氏针茅草地型，单产为51.93千克/亩；而总产草量最大的是百里香、杂类草草地型，全年干草产量为558.36万千克，占山地草原亚类总产草量的77.35%。见表10-9。

表10-9　化德县山地草原亚类及草地型生产力统计

草地亚类	草地型	单产（千克/亩）	全年干草量（万千克）	各型占亚类产量比例（%）	载畜量（万羊单位）		
					暖季	冷季	全年
山地草原亚类	百里香、杂类草	38.78	558.36	77.35	0.42	0.28	0.33
	柄扁桃、克氏针茅	51.93	37.60	5.21	0.03	0.02	0.02
	克氏针茅、杂类草	45.45	125.87	17.44	0.10	0.06	0.07
	平　均	40.34	—	—	—	—	—
	合　计	—	721.83	100.00	0.55	0.36	0.42

二、低地草甸类生产力

低地草甸类草地的平均亩产量为 52.44 千克，全年产干草量为 512.04 万千克，干草总量占全县草地产草总量的 6.32%，年合理载畜量为 0.36 万羊单位，平均 27.20 亩草地可饲养 1 个羊单位。

（一）低湿地草甸亚类

单产平均为 54.80 千克/亩，全年产干草重为 191.07 万千克，干草总量占全县低地草甸类产草总量的 37.31%，年合理载畜量为 0.14 万羊单位，平均 26.03 亩草地可饲养 1 个羊单位。该亚类单产和产草总量最高的草地型是羊草、中生杂类草草地型，单产为 54.92 千克/亩，总产草量为 182.58 万千克，总量占低湿地草甸亚类总产草量的 95.56%。见表 10-10。

表10-10　化德县低湿地草甸亚类及草地型生产力统计

草地亚类	草地型	单产（千克/亩）	全年干草量（万千克）	各型占亚类产量比例（%）	载畜量（万羊单位）		
					暖季	冷季	全年
低湿地草甸亚类	芦苇、中生杂类草	52.44	8.35	4.37	0.01	0.00	0.01
	羊草、中生杂类草	54.92	182.58	95.56	0.17	0.11	0.13
	寸草苔、中生杂类草	48.48	0.14	0.07	0.00	0.00	0.00
	平　均	54.80	—	—	—	—	—
	合　计	—	191.07	100.00	0.18	0.11	0.14

（二）盐化低地草甸亚类

平均亩产量为 51.12 千克，全年产干草为 320.97 万千克，干草总量占全县低地草甸类产草总量的 62.69%，全年合理载畜量为 0.22 万羊单位，平均 27.9 亩草地可饲养 1 个羊单位。该亚类由 2 个草地型组成，即芨芨草、羊草草地型和羊草、盐生杂类草草地型，单产分别为 47.12 千克/亩、58.34 千克/亩；干草总量分别为 190.25 万千克、

130.72 万千克。见表 10-11。

表10-11 化德县盐化低地草甸亚类及草地型生产力统计

草地亚类	草地型	单产（千克/亩）	全年干草量（万千克）	各型占亚类产量比例（%）	载畜量（万羊单位）		
					暖季	冷季	全年
盐化低地草甸亚类	芨芨草、羊草	47.12	190.25	59.27	0.17	0.11	0.13
	羊草、盐生杂类草	58.34	130.72	40.73	0.12	0.08	0.09
	平 均	51.12	—	—	—	—	—
	合 计	—	320.97	100.00	0.29	0.19	0.22

三、乡镇草地生产力

在各乡镇产草量中，单位面积产草量比较集中，单产在 46~47.78 千克/亩。总产干草量最高的是朝阳镇，全年干草总量为 1 769.35 万千克，而最低是白音特拉乡，总产草量为 1 058.40 万千克。见表 10-12。

表10-12 化德县乡镇干草产量统计

乡 镇	干草单产（千克/亩）	全年总产干草量（万千克）	暖季产草量(干草)（万千克）	冷季产草量（干草）（万千克）
长顺镇	46.62	1 315.65	673.20	408.62
七号镇	46.30	1 426.81	722.40	440.45
公腊胡洞乡	46.54	1 406.14	706.95	428.05
德包图乡	47.56	1 307.86	655.84	402.05
朝阳镇	47.78	1 769.35	902.63	550.75
白音特拉乡	46.09	1 058.40	533.35	325.22
平 均	46.87	—	—	—
合 计	—	8 284.21	4 194.37	2 555.14

化德县各乡镇合理载畜量最高的是朝阳镇，天然草地全年可承载 1.01 万羊单位；全年 36.62 亩草地可饲养 1 个羊单位；其次为七号镇，全年可承载 0.81 万羊单位，38.10 亩草地可饲养 1 个羊单位。见表 10-13。

表10-13　化德县乡镇载畜量统计

乡　镇	用草地面积表示载畜量（亩）			用羊单位表示载畜量（万羊单位）		
	全年1个羊单位需草地面积	暖季1个羊单位需草地面积	冷季1个羊单位需草地面积	全年合理载畜量	暖季合理载畜量	冷季合理载畜量
化德县	38.47	12.38	26.09	4.58	6.24	3.80
长顺镇	37.56	12.07	25.49	0.72	1.00	0.60
七号镇	38.10	12.28	25.82	0.81	1.07	0.65
公腊胡洞乡	38.35	12.31	26.04	0.75	1.05	0.63
德包图乡	37.32	12.08	25.24	0.72	0.98	0.59
朝阳镇	36.62	11.81	24.81	1.01	1.35	0.83
白音特拉乡	38.46	12.40	26.06	0.57	0.79	0.50

第四节　草地资源等级综合评价

一、草地等的评价及特点

化德县草地等包括Ⅰ等、Ⅱ等、Ⅲ等。在草地等的排序中，Ⅱ等草地最多，面积为133.27万亩，占全县草地面积的71.19%；Ⅲ等草地面积为28.87万亩，占全县草地面积的15.42%；Ⅰ等草地面积为25.07万亩，占全县草地面积的13.39%。

Ⅰ等草地面积最大的是长顺镇，面积为9.63万亩，占Ⅰ等草地面积的38.42%；其次是公腊胡洞乡，面积为6.35万亩，占Ⅰ等草地面积的25.33%，其他乡镇在14%以下。Ⅱ等草地朝阳镇面积最大，为29.40万亩，占Ⅱ等草地面积的22.06%；其次是七号镇，面积为26.73万亩，占Ⅱ等草地面积分别为20.06%，其他乡镇在17%以下。见表10-14。

表10-14 化德县乡镇草地等评定统计

乡 镇	I 等草地		II 等草地		III 等草地	
	面积(万亩)	占该等总面积的比例(%)	面积(万亩)	占该等总面积的比例(%)	面积(万亩)	占该等总面积的比例(%)
白音特拉乡	3.24	12.92	16.12	12.09	5.09	17.63
朝阳镇	3.39	13.52	29.40	22.06	6.60	22.86
德包图乡	2.29	9.13	20.07	15.06	6.63	22.96
公腊胡洞乡	6.35	25.33	22.59	16.95	2.94	10.19
七号镇	0.17	0.68	26.73	20.06	5.76	19.96
长顺镇	9.63	38.42	18.36	13.78	1.85	6.40
合 计	25.07	100.00	133.27	100.00	28.87	100.00

二、草地级的评价及特点

全县草地级包括 6 级、7 级，主体是 6 级草地，产草量在亩产干草 79~40 千克，面积为 179.82 万亩，占全县草地面积的 96.05%。7 级草地，面积为 7.39 万亩，占县草地面积的 3.95%。

6 级草地在各乡镇均有分布，其中朝阳镇分布最大，面积为 37.77 万亩，占该级草地面积的 21.01%，其次是七号镇、公腊胡洞乡，面积分别为 32.05 万亩、31.64 万亩，分别占该级草地面积的 17.82%、17.60%，其他各乡镇占该级草地面积 16.59%以下；7 级草地除长顺镇以外，在各乡镇均有分布，其中白音特拉乡比例最大，占该级草地面积 63.46%。见表 10-15。

表10-15 化德县乡镇草地级评定统计

乡 镇	6 级草地		7 级草地	
	面积(万亩)	占该级总面积的比例(%)	面积(万亩)	占该级总面积的比例(%)
白音特拉乡	19.76	10.99	4.69	63.46
朝阳镇	37.77	21.01	1.62	21.92
德包图乡	28.76	15.99	0.23	3.11
公腊胡洞乡	31.64	17.60	0.24	3.25
七号镇	32.05	17.82	0.61	8.26
长顺镇	29.84	16.59	—	—
合 计	179.82	100.00	7.39	100.00

　　根据草地等和草地级组合的综合评定显示，化德县草地优质中产型居多，面积为158.27万亩，占全县草地面积的84.54%；中质中产型草地面积为21.55万亩，占全县草地面积的11.51%；中质低产型草地面积为7.32万亩，占全县草地面积的3.91%；优质低产型草地面积为0.07万亩，占全县草地面积的0.04%。全县总体上评价为优质中产草地。见表10-16、图10-1。

表10-16　化德县草地等级组合评定统计

综合评价		合　计		中产6级		低产7级	
		面积（万亩）	占全县草地面积的比例（%）	面积（万亩）	占全县草地面积的比例（%）	面积（万亩）	占全县草地面积的比例（%）
优质	Ⅰ	25.07	13.11	25.07	13.39	—	—
	Ⅱ	133.27	71.78	133.20	71.15	0.07	0.04
中质	Ⅲ	28.87	15.11	21.55	11.51	7.32	3.91
合　计		187.21	100.00	179.82	96.05	7.39	3.95

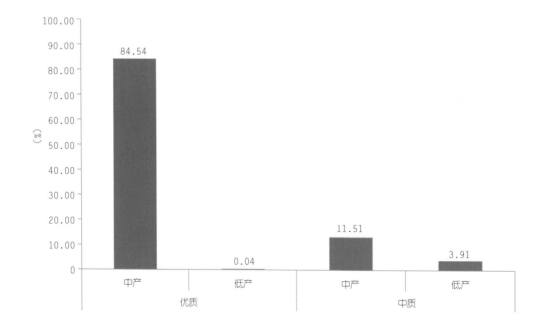

图10-1　化德县草地等级综合评价情况

第五节　草地退化、沙化、盐渍化状况

经制图和数据统计结果显示，化德县天然草地退化、沙化、盐渍化现象严重，全县草地"三化"面积为186.78万亩，占全县草地总面积的99.77%；其中草地退化面积为177.52万亩，占全县草地面积的94.82%，占全县"三化"草地面积的95.04%；沙化草地面积为1.19万亩，占全县草地面积的0.64%，占全县"三化"草地面积的0.64%；盐渍化草地面积为8.07万亩，占全县草地总面积的4.31%，占全县"三化"草地面积的4.32%。见表10–17。

表10–17　化德县草退化、沙化、盐渍化统计

项　目		面积（万亩）	占全县草地面积比例（%）	占全县草地"三化"面积比例（%）
全县草地面积		187.21	100.00	—
未"三化"草地面积		0.43	0.23	—
草地"三化"面积合计		186.78	99.77	100.00
退化草地	轻度退化	37.17	19.85	19.90
	中度退化	93.22	49.79	49.91
	重度退化	47.13	25.18	25.23
	小　计	177.52	94.82	95.04
沙化草地	轻度沙化	0.33	0.18	0.18
	中度沙化	0.43	0.23	0.23
	重度沙化	0.43	0.23	0.23
	小　计	1.19	0.64	0.64
盐渍化草地	轻度盐渍化	1.56	0.83	0.84
	中度盐渍化	5.56	2.97	2.98
	重度盐渍化	0.95	0.51	0.50
	小　计	8.07	4.31	4.32

在草地退化中，以中度退化为主，面积为93.22万亩，占全县"三化"草地面积的49.91%；重度退化面积为47.13万亩，占全县"三化"草地面积的25.33%。在草地沙化中，中度和重度沙化面积为0.86万亩，占全县"三化"草地面积的0.46%。盐渍化草地以轻度盐渍化为主，面积为1.56万亩，占全县"三化"草地面积的0.84%。

各乡镇"三化"草地占本乡镇草地面积比例均在99%~100%，中度和重度"三化"草地占本乡镇"三化"草地面积比例较高的是七号镇、朝阳镇，占比分别为88.00%、86.57%。各乡镇中度和重度"三化"草地面积占本乡镇"三化"草地面积比例普遍在65%以上，可见该县草地退化、沙化、盐渍化十分严重。见表10-18。

表10-18　化德县乡镇草地退化、沙化、盐渍化统计

乡　镇	草地面积（万亩）	"三化"草地面积（万亩）	"三化"占本乡镇草地面积比例（%）	草地退化、沙化、盐渍化分级			中度和重度"三化"草地占本乡镇"三化"草地面积比例（%）
				轻度（万亩）	中度（万亩）	重度（万亩）	
白音特拉乡	24.45	24.45	100.00	5.33	11.57	7.55	78.20
朝阳镇	39.39	39.39	100.00	5.29	27.94	6.16	86.57
德包图乡	28.99	28.86	99.55	6.46	11.83	10.57	77.62
公腊胡洞乡	31.88	31.69	99.44	10.92	11.27	9.15	65.54
七号镇	32.66	32.60	99.82	3.91	20.84	7.85	88.00
长顺镇	29.84	29.79	99.83	7.15	15.76	6.88	76.00
合　计	187.21	186.78	99.77	39.06	99.21	48.51	79.09

各乡镇退化草地面积占本乡镇"三化"草地面积比例都在92%以上，沙化草地面积最大是七号镇，占本乡镇"三化"草地的1.78%；盐渍化草地面积最大是朝阳镇，占本乡镇"三化"草地的6.70%。见表10-19。

表10-19　化德县乡镇草地退化、沙化、盐渍化统计

乡　镇	"三化"草地	退化草地		沙化草地		盐渍化草地	
	面积（万亩）	面积（万亩）	占本乡镇"三化"草地面积比例（%）	面积（万亩）	占本乡镇"三化"草地面积比例（%）	面积（万亩）	占本乡镇"三化"草地面积比例（%）
白音特拉乡	24.45	23.91	97.79	0.14	0.57	0.40	1.64
朝阳镇	39.39	36.73	93.25	0.02	0.05	2.64	6.70
德包图乡	28.86	28.22	97.78	0.26	0.90	0.38	1.32
公腊胡洞乡	31.69	30.71	96.91	0.19	0.60	0.79	2.50
七号镇	32.60	30.05	92.18	0.58	1.78	1.97	6.04
长顺镇	29.79	27.90	93.66	—	—	1.89	6.34

第十一章　卓资县草地资源

第一节　草地资源概况

一、地理位置及基本情况

卓资县位于乌兰察布市中南部，北纬 40°38′~41°16′，东经 111°51′~112°56′，西倚呼和浩特市，北靠察哈尔右翼中旗，东连察哈尔右翼前旗，南邻凉城县，东南、西北、东北分别与丰镇市、四子王旗、察哈尔右翼后旗接壤。卓资县总辖地面积 3 119 千米²，东西长 92.6 千米，南北宽 67.7 千米，是一个以蒙古族为主体、汉族居多数的少数民族地区。2005 年总人口 22.39 万人。

卓资县辖 5 镇 3 乡，分别为卓资山镇、旗下营镇、巴音锡勒镇、十八台镇、梨花镇、大榆树乡、复兴乡和红召乡。

卓资县地处内蒙古高原阴山山脉东南麓，是个多丘陵、少平川地区。县境最高海拔 2 206 米，最低海拔 1 235 米，平均海拔 1 750 米。东西北三面环山，地势较高，中间是狭长走廊，从南向北阶梯状，海拔 1 200~2 300 米，山地和丘陵占总面积的 77%。中南部属于冲积平原的滩川地带，西北部多为玄武岩覆盖的丘陵，东部低山区，坡陡，沟谷发育。

气候属干旱、半干旱大陆性季风气候，全年寒暑变化大，降雨较集中，秋季凉爽。全县年平均日照时数 3 000 小时左右，作物生长期 4—9 月份。年平均气温为 2.5℃，1 月平均气温为-16℃，7 月最高气温为 18.3℃；≥0℃积温 2 200~2 400℃。无霜期西南部为 110~130 天，北部和西北部为 90 天，东中部广大地区多为 90~100 天。平均降水量 340~480 毫米，作物生长期（6—8 月）降水量为 268.4 毫米，占年降水量的 67%。由于受地形影响，全县降水量呈西南向东北递减趋势。年平均降水量大于 450 毫米的乡镇有旗下营镇、红召乡和大榆树乡，属于半湿润地区，其余均属于半干旱区。地表水分为黄河和内陆河两个流域，常年有水的河流有 12 条。

全县土壤类型有灰褐土、栗钙土和草甸土，主要以灰褐土为主，占总面积的 87.7%，分布在中部以西山地及其延伸的广大丘陵地带。森林覆盖率为 18.6%，天然林有白桦、山杨、云杉，灌木有虎榛子、沙棘等。

二、土地利用现状和草地面积

全县土地面积 467.85 万亩，其中，天然草地面积为 203.55 万亩，占土地总面积的 43.51%；人工草地面积为 6.00 万亩，占土地总面积的 1.28%；非草地面积（林地、耕地、水域、居民点及工矿用地、道路等）258.30 万亩，占土地总面积的 55.21%。见表 11-1。

表11-1 卓资县土地利用现状统计

土地面积（万亩）	草地面积			非草地面积
	草地总面积（万亩）	天然草原（万亩）	人工饲草地（万亩）	林地、耕地、水域、居民点及工矿用地、道路等（万亩）
467.85	209.55	203.55	6.00	258.30

三、草地资源状况

卓资县天然草地面积为 203.55 万亩，占乌兰察布市天然草地面积的 3.88%，可利用草地面积为 185.15 万亩。各乡镇的草地面积由大到小排序为红召乡、巴音锡勒镇、十八台镇、大榆树乡、卓资山镇、梨花镇、旗下营镇、复兴乡；排在前四位的草地面积分别为 32.02 万亩、31.53 万亩、30.13 万亩、27.55 万亩，4 个乡镇共占全县天然草地面积的 59.55%，草地面积最小的是复兴乡，为 18.48 万亩，占全县草地面积的 9.08%。见表 11-2。

表11-2 卓资县乡镇天然草地（可利用草地）面积统计

乡　镇	草地面积		可利用面积	
	面积（万亩）	占全县草地面积比例（%）	面积（万亩）	占全县草地面积比例（%）
卓资山镇	22.51	11.06	20.46	10.05
十八台镇	30.13	14.80	27.85	13.68
旗下营镇	19.41	9.54	17.49	8.59
梨花镇	21.92	10.77	19.82	9.74
红召乡	32.02	15.73	28.82	14.16
复兴乡	18.48	9.08	16.62	8.17
大榆树乡	27.55	13.53	24.81	12.19
巴音锡勒镇	31.53	15.49	29.28	14.38

全县天然草地由 4 个草地类组成，共有 5 个草地亚类，18 个草地型。其中，温性典型草原类面积最大，为 135.18 万亩，占全县草地面积的 66.41%；其次为温性草甸草原类，面积为 55.44 万亩，占全县草地面积的 27.24%；第三位是山地草甸类，面积为

11.88 万亩，占全县草地面积的 5.84%；低地草甸类面积最少，为 1.05 万亩，占全县草地面积的 0.51%。温性草甸草原类分布面积最大的是旗下营镇，面积为 16.89 万亩，占该类草地面积的 30.47%；温性典型草原类分布面积最大的是十八台镇，面积为 28.66 万亩，占该类草地面积的 21.20%；山地草甸类分布于红召乡、大榆树乡、巴音锡勒镇，其中面积最大的是巴音锡勒镇，面积为 7.12 万亩，占该类草地面积的 59.94%；低地草甸类分布面积最大的是巴音锡勒镇，面积为 0.93 万亩，占该类草地面积的 88.57%。见表 11-3。

表11-3　卓资县乡镇草地类面积统计

苏木 （乡、镇）	温性草甸草原类		温性典型草原类		山地草甸类		低地草甸类	
	面积 （万亩）	占该类草 地面积比 例（%）	面积 （万亩）	占该类草 地面积比 例（%）	面积 （万亩）	占该类草 地面积比 例（%）	面积 （万亩）	占该类草 地面积比 例（%）
卓资山镇	0.40	0.72	22.10	16.35	—	—	0.01	1.06
十八台镇	1.43	2.58	28.66	21.20	—	—	0.04	3.91
旗下营镇	16.89	30.47	2.49	1.84	—	—	0.03	2.49
梨花镇	4.72	8.51	17.18	12.71	—	—	0.02	1.88
红召乡	13.74	24.78	13.53	10.00	4.75	39.98	0.00	0.00
复兴乡	10.91	19.68	7.55	5.59	—	—	0.02	1.59
大榆树乡	7.35	13.26	20.19	14.94	0.01	0.08	—	—
巴音锡勒镇	0.00	0.00	23.48	17.37	7.12	59.94	0.93	88.57
合计	55.44	100.00	135.18	100.00	11.88	100.00	1.05	100.00

第二节　草地类型分布规律及特征

一、温性草甸草原类

温性草甸草原类有 1 个草地亚类，即山地草甸草原亚类，包括 4 个草地型，其中具灌木的铁杆蒿、杂类草草地型面积最大，为 23.75 万亩，占该亚类的 42.84%，第二位为铁杆蒿、脚苔草草地型，为 20.90 万亩，占该亚类的 37.70%。其他见表 11-4。

表11-4 卓资县山地草甸草原亚类草地型统计

草地 (亚类)	草地型	草地面积			可利用面积		
		面积 (万亩)	占该亚类 的比例 (%)	占全县草 地的比例 (%)	面积 (万亩)	占该亚类 可利用面 积比例 (%)	占全县草 地的比例 (%)
山地草 甸草原 亚类	具灌木的铁杆蒿、杂类草	23.75	42.84	11.67	21.37	42.84	10.50
	铁杆蒿、脚苔草	20.90	37.70	10.27	18.81	37.70	9.24
	脚苔草、贝加尔针茅	0.01	0.02	0.01	0.01	0.02	0.01
	脚苔草、杂类草	10.78	19.44	5.29	9.70	19.44	4.76
	合　计	55.44	100.00	27.24	49.89	100.00	24.51

二、温性典型草原类

温性典型草原类由 2 个草地亚类组成，即平原丘陵草原亚类和山地草原亚类。

(一) 平原丘陵草原亚类

草地面积为 38.21 万亩，占温性典型草原类的 28.26%。包括 6 个草地型，其中冷蒿、克氏针茅草地型面积最大，为 21.61 万亩，占该亚类的 56.56%；第二位为羊草、杂类草草地型，为 10.43 万亩，占该亚类的 27.30%；第三位为亚洲百里香、冷蒿草地型，为 3.67 万亩，占该亚类的 9.61%。见表 11-5。

表11-5 卓资县平原丘陵草原亚类草地型统计

草地 (亚类)	草地型	草地面积			可利用面积		
		面积 (万亩)	占该亚类的 比例 (%)	占全县草地 的比例 (%)	面积 (万亩)	占该亚类可 利用面积比 例 (%)	占全县草地 的比例 (%)
	温性典型草原类	135.18	—	66.41	123.58	—	60.71
平 原 丘 陵 草 原 亚 类	冷蒿、克氏针茅	21.61	56.56	10.62	20.53	56.56	10.09
	冷蒿、糙隐子草	0.22	0.54	0.11	0.20	0.54	0.09
	亚洲百里香、克氏针茅	1.67	4.38	0.82	1.59	4.38	0.78
	亚洲百里香、冷蒿	3.67	9.61	1.80	3.49	9.61	1.71
	大针茅、杂类草	0.61	1.61	0.30	0.58	1.61	0.29
	羊草、杂类草	10.43	27.30	5.12	9.91	27.30	4.87
	小　计	38.21	100.00	18.77	36.30	100.00	17.83

（二）山地草原亚类

草地面积96.98万亩，占温性典型草原类的71.74%。包括5个草地型，其中克氏针茅、杂类草草地型面积最大，为56.55万亩，占该亚类的58.32%；第二位为铁杆蒿、克氏针茅草地型，为37.18万亩，占该亚类的38.34%；第三位为大针茅、杂类草草地型，为2.51万亩，占该亚类的2.59%。见表11-6。

表11-6　卓资县山地草原亚类草地型统计

草地（亚类）	草地型	草地面积			可利用面积		
		面积（万亩）	占该亚类的比例（%）	占全县草地的比例（%）	面积（万亩）	占该亚类可利用面积比例（%）	占全县草地的比例（%）
山地草原亚类	柄扁桃、克氏针茅	0.00	0.00	0.00	0.00	0.00	0.00
	铁杆蒿、克氏针茅	37.18	38.34	18.27	33.46	38.34	16.44
	大针茅、杂类草	2.51	2.59	1.23	2.26	2.59	1.11
	克氏针茅、杂类草	56.55	58.32	27.78	50.90	58.32	25.01
	虎榛子、克氏针茅	0.73	0.75	0.36	0.66	0.75	0.32
合　　计		96.97	100.00	47.64	87.28	100.00	42.88

三、山地草甸类

山地草甸类草地面积11.88万亩，占全县草地的5.84%。该类只有1个亚类，即低中山草甸亚类，1个草地型，即凸脉苔草、杂类草草地型。

四、低地草甸类

低地草甸类面积为1.05万亩，占全县草地面积的0.52%，其中可利用面积为1.00万亩。低地草甸类包括1个草地亚类，即低湿地草甸亚类。低湿地草甸亚类包括鹅绒委陵菜、杂类草草地型和寸草苔、中生杂类草草地型2个草地型，面积分别为0.96万亩、0.09万亩。见表11-7。

表11-7　卓资县低湿地草甸亚类草地型统计

草地(亚类)	草地型	草地面积			可利用面积		
		面积(万亩)	占该亚类的比例(%)	占全县草地的比例(%)	面积(万亩)	占该亚类可利用面积比例(%)	占全县草地的比例(%)
	低地草甸类	1.05	—	0.52	1.00	—	0.49
低湿地草甸亚类	鹅绒委陵菜、杂类草	0.96	91.43	0.47	0.92	92.00	0.45
	寸草苔、中生杂类草	0.09	8.57	0.05	0.08	8.00	0.04
	小　计	1.05	100.00	0.52	1.00	100.00	0.49

第三节　草地生产力状况

一、天然草地生产力

卓资县天然草地平均亩产干草 57.37 千克，干草总量为 10 621.45 万千克，全年合理载畜量为 6.46 万羊单位，平均 28.67 亩草地可饲养 1 个羊单位。

单位面积产草量最高的是温性山地草甸类草地，平均亩产干草 76.20 千克，全年产干草为 814.35 万千克，产草总量占全县草地产草总量的 7.67%，年合理载畜量为 0.57 万羊单位，平均 18.72 亩草地可饲养 1 个羊单位。第二位是低地草甸类草地，平均亩产干草 70.81 千克，全年产干草为 70.74 万千克，产草总量占全县草地产草总量的 0.67%，年合理载畜量为 0.05 万羊单位，平均 20.14 亩草地可饲养 1 个羊单位。

总产草量最高的是温性典型草原类草地，平均亩产干草 51.25 千克，全年产干草为 6 333.81 万千克，产草总量占全县草地产草总量的 59.63%，全年合理载畜量为 3.65 万羊单位，平均 33.86 亩草地可饲养 1 个羊单位。其次是温性草甸草原类草地，平均亩产干草 68.20 千克，全年产干草为 3 402.55 万千克，产草总量占全县草地产草总量的 32.03%，全年合理载畜量为 2.19 万羊单位，平均 22.81 亩草地可饲养 1 个羊单位。草地亚类和草地型生产力见表 11-8。

表11-8　卓资县草地类型生产力统计

草地类	草地亚类	草地型	单产(千克/亩)	总产干草量（万千克）			载畜量（万羊单位）		
				全年	暖季	冷季	全年	暖季	冷季
		全　县	57.37	10 621.45	5 569.36	3 578.02	6.46	8.48	5.45
温性草甸草原类	山地草甸草原亚类	具灌木的铁杆蒿、杂类草	70.63	1 509.61	830.29	539.69	0.97	1.26	0.82
		铁杆蒿、脚苔草	62.96	1 184.33	651.38	423.40	0.76	0.99	0.64
		脚苔草、贝加尔针茅	66.42	0.76	0.42	0.27	0.00	0.00	0.00
		脚苔草、杂类草	72.99	707.85	389.32	253.06	0.45	0.59	0.39
		平　均	68.20	—	—	—	—	—	—
		小　计	—	3 402.55	1 871.40	1 216.41	2.19	2.85	1.85
	平　均		68.20	—	—	—	—	—	—
	小　计		—	3 402.55	1 871.40	1 216.41	2.19	2.85	1.85
温性典型草原类	平原丘陵草原亚类	冷蒿、克氏针茅	44.05	904.39	452.19	271.32	0.50	0.69	0.41
		冷蒿、糙隐子草	60.70	11.82	5.91	3.55	0.01	0.01	0.01
		亚洲百里香、克氏针茅	49.05	77.99	39.00	23.40	0.04	0.06	0.04
		亚洲百里香、冷蒿	45.89	160.12	80.06	48.04	0.09	0.12	0.07
		大针茅、杂类草	56.54	33.02	16.51	9.90	0.02	0.03	0.02
		羊草、杂类草	49.98	495.26	247.63	148.58	0.27	0.38	0.23
		平　均	46.36	—	—	—	—	—	—
		小　计	—	1 682.60	841.30	504.78	0.93	1.28	0.77
	山地草原亚类	柄扁桃、克氏针茅	39.42	0.17	0.09	0.06	0.00	0.00	0.00
		铁杆蒿、克氏针茅	54.96	1 839.14	919.57	597.72	1.07	1.40	0.91
		大针茅、杂类草	59.41	134.34	67.17	43.66	0.08	0.10	0.07
		克氏针茅、杂类草	51.85	2 638.79	1 319.40	857.61	1.54	2.01	1.31
		虎榛子、克氏针茅	59.28	38.76	19.38	12.60	0.02	0.03	0.02
		平　均	53.29	—	—	—	—	—	—
		小　计	—	4 651.20	2 325.60	1 511.64	2.72	3.54	2.30
	平　均		51.25	—	—	—	—	—	—
	小　计		—	6 333.81	3 166.90	2 016.42	3.65	4.82	3.07
低地草甸类	低湿地草甸亚类	鹅绒委陵菜、杂类草	71.19	65.24	39.15	25.45	0.05	0.06	0.04
		寸草苔、中生杂类草	66.67	5.50	3.30	2.14	0.00	0.01	0.00
		平　均	70.81	—	—	—	—	—	—
		小　计	—	70.74	42.44	27.59	0.05	0.06	0.04
	平　均		70.81	—	—	—	—	—	—
	小　计		—	70.74	42.44	27.59	0.05	0.06	0.04
温性山地草甸类	低中山山地草甸亚类	凸脉苔草、杂类草	76.20	814.35	488.61	317.60	0.74	0.48	0.57
		小　计	76.20	814.35	488.61	317.60	0.57	0.74	0.48
	小　计		76.20	814.35	488.61	317.60	0.57	0.74	0.48

二、乡镇草地生产力

在各乡镇产草量中，巴音锡勒镇单位面积产草量和产草总量都位居最高，单位面积产草量为 73.42 千克/亩，年产干草总量为 2 149.97 万千克。而单位面积产草量最低是十八台镇，为 49.95 千克/亩；产草总量最低的是复兴乡，全年干草总量为 1 038.19 万千克。见表 11-9。

表11-9　卓资县乡镇干草产量统计

乡　镇	干草单产 （千克/亩）	全年总产干草量 （万千克）	暖季产干草量 （万千克）	冷季产干草量 （万千克）
卓资山镇	52.20	1 068.24	535.46	343.31
十八台镇	49.95	1 568.07	788.65	496.35
旗下营镇	67.72	1 184.36	645.23	418.90
梨花镇	56.53	1 120.15	575.01	371.79
红召乡	62.84	1 811.10	980.41	637.26
复兴乡	62.47	1 038.19	553.85	360.00
大榆树乡	58.19	1 443.45	746.07	484.80
巴音锡勒镇	73.42	2 149.97	1 150.86	716.12

卓资县各乡镇合理载畜量最高的为巴音锡勒镇，天然草地全年可承载 1.31 万羊单位，全年 22.42 亩草地可饲养 1 个羊单位；其次为红召乡，草地全年可承载 1.15 万羊单位，25.15 亩可饲养 1 个羊单位。合理载畜量最低是卓资山镇，全年可承载 0.62 万羊单位，全年 33.01 亩可饲养 1 个羊单位。见表 11-10。

表11-10　卓资县乡镇载畜量统计

乡　镇	用草地面积表示载畜量（亩）			用羊单位表示载畜量（万羊单位）		
	全年 1 个羊单位需草地面积	暖季 1 个羊单位需草地面积	冷季 1 个羊单位需草地面积	全年合理载畜量	暖季合理载畜量	冷季合理载畜量
卓资山镇	33.01	11.01	22.00	0.62	0.82	0.52
十八台镇	34.81	11.47	23.34	0.90	1.20	0.76
旗下营镇	23.21	7.80	15.41	0.75	0.98	0.64
梨花镇	29.60	9.93	19.67	0.67	0.88	0.57
红召乡	25.15	8.46	16.69	1.15	1.49	0.97
复兴乡	25.68	8.65	17.03	0.65	0.84	0.55
大榆树乡	28.46	9.58	18.88	0.87	1.14	0.74
巴音锡勒镇	22.42	7.40	15.02	1.31	1.35	1.09

第四节　草地资源等级综合评价

一、草地等的评价及特点

卓资县草地等级包括Ⅰ等、Ⅱ等、Ⅲ等、Ⅳ等。在草地等的排序中，Ⅲ等草地和Ⅳ等草地居多，面积共为167.01万亩，占全县草地面积的82.05%；Ⅰ等草地和Ⅱ等草地面积共36.53万亩，占全县草地面积的17.95%。见表11-11。

表11-11　卓资县乡镇草地等评定统计

乡　镇	Ⅰ等		Ⅱ等		Ⅲ等		Ⅳ等	
	面积（万亩）	占该等总面积的比例（%）	面积（万亩）	占该等总面积的比例（%）	面积（万亩）	占该等总面积的比例（%）	面积（万亩）	占该等总面积的比例（%）
巴音锡勒镇	15.36	50.28	0.55	9.18	14.73	17.48	0.89	1.07
大榆树乡	0.12	0.40	—	—	14.04	16.66	13.39	16.19
复兴乡	—	—	—	—	4.21	4.99	14.27	17.25
红召乡	—	—	—	—	8.02	9.52	24.00	29.00
梨花镇	—	—	1.69	28.21	9.31	11.05	10.92	13.20
旗下营镇	0.39	1.27	0.00	0.00	5.65	6.70	13.37	16.15
十八台镇	10.52	34.43	3.74	62.50	15.86	18.82	0.01	0.02
卓资山镇	4.16	13.62	0.00	0.00	12.46	14.78	5.89	7.12
合　计	30.55	100.00	5.98	100.00	84.28	100.00	82.74	100.00

Ⅰ等草地分布于巴音锡勒镇、大榆树乡、旗下营镇、十八台镇、卓资山镇，其中面积最大的是巴音锡勒镇，面积为15.36万亩，占Ⅰ等草地面积为50.28%；Ⅱ等草地分布于巴音锡勒镇、梨花镇、十八台镇，其中面积最大的是十八台镇，为3.74万亩，占Ⅱ等草地面积的62.50%，Ⅲ等草地和Ⅳ等草地在各乡镇均有分布，见表11-11。

二、草地级的评价及特点

全县草地级均为6级草地，亩产干草在79~40千克。

三、草地综合评价

根据草地等和草地级组合的综合评定显示，卓资县中质中产草地面积为167.02万亩，占全县草地面积的82.05%；优质中产草地面积为36.53万亩，占全县草地面积的17.95%。总体上评价为中质中产型草地。见表11-12、图11-1。

表11-12　卓资县草地等级组合评定统计

综合评价		中产6级草地	
		面积（万亩）	占全县草地面积的比例（%）
优质	Ⅰ等	30.55	15.01
	Ⅱ等	5.98	2.94
中质	Ⅲ等	84.28	41.40
	Ⅳ等	82.74	40.65
合　计		203.55	100.00

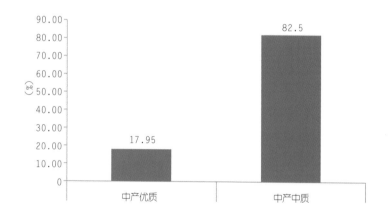

图11-1　卓资县草地等级组合评定统计

第五节　草地退化、盐渍化状况

经制图和数据统计结果显示，卓资县草地退化和盐渍化面积为165.45万亩，占全县草地总面积的81.28%，其中草地退化面积为165.43万亩，占全县退化、盐渍化草地面积的99.99%；重度盐渍化草原面积为0.02万亩，占全县退化、盐渍化草地面积的0.01%。见表11-13。

表11-13　卓资县草地退化、盐渍化统计

项　目		面积（万亩）	占全县草地面积比例(%)	占全县草地退化、盐渍化比例(%)
全县草地面积		203.55	100.00	—
未退化、未盐渍化草地面积		38.10	18.72	—
草地退化、盐渍化合计		165.45	81.28	100.00
退化草地	轻度退化	130.00	63.86	78.57
	中度退化	33.23	16.33	20.08
	重度退化	2.20	1.08	1.34
	小　计	165.43	81.27	99.99
盐渍化草地	重度盐渍化	0.02	0.01	0.01

在草地退化中，以轻度退化为主，面积为130.00万亩，占全县退化、盐渍化草地面积的78.57%；重度退化面积为2.20万亩，占全县退化、盐渍化草地面积的1.34%。盐渍化草地全部为重度盐渍化，面积为0.02万亩，占全县退化、盐渍化草地面积的0.01%。

从各乡镇看，退化、盐渍化草地占本乡镇草地面积比例在91%以上的依次为十八台镇、卓资山镇、梨花镇，占比分别为98.20%、97.24%、91.01%。中度和重度退化、盐渍化草地占本乡镇退化盐渍化草地比例最高的是梨花镇，占比为34.39%。见表11-14。

表11-14　卓资县乡镇草地退化、盐渍化统计

乡　镇	草地面积（万亩）	退化、盐渍化草地面积（万亩）	退化、盐渍化占本乡镇草地面积比例(%)	草地退化、盐渍化分级			中度和重度退化、盐渍化草地占本乡镇退化、盐渍化草地比例(%)
				轻度（万亩）	中度（万亩）	重度（万亩）	
卓资山镇	22.51	21.89	97.24	16.58	5.00	0.31	24.26
十八台镇	30.13	29.59	98.20	22.65	5.99	0.95	23.45
旗下营镇	19.41	10.45	53.84	8.58	1.75	0.12	17.89
梨花镇	21.92	19.95	91.01	13.09	6.82	0.04	34.39
红召乡	32.02	23.29	72.74	20.31	2.95	0.03	12.80
复兴乡	18.48	14.26	77.16	10.61	3.54	0.11	25.60
大榆树乡	27.55	23.04	83.62	16.71	6.08	0.25	27.47
巴音锡勒镇	31.53	22.98	72.88	21.47	1.10	0.41	6.57
合　计	203.55	165.45	81.28	130.00	33.23	2.22	21.43

所有乡镇退化草地面积占本乡镇草地退化、盐渍化在99%以上。盐渍化草地分布在巴音锡勒镇，占本乡镇退化、盐渍化的0.09%。见表11-15。

表11-15　卓资县乡镇草地退化、盐渍化统计

乡　镇	退化、盐渍化草地面积（万亩）	退化草地		盐渍化草地	
		面积（万亩）	占本乡镇退化、盐渍化比例(%)	面积（万亩）	占本乡镇退化、盐渍化比例(%)
卓资山镇	21.89	21.89	100.00	—	—
十八台镇	29.59	29.59	100.00	—	—
旗下营镇	10.45	10.45	100.00	—	—
梨花镇	19.95	19.95	100.00	—	—
红召乡	23.29	23.29	100.00	—	—
复兴乡	14.26	14.26	100.00	—	—
大榆树乡	23.04	23.04	100.00	—	—
巴音锡勒镇	22.98	22.96	99.91	0.02	0.09

第十二章 凉城县草地资源

第一节 草地资源概况

一、地理位置及基本情况

凉城县在乌兰察布市南部，位于北纬40°10′~40°50′、东经112°02′~113°02′。地处阴山山脉南麓和黄土高原东北边缘，是蒙、晋、冀三省区交界地带的中心，东临丰镇市，南与山西省左云县、右玉县毗邻，北与卓资县接壤，西与呼和浩特市和林县交界。全县土地总面积3 458.3千米²。县境东西最长82千米，南北最宽73千米。全县总人口24万人，常住人口15.4万人，全县农村户籍人口19.8万人，实际农业常住人口7.1万人。

地形总体特征为四面环山、中怀滩川（盆地）。北部为蛮汉山山系，山体狭而陡峭，最高峰海拔2 305米；南部为马头山山系，山体宽而平缓，最高峰海拔2 042米；中部为内陆陷落盆地——岱海盆地，岱海镶嵌其中。全县平均海拔1 731.5米。山地面积为1 654.2千米²，占总面积的47.83%；丘陵面积为811.3千米²，占总面积的23.46%；盆地面积为827.6千米²，占总面积的23.93%；水域面积为165.3千米²，占总面积的4.78%。

气候属中温带半干旱大陆性季风气候，年平均气温2~5℃；全年极端最低气温-34.3℃，极端最高气温39.3℃。1月份最冷，平均气温-13℃；7月份最热，平均气温20.5℃。无霜期平均120天左右，其中滩区109~125天，初霜9月14日至9月20日，终霜5月17日至5月27日。丘陵区无霜期77~109天，初霜9月2日至9月14日，终霜5月27日至6月16日。年日均气温0℃以上持续时间193天左右。年平均日照时数超过3 000小时，有效积温2 600℃。降水主要集中在7、8月份，据1960—1998年38年的降水资料分析，全县年平均降水量392.37毫米，年平均蒸发量1 938毫米，蒸发量是降水量的4.94倍，年平均湿润系数0.37。降水量变化较大，最多（1967年）达621.3毫米，最少（1965年）仅216.13毫米。

凉城县水系比较发达，共有大小河沟三百余条，分属黄河、岱海、永定河三大流域。凉城县水资源总量达2.3亿米³，其中地表水资源总量达1.3亿米³，地下水资源总量达1亿米³，且水质较好。特别是岱海盆地平原区，占凉城县地下水资源量的85%，为地下水资源最丰富的地区。

凉城县辖5镇3乡，分别为岱海镇、麦胡图镇、六苏木镇、永兴镇、蛮汉镇、厂汉营乡、天成乡、曹碾满族自治乡。

二、草地资源状况

凉城县天然草地面积为209.81万亩，占乌兰察布市天然草地面积的4.00%；可利用草地面积为200.61万亩。各乡镇的草地面积由大到小排序为天成乡、蛮汉镇、六苏木镇、厂汉营乡、岱海镇、永兴镇、麦胡图镇、曹碾满族自治乡；排在前三位的乡镇有天成乡、蛮汉镇、六苏木镇，草地面积分别为45.07万亩、41.03万亩、30.05万亩，三个乡镇共占该县天然草地面积的55.36%，草地面积最小的是曹碾满族自治乡，为9.81万亩，占该县草地面积的4.68%。见表12-1。

表12-1　各乡镇天然草地（可利用草地）面积统计

乡 镇	草地面积		可利用草地面积	
	面积（万亩）	乡镇占全县草地面积比例（%）	面积（万亩）	乡镇占全县草地面积比例（%）
永兴镇	19.97	9.52	19.03	9.07
蛮汉镇	41.03	19.56	39.07	18.62
麦胡图镇	13.88	6.61	13.23	6.31
六苏木镇	30.05	14.32	28.68	13.67
岱海镇	22.51	10.73	21.34	10.17
天成乡	45.07	21.48	43.51	20.74
厂汉营乡	27.49	13.10	26.37	12.57
曹碾满族自治乡	9.81	4.68	9.38	4.47
合　计	209.81	100.00	200.61	95.62

全县天然草地由3个草地类组成，共有5个草地亚类，17个草地型。其中，温性典型草原类面积最大，为169.19万亩，占全县草地面积的80.64%；其次为温性草甸草原类，面积为28.35万亩，占全县草地面积的13.51%。温性草甸草原类分布面积最大的是蛮汉镇，面积为8.69万亩，占该类草地面积30.65%。温性典型草原类分布面积最大的是

天成乡，面积为41.46万亩，占该类草地面积24.50%。低地草甸类分布面积最大的是岱海镇，面积为5.27万亩，占该类草地面积42.95%。见表12-2。

表12-2　凉城县乡镇草地类面积统计

乡　镇	温性草甸草原类		温性典型草原类		低地草甸类	
	面积(万亩)	占该类草地面积比例(%)	面积(万亩)	占该类草地面积比例(%)	面积(万亩)	占该类草地面积比例(%)
永兴镇	6.39	22.54	13.48	7.97	0.10	0.81
蛮汉镇	8.69	30.65	32.09	18.97	0.25	2.04
麦胡图镇	—	—	11.42	6.75	2.46	20.05
六苏木镇	3.41	12.03	23.57	13.93	3.07	25.02
岱海镇	2.89	10.19	14.35	8.48	5.27	42.95
天成乡	2.49	8.88	41.46	24.50	1.12	9.13
厂汉营乡	1.78	6.28	25.71	15.20	—	—
曹碾满族自治乡	2.70	9.53	7.11	4.20	—	—
合　计	28.35	100.00	169.19	100.00	12.27	100.00

第二节　草地类型分布规律及特征

一、温性草甸草原类

温性草甸草原类有1个草地亚类，即山地草甸草原亚类；包括3个草地型，其中脚苔草、杂类草草地型面积最大，为15.06万亩，占该亚类的53.12%，第二位为具灌木的铁杆蒿、杂类草草地型，为12.63万亩，占该亚类的44.55%，其他见表12-3。

表12-3　凉城县山地草甸草原亚类草地型统计

草地亚类	草地型	草地面积			可利用面积		
		面积(万亩)	占该亚类面积的比例(%)	占全县草地面积的比例(%)	面积(万亩)	占该亚类可利用草地面积比例(%)	占全县草地面积的比例(%)
山地草甸草原亚类	具灌木的铁杆蒿、杂类草	12.63	44.55	6.02	12.00	44.56	5.72
	铁杆蒿、脚苔草	0.66	2.33	0.31	0.62	2.30	0.30
	脚苔草、杂类草	15.06	53.12	7.18	14.31	53.14	6.82
	合　计	28.35	100.00	13.51	26.93	100.00	12.84

二、温性典型草原类

温性典型草原类由2个草地亚类组成，即平原丘陵草原亚类和山地草原亚类。

（一）平原丘陵草原亚类

草地面积为75.97万亩，占温性典型草原类的44.90%。包括9个草地型，其中达乌里胡枝子、杂类草草地型面积最大，为52.46万亩，占该亚类的69.05%；第二位为大针茅、杂类草草地型，为12.93万亩，占该亚类的17.02%；第三位为小叶锦鸡儿、糙隐子草草地型，为8.23万亩，占该亚类的10.83%。见表12-4。

表12-4 凉城县平原丘陵草原亚类草地型统计

草地亚类	草地型	草地面积			可利用面积		
		面积（万亩）	占该亚类的比例（%）	占全县草地面积的比例（%）	面积（万亩）	占该亚类可利用面积比例（%）	占全县草地面积的比例（%）
平原丘陵草原亚类	小叶锦鸡儿、冷蒿	0.03	0.04	0.01	0.02	0.03	0.01
	小叶锦鸡儿、糙隐子草	8.23	10.83	3.92	7.98	10.83	3.80
	冷蒿、克氏针茅	0.27	0.36	0.13	0.27	0.36	0.13
	亚洲百里香、克氏针茅	1.12	1.47	0.54	1.08	1.47	0.51
	亚洲百里香、冷蒿	0.04	0.06	0.02	0.04	0.06	0.02
	达乌里胡枝子、杂类草	52.46	69.05	25.00	50.89	69.05	24.26
	大针茅、杂类草	12.93	17.02	6.16	12.55	17.02	5.98
	羊草、克氏针茅	0.20	0.26	0.10	0.19	0.26	0.09
	羊草、杂类草	0.69	0.91	0.33	0.67	0.91	0.32
	合　计	75.97	100.00	36.21	73.69	100.00	35.12

（二）山地草原亚类

面积93.22万亩，占温性典型草原类的55.10%。包括3个草地型，其中大针茅、杂类草草地型面积最大，为92.04万亩，占该亚类的98.74%；第二位为铁杆蒿、克氏针茅草地型，为1.16万亩，占该亚类的1.24%；虎榛子、克氏针茅草地型面积最小，为0.02万亩，占该亚类的0.02%。见表12-5。

表12-5 凉城县山地草原亚类草地型统计

草地亚类	草地型	草地面积			可利用面积		
		面积(万亩)	占该亚类的比例(%)	占全县草地的比例(%)	面积(万亩)	占该亚类可利用面积比例(%)	占全县草地的比例(%)
山地草原亚类	铁杆蒿、克氏针茅	1.16	1.24	0.55	1.10	1.24	0.52
	大针茅、杂类草	92.04	98.74	43.87	87.45	98.75	41.68
	虎榛子、克氏针茅	0.02	0.02	0.01	0.01	0.01	0.01
	合　计	93.22	100.00	44.43	88.56	100.00	42.21

三、低地草甸类

低地草甸类面积为12.27万亩，占全县草地面积的5.85%，其中可利用面积为11.42万亩。低地草甸类包括2个草地亚类，即低湿地草甸亚类和盐化低地草甸亚类。各包括1个草地型，低湿地草甸亚类为鹅绒委陵菜、杂类草草地型，面积为9.13万亩，盐化低地草甸亚类为碱蓬、盐生杂类草草地型，面积为3.14万亩。

第三节　草地生产力状况

凉城县天然草地平均每亩干草产量为59.76千克，干草总量为11 988.33万千克，年合理载畜量为7.24万羊单位，平均27.70亩草地可饲养1个羊单位。

单位面积产草量最高的为温性草甸草原类草地，单位面积产草量平均为69.61千克/亩，全年产干草为1 874.58万千克，产草总量占全县草地产草总量的15.64%，年合理载畜量为1.23万羊单位，平均21.84亩草地可饲养1个羊单位。第二位是低地草甸类草地，单位面积产草量平均为58.63千克/亩，全年产干草为669.80万千克，产草总量占全县草地产草总量的5.59%，年合理载畜量为0.48万羊单位，平均23.77亩草地可饲养1个羊单位。

总产草量最高的是温性典型草原类草地，单位面积产草量平均为58.20千克/亩，全年产干草为9 443.95万千克，产草总量占全县草地产草总量的78.78%，年合理载畜量为5.53万羊单位，平均29.34亩草地可饲养1个羊单位，其中山地草原亚类草地，全年产干草为5 440.90万千克，产草总量占温性典型草原产草总量的57.61%，单位面积产草量平均为61.43千克/亩，年合理载畜量为3.25万羊单位，平均27.23亩草地可饲养1个羊单位。其他草地亚类和草地型生产力见表12-6。

表12-6　凉城县草地类型生产力统计

草地类	草地亚类	草地型	单产(千克/亩)	总产干草量（万千克）			载畜量（万羊单位）		
				全年	暖季	冷季	全年	暖季	冷季
		凉城县	59.76	11 988.33	6 154.88	3 900.59	7.24	9.37	5.94
温性草甸草原类	山地草甸草原亚类	具灌木的铁杆蒿、杂类草	66.59	799.04	439.48	285.65	0.52	0.67	0.44
		铁杆蒿、脚苔草	70.13	43.74	24.06	15.64	0.03	0.04	0.02
		脚苔草、杂类草	72.11	1 031.80	567.49	368.87	0.68	0.86	0.56
		平　均	69.61	—	—	—	—	—	—
		小　计	—	1 874.58	1 031.03	670.16	1.23	1.57	1.02
	平　均		69.61	—	—	—	—	—	—
	小　计		—	1 874.58	1 031.03	670.16	1.23	1.57	1.02
温性典型草原类	平原丘陵草原亚类	小叶锦鸡儿、冷蒿	45.89	1.12	0.56	0.34	0.00	0.00	0.00
		小叶锦鸡儿、糙隐子草	55.60	443.81	221.91	133.14	0.25	0.34	0.20
		冷蒿、克氏针茅	56.58	15.02	7.51	4.51	0.01	0.01	0.01
		亚洲百里香、克氏针茅	50.71	54.99	27.50	16.50	0.03	0.04	0.03
		亚洲百里香、冷蒿	56.60	2.32	1.16	0.70	0.00	0.00	0.00
		达乌里胡枝子、杂类草	54.11	2 753.09	1 376.54	825.92	1.57	2.10	1.25
		大针茅、杂类草	54.54	684.07	342.03	205.22	0.39	0.52	0.31
		羊草、克氏针茅	60.61	11.58	5.79	3.47	0.01	0.01	0.01
		羊草、杂类草	55.02	37.05	18.52	11.11	0.02	0.03	0.02
		平　均	54.32	—	—	—	—	—	—
		小　计	—	4 003.05	2 001.52	1 200.91	2.28	3.05	1.83
	山地草原亚类	铁杆蒿、克氏针茅	62.40	68.61	34.31	22.30	0.04	0.05	0.03
		大针茅、杂类草	61.42	5 371.25	2 685.62	1 745.66	3.21	4.09	2.66
		虎榛子、克氏针茅	72.36	1.04	0.52	0.34	0.00	0.00	0.00
		平　均	61.43	—	—	—	—	—	—
		小　计	—	5 440.90	2 720.45	1 768.30	3.25	4.14	2.69
	平　均		58.20	—	—	—	—	—	—
	小　计		—	9 443.95	4 721.97	2 969.21	5.53	7.19	4.52
低地草甸类	低湿地草甸亚类	鹅绒委陵菜、杂类草	59.36	514.89	308.93	200.81	0.37	0.47	0.31
		小　计	59.36	514.89	308.93	200.81	0.37	0.47	0.31
	盐化低地草甸亚类	碱蓬、盐生杂类草	56.34	154.91	92.95	60.41	0.11	0.14	0.09
		小　计	56.34	154.91	92.95	60.41	0.11	0.14	0.09
	平　均		58.63	—	—	—	—	—	—
	小　计		—	669.80	401.88	261.22	0.48	0.61	0.40

在各乡镇产草量中，永兴镇单位面积产草量最高，单位面积产草量为63.75千克/亩；年产干草总量为1 213.00万千克。天成乡单位面积产草量最低，为56.14千克/亩，但产草总量最高，全年产干草总量为2 441.43万千克。产草总量最低的是曹碾满族自治乡，全年干草总量为574.65万千克。见表12-7。

表12-7　凉城县乡镇干草产量统计

乡　镇	干草单产 (千克/亩)	全年总产干草量 (万千克)	暖季产干草量 (万千克)	冷季产干草量 (万千克)
全　县	59.76	11 988.33	6 154.88	3 900.59
永兴镇	63.75	1 213.00	628.91	404.60
蛮汉镇	62.28	2 432.90	1 247.12	802.99
麦胡图镇	59.11	782.13	404.56	257.89
六苏木镇	59.64	1 710.44	882.71	560.44
岱海镇	60.35	1 287.56	681.32	437.69
天成乡	56.14	2 441.43	1 234.89	758.86
厂汉营乡	58.65	1 546.22	779.12	489.78
曹碾满族自治乡	61.26	574.65	296.25	188.34

凉城县各乡镇合理载畜量最高的为蛮汉镇，天然草地全年可承载1.48万羊单位，全年26.36亩草地可饲养1个羊单位；其次为天成乡，草地全年可承载1.43万羊单位，30.50亩可饲养1个羊单位。合理载畜量最低的是曹碾满族自治乡，全年可承载0.35万羊单位，全年26.85亩可饲养1个羊单位。见表12-8。

表12-8　凉城县乡镇载畜量统计

乡　镇	用草地面积表示载畜量(亩)			用羊单位表示载畜量(万羊单位)		
	全年1个羊单位需草地面积	暖季1个羊单位需草地面积	冷季1个羊单位需草地面积	全年合理载畜量	暖季合理载畜量	冷季合理载畜量
全　县	27.70	10.56	17.14	7.24	9.37	5.94
永兴镇	25.47	9.80	15.67	0.74	0.95	0.61
蛮汉镇	26.36	10.15	16.21	1.48	1.90	1.22
麦胡图镇	27.69	10.60	17.09	0.48	0.62	0.39
六苏木镇	27.58	10.53	17.05	1.04	1.34	0.85
岱海镇	26.38	10.15	16.23	0.81	1.04	0.67
天成乡	30.50	11.41	19.09	1.43	1.88	1.16
厂汉营乡	28.90	10.96	17.94	0.91	1.19	0.75
曹碾满族自治乡	26.85	10.26	16.59	0.35	0.45	0.29

第四节 草地资源等级综合评价

一、草地等的评价及特点

凉城县草地等包括Ⅰ等、Ⅱ等、Ⅲ等、Ⅳ等。在草地等的排序中，Ⅲ等草地居多，面积为160.82万亩，占全县草地面积的76.65%；Ⅰ等草地和Ⅱ等草地面积共22.40万亩，占全县草地面积的10.68%。Ⅳ等草地为26.59万亩，占全县草地面积的12.67%。见表12-9。

Ⅰ等草地分布于六苏木镇、麦胡图镇，其中面积较大的是麦胡图镇，面积为0.97万亩，占Ⅰ等草地面积的82.91%。Ⅱ等草地除曹碾满族自治乡、天成乡外，在其他乡镇均有分布，其中面积较大的是蛮汉镇和六苏木镇，面积分别为5.78万亩和5.56万亩，占Ⅱ等草地面积的27.23%和26.19%。Ⅲ等草地和Ⅳ等草地在各乡镇均有分布。见表12-9。

表12-9 凉城县乡镇草地等评定统计

乡　镇	Ⅰ等		Ⅱ等		Ⅲ等		Ⅳ等	
	面积（万亩）	占全县草地面积比例（%）	面积（万亩）	占全县草地面积比例（%）	面积（万亩）	占全县草地面积比例（%）	面积（万亩）	占全县草地面积比例（%）
曹碾满族自治乡	—	—	—	—	8.65	4.12	1.16	0.55
厂汉营乡	—	—	0.86	0.41	26.32	12.54	0.31	0.15
岱海镇	—	—	3.87	1.85	10.16	4.84	8.48	4.04
六苏木镇	0.20	0.10	5.56	2.65	17.98	8.57	6.31	3.01
麦胡图镇	0.97	0.46	2.06	0.98	8.41	4.01	2.44	1.16
蛮汉镇	—	—	5.78	2.75	31.78	15.15	3.47	1.65
天成乡	—	—	—	—	40.92	19.50	4.15	1.98
永兴镇	—	—	3.10	1.48	16.60	7.91	0.27	0.13

二、草地级的评价及特点

全县草地级包括5级草地和6级草地，其中6级草地占草地总面积的99.94%，亩产干草79~40千克；5级草地分布于蛮汉镇，面积为0.13万亩。

三、草地综合评价

根据草地等和草地级组合的综合评定显示，凉城县草地整体以中质中产草地为主，草地面积为187.41万亩，占全县草地面积的89.32%；优质中产草地面积为22.40万亩，占全县草地面积的10.68%。见表12-10、图12-1。

表12-10　凉城县草地等级组合评定统计

综合评价		合　计		中产5级		中产6级	
		面积（万亩）	占全县草地面积的比例(%)	面积	占全县草地面积的比例(%)	面积	占全县草地面积的比例(%)
优质	Ⅰ等	1.17	0.56	—	—	1.17	0.56
	Ⅱ等	21.23	10.12	0.13	0.06	21.10	10.06
中质	Ⅲ等	106.82	76.65	—	—	160.82	76.65
	Ⅳ等	26.59	12.67	—	—	26.59	12.67
合　计		209.81	100.00	0.13	0.06	209.68	99.94

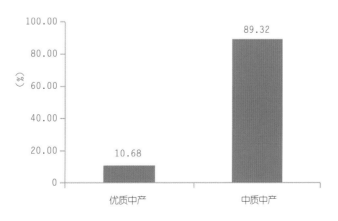

图12-1　凉城县草地等级组合评定统计

第五节　草地退化、盐渍化状况

经制图和数据统计结果显示，凉城县草地退化和盐渍化面积为209.46万亩，占全县草地总面积的99.83%。其中草地退化面积为206.15万亩，占全县退化、盐渍化草地面积的98.42%；盐渍化草地面积为3.31万亩，占全县退化、盐渍化草地面积的1.58%。见表12-11。

表12-11　凉城县草地退化、盐渍化统计

项　目		面积(万亩)	占全县草地面积比例(%)	占全县草地退化、盐渍化比例(%)
全县草地面积		209.81	100.00	—
未退化、未盐渍化草地面积		0.35	0.17	—
草地退化、盐渍化合计		209.46	99.83	100.00
退化草地	轻度退化	146.09	69.63	69.75
	中度退化	57.02	27.18	27.22
	重度退化	3.04	1.45	1.45
	小　计	206.15	98.26	98.42
盐渍化草地	轻度盐渍化	1.91	0.91	0.91
	中度盐渍化	1.15	0.55	0.55
	重度盐渍化	0.25	0.12	0.12
	小　计	3.31	1.58	1.58

在草地退化中，以轻度退化为主，面积为146.09万亩，占全县退化、盐渍化草地面积的69.63%；重度退化面积为3.04万亩，占全县退化、盐渍化草地面积的1.45%。盐渍化草地面积为3.31万亩，占全县退化、盐渍化草地面积的1.58%。

从各乡镇看，退化、盐渍化草地占本乡镇草地面积比例在100%的有4个乡镇，即曹碾满族自治乡、厂汉营乡、麦胡图镇和天成乡。退化、盐渍化面积占比最小的是永兴镇，面积为19.74万亩，占本乡镇草地面积的98.85%。中度和重度退化、盐渍化草地占本乡镇退化、盐渍化草地比例较高的是麦胡图镇和岱海镇，占比分别为78.17%和67.23%。见表12-12。

表12-12　凉城县乡镇草地退化、盐渍化统计

乡　镇	草地面积(万亩)	退化、盐渍化草地面积(万亩)	退化、盐渍化草地占本乡镇草地面积比例(%)	草地退化、盐渍化分级			中度和重度草地退化、盐渍化草地占本乡镇退化、盐渍化草地面积比例(%)
				轻度(万亩)	中度(万亩)	重度(万亩)	
曹碾满族自治乡	9.81	9.81	100.00	4.57	5.24	—	53.41
厂汉营乡	27.49	27.49	100.00	23.30	4.18	0.01	15.24
岱海镇	22.51	22.49	99.91	7.37	13.16	1.96	67.23
六苏木镇	30.05	29.99	99.80	22.49	6.90	0.60	25.01
麦胡图镇	13.88	13.88	100.00	3.03	10.29	0.56	78.17
蛮汉镇	41.03	40.99	99.90	30.4	10.51	0.08	25.84
天成乡	45.07	45.07	100.00	39.60	5.47	0.00	12.14
永兴镇	19.97	19.74	98.85	17.24	2.42	0.08	12.66

　　退化草地面积占本乡镇草地退化、盐渍化100%的为厂汉营乡、曹碾满族自治乡、天成乡、永兴镇。盐渍化草地分布在岱海镇、六苏木镇、麦胡图镇、蛮汉镇，占本乡镇退化、盐渍化比例最高的是岱海镇，占比为8.31%。见表12-13。

表12-13　凉城县乡镇草地退化、盐渍化统计

乡　镇	草地退化、盐渍化面积(万亩)	退化草地		盐渍化草地	
		面积(万亩)	占本乡镇退化、盐渍化比例(%)	面积(万亩)	占本乡镇退化、盐渍化比例(%)
曹碾满族自治乡	9.81	9.81	100.00	—	—
厂汉营乡	27.49	27.49	100.00	—	—
岱海镇	22.49	20.62	91.69	1.87	8.31
六苏木镇	29.99	29.14	97.17	0.85	2.83
麦胡图镇	13.88	13.54	97.55	0.34	2.45
蛮汉镇	40.99	40.74	99.39	0.25	0.61
天成乡	45.07	45.07	100.00	—	—
永兴镇	19.74	19.74	100.00	—	—

第十三章　察哈尔右翼前旗草地资源

第一节　草地资源概况

一、地理位置及基本情况

察哈尔右翼前旗位于乌兰察布市中南部,地理坐标为北纬40°41′~41°13′，东经112°48′~113°40′。东接兴和县，南邻丰镇市，西邻卓资县，北连察哈尔右翼后旗，中间环绕集宁区。察哈尔右翼前旗土地总面积2 734千米²，人口16万人（2010年），蒙古族0.53万人，其他少数民族0.1万人。

察哈尔右翼前旗辖5个镇、4个乡。所辖乡镇有乌拉哈乡、玫瑰营镇、黄茂营乡、三岔口乡、土贵乌拉镇、固尔班乡、黄旗海镇、巴音塔拉镇、平地泉镇。

察哈尔右翼前旗地貌为盆地，属浅山丘陵区，东、西、南三面环山，中心地带为冲积平原。主要山麓有大青山、大脑包山、灰腾梁、琵琶梁等。丘陵山区占总土地面积的51%，平原滩川区占45%。该旗多寒干燥，风多雨少，昼夜温差大，气候属于北温带大陆性半干旱气候，冬季长达5个月之久。年均气温为4.5℃，最高气温为39.7℃，最低气温-34.4℃。年降水量376.1毫米，且多集中在7—8月上旬。年均无霜期131天，早霜一般在9月10日左右出现，晚霜（因山、滩区气候不同）在3月23日至5月30日出现。

河流分为内陆河黄旗海水系和外陆河永定河水系，主要内陆河有霸王河。黄旗海是内蒙古自治区8大湖泊之一，面积达110千米²，占察哈尔右翼前旗总面积的4%。截至2008年，察哈尔右翼前旗浅层水位埋深2~5米，主要分布在黄旗海周围和马连滩盆地。

察哈尔右翼前旗分布最广的是栗钙土、草甸土和沼泽土，盐土和黑钙土面积较小。该旗森林面积小，覆盖率低；天然牧场大部分为优良牧草。

二、土地利用现状和草地面积

全旗为410.10万亩，其中天然草地面积为177.98万亩，占土地总面积的43.40%；人工草地面积为22.30万亩，占土地总面积的5.44%；非草地面积（林地、耕地、水域、居民点及工矿用地、道路）209.82万亩，占土地总面积的51.16%。见表13-1。

表13-1　察哈尔右翼前旗土地利用现状统计

土地面积 （万亩）	草地面积			非草地面积
	草地总面积 （万亩）	天然草原 （万亩）	人工饲草地 （万亩）	林地、耕地、水域、居民 点及工矿用地、道路等 （万亩）
410.10	200.28	177.98	22.30	209.82

三、天然草地状况

察哈尔右翼前旗天然草地面积为177.98万亩，占乌兰察布市天然草地面积的3.39%，可利用草地面积为164.84万亩。各乡镇的草地面积由大到小排序为三岔口乡、固尔班乡、玫瑰营镇、黄茂营乡、巴音塔拉镇、乌拉哈乡、土贵乌拉镇、平地泉镇、黄旗海镇。排在前三位的草地面积分别为35.84万亩、28.74万亩、27.74万亩。草地面积最小的是黄旗海镇，为4.49万亩，占全旗天然草地面积的2.52%。见表13-2。

表13-2　察哈尔右翼前旗各乡镇天然草地（可利用草地）面积统计

乡　镇	草地面积		可利用面积	
	面积 （万亩）	占全旗草地面积比例 （%）	面积 （万亩）	可利用面积占全旗 草地面积比例（%）
察哈尔右翼前旗	177.98	100.00	164.83	92.62
三岔口乡	35.84	20.14	33.58	18.87
固尔班乡	28.74	16.15	27.27	15.32
玫瑰营镇	27.74	15.59	25.49	14.32
黄茂营乡	22.71	12.76	21.00	11.80
巴音塔拉镇	19.00	10.67	17.00	9.55
乌拉哈乡	18.73	10.52	17.07	9.59
土贵乌拉镇	11.88	6.68	10.92	6.14
平地泉镇	8.85	4.97	8.36	4.70
黄旗海镇	4.49	2.52	4.15	2.33

察哈尔右翼前旗由温性草甸草原类、温性典型草原类、低地草甸类3个草地类组成，包括6个亚类，43个草地型。其中，温性典型草原类为142.80万亩，占全旗草地的80.23%，低地草甸类面积为35.07万亩，占全旗草地的19.70%。温性典型草原类分布面积最大的是三岔口乡，面积为33.12万亩，占该类草地面积23.19%；低地草甸类分布面积最大的是巴音塔拉镇，面积为15.40万亩，占该类草地面积43.91%。见表13-3。

表13-3 察哈尔右翼前旗乡镇草地类面积统计

乡 镇	温性草甸草原类	温性典型草原类		低地草甸类	
	面积(万亩)	面积(万亩)	占该类草地面积比例(%)	面积(万亩)	占该类草地面积比例(%)
乌拉哈乡	—	9.52	6.67	9.21	26.26
土贵乌拉镇	—	8.88	6.22	3.00	8.55
三岔口乡	—	33.12	23.19	2.72	7.76
平地泉镇	—	8.25	5.78	0.60	1.71
玫瑰营镇	—	27.38	19.17	0.36	1.03
黄旗海镇	—	1.83	1.28	2.66	7.58
黄茂营乡	0.11	21.62	15.14	0.98	2.79
固尔班乡	—	28.60	20.03	0.14	0.40
巴音塔拉镇	—	3.60	2.52	15.40	43.91

第二节 草地类型分布规律及特征

一、温性草甸草原类

察哈尔右翼前旗该类草地总面积为0.11万亩，占该旗草地面积的0.06%，其中可利用面积为0.10万亩，占该类草地面积的90.91%。温性草甸草原类有1个亚类，即山地草甸草原亚类，1个草地型，即铁杆蒿、脚苔草草地型。

二、温性典型草原类

该类草地总面积为142.80万亩，占全旗草地面积的80.23%，其中可利用面积为133.54万亩，占该类草地面积的93.52%。温性典型草原类包括2个草地亚类，26个草地型。

（一）平原丘陵草原亚类

总面积为100.61万亩，占全旗温性典型草原类的70.45%，其中可利用面积为95.58万亩。该亚类包括22个草地型，其中克氏针茅、杂类草草地型面积最大，面积为18.16万亩，占该亚类草地面积的18.05%；第二位为克氏针茅、糙隐子草草地型，为15.76万亩，占该亚类草地面积的15.66%；第三位为冷蒿、克氏针茅草地型，面积为11.84万亩，占该亚类草地面积的11.77%。见表13-4。

表13-4　察哈尔右翼前旗平原丘陵草原亚类草地型统计

草地(亚类)	草地型	草地面积			可利用面积		
		草地面积(万亩)	占该亚类的比例(%)	占全旗草地的比例(%)	可利用面积(万亩)	占该亚类可利用面积比例(%)	占全旗草地面积比例(%)
平原丘陵草原亚类	西伯利亚杏、糙隐子草	1.98	1.97	1.11	1.88	1.97	1.06
	小叶锦鸡儿、克氏针茅	8.86	8.81	4.98	8.43	8.81	4.73
	小叶锦鸡儿、羊草	0.71	0.71	0.40	0.67	0.71	0.38
	小叶锦鸡儿、糙隐子草	1.57	1.56	0.88	1.49	1.56	0.84
	中间锦鸡儿、糙隐子草	0.40	0.40	0.22	0.38	0.40	0.22
	冷蒿、克氏针茅	11.84	11.77	6.65	11.24	11.76	6.32
	亚洲百里香、克氏针茅	11.81	11.74	6.64	11.22	11.74	6.31
	亚洲百里香、冷蒿	0.83	0.82	0.47	0.79	0.83	0.44
	亚洲百里香、糙隐子草	1.23	1.22	0.69	1.17	1.22	0.66
	克氏针茅、羊草	0.42	0.42	0.24	0.40	0.42	0.23
	克氏针茅、冷蒿	1.34	1.33	0.75	1.27	1.33	0.72
	克氏针茅、糙隐子草	15.76	15.66	8.85	14.98	15.67	8.41
	克氏针茅、亚洲百里香	5.58	5.55	3.14	5.30	5.55	2.98
	克氏针茅、杂类草	18.16	18.05	10.20	17.25	18.04	9.69
	羊草、克氏针茅	1.97	1.96	1.10	1.87	1.95	1.05
	羊草、冷蒿	0.78	0.78	0.44	0.74	0.78	0.42
	羊草、糙隐子草	0.55	0.55	0.31	0.53	0.55	0.30
	羊草、杂类草	3.66	3.64	2.06	3.47	3.63	1.95
	冰草、禾草、杂类草	0.16	0.16	0.09	0.15	0.16	0.09
	糙隐子草、克氏针茅	2.73	2.71	1.53	2.60	2.72	1.46
	糙隐子草、小半灌木	7.38	7.34	4.15	7.01	7.33	3.94
	糙隐子草、杂类草	2.89	2.87	1.62	2.74	2.87	1.54
	合　　计	100.61	100.00	56.53	95.58	100.00	53.70

（二）山地草原亚类

总面积为42.19万亩，占全旗温性典型草原类的29.54%，其中可利用面积为37.96万亩。该亚类为4个草地型，其中克氏针茅、杂类草草地型面积最大，为36.65万亩，占该亚类的86.87%，其次为柄扁桃、克氏针茅草地型，面积为3.47万亩，占该亚类的8.22%。见表13-5。

表13-5　察哈尔右翼前旗山地草原亚类草地型统计

草地(亚类)	草地型	草地面积			可利用面积		
		草地面积(万亩)	占该亚类的比例(%)	占全旗草地的比例(%)	可利用面积(万亩)	占该亚类可利用面积比例(%)	占全旗草地的比例(%)
山地草原亚类	百里香、杂类草	0.02	0.05	0.01	0.02	0.05	0.01
	柄扁桃、克氏针茅	3.47	8.22	1.95	3.12	8.22	1.75
	铁杆蒿、克氏针茅	2.05	4.86	1.15	1.84	4.85	1.04
	克氏针茅、杂类草	36.65	86.87	20.59	32.98	86.88	18.53
	合　计	42.19	100.00	23.70	37.96	100.00	21.33

三、低地草甸类

低地草甸类总面积为35.07万亩，占全旗草地面积的19.70%，其中可利用面积为31.19万亩，占全旗草地面积的17.52%。低地草甸类由低湿地草甸亚类、盐化低地草甸亚类、沼泽化低地草甸亚类组成，主要分布于黄旗海和马连滩周边及其河流沿岸和低洼地段。

（一）低湿地草甸亚类

面积为7.96万亩，占低地草甸类的22.70%。包括芦苇、中生杂类草草地型，羊草、中生杂类草草地型，鹅绒委陵菜、杂类草草地型，寸草苔、中生杂类草草地型，共4个草地型，其中羊草、中生杂类草草地型最大，面积为6.42万亩，占该亚类的80.65%。见表13-6。

表13-6　察哈尔右翼前旗低湿地草甸亚类草地型统计

	草地型	草地面积			可利用面积		
		草地面积(万亩)	占该亚类的比例(%)	占该旗草地的比例(%)	可利用面积(万亩)	占该亚类可利用面积比例(%)	占该旗草地的比例(%)
低湿地草甸亚类	芦苇、中生杂类草	0.49	6.16	0.28	0.47	6.21	0.26
	羊草、中生杂类草	6.42	80.65	3.61	6.10	80.58	3.43
	鹅绒委陵菜、杂类草	0.05	0.63	0.03	0.05	0.66	0.03
	寸草苔、中生杂类草	1.00	12.56	0.56	0.95	12.55	0.53
	合　计	7.96	100.00	4.47	7.57	100.00	4.25

（二）盐化低地草甸亚类

面积为25.19万亩，占该类草地面积的71.83%。包括10个草地型，排在前三位的是羊草、盐生杂类草草地型，碱蓬、盐生杂类草草地型，芨芨草、寸草苔草地型，面积分别为13.77万亩、3.22万亩、2.80万亩，共占该亚类草地面积的78.56%。见表13-7。

表13-7 察哈尔右翼前旗盐化低地草甸亚类草地型统计

草地型		草地面积			可利用面积		
		草地面积（万亩）	占该亚类的比例(%)	占全旗草地的比例(%)	可利用面积（万亩）	占该亚类可利用面积比例(%)	占全旗草地的比例(%)
盐化低地草甸亚类	芨芨草、芦苇	1.45	5.76	0.81	1.27	5.74	0.71
	芨芨草、羊草	1.68	6.67	0.94	1.47	6.64	0.83
	芨芨草、马蔺	1.07	4.25	0.60	0.94	4.25	0.53
	芨芨草、寸草苔	2.80	11.12	1.57	2.45	11.07	1.38
	芨芨草、盐生杂类草	0.67	2.66	0.38	0.59	2.67	0.33
	碱茅、盐生杂类草	0.17	0.67	0.10	0.15	0.68	0.08
	碱蓬、盐生杂类草	3.22	12.78	1.81	2.82	12.74	1.59
	芦苇、盐生杂类草	0.19	0.75	0.11	0.16	0.72	0.09
	羊草、盐生杂类草	13.77	54.66	7.74	12.03	54.81	6.76
	马蔺、盐生杂类草	0.17	0.67	0.10	0.15	0.68	0.08
合　计		25.19	100.00	14.15	22.03	100.00	12.38

（三）沼泽化低地草甸亚类

该亚类面积为1.92万亩，占该类草地面积的5.47%。包括2个草地型，主要以芦苇、湿生杂类草草地型为主，面积为1.16万亩，占该亚类草地面积的60.42%。见表13-8。

表13-8 察哈尔右翼前旗沼泽化低地草甸亚类草地型统计

草地型		草地面积			可利用面积		
		草地面积（万亩）	占该亚类的比例（%）	占该旗草地的比例（%）	可利用面积（万亩）	占该亚类可利用面积比例（%）	占该旗草地的比例（%）
沼泽化低地草甸亚类	芦苇、湿生杂类草	1.16	60.42	0.65	0.96	60.38	0.54
	灰脉苔草、湿生杂类草	0.76	39.58	0.43	0.63	39.62	0.35
合　计		1.92	100.00	1.08	1.59	100.00	0.89

第三节　草地生产力状况

察哈尔右翼前旗天然草地平均亩产干草为 49.55 千克，年产干草总量为 8 171.73 万千克，年合理载畜量为 4.80 万羊单位，平均 34.37 亩草地可饲养 1 个羊单位。其中暖季需要 11.17 亩，冷季需要 23.17 亩。暖季合理载畜量为 6.47 万羊单位，冷季合理载畜量为 4.00 万羊单位。

一、温性草甸草原类生产力

该类草地的平均亩产干草为 40.67 千克，全年产干草为 4.03 万千克，年合理载畜量为 0.003 万羊单位，占全旗合理载畜量的 0.05%，平均 38.25 亩草地可饲养 1 个羊单位。

二、温性典型草原类生产力

该类草地的平均亩产干草为48.62千克，全年产干草为6 493.33万千克，干草总量占全旗草地产草总量的79.50%，全年合理载畜量为3.62万羊单位，占全旗合理载畜量的75.52%，平均36.87亩草地可饲养1个羊单位。

（一）平原丘陵草原亚类

单产平均为46.04千克/亩，全年产干草4 400.55万千克，干草总量占全旗温性典型草原类产草总量的67.77%，年合理载畜量为2.40万羊单位，占全旗温性典型草原类合理载畜量的66.24%，平均39.84亩草地可饲养1个羊单位。该亚类的草地型单产排在前四位的是小叶锦鸡儿、糙隐子草草地型，羊草、糙隐子草草地型，小叶锦鸡儿、羊草草地型，亚洲百里香、糙隐子草草地型，单产分别为62.51千克/亩、60.24千克/亩、56.34千克/亩、52.19千克/亩。草地型全年干草总量排序在前四位的有克氏针茅、杂类草草地型，总产草量为714.53万千克；克氏针茅、糙隐子草草地型，总产草量为695.13万千克；冷蒿、克氏针茅草地型，总产草量为554.31万千克；亚洲百里香、克氏针茅草地型，总产草量为526.07万千克。这四个类型共占平原丘陵草原亚类总产草量的56.59%。见表13-9。

表13-9 察哈尔右翼前旗平原丘陵草原亚类及草地型生产力统计

草地亚类	草地型	单产(千克/亩)	全年干草产量(万千克)	各型占亚类产量比例(%)	载畜量(万羊单位)		
					暖季	冷季	全年
	全　旗	49.55	8 171.73	—	6.47	4.00	4.80
	温性典型草原类	48.62	6 493.33	—	4.94	3.00	3.62
平原丘陵草原亚类	西伯利亚杏、糙隐子草	39.45	74.12	1.68	0.06	0.03	0.04
	小叶锦鸡儿、克氏针茅	47.13	396.66	9.01	0.30	0.18	0.22
	小叶锦鸡儿、羊草	56.34	38.02	0.86	0.03	0.02	0.02
	小叶锦鸡儿、糙隐子草	62.51	93.28	2.12	0.07	0.04	0.05
	中间锦鸡儿、糙隐子草	51.12	19.58	0.45	0.01	0.01	0.01
	冷蒿、克氏针茅	49.30	554.31	12.60	0.41	0.25	0.31
	亚洲百里香、克氏针茅	46.88	526.07	11.95	0.40	0.24	0.29
	亚洲百里香、冷蒿	51.36	40.52	0.92	0.03	0.02	0.02
	亚洲百里香、糙隐子草	52.19	61.06	1.39	0.05	0.03	0.03
	克氏针茅、羊草	49.78	20.00	0.45	0.02	0.01	0.01
	克氏针茅、冷蒿	49.16	62.61	1.42	0.05	0.03	0.03
	克氏针茅、糙隐子草	46.42	695.13	15.80	0.53	0.32	0.39
	克氏针茅、亚洲百里香	41.05	217.67	4.95	0.17	0.10	0.12
	克氏针茅、杂类草	41.43	714.53	16.24	0.54	0.33	0.40
	羊草、克氏针茅	36.70	68.54	1.56	0.05	0.03	0.04
	羊草、冷蒿	48.57	36.06	0.82	0.03	0.02	0.02
	羊草、糙隐子草	60.24	31.76	0.72	0.02	0.01	0.02
	羊草、杂类草	51.54	179.02	4.07	0.14	0.08	0.10
	冰草、禾草、杂类草	50.60	7.70	0.18	0.01	0.00	0.00
	糙隐子草、克氏针茅	46.06	119.56	2.72	0.09	0.05	0.06
	糙隐子草、小半灌木	44.29	310.64	7.06	0.24	0.12	0.15
	糙隐子草、杂类草	48.78	133.71	3.04	0.10	0.05	0.07
	平　均	46.04	—	—	—	—	—
	小　计	—	4 400.55	100.00	3.35	1.97	2.40

（二）山地草原亚类

平均亩产干草为55.12千克，全年产干草为2 092.78万千克，干草总量占全旗温性典型草原类产草总量的32.23%，年合理载畜量为1.22万羊单位，占全旗温性典型草原类合理载畜量的33.76%，平均31.05亩草地可饲养1个羊单位。该亚类的草地型单产排在第一位的是柄扁桃、克氏针茅草地型，单产为56.77千克/亩；草地型全年干草总量排第一位是克氏针茅、杂类草草地型，总产草量为1 813.99万千克，占山地草原亚类总产草量的86.68%。见表13-10。

表13-10　察哈尔右翼前旗山地草原亚类及草地型生产力统计

草地亚类	草地型	单产（千克/亩）	全年干草量（万千克）	各型占亚类产量比例（%）	载畜量（万羊单位）		
					暖季	冷季	全年
温性典型草原类		48.62	6 493.33	—	4.94	3.00	3.62
山地草原亚类	百里香、杂类草	38.77	0.82	0.04	0.00	0.00	0.00
	柄扁桃、克氏针茅	56.77	177.05	8.46	0.13	0.09	0.10
	铁杆蒿、克氏针茅	54.79	100.92	4.82	0.08	0.05	0.06
	克氏针茅、杂类草	55.00	1 813.99	86.68	1.38	0.90	1.06
	平　均	55.12	—	—	—	—	—
	小　计	—	2 092.78	100.00	1.59	1.04	1.22

三、低地草甸类生产力

低地草甸类亩产干草平均为53.52千克，全年干草量为1 674.37万千克，干草总量占全旗草地产草总量的20.50%，年合理载畜量为1.17万羊单位，占全旗合理载畜量的24.48%，平均26.65亩草地可饲养1个羊单位。

（一）低湿地草甸亚类

平均亩产干草62.61千克/亩，全年产干草量为473.56万千克，干草总量占全旗低地草甸类产草总量的28.28%，年合理载畜量为0.33万羊单位，占全旗低地草甸类合理载畜量的28.29%，平均22.78亩草地可饲养1个羊单位。该亚类的草地型单产排在第一位的是芦苇、中生杂类草草地型，单产为64.53千克/亩；草地型全年干草总量排序第一位的是羊草、中生杂类草草地型，总产草量为392.27万千克，占低湿地草甸亚类总产草量的82.83%。见表13-11。

表13-11　察哈尔右翼前旗低湿地草甸亚类及草地型生产力统计

草地亚类	草地型	单产（千克/亩）	全年干草量（万千克）	各型占亚类产量比例（%）	载畜量（万羊单位）		
					暖季	冷季	全年
	低地草甸类	53.52	1674.37	—	1.53	0.99	1.17
低湿地草甸亚类	芦苇、中生杂类草	64.53	30.04	6.34	0.03	0.02	0.02
	羊草、中生杂类草	64.34	392.27	82.83	0.35	0.23	0.28
	鹅绒委陵菜、杂类草	40.23	1.88	0.40	0.00	0.00	0.00
	寸草苔、中生杂类草	51.72	49.37	10.43	0.05	0.03	0.03
	平　均	62.61	—	—	—	—	—
	小　计	—	473.56	100.00	0.43	0.28	0.33

（二）盐化低地草甸亚类

平均亩产干草50.43千克，全年产干草为1 116.27万千克，干草总量占全旗低地草甸类产草总量的66.67%，全年合理载畜量为0.78万羊单位，占全旗低地草甸类合理载畜量的66.67%，平均28.28亩草地可饲养1个羊单位。该亚类的草地型单产排在第一位的是碱茅、盐生杂类草草地型，单产为61.96千克/亩；草地型全年干草总量排序第一位是羊草、盐生杂类草草地型，总产草量为605.41万千克，占盐化低地草甸亚类总产草量的54.24%。见表13-12。

表13-12　察哈尔右翼前旗盐化低地草甸亚类及草地型生产力统计

草地亚类	草地型	单产（千克/亩）	全年干草量（万千克）	各型占亚类产量比例（%）	载畜量（万羊单位）		
					暖季	冷季	全年
	低地草甸类	53.52	1 674.37	—	1.53	0.99	1.17
盐化低地草甸亚类	芨芨草、芦苇	59.78	75.94	6.80	0.07	0.05	0.05
	芨芨草、羊草	47.99	70.45	6.31	0.06	0.04	0.05
	芨芨草、马蔺	52.26	48.92	4.38	0.04	0.03	0.03
	芨芨草、寸草苔	37.99	93.18	8.35	0.09	0.06	0.07
	芨芨草、盐生杂类草	49.25	28.89	2.59	0.03	0.02	0.02
	碱茅、盐生杂类草	61.96	9.14	0.82	0.01	0.01	0.01
	碱蓬、盐生杂类草	59.64	168.16	15.06	0.15	0.10	0.12
	芦苇、盐生杂类草	56.39	9.25	0.83	0.01	0.01	0.01
	羊草、盐生杂类草	49.86	605.41	54.24	0.55	0.34	0.42
	马蔺、盐生杂类草	46.88	6.93	0.62	0.01	0.00	0.00
	平　均	50.43	—	—	—	—	—
	小　计	—	1 116.27	100.00	1.02	0.66	0.78

（三）沼泽化低地草甸亚类

平均亩产干草为53.52千克/亩，全年产干草为84.54万千克，干草总量占全旗低地草甸类产草总量的5.05%，年合理载畜量为0.06万羊单位，平均26.77亩草地可饲养1个羊单位。该亚类的草地型包括芦苇、湿生杂类草草地型，灰脉苔草、湿生杂类草草地型，单产分别为49.65千克/亩、58.84千克/亩。见表13-13。

表13-13　察哈尔右翼前旗沼泽化低地草甸亚类及草地型生产力统计

草地亚类	草地型	单产（千克/亩）	全年干草量（万千克）	各型占亚类产量比例（%）	载畜量（万羊单位）		
					暖季	冷季	全年
	低地草甸类	53.52	1 674.37	—	1.53	0.99	1.17
沼泽化低地草甸亚类	芦苇、湿生杂类草	49.65	47.68	56.40	0.04	0.03	0.03
	灰脉苔草、湿生杂类草	58.84	36.86	43.60	0.04	0.02	0.03
	平　均	53.28	—	—			
	小　计	—	84.54	100.00	0.08	0.05	0.06

四、乡镇草地生产力

在各乡镇产草量中，单位面积产草量最高的是巴音塔拉镇，单产为53.93千克/亩；单位面积产草量最低是固尔班乡，为45.55千克/亩。年干草总产草量最高的是三岔口乡，全年干草总量为1 585.25万千克，而最低的是黄旗海镇，总产草量为219.68万千克。见表13-14。

表13-14　察哈尔右翼前旗乡镇草地干草产量统计

乡　镇	干草单产（千克/亩）	全年总产干草量（万千克）	暖季产干草量（万千克）	冷季产干草量（万千克）
乌拉哈乡	51.48	878.61	478.59	301.11
土贵乌拉镇	49.58	542.26	284.66	177.38
三岔口乡	47.21	1 585.25	806.79	486.56
平地泉镇	46.16	385.99	196.11	119.11
玫瑰营镇	51.93	1 323.55	663.73	419.77
黄旗海镇	52.94	219.68	123.49	75.29
黄茂营乡	50.88	1 068.69	537.02	335.75
固尔班乡	45.55	1 242.11	621.67	361.66
巴音塔拉镇	53.93	916.60	533.78	344.61

各乡镇合理载畜量最高的为三岔口乡，天然草地全年可承载0.90万羊单位；37.50亩可饲养1个羊单位；其次为玫瑰营镇，全年可承载0.76万羊单位，33.47亩可饲养1个羊单位。见表13-15。

表13-15　察哈尔右翼前旗乡镇草地载畜量统计

乡　镇	用草地面积表示载畜量（亩）			用羊单位表示载畜量（万羊单位）		
	全年1个羊单位需草地面积	暖季1个羊单位需草地面积	冷季1个羊单位需草地面积	全年合理载畜量	暖季合理载畜量	冷季合理载畜量
察哈尔右翼前旗	34.39	11.18	23.21	4.79	6.46	3.99
乌拉哈乡	31.20	10.27	20.93	0.55	0.73	0.46
土贵乌拉镇	33.84	11.06	22.78	0.32	0.43	0.27
三岔口乡	37.50	11.99	25.51	0.90	1.23	0.74
平地泉镇	38.19	12.28	25.91	0.22	0.30	0.18
玫瑰营镇	33.47	11.06	22.41	0.76	1.01	0.64
黄旗海镇	30.09	9.68	20.41	0.14	0.19	0.11
黄茂营乡	34.36	11.26	23.10	0.61	0.81	0.52
固尔班乡	40.50	12.63	27.87	0.67	0.95	0.55
巴音塔拉镇	27.37	9.17	18.20	0.62	0.81	0.52

第四节　草地资源等级综合评价

一、草地等的评价及特点

察哈尔右翼前旗草地等级包括Ⅰ等、Ⅱ等、Ⅲ等、Ⅳ等。在草地等的排序中，Ⅲ等草地最多，面积为79.44万亩，占全旗草地面积的44.63%；第二位是Ⅱ等草地，面积为64.02万亩，占全旗草地面积的35.97%；第三位是Ⅰ等草地，面积为26.34万亩，占全旗草地面积的14.80%；面积最少的是Ⅳ等草地，占全旗草地面积的4.60%。见表13-16。

表13-16 察哈尔右翼前旗草地等级统计

草地等与级		6级草地		7级草地		合计	
		面积	占全旗草地面积比例(%)	面积	占全旗草地面积比例(%)	面积	占全旗草地面积比例(%)
级合计	草地面积(万亩)	171.21	96.20	6.77	3.80	177.98	100.00
	可利用面积(万亩)	158.61	89.12	6.22	3.49	164.83	92.61
Ⅰ等草地	草地面积(万亩)	24.37	13.69	1.97	1.10	26.34	14.80
	可利用面积(万亩)	23.15	13.01	1.87	1.05	25.02	14.06
Ⅱ等草地	草地面积(万亩)	64.02	35.97	—	—	64.02	35.97
	可利用面积(万亩)	60.82	34.17	—	—	60.82	34.17
Ⅲ等草地	草地面积(万亩)	74.64	41.94	4.80	2.70	79.44	44.63
	可利用面积(万亩)	67.45	37.90	4.35	2.44	71.80	40.34
Ⅳ等草地	草地面积(万亩)	8.18	4.60	—	—	8.18	4.60
	可利用面积(万亩)	7.19	4.04	—	—	7.19	4.04

Ⅰ等草地面积最大的是三岔口乡，面积为10.44万亩，占Ⅰ等草地面积为39.64%；其次是黄茂营乡，面积为5.53万亩，占Ⅰ等草地面积的20.99%。Ⅱ等草地固尔班乡面积最大，为17.34万亩，占Ⅱ等草地面积的27.09%；其次是三岔口乡，面积为12.33万亩，占Ⅱ等草地面积的19.26%。Ⅲ等、Ⅳ等草地见表13-17。

表13-17 察哈尔右翼前旗乡镇草地等评定统计

乡 镇	Ⅰ等		Ⅱ等		Ⅲ等		Ⅳ等	
	面积(万亩)	占该等总面积的比例(%)	面积(万亩)	占该等总面积的比例(%)	面积(万亩)	占该等总面积的比例(%)	面积(万亩)	占该等总面积的比例(%)
巴音塔拉镇	—	—	4.57	7.14	10.51	13.26	3.92	47.92
固尔班乡	4.55	17.27	17.34	27.09	6.85	8.64	—	—
黄茂营乡	5.53	20.99	3.92	6.12	13.13	16.65	0.13	1.56
黄旗海镇	—	—	2.10	3.29	2.38	3.01	0.01	0.12
玫瑰营镇	2.40	9.11	8.00	12.49	17.34	21.83	—	—
平地泉镇	—	—	6.88	10.74	1.97	2.49	—	—
三岔口乡	10.44	39.64	12.33	19.26	9.46	11.68	3.61	44.87
土贵乌拉镇	0.69	2.62	4.64	7.25	6.41	8.10	0.14	1.71
乌拉哈乡	2.73	10.36	4.24	6.62	11.39	14.37	0.37	4.52

二、草地级的评价及特点

草地级包括6级、7级。全旗总体上属于6级草地，产草量为亩产干草79~40千克，面积为171.21万亩，占全旗草地面积的96.20%。7级草地，产草量为亩产干草39~20千克，面积为6.77万亩，占全旗草地面积的3.80%。见表13-16。

6级草地在各乡镇均有分布，其中三岔口乡分布最大，面积为32.24万亩，占该级草地面积的18.83%；其次是固尔班乡、玫瑰营镇，分别占该级草地面积的16.57%、16.20%，其他各乡镇占该级草地面积在14%以下；7级草地分布在巴音塔拉镇、固尔班乡、黄茂营乡、三岔口乡、土贵乌拉镇、乌拉哈乡，其中三岔口乡面积所占比例最大，占该级草地面积的53.18%。见表13-18。

表13-18　察哈尔右翼前旗乡镇草地级评定统计

乡　镇	6级		7级	
	面积（万亩）	占该级总面积的比例（%）	面积（万亩）	占该级总面积的比例（%）
全　旗	171.21	100.00	6.77	100.00
巴音塔拉镇	18.78	10.97	0.22	3.25
固尔班乡	28.37	16.57	0.37	5.47
黄茂营乡	22.71	13.26	—	—
黄旗海镇	4.49	2.62	—	—
玫瑰营镇	27.74	16.20	—	—
平地泉镇	8.85	5.17	—	—
三岔口乡	32.24	18.83	3.60	53.18
土贵乌拉镇	11.55	6.75	0.33	4.87
乌拉哈乡	16.48	9.63	2.25	33.23

三、草地综合评价

根据草地等和草地级组合的综合结果显示，察哈尔右翼前旗草地以优质中产型草地居多，面积为88.39万亩，占全旗草地面积的49.66%；中质中产型草地面积为82.82万亩，占全旗草地面积的46.54%；中质低产型草地面积为4.80万亩，占旗草地面积的2.70%；优质低产型草地面积为1.97万亩，占旗草地面积的1.10%。全旗草地质量较好，产草量中等，总体上评价为优质的中产型草地。见表13-19、图13-1。

表13-19　察哈尔右翼前旗草地等级组合评定统计

综合评价		合　计		中产6级		低产7级	
		面积 (万亩)	占全旗草地面积 的比例（%）	面积 (万亩)	占全旗草地面积 的比例（%）	面积 (万亩)	占全旗草地面积 的比例（%）
优质	Ⅰ等	26.34	14.80	24.37	13.69	1.97	1.10
	Ⅱ等	64.02	35.97	64.02	35.97	—	—
中质	Ⅲ等	79.44	44.63	74.64	41.94	4.80	2.70
	Ⅳ等	8.18	4.60	8.18	4.60	—	—
合　计		177.98	100.00	171.21	96.20	6.77	3.80

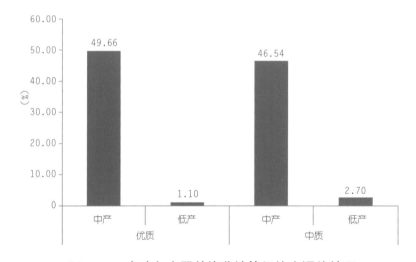

图13-1　察哈尔右翼前旗草地等级综合评价情况

第五节　草地退化、盐渍化状况

经制图和数据统计结果显示，察哈尔右翼前旗草地存在不同程度的草地退化、盐渍化现象，全旗草地退化、盐渍化草地面积为167.97万亩，占全旗草地总面积的94.38%；其中草地退化面积为141.40万亩，占全旗草地面积的79.45%；占全旗退化、盐渍化草地面积的84.18%；盐渍化草地面积为26.57万亩，占全旗草地总面积的14.93%，占全旗退化、盐渍化草地面积的15.82%。见表13-20。

13-20　察哈尔右翼前旗草地退化、盐渍化统计

项　目		面积 (万亩)	占全旗草地面积比例 (%)	占全旗退化、盐渍化草地面积比例(%)
全旗草地面积		177.98	100.00	—
未退化、未盐渍化草地面积		10.01	5.62	—
草地退化、盐渍化合计		167.97	94.38	100.00
退化草地	轻度退化	78.21	43.94	46.56
	中度退化	48.81	27.43	29.06
	重度退化	14.38	8.08	8.56
	小　计	141.40	79.45	84.18
盐渍化草地	轻度盐渍化	8.57	4.82	5.11
	中度盐渍化	11.81	6.63	7.03
	重度盐渍化	6.19	3.48	3.68
	小　计	26.57	14.93	15.82

在草地退化中，以轻度退化为主，面积分别为78.21万亩，占全旗退化、盐渍化草地面积的46.56%；重度退化面积为14.38万亩，占全旗退化、盐渍化草地面积的8.56%；未退化和轻度退化草地主要分布于山麓一带。盐渍化草地在湖泊、河流沿岸的低地草甸分布广泛，以中度盐渍化为主，面积为11.81万亩，占全旗退化、盐渍化草地面积的7.03%。

各乡镇退化、盐渍化草地分布情况看，退化、盐渍化草地面积最大的是三岔口乡，面积为32.05万亩，退化、盐渍化占本旗退化、盐渍化草地面积的19.08%。中度和重度退化、盐渍化草地占本乡镇退化、盐渍化草地最大的是黄旗海镇，占比为59.00%。见表13-21。

表13-21　察哈尔右翼前旗乡镇草地退化、盐渍化统计

乡　镇	草地面积（万亩）	退化、盐渍化草地面积（万亩）	退化、盐渍化占本旗退化、盐渍化草地面积比例（%）	草地退化、盐渍化分级			中度和重度退化、盐渍化草地占本乡镇退化、盐渍化草地面积比例（%）
				轻度（万亩）	中度（万亩）	重度（万亩）	
全　旗	177.98	167.97	100.00	86.78	60.62	20.57	48.34
巴音塔拉镇	19.00	18.25	10.87	10.01	5.17	3.07	45.15
固尔班乡	28.74	28.74	17.11	15.90	11.60	1.24	44.68
黄茂营乡	22.71	20.61	12.27	11.91	8.15	0.55	42.21
黄旗海镇	4.49	4.39	2.61	1.80	1.83	0.76	59.00
玫瑰营镇	27.74	25.86	15.40	13.84	8.58	3.44	46.48
平地泉镇	8.85	8.45	5.03	4.62	2.67	1.16	45.33
三岔口乡	35.84	32.05	19.08	14.38	12.24	5.43	55.13
土贵乌拉镇	11.88	11.88	7.07	5.50	4.85	1.53	53.70
乌拉哈乡	18.73	17.74	10.56	8.82	5.53	3.39	50.28

　　退化草地面积占本乡镇草地退化、盐渍化比例较高的为固尔班乡、黄茂营乡、玫瑰营镇，占本乡镇退化盐渍化草地面积比例在99%以上。盐渍化草地比例占本乡镇退化盐渍化草地面积比例最大的是巴音塔拉镇，占比为65.75%，其次是乌拉哈乡、黄旗海镇，占比分别为39.80%、32.35%。见表13-22。

表13-22 察哈尔右翼前旗乡镇草地退化、盐渍化统计

乡 镇	退化、盐渍化面积（万亩）	退化草地		盐渍化草地	
		面积（万亩）	占本乡镇退化、盐渍化草地面积比例（%）	面积（万亩）	占本乡镇退化、盐渍化草地面积比例（%）
巴音塔拉镇	18.25	6.25	34.25	12.00	65.75
固尔班乡	28.74	28.60	99.51	0.14	0.49
黄茂营乡	20.61	20.55	99.71	0.06	0.29
黄旗海镇	4.39	2.97	67.65	1.42	32.35
玫瑰营镇	25.86	25.72	99.46	0.14	0.54
平地泉镇	8.45	8.12	96.09	0.33	3.91
三岔口乡	32.05	29.03	90.58	3.02	9.42
土贵乌拉镇	11.88	9.47	79.80	2.40	20.20
乌拉哈乡	17.74	10.68	60.20	7.06	39.80

第十四章　丰镇市草地资源

第一节　草地资源概况

一、地理位置及基本情况

丰镇市是位于乌兰察布市南部，地处晋冀蒙三省区的结合部位。地理坐标为北纬40°18′~40°48′，东经112°47′~113°47′。素有"塞外古镇、商贸客栈"之称。丰镇市总面积2 704千米²，耕地面积92.67万亩。总人口33万人，其中城区人口13.5万人。

丰镇市设5镇、3乡、1个街道办事处，即隆盛庄镇、红砂坝镇、巨宝庄镇、黑土台镇、三义泉镇、官屯堡乡、浑源窑乡、元山子乡、南城区街道办事处。

全市地貌特征以山地、丘陵及冲积、洪积平原为主。地形由西、北、东向中南部呈阶梯状递降。平均海拔1 400米，最高处为浑源窑乡黄石崖山（同时也是乌兰察布市最高峰），主峰2 335米，最低处为新城湾镇圪塔村南饮马河床，1 172米。其中山地面积1 081.6千米²，占总土地面积的40%，丘陵1 000.5千米²，占总土地面积的37%，台地、平原面积621.9千米²，占总土地面积的23%。

丰镇市地处温带大陆季风气候区，属半干旱和半湿润交错地带。年平均气温5.09℃，最热月为7月份，平均气温为20.4℃，最高温36.5℃，最冷月为1月份，平均气温为-13.5℃，最低温-37.5℃，最高与最低极端气温差74℃。≥0℃积温为2 400~3 000℃，≥5℃的有效积温为2 100~2 900℃。平均无霜期124天，最长155天，最短95天。丰镇市平均降雨400毫米，最多的1978年为663.4毫米，最少的1965年为220.2毫米。降水季节分配不均，6—8月降水270毫米左右，占年降水量的65%以上。全年降水相对变率为23.7%。年平均湿度为40%~60%，最大为64%，最小为45%。丰镇晴天日数多，大气透明度好。年日照时数为2 800~3 100小时，年平均辐射量约131 548.37焦/厘米²，一年当中12月份最小，约625.12焦/厘米²，5月最大约1 666.98焦/厘米²。光合有效辐射率为43%。丰镇年平均风速3米/秒，7—8月份大风日数平均为31天，大风常伴随沙尘。年内平均风速以4月份最大，一般为4.7米/秒，6月份最小，为2.17米/秒。

丰镇市的河流由永定河、内陆河两个水系构成，以永定河流域为主。丰镇市大部分河流为永定河上游流域,较大河流有饮马河、巴音图河、阳河、黑河、官屯堡河等。永定河流域面积 2 288 千米², 占丰镇市总面积的 84.6%, 内陆河有隆庄河、麻迷图河、三义泉河等,流域面积 416 千米², 占丰镇市总面积的 15.4%。饮马河多年平均流量为 0.8 米³/秒。丰镇市水资源总量为2.8亿米³, 其中地下水资源1.48亿米³, 日可开采量为9.6万吨。

二、草地资源状况

丰镇市天然草地面积为172.41万亩, 占乌兰察布市天然草地面积的3.28%; 可利用草地面积为159.42万亩。各乡镇的草地面积由大到小排序为三义泉镇、浑源窑乡、红砂坝镇、隆盛庄镇、巨宝庄镇、官屯堡乡、元山子乡、黑土台镇、南城区街道办事处; 排在前4位的草地面积分别为31.38万亩、29.18万亩、27.69万亩、24.69万亩, 4个乡镇共占该市天然草地面积的65.50%, 草地面积最小的是南城区街道办事处, 为4.55万亩, 占该市草地面积的2.64%。见表14-1。

表14-1 丰镇市各乡镇天然草地 (可利用草地) 面积统计

乡 镇	草地面积		可利用面积	
	面积(万亩)	占该市草地面积比例(%)	面积(万亩)	占该市草地面积比例(%)
三义泉镇	31.38	18.20	29.53	17.13
浑源窑乡	29.18	16.92	26.28	15.24
红砂坝镇	27.69	16.06	25.62	14.86
隆盛庄镇	24.69	14.32	22.95	13.31
巨宝庄镇	17.01	9.87	16.28	9.45
官屯堡乡	15.25	8.85	13.83	8.02
元山子乡	14.17	8.22	12.75	7.40
黑土台镇	8.49	4.92	7.93	4.60
南城区街道办事处	4.55	2.64	4.25	2.46
合 计	172.41	100.00	159.42	92.47

　　丰镇市天然草地由3个草地类组成，共有6个草地亚类，23个草地型。其中，温性典型草原类面积最大，为139.56万亩，占该市草地面积的80.95%；其次为温性草甸草原类，面积为21.40万亩，占该市草地面积的12.41%；低地草甸类面积为11.45万亩，占该市草地面积的6.64%。温性草甸草原类分布面积最大的是浑源窑乡，面积为11.26万亩，占该类草地面积的52.62%；温性典型草原类分布面积最大的是三义泉镇，面积为31.35万亩，占该类草地面积的22.46%；低地草甸类分布面积最大的是巨宝庄镇，面积为4.93万亩，占该类草地面积的43.06%。见表14-2。

表14-2　丰镇市乡镇草地类面积统计

乡　镇	温性草甸草原类		温性典型草原类		低地草甸类	
	面积 (万亩)	占该类草地面积 比例(%)	面积 (万亩)	占该类草地面积 比例(%)	面积 (万亩)	占该类草地面积 比例(%)
元山子乡	6.59	30.79	7.31	5.24	0.27	2.36
三义泉镇	—	—	31.35	22.46	0.03	0.26
南城区街道办事处	—	—	3.42	2.45	1.13	9.87
隆盛庄镇	—	—	21.67	15.53	3.02	26.38
巨宝庄镇	—	—	12.08	8.66	4.93	43.06
浑源窑乡	11.26	52.62	17.92	12.84	—	—
红砂坝镇	—	—	27.65	19.81	0.04	0.35
黑土台镇	0.70	3.27	5.96	4.27	1.83	15.98
官屯堡乡	2.85	13.32	12.20	8.74	0.20	1.75
合　计	21.40	100.00	139.56	100.00	11.45	100.00

第二节　草地类型分布规律及特征

一、温性草甸草原类

温性草甸草原类分布于该市的东部浑源窑乡和官屯堡乡山地丘陵区。包括1个草地亚类，即山地草甸草原亚类，面积为21.40万亩，占该市草地的12.41%。包括2个草地型，其中铁杆蒿、脚苔草草地型面积最大，为19.55万亩，占该亚类的91.36%，具灌木的铁杆蒿、杂类草草地型为1.85万亩，占该亚类的8.64%。见表14-3。

表14-3　丰镇市山地草甸草原亚类草地型统计

草地(亚类)	草地型	草地面积			可利用面积		
		面积(万亩)	占该亚类草地面积的比例(%)	占该市草地面积的比例(%)	面积(万亩)	占该亚类可利用草地面积比例(%)	占该市草地面积的比例(%)
山地草甸草原亚类	具灌木的铁杆蒿、杂类草	1.85	8.64	1.07	1.67	8.65	0.97
	铁杆蒿、脚苔草	19.55	91.36	11.34	17.59	91.35	10.20
	合　计	21.40	100.00	12.41	19.26	100.00	11.17

二、温性典型草原类

温性典型草原类主要分布于该市的中西部，由2个草地亚类组成，即平原丘陵草原亚类和山地草原亚类。

（一）平原丘陵草原亚类

面积为88.21万亩，占温性典型草原类的63.21%。包括8个草地型，其中亚洲百里香、克氏针茅草地型面积最大，为85.71万亩，占该亚类的97.17%，第二位为达乌里胡枝子、杂类草草地型，为1.35万亩，占该亚类的1.53%。见表14-4。

表14-4　丰镇市平原丘陵草原亚类草地型统计

草地(亚类)	草地型	草地面积			可利用面积		
		面积(万亩)	占该亚类草地面积的比例(%)	占该市草地面积的比例(%)	面积(万亩)	占该亚类可利用草地面积比例(%)	占该市草地面积的比例(%)
平原丘陵草原亚类	小叶锦鸡儿、羊草	0.21	0.24	0.12	0.20	0.24	0.12
	冷蒿、克氏针茅	0.34	0.39	0.20	0.32	0.38	0.19
	亚洲百里香、克氏针茅	85.71	97.17	49.71	81.43	97.17	47.23
	达乌里胡枝子、杂类草	1.35	1.53	0.78	1.28	1.53	0.74
	克氏针茅、糙隐子草	0.19	0.22	0.11	0.18	0.21	0.10
	克氏针茅、杂类草	0.01	0.01	0.01	0.01	0.01	0.01
	羊草、杂类草	0.37	0.42	0.21	0.35	0.42	0.20
	糙隐子草、克氏针茅	0.03	0.03	0.02	0.03	0.04	0.02
	合　计	88.21	100.00	51.16	83.80	100.00	48.61

（二）山地草原亚类

面积为51.35万亩，占温性典型草原类的36.79%。包括3个草地型，其中铁杆蒿、克氏针茅草地型面积最大，为34.02万亩，占该亚类的66.25%；第二位为大针茅、杂类草草地型，5.88万亩，占该亚类的11.45%；面积最小的是铁杆蒿、百里香草地型，为0.74万亩，占该亚类的1.44%。见表14-5。

表14-5　丰镇市山地草原亚类草地型统计

草地 (亚类)	草地型	草地面积			可利用面积		
		面积 (万亩)	占该亚类草 地面积的比 例(%)	占该市草 地面积的 比例(%)	面积(万 亩)	占该亚类可利 用草地面积比 例(%)	占该市草 地面积的 比例(%)
山地草原亚类	柄扁桃、克氏针茅	3.98	7.75	2.31	3.58	7.75	2.08
	铁杆蒿、克氏针茅	34.02	66.25	19.73	30.62	66.26	17.76
	大针茅、杂类草	5.88	11.45	3.41	5.30	11.46	3.07
	克氏针茅、杂类草	4.49	8.74	2.60	4.04	8.74	2.34
	铁杆蒿、百里香	0.74	1.44	0.43	0.66	1.43	0.38
	百里香、杂类草	2.24	4.36	1.30	2.01	4.36	1.17
	合　计	51.35	100.00	29.78	46.21	100.00	26.80

三、低地草甸类

低地草甸类面积为11.45万亩，占该市草地面积的6.64%，其中可利用面积为10.15万亩。低地草甸类包括3个草地亚类，即低湿地草甸亚类、盐化低地草甸亚类和沼泽化低地草甸亚类，面积分别为1.94万亩、9.17万亩、0.34万亩，分别占低地草甸类的16.95%、80.05%、3%。

低湿地草甸亚类包括3个草地型，即羊草、中生杂类草草地型，鹅绒委陵菜、杂类草草地型，寸草苔、中生杂类草草地型，面积分别为0.13万亩、0.49万亩、1.32万亩。见表14-6。

表14-6　丰镇市低湿地草甸亚类草地型统计

草地(亚类)	草地型	草地面积			可利用草地面积		
		面积(万 亩)	占该亚类草 地面积的 比例(%)	占该市草 地面积的 比例(%)	面积(万 亩)	占该亚类可利 用草地面积比 例(%)	占该市草 地面积的 比例(%)
低湿地草甸亚类	羊草、中生杂类草	0.13	6.89	0.08	0.13	7.07	0.08
	鹅绒委陵菜、杂类草	0.49	25.28	0.28	0.47	25.28	0.27
	寸草苔、中生杂类草	1.32	67.83	0.77	1.24	67.83	0.72
	合　计	1.94	100.00	1.13	1.84	100.00	1.07

盐化低地草甸亚类包括3个草地型，其中碱蓬、盐生杂类草草地型面积最大，为7.61万亩，占该亚类的82.99%；其次为碱茅、盐生杂类草草地型，面积为1.52万亩，占该亚类的16.58%；面积最小的为羊草、盐生杂类草草地型，面积为0.04万亩，占该亚类的0.43%。其他见表14-7。

表14-7　丰镇市盐化低地草甸亚类草地型统计

草地(亚类)	草地型	草地面积			可利用草地面积		
		面积(万亩)	占该亚类草地面积的比例(%)	占该市草地面积的比例(%)	面积(万亩)	占该亚类可利用草地面积比例(%)	占该市草地面积的比例(%)
盐化低地草甸亚类	碱茅、盐生杂类草	1.52	16.58	0.88	1.33	16.58	0.77
	碱蓬、盐生杂类草	7.61	82.99	4.41	6.65	82.92	3.86
	羊草、盐生杂类草	0.04	0.43	0.02	0.04	0.50	0.02
	合　计	9.17	100.00	5.31	8.02	100.00	4.65

沼泽化低地草甸亚类包括1个草地型，即灰脉苔草、湿生杂类草草地型，面积为0.34万亩，占该市草地面积的0.2%。

第三节　草地生产力状况

丰镇市天然草地平均每亩干草产量为57.73千克，干草总量为9 202.92万千克，年合理载畜量为5.52万羊单位，平均28.90亩草地可饲养1个羊单位。

单位面积产草量最高的是温性草甸草原类草地，单位面积产草量为64.66千克/亩，全年产干草1 245.25万千克，产草总量占全市草地产草总量的13.53%，年合理载畜量为0.82万羊单位，平均23.52亩草地可饲养1个羊单位。第二位是低地草甸类草地，单位面积产草量平均为59.11千克/亩，全年产干草为599.92万千克，产草总量占全市草地产草总量的6.52%，年合理载畜量为0.43万羊单位，平均23.58亩草地可饲养1个羊单位。

总产草量最高为温性典型草原，年产干草为7 357.75万千克，占该市草地总产量的79.95%，其中平原丘陵草原亚类总产量最高，为4 542.21万千克，占该类草地总产量的

61.73%。草地类、亚类和草地型生产力见表14-8。

表14-8　丰镇市草地类、亚类和草地型干草产量统计

草地类	草地亚类	草地型	单产(千克/亩)	总产干草量(万千克)			载畜量(万羊单位)		
				全年	暖季	冷季	全年	暖季	冷季
		全　市	57.73	9 202.92	4 723.71	2 956.79	5.52	7.20	4.51
温性草甸草原类	山地草甸草原亚类	具灌木的铁杆蒿、杂类草	60.96	101.57	55.86	36.31	0.07	0.09	0.06
		铁杆蒿、脚苔草	65.01	1 143.68	629.03	408.87	0.75	0.96	0.62
		平　均	64.66	—	—	—	—	—	—
		小　计	—	1 245.25	684.89	445.18	0.82	1.05	0.68
温性典型草原类	平原丘陵草原亚类	小叶锦鸡儿、羊草	56.06	11.10	5.55	3.33	0.01	0.01	0.01
		冷蒿、克氏针茅	57.73	18.56	9.28	5.57	0.01	0.01	0.01
		亚洲百里香、克氏针茅	54.30	4 422.02	2 211.01	1 326.61	2.52	3.37	2.02
		达乌里胡枝子、杂类草	49.65	63.68	31.84	19.10	0.04	0.05	0.03
		克氏针茅、糙隐子草	43.42	7.76	3.88	2.33	0.00	0.01	0.00
		克氏针茅、杂类草	53.60	0.40	0.20	0.12	0.00	0.00	0.00
		羊草、杂类草	49.80	17.34	8.67	5.20	0.01	0.01	0.01
		糙隐子草、克氏针茅	40.86	1.35	0.68	0.34	0.00	0.00	0.00
		平　均	54.20	—	—	—	—	—	—
		小　计	—	4 542.21	2 271.11	1 362.60	2.58	3.46	2.08
温性典型草原类	山地草原亚类	柄扁桃、克氏针茅	60.48	216.71	108.35	70.43	0.13	0.16	0.11
		铁杆蒿、克氏针茅	62.48	1 913.18	956.59	621.78	1.14	1.46	0.95
		大针茅、杂类草	62.95	333.35	166.68	108.34	0.20	0.25	0.16
		克氏针茅、杂类草	51.34	207.34	103.66	67.38	0.12	0.16	0.10
		铁杆蒿、百里香	67.88	45.01	22.51	14.63	0.03	0.03	0.02

(续)

草地类	草地亚类	草地型	单产(千克/亩)	总产干草量(万千克)			载畜量(万羊单位)		
				全年	暖季	冷季	全年	暖季	冷季
温性典型草原类	山地草原亚类	百里香、杂类草	49.62	99.95	49.98	32.48	0.06	0.08	0.05
		平　均	60.92	—	—	—	—	—	—
		小　计	—	2 815.54	1 407.77	915.04	1.68	2.14	1.39
	平　均		56.59	—	—	—	—	—	—
	小　计		—	7 357.75	3 678.87	2 277.64	4.27	5.60	3.47
低地草甸类	低湿地草甸亚类	羊草、中生杂类草	75.54	9.61	5.76	3.75	0.01	0.01	0.01
		鹅绒委陵菜、杂类草	71.21	33.20	19.92	12.95	0.02	0.03	0.02
		寸草苔、中生杂类草	55.10	68.92	41.36	26.88	0.05	0.06	0.04
		平　均	60.58	—	—	—	—	—	—
		小　计	—	111.73	67.04	43.58	0.08	0.10	0.07
	盐化低地草甸亚类	碱茅、盐生杂类草	54.11	71.81	43.09	28.01	0.05	0.07	0.04
		碱蓬、盐生杂类草	59.46	395.93	237.55	154.41	0.29	0.36	0.24
		羊草、盐生杂类草	58.34	2.11	1.27	0.82	0.00	0.00	0.00
		平　均	58.57	—	—	—	—	—	—
		小　计	—	469.85	281.91	183.24	0.34	0.43	0.28
	沼泽化低地草甸亚类	灰脉苔草、湿生杂类草	64.79	18.34	11.00	7.15	0.01	0.02	0.01
		小　计	64.79	18.34	11.00	7.15	0.01	0.02	0.01
	平　均		59.11	—	—	—	—	—	—
	小　计		—	599.92	359.95	233.97	0.43	0.55	0.36

　　在各乡镇产草量中，元山子乡单位面积产草量最高，为63.17千克/亩；年产总量最高的为浑源窑乡，年产干草总量为1 658.62万千克。单位面积产草量和总产草量最低的是南城区街道办事处，分别为54.48千克/亩、231.51万千克。见表14-9。

表14-9　丰镇市乡镇干草产量统计

乡　镇	干草单产 (千克/亩)	全年总产干草量 (万千克)	暖季产干草量 (万千克)	冷季产干草量 (万千克)
南城区街道办事处	54.48	231.51	121.25	74.41
三义泉镇	55.71	1 645.08	822.71	501.40
隆盛庄镇	55.50	1 273.58	652.57	404.12
巨宝庄镇	55.61	905.63	478.54	296.31
红砂坝镇	58.25	1 492.35	746.39	467.26
黑土台镇	56.67	449.51	236.83	146.20
元山子乡	49.38	629.56	335.40	216.26
浑源窑乡	63.11	1 658.62	861.87	559.73
官屯堡乡	59.65	825.01	421.73	264.90

丰镇市各乡镇合理载畜量最高的为浑源窑乡，天然草地全年可承载1.03万羊单位，全年25.51亩草地可饲养1个羊单位；其次为三义泉镇，草地全年可承载0.94万羊单位，31.24亩可饲养1个羊单位。合理载畜量最低的是南城区街道办事处，全年可承载0.14万羊单位，全年30.38亩可饲养1个羊单位。见表14-10。

表14-10　丰镇市乡镇合理载畜量统计

乡　镇	用草地面积表示载畜量(亩)			用羊单位表示载畜量(万羊单位)		
	全年1个羊单位需草地面积	暖季1个羊单位需草地面积	冷季1个羊单位需草地面积	全年合理载畜量	暖季合理载畜量	冷季合理载畜量
南城区街道办事处	30.38	11.36	19.02	0.14	0.18	0.11
三义泉镇	31.24	11.63	19.61	0.94	1.25	0.76
隆盛庄镇	30.31	11.39	18.91	0.76	0.99	0.62
巨宝庄镇	29.34	11.04	18.30	0.56	0.73	0.45
红砂坝镇	29.38	11.12	18.26	0.87	1.14	0.71
黑土台镇	28.92	10.85	18.07	0.27	0.36	0.22
浑源窑乡	25.51	9.88	15.63	1.03	1.31	0.85
元山子乡	24.98	9.63	15.35	0.40	0.51	0.33
官屯堡乡	28.52	10.82	17.70	0.49	0.64	0.40

第四节 草地资源等级综合评价

一、草地等的评价及特点

丰镇市草地等包括Ⅰ等、Ⅱ等、Ⅲ等、Ⅳ等，其中Ⅲ等草地最多，面积为106.88万亩，占全市草地面积的61.99%；第二位为Ⅳ等草地，面积为64.26万亩，占全市草地面积的37.27%；第三位为Ⅰ等草地，面积为0.70万亩，占全市草地面积的0.41%；Ⅱ等草地面积最小，为0.57万亩，占全市草地面积的0.33%。见表14-11。

表14-11 丰镇市乡镇草地等评定统计

乡镇	Ⅰ等		Ⅱ等		Ⅲ等		Ⅳ等	
	面积（万亩）	占该等总面积的比例（%）	面积（万亩）	占该等总面积的比例（%）	面积（万亩）	占该等总面积的比例（%）	面积（万亩）	占该等总面积的比例（%）
南城区街道办事处	—	—	—	—	4.38	4.10	0.17	0.26
三义泉镇	0.70	100.00	0.03	5.26	21.43	20.05	9.22	14.35
隆盛庄镇	—	—	0.34	59.65	22.14	20.71	2.21	3.44
巨宝庄镇	—	—	—	—	12.75	11.93	4.26	6.63
红砂坝镇	—	—	0.20	35.09	17.94	16.79	9.55	14.86
黑土台镇	—	—	0.00	0.00	6.20	5.80	2.29	3.56
浑源窑乡	—	—	—	—	7.09	6.63	22.09	34.38
元山子乡	—	—	—	—	5.25	4.91	8.92	13.88
官屯堡乡	—	—	—	—	9.70	9.08	5.55	8.64

Ⅰ等草地分布于三义泉镇，面积为0.70万亩；Ⅱ等草地分布于三义泉镇、隆盛庄镇、红砂坝镇、黑土台镇，其中面积最大是隆盛庄镇，面积为0.34万亩，占Ⅱ等草地面积的59.65%；Ⅲ等草地和Ⅳ等草地在各乡镇均有分布，见表14-11。

二、草地级的评价及特点

全县草地级均为6级草地，亩产干草79~40千克。

三、草地综合评价

根据草地等和草地级组合的综合评定显示，丰镇市草地以中质中产草地居多，草地面积为171.14万亩，占该市草地面积的99.26%；优质中产草地面积为1.27万亩，占该市草地面积的0.74%。见表14-12、图14-1。

表14-12　丰镇市草地等级组合评定统计

综合评价		中产6级	
		面积(万亩)	占该市草地面积的比例(%)
优质	Ⅰ等	0.70	0.41
	Ⅱ等	0.57	0.33
中质	Ⅲ等	106.88	61.99
	Ⅳ等	64.26	37.27
合　计		172.41	100.00

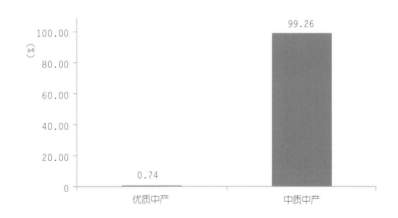

图14-1　丰镇市草地等级组合评定统计

第五节　草地退化、盐渍化状况

根据野外调查数据和室内制图统计结果显示，丰镇市草地退化和盐渍化面积为162.96万亩，占市草地总面积的94.52%；其中草地退化面积为153.79万亩，占市退化、盐渍化草地面积的94.37%；盐渍化草原面积为9.17万亩，占市退化、盐渍化草地面积的5.63%。见表14-13。

表14-13　丰镇市草地退化、盐渍化统计

项　目		面积（万亩）	占该市草地面积比例（%）	占该市草地退化、盐渍化面积比例（%）
全市草地面积		172.41	100.00	—
未退化、未盐渍化草地面积		9.45	5.48	—
草地退化、盐渍化合计		162.96	94.52	100.00
退化草地	轻度退化	111.18	64.49	68.23
	中度退化	42.31	24.54	25.96
	重度退化	0.30	0.17	0.18
	小　计	153.79	89.20	94.37
盐渍化草地	轻度盐渍化	6.22	3.61	3.82
	中度盐渍化	2.22	1.29	1.36
	重度盐渍化	0.73	0.42	0.45
	小　计	9.17	5.32	5.63

　　在草地退化中，以轻度退化为主，面积为111.18万亩，占该市退化、盐渍化草地面积的68.23%；中度退化面积为42.31万亩，占该市退化、盐渍化草地面积的25.96%；重度退化面积为0.30万亩，占该市退化、盐渍化草地面积的0.18%。轻度盐渍化草地面积为6.22万亩，占该市退化、盐渍化草地面积的3.82%；中度盐渍化草地为2.22万亩，占该市退化、盐渍化草地面积的1.36%；重度盐渍化草地面积为0.73万亩，占该市退化、盐渍化草地面积的0.45%。

　　从各乡镇看，退化、盐渍化草地占本乡镇草地面积的100%的包括南城区街道办事处、巨宝庄镇、红砂坝镇、黑土台镇。中度和重度退化、盐渍化草地占本乡镇退化、盐渍化草地比例最高的是黑土台镇，占比为72.08%；其次为南城区街道办事处，占比为54.07%。见表14-14。

表14-14　丰镇市乡镇草地退化、盐渍化统计

乡　镇	草地面积（万亩）	退化、盐渍化草地面积（万亩）	退化、盐渍化草地占本乡镇草地面积比例（%）	草地退化、盐渍化分级			中度和重度退化、盐渍化草地占本乡镇退化、盐渍化草地面积比例（%）
				轻度（万亩）	中度（万亩）	重度（万亩）	
南城区街道办事处	4.55	4.55	100.00	2.09	2.46	—	54.07
三义泉镇	31.38	31.36	99.94	25.44	5.92	—	18.88
隆盛庄镇	24.69	24.66	99.88	16.58	8.00	0.08	32.77
巨宝庄镇	17.01	17.01	100.00	12.07	4.27	0.67	29.04
红砂坝镇	27.69	27.69	100.00	20.50	7.19	0.00	25.97
黑土台镇	8.49	8.49	100.00	2.37	6.02	0.10	72.08
浑源窑乡	29.18	20.24	69.36	19.92	0.32	—	1.58
元山子乡	14.17	13.80	97.39	8.93	4.70	0.17	35.29
官屯堡乡	15.25	15.16	99.41	9.50	5.65	0.01	37.34

退化草地面积占本乡镇退化、盐渍化草地面积在98%以上的有三义泉镇、红砂坝镇、浑源窑乡、元山子乡、官屯堡乡，退化草地面积占本乡镇退化、盐渍化草地面积比例分别为99.90%、99.86%、100.00%、98.33%、99.14%。见表14-15。

表14-15　丰镇市乡镇草地退化、盐渍化统计

乡　镇	退化、盐渍化草地面积(万亩)	退化草地		盐渍化草地	
		面积(万亩)	占本乡镇退化、盐渍化草地面积比例(%)	面积(万亩)	占本乡镇退化、盐渍化草地面积比例(%)
南城区街道办事处	4.55	3.55	78.02	1.00	21.98
三义泉镇	31.36	31.33	99.90	0.03	0.10
隆盛庄镇	24.66	21.99	89.17	2.67	10.83
巨宝庄镇	17.01	13.28	78.07	3.73	21.93
红砂坝镇	27.69	27.65	99.86	0.04	0.14
黑土台镇	8.49	7.14	84.10	1.35	15.90
浑源窑乡	20.24	20.24	100.00	0.00	0.00
元山子乡	13.80	13.57	98.33	0.22	1.59
官屯堡乡	15.16	15.03	99.14	0.13	0.86

第十五章　兴和县草地资源

第一节　草地资源概况

一、地理位置及基本情况

兴和县位于乌兰察布市南部，北纬40°26′~41°27′，东经113°21′~114°07′。东以大青山、阿贵山为分水岭，与河北省尚义县相邻；南以长城、大南山为界，与河北省怀安县和山西省天镇县、阳高县交界；西与丰镇市、察哈尔右翼前旗接壤；北与察哈尔右翼后旗、商都县毗连。南北长约109千米，东西较窄，约67千米。兴和县总辖地面积3 518千米²，其中耕地面积104万亩，可利用土地资源丰富。2013年全县总人口31.48万人，其中乡村人口25.3万人。

兴和县辖5镇4乡，分别为城关镇、张皋镇、赛乌素镇、鄂尔栋镇、店子镇、大库联乡、民族团结乡、大同夭乡、五股泉乡。

兴和县地形呈南北狭长状，趋向为北高南低，平均海拔1 500米。境内山川相间，河滩穿插，丘陵、平原、山地镶嵌分布，丘陵、平原、山地面积分别占全县总面积的36.5%、38.2%和25.3%。境内山系主要有南部大南山、东部大青山、西部岱青山和北部武大喇嘛山，境内最高峰为大南山的黄石崖，海拔2 334.7米。兴和县境内共有7条河流，多属季节性间歇河。外流河有二道河、银子河、苏木山河，均属永定河水系。其中二道河是境内最长的河流，全长87.5千米。境内有中小湖泊23个，总面积4.28千米²，多属季节性时令湖。较大的湖泊有涝利海等。

兴和县属中温带大陆性季风半干旱气候，受蒙古高原和大陆低压控制，气候呈明显的大陆性，具有寒暑剧变的特点。年降水量为397毫米左右，极端最高降水量630毫米，极端最低降水量237毫米。地表水资源径流量10 373.9万米³。年平均蒸发量为2 036.8毫米，是年降水量的5倍。年均日照2 872小时，积温2 300~2 400℃，无霜期95~135天。地区风速较大，大风日数较多，年平均风速3.7米/秒，大风日数年平均45天，多发生在冬春季。年平均气温4.2℃，最冷月为1月，平均气温-13.8℃，极端最低气温-33.8℃；最热月为7月，平均气温19.9℃，极端最高气温36℃。通常11月上旬或中旬开始封冻，次年3月下旬或4月上旬解冻。

二、草地资源状况

兴和县天然草地面积为145.26万亩，占乌兰察布市天然草地面积的2.77%，草地可利用面积为133.44万亩。各乡镇的草地面积由大到小排序为店子镇、鄂尔栋镇、赛乌素镇、城关镇、大库联乡、五股泉乡、大同夭乡、张皋镇、民族团结乡；排在前4位的草地面积分别为25.35万亩、21.24万亩、20.83万亩、16.72万亩，4个乡镇共占全县天然草地面积的57.92%，草地面积最小的是民族团结乡，为7.38万亩，占全县草地面积的5.08%。见表15-1。

表15-1 兴和县乡镇天然草地（可利用草地）面积统计

乡 镇	草地面积		可利用面积	
	面积(万亩)	乡镇占全县草地面积比例(%)	面积(万亩)	乡镇占全县草地面积比例(%)
城关镇	16.72	11.51	15.45	10.64
大库联乡	16.20	11.15	15.11	10.40
张皋镇	11.51	7.92	10.92	7.52
五股泉乡	13.74	9.46	12.55	8.64
赛乌素镇	20.83	14.34	19.37	13.33
民族团结乡	7.38	5.08	6.79	4.67
鄂尔栋镇	21.24	14.62	19.81	13.64
店子镇	25.35	17.45	22.50	15.49
大同夭乡	12.29	8.46	10.94	7.53

全县天然草地由3个草地类组成，共有5个草地亚类，27个草地型。其中温性典型草原类面积最大，为123.61万亩，占全县草地面积的85.10%；其次为温性草甸草原类，面积为12.67万亩，占全县草地面积的8.72%；低地草甸类面积为8.98万亩，占全县草地面积的6.18%。温性草甸草原类分布面积最大的是店子镇，面积为10.48万亩，占该类草地面积82.72%；温性典型草原类分布面积最大的是赛乌素镇，面积为19.61万亩，占该类草地面积15.86%；低地草甸类分布面积最大是鄂尔栋镇，面积为2.36万亩，占该类草地面积26.28%。见表15-2。

表15-2　兴和县乡镇草地类面积统计

乡　镇	温性草甸草原类		温性典型草原类		低地草甸类	
	面积（万亩）	占该类草地面积比例（%）	面积（万亩）	占该类草地面积比例（%）	面积（万亩）	占该类草地面积比例（%）
城关镇	0.05	0.39	14.62	11.83	2.05	22.83
大库联乡	—	—	15.38	12.44	0.82	9.13
张皋镇	—	—	10.90	8.82	0.61	6.79
五股泉乡	—	—	13.55	10.96	0.19	2.12
赛乌素镇	—	—	19.61	15.86	1.22	13.59
民族团结乡	0.15	1.18	6.21	5.02	1.02	11.36
鄂尔栋镇	1.99	15.71	16.89	13.66	2.36	26.28
店子镇	10.48	82.72	14.47	11.71	0.40	4.45
大同夭乡	—	—	11.98	9.69	0.31	3.45
合　计	12.67	100.00	123.61	100.00	8.98	100.00

第二节　草地类型分布规律及特征

一、温性草甸草原类

温性草甸草原类有1个草地亚类，即山地草甸草原亚类，包括2个草地型。其中铁杆蒿、脚苔草草地型面积最大，为12.52万亩，占该亚类的98.82%，脚苔草、杂类草草地型为0.15万亩，占该亚类的1.18%，见表15-3。

表15-3　兴和县山地草甸草原亚类草地型统计

草原亚类	草地型	草地面积			可利用草地面积		
		面积(万亩)	占该亚类的比例(%)	占全县草地的比例(%)	面积(万亩)	占该亚类可利用面积比例(%)	占全县草地的比例(%)
山地草甸草原亚类	铁杆蒿、脚苔草	12.52	98.82	8.62	11.28	98.86	7.76
	脚苔草、杂类草	0.15	1.18	0.10	0.13	1.14	0.09
	合　计	12.67	100.00	8.72	11.41	100.00	7.85

二、温性典型草原类

温性典型草原类由2个草地亚类组成，即平原丘陵草原亚类和山地草原亚类。

（一）平原丘陵草原亚类

面积为55.15万亩，占温性典型草原类的44.62%。包括11个草地型，其中亚洲百里香、克氏针茅草地型面积最大，为12.29万亩，占该亚类的22.28%；第二位为克氏针茅、亚洲百里香草地型，为10.34万亩，占该亚类的18.75%；第三位为克氏针茅、冷蒿草地型，为8.41万亩，占该亚类的15.25%。平原丘陵草原亚类中克氏针茅为建群种的草地型面积最大，为28.95万亩。见表15-4。

表15-4　兴和县平原丘陵草原亚类草地型统计

草地亚类	草地型	草地面积			可利用草地面积		
		面积(万亩)	占该亚类的比例(%)	占该县草地的比例(%)	面积(万亩)	占该亚类可利用草地面积比例(%)	占该县草地的比例(%)
平原丘陵草原亚类	小叶锦鸡儿、糙隐子草	0.11	0.20	0.08	0.10	0.19	0.07
	冷蒿、克氏针茅	0.17	0.31	0.12	0.16	0.31	0.11
	亚洲百里香、克氏针茅	12.29	22.28	8.46	11.68	22.29	8.04
	亚洲百里香、冷蒿	7.15	12.96	4.92	6.80	12.98	4.68
	亚洲百里香、糙隐子草	2.17	3.93	1.49	2.06	3.93	1.42
	克氏针茅、羊草	0.29	0.53	0.20	0.27	0.52	0.19
	克氏针茅、冷蒿	8.41	15.25	5.79	7.99	15.25	5.50
	克氏针茅、糙隐子草	3.34	6.06	2.30	3.17	6.05	2.18
	克氏针茅、亚洲百里香	10.34	18.75	7.11	9.82	18.74	6.76
	克氏针茅、杂类草	6.57	11.91	4.53	6.25	11.93	4.30
	羊草、糙隐子草	4.31	7.82	2.96	4.09	7.81	2.82
合　计		55.15	100.00	37.96	52.39	100.00	36.07

（二）山地草原亚类

草地面积68.46万亩，占全县温性典型草原类的55.38%。包括3个草地型，其中铁杆蒿、克氏针茅草地型面积最大，为26.68万亩，占该亚类的38.97%，第二位为克氏针茅、杂类草草地型，为23.11万亩，占该亚类的33.76%；面积最小的是虎榛子、克氏针茅草地型，为18.67万亩，占该亚类的27.27%。见表15-5。

表15-5　兴和县山地草原亚类草地型统计

草地亚类	草地型	草地面积			可利用草地面积		
		面积(万亩)	占该亚类的比例(%)	占全县草地的比例(%)	面积(万亩)	占该亚类可利用草地面积比例(%)	占全县草地的比例(%)
山地草原亚类	铁杆蒿、克氏针茅	26.68	38.97	18.37	24.02	38.98	16.54
	克氏针茅、杂类草	23.11	33.76	15.91	20.80	33.75	14.32
	虎榛子、克氏针茅	18.67	27.27	12.85	16.80	27.26	11.56
	合　计	68.46	100.00	47.13	61.62	100.00	42.42

三、低地草甸类

低地草甸类面积为8.98万亩，占全县草地面积的6.18%，其中可利用草地面积为8.03万亩。低地草甸类包括3个草地亚类，即低湿地草甸亚类、盐化低地草甸亚类、沼泽化低地草甸亚类，面积分别为4.02万亩、4.81万亩、0.15万亩，分别占低地草甸类的44.77%、53.56%、1.67%。低湿地草甸亚类包括鹅绒委陵菜、杂类草草地型，寸草苔、中生杂类草草地型，共2个草地型，面积分别为2.39万亩和1.63万亩。见表15-6。

表15-6　兴和县低湿地草甸亚类草地型统计

草地亚类	草地型	草地面积			可利用草地面积		
		面积(万亩)	占该亚类的比例(%)	占全县草地的比例(%)	面积(万亩)	占该亚类可利用草地面积比例(%)	占全县草地的比例(%)
低湿地草甸亚类	鹅绒委陵菜、杂类草	2.39	59.40	1.64	2.27	59.40	1.56
	寸草苔、中生杂类草	1.63	40.60	1.12	1.55	40.60	1.07
	合　计	4.02	100.00	2.77	3.82	100.00	2.63

盐化低地草甸亚类包括8个草地型，其中马蔺、盐生杂类草面积居多，为1.37万亩，占该亚类的28.56%；其次为芦苇、盐生杂类草，面积为1.03万亩，占该亚类的21.45%；第三位是芨芨草、马蔺，面积为0.58万亩，占该亚类的12.14%。其他见表15-7。

表15-7　兴和县盐化低地草甸亚类草地型统计

草地亚类	草地型	草地面积			可利用草地面积		
		面积(万亩)	占该亚类的比例(%)	占全县草地的比例(%)	面积(万亩)	占该亚类可利用草地面积比例(%)	占全县草地的比例(%)
盐化低地草甸亚类	芨芨草、芦苇	0.41	8.50	0.28	0.35	8.50	0.24
	芨芨草、羊草	0.30	6.25	0.21	0.26	6.25	0.18
	芨芨草、马蔺	0.58	12.14	0.40	0.50	12.14	0.34
	芨芨草、碱蓬	0.33	6.93	0.23	0.28	6.93	0.19
	碱茅、盐生杂类草	0.32	6.69	0.22	0.27	6.69	0.19
	芦苇、盐生杂类草	1.03	21.45	0.71	0.87	21.45	0.60
	羊草、盐生杂类草	0.45	9.48	0.30	0.39	9.48	0.27
	马蔺、盐生杂类草	1.37	28.56	0.94	1.17	28.56	0.80
	合　计	4.81	100.00	3.31	4.09	100.00	2.81

沼泽化低地草甸亚类包括1个草地型，即芦苇、湿生杂类草草地型，面积为0.15万亩，占全县草地面积的比例为0.10%。

第三节　草地生产力状况

兴和县天然草地每亩平均干草产量为56.31千克，干草总量为7 513.93万千克，年合理载畜量为4.41万羊单位，平均30.28亩草地可饲养1个羊单位。

单位面积产草量最高的为温性草甸草原类草地，单位面积产草量平均为60.72千克/亩，全年产干草为692.66万千克，产草总量占全县草地产草总量的9.23%，年合理载畜量为0.45万羊单位，平均25.62亩草地可饲养1个羊单位。第二位是低地草甸类草地，单位面积产草量平均为63.73千克/亩，全年产干草为511.63万千克，产草总量占全县草地产草总量的6.81%，年合理载畜量为0.36万羊单位，平均22.38亩草地可饲养1个羊单位。

总产草量最高是温性典型草原类草地，单位面积产草量平均为55.34千克/亩，全年产干草为6 309.64万千克，产草总量占全县草地产草总量的83.97%，年合理载畜量为3.60

万羊单位，平均31.64亩草地可饲养1个羊单位。其中山地草原亚类总产干草量为3 588.55万千克，占该类草地总产量的56.87%。草地类、亚类和草地型生产力见表15-8。

表15-8　兴和县草地类、亚类和草地型干草产量统计

草地类	草地亚类	草地型	单产(千克/亩)	总产干草量(万千克)			载畜量(万羊单位)		
				全年	暖季	冷季	全年	暖季	冷季
		兴和县	56.31	7 513.93	3 842.76	2 429.77	4.41	5.85	3.70
温性草甸草原类	山地草甸草原亚类	铁杆蒿、脚苔草	60.59	682.96	375.63	244.16	0.44	0.57	0.37
		脚苔草、杂类草	72.11	9.70	5.33	3.47	0.01	0.01	0.01
		平　均	60.72	—	—	—	—	—	—
		小　计	—	692.66	380.96	247.63	0.45	0.58	0.38
温性典型草原类	平原丘陵草原亚类	小叶锦鸡儿、糙隐子草	54.01	5.63	2.81	1.69	0.00	0.00	0.00
		冷蒿、克氏针茅	52.02	8.49	4.25	2.55	0.00	0.01	0.00
		亚洲百里香、克氏针茅	52.14	608.78	304.38	182.63	0.34	0.45	0.28
		亚洲百里香、冷蒿	47.86	325.30	162.65	97.59	0.18	0.25	0.15
		亚洲百里香、糙隐子草	55.48	114.36	57.18	34.31	0.06	0.09	0.05
		克氏针茅、羊草	48.96	13.31	6.65	3.99	0.01	0.01	0.01
		克氏针茅、冷蒿	51.60	412.29	206.15	123.69	0.23	0.31	0.19
		克氏针茅、糙隐子草	53.34	169.11	84.56	50.73	0.09	0.13	0.08
		克氏针茅、亚洲百里香	51.71	507.90	253.95	152.37	0.28	0.39	0.23
		克氏针茅、杂类草	53.88	336.48	168.24	100.95	0.19	0.26	0.15
		羊草、糙隐子草	53.64	219.44	109.72	65.83	0.12	0.17	0.10
		平　均	51.94	—	—	—	—	—	—
		小　计	—	2 721.09	1 360.54	816.33	1.50	2.07	1.24
	山地草原亚类	铁杆蒿、克氏针茅	57.60	1 383.67	691.84	449.70	0.81	1.05	0.68
		克氏针茅、杂类草	57.54	1 196.75	598.37	388.94	0.70	0.91	0.60
		虎榛子、克氏针茅	60.01	1 008.13	504.07	327.64	0.59	0.77	0.50

(续)

草地类	草地亚类	草地型	单产(千克/亩)	总产干草量(万千克)			载畜量(万羊单位)		
				全年	暖季	冷季	全年	暖季	冷季
温性典型草原类	山地草原亚类	平　均	58.24	—	—	—	—	—	—
		小　计	—	3 588.55	1 794.28	1 166.28	2.10	2.73	1.78
	平　均		55.34	—	—	—	—	—	—
	小　计		—	6 309.64	3 154.82	1 982.61	3.60	4.80	3.02
低地草甸类	低湿地草甸亚类	鹅绒委陵菜、杂类草	71.50	162.28	97.37	63.30	0.11	0.15	0.10
		寸草苔、中生杂类草	66.67	103.44	62.06	40.34	0.07	0.09	0.06
		平　均	69.54	—	—	—	—	—	—
		小　计	—	265.72	159.43	103.64	0.19	0.24	0.16
	盐化低地草甸亚类	芨芨草、芦苇	57.41	19.93	11.96	7.77	0.01	0.02	0.01
		芨芨草、羊草	40.05	10.23	6.14	3.99	0.01	0.01	0.01
		芨芨草、马蔺	57.70	28.61	17.17	11.16	0.02	0.03	0.02
		芨芨草、碱蓬	54.04	15.30	9.18	5.97	0.01	0.01	0.01
		碱茅、盐生杂类草	53.97	14.75	8.85	5.75	0.01	0.01	0.01
		芦苇、盐生杂类草	59.59	52.23	31.34	20.37	0.04	0.05	0.03
		羊草、盐生杂类草	61.18	23.69	14.21	9.24	0.02	0.02	0.01
		马蔺、盐生杂类草	62.70	73.15	43.89	28.53	0.05	0.07	0.04
		平　均	58.23	—	—	—	—	—	—
		小　计	—	237.89	142.74	92.78	0.17	0.22	0.14
	沼泽化低地草甸亚类	芦苇、湿生杂类草	66.20	8.01	4.81	3.12	0.01	0.01	0.00
		小　计	66.20	8.01	4.81	3.12	0.01	0.01	0.00
	平　均		63.73	—	—	—	—	—	—
	小　计		—	511.63	306.98	199.54	0.36	0.47	0.30

在各乡镇产草量中，店子镇单位面积产草量和产草总量都居最高，单位面积产草量为60.52千克/亩，年产干草总量为1 361.72万千克；单位面积产草量最低是赛乌素镇，为52.36千克/亩；产草总量最低是民族团结乡，全年干草总量为381.13万千克。见表15-9。

表15-9 兴和县乡镇干草产量统计

乡　镇	干草单产 (千克/亩)	全年总产干草量 (万千克)	暖季产干草量 (万千克)	冷季产干草量 (万千克)
全县	56.31	7 513.93	3 842.76	2 429.78
张皋镇	56.95	619.95	315.70	199.61
五股泉乡	56.21	703.14	352.37	222.81
赛乌素镇	52.36	1 010.42	510.80	322.98
民族团结乡	56.35	381.13	196.82	124.45
鄂尔栋镇	55.96	1 104.48	571.90	361.61
店子镇	60.52	1 361.72	710.95	449.53
大同夭乡	59.26	648.31	325.49	205.81
大库联乡	54.05	813.97	410.70	259.69
城关镇	56.57	870.81	448.03	283.29

兴和县各乡镇合理载畜量最高的为店子镇，天然草地全年可承载0.83万羊单位，全年27.40亩草地可饲养1个羊单位；其次为鄂尔栋镇，草地全年可承载0.65万羊单位，30.34亩可饲养1个羊单位。合理载畜量最低的是民族团结乡，全年可承载0.23万羊单位，全年29.97亩可饲养1个羊单位。见表15-10。

表15-10 兴和县乡镇载畜量统计

乡　镇	用草地面积表示载畜量(亩)			用羊单位表示载畜量(万羊单位)		
	全年1个羊单 位需草地面积	暖季1个羊单 位需草地面积	冷季1个羊单 位需草地面积	全年合理 载畜量	暖季合理 载畜量	冷季合理 载畜量
全　县	30.27	10.00	20.27	4.41	5.85	3.70
张皋镇	29.81	9.92	19.89	0.37	0.48	0.31
五股泉乡	30.79	10.22	20.57	0.41	0.54	0.34
赛乌素镇	33.41	10.87	22.54	0.57	0.77	0.49
民族团结乡	29.97	9.89	20.08	0.23	0.30	0.19
鄂尔栋镇	30.34	9.93	20.41	0.65	0.87	0.54
店子镇	27.40	9.21	18.19	0.83	1.08	0.70
大同夭乡	29.01	9.75	19.26	0.38	0.50	0.32
大库联乡	32.55	10.55	22.00	0.46	0.63	0.38
城关镇	29.99	9.89	20.10	0.51	0.68	0.43

第四节　草地资源等级综合评价

一、草地等的评价及特点

兴和县草地等级包括Ⅰ等、Ⅱ等、Ⅲ等、Ⅳ等。在草地等的排序中，Ⅲ等草地面积59.31万亩，占全县草地面积的40.83%；Ⅳ等草地面积42.92万亩，占全县草地面积的29.55%；Ⅱ等草地38.51万亩，占全县草地面积的26.51%；Ⅰ等草地面积4.52万亩，占全县草地面积的3.11%。

Ⅰ等草地分布于城关镇、鄂尔栋镇、民族团结乡、五股泉乡，其中面积最大的是鄂尔栋镇，面积为4.20万亩，占Ⅰ等草地面积的92.92%；Ⅱ等草地、Ⅲ等草地、Ⅳ等草地各乡镇均有分布，Ⅱ等草地面积较多的为大库联乡、赛乌素镇，面积分别为10.42万亩、9.96万亩，占Ⅱ等草地面积比例分别为27.06%、25.86%。Ⅲ等草地和Ⅳ等草地见表15–11。

表15–11　兴和县乡镇草地等评定统计

项　目	Ⅰ等		Ⅱ等		Ⅲ等		Ⅳ等	
	面积（万亩）	占该等总面积的比例（%）	面积（万亩）	占该等总面积的比例（%）	面积（万亩）	占该等总面积的比例（%）	面积（万亩）	占该等总面积的比例（%）
城关镇	0.03	0.66	3.60	9.35	11.39	19.2	1.7	3.96
大库联乡	—	—	10.42	27.06	1.66	2.80	4.12	9.60
大同夭乡	—	—	0.11	0.29	9.70	16.35	2.48	5.78
店子镇	—	—	0.66	1.71	11.49	19.37	13.20	30.75
鄂尔栋镇	4.20	92.92	6.19	16.07	5.84	9.85	5.01	11.67
民族团结乡	0.14	3.10	2.87	7.45	2.75	4.64	1.62	3.77
赛乌素镇	0.00	0.00	9.96	25.86	9.94	16.76	0.93	2.17
五股泉乡	0.15	3.32	3.55	9.22	4.44	7.49	5.60	13.05
张皋镇	—	—	1.15	2.99	2.1	3.54	8.26	19.25

二、草地级的评价及特点

全县草地级均为6级草地，亩产干草79~40千克。

三、草地综合评价

根据草地等和草地级组合的综合评定显示，兴和县草地总体以中质中产草地为主，草地面积为102.23万亩，占全县草地面积的70.38%；优质中产草地面积为43.03万亩，占全县草地面积的29.62%。见表15-12、图15-1。

表15-12　兴和县草地等级组合评定统计

综合评价		6级中产草地	
		面积(万亩)	占全县草地面积的比例(%)
优质(万亩)	I	4.52	3.11
	II	38.51	26.51
中质(万亩)	III	59.31	40.83
	IV	42.92	29.55
合　计		145.26	100.00

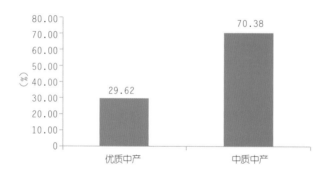

图15-1　兴和县草地等级组合评定统计

第五节　草地退化、盐渍化状况

经制图和数据统计结果显示，兴和县草地退化和盐渍化面积为143.09万亩，占全县草地总面积的98.51%；其中草地退化面积为138.31万亩，占全县退化、盐渍化草地面积的96.66%；盐渍化草地面积为4.78万亩，占全县退化、盐渍化草地面积的3.34%。见表15-13。

在草地退化中，以轻度退化为主，面积为96.49万亩，占全县退化、盐渍化草地面积的67.43%；重度退化面积为5.25万亩，占全县退化、盐渍化草地面积的3.67%。从各乡镇看，退化、盐渍化草地占本乡镇草地面积比例在100%的有大库联乡、鄂尔栋镇、赛乌素镇、五股泉乡、张皋镇，其他乡镇占比均在96%以上。中度和重度退化、盐渍化草地占本乡镇退化、盐渍化草地比例最高的是五股泉乡，占比为47.96%。见表15-14。

表15-13　兴和县草地退化、盐渍化统计

项　目		面积(万亩)	占全县草地面积比例（%）	占全县草地退化、盐渍化比例（%）
全县草地面积		145.26	100.00	—
未退化、未盐渍化草地面积		2.17	1.49	—
草地退化、盐渍化合计		143.09	98.51	100.00
退化草地	轻度	96.49	66.43	67.43
	中度	36.57	25.18	25.56
	重度	5.25	3.61	3.67
	小计	138.31	95.22	96.66
盐渍化草地	轻度	2.31	1.59	1.62
	中度	0.65	0.45	0.45
	重度	1.82	1.25	1.27
	小计	4.78	3.29	3.34

表15-14　兴和县乡镇草地退化、盐渍化统计

乡　镇	草地面积(万亩)	退化、盐渍化草地面积(万亩)	退化、盐渍化草地占本乡镇草地面积比例（%）	轻度(万亩)	中度(万亩)	重度(万亩)	中度和重度草地退化、盐渍化草地占本乡镇退化、盐渍化草地面积比例(%)
城关镇	16.72	16.19	96.83	10.51	3.56	2.12	35.08
大库联乡	16.20	16.20	100.00	8.91	7.00	0.29	45.00
大同夭乡	12.29	11.86	96.50	9.07	2.31	0.48	23.52
店子镇	25.35	24.40	96.25	22.95	1.38	0.07	5.94
鄂尔栋镇	21.24	21.24	100.00	15.64	5.04	0.56	26.37
民族团结乡	7.38	7.12	96.48	4.64	1.87	0.61	34.83
赛乌素镇	20.83	20.83	100.00	11.09	7.54	2.20	46.76
五股泉乡	13.74	13.74	100.00	7.15	6.33	0.26	47.96
张皋镇	11.51	11.51	100.00	8.84	2.19	0.48	23.20
合　计	145.26	143.09	98.51	98.80	37.22	7.07	30.95

退化草地面积占本乡镇草地退化、盐渍化比例最高的是五股泉乡，为99.20%；占比最小的是团结乡，占本乡镇退化、盐渍化的92.42%。盐渍化草地面积最大的是赛乌素镇，为1.19万亩，占本乡镇退化、盐渍化比例为5.71%。见表15-15。

表15-15　兴和县乡镇草地退化、盐渍化统计

乡　镇	退化、盐渍化草地面积（万亩）	退化草地		盐渍化草地	
		面积（万亩）	占本乡镇退化、盐渍化比例(%)	面积（万亩）	占本乡镇退化、盐渍化比例(%)
城关镇	16.19	15.63	96.54	0.56	3.46
大库联乡	16.20	15.47	95.49	0.73	4.51
大同夭乡	11.86	11.55	97.39	0.31	2.61
店子镇	24.40	24.92	98.44	0.38	1.56
鄂尔栋镇	21.24	20.82	98.02	0.42	1.98
民族团结乡	7.12	6.58	92.42	0.54	7.58
赛乌素镇	20.83	19.64	94.29	1.19	5.71
五股泉乡	13.74	13.63	99.20	0.11	0.80
张皋镇	11.51	10.97	95.31	0.54	4.69

第十六章 集宁区草地资源

第一节 草地资源概况

一、地理位置及基本情况

集宁区是乌兰察布市的市辖区，也是乌兰察布市人民政府的所在地。地处阴山山脉灰腾梁南麓，地理位置为北纬40°57′~41°13′，东经113°00′~113°11′，四界与察哈尔右翼前旗接壤。自古以来就是我国北方重要的军事要塞和商品集散地，是丝绸之路和草原茶马古道的重要组成部分，先后经历了集宁路、集宁县、集宁市、集宁区四种建制变更,距今已有800多年历史。辖区总面积526.5千米²，总人口40多万人，是一个以蒙古族为主体、汉族居多数的地区，居住着蒙、回、满、藏等16个少数民族。

集宁区辖1个城区、1镇、1乡，即集宁城区、白海镇、马莲渠乡。

集宁区处于阴山山脉东端南麓，黄旗海盆地。全境北高南低，海拔最高1 494米，最低1 340米，平均1 417米，南部地势较平，整个地形呈西高东低，地貌总体为低山丘陵、高平台地、倾斜平原、河谷凹地四种基本类型。土壤类型以栗钙土为主。壤质土占93.7%，在壤质地中沙壤土占多数，黏质土仅占1.65%。

集宁区属东亚中纬度大陆性季风气候区，由于常受西伯利亚冷空气的侵袭，冬季较为寒冷。其基本特点是：气温变化急剧，忽冷忽热，昼夜温差悬殊；风强而频繁，春季更为严重；降水量少，雨季多集中在7—8月份；冬季长而夏季短；是典型的大陆性气候特征，同时受东亚季风影响和山地丘陵区地形影响，冬季属非典型季风区，即夏季多偏东风，冬季多西北风。年平均气温3~4℃，最低气温−32.4℃，最高气温33.5℃，年平均降水量373.2毫米，平均蒸发量1 787.7毫米。年平均日照量3 130.8小时，日最大积雪深度30厘米，最大冻深度1.91米。每年11月至第二年3月为严寒期，谷雨至秋分110天，120天是植物生长期。由霜降至第二年春约150天为冻结期。无霜期126天。常年主导风向是西南西风，盛行风向为西北风，年平均风速3.2米/秒。

集宁区位于黄旗海流域北部，有泉玉岭河、霸王河及尼旦河，三条河的流域面积共4 360.4千米²。泉玉岭河发源于察哈尔右翼中旗境内，全长约105千米，区内长约40

千米，流域区面积为 1 980.0 千米 ²。霸王河发源于卓资县境内，全长约 93 千米，区内长约 22 千米，流域面积 2 959.4 千米 ²。尼旦河距集宁城区北约 11.0 千米处，属黄旗海流域，控制流域面积 1 421.0 千米 ²。地下水资源主要分布在西北部丘陵区、南部的山前倾斜平原。据勘探，地下水静储量 21 740 万吨，调节量 2 184 万吨，动储量 161 630 吨/昼夜，补给量 24 085 米 ³/天，可开采总量 11.4 万吨/昼夜。此外，还有正在勘探的马莲滩水源，泉玉林水库，均可做城市补充水源。

二、草地资源状况

集宁区天然草地面积为 22.04 万亩，占乌兰察布市天然草地面积的 0.42%；草地可利用面积为 20.73 万亩。各乡镇的草地面积最大的为马莲渠乡，面积为 14.59 万亩，占该区天然草地面积的 66.20%，草地面积最小的是集宁城区，为 1.65 万亩，占该区草地面积的 7.49%。见表 16-1。

表16-1　集宁区各乡镇天然草地（可利用草地）面积统计

乡　镇	草地面积		可利用面积	
	面积（万亩）	乡镇占该区草地面积比例（%）	面积（万亩）	乡镇占该区草地面积比例（%）
集宁城区	1.65	7.49	1.51	6.85
马莲渠乡	14.59	66.20	13.77	62.43
白海子镇	5.80	26.31	5.45	24.73
合　计	22.04	100.00	20.73	94.01

集宁区天然草地由2个草地类组成，共有5个草地亚类，24个草地型。温性典型草原类面积最大，为18.79万亩，占该区草地面积的85.25%；低地草甸类面积为3.25万亩，占该区草地面积的14.75%。见表16-2。

表16-2　集宁区乡镇草地类面积统计

乡　镇	温性典型草原类		低地草甸类	
	面积（万亩）	占该类草地面积比例（%）	面积（万亩）	占该类草地面积比例（%）
集宁城区	0.53	2.82	1.12	34.46
马莲渠乡	13.55	72.11	1.04	32.00
白海子镇	4.71	25.07	1.09	33.54

第二节　草地类型分布规律及特征

一、温性典型草原类

温性典型草原类由 2 个草地亚类组成，即平原丘陵草原亚类和山地草原亚类。

(一) 平原丘陵草原亚类

草地面积共 17.50 万亩，占该区温性典型草原类面积的 93.13%，包括 14 个草地型。其中克氏针茅、糙隐子草草地型面积最大，为 5.31 万亩，占该亚类的 30.34%；第二位为克氏针茅、羊草草地型，为 2.56 万亩，占该亚类的 14.63%；第三位为亚洲百里香、克氏针茅草地型，为 2.44 万亩，占该亚类的 13.94%。见表 16-3。

表16-3　集宁区平原丘陵草原亚类草地型统计

草地亚类	草地型	草地面积			可利用面积		
		面积(万亩)	占该亚类的比例(%)	占该区草地的比例(%)	面积(万亩)	占该亚类可利用面积比例(%)	占该区草地的比例(%)
平原丘陵草原亚类	小叶锦鸡儿、克氏针茅	0.37	2.11	1.68	0.35	2.11	1.59
	亚洲百里香、克氏针茅	2.44	13.94	11.07	2.32	13.96	10.53
	亚洲百里香、冷蒿	0.62	3.54	2.81	0.59	3.55	2.68
	亚洲百里香、糙隐子草	1.64	9.37	7.44	1.56	9.39	7.08
	达乌里胡枝子、杂类草	0.60	3.43	2.72	0.57	3.43	2.59
	克氏针茅、羊草	2.56	14.63	11.62	2.43	14.62	11.03
	克氏针茅、糙隐子草	5.31	30.34	24.09	5.05	30.39	22.91
	克氏针茅、亚洲百里香	1.80	10.29	8.17	1.71	10.29	7.76
	克氏针茅、杂类草	1.62	9.26	7.35	1.54	9.27	6.99
	羊草、克氏针茅	0.00	0.00	0.00	0.00	0.00	0.00
	羊草、冷蒿	0.23	1.31	1.04	0.22	1.32	1.00
	冰草、禾草、杂类草	0.06	0.34	0.27	0.05	0.30	0.23
	糙隐子草、小半灌木	0.11	0.63	0.50	0.10	0.60	0.45
	糙隐子草、杂类草	0.14	0.81	0.64	0.13	0.78	0.59
	合　计	17.50	100.00	79.40	16.62	100.00	75.41

（二）山地草原亚类

草地面积 1.29 万亩，占温性典型草原类的 6.87%。包括 2 个草地型，柄扁桃、克氏针茅草地型和克氏针茅、杂类草草地型，面积分别为 0.74 万亩和 0.55 万亩，分别占该亚类的 57.36% 和 42.64%。见表 16-4。

表16-4　集宁区山地草原亚类草地型统计

草地亚类	草地型	草地面积			可利用面积		
		面积（万亩）	占该亚类的比例（%）	占该区草地的比例（%）	面积（万亩）	占该亚类可利用面积比例（%）	占该区草地的比例（%）
山地草原亚类	柄扁桃、克氏针茅	0.74	57.36	3.36	0.67	57.26	3.04
	克氏针茅、杂类草	0.55	42.64	2.50	0.50	42.74	2.27
	合　计	1.29	100.00	5.86	1.17	100.00	5.31

二、低地草甸类

低地草甸类面积为 3.25 万亩，占本区草地面积的 14.75%，其中可利用面积为 2.91 万亩。低地草甸类包括 3 个草地亚类，即低湿地草甸亚类、盐化低地草甸亚类和沼泽化低地草甸亚类，面积分别为 0.93 万亩、2.07 万亩、0.25 万亩，分别占低地草甸类的 28.62%、63.69%、7.69%。

低湿地草甸亚类包括 1 个草地型，即羊草、中生杂类草草地型，面积为 0.93 万亩。盐化低地草甸亚类包括 5 个草地型，其中羊草、盐生杂类草草地型面积最大，为 1.64 万亩，占该亚类的 79.23%；其次为马蔺、盐生杂类草草地型，面积为 0.19 万亩，占该亚类的 9.18%。其他见表 16-5。

表16-5　集宁区盐化低地草甸亚类草地型统计

草地亚类	草地型	草地面积			可利用草地面积		
		面积（万亩）	占该亚类的比例（%）	占该区草地的比例（%）	可利用面积（万亩）	占该亚类可利用面积比例（%）	占该区草地的比例（%）
盐化低地草甸亚类	芨芨草、羊草	0.08	3.86	0.36	0.08	4.26	0.36
	芨芨草、马蔺	0.06	2.90	0.27	0.06	3.19	0.27
	芦苇、盐生杂类草	0.10	4.83	0.45	0.09	4.79	0.41
	羊草、盐生杂类草	1.64	79.23	7.44	1.48	78.72	6.72
	马蔺、盐生杂类草	0.19	9.18	0.86	0.17	9.04	0.77
	合　计	2.07	100.00	9.38	1.88	100.00	8.53

沼泽化低地草甸亚类包括2个草地型，芦苇、湿生杂类草草地型，灰脉苔草、湿生杂类草草地型，面积分别为0.21万亩、0.04万亩，占该亚类的比例分别为84.00%、16.00%。见表16-6。

表16-6　集宁区沼泽化低地草甸亚类草地型统计

草地亚类	草地型	草地面积			可利用面积		
		面积(万亩)	占该亚类的比例(%)	占该区草地的比例(%)	可利用面积(万亩)	占该亚类可利用面积比例(%)	占该区草地的比例(%)
沼泽化低地草甸亚类	芦苇、湿生杂类草	0.21	84.00	0.95	0.17	85.00	0.77
	灰脉苔草、湿生杂类草	0.04	16.00	0.18	0.03	15.00	0.14
	合　计	0.25	100.00	1.13	0.20	100.00	0.91

第三节　草地生产力状况

集宁区天然草地平均每亩干草产量为43.30千克，干草总量为897.57万千克，年合理载畜量为0.52万羊单位，平均39.86亩草地可饲养1个羊单位。

单位面积产草量最高的是低地草甸类草地，单位面积产草量平均为51.30千克/亩，全年产干草为151.13万千克，产草总量占该区草地产草总量的16.84%，年合理载畜量为0.11万羊单位，平均27.80亩草地可饲养1个羊单位。总产草量最高的为温性典型草原，年产干草为746.44万千克，占该区草地总产量的83.16%，其中平原丘陵草原亚类总产量最高，为699.06万千克，占该类草地总产量的93.65%。草地亚类和草地型生产力见表16-7。

表16-7　集宁区草地类、亚类、草地型干草产量统计

草地类	草地亚类	草地型	单产(千克/亩)	总产干草量(万千克)			载畜量(万羊单位)		
				全年	暖季	冷季	全年	暖季	冷季
		集宁区	43.30	897.57	463.90	283.50	0.52	0.71	0.43
温性典型草原类	平原丘陵草原亚类	小叶锦鸡儿、克氏针茅	43.28	15.08	7.54	4.52	0.01	0.01	0.01
		亚洲百里香、克氏针茅	37.33	86.51	43.25	25.95	0.05	0.07	0.04
		亚洲百里香、冷蒿	46.69	27.58	13.79	8.27	0.02	0.02	0.01
		亚洲百里香、糙隐子草	43.88	68.36	34.18	20.51	0.04	0.05	0.03
		达乌里胡枝子、杂类草	53.96	30.60	15.30	9.18	0.02	0.02	0.01
		克氏针茅、羊草	46.13	112.10	56.05	33.63	0.06	0.09	0.06
		克氏针茅、糙隐子草	42.17	212.85	106.41	63.85	0.10	0.17	0.11
		克氏针茅、亚洲百里香	33.45	57.10	28.55	17.13	0.03	0.04	0.03
		克氏针茅、杂类草	42.47	65.32	32.67	19.60	0.04	0.05	0.03
		羊草、克氏针茅	37.09	0.01	0.00	0.00	0.00	0.00	0.00
		羊草、冷蒿	43.66	9.68	4.84	2.90	0.01	0.01	0.00
		冰草、禾草、杂类草	50.24	2.73	1.37	0.82	0.00	0.00	0.00
		糙隐子草、小半灌木	46.16	4.87	2.44	1.22	0.00	0.00	0.00
		糙隐子草、杂类草	46.27	6.27	3.14	1.57	0.00	0.00	0.00
		平　均	42.06	—	—	—			
		小　计	—	699.06	349.53	209.16	0.38	0.53	0.32
	山地草原亚类	柄扁桃、克氏针茅	39.42	26.30	13.15	8.55	0.02	0.02	0.01
		克氏针茅、杂类草	42.58	21.09	10.54	6.85	0.01	0.02	0.01
		平　均	40.76	—	—	—			
		小　计	—	47.38	23.69	15.40	0.03	0.04	0.02
	平　均		41.97	—	—	—			
	小　计			746.44	373.22	224.56	0.41	0.57	0.34
低地草甸类	低湿地草甸亚类	羊草、中生杂类草	55.37	49.02	29.41	19.12	0.03	0.04	0.03
		小　计	55.37	49.02	29.41	19.12	0.03	0.04	0.03
	盐化低地草甸亚类	芨芨草、羊草	57.10	4.31	2.59	1.68	0.00	0.00	0.00
		芨芨草、马蔺	54.80	3.07	1.84	1.20	0.00	0.00	0.00
		芦苇、盐生杂类草	53.76	4.65	2.79	1.82	0.00	0.00	0.00
		羊草、盐生杂类草	49.66	73.27	43.96	28.57	0.07	0.08	0.05
		马蔺、盐生杂类草	39.31	6.57	3.94	2.56	0.00	0.01	0.00
		平　均	49.38	—	—	—			
		小　计	—	91.87	55.12	35.83	0.07	0.09	0.05
	沼泽化低地草甸亚类	芦苇、湿生杂类草	50.18	8.46	5.08	3.30	0.01	0.01	0.01
		灰脉苔草、湿生杂类草	56.52	1.78	1.07	0.69	0.00	0.00	0.00
		平　均	51.18	—	—	—			
		小　计	—	10.24	6.15	3.99	0.01	0.01	0.01
	平　均		51.30	—	—	—			
	小　计		—	151.13	90.68	58.94	0.11	0.14	0.09

在各乡镇产草量中，集宁城区单位面积产草量最高，为48.54千克/亩，但总产干草量最低，为73.39万千克。年产草总量最高的为马莲渠乡，年产干草总量为569.59万千克，单位面积产草量为41.40千克/亩。见表16-8。

表16-8　集宁区乡镇干草产量统计

乡　镇	干草单产 (千克/亩)	全年总产干草量 (万千克)	暖季产干草量 (万千克)	冷季产干草量 (万千克)
马莲渠乡	41.40	569.59	290.06	176.63
集宁城区	48.54	73.39	42.38	26.75
白海子镇	47.21	257.41	134.56	82.40

集宁区各乡镇合理载畜量最高的是马莲渠乡，天然草地全年可承载0.32万羊单位，全年42.41亩草地可饲养1个羊单位；其次为白海子镇，草地全年可承载0.15万羊单位，36.10亩可饲养1个羊单位。见表16-9。

表16-9　集宁区乡镇载畜量统计

乡　镇	用草地面积表示载畜量(亩)			用羊单位表示载畜量(万羊单位)		
	全年1个羊单位需草地面积	暖季1个羊单位需草地面积	冷季1个羊单位需草地面积	全年合理载畜量	暖季合理载畜量	冷季合理载畜量
马莲渠乡	42.41	13.67	28.74	0.32	0.44	0.27
集宁城区	31.17	10.29	20.88	0.05	0.06	0.04
白海子镇	36.10	11.67	24.43	0.15	0.20	0.13

第四节　草地资源等级综合评价

一、草地等的评价及特点

集宁区草地等级包括Ⅰ等、Ⅱ等、Ⅲ等、Ⅳ等，其中Ⅱ等草地最多，面积为15.00万亩，占该区草地面积的68.06%；第二位为Ⅲ等草地，面积为5.97万亩，占该区草地面积的27.09%；第三位为Ⅰ等草地，面积为0.66万亩，占该区草地面积的2.99%；Ⅳ等草地面积最小，为0.41万亩，占该区草地面积的1.86%。见表16-12。

Ⅰ等草地和Ⅳ等草地分布于白海子镇、马莲渠乡；Ⅱ等、Ⅲ等草地分布于各乡镇区，见表16-10。

表16-10　集宁区乡镇草地等评定统计

乡　镇	Ⅰ等		Ⅱ等		Ⅲ等		Ⅳ等	
	面积（万亩）	占该等总面积的比例(%)	面积（万亩）	占该等总面积的比例(%)	面积（万亩）	占该等总面积的比例(%)	面积（万亩）	占该等总面积的比例(%)
集宁城区	—	—	0.58	3.87	1.07	17.92	—	—
白海子镇	0.24	36.36	4.44	29.60	1.04	17.42	0.08	19.51
马莲渠乡	0.42	63.64	9.98	66.53	3.86	64.66	0.33	80.49

二、草地级的评价及特点

集宁区草地级包括6级草地和7级草地，马莲渠乡的6级和7级草地面积相对较大，分别为9.70万亩和4.89万亩，分别占该级草地面积的57.88%和92.61%。见表16-11。

表16-11　集宁区乡镇草地草地级的评价

草地级	6级		7级	
	面积（万亩）	占该级总面积的比例（%）	面积（万亩）	占该级总面积的比例（%）
集宁城区	1.43	8.53	0.22	4.17
白海子镇	5.63	33.59	0.17	3.22
马莲渠乡	9.70	57.88	4.89	92.61

三、草地等级综合评价

根据草地等和草地级组合的综合评定显示，集宁区优质中产草地面积为13.62万亩，占该区草地面积的61.80%；优质低产草地面积为2.04万亩，占该区草地面积的9.25%；中质低产草地面积为3.24万亩，占该区草地面积的14.70%；中质中产草地面积为3.14万亩，占该区草地面积的14.25%。见表16-12、图16-1。

表16-12　集宁区草地等级组合评定统计

综合评价		合　计		中产草地6级		低产草地7级	
		面积 (万亩)	占该区草地面积 的比例(%)	面积 (万亩)	占该区草地面积 的比例(%)	面积 (万亩)	占该区草地面积 的比例(%)
优质	Ⅰ	0.66	2.99	0.65	2.95	0.01	0.04
	Ⅱ	15.00	68.06	12.97	58.85	2.03	9.21
中质	Ⅲ	5.97	27.09	2.73	12.39	3.24	14.70
	Ⅳ	0.41	1.86	0.41	1.86	—	—
合　计		22.04	100.00	16.76	76.05	5.28	23.95

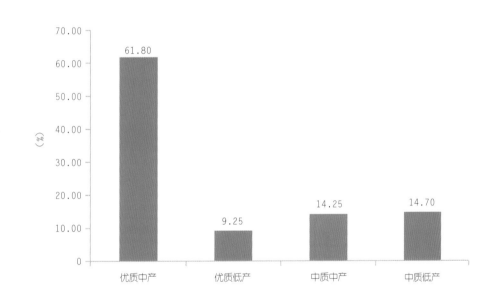

图16-1　集宁区草地等级组合评定统计

第五节　草地退化、盐渍化状况

　　根据野外调查数据和室内制图统计结果显示，集宁区草地退化和盐渍化面积为21.80万亩，占该区草地总面积的98.91%；其中，草地退化面积为19.27万亩，占该区退化、盐渍化草地面积的88.39%；盐渍化草地面积为2.53万亩，占该区退化、盐渍化草地面积的11.61%。见表16-13。

表16-13 集宁区草地退化、盐渍化统计

项 目		面积(万亩)	占该区草地面积比例(%)	占该区草地退化、盐渍化比例(%)
草地面积		22.04	100.00	—
未退化、未盐渍化草地面积		0.24	1.09	—
草地退化、盐渍化合计		21.80	98.91	100.00
退化草地	轻度退化	9.22	41.83	42.29
	中度退化	8.05	36.53	36.93
	重度退化	2.00	9.07	9.17
	小 计	19.27	87.43	88.39
盐渍化草地	轻度盐渍化	1.09	4.95	5.00
	中度盐渍化	1.32	5.99	6.06
	重度盐渍化	0.12	0.54	0.55
	小 计	2.53	11.48	11.61

在草地退化中，以轻度退化为主，面积为9.22万亩，占该区退化、盐渍化草地面积的42.29%；中度退化面积为8.05万亩，占该区退化、盐渍化草地面积的36.93%；重度退化面积为2.00万亩，占该区退化、盐渍化草地面积的9.17%。中度盐渍化草地面积为1.32万亩，占该区退化、盐渍化草地面积的6.06%；重度盐渍化面积为0.12万亩，占该区退化、盐渍化草地面积的0.55%。

从乡镇看，退化、盐渍化草地占本乡镇草地面积都在98%以上，可见集宁区草地退化、盐渍化现象严重。中度和重度草地退化、盐渍化草地占本乡镇退化、盐渍化草地面积比例最高的是集宁城区，占73.33%。见表16-14。

表16-14 集宁区乡镇草地退化、盐渍化统计

乡 镇	草地面积(万亩)	退化、盐渍化草地面积(万亩)	退化、盐渍化占本乡镇草地面积比例(%)	草地退化、盐渍化分级			中度和重度草地退化、盐渍化草地占本乡镇退化、盐渍化草地面积比例(%)
				轻度(万亩)	中度(万亩)	重度(万亩)	
集宁城区	1.65	1.65	100.00	0.44	0.95	0.26	73.33
白海子镇	5.80	5.71	98.45	2.20	2.72	0.79	61.47
马莲渠乡	14.59	14.44	98.97	7.67	5.70	1.07	46.89

从表16-15看，退化草地面积占本乡镇退化、盐渍化比例最高的是马莲渠乡，面积为13.64万亩，占本乡镇退化、盐渍化比例为94.46%；盐渍化草地占本乡镇退化、盐渍化比例最高的是集宁城区，面积为1.03万亩，占本乡镇退化、盐渍化比例62.42%。

表16-15　集宁区乡镇草地退化、盐渍化统计

乡　镇	退化、盐渍化草地面积(万亩)	退化草地		盐渍化草地	
		面积(万亩)	占本乡镇退化、盐渍化比例(%)	面积(万亩)	占本乡镇退化、盐渍化比例(%)
集宁城区	1.65	0.62	37.58	1.03	62.42
白海子镇	5.71	5.01	87.74	0.70	12.26
马莲渠乡	14.44	13.64	94.46	0.80	5.54

第三部分　乌兰察布市草地鼠虫害

第十七章　草地鼠虫害

第一节　草地鼠虫灾害概述

草地资源的不合理开发和利用必然会影响到草地生态系统内部各组分，包括鼠虫及其天敌等赖以生存的环境条件。处于干旱和半干旱气候的草地本已较为脆弱，由于长期掠夺式利用造成草地退化和沙化，致使草地生态环境更加严酷，而适于这种生境的某些鼠虫得到发展，形成生物灾害。鼠虫灾害不仅表现在草地植被及其生境的退化和沙化，而且表现在许多河流断流、湖泊干涸，甚至有些珍稀动物被迫迁徙或面临灭绝。天敌的减少，为鼠虫的暴发创造了有利条件，从而加剧了草地生态环境的恶化。

近年来草地鼠虫害时常暴发成灾且有愈演愈烈之势，不仅给乌兰察布市草地畜牧业生产的稳定发展造成了极大危害，同时对草地生态环境和可持续发展构成严重威胁。草地是鼠虫的栖息地，草地退化、沙化与鼠虫害互为因果，相互作用，使鼠虫害的危害程度日益加重。目前，全市中度和重度草地退化、沙化、盐渍化面积占草地"三化"面积近50%，部分旗县市区草地"三化"面积占草地面积比例已达到了99%以上。2000年至2017年全市草地鼠害危害累计面积为4 535.10万亩；虫害危害累计面积为19 694.45万亩。鼠虫啃食大量牧草且多为优质牧草。鼠类挖洞破坏草根、翻土埋压牧草，破坏草皮，当鼠类种群数量激增后，严重破坏草地植被和土壤并引发草地风蚀和水土流失。有些虫类啃食牧草根茎叶致使牧草枯死，使草地减产引起牲畜缺草，并导致土壤水分丧失和植被退化演替。

草地鼠虫害防治是控制草地退化、沙化，保护草地资源，维护生态平衡，发展畜牧业的一项战略举措。草原防治鼠虫害工作从20世纪70年代末、80年代初开始正式成为草地工作的一个重要组成部分。随着《中华人民共和国草原法》的颁布实施，草地治虫灭鼠工作纳入法制管理的轨道。每年中央及地方财政拿出一定数额的经费支持治鼠灭虫。1988年，原农牧渔业部先后发布了《草原治虫灭鼠实施规定》和《草原鼠虫害预测预报规程》。防治方法从单一化学灭治法发展到结合生物制剂及天敌防治的综合方法，防治用化学农药也朝着高效低毒、低残留方向发展。近年来除采用灭杀措施减少鼠虫种群数量或推迟鼠虫害恢复周期外，还采取生态恢复调控技术，应用降低草地利用强度、封育草地、季节性禁牧和休牧等恢复植被的措施，为保护天敌、减少鼠虫危害，创造了良好条件。

随着国家、自治区草原鼠虫害监测预警及防治体系的完善，乌兰察布市也建立了草地鼠虫害监测预警、综合防治体系。多年来，坚持生物防治为主、化学防治为辅的综合防治原则，减小了草原鼠虫害的危害程度，对维护草原生态环境、改善畜牧业生产条件起到了积极的作用。

第二节　草地鼠害状况及防治

一、草地鼠害的种类及分布

乌兰察布市草地鼠类主要有长爪沙鼠、达乌尔黄鼠、中华鼢鼠、布氏田鼠，近年来成灾的鼠类以长爪沙鼠、达乌尔黄鼠、中华鼢鼠为主。

长爪沙鼠是一种小型草原动物，分布在内蒙古自治区及其毗邻的省区。长爪沙鼠为非冬眠动物，主要昼间出洞活动，夏季活动最为频繁，中午避居洞穴。刮风和温度对其活动的影响较大。一般4级风以上出洞活动明显减少。长爪沙鼠食性比较复杂，主要吃草本植物的种子、叶和茎。9月至翌年4月，以植物种子为主，5—8月以茎叶为主。糜子、谷子、高粱等粮食以及苍耳、盐蒿等植物的种子都是其盗食的对象。此外还采食苦菜、盐蒿、大籽蒿的茎叶。

达乌尔黄鼠别名黄鼠、蒙古黄鼠、草原黄鼠、豆鼠子、大眼贼。分布于我国北部草原和半荒漠干旱地区。以植物性食物为主，主要取食植物种子和茎叶，秋季也常捕食昆虫、青蛙和小型鼠类等。春季出蛰后以蒿类的根茎为食，喜食蒙古葱、猪毛菜、阿尔泰狗娃花、冷蒿、乳白花黄芪，不取食禾本科植物如针茅、冰草、羊草等。成年黄鼠平均日食鲜草160.8克（干重41.57克），通常栖息在典型草原区及其毗连的滩地上。黄鼠密度依季节变化和食物条件为转移，立夏阶段，一部分鼠迁往耕地，到秋季作物成熟又迁至原住地。早春荒滩地内多，到春末夏初有半数迁入农田或临近路边。

中华鼢鼠终年营地下生活，广泛栖息于农田、草原、山坡及河漫滩等处，尤其在土壤疏松而潮湿的阶地、坡地、沟谷等植被茂密的地区以及牧草生长良好的草原上数量最多。

布氏田鼠别称沙黄田鼠、草原田鼠、白兰其田鼠、布兰德特田鼠，它是我国北方典型草原鼠种，分布于内蒙古东部和中部、吉林白城子、河北北部坝上等地。分布基本限于典型草原区及其周边农牧交界区，主要分布在季节河两侧，特点是避开山丘、季节河河床和芨芨草滩。群居，多栖息于植被退化的草场。喜食冷蒿、多根葱、隐子草、锦鸡儿、冰草及苔草等。食性有季节变化，在植物生长季节以植物茎叶为主要食物，洞口前会留下食物残余。春秋季节嗜食种子，夏季成鼠平均日食鲜草量为38克（干重14.5克）。不冬眠。在8月下旬或9月初开始储粮，此时土丘可见大量浮土和霉草。主要在白天活动，春季以10-16时为活动高峰，夏季活动避开烈日高温。

二、草地鼠害发生状况

根据2000年至2017年动态数据分析，18年间，全市鼠害年平均危害面积为251.95万亩，年平均严重危害面积达153.9万亩。2013年鼠害危害面积最大，达592.00万亩，占全市草地面积的11.27%；严重危害面积达190.20万亩，占全市草地面积的3.62%；严重危害面积最大的年份为2012年，全市严重危害面积达236.00万亩，占全市草地面积的4.49%。见表17-1和图17-1。

表17-1　2000—2017年全市草地鼠害危害情况统计

年　份	危害面积 （万亩）	危害面积占全市 草地面积比例(%)	严重危害面积 （万亩）	严重危害面积占 全市草地面积比例(%)
2000	107.00	2.04	—	—
2001	113.00	2.15	—	—
2002	75.00	1.43	—	—
2003	117.00	2.23	—	—
2004	180.00	3.43	—	—
2005	256.00	4.87	151.00	2.88
2006	239.00	4.55	—	—
2007	210.00	4.00	100.00	1.90
2008	267.00	5.08	149.00	2.84
2009	395.00	7.52	203.00	3.87
2010	297.00	5.66	166.00	3.16
2011	324.00	6.17	213.00	4.06
2012	525.00	10.00	236.00	4.49
2013	592.00	11.27	190.20	3.62
2014	188.40	3.59	78.20	1.49
2015	277.50	5.28	171.00	3.26
2016	172.50	3.28	88.80	1.69
2017	199.70	3.80	100.60	1.92

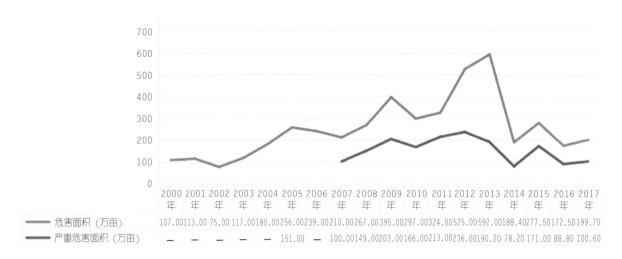

	2000年	2001年	2002年	2003年	2004年	2005年	2006年	2007年	2008年	2009年	2010年	2011年	2012年	2013年	2014年	2015年	2016年	2017年
危害面积（万亩）	107.00	113.00	75.00	117.00	180.00	256.00	239.00	210.00	267.00	395.00	297.00	324.00	525.00	592.00	188.40	277.50	172.50	199.70
严重危害面积（万亩）	—	—	—	—	—	151.00	—	100.00	149.00	203.00	166.00	213.00	236.00	190.20	78.20	171.00	88.80	100.60

图17-1　2000—2017年全市草地鼠害发生统计

2010—2017年，全市草地鼠害的种类主要包括长爪沙鼠、达乌尔黄鼠、中华鼢鼠、布氏田鼠，其中长爪沙鼠危害累计面积最大，为1 203.85万亩，严重危害累计面积454.30万亩；排第二位是达乌尔黄鼠，危害累计面积为1 186.75万亩，严重危害累计面积522.00万亩；第三位和第四位依次为布氏田鼠、中华鼢鼠，危害累计面积分别为110.00万亩和67.70万亩。见表17-2。

表17-2　2010—2017年全市草地鼠害种类及危害累计面积统计

主要害鼠种类	危害累计面积（万亩）	严重危害累计面积（万亩）
长爪沙鼠	1 203.85	454.30
达乌尔黄鼠	1 186.75	522.00
中华鼢鼠	67.70	23.50
布氏田鼠	110.00	78.00

2010—2017年，全市草地长爪沙鼠灾害每年均有发生，年平均危害面积达150.48万亩，年平均严重危害面积为64.90万亩，占鼠类危害总面积的46.76%。最高年份发生在2012年，该鼠类危害面积达到350.00万亩，严重危害面积为130.00万亩。见表17-3、图17-2。

表17-3　2010—2017年全市草地长爪沙鼠危害面积统计

年　份	鼠类危害总面积（万亩）	长爪沙鼠		长爪沙鼠占鼠类危害总面积比例（%）
		危害面积（万亩）	严重危害面积（万亩）	
2010	297.00	155.00	—	52.19
2011	324.00	161.00	108.00	49.69
2012	525.00	350.00	130.00	66.67
2013	592.00	290.00	120.00	48.99
2014	188.40	80.70	21.00	42.83
2015	277.50	25.00	17.00	9.01
2016	172.50	92.15	36.20	53.42
2017	199.70	50.00	22.10	25.04

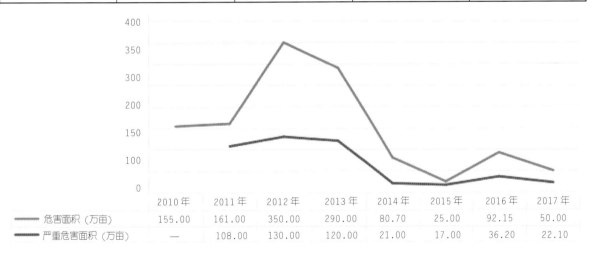

	2010年	2011年	2012年	2013年	2014年	2015年	2016年	2017年
危害面积（万亩）	155.00	161.00	350.00	290.00	80.70	25.00	92.15	50.00
严重危害面积（万亩）	—	108.00	130.00	120.00	21.00	17.00	36.20	22.10

图17-2　2010—2017年全市草地长爪沙鼠危害面积统计

2010—2017年，全市草地达乌尔黄鼠灾害连年发生，年平均危害面积达148.34万亩，年平均严重危害面积为74.54万亩，占鼠类危害总面积的46.07%。危害最高年份为2013年，该鼠类危害面积达到298.00万亩，严重危害面积为67.00万亩。严重危害面积最大的是2015年，达乌尔黄鼠严重危害面积达151.50万亩。见表17-4、图17-3。

表17-4　2010—2017年全市草地达乌尔黄鼠危害面积统计

年　份	鼠类危害总面积（万亩）	达乌尔黄鼠		达乌尔黄鼠占鼠类危害总面积比例（％）
		危害面积（万亩）	严重危害面积（万亩）	
2010	297.00	127.00	—	42.76
2011	324.00	77.00	45.00	23.77
2012	525.00	115.00	76.00	21.90
2013	592.00	298.00	67.00	50.34
2014	188.40	103.70	55.20	55.04
2015	277.50	244.00	151.50	87.93
2016	172.50	77.35	51.60	44.84
2017	199.70	144.70	75.70	72.46

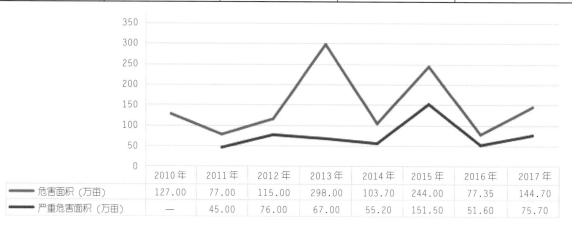

图17-3　2010—2017年全市草地达乌尔黄鼠危害面积统计

　　2010—2017年，全市中华鼢鼠灾害亦连年发生，年平均危害面积达8.46万亩，年平均严重危害面积为3.36万亩，占鼠类危害总面积的2.63％。最高年份危害发生在2012年，该鼠类危害面积达到20.00万亩，严重危害面积为10.00万亩。见表17-5、图17-4。

表17-5　2010—2017年全市草地中华鼢鼠危害面积统计

年　份	鼠类危害总面积（万亩）	中华鼢鼠		中华鼢鼠占鼠类危害总面积比例（%）
		危害面积（万亩）	严重危害面积（万亩）	
2010	297.00	15.00	—	5.05
2011	324.00	8.20	2.00	2.53
2012	525.00	20.00	10.00	3.81
2013	592.00	4.00	3.20	0.68
2014	188.40	4.00	2.00	2.12
2015	277.50	8.50	2.50	3.06
2016	172.50	3.00	1.00	1.74
2017	199.70	5.00	2.80	2.50

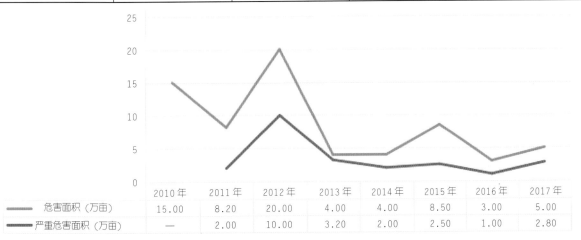

	2010年	2011年	2012年	2013年	2014年	2015年	2016年	2017年
危害面积（万亩）	15.00	8.20	20.00	4.00	4.00	8.50	3.00	5.00
严重危害面积（万亩）	—	2.00	10.00	3.20	2.00	2.50	1.00	2.80

图17-4　2010—2017年全市草地中华鼢鼠危害面积统计

三、草地鼠害防治状况

乌兰察布市草原鼠害防治工作以"保护草地生态环境，减少牧民因灾损失"为目标，加强预测预报，坚持灭鼠与环保并重、灭鼠与生态建设相结合，对害鼠密度达到防治指标的区域，采用生态控制、生物防治、物理防治及化学防治结合的方法，使害鼠种群密度长期控制在经济阈值允许水平以下，尽可能做到有鼠无害，维护草地生态系统平衡。

鼠害的生态控制是采用生态恢复的方法防治鼠害。草地生态保护建设是一项长期战略，草地保护建设一方面可以起到恢复植被，改善草地生态环境和生产条件的作用，消除由于草地退化、沙化带来的生态危机；另一方面可以改变害鼠的栖息地环境，恶化鼠类生存条件，控制鼠类种群数量，有效抑制害鼠数量增长。在技术上采用合理利用草地，结合封育、播种、施肥等技术恢复植被盖度，提高草地生产力、缓解草地压力。近年来实施国家各项草原保护建设的政策和措施，如京津风沙源治理工程、草原生态补偿机制等，通过减少草地植被的压力，恢复退化、沙化草地植被，对防治害鼠具有重要意义。

生物防治是运用对人、畜安全的各种生物因子控制害鼠种群数量的暴发，以减轻或消除鼠害。目前常用方法有生物农药防治和天敌控制。如C型肉毒梭菌毒素、植物源制剂灭鼠、天敌保护利用等技术。物理防治是根据鼠种习性选择或制作不同器械，捕杀害鼠，主要有夹捕法、鼠笼法、弓箭法等方法。化学防治主要使用化学药物控制和消除害鼠。草地上常用毒饵法，根据害鼠习性，选择高效、环保、对人畜安全的杀鼠剂和害鼠喜食的诱饵，如小麦、玉米等，制成毒饵，把毒饵投放在洞口附近或洞内灭鼠。但严禁使用有二次中毒或可能造成严重环境污染的杀鼠剂。

根据草地鼠害监测数据，2000年至2017年，全市鼠害防治面积年平均为128.75万亩，防治面积占全市危害面积年平均为51.10%。2007年至2017年，防治面积占全市严重危害面积年平均为136.66%。防治面积最大的年份为2011年，防治鼠害面积达235.00万亩，防治面积占全市危害面积的72.53%。2000年以来随着危害面积的增加，防治力度亦随之加大。见表17-6、图17-5。

表17-6　2000—2017年全市草地鼠害防治面积统计

年　份	危害面积（万亩）	严重危害面积（万亩）	防治面积（万亩）	防治面积占全市危害面积比例（%）	防治面积占全市严重危害面积比例（%）
2000	107.00	—	86.70	81.03	—
2001	113.00	—	78.10	69.12	—
2002	75.00	—	62.25	83.00	—

(续)

年 份	危害面积 (万亩)	严重危害面积 (万亩)	防治面积 (万亩)	防治面积占 全市危害 面积比例 (%)	防治面积占 全市严重危害 面积比例(%)
2003	117.00	—	72.50	61.97	—
2004	180.00	—	80.50	44.72	—
2005	256.00	151.00	43.00	16.80	28.48
2006	239.00	—	67.00	28.03	—
2007	210.00	100.00	80.00	38.10	80.00
2008	267.00	149.00	199.00	74.53	133.56
2009	395.00	203.00	210.00	53.16	103.45
2010	297.00	166.00	201.00	67.68	121.08
2011	324.00	213.00	235.00	72.53	110.33
2012	525.00	236.00	197.70	37.66	83.77
2013	592.00	190.20	174.20	29.43	91.59
2014	188.40	78.20	133.50	70.86	170.72
2015	277.50	171.00	201.50	72.61	117.84
2016	172.50	88.80	69.00	40.00	77.70
2017	199.70	100.60	126.50	63.35	125.75

图17-5　2000—2017年全市草地鼠害防治面积统计

从防治方法看，自2011年以来，化学防治面积逐渐降低，由2000年化学防治占防治面积100%，降至2017年的15.81%。而生物制剂防治、物理防治比例加大，2011年至2017年，生物制剂防治、物理防治共占防治总面积的91.60%，其中，生物制剂防治比例占防治总面积的87.54%。见表17-7、图17-6。

表17-7　2000—2017年全市草地鼠害防治技术方法统计

年　份	防治总面积（万亩）	化学防治		生物制剂防治		物理防治	
		面积（万亩）	化学防治占防治面积比例（%）	面积（万亩）	生物制剂防治占防治面积比例（%）	面积（万亩）	物理防治占防治面积比例（%）
2000	86.70	86.70	100.00	—	—	—	—
2001	78.10	78.10	100.00	—	—	—	—
2002	62.25	62.25	100.00	—	—	—	—
2003	72.50	72.50	100.00	—	—	—	—
2004	80.50	80.50	100.00	—	—	—	—
2005	43.00	43.00	100.00	—	—	—	—
2006	67.00	67.00	100.00	—	—	—	—
2007	80.00	80.00	100.00	—	—	—	—
2008	199.00	199.00	100.00	—	—	—	—
2009	210.00	210.00	100.00	—	—	—	—
2010	201.00	201.00	100.00	—	—	—	—
2011	235.00	41.00	17.45	184.00	78.30	10.00	4.26
2012	197.70	13.80	6.98	183.90	93.02	—	—
2013	174.20	10.30	5.91	163.90	94.09	—	—
2014	133.50	7.00	5.24	115.50	86.52	11.00	8.24
2015	201.50	—	—	190.50	94.54	11.00	5.46
2016	69.00	3.50	5.07	58.50	84.78	7.00	10.14
2017	126.50	20.00	15.81	99.40	78.58	7.10	5.61

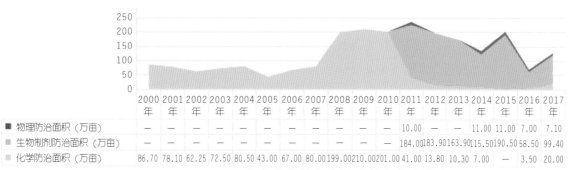

	2000年	2001年	2002年	2003年	2004年	2005年	2006年	2007年	2008年	2009年	2010年	2011年	2012年	2013年	2014年	2015年	2016年	2017年
■ 物理防治面积（万亩）	—	—	—	—	—	—	—	—	—	—	—	10.00	—	—	11.00	11.00	7.00	7.10
▨ 生物制剂防治面积（万亩）												184.00	183.90	163.90	115.50	190.50	58.50	99.40
▨ 化学防治面积（万亩）	86.70	78.10	62.25	72.50	80.50	43.00	67.00	80.00	199.00	210.00	201.00	41.00	13.80	10.30	7.00	—	3.50	20.00

图17-6　2000—2017年全市草地鼠害防治技术方法统计

第三节　草地虫害状况及防治

一、草地虫害的种类及分布

草地虫害是乌兰察布市草地上危害最为严重的灾害之一。近年来乌兰察布市草地虫害达到防治指标的虫害种类以蝗虫、沙葱萤叶甲为主。

草地蝗虫是我国草地重要的害虫之一，主要分布在我国北方牧区和农牧交错带草地。该害虫发生面积大、数量多、食性杂，在乌兰察布市乃至内蒙古各地草地上经常发生危害；多发生在荒漠草原、典型草原、草甸草原等类型的草地上，在湖盆、洼地的草甸也时有发生。受环境因素影响，引起各地草地虫害的蝗虫种类有所不同，一般多为混生种。主要危害种类有亚洲小车蝗、白边痂蝗、毛足棒角蝗等。

沙葱萤叶甲是近年来严重危害内蒙古草地百合科葱属植物建群草地的重要食叶害虫。受气候和草地生态环境条件改变等综合因素的影响，从2009年开始沙葱萤叶甲的危害日益严重。该虫在内蒙古草地一年发生1代，以卵在牛粪和石块缝隙下越冬，第二年4月中下旬越冬卵开始孵化、幼虫共分3龄。幼虫聚食沙葱、多根葱、野韭等百合科葱属植物的茎叶完成生长发育，5月末为幼虫发生高峰期，部分老熟幼虫开始化蛹，该时期危害最严重。6月上旬成虫开始羽化，成虫取食一段时间，到6月下旬开始越夏，基本无取食现象。

二、草地虫害发生状况

内蒙古草地虫害在20世纪70年代只是局部地区发生，从90年代中期后范围逐步扩大，危害强度持续增加。从2000年开始，内蒙古草地连年暴发蝗虫灾害，对草场植被构成最为严重的破坏，特别是内蒙古中部地区锡林郭勒盟及乌兰察布市，蝗灾更是给原本十分脆弱的草地带来严重的生态灾难。根据监测数据，2000年至2017年，全市虫害发生面积年平均为1 094.14万亩，严重危害面积年平均为748.73万亩，危害面积占全市草地面积比例年平均为20.84%，严重危害面积占全市草地面积比例年平均为14.26%。

2000年全市草地虫害危害面积163.00万亩，危害面积占全市草地面积的3.10%，平均虫口密度85头/米²；2004年，危害面积为历史最高，全市草地虫害危害面积达2 925.00万亩，占全市草地面积的55.70%；严重危害面积达1 300.00万亩，占全市草地面积的24.76%；2009年为全市虫害严重危害发生面积最高年份，全市草地虫害严重危害面积达1 712.10万亩，占全市草地面积的32.60%，蝗虫平均虫口密度65.2头/米²，最高虫口密度达310头/米²，这一年草地蝗虫灾害发生范围之广、成虫量之高为历史罕见。2000年至2009年虫害危害的总体状况为增加趋势；从2010年开始，全市虫害状况总体趋于减少。见表17-8和图17-7。

表17-8　2000—2017年全市草地虫害发生统计

年　份	危害面积（万亩）	严重危害面积（万亩）	危害面积占全市草地比例(%)	严重危害面积占全市草地比例(%)
2000	163.00	—	3.10	—
2001	265.00	—	5.05	—
2002	173.55	—	3.30	—
2003	1 109.90	—	21.14	—
2004	2 925.00	1 300.00	55.70	24.76
2005	1 033.70	719.40	19.68	13.70
2006	989.00	518.30	18.83	9.87
2007	503.00	182.00	9.58	3.47
2008	2 877.60	1 502.00	54.80	28.60
2009	1 943.10	1 712.10	37.00	32.60
2010	1 101.30	579.00	20.97	11.03
2011	1 056.30	704.00	20.11	13.41
2012	1 227.00	732.40	23.37	13.95
2013	1 040.00	681.50	19.80	12.98
2014	1 355.80	732.50	25.82	13.95
2015	672.60	356.11	12.81	6.78
2016	613.90	358.20	11.69	6.82
2017	644.70	404.75	12.28	7.71

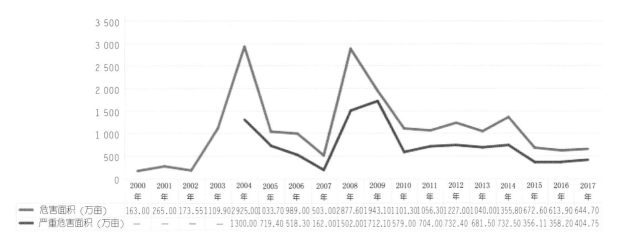

	2000年	2001年	2002年	2003年	2004年	2005年	2006年	2007年	2008年	2009年	2010年	2011年	2012年	2013年	2014年	2015年	2016年	2017年
危害面积（万亩）	163.00	265.00	173.55	1109.90	2925.00	1033.70	989.00	503.00	2877.60	1943.10	1101.30	1056.30	1227.00	1040.00	1355.80	672.60	613.90	644.70
严重危害面积（万亩）	—	—	—	1300.00	719.40	518.30	162.00	1502.00	1712.10	579.00	704.00	732.40	681.50	732.50	356.11	358.20	404.75

图17-7　2001—2017年全市草地虫害发生统计

草原蝗虫是乌兰察布市草地危害最为严重的有害生物之一。2001年至2017年间，草原蝗虫连续暴发，年平均危害面积为910.42万亩，年平均严重危害面积达614.42万亩，年平均虫口密度44.69头/米²，最高虫口密度达500头/米²。危害面积最高年份在2004年，危害面积达到2 760.00万亩，严重危害面积最高年份在2009年，严重危害面积为1 712.10万亩。见表17-9、图17-8。

表17-9　2001—2017年全市草地蝗虫危害情况

年　份	危害面积 （万亩）	严重危害面积 （万亩）	平均密度 （头/米²）	最高密度 （头/米²）
2001	265.00	—	30.00	182
2002	173.55	—	30.00	100
2003	1 000.00	—	85.00	500
2004	2 760.00	1 257.00	180.40	430
2005	1 028.70	718.60	24.10	48
2006	962.50	494.00	33.00	120
2007	420.00	170.00	33.00	90
2008	640.60	395.00	34.10	100
2009	1 943.10	1 712.10	65.20	310
2010	1 067.30	549.00	31.90	120
2011	1 036.30	704.00	32.00	78
2012	1 122.00	678.40	33.00	110
2013	840.00	581.50	29.00	85
2014	635.80	342.50	33.50	110
2015	567.60	336.11	30.00	76
2016	480.00	316.90	30.00	73
2017	534.70	346.75	25.50	86

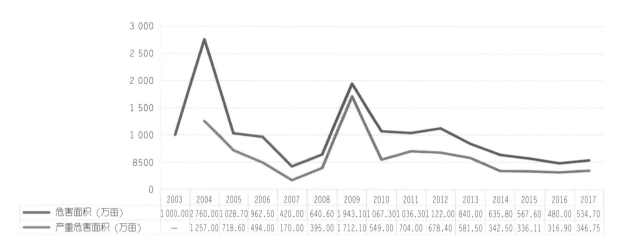

	2003	2004	2005	2006	2007	2008	2009	2010	2011	2012	2013	2014	2015	2016	2017
危害面积（万亩）	1 000.00	2 760.00	1 028.70	962.50	420.00	640.60	1 943.10	1 067.30	1 036.30	1 122.00	840.00	635.80	567.60	480.00	534.70
严重危害面积（万亩）	—	1 257.00	718.60	494.00	170.00	395.00	1 712.10	549.00	704.00	678.40	581.50	342.50	336.11	316.90	346.75

图17-8　2001—2017年全市草地蝗虫危害情况

2010—2017年，全市沙葱萤叶甲危害面积年平均为176.74万亩，严重危害面积年平均达97.61万亩，平均密度91.00头/米²，最高密度达407头/米²。危害最高年份在2014年，危害面积达到720.00万亩，严重危害面积为390.00万亩。见表17-10、图17-9。

表17-10　2010—2017年全市沙葱萤叶甲危害状况统计

年　份	危害面积（万亩）	严重危害面积（万亩）	平均密度（头/米²）	最高密度（头/米²）
2010	20.00	20.00	—	—
2011	20.00	—	—	—
2012	105.00	54.00	—	—
2013	200.00	100.00	130.00	170
2014	720.00	390.00	119.00	222
2015	105.00	20.00	85.00	280
2016	133.90	41.30	82.00	407
2017	110.00	58.00	39.00	260

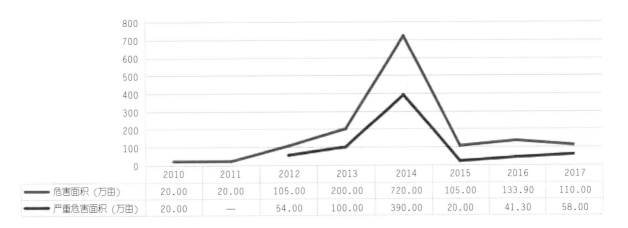

	2010	2011	2012	2013	2014	2015	2016	2017
——危害面积（万亩）	20.00	20.00	105.00	200.00	720.00	105.00	133.90	110.00
——严重危害面积（万亩）	20.00	—	54.00	100.00	390.00	20.00	41.30	58.00

图17-9　2010—2017年全市草地沙葱萤叶甲危害状况统计

草地螟自2003年至2010年，危害面积年平均为374.06万亩，严重危害面积年平均198.35万亩，平均密度51.37头/米²，最高密度达500头/米²。危害最高年份为2008年，危害面积达到2 237.00万亩，严重危害面积为1 107.00万亩。见表17-11、图17-10。

表17-11　2003—2010年全市草地螟危害情况

年　份	危害及发生面积(万亩)	严重危害面积(万亩)	平均密度(头/米²)	最高密度(头/米²)
2003	109.90	—	55.00	110
2004	156.00	40.00	12.70	74
2005	5.00	0.80	2.50	5
2006	26.50	24.30	18.00	50
2007	70.00	8.00	15.00	30
2008	2 237.00	1 107.00	205.00	500
2010	14.00	10.00	—	—

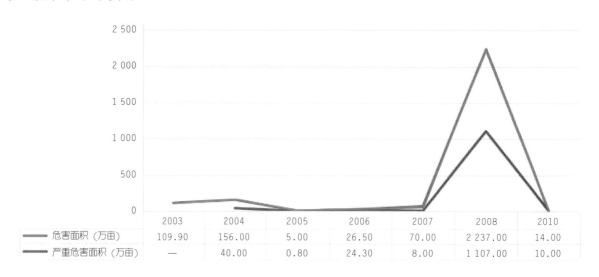

	2003	2004	2005	2006	2007	2008	2010
危害面积（万亩）	109.90	156.00	5.00	26.50	70.00	2 237.00	14.00
严重危害面积（万亩）	—	40.00	0.80	24.30	8.00	1 107.00	10.00

图17-10　2003—2010年全市草地蝗发生状况

草原虫灾发生的特点：沙葱萤叶甲发生早，于4月上旬即开始出土危害，刚出土时高密度聚集，最宜防治，但幼虫时期短，容易错过最佳防治时期。沙葱萤叶甲危害地区较大，且分布区域碎片化、零星化，防治难度增大。蝗虫危害逐步趋向零星化、点片状发生，增加了防治难度。

三、草地虫害防治状况

20世纪70—90年代，乌兰察布市草原虫害防治主要采用化学药剂防治，这种方法见效快、防效高，对迅速控制蝗害的发生蔓延起到了积极作用。但是随着化学农药品种及数量的增加以及无限制地使用高毒化学农药，已导致一系列难以解决的问题，如蝗虫产生抗药性，增加了施药用量和施药次数，增加了防治成本；产生残毒使草原畜牧业生态安全受到威胁；蝗虫天敌被误杀，草原生态平衡遭到破坏；化学防治方法单一、负面影响较大的防治措施已经制约了草原畜牧业的健康稳定发展。

进入21世纪后，全市加大了综合防治草原虫害工作力度，不断提高生物防治比例。本着"突出重点、集中连片、综合防治、保证防效"的原则，按照各地不同的地理环境及草原虫害发生特点，采用飞机防治、大型喷药机械防治和人工背负式喷雾机防治相结合，生物药剂防治、化学药剂防治、牧鸡治蝗相配合，在全市开展多种形式的综合防治虫害措施，如在四子王旗牧区和察哈尔右翼中旗农牧交错带草原蝗虫严重危害区域采用小型飞机进行集中连片防治；在四子王旗牧区、察哈尔右翼中旗辉腾锡勒、察哈尔右翼后旗、察哈尔右翼前旗、卓资县等较为平坦的草原，采用大型喷雾机械防治；在农田周围、人工草地、崎岖不平草地采用人工背负式喷雾器防治；在小块草场及人工草地等采用牧鸡防治蝗虫。综合防治措施的应用，实现了对不同虫害危害区域的分类施策，达到了较好的防治效果。

2000—2017年，全市草原虫害年平均防治面积396.15万亩，占年均危害面积的36.21%。2004—2017年，年均防治面积占全市年均严重危害面积的79.09%。防治效果达到93.00%以上。见表17-12、图17-11。

表17-12　2000—2017年全市草地虫害防治面积统计

年　份	危害面积（万亩）	严重危害面积（万亩）	防治面积（万亩）	防治面积占全市危害面积比例（%）	防治面积占全市严重危害面积比例（%）
2000	163.00	—	125.00	76.69	—
2001	265.00	—	112.09	42.30	—
2002	173.55	—	156.75	90.32	—
2003	1 109.90	—	149.50	13.47	—
2004	2 925.00	1 300.00	204.30	6.98	15.72
2005	1 033.70	719.40	306.00	29.60	42.54
2006	989.00	518.30	410.50	41.51	79.20
2007	503.00	182.00	252.00	50.10	138.46
2008	2 877.60	1 502.00	452.30	15.72	30.11
2009	1 943.10	1 712.10	688.20	35.42	40.20
2010	1 101.30	579.00	609.20	55.32	105.22
2011	1 056.30	704.00	653.90	61.90	92.88
2012	1 227.00	732.40	744.80	60.70	101.69
2013	1 040.00	681.50	602.10	57.89	88.35
2014	1 355.80	732.50	560.53	41.34	76.52
2015	672.60	356.11	383.50	57.02	107.69
2016	613.90	358.20	337.30	54.94	94.17
2017	644.70	404.75	382.65	59.35	94.54

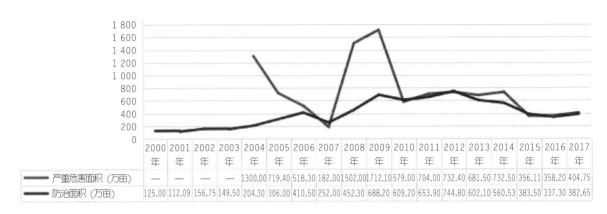

	2000年	2001年	2002年	2003年	2004年	2005年	2006年	2007年	2008年	2009年	2010年	2011年	2012年	2013年	2014年	2015年	2016年	2017年
严重危害面积（万亩）	—	—	—	—	1300.00	719.40	518.30	182.00	1502.00	1712.10	579.00	704.00	732.40	681.50	732.50	356.11	358.20	404.75
防治面积（万亩）	125.00	112.09	156.75	149.50	204.30	306.00	410.50	252.00	452.30	688.20	609.20	653.90	744.80	602.10	560.53	383.50	337.30	382.65

图17-11　2000—2017年全市草地虫害防治面积统计

　　自2007年以来，全市草原虫害化学防治面积逐渐降低，增大了生物制剂和牧鸡防治的比例。化学防治面积由2007年的242.00万亩，占防治面积的96.03%，降到2017年的12.70万亩，占防治面积的3.32%。而生物制剂防治面积由2007年的10.00万亩，占防治面积的3.97%，增加到2017年的342.40万亩，占防治面积的89.48%。牧鸡防治面积自2010年至2017年，每年平均牧鸡防治虫害面积为96.23万亩，牧鸡防治占防治面积平均为16.82%。见表17-13、图17-12。

　　近年来全市草原防虫工作中，大幅提高了生物防治的比例，有效降低了化学农药的使用给草原生态带来的负面影响。尤其牧鸡治蝗的大力推广取得了良好的灭蝗效果，不仅防治成本低，经济效益高，而且具有明显生态效益和社会效益。

表17-13　2000—2017年全市草地虫害防治技术方法统计

年　份	防治面积（万亩）	化学防治		生物制剂防治		牧鸡防治	
		面积（万亩）	占防治面积比例（%）	面积（万亩）	占防治面积比例（%）	面积（万亩）	占防治面积比例（%）
2000	125.00	125.00	100.00	—	—	—	—
2001	112.09	112.09	100.00	—	—	—	—
2002	156.75	156.75	100.00	—	—	—	—
2003	149.50	149.50	100.00	—	—	—	—
2004	204.30	204.30	100.00	—	—	—	—
2005	306.00	306.00	100.00	—	—	—	—

（续）

年　份	防治面积（万亩）	化学防治		生物制剂防治		牧鸡防治	
		面积（万亩）	化学防治占防治面积比例（%）	面积（万亩）	生物制剂防治占防治面积比例（%）	面积（万亩）	牧鸡防治占防治面积比例（%）
2006	410.50	410.50	100.00	—	—	—	—
2007	252.00	242.00	96.03	10.00	3.97	—	—
2008	452.30	452.30	100.00	—	—	—	—
2009	688.20	581.70	84.52	106.50	15.48	—	—
2010	609.20	281.60	46.22	251.00	41.20	76.60	12.57
2011	653.90	79.00	12.08	423.40	64.75	151.50	23.17
2012	744.80	50.00	6.71	542.30	72.81	152.50	20.48
2013	602.10	—	—	478.40	79.46	123.70	20.54
2014	560.53	49.00	8.74	360.33	64.28	151.20	26.97
2015	383.50	81.50	21.25	242.70	63.29	59.30	15.46
2016	337.30	18.90	5.60	290.90	86.24	27.50	8.15
2017	382.65	12.70	3.32	342.40	89.48	27.55	7.20

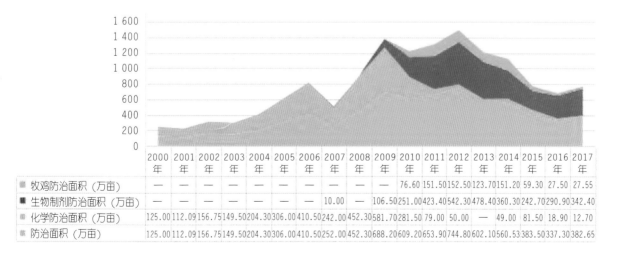

图17-12　2000—2017年全市草地虫害防治技术方法统计

第四部分　乌兰察布市草地植物图鉴

一、蕨类植物门

木贼科　问荆属

问荆　*Equisetum arvense* L.

【别名】土麻黄

【蒙名】那日存·额布苏

【特征】多年生中生草本，根状茎匍匐，具球茎，向上生出地上茎。茎二型，生殖茎早春生出，淡黄褐色，无叶绿素，不分枝，高 8~25 厘米，粗 1~3 毫米，具 10~14 条浅肋棱；叶鞘筒漏斗形，长 5~17 毫米，叶鞘齿 3~5，棕褐色，质厚，每齿由 2~3 小齿连合而成；孢子叶球有柄，长椭圆形，钝头，长 1.5~3.3 厘米，粗 5~8 毫米；孢子叶六角盾形，下生 6~8 个孢子囊。孢子成熟后，生殖茎渐枯萎，营养茎由同一根茎生出，绿色，高 25~40 厘米，粗 1.5~3 毫米，中央腔径约 1 毫米，具肋棱 6~12，沿棱具小瘤状突起，槽内气孔 2 纵列，每列具 2 行气孔；叶鞘筒长 7~8 毫米，鞘齿条状披针形，黑褐色，具膜质白边，背部具 1 浅沟。分枝轮生，3~4 棱，斜升挺直，常不再分枝。

【生境】生于草地、河边、沙地。

　　　产察哈尔右翼中旗、察哈尔右翼后旗、卓资县等地。

【用途】全草入药。

木贼科 问荆属
草问荆 *Equisetum pratense* Ehrh.

【蒙名】闹古音·西伯里

【特征】多年生中生草本，根状茎棕褐色，无块茎，向上生出地上主茎。主茎淡黄色，无叶绿素，不分枝，高 9~30 厘米，粗约 2.5 毫米；孢子叶球顶生，有柄，长约 1.2 厘米，径约 5 毫米，先端钝头。孢子成熟后，主茎节上长出轮生绿色侧枝，孢子叶球渐枯萎。营养茎高 30~40 厘米，粗 1.5~3 毫米，中央腔径 0.7~0.9 毫米，具肋棱 14~16，沿棱具 1 行刺状突起，槽内气孔 2

列，每列有气孔 1 行；叶鞘筒长 6~8 毫米，鞘齿分离，14~16 枚，长三角形，顶端长渐尖，边缘具宽的膜质白边，中脉棕褐色，基部有一圈褐色环；侧枝水平伸展，实心，叶鞘齿 3~4，三角形，先端锐尖，常不再分枝。

【生境】生于林下草地，林间灌丛。

【用途】全草入蒙药。牛喜食。

蹄盖蕨科　冷蕨属

冷蕨　*Cystopteris fragilis* (L.) Bernh.

【蒙名】查伯如·奥依麻

【特征】中生草本。植株高 13~30 厘米。根状茎短而横卧，密被宽披针形鳞片。叶近生或簇生，薄草质；叶柄长 6~15 厘米，禾秆色或红棕色，光滑无毛，基部常被少数鳞片；叶片披针形、矩圆状披针形或卵状披针形，长 10~22(32)厘米，宽 (4)5~8 厘米，二回羽状或三回羽裂；羽片 8~12 对，彼此远离，基

部一对稍缩短，披针形或卵状披针形，中部羽片长 2~5 厘米，宽 1~2 厘米，先端渐尖，基部具有狭翅的短柄，一至二回羽状；小羽片 4~6 对，卵形或矩圆形，长 5~9(12)毫米，宽 3~9 毫米，先端钝，基部不对称，下延，彼此相连，羽状深裂或全裂；末回小裂片矩圆形，边缘有粗锯齿；叶脉羽状，每齿有小脉 1 条。孢子囊群小，圆形，生于小脉中部；囊群盖卵圆形，膜质、基部着生，幼时覆盖孢子囊群，成熟时被压在下面；孢子具周壁，表面具刺状纹饰。

【生境】生于山沟、阴坡石缝中，或林下崖壁阴湿处。

产卓资县、凉城县、兴和县等地。

二、裸子植物门

麻黄科 麻黄属

草麻黄 *Ephedra sinica* Stapf

【别名】麻黄

【蒙名】哲格日根讷

【特征】旱生草本状灌木,高达 30 厘米。由基部多分枝,丛生;木质茎短或成匍匐状;小枝直立或稍弯曲,具细纵槽纹,触之有粗糙感,节间长 2~4(5.5)厘米,径 1~1.5(2)毫米。叶 2 裂,鞘占全长 1/3~2/3,裂片锐三角形,长 0.5(0.7)毫米,先端急尖,上部膜质薄,围绕基部的部位变厚,几乎全为褐色,其余略为白色。雄球花为复穗

状,长约 14 毫米,具总梗,梗长 2.5 毫米,苞片常为 4 对,淡黄绿色,雄蕊 7~8(10),花丝合生或顶端稍分离;雌球花单生,顶生于当年生枝,腋生于老枝,具短梗,长 1~1.5 毫米,幼花卵圆形或矩圆状卵圆形,苞片 4 对,下面的或中间的苞片卵形,先端锐尖或近锐尖,下面的苞片长 1~2 毫米,基部合生,中间的苞片较宽,合生部分占 1/4~1/3,边缘膜质,其余的为暗黄绿色,最上一对合生部分达 1/2 以上;雌花 2,珠被管长 1~1.5 毫米,直立或顶端稍弯曲,管口裂缝窄长,占全长 1/4~1/2,常疏被毛;雌球花成熟时苞片肉质,红色,矩圆状卵形或近圆球形,长 6~8 毫米,径 5~6 毫米。种子通常 2 粒,包于红色肉质苞片内,不外露或与苞片等长,长卵形,长约 6 毫米,径约 3 毫米,深褐色,一侧扁平或凹,一侧凸起,具两条槽纹,较光滑。花期 5—6 月,种子 8—9 月成熟。

【生境】生于丘陵坡地、平原、砂地,为石质和沙质草原的伴生种,局部地段可形成群聚。

产乌兰察布市全市。

【用途】茎入药(药材名麻黄)。

麻黄科　麻黄属

木贼麻黄　*Ephedra major* Host

【别名】山麻黄

【蒙名】哈日·哲格日根讷

【特征】旱生直立灌木,高达1米。木质茎粗长,直立或部分呈匍匐状,灰褐色,茎皮呈不规则纵裂,中部茎枝径2.5~4毫米;小枝细,径约1毫米,直立,具不甚明显的纵槽纹,稍被白粉,光滑,节间长1.5~3厘米。叶2裂,裂片短三角形,长0.5毫米,先端钝或稍尖,鞘长1.8~2.0毫米。雄球花穗状,1~3(4)集生于节上,近无梗,卵圆形,长2.5~4.0毫米,宽2~2.5毫米,苞片3~4对,基部约1/3合生,雄蕊6~8,花丝合生,稍露出;雌球花常2个对生于节上,长卵圆形,苞片3对,最下一对卵状菱形,先端钝,中间一对为长卵形,最上一

对为椭圆形,近1/3或稍高处合生,先端稍尖,边缘膜质,其余为淡褐色;雌花1~2,珠被管长1.5~2毫米,直立,稍弯曲。雌球花成熟时苞片肉质,红色,长约8毫米,径约5毫米,近无梗。种子常为1粒,棕褐色,长卵状矩圆形,长6毫米,径约3毫米,顶部压扁似鸭嘴状,两面突起,基部具4槽纹。花期5—6月,种子于8—9月成熟。

【生境】喜光,性强健,耐寒,畏热;喜生于干旱的山地及沟崖边;忌湿,深根性,根蘖性强。

　　产四子王旗脑木更大红山。

【用途】茎入药,也入蒙药;全株可作固沙造林的灌木树种。

麻黄科 麻黄属

膜果麻黄 *Ephedra przewalskii* Stapf

【别名】勃氏麻黄

【蒙名】协日·哲格日根讷

【特征】超旱生灌木,高 50~100(240)厘米。木质茎明显,茎皮灰黄色或灰白色,裂后显出细纤维,长条状纵裂或不规则的小块状剥落。枝直立,粗糙,具纵槽纹,小枝绿色,2~3 枝生于黄绿色的老枝节上,分枝基部再生小枝,形成假轮生状,小枝节间较粗,长 2~4(5)厘米,径(1)2~3 毫米。叶多为 3 裂并混有少数 2 裂者,裂片短三角形或三角形,长 0.3~0.5 毫米,先端钝尖或渐尖,稍具膜质缘,鞘长 1~1.8 毫米,几乎全为红褐色,干后裂片裂至基部,先端向外反曲。雄球花密集成团状复穗花序,对生或轮生于节上,淡褐色或褐黄色,圆球形,径 2~3 毫米,苞片 3~4 轮,每轮 3 片,膜质,淡黄绿色或黄色,中肋草质绿色,宽倒卵形或圆卵形,假花被似盾状突起,稍扁,倒卵形,雄蕊 7~8,花丝大部合生,顶端分离,花药具短梗;雌球花淡绿褐色或淡红褐色,近圆球形,径 3~4 毫米,苞片 4~5 轮,每轮 3 片,稀 2 片对生,中央部分绿色,较厚,其余为干燥膜质,扁圆形或三角状扁卵形,几全离生,基部窄缩成短柄状或具明显的爪,最上一轮或一对苞片各生 1 雌花,胚珠顶端成短颈状,珠被长 1.5~2 毫米,外露,直立、弯曲或卷曲,裂口约占全长的 1/2。雌球花成熟时苞片薄膜状,干燥半透明,淡褐色。种子常为 3 粒,稀 2 粒,包于干燥膜质苞片内,深褐色,长卵圆形,长约 4 毫米,径 2~2.5 毫米,顶端成细尖突状,表面有细而密的纵皱纹。花期 5—6 月,种子 7—8 月成熟。

【生境】常生于干燥沙漠地区及干旱山坡,多砂石的盐碱土上也能生长,在水分稍充足的地区常组成大面积的群落。

产四子王旗北部。

【用途】茎枝可供药用和作燃料;全株又可为固沙树种。

三、被子植物门

杨柳科 柳属

密齿柳 *Salix characta* C.K Schneid.

【蒙名】阿日嘎苏·巴日嘎苏

【特征】中生灌木。幼枝被疏柔毛，后渐脱落，2~3 年生枝黄褐色或紫褐色；芽卵形，黄褐色，无毛；叶长椭圆状披针形，长 1.5~4.5 厘米，宽 5~10 毫米（长枝叶及萌枝叶可长达 7 厘米），先端渐尖，基部楔形，边缘有细密锯齿，上面深绿色，下面色淡，两面无毛或仅下面沿脉疏生毛；叶柄长 2~7 毫米，上面被短柔毛。花序长 2~3 厘米，有短柄，花序轴被柔毛；雄花有雄蕊 2，离生，花丝无毛；苞片近圆形，褐色，两面被或多或少的柔毛；腹腺 1；子房矩圆形；近无毛，有柄，花柱明显，柱头短，矩圆形；苞片卵形，先端尖；腹腺 1。蒴果矩圆形，长约 4 毫米。

【生境】生于海拔 1 700~3 000 米的山坡及沟边。

产兴和县苏木山山顶。

【用途】薪炭柴，并为水土保持树种。

桦木科 虎榛子属

虎榛子 *Ostryopsis davidiana* Decne.

【别名】虎荆子、棱榆

【蒙名】西仍黑

【特征】中生灌木,高 1~2(5)米,基部多分枝。树皮淡灰色,稀剥裂。枝暗灰褐色,无毛,具细裂纹,黄褐色皮孔明显,小枝黄褐色,密被黄色极短柔毛,间有疏生长柔毛,近基部散生红褐色刺毛状腺体,具黄褐色皮孔,圆形、突起、纵裂;冬芽卵球形,长约 3 毫米,芽鳞数枚,红褐色,膜质,成覆瓦状排列,背面被黄色短柔毛,边缘尤密。叶宽卵形、椭圆状卵形,稀卵圆形,长 1.5~7 厘米,宽 1.3~5.5 厘米,先端渐尖或锐尖,基部心形,边缘具粗重锯齿,中部以上有浅裂;上面绿色,各脉下陷,被短柔毛,沿脉尤密,下

面淡绿色,各脉突起,密被黄褐色腺点,疏被短柔毛,沿脉尤密,脉腋间具簇生的髯毛,侧脉 7~9 对,叶柄长 2~10 厘米,密被短柔毛,间疏生长柔毛。雌雄同株;雄柔荑花序单生叶腋,下垂,矩圆状圆柱形,长 1~2 厘米,直径约 4 毫米,不裸露越冬;花序梗极短;苞鳞宽卵形,外面疏被短柔毛,每苞片具 4~6 雄蕊。果序总状,下垂,由 4~10 多枚果组成,着生于小枝顶端;果梗极短;序梗细,长约 2 厘米,密被短柔毛,间有疏生长柔毛;果苞厚纸质,长 1~1.3 厘米,外具紫红色细条棱,密被短柔毛,上半部延伸呈管状;先端 4 浅裂,裂片披针形,长 1~2.5 毫米,边缘密被柔毛;下半部紧包果,成熟后一侧开裂。小坚果卵圆形或近球形,长 3~6.5 毫米,直径 3~5 毫米,栗褐色,光亮,疏被短柔毛,具细条纹,顶部初时具白色膜质长嘴,长约 3 毫米,后渐脱落。花期 4—5 月,果期 7—8 月。

【生境】生于山地、黄土高原丘陵地区,常组成虎榛子灌丛。

产丰镇市、卓资县、兴和县苏木山、凉城县蛮汗山。

【用途】饲用,树皮及叶可提取栲胶,种子可食用和制肥皂,枝条可编农具。

榆科　榆属

大果榆　*Ulmus macrocarpa* Hance

【别名】黄榆、蒙古黄榆

【蒙名】德力图

【特征】落叶乔木或灌木，高可达 10 米。树皮灰色或灰褐色，浅纵裂；一、二年生枝黄褐色或灰褐色，幼时被疏毛，后光滑无毛，其两侧有时具扁平的木栓翅。叶厚革质，粗糙，倒卵状圆形、宽倒卵形或倒卵形，少为宽椭圆形，叶的大小变化甚大，长 3~10 厘米，宽 2~6 厘米，先端短尾状尖或凸尖，基部圆形、楔形或微心形，近对称或稍偏斜，上面被硬毛，后脱落而留下凸起的毛迹，下面具疏毛，脉上较密，边缘具短而钝的重锯齿，少为单齿；叶柄长 3~10 毫米，被柔毛。花 5~9 朵，簇生于去年枝上或生于当年枝基部；

花被钟状，上部 5 深裂，裂片边缘具长毛，宿存。翅果倒卵形、近圆形或宽椭圆形，长 2~3.5 厘米，宽 1.5~2.5 厘米，两面及边缘具柔毛，果核位于翅果中部；果柄长 2~4 毫米，被柔毛。花期 4 月，果熟期 5—6 月。

【生境】生于山地、丘陵、沟谷及固定沙地。

　　　　产丰镇市、凉城县。

【用途】木材，饲用，药用，果食用，水土保持。

大麻科 大麻属

野大麻(变型) *Cannabis sativa* L.f.*ruderalis*(Janisch.)Chu

【蒙名】哲日力格·敖鲁苏

【特征】一年生中生草本,高1~3厘米。根木质化。茎直立,皮层富纤维,灰绿色,具纵沟,密被短柔毛。叶互生或下部的对生,掌状复叶,小叶 3~7(11),

生于茎顶的具1~3小叶,披针形至条状披针形,两端渐尖,边缘具粗锯齿,上面深绿色,粗糙,被短硬毛,下面淡绿色,密被灰白色毡毛;叶柄长 4~15 厘米,半圆柱形,上有纵沟,密被短绵毛;托叶侧生,线状披针形,长 8~10 毫米,先端渐尖,密被短绵毛,花单性,雌雄异株,雄株名牡麻或枲麻,雌株名苴麻或苎麻;花序生于上叶的叶腋。雄花排列成长而疏散的圆锥花序,淡黄绿色,萼片 5,长卵形,背面及边缘均有短毛,无花瓣;雄穗 5,长约 5 毫米,花丝细长,花药大,黄色,悬垂,富于花粉,无雌蕊;雌花序成短穗状,绿色,每朵花在外具 1 卵形苞片,先端渐尖,内有 1 薄膜状花被,紧包子房,两者背面均有短柔毛,雌蕊 1,子房球形无柄,花柱二岐。瘦果扁卵形,硬质,灰色,基部无关节,难以脱落,表面光滑而有细网纹,全被宿存的黄褐色苞片所包裹。花期 7—8 月,果期 9—10 月。

本变型与正种(大麻)的区别,植株较矮小,叶及果实均较小,瘦果长约 3 毫米,径约 2 毫米,成熟时表面具棕色大理石状花纹,基部具关节。

【生境】生于草原及向阳干山坡,固定沙丘及丘间低地。适于温暖多雨区域种植,低温地带以及河边冲积土、沙丘低地、路旁生长良好。

【用途】叶干后羊食;种仁入蒙药(蒙药名:和仁·敖老森·乌日),功能主治便秘、痛风、游痛症、关节炎、淋巴腺肿、黄水疮。

荨麻科　荨麻属

狭叶荨麻 *Urtica angustifolia* Fisch. ex Hornem.

【别名】螫麻子

【蒙名】奥存·哈拉盖

【特征】多年生中生草本,全株密被短柔毛与疏生螫毛,具匍匐根状茎。茎直立,高40~150厘米,通常单一或稍分枝,四棱形,其棱较钝。叶对生,矩圆状披针形、披针形或狭卵状披针形,稀狭椭圆形,长5~12厘米,宽1.2~3厘米,先端渐尖,基部近圆形或宽心形,稀近截形,边缘具粗锯齿,齿端锐尖,有时向内稍弯,上面绿色,密布点

状钟乳体,下面淡绿色,主脉3条,上面稍凹入,下面较明显隆起;叶柄较短,长0.5~2厘米;托叶狭披针形或条形,离生,膜质,长5~9毫米。花单性,雌雄异株;花序在茎上部叶腋丛生,穗状或多分枝成狭圆锥状,长2~5厘米;花较密集成簇,断续着生;苞片长约1毫米,膜质;雄花具极短柄或近于无柄,直径约2毫米,花被4深裂,裂片椭圆形或卵状椭圆形,长约1.8毫米。先端钝尖,内弯;雄蕊4;花丝细而稍扁,花药宽椭圆形,退化雌蕊杯状;雌花无柄,花被片4,矩圆形或椭圆形,背生2枚花被片花后增大,宽椭圆形,紧包瘦果,比瘦果稍长;子房矩圆形或长卵形,成熟后黄色,长1~1.2毫米,被包于宿存花被内。花期7—8月,果期8—9月。

【生境】生于山地林缘、灌丛间、溪沟边、湿地,也见于山野阴湿处、水边沙丘灌丛间。

产乌兰察布市全市。

【用途】药用,饲用。

荨麻科 墙草属

小花墙草 *Parietaria micrantha* Ledeb.

【别名】墙草

【蒙名】麻查日干那

【特征】一年生中生草本，全株无螫毛。茎细而柔弱，稍肉质，直立或平卧，高10~30厘米，长达50厘米，多分枝，散生微柔毛或几乎无毛。叶互生，卵形、菱状卵形或宽椭圆形，

长5~30毫米，宽3~20毫米，先端微尖或钝尖，基部圆形、宽椭圆形或微心形，有时偏斜，全缘，两面被疏生柔毛，上面密布细点状钟乳体；叶柄长2~15毫米，有柔毛。花杂性，在叶腋组成具3~5花的聚伞花序，两性花生于花序下部，其余为雌花；花梗短，有毛；苞片狭披针形，与花被近等长，有短毛；两性花花被4深裂，极少5深裂，裂片狭椭圆形，雄蕊4，与花被裂片对生；雌花花被筒状钟形，先端4浅裂，极少5浅裂，花后成膜质并宿存；子房椭圆形或卵圆形，花柱极短，柱头较长。瘦果宽卵形或卵形，长1~1.5毫米，稍扁平，具光泽，成熟后黑色，略长于宿存花被。种子椭圆形，两端尖。花期7—8月，果期8—9月。

【生境】生于山坡阴湿草地或岩石下阴湿处。

产卓资县、兴和县苏木山、凉城县蛮汗山。

【用途】药用，墙草的提取物可用于化妆品、保健品中。

蓼科 大黄属

波叶大黄 *Rheum rhabarbarum* L.

【蒙名】道乐给牙拉森·给西古纳

【特征】多年生中生草本，植株高 0.6~1.5 米。根肥大，茎直立，粗壮，具细纵沟纹，无毛，通常不分枝。基生叶大，叶柄长 7~12 厘米，半圆柱形，甚壮硬；叶片三角状卵形至宽卵形，长 10~16 厘米，宽 8~14 厘米，先端钝，基部心形，

边缘具强皱波，有 5 条由基部射出的粗大叶脉，叶柄、叶脉及叶缘被短毛；茎生叶较小，具短柄或近无柄，叶片卵形，边缘呈波状；托叶鞘长卵形，暗褐色，下部抱茎，不脱落。圆锥花序直立顶生；苞片小，肉质通常破裂而不完全，内含 3~5 朵花；花梗纤细，中部以下具关节；花白色。直径 2~3 毫米，花被片 6，卵形或近圆形，排成 2 轮，外轮 3 片较厚而小，花后向背面反曲；雄蕊 9；子房三角状卵形，花柱 3，向下弯曲；极短，柱头扩大，稍呈圆片形。瘦果卵状椭圆形，长 8~9 毫米，宽 6.5~7.5 毫米，具 3 棱，沿棱有宽翅，先端略凹陷，基部近心形，具宿存花被。

【生境】散生于针叶林区、森林草原区山地的石质山坡、碎石坡麓以及富含砾石的冲刷沟内。

　　　产兴和县苏木山。

【用途】饲用，药用。

蓼科 大黄属

华北大黄 *Rheum franzenbachii* Munt.

【别名】山大黄、土大黄

【蒙名】给西古纳

【特征】旱中生草本，植株高 30~85 厘米。根肥厚。茎粗壮，直立，具细纵沟纹，无毛，通常不分枝。基生叶大，叶柄长 7~12 厘米，半圆柱形，甚壮硬，紫红色。被短柔毛；叶片心状卵形，长 10~16 厘米，宽 7~14 厘米，先端钝，基部近心形，边缘具皱波，上面无毛，下面稍有短毛，叶脉 3~5 条，由基部射出，并于下面凸起，紫红色；茎生叶较小，有短柄或近无柄，托叶鞘长卵形，暗褐色，下部抱茎，不脱落。圆锥花序直立顶生；苞小，肉质，通常破裂而不完全，内含 3~5 朵花；花梗纤细。长 3~4 毫米。中下部有关节；花白色，较小，直径 2~3 毫米。花被片 6，卵形或近圆形，排成 2 轮。外轮 3 片，较厚而小，花后向背面反曲；雄蕊 9；子房呈三棱形，花柱 3，向下弯曲。极短，柱头略扩大，稍

呈圆片形。瘦果宽椭圆形，长约 10 毫米，宽 9 毫米，具 3 棱，沿棱生翅。顶端略凹陷，基部心形，具宿存花被。花期 6—7 月，果期 8—9 月。

【生境】多散生于阔叶林区和山地森林草原地区的石质山坡和砾石坡地，为山地石生草原群落的稀见种。

产乌兰察布市全市。

【用途】饲用，药用。

蓼科　酸模属

皱叶酸模　*Rumex crispus* L.

【别名】羊蹄、土大黄

【蒙名】衣曼·爱日干纳

【特征】多年生中生草本,高50~80厘米。根粗大,断面黄棕色,味苦。茎直立,单生,通常不分枝,具浅沟槽,无毛。叶柄比叶片稍短,叶片薄纸质,披针形或矩圆状披针形,长9~25厘米,宽1.5~4厘米,先端锐尖或渐尖,基部楔形,边缘皱波状,两面均无毛;茎上部叶渐小,披针形或狭披针形,具短柄;托叶鞘筒状,常破裂脱落。花两性,多数花簇生于叶腋,或在叶腋形成短的总状花序,合成1狭长的圆锥花序;花梗细,长2~5毫米,果时稍伸长,中部以下具关节;花被片6,外花被片椭

圆形,长约1毫米,内花被片宽卵形,先端锐尖或钝,基部浅心形,边缘微波状或全缘,网纹明显,各具1小瘤;小瘤卵形,长1.7~2.5毫米;雄蕊6,花柱3,柱头画笔状。瘦果椭圆形,有3棱,角棱锐,褐色,有光泽,长约3毫米。花果期6—9月。

本种的内花被片果时通常3片均有小瘤,但有时仅1片具小瘤。

【生境】生于阔叶林区及草原区的山地、沟谷、河边,也进入荒漠区海拔较高的山地。为草甸、草甸化草原和山地草原群落的伴生种和杂草。

产乌兰察布市全市。

【用途】饲用,药用。

蓼科 木蓼属

沙木蓼 *Atraphaxis bracteata* A. Los.

【蒙名】额木根·希力毕

【特征】沙生旱生灌木,植株高 1~2 米,直立或开展;嫩枝淡褐色或灰黄色,老枝灰褐色,外皮条状剥裂。叶互生,革质,具短柄,圆形、卵形、长倒卵形、宽卵形或宽椭圆形,长 1~3 厘米,宽 1~2 厘米,先端锐尖或圆钝,有时具短尖头,基部楔形、宽楔形或稍圆,全缘或具波状折皱,有明显的网状脉,无毛;托叶

鞘膜质,白色,基部褐色。花少数,生于一年生枝上部,每2~3朵花生于1苞腋内,成总状花序;花梗细弱,长达6毫米,在中上部具关节;花被片5,2轮,粉红色,内轮花被片圆形或心形,长宽相等或长小于宽;外轮花被片宽卵形,水平开展,边缘波状;雄蕊8,花丝基部扩展并联合。瘦果卵形,具3棱,暗褐色,有光泽。花果期6—9月。

【生境】生于半荒漠至荒漠地区的沙地、流动和半流动沙丘中下部。

产四子王旗。

【用途】饲用,固沙。

蓼科　蓼属

西伯利亚蓼 *Polygonum sibiricum* Laxm. var. *sibiricum*

【别名】剪刀股、醋柳

【蒙名】西伯日·希没乐得格

【特征】多年生耐盐中生草本，高5~30厘米。具细长的根状茎。茎斜升或近直立，通常自基部分枝，无毛；节间短；叶有短柄；叶片近肉质，矩圆形、披针形、长椭圆形或条形，长2~15厘米，宽2~20毫米，先端锐尖或钝，基部略呈戟形，且向下渐狭而成叶柄，两侧小裂片钝或稍尖，有时不发育则基部为楔形，全缘，两面无毛，具腺点；花序为顶生

的圆锥花序，由数个花穗相集而成，花穗细弱，花簇着生间断，不密集；苞宽漏斗状，上端截形或具小尖头，无毛，通常内含花5~6朵；花具短梗，中部以上具关节，时常下垂；花被5深裂，黄绿色，裂片近矩圆形，长约3毫米；雄蕊7~8，与花被近等长；花柱3，甚短，柱头头状。瘦果卵形，具3棱，棱钝，黑色，平滑而有光泽，长2.5~3毫米，包于宿存花被内或略露出。花期6—7月，果期8—9月。

【生境】生于草原和荒漠地带的盐化草甸、盐湿低地，局部还可形成群落，也散见于路旁、田野，为农田杂草。

产乌兰察布市全市。

【用途】饲用，药用。

蓼科 蓼属

叉分蓼 *Polygonum divaricatum* L.

【别名】酸浆、酸不溜

【蒙名】希没乐得格

【特征】多年生旱中生草本,高 70~150 厘米。茎直立或斜升,有细沟纹,疏生柔毛或无毛,中空,节部通常膨胀,多分枝,常呈叉状。疏散而开展,外观构成圆球形的株丛。叶具短柄或近无柄,叶片披针形、椭圆形以至矩圆状条形,长 5~12 厘米。宽 0.5~2 厘米。先端锐尖、渐尖或微钝,基部渐狭,全缘或缘部略呈波状,两面被疏长毛或无毛,边缘常具缘毛或

无毛;托叶鞘褐色,脉纹明显,有毛或无毛,常破裂而脱落。花序顶生,大型,为疏松开展的圆锥花序;苞卵形,长 2~3 毫米,膜质,褐色,内含 2~3 朵花;花梗无毛,上端有关节,长 2~2.5 毫米;花被白色或淡黄色,5 深裂,长 2.5~4 毫米,裂片椭圆形,大小略相等,开展;雄蕊 7~8,比花被短;花柱 3,柱头头状。瘦果卵状菱形或椭圆形,具 3 锐棱,长 5~6(7)毫米,比花被长约 1 倍,黄褐色,有光泽。花期 6—7 月,果期 8—9 月。

【生境】生于森林草原、山地草原的草甸和坡地及草原区的固定沙地。

产乌兰察布市全市。

【用途】饲用。

蓼科　蓼属

高山蓼　*Polygonum alpinum* All.

【别名】华北蓼

【蒙名】塔格音·塔日那

【特征】多年生寒生至中生草本,高50~120厘米。茎直立。微呈之字形曲折,下部常疏生长毛,上部毛较少,淡紫红色或绿色,具纵沟纹,上部常分枝,但侧枝较短。通常疏生长毛。叶稍具短柄,卵状披针形至披针形,长3~8厘米,宽1~2(3)厘米,先端渐尖,基部楔形,稀近圆形,全缘,上面深绿色,粗糙或近平滑,下面淡绿色,两面被柔毛。边缘密被缘毛;托叶鞘褐色、具疏长毛。圆锥花序顶生,通常无毛。几乎无叶或有时花序的侧枝下具1条状披针形叶片;苞卵状披针形,背部具褐色龙骨状突起,基部包围花梗,边缘及下部有时微有毛,内含2~4花;花具短梗,顶部具关节;花被乳白色,5深裂,裂片卵状椭圆形,长2~3毫米,果时长3~3.5毫米;雄蕊8;花柱3,柱头头状。瘦果三棱形,淡褐色,有光泽,常露出花被外,长3.5~4毫米。花期7—8月,果期8—9月。

【生境】散生于森林和森林草原地带的林缘草甸和山地杂类草草甸。

产乌兰察布市全市。

【用途】饲用,药用。

蓼科 蓼属

珠芽蓼 *Polygonum viviparum* L.

【蒙名】竣和日

【特征】多年生耐寒中生草本，高 10~35 厘米。根状茎粗短，肥厚，有时呈钩状卷曲，紫褐色，多须根，具残留的老叶。茎直立，不分枝，通常 2~3 自根状茎上发出，细弱，具细条纹。基生叶与茎下部叶具长柄，叶柄无翅；叶片革质，矩圆形、卵形或披针形，长 3~8 厘米，宽 0.5~2 厘米，先端锐尖或渐尖，基部近圆形或楔形，有时微心形，不下延成翅，叶缘稍反卷，具增粗而隆起的脉端，两面无毛或下面有柔毛；茎上部叶无柄，披针形或条状披针形，渐小；托叶鞘长筒状，棕褐色，长 1.5~6 厘米，先端斜形，无毛。花序穗状，顶生，圆柱形，花排列紧密，长 3~7.5

厘米；苞膜质，淡褐色，宽卵形，先端锐尖，开展，其中着生 1 个珠芽或 1~2 朵花；珠芽宽卵形，长约 2.5 毫米，宽约 2 毫米，褐色，通常着生在花穗的下半部，有时可上达花穗顶端或全穗均为珠芽，珠芽常未脱离母体即可发芽生长；花梗细，比苞短或长；花被白色或粉红色，5 深裂，裂片宽椭圆形或近倒卵形，长 2.5~3 毫米；雄蕊通常 8，花丝长短不等，露出或不露出于花被之外，花药暗紫色；花柱 3，细长，基部合生，柱头小，头状。瘦果卵形，具 3 棱，先端尖，长 2.5~3 毫米，深褐色，有光泽。花期 6—7 月，果期 7—9 月。

【生境】多生于高山、亚高山带和海拔较高的山地顶部地势平缓的坡地，有时也进入林缘、灌丛间和山地群落中。

产丰镇市、卓资县、兴和县苏木山、凉城县蛮汗山、察哈尔右翼中旗。

【用途】饲用，根茎可食用、药用、提取栲胶，珠芽也可食用。

蓼科　蓼属

卷茎蓼　*Polygonum convolvulus* L.

【别名】荞麦蔓

【蒙名】萨嘎得音·奥日阳古

【特征】一年生中生草本，茎缠绕，细弱，有不明显的条棱，粗糙或生疏柔毛，稀平滑，常分枝。叶有柄，长达3厘米，棱上具极小的钩刺；叶片三角状卵心形或戟状卵心形，长1.5~6厘米，宽1~5厘米，先端渐尖，基部心形至戟形，两面无毛或沿叶脉和边缘疏生

乳头状小突起；托叶鞘短，斜截形，褐色，长达4毫米。具乳头状小突起。花聚集为腋生之花簇，向上面成为间断具叶的总状花序；苞近膜质。具绿色的脊，表面被乳头状突起，通常内含2~4朵花；花梗上端具关节，比花被短；花被淡绿色，边缘白色。长达3毫米，5浅裂，果时稍增大；里面的裂片2，宽卵形，外面的裂片3，舟状，背部具脊或狭翅，时常被乳头状突起；雄蕊8，比花被短；花柱短，柱头3，头状。瘦果椭圆形，具3棱，两端尖，长约3毫米，黑色，表面具小点，无光泽，全体包于花被内。花果期7—8月。

【生境】多散生于阔叶林带、森林草原带和草原带的山地、草甸和农田。

产集宁区、丰镇市、卓资县、察哈尔右翼中旗和四子王旗。

【用途】饲用，药用。

藜科 猪毛菜属

珍珠猪毛菜 *Salsola passerina* Bunge

【别名】珍珠柴、雀猪毛菜

【蒙名】保日·保得日干纳

【特征】超旱生半灌木,高 5~30 厘米。根粗壮,木质化,常弯曲,外皮暗褐色或灰褐色,不规则剥裂。茎弯曲,常劈裂,树皮灰色或灰褐色,不规则剥裂,多分枝,老枝灰褐色,有毛,嫩枝黄褐色,常弧形弯曲,密被鳞片状丁字形毛。叶互生,锥形或三角形,长 2.5~3 毫米,宽约 2 毫米,肉质,密被鳞片状丁字形毛,叶腋和短枝着生球状芽,亦密被毛。花穗状,着生于枝条上部;苞片卵形或锥形,肉质,有毛;小苞片宽卵形,长于花被;花被片 5,长卵形,有丁字形毛,果时自背侧中部横生干膜质翅,翅黄褐色或

淡紫红色,其中 3 个翅较大,肾形或宽倒卵形,具多数扇状脉纹,水平开展或稍向上弯,顶端边缘有不规则波状圆齿;另 2 片翅较小,倒卵形;全部翅(包括花被)直径 8~10 毫米;花被片翅以上部分聚集成近直立的圆锥状;雄蕊 5,花药条形,自基部分离至近顶部,顶端有附属物;柱头锥形。胞果倒卵形;种子圆形,横生或直立。花果期 6—10 月。

【生境】生于荒漠区的砾石质、砂砾质戈壁或粘土壤或荒漠草原带的盐碱低地。

产四子王旗。

【用途】中等饲用。

藜科　猪毛菜属

松叶猪毛菜　*Salsola laricifolia* Turcz.ex Litv.

【蒙名】札格萨嘎拉

【特征】强旱生小灌木，高20~50厘米，多分枝，老枝深灰色或黑褐色，开展，多硬化成刺状；幼枝淡黄白色或灰白色，有光泽，常具纵裂纹。叶互生或簇生，条状半圆形，长1~1.5厘米，宽1~2毫米，肉质，肥厚，先端有短尖，基部扩展，扩展处的上部缢缩，上面有沟槽，下面凸起，黄绿色。花单生于苞腋，在枝顶排列成为穗状花序；苞片条形；小苞片宽卵形，长于花被；花被片5，长卵形，稍坚硬，果时自背侧中下部横生干膜质翅，翅红紫色或淡紫褐色，肾形或宽倒卵

形，具多数扇状脉纹，水平开展或稍向上弯，顶端边缘有不规则波状圆齿；全部翅(包括花被)直径8~14毫米；花被片翅以上部分聚集成圆锥状；雄蕊5，花药矩圆形，顶端有条形的附属物，先端锐尖；柱头锥状。胞果倒卵形；种子横生。花期6—8月，果期9—10月。

【生境】生于草原化荒漠区的低山丘陵，在低山带形成松叶猪毛菜优势群落。也呈伴生种见于石质、砾石质典型荒漠中。

产四子王旗。

【用途】低等饲用植物。

藜科 猪毛菜属

猪毛菜 *Salsola collina* Pall.

【别名】沙蓬

【蒙名】哈木呼乐

【特征】一年生旱中生草本,高30~60厘米。茎近直立,通常由基部分枝,开展,茎及枝淡绿色,有白色或紫色条纹,被稀疏的短糙硬毛或无毛。叶条状圆柱形,肉质,长2~5厘米,宽0.5~1毫米,先端具小刺尖,基部稍扩展,下延,深绿色,有

时带红色,无毛或被短糙硬毛。花通常多数,生于茎及枝上端。排列为细长的穗状花序,稀单生于叶腋;苞片卵形,具锐长尖,绿色,边缘膜质,背面有白色隆脊,花后变硬;小苞片狭披针形,先端具针尖;花被片披针形膜质透明,直立,长约2毫米,较短于苞,果时背部生有鸡冠状革质突起,有时为2浅裂;雄蕊5,稍超出花被,花丝基部扩展,花药矩圆形,顶部无附属物;柱头丝形,长为花柱的1.5~2倍。胞果倒卵形,果皮膜质;种子倒卵形,顶端截形。花期7—9月,果期8—10月。

【生境】生于覆沙地、渠边、农田、撂荒地,也常进入草原和荒漠群落中成伴生种。

产乌兰察布市全市。

【用途】饲用,药用。

藜科　驼绒藜属

驼绒藜　*Krascheninnikovia ceratoides*(L.)Gueld.

【别名】优若藜

【蒙名】特斯格

【特征】强旱生半灌木，植株高0.3~1米，分枝多集中于下部。叶较小、条形、条状披针形、披针形或矩圆形，长1~2厘米，宽2~5毫米，先端锐尖或

钝，基部渐狭、楔形或圆形，全缘，1脉，有时近基部有2条不甚显著的侧脉，极稀为羽状，两面均有星状毛。雄花序较短而紧密，长达4厘米；雌花管椭圆形，长3~4毫米，密被星状毛，花管裂片角状，其长为管长的1/3，叉开，先端锐尖，果时管外具4束长毛，其长约与管长相等；胞果椭圆形或倒卵形，被毛。果期6—9月。

【生境】生于草原区西部和荒漠区沙质、砂砾质土壤，为小针茅草原的伴生种，在草原化荒漠可形成大面积的驼绒藜群落，也出现在其他荒漠群落中。

产乌兰察布市全市。

【用途】优等饲用植物。含有较多量的粗蛋白质及钙，且其无氮浸出物的含量较多，营养价值较高，且冬季地上部分保存良好，对家畜冬季饲养具有一定意义。花可入药。

藜科 驼绒藜属

华北驼绒藜 *Krascheninnikovia arborescens*(Losina–Losinsk.)CzereP.

【别名】驼绒蒿

【蒙名】冒日音·特斯格

【特征】旱生半灌木,植株高 1~2 米,分枝多集中于上部,较长。叶较大,具短柄,叶片披针形或矩圆状披针形,长 2~5(7)厘米,宽 0.7~1(1.5)厘米,先端锐尖或钝,基部楔形至圆形,全缘,通常具明显的羽状叶脉,两面均有星状毛。雄花序细长而柔软,长可达 8 厘米;雌花管倒卵形,长约 3 毫米,花管裂片粗短,其长为管长的 1/5~1/4,先端钝,略向后弯,果时管外两侧的中上部具 4 束长毛,下部则有短毛。胞果椭圆形或倒卵形,被毛。花果期 7—9 月。

【生境】散生于草原区和森林草原区的干燥山坡、固定沙地、旱谷和干河床内。

产乌兰察布市全市。

【用途】优质饲用植物,也是防风固沙、草场补播的较好灌木品种。在干旱地区有引种栽培前途,由内蒙古农牧科学院驯化选育的乌兰察布型华北驼绒藜,在乌兰察布市得到栽培应用。

藜科　地肤属

木地肤　*Kochia prostrata* (L.)Schrad. var. *prostrata*

【别名】伏地肤

【蒙名】道格特日嘎纳

【特征】旱生小半灌木,高 10~60 厘米。根粗壮,木质。茎基部木质化,浅红色或黄褐色;分枝多而密,于短茎上呈丛生状,枝斜升,纤细,被白色柔毛,有时被长绵毛,上部近无毛。叶于短枝上呈簇生状,叶片条形或狭条形,长 0.5~2 厘米。宽 0.5~1.5 毫米,先端锐尖或渐尖,两面被疏或密的柔毛。花单生或 2~3 朵集生于叶腋,或于枝端构成复穗状花序,花无梗,不具苞,花被壶形或球形,密被柔毛;花被片 5,密生柔毛,果时变革质,自背部横生 5 个干膜质薄翅,翅菱形或宽倒卵形,顶端边缘有不规则钝齿,基部渐狭,具多

数暗褐色扇状脉纹,水平开展;雄蕊 5,花丝条形,花药卵形;花柱短,柱头 2,有羽毛状突起。胞果扁球形,果皮近膜质,紫褐色;种子横生,卵形或近圆形,黑褐色,直径 1.5~2 毫米。花果期 6—9 月。

【生境】多生于草原区和荒漠区东部的粟钙土和棕钙土上,为草原和荒漠草原群落的恒有伴生种,在小针茅、葱类草原中可成为亚优势种,亦可进入部分草原化荒漠群落。

　　　　产乌兰察布市全市。

【用途】优等饲用植物。在干草原与荒漠草原以至荒漠地区进行栽培或改良草场是很有前途的好草种。栽培品种有内蒙古木地肤。

藜科 轴藜属

轴藜 *Axyris amaranthoides* L.

【蒙名】查干·图如

【特征】一年生中生植物,植株高 20~80 厘米,茎直立,粗壮,圆柱形,稍具条纹,幼时被星状毛,后期大部脱落,多分枝,常集中于中部以上,纤细,下部枝较长,越向上越短。叶具短柄,先端渐尖,具小尖头,基部渐狭,全缘,下面密被星状毛,后期毛脱落,茎生叶较大,披针形,长 3~7 厘米,宽 0.5~1.3 厘米,脉显著;枝生叶及苞片较小,狭披针形或狭倒卵形,长约 1 厘米,宽 2~3 毫米,边缘通常内卷。雄花序呈穗状,花被片 3,膜质,狭矩圆形,背面密被星状毛,后期脱落,雄蕊 3,比花被片短或等长;雌花数朵构成短缩的聚伞花序,位于

枝条下部叶腋,花被片 3,膜质,背部密被星状毛,侧生的 2 个花被片较大,宽卵形或近圆形,近苞片处的花被片较小,矩圆形,果时均增大,包被果实。胞果长椭圆状倒卵形,侧扁,长 2~3 毫米,灰黑色,顶端有 1 冠状附属物,其中央微凹。花果期 8—9 月。

【生境】散生于沙质撂荒地、河边和居民点周围。

　　产乌兰察布市全市。

【用途】饲用。

藜科 刺藜属

菊叶香藜 *Dysphania schraderiana*（Roemer et Schultes）Mosyakin et clemants

【别名】菊叶刺藜

【蒙名】乌努日特·诺衣乐

【特征】一年生中生草本,高20~60厘米,有强烈香气,全体具腺及腺毛。茎直立,分枝,下部枝较长,上部较短,有纵条纹,灰绿色,老时紫红色。叶具柄,长0.5~1厘米;叶片矩圆形,长2~4厘米,宽1~2厘米,羽状浅裂至深裂,先端钝,基部楔形,裂片边缘有时具微小缺刻或牙齿,上面深绿色,下面浅绿色,两面有短柔毛和棕黄色腺点;上部或茎顶的叶较小,浅裂至不分裂。花多数,单生于小枝的腋内或末端,组成二歧式聚伞花序,再集成塔形的大圆锥花序;花被片5,卵状披针形,长0.3~0.5毫米,背部稍具隆脊,绿色,被黄色腺点及刺状突起,边缘膜质,白色;雄蕊5,不外露;胞果扁

球形,不全包于花被内;种子横生,扁球形,直径0.5~1毫米,种皮硬壳质,黑色或红褐色,有光泽;胚半球形。花期7—9月,果期9—10月。

【生境】生于撂荒地和居民点附近的潮湿、疏松的土壤上。

产丰镇市、察哈尔右翼中旗。

【用途】全草药用。

藜科 藜属

尖头叶藜 *Chenopodium acuminatum* Willd. subsp. *acuminatum*

【蒙名】道古日格·诺衣乐

【特征】一年生中生草本,高 10~30 厘米。茎直立,分枝或不分枝,枝通常平卧或斜升,粗壮或细弱,无毛,具条纹,有时带紫红色。叶具柄,柄长 1~3 厘米;叶片卵形、宽卵形、三角状卵形、长卵形或菱状卵形,长 2~4 厘米,宽 1~3 厘米,先端钝圆或锐尖,具短尖头,基部宽楔形或圆形,有时近平截,全缘,通常具红色或黄褐色半透明的环边,上面无毛,淡绿色,下面被粉粒,灰白色或带红色;茎上部叶渐狭小,几为卵状披针形或披针形。花每 8~10 朵聚生为团伞花簇,花簇紧密地排列于花枝上,形成有分枝的圆柱形花穗,或再聚为尖塔形大圆锥花序;花序轴密生玻璃管状毛;花被片 5,宽卵形,背部中央具绿色龙骨状隆脊,边缘膜质,白色,向内弯曲,疏被膜质透明的片状毛,果时包被果实,全部呈五角星状;雄蕊 5,花丝极短。胞果扁球形,近黑色,具不明显放射状细纹及细点,稍有光泽;种子横生,直径约 1 毫米,黑色,有光泽,表面有不规则点纹。花期 6—8 月,果期 8—9 月。

【生境】生于盐碱地、河岸砂质地、撂荒地和居民点的砂壤质土壤上。

产乌兰察布市全市。

【用途】饲用,种子可榨油。

藜科　藜属

藜　*Chenopodium album* L.

【别名】灰菜

【蒙名】诺衣乐

【特征】一年生中生草本,高30~120厘米。茎直立、粗壮、圆柱形,具棱,有沟槽及红色或紫色的条纹,嫩时被白色粉粒,多分枝,枝斜升或开展。叶具长柄,叶片三角状卵形或菱状卵形,有时上部的叶呈狭卵形或披针形,长3~6厘米,宽1.5~5厘米,先端钝或尖,基部楔形,边缘具不整齐的波状牙齿,或稍呈缺刻状,稀近全缘,上面深绿色,下面灰白色或淡紫色,密被灰白色粉粒。花黄绿色,每8~15朵花或更多聚成团伞花簇,多数花簇排成腋生或顶生的圆锥花序,被片5,宽卵形至椭圆形,被粉粒,背部具纵隆脊,边缘膜质,先端钝或微尖;雄蕊5,伸出花被外,花柱短,柱头2。胞果全包于花被内或顶端稍露,果皮薄,初被小泡状突起,后期小泡脱落变成皱纹,和种子紧贴;种子横生,两面凸或呈扁球形,直径1~1.3毫米,光亮,近黑色,表面有浅沟纹及点洼;胚环形。花期8—9月,果期9—10月。

【生境】生长于田间、路旁、荒地、居民点附近和河岸低湿地。

产乌兰察布市全市。

【用途】药用,饲用。

藜科 蛛丝蓬属

蛛丝蓬 *Micropeplis arachnoidea*(Moq.–Tandon) Bunge.

【别名】蛛丝盐生草、白茎盐生草

【蒙名】好希·哈麻哈格

【特征】一年生旱中生草本，高 10~40 厘米。茎直立，自基部分枝；枝互生，灰白色，幼时被蛛丝状毛，毛以后脱落。叶互生，肉质，圆柱形，长 3~10 毫米，宽 1.5~2 毫米，先端钝，有时生小短尖，叶腋有绵毛。花小，杂性，通常 2~3 朵簇生于叶腋；小苞片 2，卵形，背部隆起，边缘膜质；花被片 5，宽披针形，膜质，先端钝或尖，全缘或有齿，果时自背侧的近顶部生翅；

翅半圆形，膜质，透明；雄花的花被常缺；雄蕊 5，花药矩圆形；柱头 2，丝形。胞果宽卵形，背腹压扁，果皮膜质，灰褐色；种子圆形，横生，直径 1~1.5 毫米；胚螺旋状。花果期 7—9 月。

【生境】耐盐碱，多生于荒漠地带的碱化土壤或砾石戈壁滩上，沿盐渍化低地也进入荒漠草原地带。

产四子王旗。

【用途】中等饲用植物。

苋科 苋属

北美苋 *Amaranthus blitoides* S. Watson

【蒙名】虎日·萨日伯乐吉

【特征】一年生中生草本，高 15~30 厘米。茎平卧或斜升，通常由基部分枝，绿白色，具条棱，无毛或近无毛。叶片倒卵形、匙形至矩圆状倒披针形，长 0.5~2 厘米，宽 0.3~1.5 厘米，先端钝或锐尖，具小凸尖，基部楔形，全缘，具白色边缘，上面绿色，下面淡绿色，叶脉隆起，两面无毛；叶柄长 5~15 毫米。花簇小形，腋生，有少数花；苞片及小苞片披针形，长约 3 毫米；花被片通

常 4，有时 5，雄花的卵状披针形，先端短渐尖，雌花的矩圆状披针形，长短不一，基部成软骨质肥厚。胞果椭圆形，长约 2 毫米，环状横裂；种子卵形，直径1.3~1.6毫米，黑色，有光泽。花期 8—9 月，果期 9—10 月。

【生境】生于田野、路旁。

产乌兰察布市全市。

【用途】饲用。

石竹科 孩儿参属

毛孩儿参 *Pseudostellaria japonica* (Korsh.) Pax

【别名】毛假繁缕

【蒙名】乌斯图·毕其乐·奥日好代

【特征】多年生耐荫中生草本，高 10~20 厘米。块根短纺锤形，单生或数个簇生，长约 1 厘米，茎单一或分枝，直立或上升，被 1 列毛。

下部叶狭倒披针形或矩圆状披针形，基部渐狭成柄，中部和上部叶卵圆形、卵形或狭卵形，长 8~20 毫米，宽 4~15 毫米，基部圆形，具短柄，先端急尖，边缘具开展的白色长睫毛，表面疏被毛或近无毛，背面中脉被开展的长毛。开花受精的花单生于茎顶或分枝的顶端；花梗细，常被 2 列毛；萼片矩圆状披针形，长 3~4 毫米，背面中脉上和边缘疏生长毛，具膜质狭边；花瓣白色，椭圆状倒卵形，长约 5 毫米。先端微缺；雄蕊与花瓣近等长，花丝基部加宽；花柱 2~3。闭锁花生于下部叶腋或短枝上。蒴果广卵球形，比萼片长，3 瓣裂；种子数粒，肾形，长约 1 毫米，棕褐色，表面具乳头突起，小突起先端具长刚毛。花期 5—6 月，果期 6—7 月。

【生境】生于山地林下、林缘、灌丛下、山顶峭壁下。

产卓资县梁山。

【用途】块根亦可入药，功效同孩儿参。

石竹科　孩儿参属

蔓孩儿参　*Pseudostellaria davidii*(Franch.) Pax

【别名】蔓假繁缕

【蒙名】哲乐图·毕其乐·奥日好代

【特征】多年生耐荫中生草本，块根纺锤形，单一，长约 1 厘米，直径 2~3 毫米，具须根。茎纤细，高 8~20 厘米，被一列毛，开花前直立，多分枝，开花后分枝先端伸长成鞭状匍枝。匍匐地面，在匍枝上具小叶或无叶，有叶生不定根。叶卵形或圆卵形，长 1~2 厘米，宽 7~15 毫米，先端锐尖，基部近圆形，全缘，基部边缘稍有毛，上面疏被毛或近无毛，下面无毛，叶柄长 2~5 毫米，被长柔毛。开花受精，花单生枝顶，具花梗，长 0.8~1.6 厘米，被一列毛；萼片 5，披针形，长约 3 毫米，先端渐尖，边缘膜质，背面被柔毛；花瓣白色，倒卵形或倒披针形，长 5~6 毫米，先端全缘，基部渐狭；雄蕊 10，长 3~4 毫米，花药紫色；子房卵形，花柱 3，稀 2。闭锁花生于茎基部附近，萼片 4，无花瓣，雄蕊多退化，子房宽卵形。蒴果宽卵形，长宽约 4 毫米，3 瓣裂，含数粒种子；种子近圆肾形，直径为 1.5 毫米，稍扁，被尖瘤状突起，褐色。花期 5—6 月，果期 6—7 月。

【生境】生于山地林下及沟谷。

【用途】块根亦可入药，功效同孩儿参。

石竹科 孩儿参属

孩儿参 *Pseudostellaria heterophylla*(Miquel)Pax

【别名】太子参、异叶假繁缕

【蒙名】毕其乐·奥日好代

【特征】多年生耐荫中生草本,高 15~20 厘米。块根纺锤形,具须根,淡灰黄色。茎纤细,柔弱,直立,通常单生,有 2 行纵向短柔毛。叶形多变化, 茎中下部的叶条状倒披针形,长 2~3 厘米,宽 2~6 毫米,茎顶端常 4 叶相集,花期披针形 , 花后渐增大成卵形或宽卵形,成轮状平展,长 2~4 厘米,宽 1~1.5 厘米,先端渐尖,基部宽楔形或渐狭成柄,全缘,两面无毛,叶柄长 1~10 毫米。花二型:普通花顶生或腋生单花,花梗纤细,被柔毛;萼片 5,狭披针形,长约 5 毫米,先端渐尖,背面被短柔毛,边缘宽膜质;花瓣 5,狭矩圆形或倒披针形,长约 6 毫米,顶端 2~3 齿裂或微缺乃至全缘,基部渐狭成短爪;雄蕊 10,长 5~6 毫米;子房卵形,花柱 3 条;闭锁花生茎下部叶腋,花梗纤细。弯曲,萼片 4,无花瓣。蒴果近球形,直径 2.5~3 毫米,含几个种子;种子肾形,长约 1.5 毫米,宽约 1 毫米,黑褐色,有乳头状突起。花期 6—7 月,果期 7—8 月。

【生境】生于海拔 2300~2500 米的山坡草甸、林下阴湿处。

产兴和县苏木山、丰镇市、凉城县等。

【用途】药用。本种可引种推广。

石竹科　蚤缀属

灯心草蚤缀　*Arenaria juncea* M. Bieb. var. *juncea*

【别名】毛轴鹅不食、毛轴蚤缀、老牛筋

【蒙名】查干·得伯和日格纳

【特征】多年生旱生草本,高 20~50 厘米。主根圆柱形,粗而伸长,褐色,顶端多头,由此丛生茎与叶簇。茎直立,多数,丛生,基部包被多数褐黄色老叶残余物,中部和下部无毛,上部被腺毛。基生叶狭条形,如丝状,长 7~25 厘米,宽 0.5~1 毫米,坚硬,先端渐细尖,基部增宽呈鞘状,边缘狭软

骨质,具微细尖齿状毛;茎生叶与基生叶同形而较短,向上逐渐变短,基部合生而抱茎。二歧聚伞花序顶生;苞片披针形至卵形,先端锐尖,边缘宽膜质,密被腺毛;花梗直立,长 1~3 厘米。密被腺毛;萼片卵状披针形,长 4~5 毫米,先端渐尖,边缘宽膜质,背面被腺毛;花瓣白色,矩圆状倒卵形,长 7~10 毫米,宽 4~5 毫米,先端圆形;雄蕊 2 轮,每轮 5,外轮雄蕊基部增宽且具腺体;子房近球形,花柱 3 条。蒴果卵形。与萼片近等长,6 瓣裂;种子矩圆状卵形,长约 2 毫米,黑褐色,稍扁,被小瘤状突起。花果期 6—9 月。

【生境】生于石质山坡、平坦草原。

产乌兰察布市全市。

【用途】药用。

石竹科 种阜草属

种阜草 *Moehringia lateriflora*(L.)Fenzl

【别名】莫石竹

【蒙名】奥衣音·查干

【特征】多年生中生草本，高5~20厘米，具细长白色的根茎。茎纤细，下部斜倚，上部直立，单一或分枝，密被短毛。叶椭圆形或矩圆状披针形，长1~2厘米，宽0.5~1厘米，先端钝或稍尖，基部宽楔形，全缘具睫毛，两面被细微的颗粒状小突起，上面淡绿色，下面灰绿色，沿

脉有短毛；叶柄极短，长约1毫米。聚伞花序具1~3朵花，顶生或腋生；花梗纤细，长1~4厘米，被短毛，中部有1对披针形膜质小苞片；萼片卵形或椭圆形，长约2毫米，先端钝，背面中脉常被短毛，边缘宽膜质；花瓣白色，矩圆状倒卵形，长约4毫米，全缘；雄蕊10，花丝下部有细毛；子房卵形，花柱3条。蒴果长卵球形，长3~3.5毫米，6瓣裂；种子亮黑色，肾状扁球形，长约1.1毫米，宽约0.8毫米，平滑，种脐旁有种阜。花果期6—8月。

【生境】生于山地林下、灌丛下、山谷溪边。

产兴和县、卓资县、丰镇市等。

石竹科　繁缕属

内弯繁缕　*Stellaria infracta* Maxim.

【蒙名】塔格音·阿吉干纳

【特征】多年生中生草本。茎斜倚，主茎平卧地面，长达 30 厘米,分枝直立,高 10~15 厘米,被星状绒毛,茎基部节上生不定根。叶披针形、矩圆状披针形或条形，长 1.5~5 厘米,宽 3~9 毫米,先端锐尖,基部近圆形或近心形,全缘,两面被星状绒毛,灰绿色,下面中脉明显凸起。二歧聚伞花序生枝顶,

具多花;花梗长 5~15 毫米,花后下弯;萼片 5,条状披针形,长约 5 毫米,宽约 1.5 毫米,先端锐尖,被星状绒毛,具膜质边缘,背部具 3 条凸起的脉;花瓣白色,略短于萼片,2 深裂几达基部,裂片近条形;雄蕊 10,等长,与花瓣近等长;子房宽卵形,花柱 3 条。蒴果包藏在宿存花萼内。卵形,长约 4 毫米,6 瓣裂。种子近卵形,长约 0.8 毫米、棕色。花果期 7—9 月。

【生境】生于海拔 800~2 000 米的石质山坡及沟谷地梗石缝。

产兴和县。

石竹科　繁缕属

叉歧繁缕　*Stellaria dichotoma* L.

【别名】叉繁缕

【蒙名】特门·章给拉嘎

【特征】多年生旱生草本，全株呈扁球形，高 15~30 厘米。主根粗长，圆柱形，直径约 1 厘米，灰黄褐色，深入地下。茎多数丛生，由基部开始多次二歧式分枝，被腺毛或腺质柔毛，节部膨大，叶无柄，卵形、卵状矩圆形或卵状披针形，长 4~15 毫米，宽 3~7 毫米，先端锐尖或渐尖，基部圆形或近心形，稍抱茎，全缘，两面被腺毛或腺质柔毛，有时近无毛，

下面主脉隆起。二歧聚伞花序生枝顶，具多数花；苞片和叶同形而较小；花梗纤细，长 8~16 毫米；萼片披针形，长 4~5 毫米，宽约 1.5 毫米，先端锐尖，膜质边缘稍内卷，背面多少被腺毛或腺质柔毛，有时近无毛；花瓣白色，近椭圆形，长约 4 毫米，宽约 2 毫米，2 叉状分裂至中部，具爪；雄蕊 5 长，5 短，基部稍合生，长雄蕊基部增粗且有黄色蜜腺；子房宽倒卵形，花柱 3 条。蒴果宽椭圆形，长约 3 毫米，直径约 2 毫米，全部包藏在宿存花萼内，含种子 1~3，稀 4 或 5；果梗下垂，长达 25 毫米；种子宽卵形，长 1.8~2.0 毫米，褐黑色，表面有小瘤状突起。花果期 6—8 月。

【生境】生于向阳石质山坡、山顶石缝间、固定沙丘。

　　产集宁区、察哈尔右翼前旗、察哈尔右翼中旗。

【用途】药用。

石竹科　繁缕属

兴安繁缕 *Stellaria cherleriae*(Fisch.ex Ser.)F.N.Williams

【别名】东北繁缕

【蒙名】兴安·阿吉干纳

【特征】多年生旱生草本，高10~25厘米。主根常粗壮，有分枝。茎多数成密丛，直立或斜升，被卷曲柔毛，基部常木质

化，叶条形或披针状条形，长10~25毫米，宽1~2毫米，稍肉质，先端锐尖，基部渐狭，全缘，下半部边缘有时具睫毛，两面无毛，下面中脉隆起。二歧聚伞花序，顶生或腋生，花序分枝较长，呈伞房状；苞片条状披针形，长约3毫米，叶状，边缘膜质；花梗3~14毫米，被短柔毛；萼片矩圆状披针形，长4~5毫米，先端急尖，边缘宽膜质，中脉凸起；花瓣白色，长为萼片的1/3~1/2，叉状2深裂，裂片条形；雄蕊5长、5短，长者基部膨大；子房近球形，花柱3条。蒴果卵形，包藏在宿存花萼内，长比萼片短一半，6瓣裂，常含2种子。种子黑褐色，椭圆状倒卵形，长1~1.5毫米，表面有小瘤状突起。花果期6—8月。

【生境】生于向阳石质山坡、山顶石缝间。

石竹科 繁缕属

沼繁缕 *Stellaria palustris* Retzius

【别名】沼生繁缕

【蒙名】纳木根·阿吉干纳

【特征】多年生湿中生草本，高 15~30 厘米。通常无毛。根茎细。茎直立或斜升，四棱形，分枝，有时疏被柔毛。叶条状披针形或近条形，长 2~4 厘米，宽 1.5~3 毫米，先端渐

尖。基部稍狭，边缘有时具睫毛，中脉 1 条，上面凹陷，下面隆起，无柄。二歧聚伞花序顶生或腋生；苞片小，卵状披针形，白膜质；花梗长达 4 厘米；萼片 5，披针形，长 4~6 毫米，先端渐尖，边缘膜质，具 3 或 1 条明显的脉；花瓣白色，与萼片近等长或稍长；雄蕊 10；子房卵形，花柱 3。蒴果卵状矩圆形，比萼片稍长，具多数种子；种子近圆形，稍扁，黑褐色，径约 0.8 毫米，表面具皱纹状突起。花果期 6—8 月。

【生境】生于河滩草甸、沟谷草甸、白桦林下、固定沙丘阴坡。

石竹科　卷耳属

卷耳　*Cerastium arvense* L. subsp. *strictum* Gaudin

【蒙名】淘高仁朝日

【特征】多年生中生草本,高 10~30 厘米。根状茎细长,淡黄白色,节部有鳞叶与须根。茎直立,疏丛生,密生短柔毛,上部混生腺毛。叶披针形、矩圆状披针形或条状披针形。长 1~2.5 厘米,宽 3~5 毫米,先端锐尖。基部近圆形或渐狭,两面被柔毛,有时混生腺毛。二歧聚伞花序顶生;总花轴和花梗密被腺毛,花梗长 6~10 毫米,花后延长达 20 毫米,上部常下垂;苞片叶状,卵状披针形,密被腺毛;萼片矩圆状披针形,长 5~6 毫米,先端稍尖,边缘宽膜质,背面密被腺毛;

花瓣白色,倒卵形,比萼片长 1~1.5 倍,顶端 2 浅裂;雄蕊 10,比花瓣短;子房宽卵形,花柱 5 条。蒴果圆筒形,长约 1 厘米,上部稍偏斜,10 齿裂。裂片三角形,麦秆黄色。有光泽。种子圆肾形,稍扁,长约 0.8 毫米,表面被小瘤状突起。花期 5—7 月,果期 7—8 月。

【生境】生于山地林缘、草甸、山沟溪边。

产兴和县苏木山、卓资县大青山、丰镇市、灰腾梁。

石竹科 麦瓶草属

旱麦瓶草 *Silene jenisseensis Willd. var. jenisseensis*

【别名】麦瓶草、山蚂蚱

【蒙名】额乐存·舍日格纳

【特征】多年生旱生草本,高 20~50 厘米。直根粗长,直径 6~12 毫米。黄褐色或黑褐色,顶部具多头。茎几个至 10 余个丛生,直立或斜升,无毛或基部被短糙毛,基部常包被枯黄色残叶。基生叶簇生,多数,具长柄,柄长 1~3 厘米,叶片披针状条形。长 3~5 厘米,宽 1~3 毫米,先端长渐尖,基部渐狭,全缘或有微齿状突起,两面无毛或稍被疏短毛,茎生叶 3~5 对,与基生叶相似但较小。聚伞状圆锥花序顶生或腋生,具花 10 余朵;苞片卵形,先端长尾状,边缘宽膜质,具睫毛,基部合生;花梗长 3~6 毫米,果期延长;花萼筒状,长 8~9 毫米。

无毛,具 10 纵脉,先端脉网结,脉间白色膜质,果期膨大呈管状钟形,萼齿三角状卵形,边缘宽膜质,具短睫毛;花瓣白色,长约 12 毫米,瓣片 4~5 毫米,开展,2 中裂,裂片矩圆形,爪倒披针形,瓣片与爪间有 2 小鳞片;雄蕊 5 长、5 短;子房矩圆状圆柱形,花柱 3 条;雌雄蕊柄长约 3 毫米,被短柔毛。蒴果宽卵形,长约 6 毫米,包藏在花萼内,6 齿裂。种子圆肾形,长约 1 毫米,黄褐色,被条状细微突起。花期 6—8 月,果期 7—8 月。

【生境】生于砾石质山地、草原及固定沙地。

产兴和县、卓资县、凉城县、丰镇市。

【用途】药用。

石竹科　丝石竹属

尖叶丝石竹　*Gypsophila licentiana* Hand.–Mazz.

【别名】尖叶石头花、石头花

【蒙名】少布格日·台日

【特征】多年生旱生草本，高25~50厘米，全株光滑无毛。直根，粗壮。茎多数，上部多分枝。叶条形或披针状条形，长1~5厘米，宽1~4毫米，先端尖，基部渐狭，具一条中脉且于下面突起。花多数，密集成紧密的头状聚伞花序；苞片卵状披针形，膜质，先端渐尖；花梗长1~3(4)毫米；花萼钟形，长3~4毫米，5中裂，萼齿卵状三角状，先端尖，边缘宽膜质；花瓣白色或淡粉色，长约8毫米，倒披针形，先端微凹，基部楔形；雄蕊稍短于花瓣；花柱2条。蒴果卵形，长与花萼近相等，4瓣裂；种子黑色，圆肾形，表面具疣状突起。花期7—9月，果期9月。

【生境】生于石质山坡。见于阴山。

产凉城县、四子王旗。

本种在我国常被误定为 *G.acutifolia* Fisch.ex Spreng.，但后者的植株上部及花梗被腺毛，叶具3~5脉，与本种全株光滑无毛，叶具1脉，明显不同。而且，*G.acutifolia* 只分布于欧洲及苏联的高加索地区，而本种则是我国华北地区分布的1个种。

石竹科 石竹属

石竹 *Dianthus chinensis* L. var. *chinensis*

【**别名**】洛阳花

【**蒙名**】巴希卡·其其格

【**特征**】多年生旱中生草本,高 20~40 厘米,全株带粉绿色。茎常自基部簇生,直立,无毛,上部分枝。叶披针状条形或条形,长 3~7 厘米,宽 3~6 毫米,先端渐尖,基部渐狭合生抱茎,全缘,两面平滑无毛,粉绿色,下面中脉明显凸起。花顶生,单一或 2~3 朵成聚伞花序;花下有苞片 2~3 对,苞片卵形,长约为萼的一半,先端尾尖,边缘膜质,有睫毛;花萼圆筒形,长 15~18 毫米,直径 4~5 毫米,具多数纵脉,萼齿披针形,长约 5 毫米,先端锐尖,边缘膜质,具细睫毛;花瓣瓣片平展,卵状三角形,长 13~15 毫米,边缘有不整齐齿裂,通常红紫色、粉红色或白色,具长爪,爪长 16~18 毫米,瓣片与爪间有斑纹与须毛;雄蕊 10;子房矩圆形,花柱 2 条。蒴果矩圆状圆筒形,与萼近等长,4齿裂。种子宽卵形,稍扁,灰黑色,边缘有狭翅,表面有短条状细突起。花果期 6—9 月。

【**生境**】生于山地草甸及草甸草原。

产兴和县苏木山、丰镇市、凉城县、察哈尔右翼中旗黄花沟、化德县、四子王旗。

【**用途**】药用,观赏。

毛茛科　金莲花属

金莲花　*Trollius chinensis* Bunge

【蒙名】阿拉坦花

【特征】多年生草本,高40~70厘米,全株无毛。茎直立,单一或上部稍分枝,有纵棱。基生叶具长柄,柄长达20厘米;叶片轮廓近五角形,长4~7厘米,宽6~15厘米,3全裂,中央裂片菱形,3裂至中部,小裂片具缺刻状尖牙齿;侧裂片2深裂至基部,裂片近菱形或歪倒卵形,2~3中裂,小裂片具缺刻状尖牙齿;茎生叶似基生叶,叶柄向上渐短,茎顶部者无柄,叶片向上渐小,裂片较窄。花1~2朵,生于茎顶或分枝顶端,花梗长达17厘米;萼片(6~)10~15(~19),金黄色,干时不变绿色,椭圆状倒卵形或倒卵形,长1.5~2.3厘米,宽1~

1.8厘米,先端钝圆,全缘或顶端具不整齐的小牙齿;花瓣与萼片近等长,狭条形,长1.5~2.5厘米,宽约1.5毫米,蜜槽生于基部;雄蕊多数,长0.5~1.1厘米;心皮20~30。蓇葖果长约1厘米,果喙短,长约1毫米。花期6—7月,果期8—9月。

【生境】生于山地林下、林缘草甸、沟谷草甸及其他低湿地草甸、沼泽草甸中,为常见的草甸湿中生伴生植物。

产兴和县苏木山、凉城县蛮汗山、卓资县梁山、丰镇市等。

【用途】药用,观赏。

毛茛科 耧斗菜属

耧斗菜 *Aquilegia viridiflora* Pall. var. *viridiflora*

【别名】血见愁

【蒙名】乌日乐其·额布斯

【特征】多年生旱中生草本，高20~40厘米。直根粗大，圆柱形，粗达1.5厘米，黑褐色。茎直立，上部稍分枝，被短柔毛和腺毛。基生叶多数，有长柄，长达15厘米，被短柔毛和腺毛，柄基部加宽，二回三出复叶；中央小叶楔状倒卵形，长1.5~3.5厘米，宽1~3.5厘米，具短柄，柄长1~5毫米，侧生小叶歪倒卵形，无柄，小叶3浅裂至中裂，小裂片具2~3个圆齿，上面绿色，无毛，下面灰绿色带黄色，被短柔毛；茎生叶少数。与基生叶同形而较小，或只一回三出，具柄或无柄。单歧聚伞花序；花梗长2~5厘米，被

腺毛和短柔毛；花黄绿色；萼片卵形至卵状披针形，长1.2~1.5厘米，宽5~8毫米。与花瓣瓣片近等长，先端渐尖。里面无毛，外面疏被毛；花瓣瓣片长约1.4厘米，上部宽达1.5厘米，先端圆状截形，两面无毛，距细长，长约1.8厘米，直伸或稍弯；雄蕊多数，比花瓣长，伸出花外，花丝丝状，花药黄色；退化雄蕊白色膜质，条状披针形，长7~8毫米；心皮4~6，通常5，密被腺毛和柔毛，花柱细丝状，显著超出花的其他部分。蓇葖果直立，被毛，长约2厘米，相互靠近，宿存花柱细长，与果近等长，稍弯曲；种子狭卵形，长约2毫米，宽约0.7毫米，黑色，有光泽，三棱状，其中有1棱较宽，种皮密布点状皱。花期5—6月，果期7月。

【生境】生于石质山坡的灌丛间与基岩露头上及沟谷中。

产卓资县、丰镇市等。

【用途】药用。

毛茛科 蓝堇草属

蓝堇草 *Leptopyrum fumarioides* (L.)Reichb.

【蒙名】巴日巴达

【特征】一年生中生小草本,高 5~30 厘米,全株无毛,呈灰绿色。根直,细长,黄褐色。茎直立或上升,通常从基部分枝。基生叶多数,丛生,通常为二回三出复叶,具长柄,叶片轮廓卵形或三角形,长 2~4 厘米,宽 1.5~3 厘米,中央小叶柄较长,约 1.5 厘米,侧生小叶柄较短,为 5~7 毫米,小叶 3 全裂,裂片又 2~3 浅裂,小裂片狭倒卵形,宽 1~3 毫米,先端钝圆;茎下部叶通常互生,具柄,叶柄基部加宽成鞘,叶鞘上侧具 2 个条形叶耳;茎上部叶对生至轮生,具短柄,几乎全部加宽成鞘, 叶片二至三回三出复叶;叶

灰蓝绿色。两面无毛。单歧聚伞花序具 2 至数花;苞片叶状;花梗近丝状,长 1~4 厘米;萼片 5,淡黄色,椭圆形,长约 4 毫米,宽 1.5~2 毫米,先端尖;花瓣 4~5,漏斗状,长约 1 毫米,与萼片互生,比萼片显著短,二唇形,下唇比上唇显著短,微缺,上唇全缘;雄蕊 10~15,花丝丝状,长约 2.5 毫米,花药近球形;心皮 5~20,无毛。蓇葖果条状矩圆形,长达 1 厘米,宽约 2 毫米,内含种子多数,果喙直伸;种子暗褐色,近椭圆形或卵形,长 0.6~0.8 毫米,宽 0.4~0.6 毫米,两端稍尖,表面密被小瘤状突起。花期 6 月,果期 6—7 月。

【生境】生于田野、路边或向阳山坡。

产乌兰察布市南部。

【用途】药用。

根据内蒙古的标本,本种花瓣(蜜叶)为 4~5,与一般文献中记载为 2~3 有所不同,仅此说明。

毛茛科　唐松草属

翼果唐松草　*Thalictrum aquilegiifolium* L. var. *sibiricum* Regel et Tiling

【别名】唐松草、土黄连

【蒙名】达拉伯其特·查存·其其格

【特征】多年生中生草本,高50~100厘米。根茎短粗,须根发达。茎圆筒形,光滑,具条纹,稍带紫色。基生叶通常具长柄,柄长约12厘米,二至三回三出复叶;茎生叶三至四回三出复叶,轮廓三角状宽卵形,大形,长约30厘米,下部叶有柄,上部叶几无柄;托叶近膜质,每3个小叶柄基部具1膜质小托叶;小叶倒卵形或近圆形,长1.5~3厘米,宽1.2~2.8厘米,基部圆形或微心形,上部通常3浅裂,稀全缘,裂片全缘或具圆齿,脉微隆起,

上面绿色,下面淡绿色,两面无毛。复聚伞花序,多花,小花梗长约1厘米;花直径约1厘米;萼片4,白色或带紫色,宽椭圆形,长3~4毫米,无毛,早落;无花瓣;雄蕊多数,花丝白色,长5~8毫米,中上部渐粗,呈狭倒披针形,花药长矩圆形,长约1毫米,黄白色;心皮5~10,稀较多。果梗细长,长约5毫米,基部细弱;瘦果下垂,倒卵形或倒卵状椭圆形,长5~8毫米,宽3~5毫米,具3~4条纵棱翼,基部渐狭,先端钝,顶端具斜生的短喙,喙长约0.5毫米。花期6—7月,果期7—8月。

【生境】生于山地林缘及林下。

　　　产凉城县。

【用途】药用。

毛茛科　唐松草属

瓣蕊唐松草　*Thalictrum petaloideum* L. var. *petaloideum*

【别名】肾叶唐松草、花唐松草、马尾黄连

【蒙名】查存·其其格

【特征】多年生旱中生草本，高 20~60 厘米，全株无毛，根茎细直，外面被多数枯叶柄纤维，下端生多数须根，细长，暗褐色。茎直立，具纵细沟。基生叶通常 2~

4，有柄，柄长约 5 厘米，三至四回三出羽状复叶，小叶近圆形、宽倒卵形或肾状圆形，长 3~12 毫米，宽 2~15 毫米，基部微心形、圆形或楔形，先端 2~3 圆齿状浅裂或 3 中裂至深裂，不裂小叶为卵形或倒卵形，边缘不反卷或有时稍反卷；茎生叶通常 2~4，上部者具短柄至近无柄，叶柄两侧加宽成翼状鞘，小叶片形状与基生叶同形，但较小，花多数，较密集，生于茎顶部，呈伞房状聚伞花序；萼片 4，白色，卵形，长 3~5 毫米，先端圆，早落；无花瓣；雄蕊多数，长 5~12 毫米，花丝中上部呈棍棒状，狭倒披针形，花药黄色，椭圆形；心皮 4~13，无柄，花柱短，柱头狭椭圆形，稍外弯。瘦果无梗，卵状椭圆形，长 4~6 毫米，宽 2~3 毫米，先端尖，呈喙状，稍弯曲，具 8 条纵肋棱。花期 6—7 月，果期 8 月。

【生境】生于草甸、草甸草原及山地沟谷中。

产凉城县、卓资县、丰镇市、兴和县等。

【用途】药用。

毛茛科 唐松草属

卷叶唐松草 *Thalictrum petaloideum* L. var. *supradecompositum* (Nakai) Kitag.

【别名】蒙古唐松草、狭裂瓣蕊唐松草

【蒙名】保日吉给日·查存·其其格

【特征】瓣蕊唐松草变种。本变种与正种的不同点在于：小叶全缘或 2~3 全裂或深裂，全缘小叶和裂片为条状披针形、披针形或卵状披针形，边缘全部反卷。

【生境】生于干燥草原和沙丘上，为草原中旱生杂类草。

产四子王旗。

【用途】药用。

毛茛科　唐松草属

香唐松草　*Thalictrum foetidum* L.

【别名】腺毛唐松草

【蒙名】乌努日特·查存·其其格

【特征】多年生中旱生草本，高 20~50 厘米。根茎较粗，具多数须根。茎具纵槽，基部近无毛，上部被短腺毛。茎生叶三至四回三出羽状复叶，基部叶具较长的柄，柄长

达 4 厘米，上部叶柄较短，密被短腺毛或短柔毛，叶柄基部两侧加宽，呈膜质鞘状；复叶轮廓宽三角形，长约 10 厘米，小叶具短柄。密被短腺毛或短柔毛，小叶片卵形、宽倒卵形或近圆形，长 2~10 毫米，宽 2~9 毫米，基部微心形或圆状楔形，先端 3 浅裂，裂片全缘或具 2~3 个钝牙齿，上面绿色，下面灰绿色，两面均被短腺毛或短柔毛，下面较密，叶脉上面凹陷，下面明显隆起。圆锥花序疏松，被短腺毛；花小，直径 5~7 毫米，通常下垂；花梗长 0.5~1.2 厘米；萼片 5，淡黄绿色，稍带暗紫色，卵形。长约 3 毫米，宽约 1.5 毫米；无花瓣；雄蕊多数，比萼片长 1.5~2 倍，花丝丝状，长 3~5 毫米，花药黄色，条形，长 1.5~3 毫米，比花丝粗，具短尖；心皮 4~9 或更多。子房无柄，柱头具翅，长三角形。瘦果扁，卵形或倒卵形，长 2~5 毫米，具 8 条纵肋，被短腺毛，果喙长约 1 毫米，微弯，花期 8 月，果期 9 月。

【生境】生于山地草原及灌丛中。

【用途】种子油可供工业用。药用。

毛茛科 唐松草属

欧亚唐松草 *Thalictrum minus* L. var. *minus*

【别名】小唐松草

【蒙名】阿翟音·查存·其其格

【特征】多年生中生草本，高60~120厘米，全株无毛。茎直立，具纵棱。下部叶为三至四回三出羽状复叶，有柄，柄长达4厘米，基部有狭鞘，复叶长达20厘米，上部叶为二至三回三出羽状复叶，有短柄或无柄，小叶纸质或薄革质，楔状倒卵形、宽倒卵形或狭菱形，长0.5~1.2厘米，宽0.3~1厘米，基部楔形至圆形，先

端3浅裂或有疏牙齿，上面绿色，下面淡绿色，脉不明显隆起，脉网不明显。圆锥花序长达30厘米；花梗长3~8毫米；萼片4，淡黄绿色。外面带紫色，狭椭圆形，长约3.5毫米，宽约1.5毫米，边缘膜质；无花瓣；雄蕊多数，长约7毫米，花药条形，长约3毫米，顶端具短尖头，花丝丝状；心皮3~5，无柄，柱头正三角状箭头形。瘦果狭椭圆球形，稍扁，长约3毫米，有8条纵棱，花期7—8月，果期8—9月。

【生境】生于山地林缘、林下、灌丛及草甸中。

产卓资县、凉城县、丰镇市、兴和县等。

【用途】药用。

毛茛科　银莲花属

小花草玉梅 *Anemone flore-minore*(Maxim.)Y.Z. Zhao

【蒙名】那木格音·保根·查干·其其格

【特征】多年生中生草本,高 20~80 厘米。直根,粗壮,暗褐色,茎直立,无毛,基部具枯叶柄纤维。基生叶 3~5,具长柄,柄长 5~24 厘米,基部和上部被长柔毛,中部无毛;叶片轮廓肾状五角形,长 2~7 厘米,宽 3.5~11 厘米,基部心形,3 全裂,中央全裂片菱形,基部楔形,上部 3 浅裂至中裂,具小裂片或牙齿,两侧全裂片较宽,歪倒卵形,不等 2 深裂,裂片再 2~3 深裂或浅裂,叶两面被柔毛。聚伞花序 1~3 回分枝,花梗长 5~20 厘米,疏被长柔毛;苞叶通常 3,具鞘状柄,宽菱形,长 4~8 厘米,深裂。深裂片披针形,通常不分裂或 2~3 浅裂至中裂,两面被柔毛;花径约 1.5 厘米;萼片通常 5,矩圆形或倒卵状矩圆形,长 6~8 毫米,宽 2~3 毫米。里面白色无毛,外面带紫且沿中部及顶部密被柔毛,先端钝圆;无花瓣;雄蕊多数,花丝丝形;心皮多数(30~60),顶端具拳卷的花柱。聚合果近球形,直径约 1.8 厘米;瘦果狭卵球形,长约 8 毫米,宽约 2 毫米,无毛,宿存花柱钩状弯曲,背腹稍扁。花期 6—7 月,果期 7—8 月。

　　本变种花较小,萼片较少,可与正种相区别。

　　本变种的萼片有时变异很大,有狭倒卵形的,有圆形的,长达 4 厘米,边缘有的全缘,有的具锯齿,而且颜色由白色变为绿色,变异很不稳定,有待进一步研究。

【生境】生于山地林缘和沟谷草甸。

　　　　产卓资县、兴和县、凉城县、丰镇市等。

【用途】药用。

毛茛科　银莲花属

长毛银莲花　*Anemone crinita* Juz.

【蒙名】乌苏图·保根·查干·其其格

【特征】多年生中生草本，高 30~60 厘米，根状茎粗壮，黑褐色，生多数须根，植株基部密被枯叶柄纤维，基生叶多数，有长柄，柄长 10~30 厘米，密被白色开展的长柔毛；叶片轮

廓圆状肾形，长 3~5.5 厘米，宽 4~9 厘米，3 全裂，全裂片 2~3 回羽状细裂，末回裂片披针形或条形，宽 2~5 毫米，两面疏被长柔毛，上面深绿色，下面灰绿色，花葶 1 至数个，直立，疏被白色开展的长柔毛；总苞苞片掌状深裂，无柄，裂片 2~3 深裂或中裂，小裂片条状披针形。两面被长柔毛，外面基部毛较密；花梗 2~6，长 5~8 厘米，疏被长柔毛，呈伞形花序状，顶生；萼片 5，白色，菱状倒卵形，长约 1.5 厘米，宽约 1 厘米；雄蕊长 3~5 毫米，花丝条形；心皮无毛，瘦果宽倒卵形或近圆形，长 5~7 毫米，宽 5~5.5 毫米，无毛，先端具向下弯曲的喙，喙长约 1 毫米。花期 5—6 月，果期 7—9 月。

【生境】生于山地林下、林缘及草甸。

产兴和县苏木山。

毛茛科　白头翁属

细叶白头翁　*Pulsatilla turczaninovii* Kryl.et Serg.

【别名】毛姑朵花

【蒙名】古拉盖·花儿·那林·高乐贵

【特征】多年生草本,高 10~40 厘米,植株基部密包被纤维状的枯叶柄残余。根粗大,垂直,暗褐色,基生叶多数,通常与花同时长出,叶柄长达 14 厘米,被白色柔毛;叶片轮廓卵形,长 4~14 厘米,宽 2~7 厘米,二至三回羽状分裂,第一回羽片通常对生或近对生,中下部的裂片具柄,顶部的裂片无柄,裂片羽状深裂,第二回裂片再羽状分裂,最终裂片条形或披针状条形,宽 1~2 毫米,全缘或具 2~3 个牙齿,成长叶两面无毛或沿叶脉稍被长柔毛。总苞叶掌状深裂,裂片条形或倒披针状条形, 全缘或 2~3 分裂,里面无毛,外面被长柔毛,基部联合呈管状,管长 3~4 毫米;花葶疏或密被白色柔毛;花向上开展;萼片 6,蓝紫色或蓝紫红色,长椭圆形或椭圆状披针形,长 2.5~4 厘米,宽达 1.4 厘米,

外面密被伏毛;雄蕊多数,比萼片短约一半。瘦果狭卵形,宿存花柱长 3~6 厘米,弯曲,密被白色羽毛。花果期 5—6 月。

【生境】生于典型草原及森林草原带的草原与草甸草原群落中,可在群落下层形成早春开花的杂类草层片,也可见于山地灌丛中。为中旱生植物。

产卓资县、丰镇市、兴和县、察哈尔右翼中旗、化德县等。

【用途】饲用,早春为山羊、绵羊乐食。药用。

毛茛科 白头翁属

黄花白头翁 *Pulsatilla sukaczevii* Juz.

【蒙名】希日·高乐贵

【特征】多年生中旱生草本，高约15厘米，植株基部密包被纤维状枯叶柄残余，根粗壮，垂直，暗褐色。基生叶多数，丛生状，叶柄长约5厘米，被白色长柔毛，基部稍加宽，密被稍开展的白色长柔毛；叶片轮廓长椭圆形，长约5厘米，宽约2厘米，二回羽状全裂，小裂片条形或狭披针状条形，宽0.5~1毫米，边缘及两面疏被白色长柔毛。总苞叶3深裂，裂片的中下部两侧常各具1侧裂片，裂片又羽状分裂，小裂片狭条形，宽0.5~1毫米，上面无毛，下面密被白色长柔毛，花葶在花期密被贴伏或稍开展的白色长

柔毛，果期疏被毛；萼片6或较多，开展，黄色，有时白色，椭圆形或狭椭圆形，长1~2厘米，宽0.5~1厘米，外面稍带紫色，密被伏毛，里面无毛；雄蕊多数，长约为萼片之半；心皮多数，密被柔毛，瘦果长椭圆形，先端具尾状的宿存花柱，长2~2.5厘米，下部被斜展的长柔毛，上部密被贴伏的短毛，顶端无毛。花果期5—6月，7月下旬有时出现二次开花现象。

【生境】生于草原区石质山地及丘陵坡地和沟谷中。

产卓资县大青山、察哈尔右翼中旗灰腾梁。

【用途】药用。

毛茛科 毛茛属

美丽毛茛 *Ranunculus pulchellus* C. A. Mey. var. *pulchellus*

【蒙名】甘查嘎日特·好乐得存·其其格

【特征】多年生湿中生草本,高14~30厘米。须根多数,簇生。茎直立或稍斜升, 单一或上部有分枝,无毛,基生叶数枚,近革质, 具长2~8厘米的柄,无毛;叶片椭圆形或卵形, 长10~20毫米,宽4~8毫米, 基部楔形,具3~5齿或缺刻状裂片,齿端具胼胝体状钝点,两面无毛;茎生叶无柄,基部具膜质叶鞘,抱茎,边缘无毛或具稀疏的纤毛,3~5深裂或浅裂,裂片条形,宽1~2毫米,全缘,无毛,单花顶生或着生于分枝顶端, 直径约1厘米;花梗细长, 被淡黄色短伏毛;萼片5,椭圆形,长约3.5厘米,边缘膜质,外面

被淡黄色柔毛;花瓣5,倒卵形,长4~5毫米,比萼片长,鲜黄色,基部具短爪;花托矩圆状圆锥形,长5~6毫米,被短毛。聚合果椭圆形,长约7毫米,宽约4毫米;瘦果卵球形,长约2毫米,稍扁,无毛,边缘具纵肋,果喙直伸,长约1毫米。花期6月,果期7月。

【生境】生于河岸沼泽草甸中。

毛茛科 毛茛属

单叶毛茛 *Ranunculus monophyllus* Ovcz.

【蒙名】甘查嘎日特·好乐得存·其其格

【特征】多年生湿中生草本，高10~30厘米。根状茎短粗，斜升，长1~3厘米，着生多数淡褐色的细弱的须根。茎直立，单一或上部有1~2分枝，无毛。基生叶通常1枚，肾形或圆肾形，长1~1.5厘米，宽1.5~2.5厘米，基部心形，边缘具粗圆齿，齿端有小硬点，无毛或边缘与叶脉稍被短柔毛；叶柄长达12厘米，无毛或稍被短柔毛，基部鞘状，常有2枚无叶的苞片；茎生叶3~7掌状全裂或深裂，裂片狭长矩圆形或条状披针形，长1~3厘米，宽2~5毫

米，无柄，全缘，稀具少数牙齿。花单生茎顶或分枝顶端，径约1.3厘米；萼片5，椭圆形，长4~5毫米。外面疏被柔毛；花瓣5，黄色，倒卵形，长6~7毫米，具脉纹，基部狭窄成爪，蜜槽呈杯状袋穴；雄蕊长3~5毫米；花托被短细毛。聚合果卵球形，直6~7毫米；瘦果卵球形，稍扁，长约2毫米，有背腹肋，密被短细毛，喙长约1毫米，直伸或钩状。花果期5—6月。

【生境】生于河岸湿草甸及山地沟谷湿草甸。

毛茛科　毛茛属

掌裂毛茛　*Ranunculus rigescens* Turcz.ex Ovcz.

【蒙名】塔拉音·好乐得存·其其格

【特征】多年生中生草本,高10~15厘米。须根细长或成束状,淡褐色,茎直立或斜升,自下部分枝,基部残存枯叶柄,无毛或被长细柔毛。基生叶多数,叶柄长 2~4 厘米,疏被长细柔毛,叶片轮廓圆状肾形或近圆形,长 1~2 厘米,宽 1.5 厘米,掌状 5~11 深裂,少中裂或浅裂,裂片倒披针形,全缘或具牙齿状缺刻,叶片基部浅心形,两面被稀疏长细柔毛;茎生叶 3~5 全裂至基部,无柄,基部加宽成叶鞘状,裂片条形至披针状条形,长 1.5~3 厘米,宽约 1.5 毫米,被稀疏长细柔毛;裂片或牙齿先端均具胼胝体状钝点。花着生于分枝顶端,直径 1~1.5 厘米;花梗密被

长细柔毛;萼片 5,宽卵形,长约 4 毫米,边缘膜质,外面带紫色,密被长细柔毛;花瓣 5,宽倒卵形,长约 7 毫米,黄色,基部楔形,渐狭,先端钝圆或少有牙齿;花托矩圆形,长约 6 毫米,宽约 3 毫米,密被短毛。聚合果近球形,径约 7 毫米;瘦果倒卵状椭圆形,径约 1.5 毫米,两面臌凸,密被细毛或近无毛。果喙直或稍弯曲。花期 5—6 月,果期 7 月。

【生境】生于山地沟谷草甸、泉边。

产兴和县。

毛茛科 毛茛属

裂叶毛茛 *Ranunculus pedatifidus* J. E. Smith.

【蒙名】敖尼图·好乐得存·其其格

【特征】多年生中生草本，高 15~20 厘米。根状茎短，簇生多数须根，茎直立，单一或稍有分枝、密被开展的白色细长柔毛。基生叶具长柄，柄长 2~5 厘米，密被开展的白色细长柔毛，基部具膜质鞘，枯死后成纤维状残存；叶片轮廓近圆形，长和宽为 1~1.5 厘米，7~15 掌状深裂，有时浅裂，裂片条状披针形或披针形，不裂或齿裂，顶端具钝点，被白色细长柔毛，叶片基部心形；茎生叶 1~2，无柄或有鞘状短柄，叶片 3~5 全裂，裂片条形，长 1~2 厘米，宽 1~1.5 毫米，全

缘，被白色细长柔毛。花较大，直径约 2 厘米；花梗密被细柔毛，果期伸长达 9 厘米；萼片卵圆形，长 4~5 毫米，边缘膜质，背部黄褐色，密被白色长柔毛；花瓣 5~7，宽倒卵形，长 8~10 毫米，有细脉纹，下部渐狭成短爪，蜜槽呈杯形袋穴；雄蕊长约 4 毫米；花托在果期伸长呈圆柱状，长达 1 厘米，密被短细毛。聚合果矩圆状卵形，长达 1.2 厘米，径约 6 毫米；瘦果卵球形，稍扁，密被短细毛或至近无毛，长 1.5~2 毫米，宽约 1.5 毫米，有背腹肋棱、喙细面弯，长约 0.5 毫米。花果期 6—7 月。

【生境】生于亚高山带的山地草甸。

毛茛科　毛茛属

毛茛 *Ranunculus japonicus* Thunb. var. *japonicus*

【蒙名】好乐得存·其其格

【特征】多年生湿中生草本,高 15~60 厘米,根茎短缩,有时地下具横走的根茎,须根发达成束状,茎直立,常在上部多分枝,被伸展毛或近无毛;基生叶丛生,具长柄,长达 20(~30)厘米,被展毛或近无毛;叶片轮廓五角形,基部心形,长 2.5~6 厘米,宽 4~10 厘米,3 深裂至全裂,中央裂片楔状倒卵形或菱形,上部 3 浅裂,侧裂片歪倒卵形,不等 2 浅裂,边缘具尖牙齿;叶两面被伏毛,有时背面毛较密;茎生叶少数,似基生叶,但叶裂片狭窄,牙齿较尖, 具短柄或近无柄, 上部叶 3 全裂,裂片披针形,再分裂或具尖牙齿;苞叶条状披针形,全缘,有毛。聚伞花序,多花;花梗细长,密被伏毛;花径 1.5~2.3 厘米;萼片 5,卵状椭圆形,长约 6 毫米,边缘膜质,外面被长毛;花瓣 5,鲜黄色,倒卵形,长 7~12 毫米,宽 5~8 毫米,基部狭楔形,里面具蜜槽,先端钝圆,有光泽;花托小,长约 2 毫米,无毛,聚合果球形。径约 7 毫米;瘦果倒卵形,长约 3 毫米,两面扁或微凸,无毛,边缘有狭边,果喙短,花果期 6—9 月。

【生境】生于山地林缘草甸、沟谷草甸、沼泽草甸中。

　　产卓资县、凉城县、丰镇市等。

【用途】药用。

毛茛科 铁线莲属

短尾铁线莲 *Clematis brevicaudata* DC.

【别名】林地铁线莲

【蒙名】绍得给日·奥日牙木格

【特征】多年生中生藤本。枝条暗褐色,疏生短毛,具明显的细棱,叶对生,为一至二回三出或羽状复叶,长达 18 厘米;叶柄长 3~6 厘米,被柔毛;小叶卵形至披针形,长 1.5~6 厘米,先端渐尖成尾状。基部圆形,边缘具缺刻状牙齿,有时 3 裂,叶两面散生短毛或近无毛。复聚伞花序腋生或顶生,腋生花序长 4~11 厘米,较叶短;总花梗长 1.5~4.5 厘米,被短毛,小花梗长 1~2 厘米,被短毛,中下部有一对小苞片,苞片披针形,被短毛;花直径 1~1.5 厘米;萼片 4,展开,白色或带淡黄

色,狭倒卵形,长约 6 毫米,宽约 3 毫米,两面均有短绢状柔毛,毛在里面较稀疏,外面沿边缘密生短毛;无毛瓣;雄蕊多数,比萼片短,无毛,花丝扁平,花药黄色,比花丝短;心皮多数,花柱被长绢毛。瘦果宽卵形,长约 2 毫米,宽约 1.5 毫米,压扁,微带浅褐色,被短柔毛,羽毛状宿存花柱长达 2.8 厘米,末端具加粗稍弯曲的柱头。花期 8—9 月,果期 9—10 月。

【生境】生于山地林下、林缘及灌丛中。

产卓资县、察哈尔右翼中旗灰腾梁。

【用途】药用。

毛茛科 铁线莲属

长瓣铁线莲 *Clematis macropetala Ledeb. var. macropetala*

【别名】大萼铁线莲、大瓣铁线莲

【蒙名】淘木·和乐特斯图·奥日牙木格

【特征】中生藤本。枝具 6 条细棱，幼枝被伸展长毛或近无毛，老枝无毛。叶对生，为二回三出复叶，长达 15 厘米；小叶具柄，狭卵形，长 1.8~4.8 厘米，宽 1~3 厘米，先端渐尖，基部楔形至圆形。小叶片 3 裂或不裂，边缘具少数至多数不整齐的粗牙齿或缺刻状牙齿，上面近

无毛，下面疏被柔毛；叶柄长 3.5~7 厘米，稍被柔毛。花单一，顶生，具长梗，梗长达 15 厘米，有细棱，顶端通常下弯，花大，径达 10 厘米；花萼钟形，蓝色或蓝紫色；萼片 4，狭卵形，长 3~4.6 厘米，宽 1~1.8 厘米，先端渐尖，两面被短柔毛；无花瓣；退化雄蕊多数，花瓣状，披针形，外轮者与萼片同色，近等长、稍长或稍短，背面密被舒展柔毛，有时先端残留有发育不完全的花药，内轮者渐短，被柔毛；雄蕊多数，花丝匙状条形，边缘生长柔毛，花药条形；心皮多数，被柔毛。瘦果卵形，歪斜，稍扁，长 4~5.5 毫米，宽 2.5~3.5 毫米，被灰白色柔毛，羽毛状宿存花柱长达 4.5 厘米。花期 6—7 月，果期 8—9 月。

【生境】生于山地林下、林缘草甸。

产卓资县、兴和县、凉城县。

【用途】观赏，药用。

毛茛科 铁线莲属

白花长瓣铁线莲（变种） *Clematis macropetala* Ledeb. var. *albiflora* （Maxim. ex Kuntz.） Hand.–Mazz.

【蒙名】查干·奥日牙木格

【特征】本变种与正种长瓣铁线莲的区别在于：花白色至淡黄色。

【生境】生于海拔 2 200 米的沟边灌丛及林下。

毛茛科　铁线莲属

芹叶铁线莲　*Clematis aethusifolia* Turcz. var. *aethusifolia*

【别名】细叶铁线莲、断肠草

【蒙名】那林·那布其特·奥日牙木格

【特征】旱中生草质藤本，根细长。枝纤细，长达2米，径约2毫米，具细纵棱，棕褐色，疏被短柔毛或近无毛。叶对生，三至四回羽状细裂，长7~14厘米；羽片3~5对，长1.5~5厘米，末回裂片披针状条形，宽0.5~2毫米，两面稍有毛；叶柄长约2厘米，疏被柔毛，聚伞花序腋生，具1~3花；花梗细长，长达9厘米，疏被柔毛，顶端下弯；苞片叶状；花萼钟形，淡黄色，萼片4，矩圆形或狭卵形，长1~1.8厘米，宽3~5毫米，有三条明

显的脉纹，外面疏被柔毛，沿边缘密生短柔毛，里面无毛，先端稍向外反卷；无花瓣；雄蕊多数，长度约为萼片之半，花丝条状披针形，向基部逐渐加宽，疏被柔毛，花药无毛，长椭圆形，长约为花丝的1/3；心皮多数，被柔毛。瘦果倒卵形，扁，红棕色，长4~5毫米，宽约3毫米，羽毛状宿存花柱长达3厘米。花期7—8月，果期9月。

【生境】生于石质山坡及沙地柳丛中，也见于河谷草甸。

　　产四子王旗、兴和县、卓资县、凉城县、丰镇市、化德县等。

【用途】药用。

毛茛科 铁线莲属

黄花铁线莲 *Clematis intricata* Bunge var. *intricata*

【别名】狗豆蔓、萝萝蔓

【蒙名】希日·奥日牙木格

【特征】旱中生草质藤本，茎攀援，多分枝，具细棱，近无毛或幼枝疏被柔毛，叶对生，为二回三出羽状复叶，长达 15 厘米；羽片通常 2 对，具细长柄，小叶条形、条状披针形或披针形，长 1~4 厘米，宽 1~10 米，中央小叶较侧生小叶长，不分裂或下部具 1~2 小裂片，先端渐尖，基部楔形，边缘疏生牙齿或全缘，叶灰绿色，两面疏被柔毛或近无毛。聚伞花序腋生，通常具 2~3 花；花梗长约 3 厘米，疏被柔毛，位于中间者无苞叶，侧生者花梗下部具 2 枚对生的苞叶，苞叶全缘或 2~3 浅裂至全裂；花萼钟形，后展开，黄色，萼片 4，狭卵形，长 1.2~2 厘米，宽 4~9 毫米，先端尖，两面通常无毛，只在边缘密生短柔毛；雄蕊多数，长为萼片之半，花丝条状披针形，被柔毛，花药椭圆形，黄色，无毛；心皮多数，瘦果多数，卵形，扁平，长约 2.5 毫米，宽 2 毫米，沿边缘增厚，被柔毛，羽毛状宿存花柱长达 5 厘米。花期 7—8 月，果期 8 月。

【生境】生于山地、丘陵、低湿地、沙地及田边、路旁、房舍附近。

产集宁区、凉城县、卓资县、丰镇市、兴和县等。

【用途】药用。

罂粟科　罂粟属

野罂粟　*Papaver nudicaule* L.

【别名】野大烟、山大烟

【蒙名】哲日利格·阿木·其其格

【特征】多年生旱中生草本。主根圆柱形，木质化，黑褐色。叶全部基生，叶片轮廓矩圆形、狭卵形或卵形，长 (1)3~5(7)厘米，宽(5)15~30(40)毫米，羽状深裂或近二回羽状深裂，一回深裂片卵形或披针形，再羽状深裂，最终小裂片狭矩圆形、披针形或狭长三角形，先端钝，全缘，两面被刚毛或长硬毛，多少被白粉；叶柄长(1)3~6(10)厘米，两侧具狭翅，被刚毛或长硬毛。花葶 1 至多条，高 10~60 厘米。被刚毛状硬毛；花蕾卵形或卵状球形，常下垂；花黄色、橙黄色、淡黄色，稀白色，直径 2~6 厘米；萼片 2，卵形，被铡毛状硬毛；花瓣外 2 片较大，内 2 片较小，倒卵形，长 1.5~3 厘米，边缘具细圆齿；花丝细丝状，淡黄色，花药矩圆形；蒴果矩圆形或倒卵状球形，长 1~1.5 厘米，径 5~10 厘米，被刚毛，稀无毛，宿存盘状柱头常 6 辐射状裂片。种子多数肾形，褐色。花期 5—7 月，果期 7—8 月。

【生境】生于山地林缘、草甸、草原、固定沙丘。

产察哈尔右翼后旗、察哈尔右翼中旗、丰镇市、兴和县、凉城县、卓资县。

【用途】药用果实；能敛肺止咳、涩肠、止泻；花入蒙药，能止痛。

罂粟科 角茴香属

角茴香 *Hypecoum erectum* L.

【别名】山黄连

【蒙名】嘎伦·塔巴格

【特征】一年生中生低矮草本,高 10~30 厘米,全株被白粉。基生叶呈莲座状,轮廓椭圆形或倒披针形,长 2~9 厘米,宽 5~15 毫米,二至三回羽状全裂,一回全裂片2~6 对,二回全裂片 1~4 对,最终小裂片细条形或丝形,先端尖;叶柄长2~2.5 厘米。花葶 1 至多条,直立或斜升,聚伞花序,具少数或多数分枝;苞片叶状细裂;花淡黄色;萼片 2,卵状披针形,边缘膜质,长约 3 毫米,宽约 1 毫米;花瓣 4,外面 2 瓣较大,倒三角形,顶端有圆裂片,内面 2 瓣较小,倒卵状楔形,上部 3 裂,中裂片长矩

圆形;雄蕊 4,长约 8 毫米,花丝下半部有狭翅;雌蕊 1,子房长圆柱形,长约 8 毫米,柱头 2 深裂,长约 1 毫米,胚珠多数。蒴果条形,长 3.5~5 厘米,种子间有横隔,2 瓣开裂,种子黑色,有明显的十字形突起。花期 5—6 月,果期 7—8 月。

【生境】生于草原与荒漠草原地带的砾石质坡地、沙质地、盐化草甸等处,多为零星散生。

产集宁区、丰镇市、四子王旗、凉城县。

【用途】根及全草入药,清热解毒,镇咳止痛。

罂粟科　角茴香属

节裂角茴香　*Hypecoum leptocarpum* J.D. Hook. et Thoms.

【别名】细果角茴香

【蒙名】塔苏日海·嘎伦·塔巴格

【特征】一年生中生铺散草本，全株无毛，稍有白粉，高5~40厘米。基生叶多数，莲座状，轮廓狭倒披针形或狭矩圆形，长4~10(15)厘米，宽1~1.5厘米，二回单数羽状全裂，一回侧裂片3~6对，远离，无柄或具短柄，二回裂片羽状深裂，最终裂片卵状披针形或披针形，宽0.5~1.5毫米，先端锐尖；叶柄长1.5~7厘米，基部有宽膜质叶鞘；茎生叶苞状或叶状，羽状分裂。花葶3~10，斜升，常二歧状分枝，着生1~5朵花，萼片极小，卵状披针形，绿色，长1~2毫米，宽0.6~1毫米；花瓣4，外面2，稍大，宽卵形，内面2，稍小，3裂达中部，中央裂片长矩圆形，两侧裂片斜椭圆形，基部楔形；雄蕊4，与花瓣近等长，离生，花药先端微尖，花丝具狭翅。蒴果条形，长2.5~3厘米，具关节，成熟时在每个种子间分裂成10个小节。种子近球形，长约1毫米，平滑，淡褐色。花期5—7月，果期6—7月。

【生境】生于山地沟谷、田边。

产卓资县。

【用途】全草入蒙药，能杀"黏"、清热、解毒。

紫堇科　紫堇属

齿裂延胡索　*Corydalis turtschaninovii* Bess.

【别名】狭裂延胡索、齿瓣延胡索

【特征】多年生草本。块茎球状，直径 1~3 厘米，外被数层栓皮，棕黄色或黄褐色，皮内黄色，味苦且麻。茎直立或倾斜，高 10~30 厘米，单一或由下部鳞片叶腋分出 2~3 枝。叶 2 回三出深裂或全裂，最终裂片披针形或狭卵形，长 1~5 厘米，宽 0.5~1.5 厘米。总状花序密集，花 20~30 余朵；苞片半圆形，先端栉齿状半裂或深裂；花蓝色或蓝紫色，长 1~2.5 厘米，花冠唇形，4 瓣，2 轮，基部连合，外轮上瓣最大，瓣片边缘具微波状牙齿，顶端微凹，中具一明显突尖，基部延伸成一长距，内轮 2 片较狭小，先端连合，包围雄蕊及柱头；雄蕊 6，3 枚成 1 束，雌蕊 1，花柱细长。蒴果线形或扁圆柱形，长 0.7~2.5 厘米，柱头宿存，成熟时 2 瓣裂；种子细小，多数，黑色，扁肾形。

【生境】生于沟谷草甸或山地林缘草地。

产凉城县蛮汗山。

十字花科　菘蓝属

三肋菘蓝　*Isatis costata* C. A. Mey.

【别名】肋果菘蓝

【蒙名】苏达拉图·呼呼日格纳

【特征】一年生或二年生中生草本,高30~80厘米。全株稍被蓝粉霜,无毛,茎直立,上部稍分枝。基生叶条形或椭圆状条形,长5~10厘米,宽5~15毫米,顶端钝,基部渐狭,全缘,近无柄;茎一叶无柄,披针形或条状披针形,比基生叶小,基部耳垂状,抱茎。总状花序顶生或腋生,组成圆锥状花序;花小,直径1.5~2.5毫米,黄色;花梗丝状,长2~4毫米;萼片矩圆形至长椭圆形,长1.5~2毫米,边缘宽膜质;花瓣倒卵形,长2.5~3毫米。短

角果成熟时倒卵状矩圆形或椭圆状矩圆形,长10~14毫米,宽4~5毫米,顶端和基部常圆形,有时微凹,无毛,中肋扁平且有2~3条纵向脊棱,棕黄色,有光泽,种子条状矩圆形,长约3毫米,宽约1毫米,棕黄色。花果期5—7月。

【生境】生于干河床或芨芨草滩。

产四子王旗北部。

【用途】叶可提取蓝色染料。可入药。

十字花科 蔊菜属

风花菜 *Rorippa palustris*（L.）Bess.

【别名】沼生蔊菜

【蒙名】那木根·萨日布

【特征】二年生或多年生草本，无毛。茎直立或斜升，高 10~60 厘米，多分枝，有时带紫色。基生叶和茎下部叶具长柄，大头羽状深裂，长 5~12 厘米，顶生裂片较大，卵形，侧裂片较小，3~6 对，边缘有粗钝齿；茎生叶向上

渐小，羽状深裂或具齿，有短柄，其基部具耳状裂片而抱茎。总状花序生枝顶，花极小，直径约 2 毫米；花梗纤细，长 1~2 毫米；萼片直立，淡黄绿色，矩圆形，长 1.5~2 毫米，宽 0.5~0.7 毫米；花瓣黄色，倒卵形，与萼片近等长。短角果稍弯曲，圆柱状长椭圆形，长 4~6 毫米，宽约 2 毫米；果梗长 4~6 毫米，种子近卵形，长约 0.5 毫米。花果期 6—8 月。

【生境】生于水边、沟谷。

产乌兰察布市全市。

【用途】种子含油量约 30%，供食用或工业用。嫩苗可作饲料。

十字花科　遏蓝菜属

遏蓝菜　*Thlaspi arvense* L.

【别名】菥蓂

【蒙名】淘力都·额布斯

【特征】一年生中生草本,全株无毛。茎直立,高 15~40 厘米,不分枝或稍分枝,无毛,基生叶早枯萎,倒卵状矩圆形,有柄;茎生叶倒披针形或矩圆状披针形,长 3~6 厘米,宽 5~16 毫米,先端圆钝,基部箭形,抱茎,边缘具疏齿或近全缘,两面无毛。总状花序顶生或腋生,有时组成圆锥花序;花小,白色;花梗纤细,长 2~5 毫米;萼片近椭圆形,长 2~2.3 毫米,宽 1.2~1.5 毫米,具膜质边缘;花瓣长约 3 毫米,宽约 1 毫米,瓣片矩圆形,下部渐狭成爪。短角果近圆形或倒宽卵形,长 8~16 毫米,扁平,周围有宽翅,顶端深凹缺,开裂。每室有种子 2~8 粒,种子

宽卵形,长约 1.5 毫米,稍扁平,棕褐色,表面有果粒状环纹。花果期 5—7 月。

【生境】生于山地草甸、沟边、村庄附近。

产凉城县、察哈尔右翼中旗、丰镇市黄石崖。

【用途】种子油供工业用,全草和种子入药,全草能和中开胃、清热解毒。主治消化不良、子宫出血、疔疮痈肿;种子(药材名:菥蓂子)能清肝明目、强筋骨,主治风湿性关节痛、目赤肿痛。嫩株可代蔬菜食用。种子入蒙药(蒙药名:恒日格·额布斯)。能清热、解毒、强壮、开胃、利水、消肿。主治肺热、肾热、肝炎、腰腿痛、恶心、睾丸肿痛、遗精、阳痿。

十字花科 独行菜属

独行菜 *Lepidium apetalum* Willd.

【别名】腺茎独行菜、辣辣根、辣麻麻

【蒙名】昌古

【特征】一年生或二年生旱中生草本,高5~30厘米。茎直立或斜升,多分枝,被微小头状毛。基生叶莲座状,平铺地面,羽状浅裂或深裂,叶片狭匙形,长2~4厘

米,宽5~10毫米,叶柄长1~2厘米;茎生叶狭披针形至条形,长1.5~3.5厘米,宽1~4毫米,有疏齿或全缘。总状花序顶生,果后延伸;花小,不明显;花梗丝状,长约1毫米,被棒状毛;萼片舟状,椭圆形,长5~7毫米,无毛或被柔毛,具膜质边缘;花瓣极小,匙形,长约0.3毫米;有时退化成丝状或无花瓣;雄蕊2(稀4),位于子房两侧,伸出萼片外。短角果扁平,近圆形,长约3毫米,无毛,顶端微凹,具2室,每室含种子1粒,种子近椭圆形,长约1毫米,棕色,具密而细的纵条纹;子叶背倚。花果期5—7月。

【生境】多生于村边、路旁、田间撂荒地,也生于山地、沟谷。

产乌兰察布市全市。

【用途】全草及种子入药,全草能清热利尿、通淋,主治肠炎腹泻、小便不利、血淋、水肿等,种子(药材名:葶苈子)能祛痰定喘、泻肺利水,主治肺痈、喘咳痰多、胸胁满闷、水肿、小便不利等。青绿时羊有时吃一些,骆驼不喜吃,干后较乐食。马与牛不吃。种子入蒙药(蒙药名:汉毕勒),能清热、解毒、止咳、化痰、平喘,主治毒热、气血相讧、咳嗽气喘、血热。

十字花科　葶苈属

葶苈　*Draba nemorosa* L.

【蒙名】哈木比乐

【特征】一年生中生草本,高 10~30 厘米。茎直立,不分枝或分枝,下半部被单毛、二或三叉状分枝毛和星状毛,上半部近无毛。基生叶莲座状,矩圆状倒卵形、矩圆形,长 1~2 厘米,宽 4~6 毫米,先端稍钝,边缘具疏齿或近全缘,茎生叶较基生叶小,矩圆形或披针形,先端尖或稍钝,基部楔形,无柄,边缘具疏齿或近全缘,两面被单毛、分枝毛和星状毛。总状花序顶生或腋生,结果时延伸;花梗丝状,长 4~6 毫米,直立开展;萼片近矩圆形,长约 1.5 毫米,背面多少被长柔毛;花瓣黄

色,近矩圆形,长约 2 毫米,顶端微凹。短角果矩圆形或椭圆形,长 6~8 毫米,密被短柔毛,果瓣具网状脉纹;果梗纤细,长 10~15 毫米,直立开展。种子细小,椭圆形,长约 0.6 毫米,淡棕褐色,表面有颗粒状花纹。花果期 6—8 月。

【生境】生于山坡草甸、林缘、沟谷溪边。

　　　产乌兰察布市大青山余脉。

【用途】种子入药,能清热祛痰、定喘、利尿。种子含油量约 26%,油供工业用。

十字花科 葶苈属

锥果葶苈 *Draba lanceolata* Royle.

【蒙名】少日乐金—哈木比乐

【特征】多年生或二年生中生草本，高15~25厘米。茎单一或数条，直立或斜升，被星状毛或叉状毛。基生叶多数丛生，倒披针形，长1~2厘米，宽4~6毫米，先端锐尖或稍钝，基部渐狭成柄，边缘具疏齿，两面被星状毛或分枝毛；茎生叶披针形或卵形，两侧具4~6牙齿或浅裂。总状花序顶生，具多数花；萼片狭卵形，长1.5~2毫米，边缘膜质；花瓣白色，矩圆状倒卵形，长3~3.5毫米，短角果狭披针形，长8~12毫米，宽1.5~2毫米，被星状毛，宿存花柱长

约0.6毫米。果序在果期延长成鞭状，种子椭圆形，长约0.75毫米。花果期7—8月。

【生境】生于海拔1 500~2 000米的石质山坡。

产察哈尔右翼中旗黄花沟。

十字花科 葶苈属

蒙古葶苈 *Draba mongolica* Turcz.

【蒙名】蒙古乐—哈木比乐

【特征】多年生中生草本,高 5~15 厘米,茎多数丛生,基部包被残叶纤维,茎斜升,单一或少分枝,密被星状毛和叉状毛,基生叶披针形或矩圆形, 花期常枯萎。茎生叶矩圆状卵形,长 5~12 毫米,宽 2~5 毫米,先端锐尖,基部近圆形, 边缘具疏齿,两面密被星状毛或分枝毛。总状花序生枝顶或腋生;花梗长 1~2 毫米;萼片椭圆形或卵形,长 1.5~2 毫米,边缘膜质;花瓣白色,矩圆状倒披针形或倒卵形,长 3~4 毫米,短角果狭披针形,长 6~12 毫米,宽 1.5~2 毫米, 直立或扭转,无毛。果梗长 2~5 毫米,柱头小,近无柄,冠状。种子椭圆形,长约 1 毫米,棕色,扁平。花果期 6—8 月。

【生境】生于高山山脊石缝或高山草甸。

产兴和县苏木山。

十字花科 燥原荠属

薄叶燥原荠 *Ptilotrichum tenuifolium* (Steph. ex Willd.) C. A. Mey.

【特征】旱中生半灌木,高(5)10~30(40)厘米,全株密被星状毛。茎直立或斜升,过地面茎木质化,常基部多分枝。叶条形,长(5)10~15(20)毫米,宽1~1.5毫米,先端锐尖或钝,基部渐狭,全缘,两面被星状毛,呈灰绿色,无柄。花序伞房状,果期极延长;萼片矩圆形,长约3毫米;花瓣白色,长3.5~4.5毫米,瓣片近圆形,基部具爪。短角果椭圆形或卵形,长3~4毫米,被星状毛,宿存花柱长1.5~2毫米。花果期6—9月。

【生境】生于草原带或荒漠化草原带的砾石山坡,高原草地,河谷。

产乌兰察布市全市。

十字花科　芸苔属

油芥菜(变种)　*Brassica juncea* (L.) Czern. var. *gracilis* Tsen et Lee

【别名】芥菜型油菜

【蒙名】钙母

【特征】本变种与正种不同点在于:基生叶矩圆形或倒卵形,边缘有重锯齿或缺刻。一年生或二年生草本,高 30~120 厘米,幼茎及叶具刺毛,带粉霜,有辣味。茎直立,上部分枝。基生叶大,有长柄,叶片宽卵形或倒卵形, 长 20~40 厘米,宽 10~15 厘米, 大头羽裂, 常有 1~3 小裂片,边缘具不规则的缺刻或裂齿;茎下部叶较小,具叶柄;茎上部叶最小,有短柄,披针形,近全缘。花黄色, 直径 7~10 毫米;萼片开展,淡黄绿色。长角果细圆柱形,长 3~5 厘米, 顶端有细柱形的喙,喙长 6~12 毫米,种子近球形,直径约 1 毫米。花期 5—6 月, 果期 7—8 月。

【生境】乌兰察布市后山地区广泛栽培。

【用途】种子 (油菜子) 可榨食用油。 叶盐腌供食用;种子含芥子素,有强烈辛辣味,磨成粉可作调味品"芥末粉";种子入药(药材名:芥子),能利气害痰、温中散寒、通经络、消肿止痛,主治胸胁胀痛、痰喘咳嗽、胃寒疼痛、阴疽痰核、寒湿痹痛。

十字花科　大蒜芥属

垂果大蒜芥　*Sisymbrium heteromallum* C. A. Mey.

【别名】垂果蒜芥

【蒙名】文吉格日·哈木白

【特征】一年生或二年生中生草本,茎直立,无毛或基部稍具硬单毛,不分枝或上部分枝,高30~80厘米。基生叶和茎下部叶的叶片轮廓为矩圆形或矩圆状披针形,长5~15厘米,宽2~4厘米,大头羽状深裂,顶生裂片较宽大,侧生裂片2~5对,裂片披针形,矩圆形或条形,先端锐尖,全缘或具疏齿,两面无毛;叶柄长1~2.5厘米;茎上部叶羽状浅裂或不裂,披针形或条

形。总状花序开花时伞房状,果时延长;花梗纤细,长5~10毫米,上举;萼片近直立,披针状条形,长约3毫米;花瓣淡黄色,矩圆状倒披针形,长约4毫米,先端圆形,具爪。长角果纤细,细长圆柱形,长5~7厘米,宽0.8毫米,稍扁,无毛,稍弯曲,宿存花柱极短,柱头压扁头状;果瓣膜质,具3脉;果梗纤细,长5~15毫米。种子1行,多数,矩圆状椭圆形,长约1毫米,宽约0.5毫米,棕色,具颗粒状纹。花果期6—9月。

【特征】生于森林草原及草原带的山地林缘、草甸及沟谷溪边。

产四子王旗、凉城县、卓资县、兴和县。

【用途】种子可做辛辣调味品(代芥末用)。

十字花科　花旗杆属

小花花旗杆　*Dontostemon micranthus* C. A.Mey.

【蒙名】吉吉格·巴格太·额布斯

【特征】一年生或二年生中生草本，植株被卷曲柔毛和硬单毛。茎直立，高 20~50 厘米，单一或上部分枝，茎生叶着生较密，条形，长 1.5~5 厘米，宽 0.5~3 毫米，顶端钝，基部渐狭，全缘，两面稍被毛，边缘与中脉常被硬单毛。总状花序结果时延长，长达 25 厘米；花小，直径 2~3 毫米；萼片近相等，稍开展，近矩圆形，长约 3 毫米，宽 0.8~1 毫米，具白色膜质边缘，背部稍被硬单毛；花瓣淡紫色或白色，条状倒披针形，长 3.5~4 毫米，宽约 1 毫米，顶端圆形，基部渐狭成爪；短雄蕊长约 3 毫米，花药矩圆形，长约 0.5 毫米；长雄蕊长约 3.5 毫米。长角果细长圆柱形，长 2~3 厘米，宽约 1 毫米，果梗斜上开展，劲直或弯曲，宿存花柱极短；柱头稍膨大。种子淡棕色，矩圆形，长约 0.8 毫米，表面细网状；子叶背倚。花果期 6—8 月。

【生境】生于山地草甸、沟谷、溪边。

　　产乌兰察布市全市。

十字花科 花旗杆属

无腺花旗杆 *Dontostemon integrifolius*（L.）C.A.Mey.

【蒙名】陶木·巴格太·额布斯

【特征】一年生或二年生旱生草本,植株被卷曲柔毛和硬单毛。茎直立,高(5)10~20 (25)厘米,多分枝。叶条形,长1~4厘米,宽0.5~2毫米,顶端钝,基部渐狭,全缘,叶两面被卷曲柔毛与硬单毛。总状花序结果时延长,长达12厘米;花直径4~6毫米;萼片稍开展,长约3毫米,具白色膜质边缘,背面有疏硬单毛;花瓣淡紫色,极少白色,近匙形,长4.5~6.5毫米,宽约3毫米,顶端微凹截形,下半部具长爪;短雄蕊长约2.5毫米;长雄蕊长约4毫米。长角果长10~25毫米,略扁,微被毛或无毛,稍弧曲或近直立,宿存花柱极短,柱头稍膨大。种子淡棕黄色,扁椭圆形,长约1毫米,表面具黑色斑点;子叶背倚。花果期6—9月。

【生境】生于草原、石质坡地。

产化德县、察哈尔右翼后旗。

十字花科　香芥属

香芥　*Clausia trichosepala* (Turcz.) Dvorak

【别名】香花草

【蒙名】昂给乐麻·格其

【特征】二年生中生草本，高 20~50 厘米。茎直立，不分枝或分枝，被硬单毛，具纵向沟棱。基生叶于花期枯萎，茎生叶披针形或卵状披针形，长 2~5 厘米，宽 5~18 厘米，先端锐尖，基部楔形，边缘有锯齿，两面有稀疏的单毛；叶柄长 5~25 厘米，两侧有狭翅。总状花序顶生或腋生，开花时花密集成伞房状，果期极延长；萼片直立，背面被硬单毛，外萼片披针形，长 6~7 毫米，宽约 2 毫米；内萼片条形，与外萼片近等长，但较狭，顶部兜状，基部浅囊状；花瓣紫色或红紫色，瓣片椭圆形，长约 7 毫米，展开，瓣爪长约 5 毫

米。长角果细长四棱状圆柱形，长 4~8 厘米，宽 1~1.5 毫米，先端宿存花柱很短，柱头 2 裂，上举，果瓣有一明显凸起的中脉；果梗短粗，长 4~6 毫米，平展。种子 1 行，椭圆形或矩圆形，长约 2 毫米，宽约 1 毫米，棕色，扁平，边缘具狭翅；子叶缘倚。花果期 6—9 月。

【生境】生于山地、林缘、沟谷、溪旁。

产兴和县、卓资县、丰镇市。

十字花科 播娘蒿属

播娘蒿 *Descurainia sophia* (L.) Webb ex Prantl

【别名】野芥菜

【蒙名】希热乐金·哈木自

【特征】一年生或二年生中生草本，高 20~80 厘米，全株呈灰白色。茎直立，上部分枝，具纵棱槽，密被分枝状短柔毛。叶轮廓为矩圆形或矩圆状披针形，长 3~5(7)厘米，宽 1~2(4)厘米，二至三回羽状全裂或深裂，最

终裂片条形或条状矩圆形，长 2~5 毫米，宽 1~1.5 毫米，先端钝，全缘，两面被分枝短柔毛；茎下部叶有叶柄，向上叶柄逐渐缩短或近于无柄。总状花序顶生，具多数花；花梗纤细，长 4~7 毫米；萼片条状矩圆形，先端钝，长约 2 毫米，边缘膜质，背面有分枝细柔毛；花瓣黄色，匙形，与萼片近等长；雄蕊比花瓣长。长角果狭条形，长 2~3 厘米，宽约 1 毫米，直立或稍弯曲，淡黄绿色，无毛，顶端无花柱，柱头压扁头状。种子 1 行，黄棕色，矩圆形，长约 1 毫米，宽约 0.5 毫米，稍扁，表面有细网纹，潮湿后有胶黏物质；子叶背倚。花果期 6—9 月。

【生境】生于山地林缘草甸、沟谷、河滩、固定沙地、丘陵坡地。

产卓资县、凉城县蛮汗山、兴和县苏木山。

【用途】全草可制农药，对于棉蚜、菜青虫等有杀死效用。种子也可入蒙药(蒙药名：汉毕勒)。功能主治同独行菜。

十字花科　糖芥属

糖芥 *Erysimum amurense* Kitag.

【蒙名】乌兰·高恩淘格

【特征】多年生旱中生草本，较少为一年生或二年生草本，全株伏生二叉状丁字毛。茎直立，通常不分枝，高20~50厘米。叶条状披针形或条形，长3~10厘米，宽5~8毫米，先端渐尖，基部渐狭，全缘或疏生微牙齿，中脉于下面明显隆起。总状花序顶生；外萼片披针形，基部囊状，内萼片条形，顶部兜状，长8~10毫米，背面伏生丁字毛；花瓣橙黄色，稀黄色，长12~18毫米，宽4~6毫米，瓣片倒卵形或近圆形，瓣爪细长，比萼片稍长些。长角果长2~7厘米，宽1~2毫米，略呈四棱形，果瓣中央有一突起的中肋，内有种子1行，顶端宿存花柱长1~2

毫米，柱头2裂。种子矩圆形，侧扁，长约2.5毫米，黄褐色，子叶背倚。花果期6—9月。

【生境】生于山坡林缘、草甸、沟谷。

产乌兰察布市阴山山脉、卓资县、兴和县、凉城县、四子王旗、察哈尔右翼后旗。

【用途】全草入药，能强心利尿、健脾和胃、消食，主治心悸、浮肿、消化不良。种子入蒙药(蒙药名：乌兰·高恩淘格)，能清热、解毒、止咳、化痰、平喘，主治毒热、咳嗽气喘、血热。

十字花科 南芥属

硬毛南芥 *Arabis hirsuta* (L.) Scop.

【别名】毛南芥

【蒙名】希日根·少布都海

【特征】一年生中生草本。茎直立,不分枝或上部稍分枝,高 20~60 厘米,密生分枝毛并混生少量单硬毛。基生叶具柄,质薄,倒披针形,长 2~4(7) 厘米,宽 6~15 毫米,先端圆形,基部渐狭成柄,全缘或具不明显的疏齿,两面被分枝毛,下面较密,灰绿色,中脉在下面隆起;茎生叶较小,无柄,倒披针形至披针形,先端常圆钝,基部平截或微心形,稍抱茎,边缘有不明显的疏齿。总状花序顶生或腋生;花梗长 2~5 毫米;萼片无毛,顶端有时具睫毛,长约 3 毫米,宽约 1 毫米,外萼片披针形,基部稍囊状;花瓣白色,近匙形,长 4~5 毫米,宽约 1.3 毫米。长角果向上直立,贴紧于果轴,扁平,长 3~7 厘米,1~1.5 毫米;果梗劲直,长 1~1.5 厘米。种子黄棕色,近椭圆形,长 1~1.5 毫米,扁平,具狭翅,表面细网状。花果期 6—8 月。

【生境】生于林下、林缘、下湿草甸、沟谷溪边。

产乌兰察布市大青山、蛮汗山、苏木山。

十字花科 南芥属

贺兰山南芥 *Arabis alaschanica* Maxim.

【别名】阿拉善南芥

【蒙名】阿拉善乃·少布都海

【特征】多年生中生矮小草本，高 5~15 厘米。直根圆柱状，淡黄褐色，其顶端具多头，包被多数枯萎残叶柄。叶于基部丛生，呈莲座状，肉质，倒披针形至倒卵形，长 1~2 厘米，宽 5~8 毫米，顶端钝，基部渐狭，边缘有疏细牙

齿，两面无毛，仅边缘有睫毛，叶柄具狭翅。总状花序(花葶)自基部抽出，具少数花；萼片矩圆形，长约 3 毫米，边缘有时具睫毛，具白色膜质边缘；花瓣白色或淡紫色，近匙形，长约 6 毫米，宽约 1.5 毫米，下部具爪。长角果狭条形，长 2~4 厘米，宽 1~1.5 毫米，有时稍弯曲，扁平，无毛，顶端宿存花柱长 1~2 毫米，种子 1 行；果梗劲直，较粗状，长 3~5 毫米。种子矩圆形，长约 2 毫米，宽约 1 毫米，棕褐色，扁平，具狭翅。花果期 6—8 月。

【生境】生于海拔 1 900~3 000 米的山地石缝、山地草甸。

产卓资县。

景天科　瓦松属

钝叶瓦松　*Orostachys malacophylla* (Pall.) Fisch.

【**别名**】石莲华、艾利格斯

【**蒙名**】矛日苗·斯琴·额布斯、矛日苗·爱日格·额布斯

【**特征**】二年生肉质旱生草本，高 10~30 厘米。第一年仅有莲座状叶，叶矩圆形、椭图形、倒卵形、矩圆状披针形或卵形，先端钝，第二年抽出花茎。茎生叶互生，无柄，接近匙状倒卵形、倒披针形、矩圆状披针形或椭圆形，较莲座状叶大，长达 7 厘米，先端有短尖或钝，绿色，两面有紫红色斑点。总状花序圆柱状，长 5~20 厘米。苞片宽卵形或菱形，先端尖，长 3~5 毫米，边缘膜质，有齿；花紧密，无梗或有短梗；萼片 5，矩圆形，长 3~4 毫米，锐尖；花瓣 5，白色或淡绿色，干后呈淡黄色，矩圆状卵形，长 4~6 毫米，上部边缘常有齿缺，基部合生；雄蕊 10，较花瓣稍长，花药黄色；鳞片 5，条状长方形；心皮 5。蓇葖果卵形，先端渐尖，几与花瓣等长。种子细小，多数。花期 8—9 月，果期 10 月。

【**生境**】多生于山地、丘陵向阳的砾石质坡地、平原沙质地。常为草原和草甸草原植被的伴生植物。

　　产察哈尔右翼中旗、集宁区、兴和县。

【**用途**】药用，其全草入药；也可做花坛观赏植物。饲用。

景天科　瓦松属

瓦松 *Orostachys fimbriata* (Turcz.) A. Berger

【别名】酸溜溜、酸窝窝、酸捞饭

【蒙名】斯琴·额布斯　爱日格·额布斯

【特征】二年生肉质砾石生旱生草本，高 10~30 厘米，全株粉绿色，密生紫红色斑点。第一年生莲座状叶短，叶匙状条形，先端有一个半圆形软骨质的附属物，边缘有流苏状牙齿，中央具一刺尖；第二年抽出花茎。茎生叶散生，无柄，条形至倒披针形，长 2~3 厘米，宽 3~5 毫米，先端具刺尖头，基部叶早枯。花序顶生，总状或圆锥状，有时下部分枝，呈塔形；花梗长可达 1 厘米；萼片 5，狭卵形，长 2~3 毫米，先端尖，绿色，花瓣 5，红色，干后常呈蓝紫色，披针形，长 5~6 毫米，先端具突尖头，基部稍合生；雄蕊 10，与花瓣等长或稍短，花药紫色；鳞片 5，近四方形；心皮 5。蓇葖果矩圆形，长约 5 毫米。种子多数，卵形，细小。花期 8—9 月，果期 10 月。

【生境】生于石质山坡、石质丘陵及沙质地。常在草原植被中零星生长，在一些石质丘顶可形成小群落片段。

产乌兰察布市全市。

【用途】瓦松具有优异的观赏应用价值，是一种颇具开发价值的野生花卉。为中等饲用植物。药用，但有微毒，宜慎用；也可以制成叶蛋白后供食用。可作农药，又能提制草酸，供工业用。

景天科 八宝属

华北八宝 *Hylotelephium tatarinowii*（Maxim.）H. Ohba

【别名】华北景天

【蒙名】奥木日特音·矛钙·伊得

【特征】多年生旱中生草本。根块状，其上常生小形胡萝卜状的根。茎多数，较细，直立或倾斜，高 7~15 厘米，不分枝。叶互生，条状倒披针形至倒披针形，长 1~3 厘米，宽 3~7 毫米，先端渐尖或稍钝，基部渐狭，边缘有疏锯齿。伞房状聚伞花序顶生，花密生，宽 3~5 厘米；花梗长 2~3.5 毫米；萼片 5，卵状披针形，长 1~2 毫米，先端稍尖；花瓣 5，浅红色，卵状披针形，长 4~6 毫米，开展；雄蕊 10，与花瓣近等长，花药紫色；鳞片 5，近正方形，长 0.5 毫米，先端有微缺；心皮 5，直立，卵状披针形，长约 4 毫米，花柱稍外弯。花期 7—8 月，果期 9—10 月。

【生境】生长于山地石缝中。

产察哈尔右翼中旗灰腾梁。

【用途】药用。

景天科　红景天属

小丛红景天　*Rhodiola dumulosa* (Franch.) S. H. Fu

【别名】凤尾七、凤凰草、香景天

【蒙名】宝他·刚那古日·额布苏

【特征】多年生旱中生肉质草本，高 5~15 厘米，全体无毛。主轴粗壮，多分枝，地上部分常有残存的老枝。一年生花枝簇生于主轴顶端，直立或斜生，基部常为褐色鳞片状叶所包被。叶互生，条形，长 7~10 毫米，宽 1~2 毫米，先端锐尖或稍钝，全缘，无柄，绿色。花序顶生，聚伞状，着生 4~7 花。花具短梗；萼片 5，条状披针形，长 4~5 毫米，先端具长尖头；花瓣 5，白色或淡红色，披针形，长 8~11 毫米，近直立；上部向外弯曲，先端具长突尖头；边缘折皱；雄蕊 10，2 轮，均较花瓣短，花药褐色；鳞片扁长；心皮 5，卵状矩圆形，长 6~9 毫米；顶端渐尖成花柱。蓇葖果直立或上部稍开展。种子少数，狭倒卵形，褐色。花期 7—8 月，果期 9—10 月。

【生境】生于向阳山坡、高山草甸以及高山岩石缝中。

　　产商都县、察哈尔右翼中旗、卓资县、兴和县、丰镇市。

【用途】药用。

景天科 景天属

费菜 *Phedimus aizoon*(L.)'t Hart. var. *aizoon*

【别名】土三七、景天三七、见血散

【蒙名】矛钙·伊得

【特征】多年生旱中生草本，全体无毛。根状茎短而粗。茎高 20~50 厘米，具 1~3 条茎，少数茎丛生，直立，不分枝。叶互生，椭圆状披针形至倒披针形，长 2.5~8 厘米，宽 0.7~2 厘米，先端渐尖或稍钝，基部楔形，边缘有不整齐的锯齿，几无柄。聚伞花序顶生，分枝平展，多花，下托以苞叶；花近无梗，萼片 5，条形，肉质，不等长，长 3~5 毫米，先端钝，花瓣 5，黄色，矩圆形至椭圆状披针形，长 6~10 毫

米，有短尖，雄蕊 10，较花瓣短，鳞片 5，近正方形，长约 0.3 毫米，心皮 5，卵状矩圆形，基部合生，腹面有囊状突起。蓇葖呈星芒状排列，长约 7 毫米，有直喙。种子椭圆形，长约 1 毫米。花期 6—8 月，果期 8—10 月。

【生境】生于石质山地疏林、灌丛、林间草甸及草甸草原，为偶见伴生植物。

产商都县、察哈尔右翼中旗、卓资县、凉城县、兴和县、丰镇市。

【用途】适宜用于城市中一些立地条件较差的裸露地面作绿化覆盖。药用。根含鞣质，可提制栲胶。

景天科　景天属

乳毛费菜 *Phedimus aizoon*(L.)'t Hart. var. *scabrus*(Maxim.)H.Ohba et al.

【蒙名】呼混共日·矛钙·伊得

【特征】多年生草本,是费菜的变种植物。本变种与正种的区别在于叶狭,先端钝。整个植株被乳头状微毛。其他形态特征与正种相同。

【生境】生长于山坡草地。

产察哈尔右翼中旗、凉城县、兴和县、丰镇市。

【用途】同费菜。

虎耳草科　茶藨子属

小叶茶藨　*Ribes pulchellum* Turcz. var. *pulchellum*

【别名】美丽茶藨、酸麻子、碟花茶藨子

【蒙名】高雅·乌混·少布特日

【特征】灌木,高 1~2 米。老枝灰褐色,稍纵向剥裂。小枝红褐色,有光泽,密生短柔毛。通常在叶的基部具 1 对刺,1 长 1 短。叶宽卵形或卵形,掌状 3 深裂,少 5 深裂,先端尖,边缘有粗锯齿,基部近截形,两面有短柔毛,掌状三至五出脉。叶柄长 5~18 毫米,有短柔毛。花单性,雌雄异株,总状花序生于短枝上,总花梗、花梗和苞片有短柔毛与腺毛,花淡绿黄色或淡红色,萼筒浅碟形,萼片 5,宽卵形,长 1.5 毫米;花瓣 5,鳞片状,长约 0.5 毫米,雄蕊 5,与萼片对生,子房下位,

近球形,柱头 2 裂。浆果,红色,近球形,径 5~8 毫米。花期 5—6 月,果期 8—9 月。

【生境】生于石质山坡与沟谷。

　　产卓资县、兴和县苏木山、凉城县蛮汗山、四子王旗。

【用途】观赏,浆果可食,木材坚硬,可制手杖等。

蔷薇科　绣线菊属

耧斗叶绣线菊　*Spiraea aquilegifolia* Pall.

【蒙名】扎巴根·塔比勒干纳

【特征】旱中生灌木。高 50~60 厘米,小枝紫褐色、褐色或灰褐色,有条裂或片状剥落,嫩枝有短柔毛;老时近无毛。芽小,卵形,褐色,有几个褐色鳞片,被柔毛。花及果枝上的叶通常为倒披针形或狭倒卵形,长 6~13 毫米,宽 2~5 毫米,全缘或先端 3 浅裂,基部楔形,不孕枝上的叶为扇形或倒卵形,长 7~15 毫米,宽 5~8 毫米,有时长与宽近相等,先端常 3~5 裂或全缘,基部楔形,上面绿色,下面灰绿色,两面均被短柔毛,叶柄短或近于无柄。伞形花序无总花梗,有花 2~6(7)朵,基部有数片簇生的小叶,全缘,被短柔毛;花梗长 4~6 毫米,无毛,稀被柔毛;花直径 5~6 毫米;萼片三角形,

里面微被短柔毛,花瓣近圆形,长与宽近相等,各约 2 毫米,白色;雄蕊 20,约与花瓣等长,花盘环状,呈 10 深裂,子房被短柔毛,花柱短于雄蕊。蓇葖果上半部或沿腹缝线有短柔毛,花萼宿存,直立。花期 5—6 月,果期 6—8 月。

【生境】主要见于草原带的低山丘陵阴坡,可成为建群种,形成团块状的山地灌丛,也零星见于石质山坡;往东可进入森林草原地带,往西可进入荒漠草原地带东部的山地。

产四子王旗、化德县、察哈尔右翼前旗、卓资县、兴和县。

【用途】栽培供观赏用,也可做水土保持植物。

蔷薇科　绣线菊属

土庄绣线菊　*Spiraea pubescens* Turcz.

【别名】柔毛绣线菊、土庄花

【蒙名】乌斯图·塔比勒干纳·哈丹·柴

【特征】中生灌木，高 1~2 米。老枝灰色、暗灰色、紫褐色；幼枝淡褐色，被柔毛，芽宽卵形，先端钝，有数鳞片，褐色，被毛。叶菱状卵形或椭圆形，长 1.5~3 厘米，宽 0.6~1.8 厘米，先端锐尖，基部楔形、宽楔形，稀圆形，边缘中下部以上有锯齿，有时 3 裂，上面绿色，幼时被柔毛，老时渐脱落，下面淡绿色，密被柔毛，叶柄长 1~3 毫米，被柔毛。伞形花序具总花梗，有花 15~20 朵；花梗长 5~12 毫米，无毛；花直径 5~7 毫米；萼片近三角形，先端锐尖，外面无毛，里面被短柔毛，花瓣近圆形，长与宽近相等，均为 2.5~3 毫米，

白色；雄蕊 25~30，与花瓣等长或稍超出花瓣；花盘环状，10 深裂，裂片大小不等，子房无毛，仅在腹缝线被柔毛，花柱顶生，短于雄蕊。蓇葖果沿腹缝线被柔毛，萼片直立，宿存。花期 5—6 月，果期 7—8 月。

【生境】多生于山地林缘及灌丛，也见于草原带的沙地，有时可成为优势种，一般零星生长。

产兴和县、察哈尔右翼中旗、卓资县、凉城县、丰镇市。

【用途】可栽培供观赏。

蔷薇科　绣线菊属

蒙古绣线菊　*Spiraea mongolica* Maxim.

【蒙名】蒙古勒·塔比勒干纳

【特征】旱中生灌木,高1~2米。幼枝淡褐色,具棱,无毛;老枝紫褐色或暗灰色,皮条状剥落。冬芽圆锥形,先端渐尖,有2褐色外露鳞片,无毛。叶片长椭圆形或椭圆状倒披针形,长5~15毫米,宽2~7毫米,通常不孕枝上叶较大而花果枝上叶较小,先端圆钝,有时有小尖头,基部楔形,全缘,稀先端2~3裂,两面无毛,叶柄极短,长1~2毫米。伞房花序

有总花梗,具花10~17朵;花梗长3~10毫米,无毛,花直径6~7毫米;萼片近三角形,外面无毛,里面密被短柔毛,花瓣近圆形,长与宽近相等,均为3毫米,白色,雄蕊19~23,约与花瓣等长,花盘环状,呈10个大小不等深裂,子房被短柔毛,花柱短于雄蕊。蓇葖果被短柔毛,萼片宿存,直立。花期6—7月,果期8—9月。

【生境】生于石质干山坡或山沟。

产卓资县、丰镇市。

【用途】花入蒙药(蒙药名:塔比勒干纳),能治伤、生津,主治金伤、"黄水"病。

蔷薇科　栒子属

黑果栒子　*Cotoneaster melanocarpus* Lodd.

【别名】黑果栒子木、黑果灰栒子

【蒙名】哈日·牙日钙

【特征】中生灌木,高达 2 米。枝紫褐色、褐色或棕褐色,嫩枝密被柔毛,逐渐脱落至无毛。叶片卵形,宽卵形或椭圆形,长(1.2)1.8~4 厘米,宽(1)1.2~2.8 厘米;先端锐尖,圆钝,稀微凹,基部圆形或宽楔形,全缘,上面被稀疏短柔毛,下面密被灰白色绒毛;叶柄长 2~5 毫米,密被柔毛;托叶披针形,紫褐色,被毛。聚伞花序,有花(2) 4~6 朵,总花梗和花梗有毛,下垂,花梗长 3~15 毫米,苞片条状披针形,被毛;花直径 6~7 毫米;萼片卵状三角形,无毛或先端边缘稍

被毛;花瓣近圆形,直立,粉红色,长与宽近相等,各为 3 毫米,雄蕊约 20,与花瓣近等长或稍短,花柱 2~3,比雄蕊短,子房顶端被柔毛。果实近球形,直径 7~9 毫米,蓝黑色或黑色,被蜡粉,有 2~3 小核。花期 6—7 月,果期 8—9 月。

【生境】常在山地和丘陵坡地上成为灌丛的优势植物,也常散生于灌丛和林缘,并可进入疏林中。

产察哈尔右翼后旗、卓资县。

【用途】可栽培供观赏。

蔷薇科　蔷薇属

美蔷薇　*Rosa bella* Rehd.et E. H. Wilson.

【别名】油瓶瓶

【蒙名】高要·蔷会

【特征】喜暖中生灌木。直立,高 1~3 米;小枝常带紫色,平滑无毛,着生稀疏直伸的皮刺。单数羽状复叶,有小叶 7~9,稀 5,复叶长 5~10 厘米;小叶片椭圆形或卵形,长 1~3.5 厘米;宽 0.8~2.5 厘米,先端稍锐尖或稍钝,基部近圆形,边缘有圆齿状锯齿,齿尖有短小尖头,上面绿色,疏被短柔毛,下面淡绿色,被短柔毛或沿主脉被短柔毛;叶柄与小叶柄被短柔毛和疏生小皮刺。花单生或 2~3 朵簇生,直径 4~5 厘米,花梗、萼筒与萼片密被腺毛, 萼片披针形,长

约 2 厘米,先端长尾尖,并稍宽大呈叶状,全缘;花瓣纷红色或紫红色,宽倒卵形,长与宽约 2 厘米,先端微凹,芳香。蔷薇果椭圆形或矩圆形,长约 2 厘米,鲜红色,先端收缩成颈部,并有直立的宿存萼片,密被腺状刚毛。花期 6—7 月,果期 8—9 月。

【生境】生于山地林缘、沟谷及黄土丘陵的沟头、沟谷陡崖上,为建群种,可形成以美蔷薇为主的灌丛。

产乌兰察布市东南部。

【用途】花可提取芳香油,做玫瑰酱和调味品。观赏植物。花、果入药,花能理气、活血、调经、健脾,主治消化不良、气滞腹痛、月经不调;果能养血活血,主治脉管炎、高血压、头晕。

蔷薇科 龙牙草属

龙牙草 *Agrimonia pilosa* Ledeb.

【别名】仙鹤草、黄龙尾

【蒙名】淘古如·额布苏

【特征】多年生中生草本,高 30~60 厘米。根茎横走地下,粗壮,具节,棕褐色,节上着生多数黑褐色的不定根。茎单生或丛生,直立,不分枝或上部分枝,被开展长柔毛和微小腺点。不整齐单数羽状复叶,具小叶(3)5~7(9),连叶柄长 5~15 厘米,小叶间夹有小裂片;小叶近无柄,菱状倒卵形或倒卵状椭圆形,长 1.5~5 厘米,宽 1~2.5 厘米,先端锐尖或渐尖,基部楔形,边缘常在 1/3 以上部分有粗圆齿状锯齿或缺刻状锯齿, 上面疏生长柔毛与腺点,下面被长柔毛和腺点,顶生小叶常较下部小叶大,叶柄被开展长柔毛和细腺点,托叶卵形或卵状披针形,长 1~1.5 厘米,先端渐尖,边缘有粗锯齿

或缺刻状齿,两面被开展长柔毛和细腺点。总状花序顶生,长 5~10 厘米,花梗长 1~2 毫米,被疏柔毛;苞片条状 3 裂,被柔毛,与花梗近等长或较长;花直径 5~8 毫米;萼筒倒圆锥形,长约 1.5 毫米,外面有 10 条纵沟,被柔毛,顶部有钩状刺毛,萼片卵状三角形,与萼筒近等长,花瓣黄色,长椭圆形,长约 3 毫米;雄蕊约 10,长约 2 毫米;雌蕊 1,子房椭圆形,包在萼筒内;花柱 2 条,伸出萼筒。瘦果椭圆形,长约 3.5 毫米,果皮薄,包在宿存萼筒内,萼筒顶端有一圈钩状刺;种子 1,扁球形,径约 2 毫米。花期 6—7 月,果期 8—9 月。

【生境】散生于林缘草甸、低湿地草甸、河边、路旁。

　　　　产灰腾锡勒。

【用途】全草入药,能收敛止血,益气补虚,主治各种出血症,或中气不足、劳伤脱力、肺虚劳嗽等症;冬芽与根茎能驱虫,主治绦虫、阴道滴虫。全株含鞣质,可提取栲胶。也可作农药,防治蚜虫、小麦锈病等。

蔷薇科　地榆属

地榆 *Sanguisorba officinalis* L. var. *officinalis*

【别名】蒙古枣、黄瓜香

【蒙名】苏都·额布斯

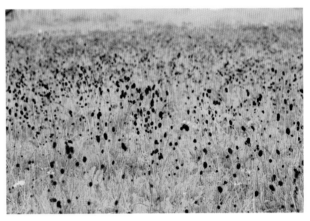

【特征】多年生中生草本，高 30~80 厘米，全株光滑无毛。根粗壮，圆柱形或纺锤形。茎直立，上部有分枝，有纵细棱和浅沟。单数羽状复叶，基生叶和茎下部叶有小叶 9~15，连叶柄长 10~20 厘米，小叶片卵形、椭圆形、矩圆状卵形或条状披针形，长 1~3 厘米，宽 0.7~2 厘米，先端圆钝或稍尖，基部心形或截形，边缘具尖圆牙齿，上面绿色，下面淡绿色，两面均无毛；小叶柄长 2~10(15) 毫米，基部有时具叶状小托叶 1 对，茎上部叶比基生叶小，有短柄或无柄，小叶数较少。茎生叶的托叶上半部小叶状，下半部与叶柄合生。穗状花序顶生，多花密集，卵形、椭圆形、近球形或圆柱形，长 1~3 厘米，径 6~12 毫米，花由顶端向下逐渐开放；每花有苞片 2，披针形，长 1~2 毫米。被短柔毛，萼筒暗紫色，萼片紫色，椭圆形，长约 2 毫米，先端有短尖头，雄蕊与萼片近等长，花药黑紫色，花丝红色；子房卵形，被柔毛，花柱细长，紫色，长约 1 毫米，柱头膨大，具乳头状凸起。瘦果宽卵形或椭圆形，长约 8 毫米，有 4 纵脊棱，被短柔毛，包于宿存的萼筒内。花期 7—8 月，果期 8—9 月。

【生境】为林缘草甸(五花草塘)的优势种和建群种，是森林草原地带起重要作用的杂类草，生态幅度比较广，在草原区则见于河滩草甸及草甸草原中，但分布最多的是森林草原地带。

　　产乌兰察布市全市。

【用途】根入药，能凉血止血、消肿止痛，并有降压作用，主治便血、血痢、尿血、崩漏、疮疡肿毒及烫火伤等证。全株含鞣质，可提制栲胶。根含淀粉，可供酿酒。种子油可供制肥皂和工业用。此外全草可作农药，其水浸液对防治蚜虫、红蜘蛛和小麦秆锈病有效。

蔷薇科 悬钩子属

石生悬钩子 *Rubus saxatilis* L.

【别名】地豆豆

【蒙名】哈达音·布格日勒哲根

【特征】多年生喜湿润耐寒中生草本。高 15~30 厘米。根状茎横走，黑褐色，节上生较细的不定根，花枝直立，被长柔毛，有时有皮刺状刚毛；不育枝有鞭状匍枝，长达 2 米，其顶端常形成新植株，被疏长柔毛与皮刺状刚

毛。羽状三出复叶，稀单叶 3 裂，叶柄长 3~10 厘米；被长柔毛与皮刺状刚毛；小叶片卵状菱形，长 2~7 厘米，宽 1.5~6 厘米，先端锐尖，基部宽楔形或歪宽楔形，边缘有粗重锯齿，侧生小叶有时 2 裂，两面具柔毛，下面沿叶脉较多，侧生小叶近无柄，顶生小叶有长俩；托叶分离，卵形至披针形，先端渐尖。聚伞花序成伞房状，顶生，花少数；花梗长 5~10 毫米，被卷曲柔毛与少数腺毛，花直径约 1 厘米；花萼外面被短柔毛混生腺毛，萼片披针形或矩圆状披针形，长约 4 毫米，里面被短柔毛，顶端锐尖；花瓣白色，匙形或倒披针形，与萼片等长；雄蕊多数，花丝宽大，直立，顶端钻状，雌蕊 4~6，彼此离生。聚合果含小核果 2~5，红色；果核矩圆形，具蜂巢状孔穴。花期 6—7 月，果期 8—9 月。

【生境】生于山地林下、林缘灌丛、林缘草甸，和森林上限的石质山坡，亦可见于林区的沼泽灌丛中。

产察哈尔右翼中旗、凉城县、兴和县、丰镇市。

【用途】果实可食用。

蔷薇科 水杨梅属

水杨梅 *Geum aleppicum* Jacq.

【别名】路边青

【蒙名】高哈图如

【特征】多年生中生草本，喜湿润。高20~70厘米。根状茎粗短，着生多数须根。茎直立，上部分枝，被开展的长硬毛和稀疏的腺毛。基生叶为不整齐的单数羽状复叶，有小叶7~13，连叶柄长10~25厘米；顶生小叶大，长3~6厘米，宽2~4厘米，常3~5深裂，裂片菱形、倒卵状菱形或矩圆状菱形，先端圆钝，基部宽楔形，边缘有浅裂片或粗钝锯齿，上面绿色，疏生伏毛，下面淡绿色，密生短毛并疏生伏毛，侧生小叶较小，无柄，与顶生叶裂片相似，小叶间常夹生小裂片；叶柄被开展的长硬毛及腺毛；茎生叶与基生叶相似，叶柄短，有小叶3~5；托叶卵形，长1.5~3厘米；与小叶片相似。花常3朵成伞房状排列，直径1.5~2厘米，花梗长1~1.5厘米，花萼和花梗被开展的长柔毛、腺毛及茸毛；副萼片条状披针形，长约3毫米；萼片三角状卵形，长约6毫米，花后反折；花瓣黄色，近圆形，长7~9毫米，先端圆形；雄蕊长约3毫米；子房密生长毛，花柱于顶端弯曲，柱头细长，被短毛。瘦果长椭圆形，稍扁，长约2毫米，被毛长，棕褐色，顶端有由花柱形成的钩状长喙，喙长约4毫米。花期6—7月，果期8—9月。

【生境】散生于林缘草甸、河滩沼泽草甸、河边。

产察哈尔右翼中旗、卓资县、凉城县。

【用途】全草入药，能清热解毒、利尿、消肿止痛、解痉，主治跌打损伤、腰腿疼痛、疔疮、肿毒、痈疽发背、痢疾、小儿惊风、脚气、水肿等症。全株含糅质，可提取栲胶。种子含干性油，可制肥皂和油漆。

蔷薇科 金露梅属

金露梅 *Pentaphylloides fruticosa*(L.)O. Schwarz

【别名】金老梅、金蜡梅、老鸹爪

【蒙名】乌日阿拉格

【特征】较耐寒的中生灌木,高50~130厘米,多分枝。树皮灰褐色,片状剥落,小枝淡红褐色或浅灰褐色,幼枝被绢状长柔毛。单数羽状复叶,小叶5,少8,通常矩圆形,少矩圆状倒卵形或倒披针形,长8~20毫米,宽4~8毫米,先端微凸,基部楔形,全缘,边缘反卷,上面被密或疏的绢毛,下面沿中脉被绢毛或近无毛,叶柄长约1厘米,被柔毛;托叶膜质,卵状披针形,先端渐尖,基部和叶枕合生。花单生叶腋或数朵成伞状花序,直径1.5~2.5厘米;花梗与花萼均被绢毛;副萼片条状披针形,几与萼片等长,萼片披针状卵形,先端渐尖,果期萼片增大;花瓣黄色,宽倒卵形至圆形,比萼片长1倍;子房近卵形,长约1毫米,密被绢毛;花柱侧生,长约2毫米;花托扁球形,密生绢状柔毛。瘦果近卵形,密被绢毛,褐棕色,长1.5毫米。花期6—8月,果期8—10月。

【生境】为山地河谷沼泽灌丛的建群种或伴生种,也常散生于落叶松林及云杉林下的灌木层中。

产乌兰察布市前山地区。

【用途】庭园观赏灌木。叶与果含鞣质,可提制栲胶。嫩叶可代茶叶用。花、叶入药,能健脾化湿、清暑、调经,主治消化不良、中暑、月经不调。花入蒙药(蒙药名:乌日阿拉格),润肺、消食、消肿,主治乳腺炎、消化不良、咳嗽。为中等饲用植物。春季山羊乐意吃它的嫩枝,绵羊稍差一些。骆驼喜欢吃它。秋季和冬季羊与骆驼乐意吃它的嫩枝。牛和马则不喜吃。

蔷薇科 金露梅属

银露梅 *Pentaphylloides glabra* (Lodd.) Y. Z. Zhao

【别名】银老梅、白花棍儿茶

【蒙名】萌根·乌日阿拉格

【特征】耐寒的中生灌木,高30~100厘米,多分枝,树皮纵向条状剥裂。小枝棕褐色,被疏柔毛或无毛。单数羽状复叶,长8~20毫米,小叶3~5,上面一对小叶基部常下延与叶轴汇合,小叶近革质,椭圆形、矩圆形或倒披针形,长5~10毫米, 宽3~5毫米,先端圆钝,具短尖头,基部楔形或近圆形,全缘,边缘向下反卷,上面绿色,无毛,下面淡绿色,中脉明显隆起,侧脉不明显,无毛或疏生柔毛;托叶膜质,淡黄棕色,披针形,长约4毫米,先端渐尖,基部与

叶枕合生,抱茎。花常单生叶腋或数朵成伞房花序状,直径约2厘米,花梗纤细,长1~2厘米,疏生柔毛,萼筒钟状,外疏生柔毛,副萼片条状披针形,长约3毫米,先端渐尖,萼片卵形,长约4毫米,先端渐尖,外面疏生长柔毛,里面密被短柔毛,花瓣白色,宽倒卵形,全缘,长7~8毫米,花柱侧生,无毛,柱头头状,子房密被长柔毛。花期6—8月,果期8—10月。

【生境】多生于海拔较高的山地灌丛中。

产乌兰察布市全市。

【用途】花、叶入药,功能主治同金露梅。花也可入蒙药(蒙药名:孟根·乌日阿拉格),功能主治同金露梅。

蔷薇科 委陵菜属

绢毛细蔓委陵菜(变种) *Potentilla reptans* L.var. *sericophylla* Franch.

【别名】绢毛匍匐委陵菜、五爪龙

【蒙名】哲乐图·陶来音·汤乃

【特征】多年生旱中生匍匐草本,常具纺锤状块根。茎基部包被老叶柄和托叶的残余。茎匍匐,纤细,丛生,平铺地面,长10~20厘米,被柔毛,节部常生不定根。掌状三出复叶柄纤细,长2~5厘米,侧生小叶常2深裂,顶生小叶较侧生小叶大,小叶椭圆形或倒卵形,长1~3厘米,宽5~12毫米,先端圆钝,基部楔形,边缘中部以上有大圆齿状锯齿或牙齿,上面疏生绢状伏柔毛,下面被绢状伏柔毛,基生叶的托

叶近膜质,条形,被柔毛,茎生叶的托叶草质,卵形或卵状披针形,有不规则分裂或齿,被柔毛。与叶柄离生。花单生叶腋,直径10~15毫米,花梗纤细,长1~4厘米,被柔毛;花萼各部均被绢毛状伏柔毛,副萼片条状椭圆形,长约5毫米,先端渐尖;萼片披针形,或副萼片近等长,先端渐尖;花瓣黄色,宽倒卵形,长约7毫米,先端微凹,子房椭圆形,无毛,花柱近顶生,柱头头状;花托密生短柔毛。花期5—6月。

【生境】散生于山地草甸。

产兴和县。

【用途】全草入药,有解表、止咳作用;鲜品捣烂外敷,可治疮疖。

蔷薇科　委陵菜属

等齿委陵菜　*Potentilla simulatrix* Th. Wolf.

【蒙名】高日很·陶来音·汤乃

【特征】多年生中生匍匐草本，茎基部包被褐色老托叶。茎匍匐，纤细，平铺地面，长 10~30 厘米，被柔毛，节上常生不定根。基生叶为掌状三出复叶，叶柄纤细，长 3~8 厘米，被柔毛，小叶几无柄，倒卵形、椭圆形或近菱形，长 1~3 厘米，宽 5~20 毫米，先端圆钝，基部宽楔形(侧生小叶歪楔形)，边缘有粗圆齿状牙齿或缺刻状牙齿，近基部

全缘；上面绿色，疏生绢状伏柔毛，下面淡绿色，被绢状伏柔毛，沿叶脉较密；托叶近膜质，棕色，卵状披针形或披针形，先端渐尖或钝，被长柔毛，基部和叶柄合出，茎生叶与基生叶相似，但较小，叶柄较短。花单生叶腋，花梗纤细，长 2~5 厘米，被柔毛，花直径 7~9 毫米，花萼被柔毛，萼筒碟状，副萼片条状披针形，长约 2 毫米，先端锐尖，萼片披针形，长约 3 毫米，先端锐尖，花瓣黄色，宽倒卵形，长约 4 毫米，先端近圆形或微凹；雄蕊多数，不等长；子房椭圆形，无毛，花柱细长，近顶生，向下渐细，花托密被柔毛。瘦果棕褐色。花期 6—7 月，果期 8—9 月。

【生境】生于山地林下及沟谷草甸中。

产兴和县。

蔷薇科 委陵菜属

星毛委陵菜 *Potentilla acaulis* L.

【别名】无茎委陵菜

【蒙名】纳布塔嘎日·陶来音·汤乃

【特征】多年生旱生草本,高2~10厘米,全株被白色星状毡毛,呈灰绿色。根状茎木质化,横走,棕褐色,被伏毛,节部常可生出新植株。茎自基部分枝,纤细,斜倚。掌状三出复叶,叶柄纤细,长5~15毫米;小叶近无柄,倒卵形,长6~12毫米,宽3~5毫米,先端圆形,基部楔形,边缘中部以上有钝齿,中部以下全缘,两面均密被星状毛与毡毛,灰绿色;托叶草质,与叶柄合生,顶端2~3条裂,基部抱茎。聚伞花序,有花2~5朵,稀单花;直径1~1.5厘米,花萼外面

被星状毛与毡毛,副萼片条形,先端钝,长约3.5毫米,萼片卵状披针形,先端渐尖;长约4毫米;花瓣黄色,宽倒卵形,长约6毫米,先端圆形或微凹;花托密被长柔毛,子房椭圆形,无毛,花柱近顶生。瘦果近椭圆形。花期5—6月,果期7—8月。

【生境】生于典型草原带的沙质草原、砾石质草原及放牧退化草原。在针茅草原、矮禾草原及冷蒿群落中最为多见,可成为草原优势植物,常形成斑块状小群落。是草原放牧退化的标帜植物。

产乌兰察布市全市。

【用途】为中等饲用植物。羊在冬季与春季喜食其花与嫩叶,牛、骆驼不食,马仅在缺草情况下少量采食。

蔷薇科　委陵菜属

雪白委陵菜　*Potentilla nivea* L.

【蒙名】查干·陶来音·汤乃

【特征】多年生耐寒旱中生草本,高5~20厘米。茎基部包被褐色老叶残余。茎斜升或直立,不分枝,带淡红紫色,被蛛丝状毛。掌状三出复叶,基生叶的叶柄长2~7厘米,被蛛丝状毛;小叶近无柄,椭圆形或卵形,长10~25(30)毫米,宽8~13(15)毫米,先端圆形,基部宽楔形或歪楔形,边缘有圆钝锯齿,上面绿色,疏生伏柔毛,下面被雪白色毡毛,托叶膜质,披针形,先端渐尖或尾尖,下面被毡毛或长柔毛,茎生叶与基生叶相似,但较小,叶柄较短;托叶草质,卵状披针形或披针形,先端渐尖,下面被毡毛。聚伞花序生于茎顶,花梗长1~2厘米,花直径约12毫米,花萼被绢毛及短柔毛,副萼片条状披针形,长3毫米,萼片卵状或三角状卵形,长约3.5毫米,花瓣黄色,倒心形,长约5毫米,子房近椭圆形,无毛,花柱顶生,向基部渐粗,花托被柔毛。花期7—8月,果期8—9月。

【生境】生于山地草甸、灌丛或林缘。

产兴和县、丰镇市、察哈尔右翼中旗灰腾梁。

蔷薇科 委陵菜属

三出委陵菜 *Potentilla betonicifolia* Poir.

【别名】白叶委陵菜、三出叶委陵菜、白萼委陵菜

【蒙名】沙嘎吉钙音·萨日布

【特征】砾石生草原旱生植物。多年生草本。根木质化,圆柱状,直伸。茎短缩,粗大,多头,外包以褐色老托叶残余。花茎直立或斜生,高 6~20 厘米,被蛛丝状毛或近无毛,常带暗紫红色。基生叶为掌状三出复叶,叶柄带暗紫红色,有光泽,如铁丝状,疏生蛛丝状毛,长 2~5 厘米,小叶无柄,革质,矩圆状披针形、披针形或条状披针形,长 1~5 厘米,宽 5~15 毫米,先端钝或尖,基部宽楔形或歪楔形,边缘有圆钝或锐尖粗大牙齿,稍反卷,上面暗绿色,有光泽,无毛,下面密被白色毡毛,托叶披针状条形,棕色,膜质,被长柔毛,宿存。聚伞花序生于花茎顶部,苞片掌状 3 全裂,花梗长 1~3 厘米,被蛛丝状毛;花直径 6~9 毫米,花萼被蛛丝状毛和长柔毛,副萼片条状披针形,先端钝或稍尖;萼片披针状卵形,先端锐尖或钝,较副萼片稍长,花瓣黄色,倒卵形,长约 4 毫米,先端圆形,花托密生长柔毛,子房椭圆形,无毛,

花柱顶生。瘦果椭圆形,稍扁,长 1.5 毫米,表面有皱纹。花期 5—6 月,果期 6—8 月。

【生境】生于向阳石质山坡、石质丘顶及粗骨性土壤上。可在砾石丘顶上形成群落片段。

产四子王旗、化德县、卓资县、凉城县、丰镇市。

【用途】地上部分入药,能消肿利水,主治水肿。

蔷薇科　委陵菜属

鹅绒委陵菜　*Potentilla anserina* L.

【别名】河篦梳、蕨麻委陵菜、曲尖委陵菜

【蒙名】陶来音·汤乃

【特征】中生耐盐植物。多年生匍匐草本。根木质，圆柱形，黑褐色；根状茎粗短，包被棕褐色托叶。茎匍匐，纤细，有时长达 30 厘米，节上生不定根、叶与花，节间长 5~15 厘米。基生叶多数，为不整齐的单数羽状复叶，长 5~15 厘米；小叶间夹有极小的小叶片，有大的小叶 11~25，小叶无柄，矩圆形、椭圆形或倒卵形，长 1~3 厘米，宽 5~10 毫米，基部宽楔形，边缘有缺刻状锐锯齿，上面无毛或被稀疏柔毛，极少被绢毛状毡毛，下面密被绢毛状毡毛或较稀疏；极小的小叶片披针形或卵形，长仅 1~4 毫米；托叶膜质，黄棕色，矩圆形，先端钝圆，下半部与叶柄合生。花单生于匍匐茎上的叶腋间，直径 1.5~2 厘米，花梗纤细，长达 10 厘米，被长柔毛，花萼被绢状长柔毛，副萼片矩圆形，长 5~6 毫米，先端 2~3 裂或不分裂，萼片卵形，与副萼片等长或较短，先端锐尖，花瓣黄色，宽倒卵形或近圆形，先端圆形，长约 8 毫米；花柱侧生，棍棒状，长约 2 毫米；花托内部被柔毛。瘦果近肾形，稍扁，褐色，表面微有皱纹。花果期 5—9 月。

【生境】为河滩及低湿地草甸的优势植物，常见于苔草草甸、矮杂类草草甸、盐化草甸、沼泽化草甸等群落中，在灌溉农田上也可成为农田杂草。

产乌兰察布市全市。

【用途】产于乌兰察布市的，块根发育不良，不能食用。全株含鞣质，可提制拷胶。根及全草入药，能凉血止血、解毒止痢，祛风湿，主治各种出血、细菌性痢疾、风湿性关节炎等。全草入蒙药(蒙药名：陶采音－汤乃)。能止泻，主治痢疾、腹泻。嫩茎叶作野菜或为家禽饲料。茎叶可提取黄色染料。又为蜜源植物。

蔷薇科 委陵菜属

二裂委陵菜 *Potentilla bifurca* L. var. *bifurca*

【别名】叉叶委陵菜

【蒙名】阿叉·陶来音·汤乃

【特征】广幅耐旱植物。多年生草本或亚灌木，全株被稀疏或稠密的伏柔毛，高5~20厘米。根状茎木质化，棕褐色，多分枝，纵横地下。茎直立或斜升。自基部分枝。单数羽状复叶，有小叶4~7对，最上部1~2对，顶生3小叶常基部下延与叶柄汇合，连叶柄长3~8厘米；小叶片无柄，椭圆形或倒卵椭圆形，长0.5~1.5厘米，宽4~8毫米，先端钝或锐尖。部分小叶

先端2裂。顶生小叶常3裂，基部楔形，全缘，两面有疏或密的伏柔毛；托叶膜质或草质，披针形或条形。先端渐尖，基部与叶柄合生。聚伞花序生于茎顶部，花梗纤细，长1~3厘米，花直径7~10毫米。花萼被柔毛。副萼片椭圆形，萼片卵圆形，花瓣宽卵形或近圆形，子房近椭圆形，无毛，花柱侧生，棍棒状，向两端渐细，柱头膨大，头状，花托有密柔毛。瘦果近椭圆形，褐色。花果期5—8月。

【生境】是干草原及草甸草原的常见伴生种，在荒漠草原带的小型凹地、草原化草甸、轻度盐化草甸、山地灌丛、林缘、农田、路边等生境中也常有零星生长。

产乌兰察布市全市。

【用途】在植物体基部有时由幼芽密集簇生而形成红紫色的垫状丛，称"地红花"，可入药，能止血。主治功能性子宫出血、产后出血过多。为中等饲用植物。青鲜时羊喜食，干枯后一般采食，骆驼四季均食，牛、马采食较少。

蔷薇科　委陵菜属

高二裂委陵菜　*Potentilla bifurca* L. var. *major* Ledeb.

【别名】长叶二裂委陵菜

【蒙名】陶日格·阿叉·陶来音·汤乃班木毕日

【特征】旱中生草本。本变种与正种的区别在于：植株较高大，叶柄、花茎下部伏生柔毛或脱落几无毛。小

叶片长椭圆形或条形；花较大，直径 12~15 毫米。花果期 5—9 月。

【生境】生于耕地道旁、河滩沙地、山坡草地。

产乌兰察布市中部和南部地区。

【用途】同正种。

蔷薇科　委陵菜属

莓叶委陵菜　*Potentilla fragarioides* L.

【别名】雉子莛

【蒙名】奥衣音·陶来音·汤乃

【特征】多年生中生草本，全株被直伸的长柔毛。具粗壮、木质化、多头的根状茎，须根多数，根皮黑褐色。花茎直立或斜倚，高 5~15 厘米，茎、叶柄、花梗除被直伸的长柔毛外，还有腺状突起。单数羽状复叶，基生叶春季开花时长 5~10

厘米，秋季长 20~35 厘米，有长叶柄，小叶 5~9，顶生小叶较大；小叶无柄、椭圆形、卵形或菱形，春叶长 1~3 厘米，宽 0.4~1.3 厘米，秋叶长 3~9 厘米，宽 1.5~4.5 厘米，先端锐尖，基部宽楔形，边缘有锯齿，两面都有长柔毛；托叶膜质，披针形，先端渐尖，被长柔毛；上部茎生叶有短柄，有小叶 1~3，托叶草质，卵形，先端锐尖。聚伞花序着生多花，花梗长 1~2 厘米，花直径 1.2~1.5 厘米，花萼被长柔毛；副萼片披针形，长约 4 毫米，先端渐尖；萼片披针状卵形，长约 5 毫米，先端锐尖；花瓣黄色，宽倒卵形，长 5~6 毫米，先端圆形或微凹；花柱近顶生，花托被柔毛。花期 5—6 月，果期 6—7 月。

【生境】生于山地林下、林缘、灌丛、林间草甸，也稀见于草甸化草原，一般为伴生种。

产察哈尔右翼中旗、凉城县。

蔷薇科　委陵菜属

腺毛委陵菜 *Potentilla longifolia* Willd. ex Schlecht.

【别名】粘委陵菜

【蒙名】乌斯图·陶来音·汤乃

【特征】多年生中旱生草本,高 (15)20~40(60)厘米。直根木质化,粗壮,黑褐色,根状茎木质化,多头,包被棕褐色老叶柄与残余托叶。茎自基部丛生,直立或斜升,茎、叶柄、总花梗和花梗被长柔毛、短柔毛和短腺毛。单数羽状复叶,基生叶和茎下部叶,长 10~25 厘米,有小叶 11~17,顶生小叶最大,侧生小叶向下逐渐变小,小叶片无柄,狭长椭圆形、椭圆形或倒披针形,长 1~4 厘米,宽 5~15 毫米,先端钝,基部楔形,有时下延,边缘有缺刻状锯齿,上面绿色,被短柔毛、稀疏长柔毛或脱落无毛,下面淡绿色,密被短柔毛和腺毛,沿脉疏生长柔毛,托叶膜质,条形,与叶柄合生,茎上部叶

的叶柄较短,小叶数较少,托叶草质,卵状披针形,先端尾尖,下半部与叶柄合生。伞房状聚伞花序紧密,花梗长 5~10 毫米,花直径 15~20 毫米;花萼密被短柔毛和腺毛,花后增大,副萼片披针形,长 6~7 毫米,先端渐尖;萼片卵形,比副萼片短;花瓣黄色,宽倒卵形,长约 8 毫米,先端微凹,子房卵形,无毛;花柱顶生,花托被柔毛。瘦果褐色,卵形,长约 1 毫米,表面有皱纹。花期 7—8 月,果期 8—9 月。

【生境】草原和草甸草原的常见伴生种。

产察哈尔右翼中旗、卓资县、凉城县、丰镇市、兴和县。

蔷薇科　委陵菜属

菊叶委陵菜　*Potentilla tanacetifolia* Willd. ex Schlecht.

【别名】蒿叶委陵菜、沙地委陵菜

【蒙名】希日勒金·陶来音·汤乃

【生境】多年生中旱生草本,高10~45厘米。直根木质化,黑褐色;根状茎短缩,多头,木质,包被老叶柄和托叶残余。茎自基部丛升、斜升、斜倚或直立,茎、叶柄、花梗被长柔毛、短柔毛或曲柔毛,茎上部分枝。单数羽状复叶,基生叶与茎下部叶,长5~15厘米,有小叶11~17,顶生小叶最大,侧生小叶向下逐渐变小,顶生3小叶基部常下延与叶柄汇合,小叶片狭长椭圆形、椭圆形或倒披针形,长1~3厘米,宽4~10毫米,先端钝,基部楔形,边缘有缺刻状锯齿,上面绿色,被短柔毛,下面淡绿色,被短柔毛,沿叶脉被长柔毛,托叶膜质,披针形,被长柔毛,茎上部叶与下部叶同形但较小,小叶数较少。叶柄较短;托叶草质,卵状披针形,全缘或2~3裂。伞房状聚伞花序,花多数,花梗长1~2厘米,花直径8~20毫米,花萼被柔毛,副萼片披针形,长3~4毫米。萼片卵状披针形,比副萼片稍长,先端渐尖;花瓣黄色,宽倒卵形,先端微凹,长5~7毫米,花柱顶生,花托被柔毛。瘦果褐色,卵形,微皱。花果期7—10月。

【生境】为典型草原和草甸草原的常见伴生植物。

【用途】全草入药,能清热解毒、消炎止血,主治肠炎、痢疾、吐血、便血、感冒、肺炎、疮痈肿毒。为中等饲用植物。牛、马在青鲜时少量采食,干枯后几乎不食,在干鲜状态时,羊均少量采食其叶。

蔷薇科　委陵菜属

轮叶委陵菜 *Potentilla verticillaris* Steph. ex Willd

【蒙名】道给日存·陶来音·汤乃

【特征】多年生旱生草本。高 4~15 厘米，全株除叶上面和花瓣外几乎全都覆盖一层厚或薄的白色毡毛。根木质化，圆柱状，粗壮，黑褐色，根状茎木质化，多头，包被多数褐色老叶柄与残余托叶。

茎丛生，直立或斜升。单数羽状复叶多基生；基生叶长 7~15 厘米，有小叶 9~13，顶生小叶羽状全裂，侧生小叶常 2 全裂，稀 3 全裂或不裂，侧生小叶成假轮状排列，小叶无柄，近革质，条形，长(5)10~20(25)毫米，宽 1~2.5 毫米，先端微尖或钝，基部楔形，全缘，边缘向下反卷，上面绿色，疏生长柔毛，少被蛛丝状毛，下面被白色毡毛，沿主脉与边缘有绢毛；托叶膜质，棕色，大部分与叶柄合生，合生部分长约 15 毫米，分离部分钻形，长 1~2 毫米，被长柔毛；茎生叶 1~2，无柄，有小叶 3~5。聚伞花序生茎顶部；花直径 6~10 毫米；花萼被白色毡毛，副萼片条形，长约 3 毫米，先端微尖或稍钝，萼片狭三角状披针形，长约 3.5 毫米，先端渐尖；花瓣黄色，倒卵形，长 6 毫米，先端圆形，花柱顶生。瘦果卵状肾形，长 1.5 毫米，表面有皱纹。花果期 5—9 月。

【生境】零星生长为典型草原的常见伴生种，也偶见于荒漠草原中。

　　产察哈尔右翼后旗、察哈尔右翼中旗、集宁区、凉城县、兴和县。

蔷薇科 委陵菜属

绢毛委陵菜 *Potentilla sericea* L.

【蒙名】给拉嘎日·
·陶来音·汤乃

【特征】多年生旱生草本。根木质化,圆柱形;根状茎粗短,多头,包被褐色残余托叶。茎纤细。自基部弧曲斜升或斜倚,长 5~25 厘米,茎、总花梗与叶柄都有短柔毛和开展的长柔毛。单数羽状复叶,基生叶有小叶 7~13,连叶柄长 4~8 厘米。小叶片矩圆形。长 5~15 毫米,宽约 5 毫米,边缘羽状深裂,

裂片矩圆状条形,呈篦齿状排列,上面密生短柔毛与长柔毛,下面密被白色毡毛,毡毛上覆盖一层绢毛,边缘向下反卷;托叶棕色,膜质,与叶柄合生。合生部分长约 2 厘米,先端分离部分披针状条形,长约 3 毫米,先端渐尖,被绢毛;茎生叶少数,与基生叶同形,但小叶较少。叶柄较短,托叶草质。下半部与叶柄合生,上半部分离,分离部分披针形,长约 6 毫米。伞房状聚伞花序。花梗纤细,长 5~8 毫米;花直径 7~10 毫米;花萼被绢状长柔毛,副萼片条状披针形。长约 2.5 毫米,先端稍钝,萼片披针状卵形,长约 3 毫米,先端锐尖;花瓣黄色,宽倒卵形,长约 4 毫米,先端微凹,花柱近顶生,花托被长柔毛。瘦果椭圆状卵形,褐色,表面有皱纹。花果期 6—8 月。

【生境】为典型草原群落的伴生植物,也稀见于荒漠草原中。

产兴和县。

蔷薇科　委陵菜属

多裂委陵菜 *Potentilla multifida* L. var. *multifida*

【别名】细叶委陵菜

【蒙名】奥尼图·陶来音·汤乃

【特征】多年生中生草本,高 20~40 厘米。直根圆柱形,木质化;根状茎短,多头,包被棕褐色老叶柄与托叶残余。茎斜升、斜倚或近直立;茎、总花梗与花梗都被长柔毛和短柔毛。单数羽状复叶,基生叶和茎下部叶具长柄, 柄有伏生短柔毛,连叶柄长 5~15 厘

米,通常有小叶 7,小叶间隔 5~10 毫米,小叶羽状深裂几达中脉,狭长椭圆形或椭圆形,长 l~4 厘米,宽 5~15 毫米,裂片条形或条状披针形,先端锐尖,边缘向下反卷,上面伏生短柔毛,下面被白色毡毛,沿主脉被绢毛,托叶膜质,棕色,与叶柄合生部分长达 2 厘米,先端分离部分条形,长 5~8 毫米,先端渐尖,被柔毛或脱落,茎生叶与基生叶同形,但叶柄较短,小叶较少,托叶草质。下半部与叶柄合生,上半部分离,披针形,长 5~8 毫米,先端渐尖。伞房状聚伞花序生于茎顶端,花梗长 5~20 毫米,花直径 10~12 毫米,花萼密被长柔毛与短柔毛,副萼片条状披针形,长 2~3 毫米(开花时),先端稍钝,萼片三角状卵形,长约 4 毫米(开花时),先端渐尖;花萼各部果期增大,花瓣黄色,宽倒卵形,长约 6 毫米;花柱近顶生,基部明显增粗。瘦果椭圆形,褐色,稍具皱纹。花果期 7—9 月。

【生境】生于山坡草地、林缘。

产丰镇市。

【用途】全草入药,有止血、杀虫、祛湿热的作用。

蔷薇科委陵菜属

掌叶多裂委陵菜(变种) *Potentilla multifida* L. var. *ornithopoda* (Tausch) Th. Wolf

【**特征**】本变种与正种的区别在于：单数羽状复叶,有小叶5,小叶排列紧密,似掌状复叶。

【**生境**】草原旱生杂类草。是典型草原的常见伴生种,偶然可渗入荒漠草原及草甸草原中。

产兴和县、丰镇市。

414

蔷薇科　委陵菜属

大萼委陵菜 *Potentilla conferta* Bunge

【别名】白毛委陵菜、大头委陵菜

【蒙名】都如特·陶来音·汤乃

【特征】多年生旱生草本,高 10~45 厘米。直根圆柱形。木质化,粗壮;根茎短,木质,包被褐色残叶柄与托叶。茎直立、斜升或斜倚,茎、叶柄、总花梗密被开展的白色长柔毛和短柔

毛。单数羽状复叶,基生叶和茎下部叶有长柄,连叶柄长 5~15(20)厘米,有小叶 9~13,小叶长椭圆形或椭圆形。长 1~5 厘米,宽 7~18 毫米,羽状中裂或深裂,裂片三角状矩圆形、三角状披针形或条状矩圆形,上面绿色,被短柔毛或近无毛,下面被灰白色毡毛,沿脉被绢状长柔毛,茎上部叶与下部者同形。但小叶较少,叶柄较短;基生叶托叶膜质,外面被柔毛,有时脱落,茎生叶托叶草质,边缘常有牙齿状分裂,顶端渐尖。伞房状聚伞花序紧密,花梗长 5~10 毫米。密生短柔毛和稀疏长柔毛;花直径 12~15 毫米,花萼两面都密生短柔毛和疏生长柔毛,副萼片条状披针形,花期长约 3 毫米,果期增大,长约 6 毫米;萼片卵状披针形,与副萼片等长,也一样增大,并直立;花瓣倒卵形,长约 5 毫米,先端微凹;花柱近顶生。瘦果卵状肾形,长约 1 毫米,表面有皱纹。花期 6—7 月,果期 7—8 月。

【生境】为常见的草原伴生植物,生于典型草原及草甸草原。

　　产四子王旗、察哈尔右翼中旗、察哈尔右翼前旗、卓资县。

【用途】根入药,能清热、凉血、止血,主治功能性子宫出血、鼻衄。

蔷薇科 委陵菜属

多茎委陵菜 *Potentilla multicaulis* Bunge

【蒙名】宝都力格·陶来音·汤乃

【特征】多年生中旱生草本,根木质化,圆柱形。茎多数,丛生,斜倚或斜升,长 10~25 厘米。常带暗紫红色密被短柔毛和长柔毛,基部包被残余的棕褐色叶柄和托叶。单数羽状复叶,基生叶多数,丛生,有小叶 7~15,连叶柄长 7~15 厘米;小叶无柄,矩圆形,长 1~3 厘米,宽 5~10 毫米,基部楔形,边缘羽状深裂,每边有裂片 3~7,呈篦齿状排列,裂片矩圆状条形,先端锐尖或钝,边缘不反卷,稀稍反卷,上面绿色,被短柔毛,下面密被白色毡毛,沿脉有稀疏长柔毛;叶柄常带暗紫红色,密被短柔毛和长柔毛;托叶膜质,大部分和叶柄合生,被长柔毛,茎生叶与基生叶同形,但小叶较少,叶柄较短,托叶草质,下半部与叶柄合生,分离部分卵形或披针形,先端渐尖。伞房状聚伞花序具少数花,疏松,花梗纤细,长约 1 厘米,被短柔毛;花直径约 1 厘米;花萼密被短柔毛,副萼片披针形或条状披针形,长约 2.5 毫米;萼片三角状卵形,长约 3.5 毫米,先端尖;花瓣黄色,宽倒卵形,长 4~5 毫米,先端微凹;花柱近顶生。瘦果椭圆状肾形,长约 1.2 毫米,表面有皱纹。花果期 6—8 月。

【生境】草甸草原及干草原的伴生植物。生于农田边、向阳砾山坡、滩地。

产集宁区、卓资县、凉城县。

蔷薇科　山莓草属

伏毛山莓草 *Sibbaldia adpressa* Bunge

【蒙名】贺热格黑

【特征】多年生旱生草本。根粗壮,黑褐色,木质化;从根的顶部生出多数地下茎,细长,有分枝,黑褐色,皮稍纵裂。节上生不定根。花茎丛生,纤细,斜倚或斜升,长2~10厘米,疏被绢毛。基生叶为单数羽状复叶,有小叶5或3,连叶柄长2~4厘米,柄疏被绢毛;顶生3小叶;常基部下延与叶柄合生;顶生小叶倒披针形或倒卵状矩圆形,长5~15毫米,宽3~7毫米,顶端常有3牙齿,基部楔形,全缘;侧生小叶披针形或矩圆状披针形,长3~12毫米,宽2~5毫米,先端锐尖,基部楔形,全缘,边缘稍反卷,上面疏被绢

毛,稀近无毛。下面被绢毛,托叶膜质,棕黄色,披针形;茎生叶与基生叶相似,托叶草质,绿色,披针形。聚伞花序具花数朵,或单花,花五基数,稀四基数,直径5~7毫米,花萼被绢毛;副萼片披针形,长约2.5毫米,先端锐尖或钝,萼片三角状卵形,具膜质边缘,与副萼片近等长;花瓣黄色或白色,宽倒卵形,与萼片近等长或较短;雄蕊10,长约1毫米;雌蕊约10,子房卵形,无毛,花柱侧生,花托被柔毛。瘦果近卵形,表面有脉纹。花果期5—7月。

【生境】生于沙质土壤及砾石性土壤的干草原或山地草原群落中。

产察哈尔右翼中旗、卓资县。

蔷薇科 地蔷薇属

阿尔泰地蔷薇 *Chamaerhodos altaica* (Laxm.)Bunge

【蒙名】阿拉泰音·图门·塔那

【特征】早春开花的耐寒砾石生旱生半灌木，垫状，植丛直径达 15 厘米，高约 5 厘米。茎多数，二叉状分枝，平辅地面或埋于表土中，皮黑褐色，常包被

残叶柄。基生叶多数，丛生，长 5~15 毫米，3 全裂，稀 5 裂，裂片条形或条状矩圆形，长 2~4 毫米，宽约 1 毫米，先端钝，全缘，两面灰绿色，被绢毛和极细小腺毛；叶柄长 4~12 毫米。聚伞花序具 3~5 花，稀单花；花葶高 1~4 厘米，总花梗纤细，有时弯曲，密被腺毛；苞片卵形，长 2~3 毫米，3 深裂或 3 全裂；花直径 4~5 毫米；萼筒宽钟状，长 3~4 毫米，萼片三角状卵形，长 2~3 毫米，外面被长柔毛和短腺毛；花瓣粉红色或淡红色，宽倒卵形，长 3~4 毫米；雄蕊长约 1 毫米，花药椭圆形，长约 0.6 毫米；花盘边缘密生长柔毛，雌蕊 6~10，花柱基生。瘦果长卵形，长约 2 毫米，褐色，无毛。花果期 5—7 月。

【生境】生于山地、丘陵的砾石质坡地与丘顶，可形成占优势的群落片段。

产四子王旗、察哈尔右翼后旗、察哈尔右翼中旗。

蔷薇科　地蔷薇属

地蔷薇 *Chamaerhodos erecta* (L.) Bunge

【别名】直立地蔷薇

【蒙名】图门·塔那

【特征】二年生或一年生中旱生草本,高(8)15~30(40)厘米。根较细,长圆锥形。茎单生,稀数茎丛生,直立,上部有分枝,密生腺毛和短柔毛,有时混生长柔毛。基生叶三回三出羽状全裂,长1~2.5厘米,宽1~3厘米,最终小裂片狭条形,长1~3毫米,宽约1毫米,先端钝,全缘,两面均为绿色,疏生伏柔毛,具长柄,结果时枯萎,茎生叶与基生叶相似,但柄较短。上部者几乎无柄,托叶3至多裂,基部与叶柄合生。聚伞花序着生茎顶,多花,常形成圆锥花序;花梗纤细,长1~6毫米,密被短柔毛与长柄腺毛;苞片常3条裂;花小,直径2~3毫米,花密被短柔毛与腺毛,萼筒倒圆锥形,长约1.5毫米,萼片三角状卵形或长

三角形,与萼筒等长,先端渐尖,花瓣粉红色,倒卵状匙形。长2.5~3毫米,先端微凹;基部有爪;雄蕊长约1毫米,生于花瓣基部,雌蕊约10,离生;花柱丝状,基生,子房卵形,无毛;花盘边缘和花托被长柔毛。瘦果近卵形,长1~1.5毫米,淡褐色。花果期7—9月。

【生境】生于草原带的砾石质丘坡、丘顶及山坡,也可生在沙砾质草原,在石质丘顶可成为优势植物,组成小面积的群落片段。

产察哈尔右翼后旗、察哈尔右翼中旗、察哈尔右翼前旗、凉城县、兴和县、丰镇市。

【用途】全草入药,能祛风湿,主治风湿性关节炎。

蔷薇科 桃属

柄扁桃 *Amygdalus pedunculata* Pall.

【别名】山樱桃、山豆子

【蒙名】布衣勒斯

【特征】中旱生灌木。高 1~1.5
米。多分枝,枝开展;树皮灰褐
色,稍纵向剥裂,嫩枝浅褐色,常
被短柔毛;在短枝上常 3 个芽并
生,中间是叶芽,两侧是花芽。单
叶互生或簇生于短枝上,叶片倒
卵形、椭圆形、近圆形或倒披针
形,长 1~3 厘米,宽 0.7~2 厘米。
先端锐尖或圆钝,基部宽楔形,
边缘有锯齿,上面绿色,被短柔
毛,下面淡绿色,被短柔毛;叶柄
长 2~4 毫米,被短柔毛,托叶条
裂,边缘有腺体,基部与叶柄合
生,被短柔毛。花单生于短枝上,
直径 1~1.5 厘米;花梗长 2~4 毫
米,被短柔毛;萼筒宽钟状,长约
3 毫米,外面近无毛,里面被长

柔毛,萼片三角状卵形,比萼筒稍短,先端钝,边缘有疏齿,近无毛,花后反折;花瓣粉红
色,圆形,长约 8 毫米,先端圆形,基部有短爪;雄蕊多数,长约 6 毫米,子房密被长柔毛,
花柱细长,与雄蕊近等长。核果近球形,稍扁,直径 10~13 毫米,成熟时暗紫红色,顶端有
小尖头,被毡毛,果肉薄、干燥、离核;核宽卵形,稍扁,直径 7~10 毫米,平滑或稍有皱纹,
核仁(种子)近宽卵形,稍扁,棕黄色,直径 4~6 毫米,花期 5 月,果期 7—8 月。

【生境】主要生长于干草原及荒漠草原地带,多见于丘陵地向阳石质斜坡及坡麓。

产卓资县、凉城县、丰镇市。

【用途】种仁可代"郁李仁"入药。

豆科　槐属

苦豆子　*Sophora alopecuroides* L.

【别名】苦甘草、苦豆根

【蒙名】胡兰·宝雅

【特征】多年生旱生草本,高30~60厘米,最高可达1米,全体呈灰绿色。根发达,粗壮;质坚硬,外皮红褐色而有光泽。茎直立,分枝多呈帚状;枝条密生灰色平伏绢毛。单数羽状复叶,长5~15厘米,小叶11~25;托叶小,钻形;叶轴密生灰色平伏绢毛;小叶矩圆状披针形、矩圆状卵形、矩圆形或卵形,长1.5~3厘米,宽5~10毫米,先端锐尖或钝,基部近圆形成楔形,全缘,两面密生平伏绢毛。总状花序顶生,长10~15厘米;花多数,密生,花梗较花萼短;苞片条形,较花梗长;花萼钟形或筒状钟形,长5~8毫米,密生平伏绢毛,萼齿三角形;花冠黄色,长15~17毫米;旗瓣矩圆形或倒卵形,长17~20毫米,基部渐狭成爪;翼瓣矩圆形,比旗瓣稍短,有耳和爪,龙骨瓣与翼瓣等长;雄蕊10,离生;子房有毛。荚果串珠状,长5~12厘米,密生短细而平伏的绢毛。有种子3至多颗,种子宽卵形,长4~5毫米,黄色或淡褐色。花期5—6月,果期6—8月。

【生境】生干湖盐低地的覆沙地上,河滩覆沙地以及平坦沙地、固定、半固定沙地。

　　产乌兰察布市全市。

【用途】有毒植物,清鲜状态家畜不食,干枯后羊及骆驼采食残枝和荚果。根入药,枝叶可沤制绿肥。固沙植物。

豆科　野决明属

披针叶黄华　*Thermopsis lanceolata* R. Br.

【别名】苦豆子、面人眼睛、牧马豆、绞蛆爬

【蒙名】他日巴干·希日

【特征】多年生中旱生草本,高 10~30 厘米。主根深长。茎直立,有分枝,被平伏或稍开展的白色柔毛。掌状三出复叶,具小叶 3,叶柄长 4~8 毫米;托叶 2,卵状披针形,叶状,先端锐尖,基部稍连合, 背面被平

伏长柔毛;小叶矩圆状椭圆形或倒披针形,长 30~50 毫米,宽 5~15 毫米,先端通常反折,基部渐狭,上面无毛。下面疏被平伏长柔毛。总状花序长 5~10 厘米,顶生,花与花序轴每节 3~7 朵轮生,苞片卵形或卵状披针形;花梗长 2~5 毫米;花萼钟状,长 16~18 毫米,萼齿披针形,长 5~10 毫米,被柔毛;花冠黄色,旗瓣近圆形,长 26~28 毫米,先端凹入,基部渐狭成爪,翼瓣与龙骨瓣比旗瓣短,有耳和爪;子房被毛。荚果条形,扁平,长 5~6 厘米,宽(6)9~10(15)毫米,疏被平伏的短柔毛,沿缝线有长柔毛。花期 5—7 月,果期 7—10 月。

【生境】为草原带的草原化草甸、盐化草甸伴生植物,也见于荒漠草原区的河岸盐化草甸、沙质地或石质山坡。

　　产乌兰察布市全市。

【用途】牛羊晚秋和冬季喜食。植株有毒,全草入药。

豆科　扁蓿豆属

扁蓿豆　*Melilotoides ruthenica* (L.) Sojak

【别名】花苜蓿、野苜蓿

【蒙名】其日格·额布苏

【特征】多年生中旱生草本，高20~60厘米。根茎粗壮。茎斜升，近平卧或直立，多分枝，茎、枝常四棱形，疏生短毛。叶为羽状三出复叶；托叶披针状锥形、披针形或半箭头形，顶端渐尖，全缘或基部具牙齿或裂片，有毛；小叶矩圆状倒披针形、矩圆状楔形或条状楔形，茎下部或中下部的小叶，常为倒卵状楔形或倒卵形，长5~15(25)毫米，宽2~4(7)毫米，先端钝或微凹，有小尖头，基部楔形，边缘常在中上部有锯齿，有时中下部亦具锯齿，上面近无毛，下面疏生伏毛，叶脉明显。总状花序，腋生，稀疏，具花(3)4~10(12)朵，总花梗超出于叶，疏生短毛；苞片极小，锥形；花黄色，带深紫色，长5~6毫米，花梗长2~3毫米，有毛；花萼钟状，长2~2.5(3)毫米，密被伏毛，萼齿披针形，比萼筒短或近等长；旗瓣矩圆状倒卵形，顶端微凹，翼瓣短于旗瓣，近矩圆形，顶端钝而稍宽，基部具爪和耳，龙骨瓣短于翼瓣；子房条形，有柄，荚果扁平，矩圆形或椭圆形，长8~12(18)毫米，宽3.5~5毫米，网纹明显，先端有短喙，含种子2~4颗；种子矩圆状椭圆形，长2~2.5毫米，淡黄色。花期7—8月，果期8—9月。

【生境】多为草原带的典型草原或草甸草原常见伴生成分，有时多度可达次优势种，在沙质草原也可见到。生于丘陵坡地、沙质地、路旁草地等处。

　　产乌兰察布市全市。

【用途】优等饲用植物，各种家畜喜食，可引种驯化，用于改良草场和水土保持。

豆科 苜蓿属

紫花苜蓿 *Medicago sativa* L.

【别名】紫苜蓿、苜蓿

【蒙名】宝日·查日嘎苏

【特征】多年生草本,高 30~100 厘米。根系发达,主根粗而长,入土深度达 2 米余。茎直立或有时斜升,多分枝,无毛或疏生柔毛。羽状三出复叶, 顶生小叶较大;托叶狭披针形或锥形, 长 5~10 毫米,长渐尖,全缘或稍有齿,下部与叶柄合生,小叶矩圆状倒卵形、倒卵形或倒披针形,长(5) 7~30 毫米,宽 3.5~13 毫米,先端钝或圆,具小刺尖,基部楔形,叶缘上部有锯齿,中下部全缘,上面无毛或近无毛, 下面疏生柔毛。短总状花序腋生, 具花 5~20 余朵,通常较密集,总花梗超出于叶,有毛;花紫色或蓝紫色,花梗

短,有毛;苞片小, 条状锥形;花萼筒状钟形,长 5~6 毫米,有毛,萼齿锥形或狭披针形,渐尖,比萼筒长或与萼筒等长;旗瓣倒卵形,长 5.5~8.5 毫米,先端微凹,基部渐狭,翼瓣比旗瓣短,基部具较长的耳及爪,龙骨瓣比翼瓣稍短;子房条形,有毛或近无毛,花柱稍向内弯,柱头头状。荚果螺旋形,通常卷曲 1~2.5 圈,密生伏毛,含种子 1~10 颗。种子小,肾形,黄褐色。花期 6—7 月,果期 7—8 月。

【生境】逸生于草地、路边或城市绿化带中,也常作为一个重要的牧草种植栽培。

产乌兰察布市全市。

【用途】重要的饲用植物。另外全草入药,能开胃,利尿排石。主治黄疸、浮肿、尿路结石。并为蜜源植物,或用以改良土壤及作绿肥。

豆科 苜蓿属

天蓝苜蓿 *Medicago lupulina* L.

【别名】黑荚苜蓿

【蒙名】呼和·查日嘎苏

【特征】一年生或二年生中生草本，高 10~30 厘米。茎斜倚或斜升，细弱，被长柔毛或腺毛，稀近无毛。羽状三出复叶，叶柄有毛，托叶卵状披针形或狭披针形，先端渐尖，基部边缘常有牙齿，下部与叶柄合生，有毛，小叶宽

倒卵形，倒卵形至菱形，长 7~14 毫米，宽 4~14 毫米，先端钝圆或微凹，基部宽楔形，边缘上部具锯齿，下部全缘，上面疏生白色长柔毛，下面密被长柔毛。花 8~15 朵密集成头状花序，生于总花梗顶端，总花梗长 2~3 厘米，超出叶，有毛；花小，黄色；花梗短，有毛；苞片极小，条状锥形；花萼钟状，密被柔毛，萼齿条状披针形或条状锥状，比萼筒长 1~2 倍；旗瓣近圆形，顶端微凹，基部渐狭，翼瓣显著比旗瓣短，具向内弯的长爪及短耳，龙骨瓣与翼瓣近等长或比翼瓣稍长；子房长椭圆形，内侧有毛，花柱向内弯曲，柱头头状。荚果肾形，长 2~8 毫米，成熟时黑色，表面具纵纹，疏生腺毛，有时混生细柔毛，含种子 1 颗。种子小，黄褐色。花期 7—8 月，果期 8—9 月。

【生境】生于微碱性草甸、砂质草原、田边、路旁等处。

产乌兰察布市全市。

【用途】优质饲草，一年四季各种家畜均喜食，可用于建植人工草地、改良天然草场，又可用于水土保持和绿肥。全草入药。

豆科　草木樨属

草木樨　*Melilotus officinalis* (L.) Lam.

【别名】黄花草木樨、马层子、臭苜蓿

【蒙名】呼庆黑

【特征】一年生或两年生旱中生草本，高60~90厘米，有时可达1米以上。茎直立，粗壮。多分枝，光滑无毛。叶为羽状三出复叶；托叶条状披针形，基部不齿裂，稀有时靠近下部叶的托叶基部具1或2齿裂；小叶倒卵形、矩圆形或倒披针形，长15~27(30)毫米，宽(3)4~7(12)毫米，先端钝，基部楔形或近圆形；边缘有不整齐的疏锯齿。总状花序细长，腋生，有多数花；花黄色，长3.5~4.5毫米，花萼钟状，长约2毫米，萼齿5，三角状披针形，近等长，稍短于萼筒；旗瓣椭圆形，先端圆或微凹，基部楔形，翼瓣比旗瓣短，与龙骨瓣略等长；子房卵状矩圆形，无柄，花柱细长。荚果小，近球形或卵形，长约3.5毫米，成熟时近黑色，表面具网纹。内含种子1颗，近圆形或椭圆形，稍扁。花期6—8月，果期7—10月。

【生境】生于河滩、沟谷、湖盆洼地等低湿地。在森林草原和草原带的草甸或轻度盐化草甸中为常见伴生种，并可进入荒漠草原的河滩低湿地，以及轻度盐化草甸。

产乌兰察布市全市。

【用途】优等饲用植物，现已广泛栽培。幼嫩时为各种家畜所喜食。开花后质地粗糙，有强烈的"香豆素"气味，故家畜不愿采食，但逐步适应后，适口性还可提高。营养价值较高，适应性强，较耐旱，可在内蒙古中西部地区推广种植作饲料、绿肥及水土保持之用。可作蜜源植物。全草入药。

豆科 草木樨属

白花草木樨 *Melilotus albus* Medik.

【别名】白香草木樨

【蒙名】纳日音·呼庆黑

【特征】一年生或二年生中生草本,高达1米以上。茎直立,圆柱形,中空,全株有香味。叶为羽状三出复叶, 托叶锥形或条状披针形;小叶椭圆形、矩圆形、卵状短圆形或倒卵状矩圆形等, 长15~30毫米, 宽6~11毫米, 先端钝或圆, 基部楔形, 边缘具疏锯齿。总状花序腋生, 花小, 多数, 稍密生, 花萼钟状, 萼齿三角形;花冠白色, 长4~4.5毫米, 旗瓣椭圆形, 顶端微凹或近圆形,翼瓣比旗瓣短,比龙骨瓣稍长或近等长; 子房无柄。荚果小, 椭圆形或近矩圆形, 长约3.5毫米, 初时绿色, 后变黄褐色至黑褐色, 表面具网纹, 内含种子1~2颗。种子肾形,褐黄色。花果期7—8月。

【生境】生于路边、沟旁、盐碱地及草甸等处。

产乌兰察布市全市。

【用途】优等饲用植物,现已广泛栽培。幼嫩时为各种家畜所喜食。开花后质地粗糙,有强烈的"香豆素"气味,故家畜不乐意采食,但逐步适应后,适口性还可提高。营养价值较高,适应性强,较耐旱,可在内蒙古中西部地区推广种植作饲料、绿肥及水土保持之用。又可作蜜源植物。全草入药。

豆科 车轴草属

野火球 *Trifolium lupinaster* L.

【别名】野车轴草

【蒙名】禾日音·好希扬古日

【特征】多年生中生草本,高15~30厘米,通常数茎丛生。根系发达,主根粗而长。茎直立或斜升,多分枝,略呈四棱形,疏生短柔毛或近无毛。掌状复叶,通常具小叶5,稀为3~7,托叶膜质鞘状,紧贴生于叶柄上,抱茎,有明显脉纹;小叶长椭圆形或倒披针形,长1.5~5厘米,宽(3)5~12(16)毫米,先端稍尖或圆,基部渐狭,边缘具细锯齿,两面密布隆起的侧脉,下面沿中脉疏生长柔毛。花序呈头状,顶生或腋生,花多数,红紫色或淡红色;花梗短,有毛;花萼钟状;

萼齿锥形,长于萼筒,均有柔毛;旗瓣椭圆形,长约14毫米,顶端钝或圆,基部稍狭,翼瓣短于旗瓣,矩圆形,顶端稍宽而略圆,基部具稍向内弯曲的耳,爪细长,龙骨瓣比翼瓣稍短,耳较短,爪细长,顶端常有一小突起;子房条状矩圆形,有柄,通常内部边缘有毛,花柱长,上部弯曲,柱头头状。荚果条状矩圆形,含种子1~3颗。花期7—8月,果期8—9月。

【生境】生于壤质黑钙土或黑土,是林缘草甸的伴生种或次优势种,也见于草甸草原、山地灌丛等。

产卓资县、凉城县、察哈尔右翼中旗、丰镇市、兴和县。

【用途】良等饲用植物,各种家畜均喜食。开花后质地粗糙,适口性稍有下降,刈制成干草各种家畜均喜食。可引种驯化,用于建植人工草地,可作蜜源植物。全草入药。

豆科　锦鸡儿属

短脚锦鸡儿　*Caragana brachypoda* Pojark.

【蒙名】好伊日格·哈日戛纳

【特征】旱生矮灌木，高约 20 厘米。枝条短而密集并多针刺。树皮黄褐色有光泽；小枝近四棱形，褐色或黄褐色，具白色隆起的纵条纹。长枝上的托叶宿

存并硬化成针刺状，长 2~4 毫米；长枝上的叶轴宿存并硬化成针刺状，长 4~12 毫米，稍弯曲，短枝上的叶无叶轴；小叶 4，假掌状排列，倒披针形，长 3~6.5 毫米，宽 1~1.5 毫米，先端锐尖，有刺尖，基部渐狭，淡绿色，两面有短柔毛，上面毛较密，边缘有睫毛。花单生；花梗粗短，长 2~3 毫米，近中部具关节，有毛；花萼筒状，基部偏斜稍成浅囊状，长 9~11 毫米，宽约 4 毫米，红紫色或带黄褐色，被粉霜，疏生短毛；萼齿卵状三角形或三角形，长约 2 毫米，有刺尖，边缘有短柔毛；花冠黄色，常带红紫色，长 20~25 毫米，旗瓣倒卵形，中部黄绿色，顶端微凹，基部渐狭成爪，翼瓣与旗瓣等长，顶端斜截形，有与瓣片近等长的爪及短耳，龙骨瓣与翼瓣等长，具长爪及短耳；子房无毛。荚果近纺锤形，长约 27 毫米，宽 5 毫米，基部狭长，顶端渐尖。花期 4—5 月，果期 6 月。

【生境】强旱生小灌木，生于荒漠草原及半荒漠地带的山前平原、低山坡和固定沙地。

产四子王旗北部。

【用途】良等饲用植物，羊春、夏、秋季喜食嫩枝叶及花，骆驼一年四季均喜食。

豆科 锦鸡儿属

矮锦鸡儿 *Caragana pygmaea* (Linn.) DC.

【别名】线叶锦鸡儿

【蒙名】牙布干·哈日戛纳

【特征】旱生矮灌木，高 30~40 厘米。树皮金黄色，有光泽，小枝细长，直伸或斜上，淡黄色或淡红色，幼时有毛，少无毛。长枝上的托叶宿存并硬化成针刺状，长 1.5~4 毫米；叶

轴在长枝上者亦宿存而硬化成针刺状，长 5~8 毫米，短枝上的叶近无叶轴；小叶 4，假掌状排列，条状倒披针形，长 8~10 毫米。宽 1~2.5 毫米，先端锐尖或钝，有刺尖，基部渐狭，绿色，两面无毛，少有毛。花单生；花梗较叶长，长 6~18 毫米，中部以上有关节；花萼筒状或钟状筒形，长 5~7 毫米，被灰白色短柔毛，少无毛，萼齿狭三角形，有针尖，长为萼筒的 1/3；花冠黄色，长 15~17 毫米；旗瓣宽倒卵形，顶端圆形，基部有短爪，翼瓣矩圆形，上端稍宽成斜截形，爪长为瓣片的 1/2 以上，爪为耳长的 4~5 倍，龙骨瓣比翼瓣稍短，具较长的爪，耳短而钝，子房密被灰白色毛。荚果圆筒形，长 20~30 毫米，宽 3~3.5 毫米，幼时被毛，成熟时近无毛。花期 5 月，果期 6 月。

【生境】散生于荒漠草原带的石生针茅和沙生针茅草原的固定沙地和石质山坡。

产乌兰察布市北部。

【用途】良好饲用植物，春季嫩枝叶及花为较好的饲草，也是较好的保土植物和防风固沙植物。

豆科　锦鸡儿属

狭叶锦鸡儿　*Caragana stenophylla* Pojark.

【别名】红柠条、羊拧角、红刺、拧角

【蒙名】纳日音·哈日戛纳

【特征】旱生小灌木，高 15~70 厘米。树皮灰绿色、灰黄色、黄褐色或深褐色，有光泽。小枝纤细，褐色、黄褐色或灰黄色，具条棱，幼时疏生柔毛；长枝上的托叶宿存并硬化成针刺状，长 3 毫米，叶轴在长枝上者亦宿存而硬化成针刺状，长达 7 毫米，直伸或稍弯曲，短枝上的叶无叶轴。小叶 4，假掌状排列，条状倒披针形，长 4~12 毫米，宽 1~2 毫米，先端锐尖或钝，有刺尖，基部渐狭，绿色，或多或少纵向折叠，两面疏生柔毛或近无毛。花单生；花梗较叶短，长 5~10 毫米，有毛，中下部有关节；花萼钟形或钟状筒形，基部稍偏斜，长 5~6.5 毫米，无毛或疏生柔毛，萼齿三角形，有针尖，长为萼筒的 1/4，边缘有短柔毛；花冠黄色，长 14~17(20)毫米；旗瓣圆形或宽倒卵形，有短爪，长为瓣片的 1/5，翼瓣上端较宽成斜截形，瓣片约为爪长的 1.5 倍，爪为耳长的 2~2.5 倍，龙骨瓣比翼瓣稍短，具较长的爪(与瓣片等长，或为瓣片的 1/2 以下)，耳短而钝，子房无毛。荚果圆筒形，长 20~30 毫米，宽 2.5~3 毫米，两端渐尖。花期 5—9 月，果期 6—10 月。

【生境】可在典型草原、荒漠草原、山地草原及草原化荒漠等植被中成为稳定的伴生种。喜生于砂砾质土壤，覆沙地及砾石质坡地。

产乌兰察布市全市。

【用途】良好饲用植物，羊喜食一年生枝条，骆驼一年四季均乐意采食其枝条。

豆科　锦鸡儿属

甘蒙锦鸡儿　*Caragana opulens* Kom.

【别名】白毛锦鸡儿

【蒙名】柴布日·哈日戛纳

【特征】中旱生直立灌木，高 40~60 厘米。树皮灰褐色，有光泽。小枝细长，带灰白色，有条棱；长枝上的托叶宿存并硬化成针刺状，长 2~3 毫米，短枝上的托叶脱落。叶轴短，长 3~4.5 毫米，在长枝上的硬化成针刺状，直伸或稍弯；小叶 4，假掌状排列，倒卵状披针形，长 3~10 毫米，宽 1~4 毫米，先端圆形，有刺尖，基部渐狭，绿色，上面无毛或近无毛，下面疏生短柔毛。花单生，花梗长约 15 毫米，无毛，中部以上有关节；花萼筒状钟形，基部显苦偏斜呈囊状凸起，长 8~10 毫米，宽约 6 毫

米，无毛，萼齿三角形，长约 1 毫米，具针尖，边缘有短柔毛，花冠黄色，略带红色，旗瓣长 20~25 毫米，宽倒卵形，顶端微凹，基部渐狭成爪，翼瓣长椭圆形，顶端圆，基部具爪及距状尖耳，龙骨瓣顶端钝，基部具爪及齿状耳；子房筒状，无毛。荚果圆筒形，无毛，带紫褐色，长 2.5~4 厘米，宽 3~4 毫米，顶端尖。花期 5—6 月，果期 6—7 月。

【生境】生于山地、丘陵及山地的沟谷或混生于山地灌丛中。

产乌兰察布市全市。

豆科 锦鸡儿属

小叶锦鸡儿 *Caragana microphylla* Lam.

【别名】柠条、连针

【蒙名】乌禾日·哈日夏纳

【特征】旱生灌木,高 40~70 厘米,最高可达 1 米。树皮灰黄色或黄白色, 小枝黄白色至黄褐色,直伸或弯曲,具条棱,幼时被短柔毛。长枝上的托叶宿存硬化成针刺状,长 5~8 毫米,常稍弯曲,叶轴长 15~55 毫米,幼时被伏柔毛,后无毛,脱落。小叶 10~20,羽状排列,倒卵形或倒卵状矩圆形,近革质,绿色,长 3~10 毫米,宽 2~5 毫米,先端微凹或圆形,少近截形,有刺尖,基部近圆形或宽楔形,幼时两面密被绢状短柔毛, 后仅被极疏短柔毛。花单生、长 20~25 毫米,花梗长 10~20 毫米,密被绢状短柔毛,近

中部有关节,花萼钟形或筒状钟形,基部偏斜,长 9~12 毫米,宽 5~7 毫米,密被短柔毛,萼齿宽三角形,长约 3 毫米,边缘密生短柔毛;花冠黄色,旗瓣近圆形,顶端微凹,基部有短爪,翼瓣爪长为瓣片的 1/2,耳短,圆齿状,长约为爪的 1/5,龙骨瓣顶端钝,爪约与瓣片等长,耳不明显,子房无毛。荚果圆筒形,长(3)4~5 厘米,宽 4~6 毫米,深红褐色,无毛,顶端斜长渐尖。花期 5—6 月,果期 8—9 月。

【生境】生于草原、沙地及丘陵坡地。

产乌兰察布市全市。

【用途】良好饲用植物,绵羊、山羊及骆驼均乐意采食其嫩枝,尤其于春末喜食其花。马、牛不喜采食。全草、根、花、种子入药。

豆科 锦鸡儿属

中间锦鸡儿 *Caragana intermedia* Kuang et H.C.Fu

【别名】柠条

【蒙名】宝特·哈日嘎纳

【特征】干草原及荒漠草原带的沙生旱生灌木。高 70~150 厘米，最高可达 2 米，多分枝。树皮黄灰色、黄绿色或黄白色。枝条细长，直伸或弯曲，幼时被绢状柔毛；长枝上的托叶宿存并硬化成针刺状，长 4~7 毫米，叶轴长 1~5 厘米，密被白色绢状柔毛，脱落。小叶 6~18,羽状排列，椭圆形或倒卵状椭圆形，长 3~8 毫米，宽 2~3 毫米，先端圆或锐尖，少截形，有刺尖，基部宽楔形，两面密被绢状柔毛，有时上面近无毛。花单生，长 20~25 毫米；花梗长 8~12 毫米，密被绢状短柔毛，常中部以上有关节，少中部或中

部以下有关节；萼筒状钟形，长 7~12 毫米，宽 5~6 毫米，密被短柔毛，萼齿三角形，长约 2 毫米；花冠黄色，旗瓣宽卵形或菱形，基部有短爪，翼瓣的爪长约为瓣片的 1/2，耳短，牙齿状，龙骨瓣矩圆形，具长爪，耳极短，因而瓣片基部成截形；子房披针形，无毛或疏生短柔毛。荚果披针形或矩圆状披针形，厚、革质，腹缝线凸起，顶端短渐尖，长 2~2.5 厘米，宽 4~6 毫米。花期 5 月，果期 6 月。

【生境】在固定和半固定沙丘上可成为建群种，形成沙地灌丛群落。也常散生于沙质荒漠草原群落中，而组成灌丛化草原群落。

产四子王旗中部、北部。

【用途】饲用价值与小叶锦鸡儿相同。全草、根、花、种子入药，花能降压，主治高血压；根能祛痰止咳，主治慢性支气管炎；全草能活血调经，主治月经不调；种子能祛风止痒、解毒，主治神经性皮炎、牛皮癣、黄水疮等症。种子也可入蒙药(蒙药名:宝特—哈日嘎纳)，能清热、消"奇哈"，主治咽喉肿痛、高血压、血热头痛、脉热。

豆科　米口袋属

狭叶米口袋　*Gueldenstaedtia stenophylla* Bunge

【别名】地丁

【蒙名】纳日音·莎勒吉日

【特征】多年生旱生草本，高 5~15 厘米，全株有长柔毛。主根圆柱状，较细长。茎短缩，在根茎上丛生，短茎上有宿存的托叶。单数羽状复叶长，具小叶 7~19；托叶三角形，基部与叶柄合生；外面被长柔毛；叶片矩圆形至条形，或春季小

叶常为近卵形(通常夏秋的小叶变窄，成条状矩圆形或条形)，长 2~35 毫米，宽 1~6 毫米，先端锐尖或钝头，具小尖头，全缘，两面被白柔毛，花期毛较密，果期毛少或有时近无毛。总花梗数个自叶丛间抽出，顶端各具 2~3(4)朵花，排列成伞形；花梗极短或无梗；苞片及小苞片披针形；花冠粉紫色，花萼钟状，长 4~5 毫米，密被长柔毛，上 2 萼齿较大；旗瓣近圆形，长 6~8 毫米，顶端微凹，基部渐狭成爪，翼瓣比旗瓣短，长约 7 毫米，龙骨瓣长 4.5 毫米。荚果圆筒形，长 14~18 毫米，被灰白色长柔毛。花期 5 月，果期 5—7 月。

【生境】生于向阳的山坡、草地等处。

产乌兰察布市全市。

【用途】良好饲用植物。全草入药。

豆科 甘草属

甘草 *Glycyrrhiza uralensis* Fisch. ex DC.

【别名】甜草苗

【蒙名】希禾日·额布斯

【特征】多年生中旱生草本,高 30~70 厘米。具粗壮的根茎,根茎向四周生出地下匍匐枝,主根圆柱形,粗而长,可达 1~2 米或更长,伸入地中,根皮红褐色至暗褐色,有不规则的纵皱及沟纹,横断面内部呈淡黄色或黄色,有甜味。茎直立,稍带木质,

密被白色短毛及鳞片状、点状或小刺状腺体。单数羽状复叶,具小叶 7~17;叶轴长 8~20 厘米,被细短毛及腺体;托叶小,长三角形、披针形或披针状锥形,早落;小叶卵形、倒卵形、近圆形或椭圆形,长 1~3.5 厘米,宽 1~2.5 厘米,先端锐尖、渐尖或近于钝,稀微凹,基部圆形或宽楔形,全缘,两面密披短毛及腺体。总状花序腋生,花密集,长 5~12 厘米;花淡蓝紫色或紫红色,长 14~16 毫米;花梗甚短;苞片披针形或条状披针形,长 3~4 毫米;花萼筒状,密被短毛及腺点,长 6~7 毫米,裂片披针形,比萼筒稍长或近等长;旗瓣椭圆形或近矩圆形,顶端纯圆,基部渐狭成短爪,翼瓣比旗瓣短,而比龙骨瓣长,均具长爪;雄蕊长短不一;子房无柄,矩圆形,具腺状突起。荚果条状矩圆形、镰刀形或弯曲成环状,长 2~4 厘米,宽 4~7 毫米,密被短毛及褐色刺状腺体,刺长 1~2 毫米。种子 2~8 颗,扁圆形或肾形,黑色,光滑。花期 6—7 月,果期 7—9 月。

【生境】生于碱化沙地、沙质草原、具沙质土的田边、路旁、低地边缘及河岸轻度碱化的草甸。生态幅度较广,在荒漠草原、草原、森林草原以及落叶阔叶林地带均有生长。在草原沙质土上,有时可成为优势植物,形成片状分布的甘草群落。

产乌兰察布市全市。

【用途】中等饲用植物,现蕾前骆驼、羊采食,枯干后各种家畜均喜食。根入药。

豆科　黄芪属

草木樨状黄芪 *Astragalus melilotoides* Pall.

【别名】扫帚苗、层头、小马层子

【蒙名】哲格仁·希勒比

【特征】多年生中旱生草本,高 30~100 厘米。根深长,较粗壮。茎多数由基部丛生,直立或稍斜升,多分枝,有条棱,疏生短柔毛或近无毛。单数羽状复叶,具小叶 3~7;托叶三角形

至披针形,基部彼此连合;叶柄有短柔毛;小叶有短柄,矩圆形或条状矩圆形,长 5~15 毫米,宽 1.5~3 毫米,先端钝、截形或微凹,基部楔形,全缘,两面疏生白色短柔毛。总状花序腋生,比叶显著长;花小,长约 5 毫米,粉红色或白色,多数,疏生,苞片甚小,锥形,比花梗短,花萼钟状,疏生短柔毛,萼齿三角形,比萼筒显著短;旗瓣近圆形或宽椭圆形,基部具短爪,顶端微凹,翼瓣比旗瓣稍短,顶端成不均等的 2 裂,基部具耳和爪,龙骨瓣比翼瓣短;子房无毛,无柄。荚果近圆形或椭圆形,长 2.5~3.5 毫米,顶端微凹,具短喙,表面有横纹,无毛,背部具稍深的沟,2 室。花期 7—8 月,果期 8—9 月。

【生境】为典型草原及森林草原最常见的伴生植物,在局部可成为次优势成分。多适应干沙质及轻壤质土壤。

　　产乌兰察布市全市。

【用途】良等饲用植物,各种家畜均采食。可引种栽培,用于水土保持。全草入药。

豆科 黄芪属

小米黄芪 *Astragalus satoi* Kitag.

【蒙名】他特日·好恩其日

【特征】多年生中旱生草本,高30~60厘米。茎直立或近直立,有条棱,无毛,多分枝,稍呈扫帚状。单数羽状复叶,具小叶7~15;托叶狭三角形,基部彼此稍连合,先端狭细成刺尖状,长2~3毫米,无毛;小叶条状倒披针形、条形或矩圆形,长5~

15毫米,宽1~3毫米,先端圆形或近截形,稀微凹,基部楔形,全缘,上面无毛,下面有平伏短柔毛。总状花序长,花多数,稍稀疏,花小,长5~6毫米,白色或带粉紫色;苞片狭三角形,长1.5~2毫米;花萼钟状,长2~2.5毫米,有毛,萼齿狭三角形,比萼筒显著短;旗瓣宽倒卵形,顶端微凹,基部具短爪,翼瓣比旗瓣稍短,顶端不均等的2裂,基部有近圆形的耳和细长爪,龙骨瓣比翼瓣短;子房无毛。荚果宽倒卵形,长宽近相等,为3~3.5毫米,顶端有喙,表面无毛,具不明显的横纹,2室。花期7—8月,果期8—9月。

【生境】在草原带的山地草甸草原中为伴生种,也出现灌丛间。

产察哈尔右翼中旗、卓资县。

【用途】饲用。

豆科　黄芪属

皱黄芪 *Astragalus zacharensis* Bunge

【别名】密花黄耆、鞑靼黄芪、小果黄芪、小叶黄芪

【蒙名】他特日·好恩其日

【特征】多年生中旱生草本，高 10~30 厘米，被白色单毛。根粗壮，茎多数，细弱，斜升或斜倚，有条棱，基部近木质化，

常自基部分歧，形成密丛。单数羽状复叶，具小叶，13~21；托叶宽三角形至三角状披针形，长 1.5~2.5 毫米，先端尖，与叶柄离生，但基部彼此稍合生，表面及边缘有毛；小叶披针形、椭圆形、长卵形、倒卵形或矩圆形，长 2~10 毫米，宽 2~5 毫米，先端钝、微凹或近截形，基部圆形或宽楔形，全缘，上面疏生白色平伏柔毛或近无毛，下面被白色平伏柔毛。短总状花序腋生，总花梗比叶长；花 5~12 朵集生于总花梗顶端，紧密或稍疏松，或近似头状；苞片披针形或卵形，与花梗近等长，有黑色睫毛；花萼钟状，长约 3 毫米，被黑色及白色伏柔毛，萼齿狭披针形、狭三角形或近锥形，长为萼筒的 1/2 或稍长；花冠淡蓝紫色或天蓝色，长 6~8 毫米；旗瓣宽椭圆形，顶端凹，基部有短爪，翼瓣瓣片狭窄，与龙骨瓣近等长，均较旗瓣短；子房具柄，有毛。荚果卵形、近卵圆形或近矩圆形，微膨胀，长 3~6 毫米，顶端有短喙，基部有与萼近等长的果梗，密被平伏的短柔毛。花期 6—7 月，果期 7—8 月。

【生境】在森林草原和草原带的草甸草原群落中为伴生种；在小溪旁、干河床砾石地或草原化草甸及山地草原中有零星生长。

产乌兰察布市全市。

【用途】中等饲用植物，适宜放牧利用，各种家畜均采食。

豆科 黄芪属

达乌里黄芪 *Astragalus dahuricus* (Pall.) DC.

【别名】驴干粮、野豆角花、兴安黄芪

【蒙名】禾伊音干·好恩其日

【特征】一年生或二年生旱中生草本，高30~60厘米，全株白色柔毛。根较深长，单一或稍分歧。茎直立，单一，通常多分枝，有细沟，被长柔毛。单数羽状复叶，具小叶11~21；托叶狭披针形至锥形，与叶柄离生，被长柔毛，长5~10毫米；小叶矩圆形、狭矩圆形至倒卵状矩圆形，稀近椭圆形，长10~20毫米，宽(1.5)3~6毫米，先端钝尖或圆形，基部楔形或近圆形，全缘，上面疏生白色伏柔毛，下面毛较多，小叶柄极短。总状花序腋生，通常比叶长，总花梗长2~5厘米；花序较紧密或稍稀疏，具10~20朵花，花紫红色，长10~15毫米；苞片条形或刚毛状，有毛，比花梗长；花萼钟状，被长柔毛，萼齿不等长，上萼有2齿较短，与萼筒近等长，三角形，下萼有3齿较长，比萼筒长约1倍，条形，旗瓣宽椭圆形，顶端微缺，基部具短爪，龙骨瓣比翼瓣长，比旗瓣稍短，翼瓣狭窄，宽为龙骨瓣的1/3~1/2；子房有长柔毛，具柄。荚果圆筒状，呈镰刀状弯曲，有时稍直，背缝线凹入成深沟，纵隔为2室，顶端具直或稍弯的喙，基部有短柄，长2~2.5厘米，宽2~3毫米，果皮较薄，表面具横纹，被白色短毛。花期7—9月，果期8—10月。

【生境】为草原化草甸及草甸草原的伴生种，在农田、撂荒地及沟渠边也常有散生。

产乌兰察布市全市。

【用途】良好饲用植物，各种家畜喜食。可引种栽培建立人工草地，也可用作绿肥。

豆科　黄芪属

斜茎黄芪 *Astragalus laxmannii* Jacq.

【别名】直立黄芪、马拌肠

【蒙名】矛日音·好恩其日

【特征】多年生中旱生草本,高20~60厘米。根较粗壮,暗褐色。茎数个至多数丛生,斜升,稍有毛或近无毛。单数羽状复叶,具小叶7~23;托叶三角形,渐尖,基部彼此稍连合或有时分离,长3~5毫米;小叶卵状椭圆形、椭圆形或矩圆形,长10~25(30)毫米,宽2~8毫米,先端钝或圆,有时稍尖,基部圆形或近圆形,全缘,上面无毛或近无毛,下面有白色丁字毛。总状花序于茎上部腋生,总花梗比叶长或近相等,花序矩圆状,少近

头状,花多数,密集,有时稍稀疏,蓝紫色、近蓝色或红紫色,稀近白色,长11~15毫米;花梗极短;苞片狭披针形至三角形,先端尖,通常较萼筒显著短;花萼筒状钟形,长5~6毫米,被黑色或白色丁字毛或两者混生,萼齿披针状条形或锥状,约为萼筒的1/3~1/2,或比萼筒稍短,旗瓣倒卵状匙形,长约15毫米,顶端深凹,基部渐狭,翼瓣比旗瓣稍短,比龙骨瓣长,子房有白色丁字毛,基部有极短的柄。荚果矩圆形,长7~15毫米,具8棱,稍侧扁,背部凹入成沟,顶端具下弯的短喙,基部有极短的果梗,表面被黑色、褐色或白色的丁字毛,或彼此混生,由于背缝线凹入将荚果分隔为2室。花期7—8(9)月,果期8—10月。

【生境】在森林草原及草原带中是草甸草原的重要伴生种或亚优势种,有的渗入河滩草甸、灌丛和林缘下层成为伴生种,少数进入森林区和荒漠草原带的山地。

产乌兰察布市全市。

【用途】优等饲用植物,各种家畜喜食。可引种栽培,改良天然草地和建立人工草地,也可用作绿肥。种子入药。

豆科 黄芪属

白花黄芪 *Astragalus galactites* Pall.

【别名】乳白黄芪、白花黄芪

【蒙名】查干·好恩其日

【特征】多年生旱生草本,高5~10厘米,具短缩而分歧的地下茎。地上部分无茎或具极短的茎。单数羽状复叶,具小叶9~21;托叶下部与叶柄合生,离生部分卵状三角形,膜质,密被长毛;小叶矩圆形、椭圆形、披针形至条状披针形,长5~10 (15)毫米,宽1.5~3毫米,先端钝或锐尖,有小突尖,基部圆形或楔形,全缘,上面无毛,下面密被白色平伏的丁字毛。花序近无梗,通常每叶腋具花2朵,密集于叶丛基部如根生状,花白色或稍带黄色;苞片披针形至条状披针形,长5~9毫米,被白色长柔毛;萼

筒状钟形,长8~13毫米,萼齿披针状条形或近锥形,为萼筒的1/2长至近等长,密被开展的白色长柔毛,旗瓣菱状矩圆形,长20~30毫米,顶端微凹,中部稍缢缩,中下部渐狭成爪,两侧成耳状,翼瓣长18~26毫米,龙骨瓣长17~20毫米,翼瓣及龙骨瓣均具细长爪;子房有毛,花柱细长。荚果小,卵形,长4~5毫米,先端具喙,通常包于萼内,幼果密被白毛,以后毛较少,1室。通常含种子2颗。花期5—6月,果期6—8月。

【生境】草原区分布广泛的植物种,也进入荒漠草原群落中,春季在草原群落中可形成明显的开花季相。喜砾石质和沙砾质土壤,尤其在放牧退化的草场上大量繁生。

产乌兰察布市全市。

【用途】中等饲用植物,羊喜食花和嫩枝,马春夏季均喜食,多食易发生中毒现象。

豆科　黄芪属

卵果黄芪　*Astragalus grubovii* Sancz.

【别名】新巴黄芪、拟糙叶黄芪

【蒙名】温得格勒金·好恩其日

【特征】多年生旱生草本,高 5~20 厘米。无地上茎或有多数短缩存在于地表的或埋入表土层的地下茎,叶与花密集于地表呈丛生状。全株灰绿色,密被开展的丁字毛。根粗壮,直伸,黄褐色或褐色,木质。单数羽状复叶,长 4~20 厘米,具小叶 9~29;托叶披针形,长 7~15 毫米,膜质,长渐尖,基部与叶柄连合,外面密被长柔毛;小叶椭圆形或倒卵形,长(3)5~10(15)毫米,宽(2)3~8 毫米,先端圆钝或锐尖,基部楔形、或近圆形,两面密被开展的丁字毛。花序近无梗,通常每叶腋具 5~8 朵花,密集于叶丛的基部,淡黄色;苞片披针形,长 3~6 毫

米,膜质,先端渐尖,外面被开展的白毛;花萼筒形,长 10~15 毫米,密被半开展的白色长柔毛,萼齿条形,长 2~5 毫米;旗瓣矩圆状倒卵形,长 17~24 毫米,宽 6~9 毫米,先端圆形或微凹,中部稍缢缩,基部具短爪,翼瓣长 16~20 毫米,瓣片条状矩圆形,顶端全缘或微凹,基部具长爪及耳,龙骨瓣长 14~17 毫米,瓣片矩圆状倒卵形,先端钝,爪较瓣片长约 2 倍。子房密被白色长柔毛。荚果无柄,矩圆状卵形,长 10~15 毫米,稍膨胀,喙长(2)8~6 毫米,密被白色长柔毛,2 室。花期 5—6 月,果期 6—7 月。

【生境】广布于草原带以及荒漠区的砾质或沙质地、干河谷、山麓或湖盆边缘。

产四子王旗。

豆科 黄芪属

大青山黄芪 *Astragalus daqingshanicus* Z. G. Jiang et Z. T. Yin

【蒙名】达楞哈日音·好恩其日

【特征】多年生中旱生草本,高10~25厘米。根粗壮。茎数个,直立或斜伸,被短的白毛。叶长2~5.5厘米,近无柄或具长不超过5毫米的短柄;托叶膜质,与叶柄分离,靠茎一侧中下部连合,长约4毫米,边缘具纤毛;小叶13~15对,狭矩圆形或狭椭圆形,长5~12毫米,宽0.5~1.5毫米,下面疏被短毛,上面光滑无毛,先端锐尖。总状花序长1~2.5厘米,具2~10朵小花,花序梗长6~7厘米;苞片膜质,锥形,长3~4毫米,光滑或疏被白色短毛;花萼长3.5~4.5毫米,被白色和黑色混生的短毛,萼齿长约1毫米;花淡紫色,龙骨瓣先端呈紫色;旗瓣宽椭圆形,长7~7.5毫米,宽5~5.5毫米,先端圆形,翼瓣长约7毫米,瓣片深裂,龙骨瓣长约5.5毫米。荚果无柄,卵形,长约11毫米,宽约4毫米,腹面具钝的龙骨突起,背面具槽,2室,果皮近革质,光滑。种子5或6粒。花期6—7月,果期7—8月。

【生境】生于山地草原或草甸。

产察哈尔右翼中旗灰腾梁。

【用途】饲用。

豆科　棘豆属

刺叶柄棘豆　*Oxytropis aciphylla* Ledeb.

【别名】猫头刺、鬼见愁、老虎爪子

【蒙名】奥日图哲

【特征】旱生小半灌木，高 8~20 厘米。根粗壮，深入土中。茎多分枝，开展，全体呈球状植丛。叶轴宿存，木质化，呈硬刺状，长 2~5 厘米，下部粗壮，向顶端渐细瘦而尖

锐，老时淡黄色或黄褐色，嫩时灰绿色，密生平伏柔毛。托叶膜质，下部与叶柄联合，先端平截或尖，后撕裂，表面无毛，边缘有白色长毛；双数羽状复叶，小叶对生，有小叶 4~6，条形，长 5~15 毫米，宽 1~2 毫米，先端渐尖，有刺尖，基部楔形，两面密生银灰色平伏柔毛，边缘常内卷。总状花序腋生，具花 1~2 朵；总花梗短，长 3~5 毫米，密生平伏柔毛，苞片膜质，小，披针状钻形；花萼筒状，长 8~10 毫米，宽约 3 毫米，花后稍膨胀，密生长柔毛，萼齿锥状，长约 3 毫米，花冠蓝紫色，红紫色以至白色，旗瓣倒卵形，长 14~24 毫米，顶端钝，基部渐狭成爪，翼瓣短于旗瓣，龙骨瓣较翼瓣稍短，顶端喙长 1~1.5 毫米；子房圆柱形，花柱顶端弯曲，被毛。荚果矩圆形，硬革质，长 1~1.5 厘米，宽 4~5 毫米，密生白色平伏柔毛，背缝线深陷，隔膜发达。花期 5—6 月，果期 6—7 月。

【生境】生于砾石质平原、薄层沙地、丘陵坡地。为干燥沙质荒漠的建群种，在荒漠草原砾石性较强的小针茅草原群落中为常见伴生种，有时多度增高可成为次优势种。

　　产四子王旗。

【用途】早春山、绵羊可采食一些花、叶；冬春季节和草缺年份，驴、马和山羊采食其茎基部；夏、秋季节骆驼乐食，其他家畜多不采食。猫头刺晒干、粉碎后可饲喂家畜，也可用作薪柴和绿肥。

豆科 棘豆属

内蒙古棘豆 *Oxytropis neimonggolica* C. W. Zhang et Y. Z. Zhao

【蒙名】蒙古乐·奥日图哲

【特征】多年生旱生矮小草本,高3~7厘米。主根粗壮,向下直伸,黄褐色。茎缩短。叶具1小叶;总叶柄长2~5厘米,密被贴伏白色绢状柔毛,先端膨大,宿存;托叶卵形,膜质,与总叶柄基部贴生较高,长约4毫米,上部分离,先端尖,被白色长柔毛;小叶近革质,椭圆形或椭圆状披针形,长10~30毫米,宽3~7毫米,先端锐尖或近锐尖,基部楔形,全缘或边缘加厚,上面被贴伏白色疏柔毛或无毛,绿色,下面密被白色长柔毛,灰绿色,易脱落。花葶较叶短,长10~20毫米,密被白色长柔毛,通常具1~2花;花梗密被白色长柔毛,长约3毫米;苞片条形,长约3毫米,密被白色长柔毛;花萼筒

状,长10~14毫米,宽约4毫米,密被贴伏白色长柔毛,并混生黑色短毛,萼齿三角状钻形,近等长,长约2毫米;花冠淡黄色,旗瓣匙形或近匙形,长约20毫米,常反折,先端近圆形、微凹或2浅裂,基部渐狭成爪,翼瓣长约16毫米,矩圆形,爪长约9毫米,具短耳,龙骨瓣长约14毫米,上部蓝紫色,先端有长约0.5毫米外弯的宽三角形短喙;子房被毛。荚果卵球形,长15~20毫米,宽10毫米,膨胀,先端尖且具喙,密被白色长柔毛,不完全2室。种子圆肾形,长约1.5毫米,褐色。花期5月,果期6月。

【生境】生于丘陵坡地。

产四子王旗。

豆科　棘豆属

异叶棘豆　*Oxytropis diversifolia* E. Peter.

【别名】二型叶棘豆、变叶棘豆

【蒙名】好比日没乐·奥日图哲

【特征】多年生旱生矮小草本，高 3~5 厘米。主根粗壮，木质化，向下直伸，褐色，根茎部有几个根头，叶轴宿存。托叶卵形，长约 4 毫米，先端尖，膜质，表面有白色柔毛，与叶柄基部连合。小叶 3，2 型，初生小叶无柄，椭圆形至椭

圆状披针形，长 5~10 毫米，宽 2~3 毫米，先端锐尖或钝，基部楔形，两面密生白色柔毛；后生小叶无柄，条形，长 20~45 毫米，宽 2~4 毫米，全缘，干后边缘反卷，先端尖，基部渐狭，两面密生绢状柔毛。花葶短，长 2~15 毫米，密被柔毛，具 1~2 朵花；花萼筒状，长约 1 厘米，表面密生白色长柔毛，萼齿披针形，长 2~3 毫米；花冠紫黄色，旗瓣倒卵形，长约 22 毫米，顶端圆，常反折，基部渐狭成爪；翼瓣较旗瓣短，具细长的爪和短耳，龙骨瓣较翼瓣稍短，顶端具长约 1 毫米的喙。荚果近球形，长 10~15 毫米，膨胀，顶端具短喙，表面密生白色长柔毛，花期 4—5 月，果期 5—6 月。

【生境】散生于低丘和干河床。

产四子王旗。

豆科 棘豆属

黄毛棘豆 *Oxytropis ochrantha* Turcz.

【别名】黄土毛棘豆、黄穗棘豆

【蒙名】希日·乌斯图·奥日图哲

【特征】多年生旱中生草本，高 10~30 厘米。地上无茎或茎极短缩。羽状复叶，长 8~25 厘米，叶轴有沟，密生土黄色长柔毛，托叶膜质，中下部与叶柄连合，分离部分披针形，表面密生土黄色长柔毛，小叶 8~9 对，对生或 4 片轮生，卵形、披针形、条形或矩圆形，长 6~25 毫米，宽 3~10 毫米，先端锐尖或渐尖，基部圆形，两面密生或疏生白色或土黄色长柔毛。花多数，排列成密集的圆柱状的总状花序；总花梗几与叶等长，密生土黄色长柔毛，苞片

披针状条形，与花近等长，先端渐尖，有密毛，花萼筒状，近膜质，长约 10 毫米，萼齿披针状锥形，与筒部近等长，密生土黄色长柔毛；花冠白色或黄色，旗瓣椭圆形，长 18~22 毫米，顶端圆形，基部渐狭成爪，翼瓣与龙骨瓣较旗瓣短，喙长约 1.5 毫米，子房密生土黄色长柔毛。荚果卵形，膨胀，长 12~15 毫米，宽约 6 毫米，1 室，密生土黄色长柔毛。花期 6—7 月，果期 7—8 月。

【生境】散生于草原带的干山坡与干河沟沙地上，也见于芨芨草草滩。

产卓资县、凉城县等地。

豆科　棘豆属

多叶棘豆　*Oxytropis myriophylla* (Pall.) DC.

【别名】狐尾藻棘豆、鸡翎草

【蒙名】达兰·奥日图哲

【特征】多年生中旱生草本,高20~30厘米。主根深长,粗壮。无地上茎或茎极短缩。托叶卵状披针形,膜质,下部与叶柄合生,密被黄色长柔毛;叶为具轮生小叶的复叶,长10~20厘米;每轮有小叶(4)6~8(10)枚,小叶条状披针形,长3~10毫米,宽0.5~1.5毫米,干后边缘反卷,两面密生长柔毛。总花梗比叶长或近等长,疏或密生长柔毛,总状花序具花10余朵,花淡红紫色,长20~25毫米,花梗极短或近无梗;苞片披针形,比萼短,萼筒状,长8~12毫米,宽3~4毫米,萼齿条形,长2~4毫米,苞及萼均密被长柔毛,旗瓣矩圆形,顶端圆形或微凹。基部渐狭成爪,

翼瓣稍短于旗瓣,龙骨瓣短于翼瓣,顶端具长2~3毫米的喙;子房圆托形,被毛。荚果披针状矩圆形,长约15毫米,宽约5毫米,先端具长而尖的喙,喙长5~7毫米,表面密被长柔毛,内具稍厚的假隔膜,成不完全的2室。花期6—7月,果期7—9月。

【生境】多出现于森林草原带的丘陵顶部和山地砾石性土壤上,为草甸草原群落的伴生成分或次优势种;也进入干草原地带和林区边缘,但总生长在砾石质或沙质土壤上。

产卓资县、凉城县、兴和县、丰镇市等地。

【用途】饲用,药用。青鲜时家畜不采食,枯萎后绵羊、山羊少量采食,饲料用途不高。全草入药。

豆科 棘豆属

二色棘豆 *Oxytropis bicolor* Bunge

【别名】地角儿苗、鸡咀咀

【蒙名】阿拉格·奥日图哲

【特征】多年生中旱生草本，高 5~10 厘米，植株各部有开展的白色绢状长柔毛。茎极短，似无茎状。托叶卵状披针形，先端渐尖，与叶柄基部连生，密被长柔毛，叶长 2.5~10 厘米，叶轴密被长柔毛；叶为具轮生小叶的复叶，每叶有 8~14 轮，每轮有小叶 4 片，少有 2 片对生，小叶条形或条状披针形，长 5~6 毫米，宽 1.5~3.5 毫米，先端锐尖，基部圆形，全缘，边缘常反卷，两面密被绢状长柔毛。总花梗比叶长或与叶近等长，被白色长柔毛；花蓝紫色，于总花梗顶端疏或密地排列成短总状花序；苞片披针形，长约 5 毫米，先端锐尖，有毛，花萼筒状，长约 9 毫米，

宽 2.5~3 毫米，密生长柔毛，萼齿条状披针形，长 2~3 毫米，旗瓣菱状卵形，干后有绿色斑，长 15~18 毫米，顶端微凹，基部渐狭成爪，翼瓣较旗瓣稍短，具耳和爪；龙骨瓣顶端有长约 1 毫米的喙，子房有短柄，密被长柔毛。荚果矩圆形，长 17 毫米，宽 5 毫米，腹背稍扁，顶端有长喙，密被白色长柔毛，假 2 室。花期 5—6 月，果期 7—8 月。

【生境】为典型草原和沙质草原的伴生种，生于干山坡、沙质地、撂荒地。

产乌兰察布市全市。

豆科　棘豆属

鳞萼棘豆 *Oxytropis squammulosa* DC.

【蒙名】查干·奥日图哲

【特征】多年生旱生草本,高 3~5 厘米。根粗壮,常扭曲成辫状,向下直伸,褐色。茎极短,丛生,叶轴宿存,近于刺状,淡黄色,无毛。托叶膜质,条状披针形,先端渐尖,边缘疏生长毛,与叶柄基部连合;单数羽壮复叶,小叶 7~13,条形,常内卷成圆筒状,长 5~15 毫米,宽 1~1.5 毫米,先端渐尖,基部圆形或宽楔形,两面有腺点,无毛或于先端疏生白毛。花葶极短,具 1~3 朵,苞片披针形,膜质,长 5~6 毫米,先端渐尖,表面有腺点,边缘疏生白毛;花萼筒状,长 12~14 毫米,宽约 4 毫米,表面密生鳞片状腺体,无毛,萼齿近三角形,边缘疏生白毛,花冠乳黄白色,龙骨瓣先端带紫色;旗瓣匙形,长 25 毫米,宽 6 毫米,顶端钝,基部渐狭,翼瓣较旗瓣短 1/3,有长爪和

耳,龙骨瓣较翼瓣短,顶端具喙,长约 1 毫米。荚果卵形,革质,膨胀,长 10~15 毫米,宽 7~8 毫米,顶端有硬尖。花期 4—5 月,果期 6 月。

【生境】生于砾石质山坡与丘陵,沙砾质河谷阶地薄层沙质地上,也分布于内蒙古的荒漠草原地带。

　　产四子王旗。

豆科　棘豆属

缘毛棘豆　*Oxytropis ciliata* Turcz.

【蒙名】扫日矛扫图·奥日图哲

【特征】多年生旱生草本,高5~20厘米。地上无茎或茎极短缩。叶基生,成密丛状,全株灰绿色。根粗壮,通常呈圆柱状伸长,黄褐色至黑褐色,根颈部有多余残存的枯

叶柄。托叶宽卵形,下部与叶柄基本连合,先端钝,膜质,具明显的中脉,外面及边缘密被白色或黄色长柔毛;单数羽状复叶,长15厘米;叶轴稍扁,小叶9~13,条状矩圆形、矩圆形、条状披针形或倒披针形,长5~20毫米,宽2~6毫米,先端锐尖或钝,基部楔形,两面无毛,仅叶缘疏被长柔毛。总花梗弯曲或直立,比叶短或近相等,3~7朵花集生于总花梗顶部组成短总状花序;花白色或淡黄色,长20~25毫米;花萼筒状,长约13毫米,疏生柔毛,萼齿披针形,约为萼筒长的1/3;旗瓣椭圆形,顶端圆形,基部渐狭,翼瓣比旗瓣短,顶端斜截形,具细长的爪或耳短,龙骨瓣短于翼瓣,顶端喙长约2毫米;子房有短柔毛,花柱顶部弯曲。荚果近纸质,卵形,长20~25毫米,宽12~15毫米,紫褐色或黄褐色,膨大,顶端具喙,表面无毛,内具较短的假隔膜。花期5—6月,果期6—7月。

【生境】散生于草原群落或山地,渗入荒漠草原东部,生长于山坡及丘陵碎石坡地。

产乌兰察布市全市。

豆科　棘豆属

薄叶棘豆　*Oxytropis leptophylla*(Pall.) DC.

【别名】山泡泡、光棘豆

【蒙名】尼木根·那布其图·奥日图哲

【特征】多年生旱生草本,无地上茎。根粗壮,呈圆柱状伸长。叶轴细弱,托叶小,披针形,与叶基部合生,密生长毛;单数羽状复叶,小叶7~13,对生,条形,长13~35毫米,宽1~2毫米,通常干后边缘反卷,两端渐尖,上面无毛,下面被平伏柔毛。总花梗稍倾斜,常弯曲,密生长柔毛,花2~5朵集生于总花梗顶部构成短总状花序,花紫红色或蓝紫色,长18~20毫米;苞片椭圆状披针形,长3~5毫米,花萼筒状,长8~12毫米,宽约3.5毫米,密被毛,萼齿条状披针形,长为萼筒的1/4;旗瓣近椭圆形,顶端圆或微凹,

基部渐狭成爪,翼瓣比旗瓣短,具细长的爪和短耳,龙骨瓣稍短于翼瓣,顶端有长约1.5毫米的喙,子房密被毛,花柱顶部弯曲。荚果宽卵形,长14~18毫米,宽12~15毫米,膜质,膨胀,先端具喙,表面密生短柔毛,内有窄的假隔膜。花期5—6月,果期6月。

【生境】生长于砾石性和沙性土壤的草原群落中。

产乌兰察布市北部。

【用途】茎叶较柔嫩,为绵羊、山羊所喜食,秋季采食它的荚果。

豆科 棘豆属

阴山棘豆 *Oxytropis inschanica* H. C. Fu et S. H. Cheng

【蒙名】矛尼音·奥日图哲

【特征】多年生旱生草本,无地上茎。主根深长而粗壮。托叶披针形,与叶柄基部合生,密被长柔毛。单数羽状复叶,长 5~8 厘米,小叶 5~9,条形,长 1~8 厘米,宽 0.5~1.5 毫米,先端渐尖,基部楔形,两面无毛,边缘常内卷并疏生缘毛。总花梗密或疏生长柔毛,比叶短或与叶等长,花 2~5 朵集

生于总花梗顶部构成短总状花序,花紫红色或蓝紫色,长 2~3 厘米;苞片卵状椭圆形,长约 1 厘米,宽 5~7 毫米,先端尖,两面无毛,但疏生缘毛;花萼筒状,长 1~1.5 厘米,萼齿条状披针形,长约 4 毫米,表面密被白色与黑色长柔毛;旗瓣近椭圆形,长 25 毫米,顶端圆形或稍截形,翼瓣较旗瓣短,长约 20 毫米,具细长的爪和短耳,龙骨瓣较翼瓣短或等长,顶端喙长 1.5 毫米;子房有毛,具短的子房柄。荚果卵形,长 1~1.5 厘米,宽约 8 毫米,膜质,膨胀,密被长柔毛,顶端具短喙。花期 5—7 月,果期 7—8 月。

【生境】生于海拔 1 700~2 000 米的山顶岩石缝间及向阳的干山坡。

产察哈尔右翼中旗、卓资县。

豆科　棘豆属

东北棘豆　*Oxytropis caerulea*(Pall.) DC.

【别名】蓝花棘豆

【蒙名】呼和·奥日图哲

【特征】多年生旱中生草本,高 20~30 厘米。主根粗壮,暗褐色。无地上茎或茎缩短,基部分枝呈丛生状,常于表土下分歧,形成密丛。单数羽状复叶,长 5~20 厘米, 具小叶 21~33; 托叶披针形,先端渐尖,膜质,中部以下与叶柄连合,被柔毛;叶轴细弱,疏被长柔毛至近无毛, 小叶卵状披针形或矩圆状披针形,长 5~15 毫米,宽 2~5 毫米,先端锐尖或钝,基部圆形,两面密被平伏的长柔毛, 或上面近无毛。总花梗细弱,比叶长,疏被平伏的长柔毛,总状花序长 3~10 厘米,花多数,疏生;苞片条状披针形,长约 3 毫米,先端渐尖,被毛;花萼钟状,长 4~5 毫米,被白色与黑色短柔毛,萼齿披针形,长 1~1.5 毫米,花紫红色或蓝紫色,长约 10 毫米;旗瓣长 9~10 毫米,瓣片宽卵形,先端钝圆,具小尖,翼瓣与旗瓣等长或稍短, 龙骨瓣与翼瓣等长或稍短, 喙长

1.5~2 毫米。荚果矩圆状卵形,长 12~18 毫米,宽 4~5 毫米,膨胀,先端具喙,疏被白色平伏状短柔毛,1 室,果梗长 0.5~1 毫米。花期 6—7 月,果期 7—8 月。

【生境】生长于山地林间草甸、河谷草甸以及草甸草原群落中。

　　　　产丰镇市、兴和县。

【用途】优等饲用植物,各种家畜均喜食。

豆科 棘豆属

达茂棘豆 *Oxytropis turbinata* (H. C. Fu) Y. Z. Zhao et L. Q. Zhao comb.nov.

【别名】陀螺棘豆

【蒙名】达尔汗努·奥日图哲

【特征】多年生草本,无地上茎。根粗壮,通常呈圆柱状伸长,垂直或斜伸的根状茎多分枝,呈垫状。叶轴粗壮;托叶小,披针形,与叶柄基部合生,密生长毛;单数羽状复叶,小叶5~11,对生,条状披针形,长4~12毫米,宽1~2毫米,通常干后边缘向上反卷,先端渐尖,上面无毛,下面被平伏柔毛。总花梗稍倾斜,常弯曲,与叶略等长或稍短,密生短毛;花2~5朵集生于总花梗顶

部构成短总状花序,花紫红色,长20~22毫米;苞片椭圆状披针形,长3~7毫米;萼筒状,长10~14毫米,宽约3.5毫米,密被短毛,萼齿条状披针形,长约为萼筒的1/3;旗瓣瓣片倒卵形,顶端圆或微凹,基部渐狭成爪,翼瓣比旗瓣短,瓣片倒三角形,顶端微凹或平截,耳长为爪的2/5,龙骨瓣稍短于翼瓣,顶端有长约2毫米的喙;子房密被短毛,花柱顶部弯曲。荚果宽卵形,长20~23毫米,宽11~13毫米,膜质,膨胀,顶端具喙,表面密生短毛,内具窄的假隔膜。花果期6—8月。

【生境】生于草原带的低山石质丘陵坡地。

产察哈尔右翼中旗、四子王旗、集宁区。

豆科 岩黄芪属

短翼岩黄芪 *Hedysarum brachypterum* Bunge

【蒙名】楚勒音·他日波勒吉

【特征】多年生旱生草本,高15~30厘米。茎斜升,疏或密生长柔毛,具纵沟。单数羽状复叶,小叶11~25,托叶三角形,膜质,褐色,外面有长柔毛,小叶椭圆形、矩圆形或条状矩圆形,长4~10毫米,宽2~4毫米,先端钝,基部圆形或近宽楔形,全缘,常纵向折叠,上面密布暗绿色腺点,近无毛,下面密生灰白色平伏长柔毛。总状花序腋生,长3~8厘米,具花10~20朵;花梗短,长约2毫米,有毛,苞片披针形,长2~3毫米,膜质,褐色;小苞片条形,长为萼筒之半;花红紫色,长13~14毫米,花萼钟状,长6~7毫米,内外有毛,萼齿披针状

锥形,下萼齿长4~5毫米,较萼筒稍长,上和中萼齿长约3毫米,约与萼筒等长,旗瓣倒卵形,顶端微凹,无爪,翼瓣矩圆形,长为旗瓣的1/2,有短爪,龙骨瓣长为翼瓣的2~3倍,有爪;子房有柔毛,其短柄。荚果有1~3荚节,顶端有短尖,荚节宽卵形或椭圆形,有白色柔毛和针刺。花期7月,果期7—8月。

【生境】生于干草原和荒漠草原的石质山坡、丘陵及砾石平原。

产四子王旗、察哈尔右翼中旗、察哈尔右翼后旗、集宁区、商都县等地。

【用途】饲用。

豆科 岩黄芪属

阴山岩黄芪 *Hedysarum yinshanicum* Y. Z. Zhao

【特征】多年生草本。高达 1 米。直根粗长,圆柱形,长 20~50 厘米,直径 0.5~2 厘米,黄褐色。茎直立,有毛或无毛。单数羽状复叶,长 5~12 厘米,有小叶 9~21;托叶披针形或卵状披针形,膜质,褐色,无毛;小叶卵状矩圆形或椭圆形,长 5~20 毫米,宽 3~10 毫米,先端微凹或圆形,基部圆形或宽楔形,上面绿色无毛,下面淡绿色,沿中脉被长柔毛,小叶柄极短。总状花序腋生,长达 25 厘米,有花 7~11 朵;总状花序明显比叶长;花梗长 2~3 毫米;苞片披针形,膜质,褐色;花乳白色,长 10~12 毫米;花萼斜钟形,长约 3 毫米,无毛或近无毛,萼齿短三角状钻形,下面的 1 枚萼齿较其他的长 1 倍,边缘具长柔毛;旗瓣矩圆状倒卵形,顶端微凹,翼瓣矩圆形,与旗瓣等长,耳条形,与爪等长,龙骨瓣较旗瓣和翼瓣长,基部具爪和短耳;子房无毛。荚果 3~6 荚节;荚节斜倒卵形或近圆形,边缘具狭翅,扁平,表面具疏网纹,无毛。花期 7—8 月,果期 8—9 月。

【生境】生于草原带的山地林下、林缘、灌丛、沟谷草甸。

产卓资县、凉城县。

【用途】饲用。

豆科　胡枝子属

达乌里胡枝子　*Lespedeza davurica* (Laxm.) Schindl.

【别名】牤牛茶、牛枝子

【蒙名】呼日布格

【特征】多年生中旱生草本,高 20~50 厘米。茎单一或数个簇生,通常稍斜升。老枝黄褐色或赤褐色,有短柔毛,嫩枝绿褐色,有细棱并有白色短柔毛。羽状三出复叶,互生,托叶 2,刺芒状,长 2~6 毫米,叶轴长 5~15 毫米,有毛;小叶披针状矩圆形,长 1.5~3 厘米,宽 5~10 毫米,先端圆钝,有短刺尖,基部圆形,全缘,上面绿毛,无毛或有平伏柔毛,下面淡绿色,伏生柔毛。总状花序腋生,较叶短或与叶等长;总花梗有毛;小苞片披针状条形,长 2~5 毫米,先端长渐尖,有毛;萼筒杯状,萼片披针状钻形;先端刺芒状,几与花冠等长;花冠黄白色,长约 1 厘米,旗瓣椭圆形,中央常稍带紫色,下部有短爪,翼瓣矩圆形,先端钝,较短,龙骨瓣长于翼瓣,均有长爪;子房条形,有毛。荚果小,包于宿存萼内,倒卵形或长倒卵形,长 3~4 毫米,宽 2~3 毫米,顶端有宿存花柱,两面凸出,伏生白色柔毛。花期 7—8 月,果期 8—10 月。

【生境】生于森林草原和草原带的干山坡、丘陵坡地、沙地、以及草原群落中,为草原群落的次优势成分或伴生成分。

　　产乌兰察布市全市。

【用途】优等饲用植物,开花前为各种家畜所喜食,全草入药。

豆科 野豌豆属

多茎野豌豆 *Vicia multicaulis* Ledeb.

【别名】野毛耳

【蒙名】萨格拉嘎日·给希

【特征】多年生中生草本,高 10~50 厘米。根茎粗壮。茎数个或多数,直立或斜升,有棱,被柔毛或无毛。偶数羽状复叶,小叶 8~16,叶轴末端成分枝或单一的卷须;托叶 2 裂成半边箭头形或半截形,长 3~6 毫米,脉纹明显,有毛,上部的托叶常较细,下部托叶较宽;小叶矩圆形或椭圆形至条形,长 10~20 毫米,宽 1.5~5 毫米,先端钝或圆,具短刺尖,基部圆形,全缘,叶脉十分明显,侧脉排列呈或近于羽状,上面无毛或疏生柔毛,下面疏柔毛或近无毛。总状花序腋生,超出于叶,具花 4~15 朵,花紫色或紫蓝色,长 13~18 毫米;花萼

钟状,有毛,萼齿 5,上萼齿短,三角形,下萼齿长,狭三角状锥形;旗瓣矩圆状倒卵形,中部微缩或微缢缩,瓣片比瓣爪稍短,翼瓣及龙骨瓣比旗瓣稍短或近等长;子房有细柄,花柱上部周围有毛。荚果扁,长 3~3.5 厘米,先端具喙,表皮棕黄色。种子扁圆,直径 0.3 厘米,种脐深褐色。花期 6—7 月,果期 7—8 月。

【生境】生于山地、丘陵,散见于林缘、灌丛,也进入河岸沙地及草甸草原。

产卓资县、凉城县。

【用途】中等饲用植物,秋季羊喜食,全草入药。

豆科　野豌豆属

山野豌豆　*Vicia amoena* Fisch.

【别名】落豆秧、山黑豆、透骨草

【蒙名】乌拉音·给希

【特征】多年生旱中生草本，高 40~80 厘米。主根粗壮。茎攀援或直立，具四棱，疏生柔毛或近无毛。偶数羽状复叶，具小叶(6) 10~14，互生；叶轴末端成分枝或单一的卷须；托叶大，2~3 裂成半边戟形或半边箭头形，长 10~16 毫米，有毛，小叶椭圆形或矩圆形，长 15~30 毫米，宽(6)8~15 毫米，先端圆或微凹，具刺尖，基部通常圆，全缘，侧脉和中脉呈锐角，通常达边缘，在末端不连合，成波状、牙齿状或不明显，上面无毛，下面沿叶脉边缘疏生柔毛或近无毛。总状花序，腋生，总花梗通常超出叶，具花 10~20 朵，花梗有毛，花红紫色或蓝紫色，长 10~13(16)毫米；花萼钟状，有毛，上萼齿较短，三角形，下萼齿较长，披针状锥形；旗瓣倒卵形，顶端微凹，翼瓣与旗瓣近等长，龙骨瓣稍短于翼瓣，顶端渐狭，略呈三角形；子房有柄，花柱急弯，上部周围有毛，柱头头状。荚果具圆状菱形，20~25 毫米，宽约 6 毫米，无毛，含种子 2~4 粒。种子圆形，黑色。花期 6—7月，果期 7—8 月。

【生境】生于山地林缘、灌丛和草甸草原，为草甸草原和林缘草甸的优势种或伴生种。

产卓资县、凉城县、丰镇市、兴和县等地。

【用途】优良饲用植物，各种家畜喜食。种子采食容易，发芽率高，可与禾本科牧草混播建植人工草地和改良天然草场。全草入蒙药。

豆科 野豌豆属

歪头菜 *Vicia unijuga* A. Br.

【别名】草豆

【蒙名】好日黑纳格·额布斯

【特征】多年生中生草本,高 40~100 厘米。根茎粗壮,近木质。茎直立,通常数茎丛生,有棱,无毛或疏被柔毛。双数羽状复叶,具小叶 2,叶轴末端成刺状;托叶半边箭头形,长(6)8~20 毫米,具一至数个裂齿,稀近无齿;小叶卵形或椭圆形,有时为卵状披针形、长卵形、近菱形等,长 30~60 毫米,宽 20~35 毫米,先端锐尖或钝,基部楔形、宽楔形或圆形,全缘状,具微凸出的小齿,上面无毛,下面无毛或沿中脉疏生柔毛,叶脉明显,成密网状。总状花序,腋生或顶生,长于叶,具花 15~25 朵;总花梗疏生柔毛;小苞片短,披针状锥形;花蓝紫色或淡紫色,长 11~14 毫

米;花萼钟形或筒状钟形,疏生柔毛,萼齿长,三角形,上萼齿较短,披针状锥形;旗瓣倒卵形,顶端微凹,中部微缢缩,比翼瓣长,翼瓣比龙骨瓣长;子房无毛,花柱急弯,上部周围有毛,柱头头状。荚果扁、矩圆形,无毛,两端尖,长 20~30 毫米,宽 4~6 毫米,含种子 1~5 粒。种子扁平,圆形,褐色。花期 6—7 月,果期 8—9 月。

【生境】生于山地林下、林缘草甸、山地灌丛和草甸草原,是森林边缘草甸群落的亚优势种或伴生种。

产卓资县、凉城县等地。

【用途】优等饲用植物,马、牛最喜食其嫩叶和枝,干枯后仍喜食;羊一般采食,枯后稍食。营养价值较高,耐牧性强,可用作改良天然草地和混播之用。也可作为水土保持植物。全草入药。

豆科 山黧豆属

矮山黧豆 *Lathyrus humilis* (Ser.) Spreng.

【别名】矮香豌豆

【蒙名】宝古尼·扎嘎日·豌豆

【特征】多年生中生草本,高20~50厘米。根茎细长,横走地下。茎有棱,直立,稍分枝,常呈之字屈曲。双数羽状复叶,小叶6~10,叶轴末端成单一或分歧的卷须;托叶半箭头形或斜卵状披针形,长6~16毫米或更长,下缘常有齿;小叶卵形或椭圆形,长20~40毫

米,宽8~20毫米,先端钝或锐尖,具小刺尖,基部圆形或近宽楔形,全缘,上面绿色,无毛,下面无毛或疏生柔毛,有霜粉,带苍白色,有较密的网状脉。总状花序腋生,有2~4朵花;总花梗比叶短或近等长,花梗比花萼近等长;花红紫色,长18~20毫米;花萼钟状,长约6毫米。无毛,萼齿三角形,下萼齿比上萼齿长;旗瓣宽倒卵形,于中部缢缩,顶端微凹,翼瓣比旗瓣短,椭圆形,顶端钝圆,具稍弯曲的瓣爪,龙骨瓣半圆形,比翼瓣短,顶端稍尖,具细长爪;子房条形,无毛,花柱里面有白色髯毛。荚果矩圆状条形,长3~5厘米,宽约5毫米,无毛,灰棕色,顶端锐尖,有明显网脉。花期6月,果期7月。

【生境】生于山地落叶林下,亦见于林缘灌林下和林间草甸等处。在森林带的针阔混交林及阔叶林下草本层中可成为优势植物。森林草原和草原带的灌丛草甸群落中常作为伴生种出现。

产卓资县、凉城县、丰镇市、兴和县等地。

【用途】良等饲用植物。鲜草牛喜食,马、羊不喜食,秋季枯干羊少量采食,调制成干草各种家畜都喜食。

牻牛儿苗科 牻牛儿苗属

牻牛儿苗 *Erodium stephanianum* Willd.

【别名】太阳花

【蒙名】曼久亥

【特征】一年生或二年生旱中生草本,根直立,圆柱状。茎平铺地面或稍斜升,高10~60厘米,多分枝,具开展的长柔毛或有时近无毛。叶对生,二回羽状深裂,轮廓长卵形或矩圆状三角形,长6~7厘米,宽3~5厘米,一回羽片4~7对,基部下延至中脉,小羽片条形,全缘或具1~3粗齿,两面具疏柔毛;叶柄长4~7厘米,具开展长柔毛或近无毛,托叶条状披针形,渐尖,边缘膜质,被短柔毛。伞形花序腋生,花序轴长5~15厘米,通常有2~5花,花梗长2~3厘米,萼片矩圆形成近椭圆形,长5~8毫米,具多数脉及长硬毛,先端具长芒;花瓣淡紫色或紫蓝色,倒卵形,长约7毫米,基部具白毛;子房被灰色长硬毛。蒴果长4~5厘米,顶端有长喙,成熟时5个果瓣与中轴分离,喙部呈螺旋状卷曲。花期6—8月,果期8—9月。

【生境】生于山坡、干草甸子、河岸、沙质草原、沙丘、田间、路旁。

产乌兰察布市全市。

【用途】青鲜时家畜不食,干枯后家畜采食。全草入药(药材名:老鹳草),能祛风湿、活血通络、止泻痢,主治风寒湿痹、筋骨疼痛、肌肉麻木,肠炎痢疾等。可提取栲胶。

牻牛儿苗科　老鹳草属

毛蕊老鹳草　*Geranium eriostemon* Duthie

【蒙名】乌斯图·西木德格来

【特征】多年生中生草本，根状茎短，直立或斜上，上部被有淡棕色鳞片状膜质托叶。茎直立，高30~80厘米，向上分枝，具开展的白毛，上部及花梗有腺毛。叶互生，肾状五角形，直径5~10厘米，掌状5中裂或略深；裂片菱状卵形，边缘具浅的缺刻状或圆的粗牙齿，上面具长伏毛，下面被稀疏或较密的柔毛或仅脉上有柔毛；基生叶有长柄，长2~3倍于叶片；茎生叶有短柄，顶生叶无柄；托叶披针形，淡棕色。聚伞花序顶生，花序梗2~3，出自1对叶状苞片腋间，顶端各有2~4花，花梗长1~1.5厘米，密生腺毛，果期直立；萼片卵形，长约1厘米，背面具腺毛和开展的白毛。边缘膜质；花瓣蓝紫色，宽倒卵形，长约2厘米，全缘，基部有须毛；花丝基部扩大部分有长毛；花柱合生部分长4~5毫米，花柱分枝长2.5~3毫米。蒴

果长3~3.5厘米，具腺毛和柔毛。种子褐色。花期6—8月，果期8—10月。

【生境】生于林下、林缘、灌丛、林间及林缘草甸。

产卓资县、兴和县。

【用途】饲用。药用，全草也作老鹳草入药。茎、叶提取栲胶。

牻牛儿苗科　老鹳草属

粗根老鹳草　*Geranium dahuricum* DC.

【别名】块根老鹳草

【蒙名】达古日音·西木德格来

【特征】多年生中生草本，根状茎短，直立，下部具一簇多数长纺锤形的粗根。茎直立，高 20~70 厘米，具纵棱，被倒向伏毛，常二歧分枝。叶对生，基生叶花期常枯萎；叶片肾状圆形，长 3~5 厘米，宽 5~7 厘米，掌状 5~7 裂几达基部，裂片倒披针形或倒卵形，不规则羽状分裂，小裂片披针状条形或条形，宽 2~3 毫米，顶端锐尖，上面有短硬伏毛，下面有长硬毛；茎下部叶具长细柄，上部叶具短柄；顶部叶无柄；托叶披针形或卵形。花序腋生，花序轴长 3~6 厘米，通常具 2 花；花梗纤细，长 2~3 厘米，在果期顶部向上弯曲；苞片披针形或狭卵形；萼片卵形或披针形，长

5~8 毫米，顶端具短芒，边缘膜质，背部具 3~5 脉，疏生柔毛；花瓣倒卵形，长约 1 厘米，淡紫红色、蔷薇色或白色带紫色脉纹，内侧基部具白毛；花丝基部扩大部分具缘毛；花柱合生部分长 1~2 毫米，花柱分枝部分长 3~4 毫米。蒴果长 1.2~2.5 厘米，具密生伏毛。种子黑褐色，有密的微凹小点。花期 7—8 月，果期 8—9 月。

【生境】生于林下、林缘、灌丛及林缘草甸，多生于山地草甸。

产卓资县、兴和县、凉城县。

【用途】根、茎、叶含鞣酸，可提取栲胶。全草也作老鹳草入药。

牻牛儿苗科　老鹳草属

草地老鹳草　*Geranium pratense* L.

【别名】草甸老鹳草

【蒙名】塔拉音·西木德格来

【特征】多年生中生草本，根状茎短，被棕色鳞状托叶，具多数肉质粗根。茎直立，高 20~70 厘米，下部被倒生伏毛及柔毛，上部混生腺毛。叶对生，肾状圆形，直径 5~10 厘米，掌状 7~9 深裂，裂片菱状卵形或菱状楔形，羽状分裂、羽状缺刻或大牙齿，顶部叶常 3~5 深裂，两面均被稀疏伏毛，而下面沿脉较密；基生叶具长柄，柄长约 20 厘米，茎生叶柄较短，顶生叶无柄；托叶狭披针形，淡棕色。花序生于小枝顶端，花序轴长 2~5 厘米，通常生 2 花，花梗长 0.5~2 厘米，果期弯曲，花序轴与花梗皆被短柔毛和腺毛；萼片狭卵形或椭圆形，具 3 脉，顶端具短芒，密被短毛及腺毛，长约 8 毫米；花瓣蓝紫色，比萼片长约 1 倍；基部有毛，花丝基部扩大部分具长毛；花柱合生部分长 5~7 毫米；花柱分枝长 2~3 毫米。

蒴果具短柔毛及腺毛，长 2~3 厘米。种子浅褐色。花期 7—8 月，果期 8—9 月。

【生境】生于林缘、林下、山坡草甸或灌丛中。

　　　　产乌兰察布市全市。

【用途】干枯后牛马羊采食。全草入药，舒筋活络、止泻。

亚麻科　亚麻属

宿根亚麻　*Linum perenne* L.

【别名】多年生亚麻

【蒙名】塔拉音·麻嘎领占

【特征】多年生旱生草本，高 20~70 厘米。主根垂直，粗壮，木质化。茎从基部丛生，直立或稍斜生，分枝，通常有或无不育枝。叶互生，条形或条状披针形，长 1~2.3 厘米，宽 1~3 毫米，基部狭窄，先端尖，具 1 脉，平或边缘稍卷，无毛；下部叶有时较小，鳞片状；不育枝上的叶较密，条形，长 7~12 毫米，宽 0.5~1 毫米。聚伞花序，花通常多数，暗蓝色或蓝紫色，

径约 2 厘米，花梗细长，稍弯曲，偏向一侧，长 1~2.5 厘米；萼片卵形，长 3~5 毫米，宽 2~3 毫米，下部有 5 条突出脉，边缘膜质；先端尖；花瓣倒卵形，长约 1 厘米，基部楔形；雄蕊与花柱异长，稀等长。蒴果近球形，径 6~7 毫米，草黄色，开裂。种子矩圆形，长约 4 毫米，宽约 2 毫米，栗色。花期 6—8 月，果期 8—9 月。

【生境】生于草原地带，多见于沙砾质地、山坡，为草原伴生植物。

产察哈尔右翼后旗。

【用途】药用，通经活血。茎皮纤维可用，种子可榨油。也可作一年生栽培，作为绿化花卉。

白刺科　白刺属

小果白刺　*Nitraria sibirica* Pall.

【别名】西伯利亚白刺、哈蟆儿

【蒙名】哈丑莫格

【特征】灌木,高 0.5~1 米。多分枝,弯曲或直立,有时横卧,被沙埋压形成小沙丘,枝上生不定根,小枝灰白色,尖端刺状。叶在嫩枝上多为 4~6 个簇生,倒卵状匙形,长 0.6~1.5 厘米,宽 2~5 毫米,全缘,顶端圆钝,具小突尖,基部窄楔形,无毛或嫩时被柔毛;无柄。花小,黄绿色,排成顶生蝎尾状花序,萼片 5,绿色,三角形;花瓣 5,白色,矩圆形,雄蕊 10~15;子房 3 室。核果近球形或椭圆形,两

端钝圆,长 6~8 毫米,熟时暗红色,果汁暗蓝紫色。果核卵形,先端尖,长 4~5 毫米。花期 5—6 月,果期 7—8 月。

【生境】生于轻度盐渍化低地、湖盆边缘、干河床边,可成为优势种并形成群落。在荒漠草原及荒漠地带,株丛下常形成小沙堆。

　　　产四子王旗。

【用途】固沙,果实入药,枝叶和果实可做饲料。

骆驼蓬科　骆驼蓬属

匍根骆驼蓬　*Peganum nigellastrum* Bunge

【别名】骆驼蓬、骆驼蒿

【蒙名】哈日·乌没黑·超布苏

【特征】根蘖性耐盐多年生旱生草本，高 10~25 厘米，全株密生短硬毛。茎有棱，多分枝。叶二回或三回羽状全裂，裂片长约 1 厘米。萼片稍长于花瓣，5~7 裂，裂片条形；花瓣白色、黄色，倒披针形，长 1~1.5 厘米；雄蕊 15，花丝基部增宽；子房 3 室。蒴果近球形，黄褐色。种子纺锤形，黑褐色，有小疣状突起。花期 5—7 月，果期 7—9 月。

【生境】多生于居民点附近、旧舍地、水井边、路旁，白刺堆间、芨芨草植丛中。

产乌兰察布市全市。

【用途】饲用植物。全草及种子入药：全草有毒，能祛湿解毒、活血止痛、宣肺止咳，主治关节炎、月经不调，支气管炎、头痛等症；种子能活筋骨、祛风湿，主治咳嗽气喘、小便不利、癔病、瘫痪及筋骨酸痛等症。

蒺藜科 霸王属

霸王 *Sarcozygium xanthoxylon* Bunge

【蒙名】胡迪日

【特征】灌木,高 70 ~150 厘米。枝疏展,弯曲,皮淡灰色,木材黄色,小枝先端刺状。叶在老枝上簇生,在嫩枝上对生,具明显叶柄,叶柄长 0.8 ~2.5 厘米,小叶 2 枚,椭圆状条形或长匙形,长 0.8~2.5 厘米,宽 3~5 毫米,顶端圆,基部渐狭。

萼片 4,倒卵形,绿色,边缘膜质,长 4~7 毫米。花瓣 4,黄白色,倒卵形或近圆形,顶端圆,基部渐狭成爪,长 7~11 毫米。雄蕊 8,长于花瓣,褐色,鳞片倒披针形,顶端浅裂,长约为花丝长度的 2/5。蒴果通常具 3 宽翅,偶见有 4 翅或 5 翅者,宽椭圆形或近圆形,不开裂,长 1.8~3.5 厘米,宽 1.7~3.2 厘米。通常具 3 室,每室 1 种子。肾形,黑褐色。花期 5—6 月,果期 6—7 月。

【生境】生于荒漠、草原化荒漠及荒漠化草原地带。在戈壁覆沙地上,有时成为建群种形成群落,亦散生于石质残丘坡地、固定与半固定沙地、干河床边、沙砾质丘间平地。

产四子王旗北部地区。

【用途】饲用。根入药,能行气散满,主治腹胀。

蒺藜科 蒺藜属

蒺藜 *Tribulus terrestris* L.

【蒙名】伊曼·章古

【特征】中生杂草, 一年生草本。茎由基部分枝, 平铺地面; 深绿色到淡褐色, 长可达1米左右, 全株被绢状柔毛。双数羽状复叶, 长1.5~5厘米; 小叶5~7对, 对生, 矩圆形, 长6~15毫米, 宽2~5毫米, 顶端锐尖或钝, 基部稍偏斜, 近圆

形, 上面深绿色, 较平滑, 下面色略淡, 被毛较密。萼片卵状披针形, 宿存; 花瓣倒卵形, 长约7毫米; 雄蕊10; 子房卵形, 有浅槽, 突起面密被长毛, 花柱单一, 短而膨大, 柱头5, 下延。果由5个分果瓣组成, 每果瓣具长短棘刺各1对, 背面有短硬毛及瘤状突起。花果期5—9月。

【生境】生于荒地、山坡、路旁、田间、居民点附近, 在荒漠亦见于石质残丘坡地、白刺堆间沙地及干河床边。

【用途】青鲜时可做饲料。果实入药(药材名:蒺藜), 能平肝明目、散风行血, 主治头痛、皮肤瘙痒、目赤肿痛、乳汁不通等。果实也做蒙药用(蒙药名:伊曼·章古), 能补肾助阳、利尿消肿, 主治阳痿肾寒、淋病、小便不利。

芸香科　拟芸香属

北芸香　*Haplophyllum dauricum* (L.) G. Don

【别名】假芸香、单叶芸香、草芸香

【蒙名】呼吉·额布苏

【特征】多年生草本，高6~25厘米，全株有特殊香气。根棕褐色。茎基部埋于土中的部分略粗大，木质，淡黄色，无毛。茎丛生，直立，上部较细，绿色，具不明显细毛。单叶互生，全缘，无柄，条状披针形至狭矩圆形，长0.5~1.5厘米，宽1~2毫米，灰

绿色，全缘，茎下部叶较小，倒卵形，叶两面具腺点，中脉不显。花聚生于茎顶，黄色，直径约1厘米，花的各部分具腺点。萼片5，绿色，近圆形或宽卵形，长约1毫米；花瓣5，黄色，椭圆形，边缘薄膜质，长约7毫米，宽1.5~4毫米；雄蕊10，离生，花丝下半部增宽，边缘密被白色长睫毛，花药长椭圆形，药隔先端的腺点黄色；子房3室，少为2~4室，黄棕色，基部着生在圆形花盘上；花柱长约3毫米，柱头稍膨大。蒴果，成熟时黄绿色，3瓣裂，每室有种子2粒；种子肾形，黄褐色，表面有皱纹。花期6—7月，果期8—9月。

【生境】生于草原和森林草原地区，亦见于荒漠草原区的山地。

产化德县、察哈尔右翼后旗、四子王旗。

【用途】饲用，观赏。

远志科 远志属

卵叶远志 *Polygala sibirica* L.

【别名】瓜子金、西伯利亚远志

【蒙名】西比日·吉如很·其其格

【特征】中旱生多年生草本，高 10~30 厘米，全株被短柔毛。根粗壮，圆柱形，直径 1~6 毫米。茎丛生，被短曲的柔毛，基部稍木质。叶无柄或有短柄，茎下部的叶小，卵圆形，上部的叶大，狭卵状披针形，长 0.6~3 厘米，宽 0.5~1 厘米，先端有短尖头，基部楔形，两面被短曲柔毛。总状花序腋生或顶生，长 2~9 厘米，花淡蓝色，生于一侧，花梗长 3~6 毫米，基部有 3 个绿色的小苞片，易脱落；萼片 5，宿存，披针形，背部中脉突起，绿色，被短柔毛顶端紫红色，长约 3 毫米，宽约 1 毫米，内侧萼片 2，花瓣状，倒卵形，绿色，长 6~9 毫米，宽约 3 毫米，顶端有紫色的短突尖，背面被短柔毛；花

瓣 3，其中侧瓣 2，长倒卵形，长 5~6 毫米，宽 3.5 毫米，基部内部被短柔毛，龙骨状瓣比侧瓣长，具长 4~5 毫米的流苏状缨；子房扁倒卵形，2 室，花柱稍扁、细长。蒴果扁，倒心形，长 5 毫米，宽约 6 毫米，顶端凹陷，周围具宽翅，边缘疏生短睫毛；种子 2，长卵形，扁平，长约 2 毫米，宽约 1.7 毫米，黄棕色，密被长茸毛，种阜明显，淡黄色，膜质。花期 6—7 月，果期 8—9 月。

【生境】生于山坡、草地、林缘、灌丛。

产兴和县、卓资县。

【用途】根入药，能益智安神、开郁豁痰、消痈肿。

远志科　远志属

远志　*Polygala tenuifolia* Willd.

【别名】细叶远志、小草

【蒙名】吉如很·其其格

【特征】多年生草本，高 8~30 厘米。根肥厚，圆柱形，直径 2~8 毫米，长达 10 厘米多，外皮浅黄色或棕色。茎多数，较细，直立或斜升。叶近无柄，条形至条状披针形，长 1~3 厘米，宽 0.5~2 毫米，先端渐尖，基部渐窄，两面近无毛或稍被短曲柔毛。总状花序顶生或腋生，长 2~10 厘米，基部有苞片 3，披针形，易脱落；花淡蓝紫色，花梗长 4~6 毫米，萼片 5，外侧 3 片小，绿色，披针形，长约 3 毫米，宽 0.5~1 毫米，内侧两片大，呈花瓣状，倒卵形，长约 6 毫米，宽 2~3 毫米，背面近

中脉有宽的绿条纹，具长约 1 毫米的爪，花瓣 3，紫色，两侧花瓣长倒卵形，长约 3.5 毫米，宽 1.5 毫米，中央龙骨状花瓣长 5~6 毫米，背部顶端具流苏状缨，其缨长约 2 毫米。子房扁圆形或倒卵形，2 室，花柱扁，长约 3 毫米，上部明显弯曲，柱头 2 裂。蒴果扁圆形，先端微凹，边缘有狭翅，表面无毛；种子 2，椭圆形，长约 1.3 毫米，棕黑色，被白色茸毛。花期 7—8 月，果期 8—9 月。

【生境】生于石质草原及山坡、草地、灌丛下。

产乌兰察布市全市。

【用途】根入药，能益智安神、开郁豁痰、消痈肿。

大戟科 大戟属

乳浆大戟 *Euphorbia esula* L.

【别名】猫儿眼、烂疤眼

【蒙名】查干·塔日努

【特征】多年生草木,高可达50厘米。根细长,褐色。茎直立,单一或分枝,光滑无毛,具纵沟。叶条形、条状披针形或倒披针状条形,长1~4厘米,宽2~4毫米,先端渐尖或稍钝,基部钝圆或渐狭,边缘全缘,两面无毛;无柄。有时具不孕枝,其上的叶较密而小。总花序顶生,具3~10伞梗(有时由茎上部叶腋抽出单梗),基部有3~7轮生苞叶,苞叶条形,披针形、卵状披针形或卵状三角形,长1~3厘米,宽2~10毫米,先端渐尖或钝,基部钝圆或微心形,少有基部两侧各具一小裂片(似叶耳)者,每伞梗顶端常具1~2次叉状分出的小伞梗,小伞梗基部具1对苞片,三角状宽卵形、肾状半圆形或半圆形,长0.5~1厘米,宽0.8~1.5厘米,杯状总苞长2~3毫米,外面光滑无毛,先端4裂;腺体4,与裂片相间排列,新月形,两端有短角,黄褐色或深褐色。子房卵圆形,3室,花柱3,先端2浅裂。蒴果扁圆球形,具3沟,无毛,无瘤状突起;种子卵形,长约2毫米。花期5—7月,果期7—8月。

【生境】生于草原、山坡、干燥沙质地和路旁。

产乌兰察布市全市。

【用途】全株入药。

柽柳科 红砂属

红砂 *Reaumuria soongarica* (Pall.) Maxim.

【别名】枇杷柴、红虱

【蒙名】乌兰·宝都日嘎纳

【特征】超旱生小灌木,高 10~30 厘米,多分枝。老枝灰黄色,幼枝色稍淡。叶肉质,圆柱形,上部稍粗,常 3~5 叶簇生,长 1~5 毫米,宽约 1 毫米,先端钝,浅灰绿色。花单生叶腋或在小枝上集为稀疏的穗状花序状,无柄;苞片 3,披针形,长 0.5~0.7 毫米,比萼短 1/3~1/2;萼钟形,中下部合生,上部 5 齿裂,裂片三角形,锐尖,边缘膜质;花瓣 5,开张,粉红色或淡白色,矩圆形,长 3~4 毫米,宽约 2.5 毫米。下半部具两个矩圆形的鳞片;雄蕊 6~8,少有更多者,离生,花丝基部变宽,与花瓣近等长;子房长椭圆形,花柱 3。蒴果长椭圆形,长约 5 毫米,径约 2 毫米,光滑,

3 瓣开裂;种子 3~4,矩圆形,长 3~4 毫米,全体被淡褐色毛。花期 7—8 月,果期 8—9 月。

【生境】广泛分布于荒漠及荒漠草原地带,成片生于山间盆地、湖崖盐大碱地,戈壁及沙砾山坡,在盐土和碱土上可以延伸到草原区域。

产四子王旗。

【用途】良等饲用植物,秋季为羊和骆驼所喜食。枝、叶入药,祛湿止痒。

柽柳科　水柏枝属

河柏　*Myricaria bracteate* Royle

【别名】水柽柳

【蒙名】哈日·巴拉古纳

【特征】灌木,高 1~2 米。老枝棕色,幼嫩枝黄绿色。叶小,窄条形,长 1~4 毫米。总状花序由多花密集而成,顶生,少有侧生,长 5~20 厘米,径约 1.5 厘米;苞片宽卵形或长卵形,长 5~8 毫米,几等于或长于花瓣,先端有尾状长尖,边缘膜质,具圆齿;萼片 5,披针形或矩圆形,长约 5 毫米,边缘膜质;花瓣 5,矩圆状椭圆形,长 5~7 毫米,粉红色;雄蕊 8~10,花丝中下部连合;子房圆锥形,无花柱。蒴果狭圆锥形,长约 1 厘米;种子具有柄的簇生毛。花期 6—7月,果期 7—8 月。

【生境】生于山沟及河浸滩。
　　产乌兰察布市南部地区。

【用途】饲用。药用,枝含单宁,嫩枝条入药,能补阳发散、解毒透疹。

堇菜科　堇菜属

双花堇菜　*Viola biflora* L.

【别名】短距堇菜

【蒙名】好斯·其文图·尼勒·其其格

【特征】多年生中生草本,高10~20厘米,地上茎纤弱,直立或上升,不分枝,无毛。根茎细,斜生或匍匐,稀直立,具结节,生细的根。托叶卵形、宽卵形或卵状披针形,长3~6毫米,先端锐尖或稍尖,全缘,不与叶柄合生;叶柄细,长1~10厘米,无毛;叶片肾形,少近圆形,长1~3厘米,宽1~4.5厘米,先端圆形,稀稍有突尖或钝,基部心形或深心形,边缘具钝齿,两面散生细毛,或仅一面及脉上有毛,或无毛。花1~2朵,生于茎上部叶腋,花梗细,长1~6厘米,苞片披针形,甚小,长约1毫米,生于花梗

上部,果期常脱落,萼片条状披针形或披针形,先端锐尖或稍钝,无毛或有时中下部边缘稍有纤毛,基部附属器不显著,花瓣淡黄色或黄色,矩圆状倒卵形,具紫色脉纹,侧瓣无须毛,下瓣连距长约1厘米,距短小,长2.5~3毫米;子房无毛,花柱直立,基部较细,上半部深裂。蒴果矩圆状卵形,长4~7毫米,无毛。花果期5—9月。

【生境】生于海拔较高山地疏林下及湿草地。

产卓资县、凉城县、兴和县、察哈尔右翼中旗。

【用途】饲用,药用。

董菜科 董菜属

裂叶董菜 *Viola dissecta* Ledeb.

【别名】深裂叶董菜

【蒙名】奥尼图·尼勒·其其格

【特征】多年生中生草本，无地上茎，高5~15(30)厘米。根茎短，根数条，白色。托叶披针形，约2/3与叶柄合生，边缘疏具细齿；花期叶柄近无翅，长3~5厘米，通常无毛，果期叶柄长

达25厘米，具窄翅，无毛；叶片的轮廓略呈圆形或肾状圆形，掌状3~5全裂或深裂并再裂，或近羽状深裂，裂片条形，两面通常无毛，下面脉凸出明显。花梗通常比叶长，无毛，果期通常不超出叶；苞片条形，长4~10毫米，生于花梗中部以上；花淡紫董色，具紫色脉纹；萼片卵形或披针形，先端渐尖，具3(7)脉，边缘膜质，通常于下部具短毛，基部附属器小；全缘或具1~2缺刻；侧瓣长1.1~1.7厘米，里面无须毛或稍有须毛；下瓣连距长1.5~2.3厘米，距稍细，长5~7毫米，直或微弯，末端钝；子房无毛；花柱基部细，柱头前端具短喙，两侧具稍宽的边缘。蒴果矩圆状卵形或椭圆形至矩圆形，长10~15毫米，无毛。花果期5—9月。

【生境】生于山坡、林缘草甸、林下及河滩地。

产卓资县、察哈尔右翼中旗、兴和县、凉城县、丰镇市。

【用途】全草入药，能清热解毒，消痈肿。

堇菜科　堇菜属

球果堇菜　*Viola collina* Bess.

【别名】毛果堇菜

【蒙名】乌斯图·
尼勒·其其格

【特征】多年生中生草本，无地上茎，花期高3~8厘米，果期可达30厘米。根茎肥厚有结节，黄褐色或白色，垂直、斜生或横卧，上端常分歧，有时露出地

面，根多数，较细，黄白色。托叶披针形，长1~1.5厘米，先端尖，基部与叶柄合生，边缘具疏细齿，基生叶多数，叶柄具狭翅，有毛，花期长1.5~4厘米，果期长4~20(30)厘米，叶片近圆形、心形或宽卵形，长1~3厘米，宽1~3厘米，果期长达9.5厘米，宽达7厘米，先端锐尖、钝或圆，基部浅心形或深心形，边缘具钝齿，两面密生白色短柔毛。花具短梗，苞片生于花梗中部或中上部；萼片矩圆状披针形或矩圆形，先端圆或钝，有毛，基部具短而钝的附属器；花瓣淡紫色或近白色，侧瓣里面有毛或无毛，下瓣与距共长1.2~1.4厘米，距较短，长4~5毫米，直或稍向上弯，末端钝；子房通常有毛，花柱基部膝曲，向上渐粗，顶部下弯成钩状，柱头孔细。蒴果球形，直径约8毫米，密被白色长柔毛，果梗通常向下弯曲接近地面；种子倒卵形，白色。花果期5—8月。

【生境】生长于林下、林缘草甸、灌丛、山坡、溪旁等腐殖土层厚或较阴湿的草地上。

　　产察哈尔右翼中旗、兴和县、凉城县。

【用途】饲用。全草药用，能清热解毒、凉血消肿。

董菜科 董菜属

斑叶董菜 *Viola variegata* Fisch. ex Link

【蒙名】导拉布图·尼勒·其其格

【特征】多年生中生草本，无地上茎，高3~20厘米。根茎细短，分生1至数条细长的根，根白色、黄白色或淡褐色。托叶膜质，2/5~3/5与叶柄合生，上端分离部分呈卵状披针形或披针形，具不整齐牙

齿或近全缘，疏生睫毛；叶柄微具狭翅，长1.5~6厘米，被短毛或近无毛，叶片圆形或宽卵形，长1~5.5(7)厘米，宽1~5(6)厘米，先端圆形或钝，基部心形，边缘具圆齿，上面暗绿色或绿色，沿叶脉有白斑形成苍白色的脉带，下面带紫红色，两面疏生或密生极短的乳头状毛，有时叶下面或脉上毛较多，有时无毛。花梗超出于叶或略等于叶，常带紫色，苞片条形，生于花梗的中部附近，萼片卵状披针形或披针形，常带紫色或淡紫褐色，先端稍钝，基部的附属器短，末端圆形、近截形或不整齐，边缘膜质，无毛或有极短的乳头状毛；花瓣倒卵形，暗紫色或红紫色，侧瓣里面基部常为白色并有白色长须毛。下瓣的中下部为白色并具董色条纹，瓣片连距长14~20毫米，距长5~9毫米，细或稍粗，末端稍向上弯或直；子房球形，通常无毛，花柱棍棒状，向上端渐粗，柱头顶面略平，两侧有薄边；前方具短喙。蒴果椭圆形至矩圆形，长5~7毫米，无毛。花果期5—9月。

【生境】生于荒地、草坡、山坡砾石地、林下岩石缝、疏林地及灌丛间。

产察哈尔右翼中旗、卓资县、丰镇市、兴和县。

【用途】饲用。全草入药，能凉血止血。观赏。

堇菜科　堇菜属

早开堇菜　*Viola prionantha* Bunge

【别名】尖瓣堇菜、早花地丁

【蒙名】合日其也斯图·尼勒·其其格

【特征】多年生中生草本,无地上茎,叶通常多数,花期高 4~10 厘米,果期可达 15 厘米。根茎粗或稍粗,根细长或稍粗,黄白色,通常向下伸展,有时近横生。托叶淡绿色至苍白色,1/2~2/3 与叶柄合生,上端分离部分呈卵状披针形或披针形,边缘疏具细齿,叶柄有翅,长 1~5 厘米,果期可达 10 厘米,被柔毛,叶片矩圆状卵形或卵形,长 1~3 厘米,宽 0.7~1.5 厘米,先端钝或稍尖,基部钝圆状、截形、稀宽楔形、极稀近圆形;边缘具钝锯齿,两面被柔毛,或仅脉上有毛,或近于无毛,果期叶大,卵状三角形或长三角形,长达 6~8 厘米,宽达 2~4 厘米,先端尖或稍钝,基部截形或微心形,无毛或稍有毛。花梗 1 至多数,花期超出于叶,果期常比叶短,苞片生于花梗的中部附近;萼片披针形或卵状披针形。先端锐尖或渐尖,具膜质窄边,基部附属器长 1~2 毫米,边缘具不整齐的牙齿或全缘,有纤毛或无毛,花瓣紫堇色或淡紫色,上瓣倒卵形,侧瓣矩圆状倒卵形,里面有须毛或近于无毛,下瓣中下部为白色瓣具紫色脉纹,瓣片连距长 13~20 毫米,距长 4~9 毫米,末端较粗,微向上弯;子房无毛,花柱棍棒状,基部微膝曲,向上端渐粗,顶端略平,两侧有薄边,前方具短喙。蒴果椭圆形至矩圆形,长 6~10 毫米,无毛。花果期 5—9 月。

【生境】生于山坡、草地、荒地、路旁、沟边、庭园、林缘等处。

　　　产卓资县、兴和县、集宁区。

【用途】全草入药。

瑞香科 狼毒属

狼毒 *Stellera chamaejasme* L.

【别名】断肠草、燕子花、小狼毒

【蒙名】达伦·图茹

【特征】多年生草本，高20~50厘米。根粗大，木质，外包棕褐色。茎丛生，直立，不分枝，光滑无毛。叶较密生，椭圆状披针形，长1~3厘米，宽2~8毫米，先端渐尖，基部钝圆或楔形，两面无毛。顶生头状花序，花萼筒细瘦，长8~12毫米，宽约2毫米，下部常为紫色，具明显纵纹，顶端5裂，裂片近卵圆形，长2~3毫米，具紫红色网纹，雄蕊10，2轮，着生于萼喉部与萼筒中部，花丝极短；子房椭圆形，1室，上部密被淡黄色细毛，花柱极短，近头状；子房基部一侧有长约1毫米矩圆形蜜腺。小坚果卵形，长4毫米，棕色，上半部被细毛，果皮膜质，为花萼管基部所包藏。花期6—7月，果期7—9月。

【生境】生于草原或山坡草地。退化草地指示植物。

产乌兰察布市全市。

【用途】有毒植物。狼毒的毒性较大，可以杀虫。根可提取工业用酒精，根及茎皮可造纸。根入药，有祛痰、消积、止痛之功能，外敷可治疥癣。

胡颓子科　胡颓子属

沙枣　*Elaeagnus angustifolia* L.

【别名】桂香柳、金铃花、银柳、七里香

【蒙名】吉格德

【特征】灌木或小乔木，高达 15 米。幼枝被灰白色鳞片及星状毛，老枝栗褐色；具有刺。叶矩圆状披针形至条状披针形，长 1.5~8 厘米，宽 0.5~3 厘米，先端尖或钝，基部宽楔形全缘，两面均有银白色鳞片，上面银灰绿色，下面银白色；叶柄长 0.5~1 厘米。花银白色。通常 1~3 朵，生于小枝下部叶腋；花萼筒钟形，内部黄色，外边银白色，有香味，两端通常 4 裂；两性花的花柱基部被花盘所包围。果实矩圆状椭圆形，或近圆形，直径约 1 厘米，初密被银白色鳞片，后渐脱

落，熟时橙黄色、黄色枣红色。花期 5—6 月，果期 9 月。

【生境】耐盐的潜水旱生植物，为荒漠河岸林的建群种之一。在栽培条件下，沙枣最喜通气良好的沙质土壤。

　　产乌兰察布市全市。

【用途】食用，药用。

锁阳科 锁阳属

锁阳 *Cynomorium songaricum* Rupr.

【别名】不老药、地毛球

【蒙名】乌兰高腰

【特征】多年生肉质寄生草本，无叶绿素，高15~100厘米，大部埋于沙中。寄主根上着生大小不等的锁阳芽体，近球形，椭圆形，直径6~15毫米，具多数须根与鳞片状叶。茎圆柱状，直立，棕褐色，直径3~6厘米，埋于沙中的

茎具有细小须根，基部较多；茎基部略增粗或膨大。茎着生鳞片状叶，中部或基部较密集，呈螺旋状排列，向上渐稀疏，鳞片状叶卵状三角形，长0.5~1.2厘米，宽0.5~1.5厘米，先端尖。肉穗状花序生于茎顶，伸出地面，棒状、矩圆形或狭椭圆形，长5~16厘米，直径2~6厘米，着生非常密集的小花，花序中散生鳞片状叶；雄花、雌花和两性花相伴杂生，有香气；雄花长3~6毫米，花被片通常4，离生或合生，倒披针形或匙形，长2.5~3.5毫米，宽0.8~1.2毫米，下部白色，上部紫红色，蜜腺近倒圆锥形，长2~3毫米，顶端具4~5钝牙齿，鲜黄色，半抱花丝，雄蕊1，花丝粗，深红色，当花盛开时长达6毫米，花药深紫红色，矩圆状倒卵形，长约1.5毫米；雌花长约3毫米，花被片5~6，条状披针形，长1~2毫米，宽约0.2毫米，花柱长约2毫米，上部紫红色，柱头平截，子房下位，内含顶生下垂胚珠1；两性花少见，长4~5毫米，花被片狭披针形，长0.8~2.2毫米，宽约0.3毫米，雄蕊1，着生于下位子房上方，花丝极短，花药情况同雄花，雌蕊情况同雌花。小坚果，近球形或椭圆形，长1~1.5毫米，直径1毫米，顶端有宿存浅黄色花柱，果皮白色。种子近球形，深红色，径约1毫米，种皮坚硬而厚。花期5—月，果期6—7月。

【生境】多寄生在白刺属植物的根上。生于荒漠草原、草原化荒漠与荒漠地带。

产察哈尔右翼后旗北部、四子王旗北部。

【用途】药用，饲用。

伞形科　迷果芹属

迷果芹　*Sphallerocarpus gracilis* (Bess. ex Trev.) K.–Pol.

【别名】东北迷果芹

【蒙名】朝高日乐吉

【特征】一年生或二年生中生草本,高 30~120 厘米,该属仅 1 种,属特征同种。茎直立,多分枝,具纵细棱,被开展的或弯曲的长柔毛,毛长 0.5~3 毫米,茎下部与节部毛较密,茎上部与节间常无毛或近无毛。基生叶开花时早枯落,茎下部叶具长柄,叶鞘三角形,抱茎,茎中部或上部叶的叶柄一部分或全部成叶鞘,叶柄和叶鞘常被长柔毛;叶片三至四回羽状全裂,轮廓为三角状卵形,一回羽片 3~4 对,具柄,轮廓卵状披针形;二回羽片 3~4 对,具短柄或无柄,轮廓卵状披针形;最终裂片条形或披针状条形,长 2~10 毫米,宽 1~2 毫米,先端尖,两面无毛或有时被稀疏长柔毛;上部叶渐小并简化。

复伞形花序直径花期为 2.5~5 厘米,果期为 7~9 厘米;伞辐 5~9,不等长,长 5~20 毫米,无毛;通常无总苞片;小伞形花序直径 6~10 毫米,具花 12~20 朵,花梗不等长,长 1~4 毫米,无毛;小总苞片通常 5,椭圆状卵形或披针形,长 2~3 毫米,宽约 1 毫米,顶端尖,边缘具睫毛,宽膜质,果期向下反折;花两性(主伞的花)或雄性(侧伞的花),萼齿很小,三角形;花瓣白色,倒心形,长约 1.5 毫米,先端具内卷的小舌片,外缘花的外侧花瓣增大;花柱基短圆锥形。双悬果矩圆状椭圆形,长 4~5 毫米,宽 2~2.5 毫米,黑色,两侧压扁;分生果横切面圆状五角形,果棱隆起,狭窄,内有一条维管束,棱槽宽阔,每棱槽中具油管 2~4 条,合生面具 4~6 条;胚乳腹面具深凹槽,心皮柄 2 中裂。花期 7—8 月,果期 8—9 月。

【生境】生于田边、村旁、撂荒地及山地林边缘草甸。

　　产乌兰察布市全市。

【用途】药用、食用、饲用。

伞形科 棱子芹属

棱子芹 *Pleurospermum uralense* Hoffm.

【别名】走马芹

【蒙名】益日没格图·朝日古

【特征】多年生中生草本，高70~150厘米，内蒙古有1种。根粗大，芳香，常圆锥形，直径1.5~2.5厘米，有分枝，黑褐色；根茎短圆柱形，具细密横皱纹，包被黑褐色枯叶鞘。茎直立，基部直径达3厘米，具纵细棱，节间中空，无毛。基生叶与茎下部叶具长柄，柄比叶片长2~3倍；叶鞘边缘膜质；叶片二至三回单数羽状全裂，轮廓近三角形或卵状三角形，长与宽均为12~25厘米；一回羽

片2~3对，远离，具柄，轮廓卵状披针形；二回羽片2~6对，无柄，远离，披针形或卵形，羽状深裂；最终裂片卵形至披针形，先端锐尖，边缘羽状缺刻或不规则尖齿，两面沿中脉与边缘有微硬毛。主伞(顶生复伞形花序)大，直径10~20厘米，侧伞(腋生复伞形花序)较小，常超出主伞；伞辐(主伞)20~40，长3~13厘米，被微短硬毛，侧伞的伞辐较少；总苞片多数，向下反折，常羽状深裂，裂片条形；小伞形花序直径1.5~2.5厘米，具多数花；花梗长5~8毫米，被微短硬毛；小总苞片10余片，向下反折，条形，长5~8毫米，宽0.5~1毫米，边缘膜质，沿下面中脉与边缘被微短硬毛；萼齿三角状卵形，膜质，先端钝；花瓣白色，倒卵形，长2~2.5毫米，宽约1.5毫米，先端钝圆，具1条中脉。果狭椭圆形或披针状椭圆形，长5~8毫米，宽3~4毫米，麦秆黄色，有光泽，被小瘤状凸起。花期6—7月，果期7—8月。

【生境】生于林下、林缘草甸、山谷溪边。

产察哈尔右翼中旗、卓资县、凉城县、兴和县、丰镇市。

【用途】药用(全草入蒙药)。

伞形科　柴胡属

兴安柴胡 *Bupleurum sibiricum* Vest ex Sprengel

【蒙名】兴安乃·宝日车·额布苏

【特征】多年生中旱生植物,高15~60厘米。根长圆锥形,黑褐色,有支根;根茎圆柱形,黑褐色, 上部包被枯叶鞘与叶柄残留物,先端分出数茎。茎直立,略呈"之"字形弯曲,具纵细棱,上部少分枝。基生叶具长柄,叶鞘与叶柄下部常带紫色;叶片条状倒披针形, 长 3~10 厘米,宽 5~12 毫米, 先端钝或尖,有小突尖头,基部渐狭,具平行叶脉 5~7 条,叶脉在叶下面凸起;茎生叶与基生叶相似, 但无叶柄且较小。复伞形花序顶生或腋生,直径 3~4.5 厘米;伞辐 6~12,长 5~15 毫米,不等长;总苞片 1~3(5)与上叶相似但较小;小伞形花序直径 5~12 毫米,具

花 10~20 朵;花梗长 1~3 毫米,不等长;小总苞片 5~8,黄绿色,椭圆形、卵状披针形或狭倒卵形,长 4~7 毫米,宽 1.5~3 毫米,先端渐尖,具(3)5~7 脉,显著超出并包围伞形花序;萼齿不明显;花瓣黄色。果椭圆形,长约 3 毫米,宽约 2 毫米,淡棕褐色。花期 7—8 月,果期 9 月。

【生境】生于山地草原或草甸。

　　　产察哈尔右翼中旗、卓资县、凉城县、兴和县、丰镇市。

【用途】药用,饲用。

伞形科 柴胡属

红柴胡 *Bupleurum scorzonerifolium* Willd.

【别名】狭叶柴胡、软柴胡

【蒙名】乌兰·宝日车·额布苏

【特征】多年生旱生植物，高(10)20~60厘米。主根长圆锥形，常红褐色；根茎圆柱形，具横皱纹，不分枝，上部包被毛刷状叶鞘残留纤维。茎通常单一，直立，稍呈"之"字形弯曲，具纵细棱。基生叶与茎下部叶具长柄，叶片条状或披针状条形，长5~10厘米，宽3~5毫米，先端长渐尖，基部渐狭，具脉5~7条，叶脉在也下面凸起；茎中部叶与上部叶与基生叶相似，但无柄。复伞形花序顶生或腋生，直径2~3厘米；伞辐6~15，长7~22毫米，纤细；总苞片常不存在或1~5，大小极不相等，披针形、条形或鳞片状；小伞形花序直径3~5毫米，具花8~12朵；花梗长0.6~2.5毫米，不等长；小总苞片通常5，披针形，长2~3毫米，先端渐尖，常具3脉；花瓣黄色。果近椭圆形，长2.5~3毫米，果棱钝，每棱槽中常具油管3条，合生面常具4条。花期7—8月，果期8—9月。

【生境】生于山坡、丘陵、沙地、低洼地、林缘等砂质壤土或腐殖质壤土上。

产乌兰察布市全市。

【用途】药用、饲用。

伞形科　葛缕子属

葛缕子 *Carum carvi* L.

【别名】黄蒿、野胡萝卜

【蒙名】哈如木吉

【特征】二年生或多年生中生草本，全株无毛，高 25~70 厘米。主根圆锥形、纺锤形或圆柱形，肉质，褐黄色，直径 6~12 毫米。茎直立，具纵细棱，上部分枝。基生叶与茎下部叶具长柄，基部具长三角形的和宽膜质的叶鞘，叶片二至三回羽状全裂，轮廓条状矩圆形，长 5~8 厘米，宽 1.5~3.5 厘米，一回羽片 5~7 对，远离，轮廓卵形或卵状披针形，无柄；二回羽片 1~3 对，轮廓卵形至披针形，羽状全裂至深裂；最终裂片条形或披针形，长 1~3 毫米，宽 0.5~1 毫米；中部和上部茎生叶逐渐变小和简化，叶柄全成叶鞘，叶鞘具白色或深淡红色的宽膜质的边缘。复伞形花序直径 3~6 厘米，伞辐 4~10，不等长，具纵细棱，长 1~4 厘米；通常无总苞片；小伞形花序直径 5~10 毫米，具花 10 余朵；花梗不等长，长 1~3(5) 毫米；通常无小总苞片；萼齿短小，先端钝；花瓣白色或粉红色，倒卵形。果椭圆形，长约 3 毫米，宽约 1.5 毫米。花期 6—8 月，果期 8—9 月。

【生境】生于林缘草甸或林下。

　　产四子王旗、察哈尔右翼中旗、卓资县、凉城县、兴和县、丰镇市。

【用途】药用，香料，饲用，食用。

伞形科　羊角芹属

东北羊角芹　*Aegopodium alpestre* Ledeb.

【别名】小叶芹

【蒙名】乌拉音·朝古日

【特征】多年生中生草本,全株无毛,高 25~60 厘米,内蒙古有 1 种。根状茎细长,横行土中,节部膨大。茎稍柔弱,直立,中空,单一或上部稍分枝,无毛,有时在花序下部被微短硬毛,着生少数叶。基生叶具长柄,叶柄长 3~11 厘米,基部具叶鞘;叶片二至三回羽状全裂,轮廓卵状三角形,长与宽为 4~8 厘米;一回羽片 3~4 对,远离,下部裂片具短柄,轮廓羽状或卵状披针形;二回羽片 1~3 对,无柄,轮廓卵形;最终裂片卵形至披针形,长 7~17 毫米,宽 4~10 毫米,先端尖或渐尖,边缘羽状缺刻或尖齿,牙齿先端具刺状凸尖,两面无毛,有时边缘和下面脉上被微短硬毛;茎生叶较小与简化,叶柄大部或全部成叶鞘,叶鞘边缘膜质,抱茎。复伞形花序直径花期为 3~4 厘米, 果期可达 8 厘米;伞辐 8~18,具纵棱,沿棱常被微短硬毛;无总苞片和小总苞片; 小伞形花序直径 7~10 毫米,具花 12~20 朵;花梗长 1~3 毫米,内侧被微短硬毛;萼齿不明显,花瓣白色。果矩圆状卵形, 长约 3 毫米, 宿存花柱细长,下弯。花期 6—7 月,果期 7—8 月。

【生境】生于林缘草甸或林下。

产兴和县。

【用途】药用。

伞形科　阿魏属

沙茴香　*Ferula bungeana* Kitag.

【别名】硬阿魏、牛叫磨

【蒙名】汉·特木日

【特征】多年生嗜沙旱生草本,高30~50厘米。直根圆柱形,直伸地下,径4~8毫米,淡棕黄色;根状茎圆柱形,长或短,顶部包被淡棕褐色的纤维状老叶残基。茎直立,具多数开展的分枝,表面具纵细棱,圆柱形,节间实心。基生叶多数,莲座状丛生,大形,具长叶柄与叶鞘,鞘条形,黄色;叶片质厚,坚硬,三至四回羽状全裂,轮廓三角状卵形,长与宽均为10~20厘米;一回羽片4~5对,具柄,远离;二回羽片2~4对,具柄,远离;三回羽片羽状深裂,侧裂片常互生,远离;最终裂片倒卵形或楔形,长与宽均为1~2毫米,上半部具(2)3个三角状牙齿;茎中部叶2~3片,较小与简化;顶生叶极简化,有时只剩叶鞘。复伞形花序多数,常成层轮状排列,直径5~13厘米,果期可达25厘米;伞辐5~15,具细纵棱,花期长2~6厘米,果期长达14厘米,开展;总苞片1~4,条状锥形,有时不存在;小伞形花序直径1.5~3厘米,具花5~12朵,花梗长5~15毫米,小总苞片3~5,披针形或条状披针形,长1.5~3毫米,萼

齿卵形;花瓣黄色。果矩圆形,背腹压扁,长10~13毫米,宽4~6毫米,果棱黄色,棱槽棕褐色,每棱槽中具油管1条,合生面2条。花期6—7月,果期7—8月。

【生境】生于草地、农田。

　　产乌兰察布市全市。

【用途】药用,饲用(青鲜时不喜食,冬季乐食)。

山茱萸科 梾木属

红瑞木 *Cornus alba* L.

【别名】红瑞山茱萸

【蒙名】乌兰·塔日乃

【特征】落叶灌木，高达2米。小枝紫红色，光滑，幼时常被蜡状白粉，具柔毛。叶对生，卵状椭圆形或宽卵形，长2~8厘米，宽1.5~4.5厘米，先端尖或突短尖，基部圆形或宽楔形，上面暗绿色，贴生短柔毛，各脉下陷，弧形，侧脉5~6对，下面粉白色，疏生长柔毛，主、侧脉凸起，脉上几无毛；叶柄长0.5~1.5厘米，被柔毛。顶生伞房状聚伞花序；花梗与花轴密被柔毛，萼筒杯形，齿三角形，与花盘几等长；花瓣4，卵状舌形，长3~3.5毫米，宽1.5~2.0毫米，黄白色；雄蕊4与花瓣互生，花丝长4毫米，与花瓣近等

长；花盘垫状，黄色；子房位于花盘下方，花柱单生，长1.5~2.0毫米，柱头碟状，比花柱顶部宽。核果。乳白色，矩圆形，上部不对称，长6毫米，核扁平。花期5—6月，果熟期8—9月。

【生境】生于河谷、溪流旁及杂木林中。

【用途】植株干红，叶绿，带白果，色彩艳丽，可作庭园绿化树种；种子含油约30%，供工业用。锡林郭勒盟蒙医以茎秆作澳恩布的代用品。

报春花科　报春花属

粉报春　*Primula farinosa* L.

【别名】黄报春、红花粉叶报春

【蒙名】嫩得格特·乌兰·哈布日西乐·其其格

【特征】多年生草甸中生草本。根状茎极短，须根多数。叶倒卵状矩圆形、近匙形或矩圆状披针形，长2~7厘米，宽4~10(14)毫米，无毛，先端钝或锐尖，基部渐狭，下延成柄或无柄，边缘具稀疏钝齿或近全缘，叶下面有或无白色或淡黄色粉状物。花葶高3.5~27.5厘米，较纤细，径约1.5毫米，无毛，近顶部有时有短腺毛或有粉状物；伞形花序一轮，有花3~10余朵；苞片多数，狭披针形，先端尖，基部膨大呈浅囊状；花梗长3~12毫

米，花后果梗长达2.5厘米，有时具短腺毛或粉状物；花萼绿色，钟形，长4~5毫米，里面常有粉状物，裂片矩圆形或狭三角形，长约1.5毫米，边缘有短腺毛；花冠淡紫红色，喉部黄色，高脚碟状，径8~10毫米，花冠筒长5~6毫米，裂片楔状倒心形，长3.5毫米，先端深2裂；雄蕊5，花药背部着生；子房卵圆形，长柱花花柱长约3毫米，短柱花花柱长约1.2毫米，柱头头状。蒴果圆柱形，超出花萼，长7~8毫米，径约2毫米，棕色。种子多数，细小，径约0.2毫米，褐色，多面体形，种皮有细小蜂窝状凹眼。花期5—6月，果期7—8月。

【生境】生于低湿地草甸，沼泽化草甸、亚高山草甸及沟谷灌丛中，也可进入稀疏落叶松林下。

产卓资县红召、兴和县苏木山。

【用途】药用，观赏。

报春花科　报春花属

箭报春　*Primula fistulosa* Turkev.

【蒙名】布木布格力格·哈布日西乐·其其格

【特征】多年生中生草本,无或略被粉状物。花葶顶端、苞片外面及萼裂片边缘常具短腺毛,具多数须根。叶矩圆形或矩圆状倒披针形,长 2~4 厘米,宽 0.7~1.3 厘米,先端渐尖,稀钝,基部下延成宽翅状柄,边缘具不整齐浅齿。花葶粗壮,径约 4 毫米,管状中空,高 10~17 厘米。果期可伸长达 28 厘米,顶端骤细,具细棱;花序通常有花 20 朵以上,密集呈球状伞形;苞片多数,卵状披针形,长 3~4(6.5)毫米,先端尖,基部呈浅囊状;花梗等长,被腺毛,部分花梗向下弯曲;花萼长 4~5(6)毫米,钟状或杯状,近中部 5 裂,裂片矩圆形,

长约 2 毫米,暗绿色,里面无粉状物;花冠蔷薇色或带红紫色,高脚碟状,径 8~11 毫米,花冠筒长约 6 毫米,裂片倒卵形,先端深 2 裂,长约 4.2 毫米;子房近球形,长柱花花柱长达筒口,短柱花花柱长仅 1.5 毫米。蒴果近球形,与花萼近等长,顶端 5 瓣裂。种子黑褐色,较大,长可达 2 毫米,种皮具细小蜂窝状凹眼。花期 5—6 月,果期 6—7 月。

【生境】生于低湿地草甸及富含腐植质的砂质草甸。

产丰镇市、卓资县红召(大青山)、兴和县苏木山、凉城县蛮汗山。

【用途】饲用,观赏。

报春花科　报春花属

段报春 *Primula maximowiczii* Regel

【别名】胭脂花、胭脂报春

【蒙名】套日格·哈布日西乐·其其格

【特征】多年生耐阴中生草本，全株无毛，亦无粉状物。须根多而粗壮，黄白色。叶大，矩圆状倒披针形、倒卵状披针形或椭圆形，连直柄长 6~21(34)厘米，宽 2~4(6)厘米，先端钝圆，基部渐狭下延成宽翅状柄，或近无柄，叶缘有细三角状牙齿。花葶粗壮，高 22~76 厘米，径 3~7 毫米；层叠式伞形花序，1~3 轮，每轮有花 4~16 朵；苞片多数，披针形，长 3~6 毫米，先端长渐尖，基部连合；花梗长 1~5 厘米；花萼钟状，萼筒长 7~10 毫米，裂片宽三角形，长 2~2.5 毫米，顶端渐尖；花冠暗红紫色，花冠筒长 10~12 毫米，喉部有环状突起，冠檐直径约 1.5 厘米，裂片矩圆形，全

缘，长 5~6 毫米，先端常反折；子房矩圆形，长 2 毫米，花柱长 7 毫米。蒴果圆柱形，长 9~22 毫米，常比花萼长 1~1.5 倍，径 3.5~6 毫米。种子黑褐色，不整齐多面体，长约 0.8 毫米，宽约 0.5 毫米，种皮具网纹。花期 6 月，果期 7—8 月。

【生境】生于山地林下、林缘以及山地草甸等地。

　　产丰镇市黄石崖、卓资县、兴和县苏木山。

【用途】可供观赏，药用。

报春花科 点地梅属

北点地梅 *Androsace septentrionalis* L.

【别名】雪山点地梅

【蒙名】塔拉音·达邻·套布齐

【特征】一年生旱中生草本。直根系,主根细长,支根较少。叶倒披针形、条状倒披针形至狭菱形,长(0.4)1~2(4)厘米,宽(1.5)3~6(8)毫米,先端渐尖,基部渐狭,无柄或下延呈宽翅状柄,通常中部以上叶缘具稀疏锯齿或近全缘,上面及边缘被短毛及 2~4 分叉毛,下面近无毛。花葶 1 至多数,直立,高 7~25(30)厘米,黄绿色,下部略呈紫红色,花葶与花梗都被 2~4 分叉毛和短腺毛;伞形花序具多数花,苞片细小,条状披针形,长 2~3 毫米;花梗细,不等长,长 1.5~6.7 厘米,中间花梗直立,外围的微向内弧曲;萼钟形,果期稍增大,长 3~3.5 毫米,外面无毛,中脉隆起,5 浅裂,裂片狭三角形,质厚,长约 1 毫米,先端急尖;花冠白色,坛状,径 3~3.5 毫米,花冠筒短于花萼,长约 1.5 毫米,喉部紧缩,有 5 凸起与花冠裂片对生,裂片倒卵状矩圆形,长约 1.2 毫米,宽 0.6 毫米,先端近全缘;子房倒圆锥形,花柱长 0.3 毫米,柱头头状。

蒴果倒卵状球形,顶端 5 瓣裂。种子多数,多面体形,长约 0.6 毫米,宽 0.4 毫米,棕褐色,种皮粗糙,具蜂窝状凹眼。花期 6 月,果期 7 月。

【生境】散生于草甸草原、砾石质草原、山地草甸、林缘及沟谷中。

产丰镇市、卓资县、兴和县、察哈尔右翼中旗。

【用途】药用。

报春花科　点地梅属

大苞点地梅　*Androsace maxima* L.

【蒙名】伊和·达邻·套布其

【特征】二年生旱中生矮小草本,全株被糙伏毛。主根细长,淡褐色,稍有分枝。叶倒披针形、矩圆状披针形或椭圆形,长(0.5)5~15(20)毫米,宽 1~3(6)毫米,先端急尖,基部渐狭下延呈宽柄状,叶质较厚。花葶 3 至多数,直立或斜升,高 1.5~7.5 厘米,常带红褐色,花葶、苞片、花梗和花萼都被糙伏毛并混生短腺毛;伞形花序有花 2 至 10 余朵;苞片大,椭圆形或倒卵状矩圆形,长(3)5~6毫米,宽 12.5 毫米;花梗长 5~12毫米,超过苞片 1~3 倍;花萼漏斗状,长 3~4 毫米,裂达中部以下,裂片三角状披针形或矩圆状披针形, 长 2~2.5 毫米, 宽 1 毫米,先端锐尖,花后花萼略增大

成杯状,萼筒光滑带白色,近壳质,径 3~4 毫米;花冠白色或淡粉红色,径 3~4 毫米,花冠筒长约为花萼的 2/3,喉部有环状凸起,裂片矩圆形,长 1.2~1.8 毫米,先端钝圆;子房球形,径 1 毫米,花柱长 0.3 毫米,柱头头状。蒴果球形,径 3~4 毫米,光滑,外被宿存膜质花冠,5 瓣裂。种子小,多面体形,背面较宽,长约 1.2 毫米,宽 0.8 毫米,10 余粒,黑褐色,种皮具蜂窝状凹眼。花期 5 月,果期 5—6 月。

【生境】散生于山地砾石质坡地、固定沙地、丘间低地及撂荒地。

　　　产卓资县红召、察哈尔右翼中旗、察哈尔右翼后旗。

【用途】观赏。

报春花科 点地梅属
白花点地梅 *Andrsoace incana* Lam.

【蒙名】查干·达邻·套布其

【特征】多年生旱生银灰绿色丛生矮小草本,全株密被绢毛。根细,棕黄色或褐色,匍匐茎暗褐色,纵横交织如网状。当年新枝 1~3(4)枝,赤褐色,长 1~2 厘米,近直立。叶束生成半球形或卵形的小莲座丛,老叶残存于莲座丛下部,无柄,叶片狭披针形、矩圆形、狭矩圆形或

狭倒披针形,直立,长(3.5)5~7(10)毫米,宽 1~2 毫米,先端锐尖,基部渐狭或略宽,叶质厚。花葶通常 1 枚,或几乎不发育。长(0.2)1.2~3(4.7)厘米;伞形花序有 1~3(4)朵花;苞片披针形或条形,长 4~5 毫米;花梗短于苞片,长 1~2.5 毫米;花萼钟状,长 3~4 毫米,5 裂近中部,裂片卵状三角形,长约 2 毫米,宽 1 毫米;花冠白色、淡黄白色或淡红色,径 0.6~0.8 厘米,花冠筒长 3 毫米,径约 2 毫米,喉部紧缩,紫红色或黄色,有环状凸起,花冠裂片楔状倒卵形,长 35 毫米,宽 3 毫米,先端稍具波状齿;花药卵形,钝头;子房倒圆锥形,长 1 毫米,径 0.8 毫米,花柱长 1 毫米,柱头略膨大。蒴果矩圆形,超出宿存花萼,顶端 5 瓣裂。种子大,2 粒。卵圆形,压扁,棱角不明显,黑褐色,长 2.2 毫米,宽 1.5 毫米,种皮密被蜂窝状凹眼。花期 5—6 月,果期 6—7 月。

【生境】生于砾石生草原、山地羊茅草原及其他矮草草原、石质丘陵顶部及石质山坡上。

产乌兰察布市全市。

【用途】饲用,观赏。

报春花科　点地梅属

西藏点地梅 *Androsace mariae* Kanitz

【蒙名】唐古特·达邻·套布其

【特征】多年生耐寒旱中生草本。主根暗褐色,具多数纤细支根。匍匐茎纵横蔓延,暗褐色,莲座丛常集生成疏丛或密丛,基部有宿存老叶,新枝红褐色,长1~3厘米,顶端束生新叶。叶灰蓝绿色,矩圆形、匙形或倒披针形,长1~2(3)厘米,宽2~4(5)毫米,先端急尖或渐尖,有软骨质锐尖头,基部渐狭或下延成柄状,两面无毛,边缘软骨质,具明显缘毛。花葶1~2枚,直立,高2~8(12)厘米,被柔毛和短腺毛;伞形花序有花(2)4~10朵;苞片披针形至条形,长4~5毫米,被柔毛,边缘软骨质,有缘毛,花梗直立或略弯曲,长(2)5~8毫米,果期可延伸至1.2厘米;花萼钟状,长约3毫米,外面密被柔毛和短腺毛,5中裂,裂片三角形,先端尖;花冠淡紫红色,径8~10毫米,喉部黄色,有绛红色环状凸起,边缘微缺,花冠裂片宽倒卵形,长4毫米;宽约3.5毫米,边缘微波状;子房倒圆锥形,长1毫米,径1.1毫米,花柱长1毫米,柱头稍膨大。蒴果倒卵形,顶端5~7裂,稍超出花萼。种子数枚,小,褐色,近矩圆形,背腹压扁,种皮有蜂窝状凹眼。花期5—6月,果期6—7月。

【生境】生于山地草甸、亚高山草甸,适应于砂砾质土壤。

　　产卓资县、察哈尔右翼中旗、察哈尔右翼后旗。

【用途】药用,观赏。

报春花科　点地梅属

长叶点地梅　*Androsace longifolia* Turcz.

【别名】矮葶点地梅

【蒙名】卧日特布日·达邻·套布其

【特征】多年生旱生矮小草本,植株高 1.5~2.5(5.5)厘米。叶、苞片及萼裂片边缘都具软骨质与缘毛。主根暗褐色,支根橘黄色,具径直向上并被有棕褐色鳞片的根状茎。莲座丛常数个丛生,基部紧包有多层暗褐色老叶。叶灰蓝绿色,外层叶较短,近披针形,扁平,长约 1 厘米,宽约 2.5 毫米,先端尖,内层叶较长,条形或条状披针形,长 2~2.5(5.3)厘米,宽 1~2 毫米,上部质厚常成舟形不能平展。花葶 1 枚,极短,长仅(0.2)0.4~1 厘米,藏于叶丛中;苞片条形,长约 0.8 毫米,伞形花序有花 5~8 朵;花梗显著短于叶片,长 0.5~1 厘米,密被柔毛及稀疏

短腺毛;花萼钟状,长 4~5 毫米,近中裂,裂片三角状披针形,先端锐尖,被疏短柔毛及腺毛;花冠白色或带粉红色,径 5~7 毫米,花冠筒长约 2.5 毫米,宽约 1.7 毫米,喉部紫红色,裂片倒卵状椭圆形,长约 2.2 毫米,宽约 1.5 毫米,先端近全缘;子房倒锥形,长宽约 1 毫米,花柱长约 1 毫米,柱头稍膨大。蒴果倒卵圆形,长于宿存花萼,长 2.5 毫米,径 1.7 毫米,棕色,顶端 5 瓣裂,裂片反折。种子 5~10,长 1.5~2 毫米,宽 1.3~1.5 毫米,近椭圆形,压扁,腹面有棱,种皮具蜂窝状凹眼。花期 5 月,果期 6—8 月。

【生境】生于砾石质草原、山地砾石质坡地及石质丘陵岗顶。

　　　产集宁区、卓资县、察哈尔右翼前旗、察哈尔右翼中旗。

【用途】中草药,观赏。

报春花科　假报春属

河北假报春　*Cortusa matthioli* L. subsp. *Pekinensis* (V. Richt.) Kitag.

【别名】假报春、京报春

【蒙名】波京音·奥拉宝台·其其格

【特征】多年生耐阴性中生草本。叶质薄,叶片轮廓肾状圆形或近圆形,长 3.5~7.5 厘米,宽 4~10 厘米,基部深心形,掌状 7~11 裂,裂深达叶片的 1/3 或有时近达中部,裂片通常长圆形,边缘有不整齐的粗牙齿,顶端三齿较深,常呈 3 浅裂状。两面被稀疏短毛,有时背面被白色绵毛或短腺毛,叶柄长 6.5~12(15)厘米,细弱,两侧具膜质狭翅,被长柔毛。全株被淡棕色棉毛。花葶高 24~30 厘米,疏被长柔毛和腺毛;伞形花序具花 6~11 朵,侧偏排列,花梗柔弱不等长,被短腺毛;苞片数枚,倒披针形,上缘有缺刻及尖齿。花萼钟状,5 深裂,萼筒长 1.5~2 毫米,裂片披针形,长 2.5~3.2 毫米,先端尖,有短缘毛,花冠漏斗状钟形,紫红色,径约 1 厘米,裂片矩圆形,长 5 毫米,宽 4 毫米,先端钝圆或 2~3 裂,花药露出于花冠筒外,矩圆形,长约 3.5 毫米,顶端渐尖,花丝长约 2.2 毫米,下部连合成膜质短筒;子房卵形,花柱长约 8 毫米,伸出于花冠筒外。蒴果椭圆形,长约 8 毫米,宽 0.8 毫米,光滑。种子 10 余枚,不整齐多面体,背腹稍压扁,棕褐色,长约 1.8 毫米,宽 0.8 毫米,表面具点状皱纹。花期 6—7 月,果期 8 月。

【生境】生于山地林下或蔽阴的含腐殖质较多的土壤上。

产丰镇市、卓资县、兴和县、凉城县、察哈尔右翼中旗。

【用途】观赏。

报春花科 海乳草属

海乳草 *Glaux maritima* L.

【蒙名】苏子·额布斯

【特征】多年生耐盐中生小草本,高 4~25(40)厘米。根常数条束生,粗壮,有少数纤细支根,根状茎横走,节上有对生的卵状膜质鳞片。茎直立或斜升,通常单一或下部分枝。基部茎节明显,节上有对生的淡褐色卵状膜质鳞片。叶密集,交互对生,近互生,偶三叶轮生;叶片条形、矩圆状披针形至卵状披针形,长(3)7~12(30)毫米,宽(1)1.8~3.5(8)毫米,先端稍尖,基部楔形,全缘;无柄或有长约 1 毫米的短柄。花小,直径约 6 毫米;花梗长约 1 毫米,或近无梗;花萼宽钟状,粉白色至蔷薇色,5 裂近中部,裂片卵形至矩圆状卵形,长约 2.5 毫米,宽 2 毫米,全缘;雄蕊 5,与萼近等长,花丝基部宽扁,长 4 毫米,花药心形,背部着生;子房球形,长 1.3 毫米,花柱细长,长 2.5 毫米,胚珠 8~9 枚。蒴果近球形,长 2 毫米,径 2.5 毫米,顶端 5 瓣裂。种子 6~8 粒,棕褐色,近椭圆形,长 1 毫米,宽 0.8 毫米,背面宽平,腹面凸出,有 2~4 条棱,种皮具网纹。花期 6 月,果期 7—8 月。

【生境】生于低湿地矮草草甸、轻度盐化草甸。

产乌兰察布市全市。

【用途】饲用,药用。

白花丹科　补血草属

二色补血草　*Limonium bicolor* (Bunge) Kuntze

【别名】苍蝇架

【蒙名】义拉干·其其格

【特征】多年生草原旱生杂类草本,高
(6.5)20~50 厘米, 全株除萼外均无毛。
根皮红褐色至黑褐色, 根颈略肥大, 单
头或具 2~5 个头。基生叶匙形、倒卵状
匙形至矩圆状匙形,长 1.4~11 厘米(连
下延的叶柄),宽 0.5~2 厘米,先端圆或
钝,有时具短尖,基部渐狭下延成扁平
的叶柄,全缘。花序轴 1~5 个,有棱角或
沟槽,少圆柱状,自中下部以上作数回
分枝,最终小枝(指单个穗状花序的轴)
常为二棱形,不育枝少;花(1)2~4(6)朵
花集成小穗,3~5(11)个小穗组成有柄
或无柄的穗状花序,由穗状花序再在花
序分枝的顶端或上部组成或疏或密的

圆锥花序;外苞片矩圆状宽卵形,长 2.5~3.5 毫米,有狭膜质边缘,第一内苞片与外苞片相
似,长 6~6.5 毫米,有宽膜质边缘,草质部分无毛,紫红色、栗褐色或绿色;萼长 6~7 毫米,漏
斗状,萼筒径 1~1.2 毫米,沿脉密被细硬毛;萼檐宽阔,长 3~3.5 毫米,约为花萼全长的一半,
开放时直径与萼长相等,在花蕾中或展开前呈紫红或粉红色,后变白色,萼檐裂片明显,为
宽短的三角形,先端圆钝或脉伸出裂片前端成易落的短软尖,间生小裂片明显,沿脉下部
被微短硬毛;花冠黄色,与萼近等长,裂片 5,顶端微凹,中脉有时紫红色;雄蕊 5;子房倒卵
圆形,具棱,花柱及柱头共长 5 毫米。花期 5 月下旬至 7 月,果期 6—8 月。

【生境】生于草原、草甸草原及山地,能适应于沙质土、沙砾质土及轻度盐化土壤,也偶见
于旱化的草甸群落中。

　　　产丰镇市、卓资县、凉城县、兴和县、察哈尔右翼后旗、察哈尔右翼中旗。

【用途】具有较高的观赏价值。带根全草入药,能活血、止血、温中健、滋补强壮。

鼠李科　鼠李属

小叶鼠李　*Rhamnus parvifolia* Bunge

【别名】黑格令（内蒙古西部）

【蒙名】牙黑日·牙西拉

【特征】灌木，高达 2 米，多分枝。树皮灰色，片状剥落。小枝细，对生，有时互生，当年生枝灰褐色，有疏毛或无毛，老枝黑褐色或淡黄褐色，末端为枝刺。单叶密集丛生于短枝或在长枝上近对生，叶厚，小形，菱状卵圆形或倒卵形、椭圆形，长 1~3(4) 厘米，宽 0.8~1.5(2.5) 厘米，先端突尖或钝圆，基部锲形，边缘具细钝锯齿，齿端具黑色腺点，上面暗绿色，散生短柔毛或有时无毛，下面淡绿色，光滑，仅在脉腋具簇生柔毛的腋窝，侧脉 2~3 对，显著，成平行的弧状弯曲；叶柄长 0.5~1.0(1.5) 厘米，上面有槽，稍有毛或短毛。花单性，小形，黄绿

色，排成聚伞花序，1~3 朵集生于叶腋，花梗细，长 0.5 厘米；萼片 4，直立，无毛或其散生短柔毛，花瓣 4；雄蕊 4，与萼片互生。核果球形，成熟时黑色，具 2 核。每核各具 1 种子，种子侧扁，光滑，栗褐色，背面有种沟，种沟开口占种子全场的 4/5。花期 5 月，果熟期 7—9 月。

【生境】生于向阳石质干山坡、沙丘间地或灌木丛。

产乌兰察布市全市。

【用途】果实入药，又可用作牧区防护林之下木及固沙树种，也可作水土保持和庭院绿化树种。

藤黄科 金丝桃属

乌腺金丝桃 *Hypericum attenuatum* Fisch. ex Choisy

【别名】野金丝桃、赶山鞭

【蒙名】宝拉其日海图·阿拉丹·车格其乌海

【特征】多年生旱中生草本，高 30~60 厘米，茎直立，圆柱形，具 2 条纵线棱，全株散生黑色腺点。叶长卵形，倒卵形或椭圆形，长 1~2.5(3) 厘米，宽 0.5~1 厘米，先端圆钝，基部宽楔形或圆形，抱茎，无叶柄，上面绿色，下面淡绿色，两面均无毛。花数朵，成顶生聚伞圆锥花序，花较小，直径 2~2.5 厘米；萼片宽披针形，长 5~7 毫米，宽 2~3 毫米，先端锐尖，背面及边缘有黑腺点；花瓣黄色，矩圆形或倒卵形，长 8~12 毫米，宽 5~7 毫米，先端圆钝，背面及边缘散生黑色腺点；雄蕊 3 束，短于花瓣，花

药上亦有黑腺点；雌蕊 3 心皮合生，3 室，花柱 3 条，自基部离生，与雄蕊约等长。蒴果卵圆形，长约 1 厘米，宽约 5 毫米，深棕色，成熟后先端 3 裂。种子深灰色，长圆柱形，稍弯，长约 1 毫米，表面呈蜂窝状，一侧具狭翼。花期 7—8 月，果期 8—9 月。

【生境】生于草原区山地、林缘、灌丛、草甸草原。

产兴和县苏木山、凉城县蛮汗山。

【用途】全草入药，能止血、镇痛、通乳，主治咯血、吐血、子宫出血、风湿关节痛、神经痛、跌打损伤、乳汁缺乏、乳腺炎；外用治创伤出血、痈疖肿痛。

木樨科　丁香属

紫丁香　*Syringa oblata* Lindl.

【别名】丁香、华北紫丁香

【蒙名】高力得·宝日

【特征】灌木或小乔木，高可达 4 米。枝粗壮，光滑无毛，二年枝黄褐色或灰褐色，有散生皮孔。单叶对生，

宽卵形或肾形，宽常超过长，宽 5~10 厘米，先端渐尖，基部心形或截形，边缘全缘，两面无毛；叶柄长 1~2 厘米。圆锥花序出白枝条先端的侧芽，长 6~12 厘米；萼钟状，长 1~2 毫米，先端有 4 小齿，无毛；花冠紫红色，高脚碟状，花冠筒长 1~1.5 厘米，径约 1.5 毫米，先端裂片 4，开展，矩圆形，长约 0.5 厘米；雄蕊 2，着生于花冠筒的中部或中上部。蒴果矩圆形，稍扁，先端尖，2 瓣开裂；长 1~1.5 厘米，具宿存花萼。花期 4—5 月。

【生境】稍耐阴的中生灌木。

　　　产集宁区。

【用途】花可提制芳香油；嫩叶可代茶用；供观赏。

木樨科　丁香属

暴马丁香 *Syringa reticulata* (Blume) H. Hara subsp. *amurensis* (Rupr.) P. S. Green et M. C. Chang

【别名】暴马子

【蒙名】哲日力格·高力得·宝日

【特征】中生灌木,灌木或小乔木,高达6米,具直立或开展的枝。单叶,宽卵形或卵形,长5~12厘米,宽3.5~6.5厘米,先端骤尖或渐尖,基部圆形或截形,上面亮绿色,下面灰绿色,无毛或疏生短柔毛;叶柄长1~2厘米。圆锥花序长10~15厘米,花较稀疏;花萼钟状,长约1.5毫米;花冠白色,筒部比花萼稍长,先端4裂,裂片椭圆形,与筒部近等长;雄蕊2,明显伸出花冠

外。蒴果矩圆形,长1.5~2厘米。先端稍尖或钝,果皮光滑或有小瘤。花期6月,果期7月。

【生境】生于山地河岸及河谷灌丛中。

产凉城县。

【用途】木材坚实、致密,可供建筑及作家具用材。作庭园绿化树种,供观赏。花可提制芳香油,供调制化妆品用。

龙胆科 龙胆属

鳞叶龙胆 *Gentiana squarrosa* Ledeb.

【别名】小龙胆、石龙胆

【蒙名】希日根·主力根·其木格

【特征】一年生中生草本,高 2~7 厘米。茎纤细,近四棱形,通常多分枝,密被短腺毛。叶边缘软骨质,稍粗糙或被短腺毛,

先端反卷,具芒刺;基生叶较大,卵圆形或倒卵状椭圆形,长 5~8 毫米,宽 3~6 毫米;茎生叶较小,倒卵形至倒披针形,长 2~4 毫米,宽 1~1.5 毫米,对生叶基部合生成筒,抱茎。花单顶生;花萼管状钟形,长约 5 毫米,具 5 裂片,裂片卵形,长约 1.5 毫米,先端反折,具芒刺,边缘软骨质,粗糙;花冠管状钟形,长 7~9 毫米,蓝色,裂片 5,卵形,长约 2 毫米,宽约 1.5 毫米,先端锐尖,褶三角形,长约 1 毫米,宽约 1.5 毫米,顶端 2 裂或不裂。蒴果倒卵形或短圆状倒卵形,长约 5 毫米,淡黄褐色,2 瓣开裂,果柄在果期延长,通常伸出宿存花冠外。种子多数,扁椭圆形,长约 0.5 毫米,宽约 0.3 毫米,棕褐色,表面具细网纹。花果期 6—8 月。

【生境】散生于山地草甸,旱化草甸及草甸草原。

产察哈尔右翼中旗、凉城县、兴和县、丰镇市。

【用途】观赏,药用。

龙胆科 龙胆属

假水生龙胆 *Gentiana pseudoaquatica* Kusn.

【蒙名】闹格音·主力格·其木格

【特征】一年生中生草本,高 2~4(6)厘米。茎纤细, 近四棱形, 分枝或不分枝, 被微短腺毛。叶边缘软骨质,稍粗糙,先端稍反卷, 具苦刺,下面中脉软骨质;

基生叶较大,卵形或近圆形,长 5~12 毫米,宽 4~7 毫米;茎生叶较小,近卵形,长 3~7 毫米,宽 2~5 毫米,对生叶基部合生成筒,抱茎;无叶柄。花单生枝顶;花萼具 5 条软骨质凸起,管状钟形,长 5~8 毫米,具 5 裂片,裂片直立,披针形,长 2~3 毫米,边缘软骨质,稍粗糙;花冠管状钟形,长 7~10 毫米,裂片 5,蓝色,卵圆形,长约 2 毫米,先端锐尖,褶近三角形,蓝色,长约 1 毫米。蒴果倒卵形或椭圆状倒卵形,长约 5 毫米,顶端具狭翅,淡黄褐色,具长柄,外露。种子多数,椭圆形,长约 0.4 毫米,表面细网状。花果期 6—9 月。

【生境】生于山地灌丛、草甸、沟谷。

产察哈尔右翼中旗灰腾梁。

【用途】观赏。

龙胆科　龙胆属

达乌里龙胆　*Gentiana dahurica* Fisch.

【别名】达乌里秦艽、小秦艽

【蒙名】达古日·主力格·其木格

【特征】多年生中旱生草本，高10~30厘米。直根圆柱形，深入地下，有时稍分枝，黄褐色。茎斜升，基部为纤维状的残叶基所包围。基生叶较大，条状披针形，长达20厘米，宽达2厘米，先端锐尖，全缘，平滑无毛，五出脉，主脉在下面明显凸起；茎生叶较小，2~3对，条状披针形或条形，长3~7厘米，宽4~8毫米，三出脉。聚伞花序顶生或腋生；花萼管状钟形，管部膜质，有时一侧纵裂，具5裂片，裂片狭条形，不等长；花冠管状钟形，长3.5~4.5厘米，具5裂片，裂片展开，卵圆形，先端尖，蓝色；褶三角形，对称，比裂片短一半。蒴果条状倒披针形，长2.5~3厘米，宽约3毫米，稍扁，具极短的柄，包藏在宿存花冠内。种子多数，狭椭圆形，长1~1.3毫米，宽约0.4毫米，淡棕褐色，表面细网状。花果期7—9月。

【生境】生于草原、草甸草原、山地草甸、灌丛，是草甸草原的常见伴生种。

　　　产乌兰察布市全市。

【用途】药用。

龙胆科　龙胆属

秦艽　*Gentiana macrophylla* Pall.

【别名】大叶龙胆、萝卜艽、西秦艽

【蒙名】套日格·主力根·其木格

【特征】多年生中生草本,高 30~60 厘米。根粗壮,稍呈圆锥形,棕色。茎单一斜升或直立,圆柱形,基部被纤维状残叶基所包围。基生叶较大,狭披针形至狭倒披针形,少椭圆形,长 15~30 厘米,宽 1~5 厘米,先端钝尖,全缘,平滑无毛,五至七出脉,主脉在下面明显凸起;茎生叶较小,3~5 对,披针形,长 5~10 厘米,宽 1~2 厘米,三至五出脉。聚伞花序由数朵至多数花簇生枝顶成头状或腋生作轮状;花萼膜质,一侧裂开,长 3~9 毫米,具大小不等的萼齿 3~5;花冠管状钟形,长 16~27 毫米,具 5 裂片,裂片直立,蓝色或蓝紫色,卵圆形;褶常三角形,比裂片短一半。蒴果长椭圆形,长 15~20 毫米,近无柄,包藏在宿存花冠内。种子矩圆形,长 1~1.3 毫米,宽约 0.5 毫米,棕色,具光泽,表面细网状。花果期 7—10 月。

【生境】生于山地草甸、林缘、灌丛与沟谷。

　　产察哈尔右翼中旗、察哈尔右翼前旗、凉城县、兴和县、丰镇市。

【用途】饲用,劣等牧草。药用。

龙胆科　扁蕾属

扁蕾　*Gentianopsis barbata* (Froel.) Y. C. Ma

【别名】剪割龙胆

【蒙名】乌苏图·特木日·地格达

【特征】一年生中生直立草本，高 20~50 厘米。根细长圆锥形，稍分枝。茎具 4 纵棱，光滑无毛，有分枝，节部膨大。叶对生，条形，长 2~6 厘米，宽 2~4 毫米，先端渐尖，基部 2 对生叶几相连，全缘，下部 1 条主脉明显凸起；基生叶匙形或条状倒披针形，长 1~2 厘米，宽 2~5 毫米，早枯落。单花生于分枝的顶端，直立，花梗长 5~12 厘米；花萼管状钟形，具 4 棱，萼筒长 12~20 毫米，内对萼裂片披针形，先端尾尖，与萼筒近等长，外对萼裂片条状披针形，比内对裂片长；

花冠管状钟形，全长 3~5 厘米，裂片矩圆形，蓝色或蓝紫色，两旁边缘剪割状，无褶；蜜腺 4，着生于花冠管近基部，近球形而下垂，蒴果狭矩圆形，长 2~3 厘米，具柄，2 瓣裂开。种子椭圆形，长约 1 毫米，棕褐色，密被小瘤状凸起。花果期 7—9 月。

【生境】生于山坡林缘、灌丛、低湿草甸、沟谷及河滩砾石层中。

　　　产乌兰察布市南部。

【用途】药用。

龙胆科　獐牙菜属

岐伞獐牙菜　*Swertia dichotoma* L.

【别名】腺鳞草、岐伞当药

【蒙名】萨拉图·地格达

【特征】一年生中生草本,高5~20厘米,全株无毛。茎纤弱,斜升,四棱形,沿棱具狭翅,自基部多分枝,上部两歧式分枝。基部叶匙形,长8~15毫米,宽5~8毫米,先端圆钝,全缘,基部渐狭成叶柄,具5脉;茎部叶卵形成卵状披针形,长5~20毫米,宽4~10毫米,无柄或具短柄。聚伞花序(通常具3花)或单花,顶生或腋生;花梗细长,花后伸长而弯垂;萼裂片宽卵形或卵形,长约3毫米,宽约2毫米,先端渐尖,具7脉;花冠白色或淡绿色,管部长约1毫米,裂片卵形或卵圆形,长5~7毫米,宽3~4毫米,先端圆钝,花

后增大,宿存;腺洼圆形,黄色;花药蓝绿色。蒴果卵圆形,长约5毫米,淡黄褐色,含种子10余颗。种子宽卵形或近球形,径约1毫米,淡黄色,近平滑。花果期7—9月。

【生境】生于河谷草甸、山坡、林缘。

产察哈尔右翼中旗、兴和县、丰镇市。

【用途】药用。

龙胆科 花锚属

花锚 *Halenia corniculata* (L.)Cornaz.

【别名】西伯利亚花锚

【蒙名】章古图·其其格

【特征】一年生中生草本，高 15~45 厘米。茎直立，近四棱形，具分枝，节间比叶长。叶对生，椭圆状披针形，长 2~5 厘米，宽 1~10 毫米，先端渐尖，全缘，基部渐狭，具 3~5 脉，有时边缘与下面叶脉被微短硬毛，无叶柄；基生叶倒披针形，先端钝，基部渐狭成叶柄。花时早枯落。聚伞花序顶生或腋生；花梗纤细，长 5~10 毫米，果期延长达 25 毫米；萼裂片条形或条状披针形，长 4~6 毫米，宽 1~1.5 毫米，先端长渐尖，边缘稍膜质，被微短硬毛，具 1 脉；花冠黄白色或淡绿

色，8~10 毫米，钟状，4 裂达 2/3 处，裂片卵形或椭圆状卵形，先端渐尖，花冠基部具 4 个斜向的长矩，雄蕊长 2~3 毫米，内藏；子房近披针形。蒴果矩圆状披针形，长 11~13 毫米，棕褐色。种子扁球形，直径约 1 毫米，棕色，表面近光滑或细网状。花果期 7—8 月。

【生境】生于山地林缘，低湿草甸。

产察哈尔右翼中旗、卓资县、凉城县、兴和县、丰镇市等。

【用途】劣等牧草，药用，在园林中常用作草地、绿地。

旋花科　旋花属

田旋花　*Convolvulus arvensis* L.

【别名】箭叶旋花、中国旋花

【蒙名】塔拉音·色得日根讷

【特征】细弱蔓生或微缠绕的多年生草本,常形成缠结的密丛。茎有条纹及棱角,无毛或上部被疏柔毛。叶形变化很大,三角状卵形至卵状矩圆形,或为狭披针形,长 2.8~7.5 厘米,宽 0.4~3 厘米,先端微圆,具小尖头,基部戟形、心形或箭簇形。叶柄长 0.5~2 厘米。花序腋生,有 1~3 花,花梗细弱,苞片 2,细小,条形,长 2~5 毫米,生于花下 3~10 毫米处。萼片有毛,长 3~6 毫米,稍不等,外萼片稍短,矩圆状椭圆形,钝,具短缘毛,内萼片椭圆形或近于圆形,钝或微凹,或多少具小短尖头,边缘

膜质;花冠宽漏斗状,直径 18~30 毫米,白色或粉红色,或白色具粉红或红色的瓣中带,或粉红色具红色或白色的瓣中带;雄蕊耗丝基部扩大,具小鳞毛;子房有毛。蒴果卵状球形或圆锥形,无毛。花期 6—8 月,果期 7—9 月。

【生境】生于田间、摞荒地、村舍与路旁,并见于轻度盐化的草甸中。

　　　产乌兰察布市全市。

【用途】药用,饲用。全草主治神经性皮炎,花和根能活血调红、止痒、祛风。

旋花科　旋花属

银灰旋花　*Convolvulus ammannii* Desr.

【别名】阿氏旋花

【蒙名】宝日·额力根讷

【特征】多年生矮小草本植物,全株密生银灰色绢毛。茎少数或多数,平卧或上升,高2~11.5厘米。叶互生,条形或狭披针形,长6~22(60)毫米,宽1~2.5(6)毫米,先端锐尖,基

部狭,无柄。花小,单生枝端,具细花梗;萼片5,长3~6毫米,不等大,外萼片矩圆形或矩圆状椭圆形,内萼片较宽,卵圆形,顶端具尾尖,密被贴生银色毛;花冠小,直径8~20毫米,白色、淡玫瑰色或白色带紫红色条纹,外被毛;雄蕊5,基部稍扩大;子房无毛或上半部被毛,2室,柱头2,条形。蒴果球形,2裂。种子卵圆形,淡褐红色,光滑。花期7—9月,果期9—10月。

【生境】生于荒漠草原、山地阳坡及石质丘陵。

产乌兰察布市全市。

【用途】饲用,药用。全草入药,能解表、止咳,主治感冒、咳嗽。

花葱科　花葱属

花葱　*Polemonium caeruleum* L.

【别名】电灯花、灯音花儿

【蒙名】阿拉格·伊音吉·布古日乐

【特征】多年生草本，高 40~80 厘米。具根状茎和多数纤维状须根。茎单一，不分枝，上部被腺毛，中部以下无毛。奇数羽状复叶，长 7~20 厘米，小叶 11~23 片，卵状披针形至披针形，长 15~35 毫米，宽 5~10 毫米，先端锐尖或渐尖，基部近圆形，偏斜，全缘，无毛，无小叶柄。聚伞圆锥花序顶生或上部叶腋生，疏生多花。总花梗、花梗和花萼均被腺毛，有时花梗和花萼具疏长柔毛；花梗长 3~6 毫米；花萼钟状，长 4~6 毫米，裂片长卵形或卵状披针形，顶端钝或微尖，稍短或等于萼筒；花冠蓝紫色，钟状，长 9~15 毫米，裂片倒卵形，顶端圆形或微尖，边缘无睫毛或偶有极稀的睫毛；雄蕊 5，近等长于花冠；子房卵圆形，柱头稍伸出花冠之外。蒴果卵球形，长约 5 毫米。种子褐色，纺锤形，长约 3 毫米，种皮具膨胀性黏液细胞，干后膜质似种子有翅。花期 6—7 月，果期 7—8 月。

【生境】生于山地林下草甸或沟谷湿地。

　　产丰镇市、卓资县、兴和县苏木山、察哈尔右翼中旗。

【用途】药用，根及根状茎入药。

紫草科 紫筒草属

紫筒草 *Stenosolenium saxatile* (Pall.) Turcz.

【别名】紫根根

【蒙名】敏吉音·扫日

【特征】多年生旱生草本,内蒙古有1种。根细长,有紫红色物质。茎高6~20厘米,多分枝,直立或斜升,被密粗硬毛并混生短柔毛,较开展。基生叶和下部叶倒披针状条形,近上部叶为披针状条形,长1.5~3厘米,宽2~4毫米,两面密生糙毛及混生短柔毛。顶生总状花序,逐渐延长,长3~12厘米,密生糙毛;苞片叶状;花具短梗;花萼5深裂,裂片窄卵状披针形,长约6毫米;花冠紫色、青紫色或白色,筒细,长6~9毫米,基部有具毛的环,裂片5,圆钝,比花冠筒短得多;子房4裂,花柱顶部二裂,柱头2,头状。小坚

果4,三角状卵形,长约2毫米,着生面在基部,具短柄。花期5—6月,果期6—8月。

【生境】生于低山丘陵、平原草地、砂质地上。

产四子王旗、卓资县、凉城县、兴和县、丰镇市。

【用途】药用(根),饲用。

紫草科　肺草属

肺草　*Pulmonaria mollissima* A. Kern.

【别名】腺毛肺草

【蒙名】巴鲁棍那

【特征】多年生中生草本,内蒙古有1种。根绳索状。茎高 20~55 厘米,被密短硬毛混生短腺毛,上部少分枝或不分枝。基生叶数片,矩圆形或倒披针形,长 16~20 厘米,宽 3.5~6 厘米,先端尖,基部渐狭下延成狭翅,两面密被短柔毛及疏生硬毛,具长达 15 厘米的柄;茎生叶矩圆状披针形或矩圆状倒披针形,先端渐尖,基部宽楔形或圆形,两面被密短硬毛;无柄。花序长达 8 厘米,总花轴、总花梗、花梗与苞片均被密短硬毛;苞片披针形或条状披针形,长 0.7~1.4 厘米;花有细梗,长 5 毫米;花萼钟状,具 5 棱,长 9 毫米,5 裂,裂片长三角形,长 3 毫米,宽 2 毫米,两面被短硬毛;花冠紫蓝色,稀白色,筒状,长 9 毫米,裂片近圆形,长 2.5 毫米,宽 3 毫米,两面被短硬毛,无附属物;雄蕊 5,着生于

花冠喉部之下,花药矩圆形,长 1 毫米,宽 0.7 毫米,花丝长 1 毫米;子房 4 裂;花柱圆柱状,长 4 毫米,柱头球状。小坚果,黑色,卵形,长 3 毫米,宽 2 毫米,两侧稍扁,被密短柔毛,着生面位于小坚果基部。花期 5—6 月,果期 9 月。

【生境】生于山坡林下或山谷阴湿处。

产凉城县、兴和县。

【用途】观赏。

紫草科　琉璃草属

大果琉璃草　*Cynoglossum divaricatum* Steph. ex Lehm.

【别名】大赖鸡毛子、展枝倒提壶、沾染子

【蒙名】囊给·章古

【特征】二年生或多年生旱中生草本，内蒙古有 1 种。根垂直，单一或稍分枝。茎高 30~65 厘米，密被贴伏的短硬毛，上部多分枝。基生叶和下部叶矩圆状披针形或披针形，长 4~9 厘米，宽 1~3 厘米，先端尖，基部渐狭下延成长柄，两面密被贴伏的短硬毛，具长柄；上部叶披针形，长 5~8 厘米，宽 7~10 毫米，先端渐尖，基部渐狭，两面被密贴伏的短硬毛；无柄。花序长达 15 厘米，有稀疏的花；具苞片，狭披针形或条形，长 2~4 厘米，宽 5~7 毫米，密被伏毛；花梗长 5~8 毫米，果期伸长，可达 2.5 厘米；花萼长 4 毫米，5 裂，裂片卵形，长约 2 毫米，宽约 1.5 毫米，两面密被贴伏的短硬毛，果期向外反折；花冠蓝色、红紫色，5 裂，裂片近方形，长 1 毫米，宽 1.2 毫米，先端平截，具细脉纹，具 5 个梯形附属物，位于喉部以下；花药椭圆形，长约 0.5 毫米，

花丝短，内藏；子房 4 裂，花柱圆锥状，果期宿存，常超出于果，柱头头状。小坚果 4，扁卵形，长 5 毫米，宽 4 毫米，密生锚状刺，着生面位于腹面上部。花期 6—7 月，果期 9 月。

【生境】生于沙地、干河谷的砂砾质冲积物上、田边、路旁及村旁。

　　　产乌兰察布市全市。

【用途】药用(果、根)。

紫草科　鹤虱属

鹤虱　*Lappula myosotis* Moench

【别名】小沾染子

【蒙名】闹朝日嘎那

【特征】一年生或二年生旱中生草本。茎直立,高 20~35 厘米,中部以上多分枝,全株(茎、叶、苞片、花梗、花萼)均密被白色细刚毛。基生叶矩圆状匙形,全缘,先端钝,基部渐狭下延,长达 7 厘米（包括叶柄在内）,宽 3~9 毫米;茎生叶较短而狭,披针形或条形,长 3~4 厘米,宽 15~40 毫米,扁平或沿中肋纵折,先端尖,基部渐狭,无叶柄。花序在花期较短,果期则伸长,长 5~12 厘米;苞片条形;花梗果期伸长,长约 2 毫米,直立;花萼 5 深裂至基部,裂片条形,锐尖,花期长 2

毫米,果期增大呈狭披针形,长约 3 毫米,宽 0.7 毫米,星状开展或反折;花冠浅蓝色,漏斗状至钟状,长约 3 毫米,裂片矩圆形,长 1.2 毫米,宽 1.1 毫米,喉部具 5 矩圆状附属物;花药矩圆形,长 0.5 毫米,宽 0.3 毫米;花柱长 0.5 毫米,柱头扁球形。小坚果卵形,长 3~3.5 毫米,基部宽 0.8 毫米,背面狭卵形或矩圆状披针形,通常有颗粒状瘤凸,稀平滑或沿中线龙骨状突起上有小棘突,背面边缘有 2 行近等长的锚状刺,内行刺长 1.5~2 毫米,基部不互相汇合,外行刺较内行刺稍短或近等长,通常直立。小坚果侧面通常具皱纹或小瘤状凸起;花柱高出小坚果但不超出小坚果上方之刺。花果期 6—8 月。

【生境】生于草地。

　　产乌兰察布市全市。

【用途】药用,油料(种子),驱虫药(果实)。

紫草科 齿缘草属

石生齿缘草 *Eritrichium pauciflorum* (Ledeb.) A. DC.

【别名】蓝梅

【蒙名】哈但奈·巴特哈

【特征】多年生中旱生草本,高10~18(25)厘米,全株(茎、叶、苞片、花梗、花萼)密被绢状细刚毛呈灰白色。茎数条丛生,基部有短分枝和基生叶及宿存的枯叶,常簇生,较密,上部不分枝或近顶部形成花序分枝。基生叶狭匙形或狭匙状倒披针形, 长 1.5~3 厘米,宽 1~3 毫米,先端锐尖或钝圆,基部渐狭下延成柄,具长柄;茎生叶狭倒披针形至条形, 长 1~1.5(2)厘米, 宽 2~4 毫米, 先端尖或钝圆,基部渐狭,无柄。花序顶生,有 2~3(4)个花序分枝,花序长 1~2

厘米,花期后花序轴渐延伸,果期长可达5(6)厘米,每花序有花数朵至十余朵,花生苞片腋外,苞片条状披针形,长 3~5(9)毫米;花梗长 3~4 毫米,直立或稍开展;花萼长 3 毫米,裂片 5,披针状条形,长约 2 毫米,宽约 0.5 毫米,先端尖或钝圆,花期直立,果期开展;花冠蓝色,辐状,筒长约 2 毫米,远较裂片短,裂片 5,矩圆形或近圆形,长约 2.5 毫米,宽约 2毫米,喉部具 5 个附属物,半月形或矮梯形,明显伸出喉部,高约 0.8 毫米,宽约 1 毫米;花药矩圆形,长约 0.8 毫米,宽约 0.4 毫米;子房 4 裂,花柱长 1 毫米,柱头头状。小坚果陀螺形,背面平或微凸,长约 2 毫米,宽约 1 毫米,具瘤状凸起和毛,着生面宽卵形,位于基部,棱缘有三角形小齿,齿端无锚状刺,少有小短齿或长锚状刺。花果期 7—8 月。

【生境】生于山地、丘陵和砾石质草地。

产乌兰察布市全市。

【用途】药用(全草)。

紫草科　齿缘草属

假鹤虱 *Eritrichium thymifolium*（A.DC.）Y.S. Lian et J. Q. Wang

【蒙名】那嘎凌害·
额布斯

【特征】一年生砾
石生旱生草本，高
10~35 厘米，全株
（茎、叶、萼等）密被
细刚毛，呈灰白色。
茎多分枝，被伏毛。
基生叶匙形或倒披
针形，长 1~3 厘米，
宽 3~4 毫米，先端
钝圆，基部楔形，向
下渐狭成柄，花期
常枯萎；茎生叶条
形，长 0.5~2 厘米，
宽 1~3 毫米，先端
钝圆，基部楔形，下
延成短柄或无柄。
花序生于分枝顶

端，花数朵至十余朵，常腋外生；花梗长 2~5 毫米，花期直立或斜展，果期常下弯，萼裂片
5，条状披针形或披针状矩圆形，花期直立，果期平展或多反折，长约 2 毫米，宽约 0.5 毫
米；花冠蓝色或淡紫色，钟状筒形，筒长约 1.3 毫米，裂片 5，矩圆形，长约 0.7 毫米，宽约
0.5 毫米；附属物小，乳头状凸起；花药卵状三角形，长约 0.3 毫米。小坚果无毛或被微毛，
除缘齿外，长约 1.5 毫米，宽约 1 毫米，背面微凸，腹面龙骨状凸起，着生面卵形，位腹面中
部或中部以下，缘锚刺状，长约 0.5 毫米，下部三角形；分离或联合成翅。花果期 6—8 月。

【生境】生于向阳山坡及砾石地。

产四子王旗、凉城县。

紫草科 斑种草属

狭苞斑种草 *Bothriospermum kusnezowii* Bunge

【别名】细叠子草

【蒙名】那林·朝和日·乌日图·额布斯

【特征】一年生旱中生草本，内蒙古有 1 种，全株(茎、叶、苞片、花萼等)均密被细刚毛。茎高 13~35 厘米，斜升，自基部分枝，茎数条。叶倒披针形；稀匙形或条形，长 3~8 厘米，宽 4~8 毫米，先端钝或微尖，基部渐狭下延成长柄。花序长 5~15 厘米，果期延长达 45 厘米；叶苞片状，条形或披针形，长 1.5~3.5 厘米，宽 3~7 毫米，先端尖，无柄；花梗长 1~3.5 毫米；花萼裂片长约 4 毫米，狭披针形，果期内弯；花冠蓝色，花冠筒短，喉部具 5 附属物，裂片 5，钝，开展；雌蕊基较平。小坚果肾形，长约 2.2 毫米，着生面在果最下部，密被小瘤状凸起，腹面有纵椭圆形凹陷。花期 5 月，果期 8 月。

【生境】生于山坡道旁、山谷林缘、干旱农田。

产察哈尔右翼前旗、集宁区、卓资县、凉城县、兴和县、丰镇市。

紫草科　勿忘草属

勿忘草　*Myosotis alpestris* F. W. Schmidt

【别名】林勿忘草

【蒙名】道日斯哈拉·额布斯

【特征】多年生中生草本。具多数黑褐色须根。茎基部包被残叶基，直立，1至数条，高 10~40 厘米，密被弯曲长柔毛，上部分枝。基生叶和茎下部叶条状披针形或倒披针形，长 4~6.5 厘米，宽 6~10 毫米，先端渐尖，基部渐狭，两面被长柔毛，具叶柄，中部以上叶矩圆状披针形或长椭圆形，长 2~4 厘米，宽 3~7 毫米，先端渐尖，基部宽楔形或圆形，两面密被柔毛，混杂有短硬毛，无柄。花序长达 20 厘米，无苞片；花梗细，长约 5 毫米，被短柔毛，在果期平

展；花萼裂片卵状披针形，长 1.5 毫米，萼筒长 0.8 毫米，被短伏毛；花冠蓝色，裂片长 2 毫米，先端钝圆旋转状排列，喉部黄色，具 5 附属物，每附属物上具长柔毛 2；花药卵形，花丝短，着生于花冠筒上；花柱细，长约 0.9 毫米，柱头扁球形。小坚果宽卵状圆形(凸透镜状)，长约 1.5 毫米，宽约 1.2 毫米，稍扁，光亮，黑色。种子栗褐色，长约 1 毫米，宽约 0.8 毫米，卵圆形，外被小瘤状凸起，稍有短毛。花期 5—6 月，果期 8 月。

【生境】生于山地、山坡或山谷草甸。

产察哈尔右翼中旗、兴和县。

【用途】观赏，药用。

马鞭草科 莸属

蒙古莸 *Caryopteris mongholica* Bunge

【别名】白沙蒿、兰花茶

【蒙名】呼和图如古图·冒都

【特征】小灌木，高 15~40 厘米。老枝灰褐色，有纵裂纹，幼枝常为紫褐色，初时密被灰白色柔毛，后渐脱落。单叶对生，披针形、条状披针形或条形，长 1.5~6 厘米，宽 3~10 毫米，先端渐尖或钝，基部楔形，全缘，上面淡绿色，下面灰色，均被较密的短柔毛；具短柄。聚伞花序顶生或腋生；花萼钟状，先端 5 裂，长约 3 毫米，外被短柔毛，果熟时可增至 1 厘米长，宿存；花冠蓝紫色，筒状，外被短柔毛，长 6~8 毫米，先端 5 裂，其中 1 裂片较大，顶端撕裂，其余裂片先端钝圆或微尖；雄蕊 4，二强，长约为花冠的 2 倍；花柱细长，柱头 2 裂。果实球形，成

熟时裂为 4 个小坚果，小坚果矩圆状扁三棱形，边缘具窄翅，褐色，长 4~6 毫米，宽约 3 毫米。花期 7—8 月，果期 8—9 月。

【生境】生于丘陵草原、山地阳坡、干河床。

产察哈尔右翼中旗、察哈尔右翼后旗、四子王旗。

【用途】药用，饲用，园林绿化。花、叶、枝可作蒙药(蒙药名：依曼额布热)，能祛寒、燥湿、健胃、壮身、止咳，主治消化不良、胃下垂、慢性气管炎及浮肿等；叶及花可提取芳香油。本种还可作护坡树种。

唇形科　黄芩属

黄芩　*Scutellaria baicalensis* Georgi

【别名】黄芩茶

【蒙名】混芩

【特征】多年生中旱生草本,高 20~35 厘米。主根粗壮,圆锥形。茎直立或斜升,被稀疏短柔毛,多分枝。叶披针形或条状披针形,长1.5~3.5 厘米,宽 3~7 毫米,先端钝或稍尖,基部圆形,全缘,上面无毛或疏被贴生的短柔毛,下面无毛或沿中脉疏被贴生微柔毛,密被下陷的腺点;叶柄不及 1 毫米。花序顶生,总状,常偏一侧;花梗长 3 毫米,与花序轴被短柔毛;苞片向上渐变小,披针形,具稀疏睫毛。果时花萼长达 6 毫米,盾片高4 毫米;花冠紫色、紫红色或蓝色,长 2.2~3 厘米,外面被

具腺短柔毛,冠筒基部膝曲,里面在此处被短柔毛,上唇盔状,先端微裂,里面被短柔毛,下唇 3 裂,中裂片近圆形,两侧裂片向上唇靠拢,矩圆形;雄蕊稍伸出花冠,花丝扁平,后对花丝中部被短柔毛;子房 4 裂,光滑,褐色;花盘环状。小坚果卵圆形,径 1.5 毫米,具瘤,腹部近基部具果脐。花期 7—8 月,果期 8—9 月。

【生境】多生于山地、丘陵的砾石坡地及沙质土上,为草甸草原及山地草原的常见种。

产乌兰察布市全市。

【用途】饲用,药用。

唇形科 黄芩属

粘毛黄芩 *Scutellaria viscidula* Bunge

【别名】黄花黄芩

【蒙名】尼力车盖·混芩

【特征】多年生中旱生草本,高7~20厘米。主根粗壮,直径5~15毫米。茎直立或斜升,多分枝,密被短柔毛混生具腺短柔毛。叶条状披针形、披

针形或条形,长8~25毫米,宽2~7毫米,先端稍尖或钝,基部楔形或近圆形,全缘,上面被极疏贴生的短柔毛,下面密被短柔毛,两面均具多数黄色腺点;叶柄极短。花序顶生,总状;花梗长约1毫米,与花序轴被腺毛;苞片同叶形,向上变小,卵形至椭圆形,长3~5毫米,被腺毛。花萼在开花时长3~4毫米,盾片高1毫米,果时长达5毫米,盾片高达3毫米,被腺毛;花冠黄色,长1.8~2.4厘米,外面被腺毛,里面被长柔毛,冠筒基部明显膝曲,上唇盔状,先端微缺,下唇中裂片宽大,近圆形,两侧裂片靠拢上唇,卵圆形;雄蕊伸出花冠,后对内藏,花丝扁平,中部以下具短柔毛或无;花盘肥厚。小坚果卵圆形,褐色,长8毫米,宽4毫米,腹部近基部具果脐。花期6—8月,果期8—9月。

【生境】干旱草原的伴生植物,也见于荒漠草原带的沙质土上,在农田、撂荒地及路旁可聚生成丛。

产集宁区、丰镇市、化德县、凉城县。

【用途】药用。

唇形科　黄芩属

并头黄芩　*Scutellaria scordifolia* Fisch. ex Schrank

【别名】头巾草

【蒙名】好斯·其其格特·混芩

【特征】多年生中生略耐旱草本,高 10~30 厘米。根茎细长,淡黄白色。茎直立或斜升,四棱形,沿棱疏被微柔毛或近几无毛,单生或分枝。叶三角状披针形、条状披针形或披针形,长 1.7~3.3 厘米,宽 3~11 毫米,先端钝或稀微尖,基部圆形、浅心形、心形乃至截形,边缘具疏锯齿或全缘,上面被短柔毛或无毛,下面沿脉被微柔毛,具多数凹腺点;具短叶柄或几无柄。花单生于茎上部叶腋内,偏向一侧;花梗长 3~4 毫米,近基部有一对长约 1 毫米的针状小苞片;花萼疏被短柔毛,果后花萼长达 4~5 毫米,盾片高 2 毫米;花冠蓝色

或蓝紫色,长 1.8~2.4 厘米,外面被短柔毛,冠筒基部浅囊状膝曲,上唇盔状,内凹,下唇 3 裂;子房裂片等大,黄色,花柱细长,先端锐尖,微裂。小坚果近圆形或椭圆形,长 0.9~1 毫米,宽 0.6 毫米,褐色,具瘤状突起,腹部中间具果脐,隆起。花期 6—8 月,果期 8—9 月。

【生境】生于河滩草甸、山地草甸、山地林缘、林下以及撂荒地、路旁、村舍附近。

产乌兰察布市全市。

【用途】饲用,药用。

唇形科 裂叶荆芥属

多裂叶荆芥 *Schizonepeta multifida*(L.)Briq.

【蒙名】哈嘎日海·吉如格巴

【特征】多年生中旱生草本，高 30~40 厘米。主根粗壮，暗褐色。茎坚硬，被白色长柔毛，侧枝通常极短，有时上部的侧枝发育，并有花序。叶轮廓为卵形，羽状深裂或全裂，有时浅裂至全缘，长 2.1~2.8 厘米，宽 1.6~2.1 厘米，先端锐尖，基部楔形至心形，裂片条状披针形，全缘或具疏齿，上面疏被微柔毛，下面沿叶脉及边缘被短硬毛，具腺点；叶柄长 1~1.5 厘米，向上渐变短以至无柄。花序为由多数轮伞花序组成的顶生穗状花序，下部一轮远离；苞叶深裂或全缘，向上渐变小，呈紫色，被微柔毛，小苞

片卵状披针形，呈紫色，比花短；花萼紫色，长 5 毫米，宽 2 毫米，外面被短柔毛，萼齿为三角形，长约 1 毫米，里面被微柔毛；花冠蓝紫色，长 6~7 毫米，冠筒外面被短柔毛，冠檐外面被长柔毛，下唇中裂片大，肾形；雄蕊前对较上唇短，后对略超出上唇，花药褐色；花柱伸出花冠，顶端等 2 裂，暗褐色。小坚果扁，倒卵状矩圆形，腹面略具棱，长 1.2 毫米，宽 0.6 毫米，褐色，平滑。花期 6—8 月。

【生境】草甸草原和典型草原的常见伴生种，也见于林缘及灌丛中。生于沙质平原、丘陵坡地及石质山坡等生境的草原中。

产集宁区、卓资县、兴和县、凉城县、察哈尔右翼中旗、察哈尔右翼后旗。

【用途】饲用，药用。

唇形科 青兰属

香青兰 *Dracocephalum moldavica* L.

【别名】山薄荷

【蒙名】乌努日图·比日羊古

【特征】一年生中生草本,高15~40厘米。茎直立,被短柔毛,钝四棱形,常在中部以下对生分枝。叶披针形至披针状条形,先端钝,长1.5~4厘米,宽0.5~1

厘米,基部圆形或宽楔形,边缘具疏犬牙齿,有时基部的牙齿齿尖常具长刺,两面均被微毛及黄色小腺点。轮伞花序生于茎或分枝上部,每节通常具4花,花梗长3~5毫米;苞片狭椭圆形,疏被微毛,每侧具3~5齿,齿尖具长2.5~3.5毫米的长刺;花萼长1~1.2厘米,具金黄色腺点,密被微柔毛,常带紫色,2裂近中部,上唇3裂至本身长度的1/4~1/3处,3齿近等大,三角状卵形,先端锐尖成长约1毫米的短刺,下唇2裂至本身基部,斜披针形,先端具短刺;花冠淡蓝紫色至蓝紫色,长2~2.5厘米,喉部以上宽展,外面密被白色短柔毛,冠檐二唇形,上唇短舟形,先端微凹,下唇3裂,中裂片2裂,基部有2小凸起;雄蕊微伸出,花丝无毛,花药平叉开;花柱无毛,先端2等裂。小坚果长2.5~3毫米,矩圆形,顶端平截。

【生境】生于山坡、沟谷、田野、路旁、砾石滩地。

产乌兰察布市全市。

【用途】提取香料油,饲用,药用。

唇形科 糙苏属

串铃草 *Phlomis mongolica* Turcz.

【别名】毛尖茶、野洋芋

【蒙名】蒙古乐·奥古乐今·土古日爱

【特征】多年生旱中生草本，高(5)30~60厘米。根粗壮，木质，须根常作圆形、矩圆形或纺锤形的块根状增粗。茎单生或少分枝，被具节刚毛及星状柔毛，棱上被毛尤密。叶卵状三角形或三角状披针形，长4~13厘米，宽2~7厘米，先端钝，基部深心形，边缘有粗圆齿，苞叶三角形或三角状披针形，上面被星状毛及单毛或稀近无毛，下面密被星状毛或稀单毛，叶具柄，向上渐短或近无柄。轮伞花序，腋生(偶有单一，顶生)，多花密集；苞片条状钻形，长8~12毫米，先端刺尖状，被具节缘毛；花萼筒状，长10~14毫米，外面被具节刚毛及尘状微柔毛，萼齿5，相等，圆形，长约1毫米，先端微凹，具硬刺尖，长2~3毫米；花冠紫色(偶有白色)，长约2.2厘米，冠筒外面在中下部无毛，里面具毛环，二唇形，上唇盔状，外面被星状短柔毛，边缘具流苏状小齿，里面被髯毛，下唇3圆裂，中裂片倒卵形，较大，侧裂片心形，较小；雄蕊4，内藏，花丝下部被毛，后对花丝基部在毛环稍上处具反折的短距状附属

器；花柱先端为不等的2裂。小坚果顶端密被柔毛。花期6—8月，果期8—9月。

【生境】生于草原地带的草甸、草甸化草原、山地沟谷、撂荒地及路边，也见于荒漠区的山地。

产乌兰察布市全市。

【用途】药用，饲用。

唇形科　益母草属

细叶益母草　*Leonurus sibiricus* L.

【别名】益母蒿、龙昌菜

【蒙名】那林·都日伯乐吉·额布斯

【特征】一年生或二年生旱中生草本，高 30~75 厘米。茎钝四棱形，有短而贴生的糙伏毛，分枝或不分枝。叶形从下到上变化较大，下部叶早落，中部叶轮廓为卵形，长 2.5~9 厘米，宽 3~4 厘米，叶柄长 1.5~2 厘米，掌状 3 全裂，在裂片上再羽状分裂(多 3 裂)，小裂片条形，宽 1~3 毫米；最上部的苞叶近于菱形，3 全裂成细裂片，呈条形，宽 1~2 毫米。轮伞花序腋生，多花，轮廓圆球形，径 2~4 厘米，向顶逐渐密集组成长穗状；小苞片刺状，

向下反折；无花梗；花萼管状钟形，长 6~10 毫米，外面在中部被疏柔毛，里面无毛，齿 5，前 2 齿长，稍开张，后 3 齿短；花冠粉红色，长 1.8~2 厘米，冠檐二唇形，上唇矩圆形，直伸，全缘，外面密被长柔毛，里面无毛，下唇比上唇短，外面密被长柔毛，里面无毛，3 裂；雄蕊 4，前对较长，花丝丝状；花柱丝状，先端 2 浅裂。小坚果矩圆状三棱形，长 2.5 毫米，褐色。花期 7—9 月，果期 9 月。

【生境】散生于石质丘陵、砂质草原、杂木林、灌丛、山地草甸以及农田、村旁、路边。

　　　产乌兰察布市全市。

【用途】药用，饲用。

唇形科　兔唇花属

冬青叶兔唇花　*Lagochilus ilicifolius* Bunge ex Benth.

【蒙名】昂嘎拉扎古日·其其格

【特征】多年生旱生植物,高7~13厘米;根木质。茎分枝,直立或斜升,基部木质化,密被短柔毛,混生疏长柔毛。叶楔状菱形,革质,灰绿色,长10~15毫米,宽5~10毫米,先端具5~8齿裂,齿端具短芒状刺尖,基部楔形,两面无毛,无柄。轮伞花序具2~4花,着生在茎上部叶腋内。花基部两侧具2苞片,苞片针状,长8~10毫米,无毛;花萼管状钟形,长13~15毫米,宽约5毫米,革质,无毛,具5裂片,大小不相等,裂片矩圆状披针形,长5~6毫米,端有刺尖;花冠淡黄色,外面密被短柔毛,里面无毛,长2.5~2.8厘米,上唇直立,2

裂,边缘具长柔毛,下唇3裂,中裂片大,侧裂片小;雄蕊着生于冠筒,前对长,花丝扁平;花柱近方柱形。小坚果狭三角形,长约5毫米,顶端截平。花期6—8月,果期9—10月。

【生境】生于荒漠草原地带,少量出现在荒漠区,是小针茅荒漠草原植被的重要特征种,尤其喜生于砾石性土壤和沙砾质土壤上。

产察哈尔右翼中旗、察哈尔右翼后旗、四子王旗。

【用途】饲用。

唇形科　百里香属

百里香　*Thymus serpyllum* L.

【别名】地椒叶、地角花、千里香

【蒙名】岗嘎·额布斯

【特征】旱生小半灌木。茎多数,匍匐或斜升。不育枝从茎的末端或基部生出,匍匐或斜升,被短柔毛。花枝高(1.5)2~10 厘米,在花序下密被向下弯曲或稍平展的疏柔毛, 下部毛变短而疏,具 2~4 对叶,基部有脱落的先出叶。叶为卵圆形,长 4~10 毫米,宽 2~4.5 毫米,先端钝或稍锐尖,基部楔形或渐狭, 全缘或稀有 1~2 对小锯齿, 两面无毛,侧脉 2~3 对,在下面微凸起,腺点多少有些明显,叶柄明显, 靠下部的叶柄约为叶片的 1/2,在上部则较短;苞叶与叶同形,边缘在下部 1/3 具缘毛。轮伞花序紧密排成头状,多花或少花,花具短梗;花萼管状钟形或狭钟形,长 4~4.5 毫米,下部被疏柔毛,上部近无毛,下唇较上唇长或与上唇近相等,上唇齿短,齿不超过上唇 1/3,三角形,具缘毛或近无毛;花冠紫红、紫或淡紫、粉红色,长 6~8 毫米,被短疏柔毛,冠筒伸长,长 4~5 毫米,向上稍增大。小坚果近圆形或卵圆形,压扁状,光滑。花期 6—8 月。

【生境】生于多石山地、斜坡、沟谷、沙质草原,常为草原群落的伴生种。

产乌兰察布市全市。

【用途】饲用,药用,提炼香料。

唇形科 鼠尾草属

一串红 *Salvia splendens Ker-Gawi.*

【特征】亚灌木状草本，高可达90厘米。茎钝四棱形，具浅槽，无毛。叶卵圆形或三角状卵圆形，长 2.5~7 厘米，宽 2~4.5 厘米，先端钝尖，基部截形或圆形，稀钝，边缘具锯齿，上面绿色，下面

较淡，两面无毛，下面具腺点；茎生叶柄长 3~4.5 厘米，无毛。轮伞花序 2~6 花，组成顶生总状花序，花序长 20 厘米或以上；苞片卵圆形，红色，大，在开花前包裹着花蕾，先端尾状渐尖；花梗长 4~7 毫米，密被染红的具腺柔毛，花序轴被微柔毛；花萼钟型，红色，开花时长约 1.6 厘米，花后增大达 2 厘米，外面沿脉上被染红的具腺柔毛，内面在上半部被微硬状毛，二唇形，唇裂达花萼长 1/3，上唇三角状卵圆形，长 5~6 毫米，宽 10 毫米，先端具小尖头，下唇比上唇略长，深 2 裂，裂片三角形，先端渐尖；花冠红色，长 4~4.2 厘米，外被微柔毛，内面无毛，冠筒筒状，直伸，在喉部略增大，冠檐二唇形，上唇直伸，略内弯，长圆形，长 8~9 毫米，宽约 4 毫米，先端微缺，下唇比上唇短，3 裂，中裂片半圆形，侧裂片长卵圆形，比中裂片长。能育雄蕊 2，近外伸，花丝长约 5 毫米，药隔长约 1.3 厘米，近伸直，上下臂近等长，上臂药室发育，下臂药室不育，下臂粗大，不联合；退化雄蕊短小；花柱与花冠近相等，先端不相等 2 裂，前裂片较长；花盘等大。小坚果椭圆形，长约 3.5 毫米，暗褐色，顶端具不规则极少数的皱折突起，边缘或棱具狭翅，光滑。花期 3—10 月。

【生境】生于肥沃疏松土壤，喜阳，耐寒性差。

产兴和县苏木山。

【用途】观赏，药用。

茄科　泡囊草属

泡囊草　*Physochlaina physaloides* (L.) G. Don

【蒙名】混·好日苏

【特征】旱中生杂草,多年生草本,高 10~20 (40) 厘米,根肉质肥厚。茎直立, 一至数条自基部生出,被蛛丝状毛。叶在茎下部呈鳞片状,中、上部叶互生,卵形、椭圆状卵形或三角状宽卵形,长 1.5~6 厘米,宽 1.2~4 厘米,先端渐尖或急尖,基部截形、心形或宽楔形,全缘或微波状;叶柄长 1.5~4 (6)厘米。花顶生,成伞房式聚伞花序;花梗细,长 5~10 毫米,有长柔毛;花萼狭钟形,长 6~10 毫米,密被毛,5 浅裂;花冠漏斗状,长 1.5~2.5 厘米, 先端 5 浅裂,裂片紫堇色,筒部瘦细,

黄白色;雄蕊插生于花冠筒近中部,微外露,长约 10 毫米,花药矩圆形,长 2~3 毫米;子房近圆形或卵圆形,花柱丝状,明显伸出花冠。蒴果近球形,直径约 8 毫米,包藏在增大成宽卵形或近球形的宿萼内。种子扁肾形。花期 5—6 月,果期 6—7 月。

【生境】生于草原区的山地、沟谷。

　　产卓资县、察哈尔右翼中旗。

【用途】根和全草作蒙药用,能镇痛、解痉、杀虫、消炎。

茄科 天仙子属

天仙子 *Hyoscyamus niger* L.

【别名】山烟子、薰牙子

【蒙名】特讷格·额布斯

【特征】一年生或二年生中生草本，高30~80厘米，具纺锤状粗壮肉质根，全株密生黏性腺毛及柔毛，有臭气。叶在茎基部丛生呈莲座状；茎生叶互生，长卵形或三角状卵形，长3~14厘米，宽1~7厘米，先端渐尖，基部宽楔形，无柄而半抱茎，或为楔形向下狭细呈长柄状，边缘羽状深裂或浅裂，或为疏牙齿，裂片呈三角状。花在茎中部单生于叶腋，在茎顶聚集成蝎尾式总状花序，偏于一侧；花萼筒状钟形，密被细腺毛及长柔毛；长约1.5厘米，先端5浅裂，裂

片大小不等，先端锐尖具小芒尖，果时增大成壶状，基部圆形与果贴近；花冠钟状，土黄色，有紫色网纹，先端5浅裂；子房近球形。蒴果卵球状，直径1.2厘米左右，中部稍上处盖裂，藏于宿萼内。种子小，扁平，淡黄棕色，具小疣状突起。花期6—8月，果期8—10月。

【生境】生于村舍、路边及田野。

产乌兰察布市全市。

【用途】种子入药，能解痉、止痛、安神，主治胃痉挛、喘咳、癫狂。种子油供制肥皂、油漆。

玄参科　马先蒿属

红纹马先蒿 *Pedicularis striata* Pall. subsp. *striata*

【别名】细叶马先蒿

【蒙名】乌兰·扫达拉特·好宁·额伯日·其其格

【特征】多年生中生草本,干后不变黑。根粗壮,多分枝。茎直立,高20~80厘米,单出或于基部抽出数枝,密被短卷毛。基生叶成丛而柄较长,至开花时多枯落,茎生叶互生,向上柄渐短;叶片轮廓披针形,长3~14厘米,宽1.5~4厘米,羽状全裂或深裂,叶轴有翅,裂片条形,边缘具胼胝质浅齿,上面疏被柔毛或近无毛,下面无毛。花序穗状,长6~22厘米,轴密被短毛;苞片披针形,下部者多少叶状而有齿,上部者全缘而短于花,通常无毛;花萼钟状,长7~13毫米,薄革质,疏被毛或近无毛,萼齿5,不等大,后方1枚较短,侧生者两两结合成端有2裂的大齿,缘具卷毛;花冠黄色,具绛红色脉纹,长25~33毫米,盔镰状弯曲,端部下缘具2齿,下唇3浅裂,稍短于盔,侧裂片斜肾形,中裂片肾形,宽过于长,叠置于侧裂片之下;花丝1对被毛。蒴果卵圆形,具短凸尖,长9~13毫米,宽4~6毫米,约含种子16粒。种子矩圆形,长约2毫米,宽约1毫米,扁平,具网状孔纹,灰黑褐色。花期6—7月,果期8月。

【生境】生于山地草甸草原、林缘草甸或疏林中。

产察哈尔右翼前旗、卓资县、凉城县、兴和县、丰镇市。

【用途】药用。

玄参科 马先蒿属

中国马先蒿 *Pedicularis chinensis* Maxim.

【别名】中国马薛蒿、华马先蒿

【蒙名】道木达地音·好宁·额伯日·其其格

【特征】一年生中生草本。主根直伸,有少数支根。茎单出,多分枝,

高 7~30 厘米,有深沟纹,近光滑。叶基生或茎生,均有柄,基生叶叶柄长达 5 厘米,柄下部被长毛;叶片轮廓条状矩圆形,长达 7.5 厘米,宽达 15 毫米,羽状浅裂至半裂,裂片 7~13 对,矩圆状卵形,钝,边缘具重锯齿,两面无毛,下面网脉明显。总状花序,着生于分枝顶端,有时近基处叶腋中亦有花;苞片叶状而短于花,柄近基部处加宽,常有长而密的缘毛;花梗长约 1 厘米,被短毛;萼管状,长 15~18 毫米,宽 3~4 毫米,密被短毛,前方裂开至 2/5,萼齿 2,先端叶状,绿色,卵形至圆形,缘有缺刻状重锯齿;花冠黄色,管长 3~4.5 厘米,径约 1.5 毫米,被短毛,喙长 9~10 毫米,半环状而指向喉部,下唇宽过于长,边缘有短而密的缘毛,中裂片较短;花丝两对均密被毛。蒴果矩圆状披针形,长约 19 毫米,宽约 7 毫米,端有指向前下方的小凸尖。花期 7 月,果期 8 月。

【生境】山地草甸。

产察哈尔右翼中旗、卓资县、兴和县、丰镇市。

【用途】观赏、药用。

玄参科　马先蒿属

阴山马先蒿　*Pedicularis yinshanensis* (Z. Y. Chu et Y. Z. zhao) Y. Z. zhao

【蒙名】矛尼音·好宁·额伯日·其其格

【特征】多年生耐寒湿生低矮草本,高5~15厘米。根少数,束生,细圆锥形,粗达5毫米。茎短,长1~5厘米,无毛或疏被毛。叶基出,合于

茎上假对生,常成密丛,具柄,梗长7~20毫米,下部扩大,有疏长缘毛;叶片狭矩圆形,长1~3厘米,宽4~7毫米,羽状深裂,裂片4~10对,具有胼胝而反卷的锯齿,两面无毛。花单生叶腋,而形成假对生,梗长4~8毫米;萼圆筒状,长8~12毫米,无毛,前方开裂约至1/3,裂口膨大,有或无缘毛,齿3枚,后方1枚小或退化为钻状,端掌状开裂或近羽状开裂,裂片有少数锯齿;花冠黄色,长4~8厘米,管外被毛,喙长约6毫米,半环状卷曲,其端2裂,指向花喉,下唇宽过于长,长约11毫米,宽约17毫米,3裂,端凹入,中裂片较小,近于倒心形,长和宽5~6毫米,侧裂片宽卵形,长10~12毫米,外侧耳形,近喉部有褐色纹带2条;花丝均被密毛;子房狭卵形,无毛,花柱伸出于喙端。花期8月。本种与正种的区别在于:茎生叶假对生;下唇喉部具2条褐色纹带,与之明显不同。

【生境】生于海拔2 100米高寒沼泽化草甸。

　　产察哈尔右翼中旗灰腾梁。

玄参科 马先蒿属

穗花马先蒿 *Pedicularis spicata* Pall.

【蒙名】图如特·好宁·额伯日·其其格

【特征】一年生中生草本,干时不变黑或微变黑。根木质化,多分枝。茎有时单一,有时自基部抽出多条,有时在上部分枝,中空,被白色柔毛。基生叶开花时已枯,柄长13毫米,密被卷毛;茎生叶常4枚轮生,柄短,长约1厘米,被柔毛,叶片矩网状披针形或条状披针形,长达7厘米,宽达15毫米,上面疏被短白毛,下面脉上有较长的柔毛,先端渐尖,基部楔形,边缘羽状浅裂至深裂,裂片9~20对,卵形至矩圆形,多带三角形,缘具刺尖的锯齿,有时胼胝极多。穗状花序顶生,长町达11厘米,苞片下部者叶状,中部及上部为菱状卵形至广卵形,边缘被白色长柔毛;花萼短,钟状,长3~4毫米,被柔毛,前方微开裂,萼齿3,后方1枚小,三角形,其余2齿宽三角形,先端钝或微缺。花冠紫红色,干后变紫色,长10~15毫米,

筒在萼口近以直角向前方膝曲,盔指向前上方,额高凸,下唇长于盔约2倍,中裂片倒卵形,较侧裂片小半倍;花丝1对有毛;柱头稍伸出。蒴果狭卵形,长6~7毫米,先端尖。种子仅5~6枚,歪卵形,有3棱,长约1.5毫米,宽约1毫米,黑褐色,表面具网状孔纹。花期7—8月,果期9月。

【生境】生于林缘草甸、河滩草甸及灌丛中。

产察哈尔右翼中旗、凉城县、兴和县、丰镇市。

【用途】药用。

玄参科　马先蒿属

华北马先蒿 *Pedicularis tatarinowii* Maxim.

【别名】塔氏马先蒿

【蒙名】塔特日·好宁·额伯日·其其格

【特征】一年生中生草本,干后不变黑色。根多分枝,木质化,紫褐色。茎单一或自基部抽出多条,直立或斜升,高8~40厘米,中上部常多分枝,分枝2~4枚轮生,圆柱形,有4条纵毛线,常带紫红色。叶通常4枚轮生,下部者早枯,中上部者具短柄,叶片矩圆形或披针形,长 2~3.5(6)厘米,宽5~18 (30)毫米,羽状全裂,裂片披针形,羽状浅裂或深裂,小裂片具白色胼胝质齿。花序下部花轮有间断;苞片叶状,短于花;花萼膨大,长约8毫米,膜质,前方略开裂,被白

毛,萼齿5,基部三角形,上方披针形,具锯齿或小裂;花冠紫堇色,长约15毫米,筒自顶部向前膝曲,盔顶半圆形弓曲,喙指向前下方或下方,长约2毫米,下唇长于盔,3裂,中裂片较小,卵状圆形;花丝两对均被毛或后方1对近光滑。蒴果歪卵形,略长于宿萼,长约1.5毫米,宽约6毫米,端有小尖。种子卵形,长约2毫米,宽约1毫米,淡黄褐色,表面具蜂窝状孔纹。花期7—9月,果期9—10月。

【生境】生于山地草甸或林缘草甸。

产凉城县蛮汉山,兴和县苏木山等。

【用途】观赏。

玄参科 芯芭属

达乌里芯芭 *Cymbaria dahurica* L.

【别名】芯芭、大黄花、白蒿茶

【蒙名】兴安奈·哈吞·额布斯

【特征】多年生旱生草本，高 4~20 厘米，全株密被白色棉毛而呈银灰白色。根茎垂直或稍倾斜向下，多少弯曲，向上成多头。叶披针形、条状披针形或条形，长 7~20 毫米，宽 1~3.5 毫米，先端具 1

小刺尖头，白色棉毛尤以下面更密。小苞片条形或披针形，长 12~20 毫米，宽 1.5~3 毫米，全缘或具 1~2 小齿，通常与萼管基部紧贴；萼筒长 5~10 毫米，通常有脉 11 条，萼齿 5，钻形或条形，长为萼筒的 2 倍左右，齿间常生有 1~2 枚附加小齿；花冠黄色，长 3~4.5 厘米，2 唇形，外面被白色柔毛，内面有腺点，下唇 3 裂，较上唇长，在其二裂口后面有褶襞两条，中裂片较侧裂片略长，裂片长椭圆形，先端钝；雄蕊微露于花冠喉部，着生于花管内里靠近子房的上部处，花丝基部被毛，花药长倒卵形，纵裂，长约 4 毫米，宽约 1.5 毫米，顶端钝圆，被长柔毛，子房卵形，花柱细长，自上唇先端下方伸出，弯向前方，柱头头状。蒴果革质，长卵圆形，长 10~13 毫米，宽 7~9 毫米。种子卵形，长 3~4 毫米，宽 2~2.5 毫米。花期 6—8 月，果期 7—9 月。

【生境】生于典型草原、荒漠草原及山地草原上。

产四子王旗、察哈尔右翼后旗、凉城县、兴和县、丰镇市。

【用途】为中等放牧型牧草，从春至秋羊、骆驼喜食，干燥后也乐食；马稍食，牛不吃或很少吃。药用。

紫葳科　角蒿属

角蒿 *Incarvillea sinensis* Lam. var. *sinensis*

【**别名**】透骨草

【**蒙名**】乌兰·套鲁木

【**特征**】中生杂草,一年生草本,高 30~80 厘米。茎直立,具黄色细条纹,被微毛。叶互生于分枝上,对生于基部,轮廓为菱形或长椭圆形,2~3 回羽状深裂或至全裂,羽片 4~7 对,下部的羽片再分裂成 2 对或 3 对,最终裂片为条形或条状披针形,上面绿色,被毛或无毛,下面淡绿色,被毛,边缘具短毛;叶柄长 1.5~3 厘米,疏被短毛。花红色,或紫红色由 4~18 朵花组成的顶生总状花序,花梗短,密被短毛,苞片 1 和小苞片 2,密被短毛,丝状;花萼钟状,5 裂,裂片条状锥形,长 2~3 毫米,基部膨大,被毛,萼筒长约 3.2 毫米,被毛;花冠筒状漏斗形,长约 3 厘米,先端 5 裂,裂片矩圆形,长与宽约 7 毫米,里面有黄色斑点;雄蕊 9,着生于花冠中部以下, 花丝长约 8 毫米, 无毛, 花药 2 室,室水平叉开,被短毛,长约 4.5 毫米,近药基部及室的两侧,各具一硬毛;雌蕊着生于扁平的花盘上,长 6 毫米,密被腺毛,花柱长 1 厘米,无毛,柱头扁圆形。蒴果长角状弯曲,长约 10 厘米,先端细尖,熟时瓣裂,内含多数种子。种子褐色,具翅,白色膜质。花期 6—8 月,果期 7—9 月。

【**生境**】生于草原区的山地、沙地、河滩、河谷,也散生于田野、撂荒地及路边,宅旁。

　　产乌兰察布市全市。

【**用途**】饲用。地上草为透骨草的一种,能祛风湿、活血止痛。

列当科 列当属

黄花列当 *Orobanche pycnostachya* Hance

【别名】独根草

【蒙名】希日·特木根·苏乐

【特征】根寄生植物,二年生或多年生草本,高 12~34 厘米,全株密被腺毛。茎直立,单一,不分枝,圆柱形,直径 4~12 毫米,具纵棱,基部常膨大,具不定根,黄褐色。叶鳞片状,卵状披针形或条状披针形,长 10~20 毫米,黄褐色,先端尾尖。穗状花序顶生,长 4~18 厘米,具多数花;苞片卵状披针形,长 14~17 毫米,宽 3~5 毫米,先端尾尖,黄褐色,密被腺毛;花萼 2 深裂达基部,每裂片再 2 中裂,小裂片条形,黄褐色,密被腺毛;花冠 2 唇形,黄色,长约 2 厘米,花冠筒中部稍弯曲,

密被腺毛,上唇 2 浅裂,下唇 3 浅裂,中裂片较大;雄蕊 2 强,花药被柔毛,花丝基部稍被腺毛;子房矩圆形,无毛,花柱细长,被疏细腺毛。蒴果矩圆形,包藏在花被内。种子褐黑色,扁球形或扁椭圆形,长约 0.3 毫米。花期 6—7 月,果期 7—8 月。

【生境】主要寄生于蒿属植物的根上;生于固定或半固定沙丘、山坡、草原。

产丰镇市、卓资县、凉城县、兴和县、察哈尔右翼中旗。

【用途】全草入药,能补肾助阳、强筋骨。

车前科　车前属

条叶车前 *Plantago minuta* Pall.

【别名】细叶车前

【蒙名】乌斯特·乌和日·乌日根纳

【特征】一年生旱生草本，高 4~19 厘米，全株密被长柔毛，具细长黑褐色的直根。叶全部基生，平铺地面，条形、狭条形或宽条形，长 4~11 厘米，宽 1~4 毫米，全缘；无叶柄，基部鞘状。花葶少数至多数，斜升或直立，通常较叶短，密被柔毛，并混生

少数腺毛；穗状花序卵形、椭圆形或矩圆形，长 6~15 毫米，花密生；苞片宽卵形或三角形，被长柔毛，先端尖，短于萼片，中央龙骨状凸起较宽，黑棕色；花萼裂片宽卵形或椭圆形，长 2~2.5 毫米，被长柔毛，龙骨状凸起显著；花冠裂片狭卵形，边缘有细锯齿；花丝细长，花柱与柱头疏生柔毛。蒴果卵圆形或近球形，长 3~4 毫米，果皮膜质，盖裂。种子 2，椭圆形或矩圆形，长 1.5~3 毫米，黑棕色。花期 6—8 月，果期 7—9 月。

【生境】常少量生于小针茅荒漠草原群落及其变型群落中，也见于草原化荒漠群落和草原带的山地、沟谷、丘陵坡地，并为较常见的田边杂草。

产四子王旗。

【用途】饲用。

车前科 车前属

平车前 *Plantago depressa* Willd.

【别名】车前草

【蒙名】吉吉格·乌和日·乌日根钠

【特征】一年生或二年生中生草本。根圆柱状,中部以下多分枝,灰褐色或黑褐色。叶基生,直立或平铺,椭圆形、矩圆形、椭圆状披针形、倒披针形或披针形,长4~14厘米,宽1~5.5厘米,先

端锐尖或钝尖,基部狭楔形且下延,边缘有稀疏小齿或不规则锯齿,有时全缘,两面被短柔毛或无毛,弧行纵脉5~7条;叶柄长1~11厘米,基部具较长且宽的叶鞘。花葶1~10,直立或斜升,高4~40厘米,被疏短柔毛,有浅纵沟;穗状花序圆柱形,长2~18厘米;苞片三角状卵形,长1~2毫米,背部具绿色龙骨状凸起,边缘膜质;萼裂片椭圆形或矩圆形,长约2毫米,先端钝尖,龙骨状凸起宽,绿色,边缘宽膜质;花冠裂片卵形或三角形,先端锐尖,有时有细齿。蒴果圆锥形,褐黄色,长2~3毫米,成熟时在中下部盖裂。种子矩圆形,长1.5~2毫米,黑棕色,光滑。花果期6—10月。

【生境】生于草甸、轻度盐化草甸,也见于路旁、田野、居民点附近。

产乌兰察布市全市。

【用途】饲用。幼株可食用。种子与全草入药,具有利尿、清热、明目、祛痰功效。

茜草科　拉拉藤属

北方拉拉藤　*Galium boreale* L. Var. *boreale*

【别名】砧草

【蒙名】查干·乌如木杜乐

【特征】多年生中生草本。茎直立，高 15~65 厘米，节部微被毛或近无毛，具 4 纵棱。叶 4 片轮生，披针形或狭披针形，长 1~3 (5) 厘米，宽 3~5 (7) 毫米，先端钝，基部宽楔形，两面无毛，边缘稍反卷，被微柔毛，基出脉 3 条，表面凹下，背面明显凸起；无柄。顶生聚伞圆锥花序，长可达 25 厘米；苞片具毛；花小，白色，花梗长约 2 毫米；萼筒密被钩状毛；花冠长 2 毫米，4 裂，裂片椭圆状卵形、宽椭圆形或椭圆形，外被极疏的短柔毛；雄蕊 4，花药椭圆形，长 0.2 毫米，花丝长 0.7 毫米，光滑；子房下位，花柱 2 裂至近基部，长约 1 毫米，柱头

球状。果小，扁球形，长约 1 毫米，果爿单生或双生，密被黄白色钩状毛。花期 7 月，果期 9 月。

【生境】生于山地林下、林缘、灌丛及草甸中，也有少量生于杂类草草甸草原。

产察哈尔右翼中旗、凉城县、兴和县。

【用途】药用。

茜草科 拉拉藤属

蓬子菜 *Galium verum* L. Var. *Verum*

【别名】松叶草

【蒙名】乌如木杜乐

【特征】多年生中生草本,近直立,基部稍木质。地下茎横走,暗棕色。茎高 25~65 厘米,具 4 纵棱,被短柔毛。叶 6~8(10)片轮生,条形或狭条形,长 1~3 (4.5)厘米,宽 1~2 毫米,先端尖,基部稍狭,上面深绿色,下面灰绿色,两面均无毛,中脉 1 条,背面凸起,边缘反卷, 无毛;无柄。聚伞圆锥花序顶生或上部叶腋生,长 5~20 厘米;花小,黄色,具短梗,被疏短柔毛;萼筒长 1 毫米,无毛; 花冠长约 9.9 毫米,裂片 4,卵形,长 2

毫米,宽 1 毫米;雄蕊 4,长约 1.3 毫米,花柱 2 裂至中部,长约 1 毫米,柱头头状。果小,果爿双生,近球状,径约 2 毫米,无毛。花期 7 月,果期 8—9 月。

【生境】生于草甸草原、杂类草草甸、山地林缘及灌丛中。

产乌兰察布市全市。

【用途】低等牧草,马羊喜食。茎可提取绛红色染料。可作工业原料;药用。

茜草科 茜草属

茜草 *Rubia cordifolia* L.

【别名】红丝线、粘粘草

【蒙名】马日那

【特征】多年生中生攀援草本,根紫红色或橙红色。茎粗糙,基部稍木质化;小枝四棱形,棱上具倒生小刺。叶 4~6(8)片轮生,纸质,卵状披针形或卵形,长1~6 厘米,宽 6~25 毫米,先端渐尖,基部心形或圆形,全缘,边缘具倒生小刺,上面粗糙或疏被短硬毛,下面疏被刺状糙毛,脉上有倒生小刺,基出脉 3~5 条;叶柄长 0.5~5 厘米,沿棱具倒生小刺。聚伞花序顶生或腋生,通常组成大而疏松的圆锥花序;小苞片披针形,长 1~2 毫米。花小,黄白色,具短梗;花萼筒近球形,无毛;花冠辐状,长

约 2 毫米,筒部极短,檐部 5 裂,裂片长圆状披针形,先端渐尖;雄蕊 5,着生于花冠筒喉部,花丝极短,花药椭圆形;花柱 2 深裂,柱头头状。果实近球形,径 4~5 毫米,橙红色,熟时不变黑,内有 1 粒种子。花期 7 月,果期 9 月。

【生境】生于山地杂木林下、林缘、路旁草丛、沟谷草甸及河边。

产乌兰察布市全市。

【用途】植物染料,药用。

忍冬科 忍冬属

黄花忍冬 *Lonicera chrysantha* Turcz. ex Ledeb.

【别名】金花忍冬

【蒙名】希日·达邻·哈力苏

【特征】中生耐阴性灌木，高 1~2 米。冬芽窄卵形，具数对鳞片，边缘具睫毛，背部被疏柔毛。小枝被长柔毛，后变光滑。叶菱状卵形至菱状披针形或卵状披针形，长 4~7.5 厘米，宽 1~4.5 厘米，先端尖或渐尖，基部圆形或宽楔形，全缘，具睫毛，上面暗绿色，疏被短柔毛，沿中肋尤密，下面淡绿色，疏被短柔毛，沿脉甚密；叶柄长 3~5 毫米，被柔毛。苞片与子房等长或较长，小苞片卵状矩圆形至近圆形，长为子房的 1/3~1/2，边缘具睫毛，背部具腺毛；总梗

长 1.5~2.3 厘米，被柔毛；花黄色，长 12 毫米，花冠外被柔毛，花冠筒基部一侧浅囊状，上唇 4 浅裂，裂片卵圆形，下唇长椭圆形；雄蕊 5，花丝长 10 毫米，中部以下与花冠筒合生，被密柔毛，花药长椭圆形，长 2 毫米；花柱长 11 毫米，被短柔毛，柱头圆球状，子房矩圆状卵圆形，具腺毛。浆果红色，径 5~6 毫米，种子多数。花期 6 月，果熟期 9 月。

【生境】生于海拔 1 200~1 400 米的山地阴坡杂木林下或沟谷灌丛中。

产凉城县、卓资县、丰镇市。

【用途】药用，清热解毒，散痈消肿。树皮可造纸，种子可榨油。为庭园绿化树种。

败酱科　缬草属

毛节缬草　*Valeriana officinalis* L.

【别名】拔地麻

【蒙名】巴木柏·额布斯

【特征】多年生草本。高 60~150 厘米，茎中空，有纵棱，被粗白毛，以基节最多，且在节处毛稍密。基生叶丛生，早落或残存，为单数羽状复叶，小叶 9~15，全缘或具少数锯齿，具长柄。茎生叶对生，单数羽状全裂呈复叶状，裂片 7~11，卵状披针形、披针形、近椭圆形或条形，长 8~13 厘米，宽 3~8.5 厘米，中央裂片与两侧裂片近同形等大或稍宽大，先端钝或尖，基部下延，全缘或具疏锯齿，无毛或稍被毛，自下而上渐次变小，且叶柄也渐渐变短至无柄抱茎。伞房状三出聚伞圆锥花序，总苞片羽裂，小苞片条形或狭披针形，先端及边缘常具睫毛状柔毛；花小，淡粉红色，开后色渐浅至白色。花萼内卷；花冠狭筒状或筒状钟形，长 3~5 毫米，5 裂；雄蕊 3，较花冠管稍长，子房下位。瘦果狭卵形，长约 4 毫米，基部近平截，顶端有羽毛状宿萼多条。花期 6—8 月，果期 7—9 月。

【生境】生于山地落叶松林下、白桦林下、林缘、灌丛、山地草甸及草甸草原中。

产丰镇市、卓资县、兴和县、凉城县。

【用途】根及根状茎入药。

川续断科 蓝盆花属

华北蓝盆花 *Scabiosa tschiliensis* Grunning

【蒙名】奥木日阿图音·套存·套日麻

【特征】多年生沙生中旱生草本，根粗壮，木质。茎斜升，高 20~50(80)厘米。基生叶椭圆形、矩圆形、卵状披针形至窄卵形，先端略尖或钝，缘具缺刻状锐齿，或大头羽状裂，上面几光滑，下面稀疏或仅沿脉上被短柔毛，有时两面均被短柔毛，边缘具细纤毛，叶柄长 4~12 厘米；茎生叶羽状分裂，裂片 2~3 裂或再羽裂，最上部叶羽裂片呈条状披针形，长达 3 厘米，顶端裂片长 6~7 厘米，宽约 0.5 厘米，先端急尖。头状花序在茎顶成三出聚伞排列，直径 3~5 厘米，总花梗长 15~30 厘米，总苞片 14~16 片，条状披针形；边缘花较大而呈放射状；花萼 5 齿裂，刺毛状；花冠蓝紫色，筒状，先端 5 裂，裂片 3 大 2 小；雄蕊 4；子房包于杯状小总苞内。果序椭圆形或近圆形，小总苞略呈四面方柱状，每面有不甚显著中棱 1 条，被白毛，顶端有干膜质檐部，檐下在中棱与边棱间常有 8 个浅凹穴；瘦果包藏在小总苞内，其顶端具宿存的刺毛状萼针。花期6—8 月，果期 8—10 月。

【生境】生于沙质草原、典型草原及草甸草原群落中，为常见伴生植物。

产兴和县、卓资县。

【用途】花作蒙药用(蒙药名：乌和日·西鲁苏)，能清热泻火，主治肝火头痛、发烧、肺热、咳嗽、黄疸。

桔梗科　沙参属

狭叶沙参　*Adenophora gmelinii* (Beihler) Fisch. var. *gmelinii*

【蒙名】那日汗·哄呼·其其格

【特征】多年生旱中生草本。茎直立,高 40~60 厘米,单一或自基部抽出数条, 无毛或被短硬毛。茎生叶互生,集中于中部,狭条形或条形,长 2~12 厘米,宽 1~5 毫米,全缘或极少有疏齿,两面无毛或被短硬毛,无柄。花序总状或单生,通常 1~10 朵,下垂;花萼裂片 5,多为披针形或狭三角状披针形, 长 4~6 毫米,宽 1.5~2 毫米, 全缘, 无毛或有短毛;花冠蓝紫色,宽钟状,长 1.5~2.3 厘米,外面无毛;花丝下部加宽,密被白色柔毛;花盘短筒状,长 2~3 毫米, 被疏毛或无毛;花柱内藏,短于花冠。蒴果椭圆状,长 8~13 毫米,径 4~7 毫米。种子椭圆形,黄棕色,有一条翅状棱,长约 1.8 毫米。花期 7—8 月,果期 9 月。

【生境】生于林缘、山地草原及草甸草原。

产卓资县、兴和县苏木山、凉城县蛮汗山、察哈尔右翼后旗、四子王旗。

【用途】药用。

桔梗科 沙参属

紫沙参 *Adenophora paniculata* Nannf. var. *paniculata*

【蒙名】宝日·哄呼·其其格

【特征】多年生中生草本。茎直立,高 60~120 厘米,粗壮,径达 8 毫米,绿色或紫色,不分枝,无毛或近无毛。基生叶心形,边缘有不规则锯齿;茎生叶互生,条形或披针状条形,长 5~15 厘米,宽 0.3~1 厘米,全缘或极少具疏齿,两面疏生短毛或近无毛,无柄。圆锥花序顶生, 长 20~40 厘米,多分枝,无毛或近无毛;花梗纤细,长 0.6~2 厘米,常弯曲;花萼无毛, 裂片 5, 丝状钻形或近丝形,长 3~5 毫米;花冠口部收缢,筒状坛形,蓝紫色、淡蓝紫色或白色,长 1~1.3 厘米,无毛,5 浅裂;雄蕊多少露出花冠,花丝基部加宽,密被柔毛;花盘圆筒状,长约 3 毫米,无毛或被毛;花柱明显伸出花冠,长 2~2.4 厘米。蒴果卵形至卵状矩圆形,长 7~9 毫米,径 3~5 毫米。种子椭圆形,棕黄色,长约 1 毫米。花期 7—9 月,果期 9 月。

【生境】生于山地林缘、灌丛、沟谷草甸。

产兴和县苏木山。

桔梗科　沙参属

皱叶沙参　*Adenophora stenanthina*(Ledeb.) Kitag.var.*crispata* (Korsh.) Y. Z. Zhao

【蒙名】乌日其格日·哄呼·其其格

【特征】多年生草本,高 30~80 厘米,有白色乳汁。茎直立,常丛生;茎生叶互生,披针形至卵形,宽 5~15 毫米,边缘具波状齿。圆锥花序顶生,多分枝,花下垂;花萼裂片钻形;花冠蓝紫色,筒状坛形,5 浅裂,裂片下部略收缩;花柱超出花冠 0.5~1 倍。花期 7—9 月。

【生境】生于山地、丘陵、草原。

产卓资县、兴和县苏木山、凉城县蛮汗山、察哈尔右翼后旗、四子王旗。

【用途】饲用,药用,观赏。

菊科 狗娃花属

阿尔泰狗娃花 *Heteropappus altaicus* (Willd.) Novopokr.

【别名】阿尔泰紫菀

【蒙名】阿拉泰音·布荣黑

【特征】多年生中旱生草本,高(5)20~40厘米。全株被弯曲短硬毛和腺点。根多分歧,黄色或黄褐色。茎多由基部分枝,斜升,也有茎单一而不分枝或由

上部分枝者。茎和枝均具纵条棱。叶疏生或密生,条形、条状矩圆形、披针形、倒披针形,或近匙形,长(0.5)2~5厘米,宽(1)2~4毫米,先端钝或锐尖,基部渐狭,无叶柄,全缘;上部叶渐小。头状花序直径(1)2~3(3.5)厘米,单生于枝顶或排成伞房状;总苞片草质,边缘膜质,条形或条状披针渐尖,外层者长3~5毫米,内层者长5~6毫米;舌状花淡蓝紫色,长(5)10~15毫米,宽1~2毫米;管状花长约6毫米。瘦果矩圆状倒卵形,长2~3毫米,被绢毛。冠毛污白色或红褐色,为不等长的糙毛状,长达4毫米。花果期7—10月。

【生境】广泛生于干草原与草甸草原带,也生于山地、丘陵坡地、砂质地、路旁及村舍附近等处,是重要的草原伴生植物,在放牧较重的退化草原中,其种群常有显著增长,成为草原退化演替的标帜种。

产乌兰察布全市。

【用途】药用,饲用。

本种在本区分布较普遍,随着地理及生态条件的改变,其植株高度、叶的大小,以至头状花序的大小、舌状花舌片的长度等有很大变异。例如在本区西部荒漠地带的干旱气候条件下,看到有的植株甚矮小,高仅5~10厘米,茎下部稍显木质化,叶较小,长5~15毫米,宽1~2毫米,头状花序亦较小,直径1厘米多,舌状花的舌片长仅5~6毫米。这些形态变异是属于本种在干旱气候条件下所形成的旱生类型。

菊科 紫菀属

高山紫菀 *Aster alpinus* L.

【别名】高岭紫菀

【蒙名】塔格音·敖登·其其格

【特征】多年生中生草本。植株高 10~35 厘米。有丛生的茎和莲座状叶丛。茎直立,单一,不分枝,具纵条棱,被疏或密的伏柔毛。基生叶匙状矩圆形或条状矩圆形,长 1~10 厘米,宽 4~10 毫米,先端圆形或稍尖,基部渐狭成具翅的细叶柄,叶柄有时长可达 10 厘米,全缘,两面多少被伏柔毛;中部叶及上部叶渐变狭小,无叶柄。头状花序单生于茎顶,直径 3~3.5 厘米,总苞半球形,直径 15~20 毫米,总苞片 2~3 层,披针形或条形,近等长,长 7~9 毫米,先端钝或稍尖,具狭或较宽的膜质边缘,背部被疏或密的伏柔毛;舌状花紫色、蓝色或淡红色,长 12~18 毫米,舌片宽约 2 毫米,花柱分枝披针形;管状花长约 5 毫米。瘦果长约 3 毫米,密被绢毛,另外,在周边杂有较短的硬毛。冠毛白色,长 5~6 毫米。花果期 7—8 月。

【生境】中旱生–高山寒生草原种。广泛生于森林草原地带和草原带的山地草原,也进入森林;喜碎石土壤。

产四子王旗、察哈尔右翼中旗、凉城县、卓资县、兴和县、丰镇市等。

【用途】观赏。

菊科 紫菀木属

软叶紫菀木 *Asterothamnus molliusculus* Novopokr.

【蒙名】朱格伦·拉白

【特征】半灌木,高30~40厘米。茎直立或斜升,下部木质化,坚硬,外皮黄褐色,冬芽密被灰白色短绒毛,后多少脱毛;当年生小枝细长,常开展,斜升或稍弯,密被灰白色蛛丝状密短蜷毛或绵毛。叶质较软,矩圆状披针形或矩圆形,长10~12毫米,宽约3毫米,先端钝或稍尖,具软骨质小尖头,基部渐狭,无柄,边缘反卷,具一条明显的中脉,上面被短柔毛,下面密被灰白色蛛丝状绵毛。头状花序通常1~3个在枝顶排列

成疏伞房状,总花梗较短;总苞宽倒卵形,长宽约8毫米,总苞片外层较短,披针形,内层矩圆形,先端渐尖或稍钝,具白色宽膜质的边缘,具一条绿色的中脉,背面密被灰白色绵毛;舌状花淡紫色,约6朵,舌片开展,矩圆形,长约10毫米,管状花约12朵,长5毫米。瘦果矩圆形,长3.5毫米,疏被白色疏长伏毛;冠毛白色,与管状花冠等长。花期8月。

【生境】生长于荒漠草原的砾石质地。

产四子王旗。

菊科　飞蓬属

飞蓬　*Erigeron acris* L.

【别名】北飞蓬

【蒙名】车衣力格·其其格

【特征】二年生中生草本，高10~60厘米。茎直立，单一，具纵条棱，绿色或带紫色，密被伏柔毛并混生硬毛。叶绿色，两面被硬毛，基生叶与茎下部叶

倒披针形，长1.5~10厘米，宽3~17毫米，先端钝或稍尖并具小尖头，基部渐狭成具翅的长叶柄，全缘或具少数小尖齿；中部叶及上部叶披针形或条状矩圆形，长0.4~8厘米，宽2~8毫米，先端尖，全缘或有齿。头状花序直径1.1~1.7厘米，多数在茎顶排列成密集的伞房状或圆锥状；总苞半球形，总苞片3层，条状披针形，长5~7毫米，外层者短，内层者较长，先端长渐尖，边缘膜质，背部密被硬毛；雌花二型：外层小花舌状，长5~7毫米，舌片宽0.25毫米，淡红紫色，内层小花细管状，长约3.5毫米，无色；两性的管状小花，长约5毫米。瘦果矩圆状披针形，长1.5~1.8毫米，密被短伏毛。冠毛2层，污白色或淡红褐色，外层者甚短，内层者较长，长3.5~8毫米。花果期7—9月。

【生境】生于石质山坡、林缘、低地草甸、河岸砂质地、田边。

产察哈尔右翼中旗、卓资县、凉城县、兴和县。

菊科　火绒草属

火绒草　*Leontopodium leontopdioides* (Willd.) Beauv.

【别名】火绒蒿、老头草、老头艾、薄雪草

【蒙名】乌拉·额布斯

【特征】多年生旱生草本。植株高10~40厘米。根状茎粗壮，为枯萎的短叶鞘所包裹，有多数簇生的花茎和根数条。茎直立或稍弯曲，较细，不分枝，被灰白色长柔毛或白色近绢状毛。下部叶较密，在花期枯萎宿存；中部和上部叶较疏，多直立，条形或条状披针形，长1~3厘米，宽2~4毫米，先端尖或稍尖，有小尖头，基部稍狭，无鞘，无柄，边缘有时反卷或呈波状，上面绿色，被柔毛，下面被白色或灰白色密绵毛。苞叶少数，矩圆形或条形，与花序等长或较长1.5~2倍，两面或下面被白色或灰白色厚绵毛，雄株多少开展成苞叶群，

雌株苞叶散生不排列成苞叶群。头状花序直径7~10毫米，3~7个密集，稀1个或较多，或有较长的花序梗而排列成伞房状。总苞半球形，长4~6毫米，被白色绵毛；总苞片约4层，披针形，先端无色或浅褐色。小花雌雄异株，少同株；雄花花冠狭漏斗状，长3.5毫米；雌花花冠丝状，长4.5~5毫米。瘦果矩圆形，长约1毫米，有乳头状突起或微毛；冠毛白色，基部稍黄色，长1~6毫米，雄花冠毛上端不粗厚，有毛状齿。花果期7—10月。

【生境】多散生于典型草原、山地草原及草原砂质地。

产卓资县、兴和县、凉城县、丰镇市等。

【用途】药用。

菊科　香青属

铃铃香青　*Anaphalis hancockii* Maxim.

【别名】铃铃香、铜钱花

【蒙名】查干·呼吉乐

【特征】适应高寒的多年生中生草本植物，植株高 20~35 厘米。根状茎细长，匍枝有膜质鳞片状叶和顶生的莲座状叶丛。茎从膝曲的基部直立，被蛛丝状毛及腺毛，上部被蛛丝状绵毛。莲座状叶与茎下部叶匙状或条状矩圆形，长 2~10 厘米，宽 5~15 毫米，先端圆形或锐尖，基部渐狭成具翅的柄或无柄；中部叶及上部叶条形或条状披针形，直立贴茎或稍开展，先端尖，有时具枯焦状小尖头；全部叶质薄，两面被蛛丝状毛及腺毛，边缘被灰白色蛛丝状长毛，离基三出脉。头状花序 9~15 个在茎顶密集成复伞房状。总苞宽钟状，长 8~9(11)毫

米，宽 8~10 毫米；总苞片 4~5 层，外层者卵形，长 5~6 毫米，下部红褐色或黑褐色；内层者矩圆状披针形，长 8~10 毫米，上部白色，最内层者条形，有爪。花序托有穗状毛。雌株头状花序有多层雌花，中央有 1~6 个雄花，雄株头状花序全部为雄花，花冠长 4~5 毫米。瘦果长约 1.5 毫米，密被乳头状突起；冠毛较花冠稍长。花果期 6—9 月。

【生境】生于山地草甸。

　　　产兴和县苏木山、察哈尔右翼中旗灰腾锡勒、丰镇市等。

【用途】药用。

菊科 蓍属

亚洲蓍 *Achillea asiatica* Serg.

【蒙名】阿子音·图乐格其·额布斯

【特征】中生草本,植株高 15~50 厘米。根状茎细,横走,褐色。茎单生或数个,直立或斜升,具纵沟棱,被或疏或密的皱曲长柔毛,中上部常有分枝。叶绿色或灰绿色,矩圆形、宽条形或条状披针形,下部叶长 7~20 厘米,宽 0.5~2 厘米,二至三回羽状全裂,叶轴宽 0.5~0.75(1)毫米,小裂片条形或披针形,长 0.5~1 毫米;宽 0.1~0.3(0.5)毫米,先端有软骨质小尖,两面疏被长柔毛,有蜂窝状小腺点,叶具柄或近无柄;中部叶及上部叶较短,无柄。头状花序多数,在茎顶密集排列成复伞房状;总苞杯状,长 3~4 毫米,宽 2.5~3毫米;总苞片 3 层,黄绿色,卵形或矩圆形,先端钝,有中肋,边缘和顶端膜质,褐色,疏被长柔毛;舌状花粉红色,稀白色,舌片宽椭圆形或近圆形,长约 2 毫米,宽 1.5~2(2.5)毫米,顶端有 3 个圆齿;管状花长约 2 毫米,淡粉红色。瘦果楔状矩圆形,长约 2 毫米。花果期 7—9 月。

【生境】生于河滩、沟谷草甸及山地草甸,为伴生种。

　　产察哈尔右翼中旗、卓资县灰腾锡勒山地草甸、凉城县岱海滩、察哈尔右翼前旗黄旗海滩等。

【用途】药用。

菊科　蓍属

高山蓍 *Achillea alpina* L.

【别名】蓍、蚰蜒草、锯齿草、羽衣草

【蒙名】图乐格其·额布苏

【特征】中生草本,植株高 30~70 厘米。根状茎短。茎直立,具纵沟棱,疏被贴生长柔毛,上部有分枝。下部叶花期凋落;中部叶条状披针形,长 3~9 厘米,宽 5~10 毫米,无柄,羽状浅裂或羽状深裂,裂片条形或条状披针形,先端锐尖,有不等长的缺刻状锯齿,裂片和齿端有软骨质小尖头,两面疏生长柔毛,有腺点或无腺点。头状花序多数,密集成伞房状;总苞钟状,长 4~5 毫米;总苞叶 3 层,宽披针形,先端钝,具中肋,边缘膜质,褐色,疏被长柔毛;托片与总苞片相似;舌状花 7~8,舌片卵圆形,长 1.5~2 毫米,宽 2 毫米,顶端有 3 小齿;管状花白色,长 2~2.5 毫米。瘦果宽倒披针形,长约 3 毫米。花果期 7—9 月。

【生境】山地林缘、灌丛、沟谷草甸常见的伴生种。

【用途】全草入药,能清热解毒、祛风止痛,主治风湿疼痛、跌打损伤、肠炎、痢疾、痈疮肿毒、毒蛇咬伤。入蒙药(蒙药名:图勒格其·额布苏),能消肿、止痛,主治内痈、关节肿胀、疖疮肿毒。

菊科 菊属

小红菊 *Chrysanthemum chanetii* H. Lev.

【**别名**】山野菊

【**蒙名**】乌兰·乌达巴拉

【**特征**】多年生中生草本,高 10~60 厘米。具匍匐的根状茎。茎单生或数个,直立或基部弯曲,中部以上多分枝,呈伞房状,稀不分枝,茎与枝疏被皱曲柔毛,少近无毛。基生叶及茎中、下部叶肾形、宽卵形、半圆形或近圆形,长 1~5 厘米,宽略等于长,通常 3~5 掌状或掌式羽状浅裂或半裂,少深裂,侧裂片椭圆形至宽卵形,宽 0.3~2 厘米,顶裂片较大或与侧裂片相等,全部裂片边缘有不整齐钝齿、尖齿或芒状尖齿,叶上面绿色,下面灰绿色,疏被或密被柔毛以至无毛,并密被腺点,叶片基部近心形或截形,有长 1~5 厘米具窄翅的叶柄;上部叶卵形或近圆形,接近花序下部的叶为椭圆形、长椭圆形以至条形,羽裂、齿裂或不分裂。头状花序直径 2~4 厘米,少数(约 2 个)至多数(约 15 个) 在茎枝顶端排列成疏松的伞房状,极少有单生于茎顶的。总苞碟形,长 3~4 毫

米,直径 6~10 毫米;总苞片 4~5 层,外层者条形,仅先端膜质或呈圆形扩大而膜质,边缘继状撕裂,外面疏被长柔毛,中、内层者渐短,宽倒披针形、三角状卵形至条状长椭圆形,全部总苞片边缘白色或褐色膜质。舌状花白色、粉红色或红紫色,舌片长 0.8~2.0 厘米,宽 2~3 毫米,先端 2~3 齿裂;管状花长 1.8~2.4 毫米。瘦果长约 2 毫米,顶端斜截,下部渐狭,具 4~6 条脉棱。花果期 7—9 月。

【**生境**】生长于山坡、林缘及沟谷等处。

产卓资县、兴和县、凉城县、丰镇市等。

【**用途**】药用。

菊科　女蒿属

女蒿 *Hippolytia trifida* (Turcz.) Poljak.

【**别名**】三裂艾菊

【**蒙名**】宝日·塔嘎日

【**特征**】强旱生小半灌木，高 5~25 厘米。根粗壮，木质，暗褐色。茎短缩，扭曲，树皮黑褐色，呈不规则条状剥裂或劈裂，老枝灰色或褐色，木质，枝皮干裂，由老枝上生出多数短缩的营养枝和细长的生殖枝；生殖枝细长，常弯曲，斜升，略具纵棱，灰棕色或灰褐色，全部枝密被银白色短绢毛。叶灰绿色，楔形或匙形，长 0.5~3.5 厘米，3 深裂或 3 浅裂，叶中部以下长渐狭；裂片短条形或矩圆状条形，先端钝，全缘，有时裂片中上部具 1~2 小

裂片或齿，又呈 2 或 3 深裂或浅裂状，叶两面密被白色短绢毛，有腺点，下面主脉明显而隆起；最上部叶条状倒披针形，全缘。头状花序钟状或狭钟状，长 5~7 毫米，宽 3~5 毫米，具短梗，梗长 2~15 毫米，4~8 个在茎顶排列成紧缩的伞房状；总苞片疏被长柔毛与腺点，先端钝圆，边缘宽膜质，外层者卵圆形，内层者矩圆形；管状花管黄色，长 3~3.5 毫米。瘦果近圆柱形，长 1.5~3 毫米，黄褐色，无毛。花果期 7—9 月。

【**生境**】生于砂壤质棕钙土上，为荒漠草原的建群种及小针茅草原的优势种。

产四子王旗、察哈尔右翼中旗、卓资县、兴和县、丰镇市。

【**用途**】为中等饲用小半灌木。羊和骆驼喜食。

菊科 蒿属

冷蒿 *Artemisia frigida* Willd. var. *Frigida*

【别名】小白蒿、兔毛蒿

【蒙名】啊给

【特征】多年生草本,高10~50厘米。主根细长或较粗,木质化,侧根多;根状茎粗短或稍细,有多数营养枝。茎少数或多条常与营养枝形成疏松或密集的株丛,基部多少木质化,上部分枝或不分枝;茎、枝、叶

及总苞片密被灰白色或淡灰黄色绢毛,后茎上毛稍脱落;茎下部叶与营养枝叶矩圆形或倒卵状矩圆形,长、宽10~15毫米,二至三回羽状全裂,侧裂片2~4对,小裂片条状披针形或条形,叶柄长5~20毫米;中部叶矩圆形或倒卵状矩圆形,长、宽5~7毫米,一至二回羽状全裂,侧裂片3~4对,小裂片披针形或条状披针形,长2~3毫米,宽0.5~1.5毫米,先端锐尖,基部的裂片半抱茎,并成假托叶状,无柄;上部叶与苞叶羽状全裂或3~5全裂,裂片披针形或条状披针形。头状花序半球形、球形或卵球形,直径(2)2.5~3(4)毫米,具短梗,下垂,在茎上排列成总状或狭窄的总状花序式的圆锥状;总苞片3~4层,外、中层的卵形或长卵形,背部有绿色中肋,边缘膜质,内层的长卵形或椭圆形,背部近无毛,膜质;边缘雌花8~13枚,花冠狭管状,中央两性花20~30枚,花冠管状。花序托有白色托毛。瘦果矩圆形或椭圆状倒卵形。花果期8—10月。

【生境】生态幅度很广的旱生植物。广布于草原带和荒漠草原带,沿山地也进入森林草原和荒漠带中,多生长在沙质、沙砾质或砾石质土壤上,是草原小半灌木群落的主要建群植物,也是其他草原群落的伴生植物或亚优势植物。

产乌兰察布全市。

【用途】药用,饲用。本种为优良牧草,羊和马四季均喜食其枝叶,骆驼和牛也乐食,干枯后,各种家畜均乐食,为家畜的抓膘草之一。

菊科 蒿属

白莲蒿 *Artemisia gmelinii* Web. ex Stechm. var. *gmelinii*

【别名】万年蒿、铁秆蒿

【蒙名】矛日音·西巴嘎

【特征】中旱生或旱生半灌木状草本,高 50~100 厘米。根稍粗大,木质,垂直;根状茎粗壮,常有多数营养枝。茎多数,常成小丛,紫褐色或灰褐色,具纵条棱,下部木质,皮常剥裂或脱落,多分枝;茎、枝初时被短柔毛,后下部脱落无毛。茎下部叶与中部叶长卵形、三角状卵形或长椭圆状卵形,长 2~10 厘米,宽 3~8 厘米,二至三回栉齿状羽状分裂,第

一回全裂,侧裂片 3~5 对,椭圆形或长椭圆形,小裂片栉齿状披针形或条状披针形,具三角形栉齿或全缘,叶中轴两侧有栉齿,叶上面绿色,初时疏被短柔毛,后渐脱落,幼时有腺点,下面初时密被灰白色短柔毛,后无毛;叶柄长 1~5 厘米,扁平,基部有小型栉齿状分裂的假托叶;上部叶较小,一至二回栉齿状羽状分裂,具短柄或无柄,苞叶栉齿状羽状分裂或不分裂,条形或条状披针形。头状花序近球形,直径 2~3.5 毫米,具短梗,下垂,多数在茎上排列成密集或稍开展的圆锥状;总苞片 3~4 层,外层的披针形或长椭圆形,初时密被短柔毛,后脱落无毛,中肋绿色,边缘膜质,中、内层的椭圆形,膜质,无毛;边缘雌花 10~12 枚,花冠狭管状,中央两性花 20~40 枚,花冠管状;花序托凸起。瘦果狭椭圆状卵形或狭圆锥形。花果期 8—10 月。

【生境】分布较广,比较喜暖,在大青山的低山带阳坡常形成群落,为山地半灌木群落的主要建群植物。

　　产乌兰察布市全市。

571

菊科 蒿属

密毛白莲蒿（变种） *Artemisia gmelinii* Web. ex Stechm. var. *messerschmidtiana* (Bess.) Poljak.

【别名】白万年蒿

【特征】本变种与正种的区别在于：叶两面密被灰白色或淡灰黄色短柔毛。

【生境】生长于山坡、丘陵及路旁等处。

产兴和县、丰镇市等。

菊科　蒿属

裂叶蒿　*Artemisia tanacetifolia* L.

【别名】菊叶蒿

【蒙名】萨拉巴日海·协日乐吉

【特征】多年生中生草本,高 20~75 厘米。主根细;根状茎横走或斜生。茎单生或少数,直立,具纵条棱,中部以上有分枝,茎上部与分枝常被平贴的短柔毛。叶质薄,下部叶与中部叶椭圆状矩圆形或长卵形,长 5~12 厘米,宽 1.5~6 厘米,二至三回栉齿状羽状分裂,第一回全裂,侧裂片 6~8 对,裂片椭圆形或椭圆状矩圆形,叶中部裂片与中轴成直角叉开,每裂片基部均下延在叶轴与叶柄上端成狭翅状,裂片常再次羽状深裂,小裂片椭圆状披针形或条状披针形,不再分裂或边缘具小锯齿,叶上面绿色,稍有凹点,无毛或疏被短柔毛,下面初时密被短柔毛,后稍稀疏;叶柄长 5~12 厘米,基部有小型假托叶;上部叶一至二回栉齿状羽状全裂,无柄或近无柄;苞叶栉齿状羽状分裂或不分裂,条形或条状披针形。头状花序球形或半球形,直径 2~3 毫米,具短梗,下垂,多数在茎上排列成稍狭窄的圆锥状;总苞片 3 层,外层的卵形,淡绿色,边缘狭膜质,背部无毛或初时疏被短柔毛,后变无毛,中层的卵形,边缘宽膜质,背部无毛,内层的近膜质;边缘雌花 9~12 枚,花冠狭管状,背面有腺点,常有短柔毛,中央两性花 30~40 枚,花冠管状,也有腺点和短柔毛;花序托半球形。瘦果椭圆状倒卵形,长约 1.2 毫米,暗褐色。花果期 7—9 月。

【生境】多分布于森林草原和森林地带,也见于草原区和荒漠区山地,是草甸、草甸化草原及山地草原的伴生植物或亚优势植物,有时也出现在林缘和灌丛间。

产乌兰察布市全市。

菊科 蒿属

野艾蒿 *Artemisia codonocephala* Diels

【别名】荫地蒿、野艾

【蒙名】哲日力格·荽哈

【特征】多年生中生草本,高 60~100 厘米,植株有香气。主根稍明显,侧根多;根状茎细长,常横走,有营养枝。茎少数,稀单生,具纵条棱,多分枝;茎、枝被灰白色蛛丝状短柔毛。叶纸质,基生叶与茎下部叶宽卵形或近圆形,二回羽状全裂,具长柄,花期枯萎;中部叶卵形、矩圆形或近圆形,长 6~8 厘米,宽 5~7 厘米,(一) 二回羽状全裂,侧裂片 2~3 对,椭圆形或长卵形,每裂片具 2~3 个条状披针形或披针形的小裂片或深裂齿,长 3~7 毫米,宽 2~3 毫米,先端尖,上面绿色,密布白色腺点,初时疏被蛛丝状柔毛,后稀疏或近无毛,下面密被灰白色绵毛,叶柄长 1~2 厘米,

基部有羽状分裂的假托叶;上部叶羽状全裂,具短柄或近无柄;苞叶 3 全裂或不分裂,条状披针形或披针形。头状花序椭圆形或矩圆形,直径 2~2.5 毫米,具短梗或无梗,花后多下倾,具小苞叶,多数在茎上排列成狭窄或稍开展的圆锥状;总苞片 3~4 层,外层的短小,卵形或狭卵形,背部密被蛛丝状毛,边缘狭膜质,中层的长卵形,毛较疏,边缘宽膜质,内层的矩圆形或椭圆形,半膜质,近无毛;边缘雌花 4~9 枚,花冠狭管状,紫红色,中央两性花 10~20 枚,花冠管状,紫红色。花序托小,凸起。瘦果长卵形或倒卵形。花果期 7—10 月。

【生境】散生于林缘、灌丛、河湖滨草甸,作为杂草也进入农田、路旁、村庄附近。

产卓资县、察哈尔右翼中旗。

菊科 蒿属

龙蒿 *Artemisia dracunculus* L.

【别名】狭叶青蒿

【蒙名】伊西根·协日乐吉

【特征】半灌木状中生草本,高20~100厘米。根粗大或稍细,木质、垂直;根状茎粗长,木质,常有短的地下茎。茎通常多数,成丛,褐色,具纵条棱,下部木质,多分枝,开展,茎、枝初时疏被短柔毛,后渐脱落。叶无柄,下部叶在花期枯萎;中部叶条状披针形或条形,长3~7厘米,宽2~3(6)毫米,先端渐尖,基部渐狭,全缘,两面初时疏被短柔毛,后无毛;上部叶与苞叶稍小,条形或条状披针形。头状花序近球形,直径2~3毫米,具短梗或近无梗,斜展或稍下垂,具条形小苞叶,多数在茎枝顶端排列成开展的或稍狭窄的圆锥状;总苞片3层,外层的稍狭小,卵形,背部绿色,无毛,中、内层的卵圆形或长卵形,边缘宽膜质或全

为膜质;边缘雌花6~10枚,花冠狭管状或近狭圆锥状,中央两性花8~14枚,花冠管状,花序托小,凸起。瘦果倒卵形或椭圆状倒卵形。花果期7—10月。

【生境】广布于森林区和草原区,多生长在砂质和疏松的砂壤质土壤上,散生或形成小群聚,作为杂草也进入撂荒地和村舍、路旁。

产乌兰察布市全市。

【用途】全草入药,主治清热祛风,利尿,治风寒感冒。

菊科 蒿属

柔毛蒿 *Artemisia pubescens* Ledeb.

【别名】变蒿、立沙蒿

【蒙名】乌斯特·胡日根·协日乐吉

【特征】多年生旱生草本,高20~70厘米。主根粗,木质;根状茎稍粗短,具营养枝。茎多数,丛生,草质或基部稍木质化,黄褐色、红褐色或带红紫色,具纵条棱,茎上半部有少数分枝,斜向上,

基部常被棕黄色绒毛,上部及枝初时被灰白色柔毛,后渐脱落无毛。叶纸质,基生叶与营养枝叶卵形,二至三回羽状全裂,具长柄,花期枯萎;茎下部、中部叶卵形或长卵形,长(2.5)3~9厘米,宽1.5~3厘米,二回羽状全裂,侧裂片2~4对,裂片及小裂片狭条形至条状披针形,长1~2厘米,宽0.5~1.5毫米,先端尖,边缘稍反卷,两面初时密被短柔毛,后上面毛脱落,下面疏被短柔毛,叶柄长2~5厘米,基部有假托叶;上部叶羽状全裂,无柄;苞叶3全裂或不分裂,狭条形。头状花序卵形或矩圆形,直径1.5~2毫米,具短梗及小苞叶,舒展或稍下垂,多数在茎上排列成狭窄或稍开展的圆锥状,总苞片3~4层,无毛,外层的短小,卵形,背部有绿色中肋,边缘膜质,中层的长卵形,边缘宽膜质,内层的椭圆形,半膜质;边缘雌花8~15,花冠狭管状或狭圆锥状,中央两性花10~15枚,花冠管状。花序托凸起。瘦果矩圆形或长卵形。花果期8—10月。

【生境】生长于森林草原及草原地带的山坡、林缘灌丛、草地或砂质地。

产四子王旗、卓资县、凉城县。

菊科　蒿属

猪毛蒿 *Artemisia scoparia* Waldst. et Kit.

【别名】米蒿、东北茵陈蒿、黄蒿、臭蒿

【蒙名】伊麻干·协日乐吉

【特征】多年生或近一二年生旱生草本,高达1米,植株有浓烈的香气。主根单一,狭纺锤形,垂直,半木质或木质化;根状茎粗短,常有细的营养枝。茎直立,单生,稀2~3条,红褐色或褐色,具纵沟棱,常自下部或中部开始分枝,下部分枝开展,上部枝多斜向上;茎、枝幼时被灰白色或灰黄色绢状柔毛,以

后脱落。基生叶与营养枝叶被灰白色绢状柔毛,近圆形、长卵形,二至三回羽状全裂,具长柄,花期枯萎;茎下部叶初时两面密被灰白色或灰黄色绢状柔毛,后脱落,叶长卵形或椭圆形,长1.5~3.5厘米,宽1~3厘米,二至三回羽状全裂,侧裂片3~4对,小裂片狭条形,长3~5毫米,宽0.2~1毫米,全缘或具1~2枚小裂齿,叶柄长2~4厘米;中部叶矩圆形或长卵形,长1~2厘米,宽5~15毫米,一至二回羽状全裂,侧裂片2~3对,小裂片丝状条形或毛发状,长4~8毫米,宽0.2~0.3(0.5)毫米;茎上部叶及苞叶3~5全裂或不分裂。头状花序小,球形或卵球形,直径1~1.5毫米,具短梗或无梗,下垂或倾斜,小苞叶丝状条形,极多数在茎上排列成大型而开展的圆锥状;总苞片3~4层,外层的草质、卵形、背部绿色、无毛,边缘膜质,中、内层的长卵形或椭圆形,半膜质;边缘雌花5~7枚,花冠狭管状,中央两性花4~10枚,花冠管状。花序托小,凸起。瘦果矩圆形或倒卵形,褐色。花果期7—10月。

【生境】分布很广,在草原带和荒漠带均有分布。多生长在沙质土壤上,是夏雨型一年生层片的主要组成植物。

　　　产乌兰察布市全市。

【用途】饲用,为中等牧草,春秋季节牛、马、羊乐意采食。药用。

菊科 蒿属

南牡蒿 *Artemisia eriopoda* Bunge var. *eriopoda*

【别名】黄蒿

【蒙名】乌苏力格·协日乐吉

【特征】多年生旱生草本,高 30~70 厘米。主根明显,粗短;根状茎肥厚,常呈短圆柱状,直立或斜向上,常有短营养枝。茎直立,单生或少数,具细条棱,绿褐色或带紫褐色,基部密被短柔毛,其余无毛,多分枝,开展,疏被毛,以后渐脱落。叶纸质,基生叶与茎下部叶具长柄,叶片近圆形、宽卵形或倒卵形,长 4~5 厘米,宽 2~6 厘米,一至二回大头羽状深裂或全裂或不分裂,仅边缘具数个锯齿,分裂叶有侧裂片 2~3 对,裂片倒卵形、近匙形或宽楔形,先端至边缘具规则或不规则的深裂片或浅裂片,并有锯齿,叶基部渐狭,楔形,叶上面无毛,下面疏被柔毛或近无毛;中部叶近圆形或宽卵形,长、宽 2~4 厘米,一至二回羽状深裂或全裂,侧

裂片 2~3 对,裂片椭圆形或近匙形,先端具 3 深裂或浅裂齿或全缘,叶基部宽楔形,近无柄或具短柄,基部有条形裂片状的假托叶;上部叶渐小,卵形或长卵形,羽状全裂,侧裂片 2~3 对,裂片椭圆形,先端常有 3 个浅裂齿;苞叶 3 深裂或不分裂,裂片或不分裂的苞叶条状披针形以至条形。头状花序宽卵形或近球形,直径 1.5~2 毫米,无梗或具短梗,具条形小苞片,多数在茎上排列成开展、稍大型的圆锥状;总苞片 3~4 层,外、中层的卵形或长卵形,背部绿色或稍带紫褐色,无毛,边缘膜质,内层的长卵形,半膜质;边缘雌花 3~8 枚,花冠狭圆锥状,中央两性花 5~11 枚,花冠管状。花序托凸起。瘦果矩圆形。花果期 7—10 月。

【生境】多分布在森林草原和草原带山地,为山地草原的常见伴生种。

产凉城县蛮汗山、丰镇市。

【用途】药用。

菊科　蒿属

漠蒿 *Artemisia desertorum* Spreng.

【别名】沙蒿

【蒙名】芒汗·协日乐吉

【特征】多年生旱生草本,高(10)30~90厘米。主根明显,侧根少数;根状茎粗短,具短的营养枝。茎单生,稀少数簇生,直立,淡褐色,有时带紫红色,具细纵棱,上部有分枝,茎、枝初时被短柔毛,后脱落无毛。叶纸质,茎下部叶与营养枝叶二型:一型叶片为矩圆状匙形或矩圆状倒楔形,先端及边缘具缺刻状锯齿或全缘,基部楔形,另一型叶片椭圆形、卵形或近圆形,长2~5(8)厘米,宽1~5(10)厘米,二回羽状全裂或深裂,侧裂片2~3对,椭圆形或矩圆形,每裂片常再3~5深裂或浅裂,小裂片条形、条状披针形或长椭圆形,叶上面无毛,下面初时被薄绒毛,后无毛,叶柄长1~4(~18)厘米,基部有条形、半抱茎的假托叶;中部叶较小,长卵形或矩圆形,一至二回羽状深裂,基部宽楔形,具短柄,基部有假托叶;上部叶3~5深裂,基部有小型假托叶;苞叶3深裂或不分裂,条状披针形

或条形,基部假托叶小。头状花序卵球形或近球形,直径2~3(4)毫米,具短梗或近无梗,基部有小苞叶,多数在茎上排列成狭窄的圆锥状;总苞片3~4层,外层的较小,卵形,中层的长卵形,外、中层总苞片背部绿色或带紫色,初时疏被薄毛,后脱落无毛,边缘膜质,内层的长卵形,半膜质,无毛;边缘雌花4~8枚,花冠狭圆锥状或狭管状,中央两性花5~10枚,花冠管状。花序托凸起。瘦果倒卵形或矩圆形。花果期7—9月。

【生境】草原上常见的伴生植物,有时也能形成局部的优势或层片,多生于砂质和砂砾质的土壤上。

产四子王旗、察哈尔右翼中旗、兴和县等。

菊科 蒿属

牛尾蒿 *Artemisia dubia* Wall. ex Bess. var. *dubia*

【别名】指叶蒿

【蒙名】蒙古乐·协日乐吉

【特征】多年生中生半灌木状草本,高 80~100 厘米。主根较粗长,木质化,侧根多;根状茎粗壮,有营养枝。茎多数或数个丛生,直立或斜向上,基部木质,具纵条棱,紫褐色,多分枝,开展,常呈屈曲延伸,茎、枝幼时被短柔毛,后渐脱落无毛。叶厚纸质或纸质,基生叶与茎下部叶大,卵形或矩圆形,羽状 5 深裂,有时裂片上具 1~2 个小裂片,无柄,花期枯萎;中部叶卵形,长 5~11 厘米, 宽 3~6 厘米,羽状 5 深裂,裂片椭圆状披针形、矩圆状披针形或披针形,长 2~6 厘米,宽 5~10 毫米,先端尖,全缘,基部渐狭成短柄,常有小型假托叶,叶上面近无毛,下面密被短柔毛;上

部叶与苞叶指状 3 深裂或不分裂,椭圆状披针形或披针形。头状花序球形或宽卵形,直径 1.5~2 毫米,无梗或有短梗,基部有条形小苞叶,多数在茎上排列成开展、具多级分枝大型的圆锥状;总苞片 3~4 层,外层的短小,外、中层的卵形或长卵形,背部无毛,有绿色中肋,边缘膜质,内层的半膜质;边缘雌花 6~9 枚,花冠狭小,近圆锥形,中央两性花 2~10 枚,花冠管状;花序托凸起。瘦果小,矩圆形或倒卵形。花果期 8—9 月。

【生境】生长于山坡林缘及沟谷草地。

产卓资县、察哈尔右翼中旗辉腾锡勒山地草原,凉城县蛮汉山,兴和县苏木山、丰镇市等。

【用途】药用。

菊科　栉叶蒿属

栉叶蒿　*Neopallasia pectinata* (Pall.) Poljak.

【别名】篦齿蒿

【蒙名】乌日和·希鲁黑

【特征】一年生或二年生中旱生草本,高15~50厘米。茎单一或自基部以上分枝,被白色长或短的绢毛。茎生叶无柄,矩圆状椭圆形,长1.5~3厘米,宽0.5~1厘米,一至二回栉齿状的羽状全裂,小裂片刺芒状,质稍坚硬,无毛。头状花序卵形或宽卵形,长3~4(5)毫米,直径2.5~3毫米,几无梗,3至数枚在分枝或茎端排列成稀疏的穗状,覆在茎上组成狭窄的圆锥状,苞叶栉齿状羽状全裂,总苞片3~4层,椭圆状卵形,边缘膜质,背部无毛;边缘雌花3~4枚,结实,花冠狭管状,顶端截形或微凸,无明显

裂齿;中央小花两性,9~16枚,有4~8枚着生花序托下部,结实,其余着生于花序托顶部的不结实,全部两性花花冠管状钟形,5裂;花序托圆锥形,裸露。瘦果椭圆形,长1.2~1.5毫米,深褐色,具不明显纵肋,在花序托下部排列成一圈。花期7—8月,果期8—9月。

【生境】分布极广,在干草原带、荒漠草原带以及草原化荒漠带均有分布,多生长在壤质或黏壤质的土壤上,为夏雨型一年生层片的主要成分。在退化草场上常常可成为优势种。产乌兰察布市全市。

【用途】地上部分入蒙药(蒙药名:乌合日·希鲁黑),能利胆,主治急性黄疸型肝炎。

菊科　蟹甲草属

山尖子　*Parasenecio hastatus* (L.) H. Koyama var. *hastatus*

【别名】山尖菜、戟叶兔儿伞

【蒙名】伊古新讷

【特征】多年生中生草本，植株高
40~150厘米。具根状茎，有多数褐
色须根。茎直立，粗壮，具纵沟棱，
下部无毛或近无毛，上部密被腺
状短柔毛。下部叶花期枯萎凋落；
中部叶三角状戟形，长5~15厘
米，宽13~17厘米，先端锐尖或渐
尖，基部戟形或近心形，中间楔状
下延成有狭翅的叶柄，叶柄长4~5
厘米，基部不为耳状抱茎，边缘有
不大规则的尖齿，基部的两个侧
裂片，有时再分出1个缺刻状小
裂片，上面绿色，无毛或有疏短
毛，下面淡绿色，有密或较密的柔
毛；上部叶渐小，三角形或近菱

形，先端渐尖，基部近截形或宽楔形。头状花序多数，下垂，在茎顶排列成圆锥状，梗长4~
20毫米，密被腺状短柔毛，苞叶披针形或条形；总苞筒形，长9~11毫米，宽5~8毫米；总苞
片8，条形或披针形，先端尖，背部密被腺状短柔毛；管状花7~20，白色，长约7毫米。瘦果
黄褐色，长约7毫米；冠毛与瘦果等长。花果期7—8月。

【生境】山地林缘草甸伴生种，也生于林下、河滩杂类草草甸。

　　产凉城县、卓资县、察哈尔右翼中旗、察哈尔右翼前旗、兴和县等。

【用途】饲用，适口性不甚良好。春季和初冬放牧时马、牛、羊均采食。夏季放牧家畜一般
不吃，但夏季可与其他饲草一起割草青贮，各种家畜均喜食，还可煮熟做猪饲料。秋季可
刈割调制干草供冬季饲用。食用，春、夏季嫩苗与嫩叶、嫩芽可做青菜，炒食或做汤。栲胶
原料。

菊科　狗舌草属

狗舌草　*Tephroseris kirilowii* (Turcz. ex DC.) Holub

【别名】狗舌头草、白火丹草、铜交杯、糯米青、铜盘一枝香、九叶草、泽小车

【蒙名】给其根那

【特征】多年生草本,高 20~65 厘米。根多数,细索状。茎单一,直立,草质,有疏密不等的白色绒毛。基部叶莲座状,具短柄,椭圆形或近乎匙形,长 5~10 厘米,宽 1.5~2.5 厘米,边缘具浅齿或近乎全缘,两面均有白色绒毛,花后通常不雕落;中部叶卵状椭圆形,无柄,基部半抱茎;顶端叶披针形或线状披针形,先端长尖,基部抱茎。头状花序 3~9 枚,成伞房状或假伞形排列;总苞筒状,苞片线状披针形,长 8 毫米,先端渐尖,基部和背部有白色毛,边缘膜质;总苞基部无小苞;边缘舌状花,黄色,雌,舌片长 10 毫米,宽 4~5 毫米,先端 2~3 齿裂;中央管状花,黄色,两性,长约 3 毫米,先端 5 齿裂。花期 4—5 月。瘦果椭圆形,长约 4 毫米,两端截形,有纵棱与细毛;冠毛白色,长约 7 毫米。

【生境】草地山坡或山顶阳处,塘边、路边湿地。

　　产凉城县蛮汉山、兴和县苏木山。

【用途】药用。

菊科　狗舌草属

红轮狗舌草　*Tephroseris flammea* (Turcz. ex DC.) Holub

【蒙名】乌兰·给其根那

【特征】多年生中生草本，高 20~70 厘米。根茎短，着生密而细的不定根。茎直立，单一，具纵条棱，上部分枝，茎、叶和花序梗都被蛛丝状毛，并混生短

柔毛。基生叶花时枯萎；茎下部叶矩圆形或卵形，长 5~15 厘米，宽 2~3 厘米，先端锐尖，基部渐狭成具翅的和半抱茎的长柄，大或小的疏牙齿；茎中部叶披针形，长 5~12 厘米，宽 1.5~3 厘米，先端长渐尖，基部渐狭，无柄，半抱茎，边缘具细齿；茎上部叶狭条形，一般全缘，无柄。头状花序 5~15 枚，在茎顶排列成伞房状；总苞杯形，长 5~7 毫米，宽 5~13 毫米，总苞片约 20，黑紫色，条形，宽约 1.5 毫米，先端锐尖，边缘狭膜质，背面被短柔毛；无外层小苞片；舌状花 8~12，一条形或狭条形，长 13~25 毫米，宽 1~2 毫米，舌片红色、紫红色，成熟后常反卷；管状花长 6~9 毫米，紫红色。瘦果圆柱形，棕色，长 2~3 毫米，被短柔毛；冠毛污白色，长 8~10 毫米。

【生境】生于具丰富杂类草的草甸及林缘灌丛。

产凉城县蛮汉山、兴和县苏木山、卓资县、察哈尔右翼中旗灰腾锡勒草原、丰镇市等。

菊科　橐吾属

狭苞橐吾 *Ligularia intermedia* Nakai

【特征】中生草本,植株高 40~100 厘米。根肉质,多数。茎直立,具纵沟棱,上部疏被蛛丝状毛,下部无毛。基生叶与茎下部叶具柄, 柄长可达 45 厘米,光滑,基部具狭鞘,叶片肾状心形或心形,长 6~15 厘米,宽 5~19 厘米,先端钝圆或有尖头,基部心形,边缘具整齐的尖牙齿,两面无毛,叶脉掌状;茎中上部叶与下部叶同形而较小, 具短柄或无柄,鞘略膨大;茎最上部叶卵状披针形,苞叶状。头状花序在茎顶排列成总状,长可达 30 厘米,苞片条形或条状披针形;花序梗长 3~12 毫米;总苞圆筒形,长 9~10 毫米,宽 3~4 毫米,总苞片 6~8, 矩圆形或狭椭圆形, 先端尖,背部光滑,边缘膜质;舌状花 4~6, 舌片矩圆形, 长 17~21 毫米; 管状花 7~16,长 9~13 毫米,下管部长 6~7 毫米。瘦果圆柱形,长约 5 毫米,暗褐色;冠毛红褐色,长 5~6 毫米。花果期 7—10 月。

【生境】生于山地林缘、沟谷草甸。

　　　产卓资县、凉城县、丰镇市等。

菊科　蓝刺头属

驴欺口　*Echinops davuricus* Fisch. ex Hornemann

【别名】单州漏芦、火绒草、蓝刺头

【蒙名】扎日阿·敖拉

【特征】嗜砾质的中旱生植物，多年生草本，高30~70厘米。根粗壮，褐色。茎直立，具纵沟棱，上部密被白色蛛丝状绵毛，下部疏被蛛丝状毛，不分枝或有分枝。茎下部与中部叶二回羽状深裂，一回裂片卵形或披针形，先端锐尖或渐尖，具刺尖头，有缺刻状小裂片，全部边缘具不规则刺齿或三角形齿刺，上面绿色，无毛或疏被蛛丝状毛，并有腺点，下面密被白色绵毛，有长柄或短柄；茎上部叶渐小；长椭圆形至卵形，羽状分裂，基部抱茎。复头状花序单生于茎顶或枝端，直径约4厘米，蓝色；头状花序长约2厘米，基毛多数白色，扁毛状，不等长，长6~8毫米，外层总苞片较短，长6~8毫米，条形，上部菱形扩大，淡蓝

色，先端锐尖，边缘有少数睫毛；中层者较长，长达15毫米，菱状披针形，自最宽处向上渐尖成芒刺状，淡蓝色，中上部边缘有睫毛；内层者长13~15毫米，长椭圆形或条形，先端芒裂；花冠管部长5~6毫米，白色，有腺点，花冠裂片条形，淡蓝色，长约8毫米。瘦果圆柱形，长约6毫米，密被黄褐色柔毛；冠毛长约1毫米，中下部连合。花期6月，果期7—8月。

【生境】草原地带和森林草原地带常见杂类草，多生长在含丰富杂类草的针茅草原和羊草草原群落中，也见于线叶菊草原及山地林缘草甸。

产卓资县、凉城县、丰镇市等地。

【用途】药用。

菊科　蓝刺头属

褐毛蓝刺头　*Echinops dissectus* Kitag.

【别名】天蓝刺头、天蓝漏芦

【蒙名】呼任·扎日阿·敖拉

【特征】耐寒的中旱生轴根植物，多年生草本，高 40~70 厘米。根粗壮，圆柱形，木质，褐色。茎直立，具纵沟棱，上部密被蛛丝状绵毛，下部常被褐色长节毛，不分枝或上部多少分枝。茎下部与中部叶宽椭圆形，长达 20 厘米，宽达 8 厘米，二回或近二回羽状深裂，一回裂片卵形或披针形，先端锐尖或渐尖，具刺尖头，有缺刻状披针形或条形的小裂片，小裂片全缘或具 1~2 小齿，小裂片与齿端以及裂片边缘均有短刺，上面疏被蛛丝状毛，下面密被白色绵毛；上部叶变小，羽状分裂。复头状花序直径 3~5 厘米，淡蓝色，单生于茎顶或枝端；头状花序长约 25 毫米，基毛多数，白色，扁毛状，不等长，长达 10 毫米，总苞片 16~19 个，外层者较短，长 9~12 毫米，条形，上部菱形扩大，先端锐尖，褐色，边缘有少数睫毛；中层者较长，长达 16 毫米，菱状倒披针形，自最宽处向上渐尖成芒刺状，淡蓝色，中上部边缘有睫毛；内层者比中层

者稍短，条状披针形，先端芒裂。花冠管部长约 6 毫米，白色，有腺点与极疏的柔毛，花冠裂片条形，淡蓝色，长约 8 毫米，外侧有微毛。瘦果圆柱形，长约 6 毫米，密被黄褐色柔毛；冠毛长约 1 毫米，中下部连合。花期 7 月，果期 8 月。

【生境】山地草原常见杂类草，一般多生长在林缘草甸，也见于含丰富杂类草的禾草草原群落。

　　产察哈尔右翼后旗、察哈尔右翼中旗。

菊科 风毛菊属

草地风毛菊 *Saussurea amara* (L.) DC.

【别名】驴耳风毛菊、羊耳朵

【蒙名】塔拉音·哈拉特日干那

【特征】多年生中生草本，高 20~50 厘米。粗壮。茎直立，具纵沟棱，被短柔毛或近无毛，分枝或不分枝。基生叶与下部叶椭圆形、宽椭圆形或矩圆状椭圆形，长 10~15 厘米，宽 1.5~8 厘米，先端渐尖或锐尖，基部楔形，具长柄，全缘或有波状齿至浅裂，上面绿色，下面淡绿色，两面疏被柔毛或近无毛，密布腺点，边缘反卷；上部叶渐变小，披针形或条状披针形，全缘。头状花

序多数，在茎顶和枝端排列成伞房状，总苞钟形或狭钟形，长 12~15 毫米，直径 8~12 毫米；总苞片 4 层，疏被蛛丝状毛和短柔毛，外层者披针形或卵状，先端尖，中层和内层者矩圆形或条形，顶端有近圆形膜质，粉红色而有齿的附片；花冠粉红色，长约 15 毫米；狭管部长约 10 毫米，檐部长约 5 毫米，有腺点。瘦果矩圆形，长约 3 毫米；冠毛 2 层，外层者白色，内层者长约 10 毫米，淡褐色。花期 8—9 月。

【生境】村旁、路边常见杂草。

产乌兰察布市全市。

菊科 风毛菊属

硬叶风毛菊 *Saussurea firma* (Kitag.) Kitam.

【别名】硬叶乌苏里风毛菊

【蒙名】希如棍·哈拉特日干那

【特征】多年生旱中生草本，高50~80厘米。根状茎倾斜，颈部具黑褐色纤维状残叶柄。茎直立，具纵沟棱，中上部疏被短柔毛或近无毛，下部疏被蛛丝状毛，不分枝。叶质厚硬，基生叶与下部叶卵形、矩圆状卵形以至宽卵形，长3~12厘米，宽2~6厘米，先端渐尖或锐尖，基部心形或截形，边缘有波状具短刺尖的牙齿，上面绿色，近无毛，有腺点，沿边缘有短硬毛，下面灰白色，疏被或密被蛛丝状毛或无毛；叶柄长3~10厘米，基部扩大半抱茎；中部叶与上部叶渐变小，矩圆状卵形、披针形以至条形，先端渐尖，基部楔形，边缘具小齿或全缘，具短柄或无柄。头状花序多数，在茎顶排列成伞房状，花序梗短或近无梗，疏被蛛丝状毛；总苞筒状钟形，长8~10毫米，直径4~7毫米，总苞片5~7层，边缘及先端钝尖；花冠10~12毫米，紫红色，狭管部长5~6毫米，檐部与之等长。瘦果褐色，长4~9毫米，无毛；冠毛白色，2层，内层长约1厘米。花果期7—9月。

【生境】生于山坡草地或沟谷。

产兴和县。

菊科 蓟属

大刺儿菜 *Cirsium setosum* (Willd.) Besser ex M. Bieb.

【别名】大蓟、刺儿菜、刺蓟、刻叶刺儿菜

【蒙名】啊古拉音·啊扎日干那

【特征】多年生中生草本，高 50~100 厘米。具长的根状茎。茎直立，具纵沟棱，近无毛或疏被蛛丝状毛，上部有分枝。

基生叶花期枯萎；下部叶及中部叶矩圆形或长椭圆状披针形，长 5~12 厘米，宽 2~5 厘米，先端钝，具刺尖，基部渐狭，边缘有缺刻状粗锯齿或羽状浅裂，有细刺，上面绿色，下面浅绿色，两面无毛或疏被蛛丝状毛，有时下面被稠密的绵毛，无柄或有短柄；上部渐变小，矩圆形或披针形，全缘或有齿。雌雄异株，头状花序多数集生于茎的上部，排列成疏松的伞房状；总苞钟形，总苞片 8 层，外层者较短，卵状披针形，先端有刺尖，内层者较长，条状披针形，先端略扩大而外曲，干膜质，边缘常细裂并具尖头，两者均为暗紫色，背部被微毛，边缘有睫毛；雄株头状花序较小，总苞长约 13 毫米；雌株头状花序较大，总苞长 16~20 毫米；雌花花冠紫红色，长 17~19 毫米，狭管部长为檐部的 4~5 倍，花冠裂片深裂至檐部的基部。瘦果倒卵形或矩圆形，长 2.5~3.5 毫米，浅褐色，无色；冠毛白色或基部带褐色，初期长 11~13 毫米，果熟时长达 30 毫米。花果期 7—9 月。

【生境】草原地带、森林草原地带退耕撂荒地上最先出现的先锋植物之一，也见于严重退化的放牧场和耕作粗放的各类农田，往往可形成较密集的群聚。

产乌兰察布市全市。

【用途】饲用，药用。

菊科　飞廉属

节毛飞廉　*Carduus acanthoides* L.

【蒙名】侵瓦音·乌日格苏

【特征】二年生中生草本,高 70~90 厘米。茎直立,有纵沟棱,具绿色纵向下延的翅,翅有齿刺,疏被多细胞皱缩的长柔毛,上部有分枝。下部叶椭圆状披针形,长 5~15 厘米,宽 3~5 厘米,先端尖或钝,基部狭,羽状半裂或深裂,裂片卵形或三角形,先端钝,边缘具缺刻状牙齿, 齿端及叶缘有不等长的细刺,刺长 2~10 毫米,上面绿色,无毛或疏被皱缩柔毛,下面浅绿色,被皱缩长柔毛,沿中脉较密;中部叶与上部叶渐变小,矩圆形或披针形,羽状深裂,边缘具刺齿。头状花序常 2~3 个聚生于枝端, 直径 1.5~2.5 厘米;总苞钟形,长 1.5~2 厘米;总苞片 7~8 层,外层者披针形较短;中层者条状披针形,先端长渐尖成刺状,向外反曲;内层者条形,先端近膜质,稍带紫色,三者背部均被微毛,边缘具小刺状缘毛。管状花冠紫红色,稀白色,长 15~16 毫米, 狭管部与具裂片的檐部近等长,花冠裂片条形,长约 5 毫米。瘦果长椭圆形,长约 3 毫米,褐色,顶端平截,基部稍狭;冠毛白色或灰白色,长约 15 毫米。花果期6—8月。

【生境】生于路旁、田边。

产乌兰察布市全市。

【用途】地上部分入药,能清热解毒、消肿、凉血止血,主治无名肿毒、痔疮、外伤肿痛、各种出血。

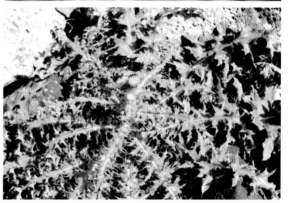

菊科　麻花头属

麻花头　*Klasea centauroides* (L.) Cass. ex Kitag.

【别名】花儿柴

【蒙名】洪古日·扎拉

【特征】多年生中旱生草本，植株高30~60厘米。根状茎短，黑褐色，具多数褐色须状根。茎直立，具纵沟棱，被皱曲柔毛，下部较密，基部常带紫红色，有褐色枯叶柄纤维，不分枝或上部有分枝。基生叶与茎下部叶椭圆形，长8~12厘米，宽3~5厘米，羽状深裂或羽状全裂，稀羽状浅裂，裂片矩圆形至条形，先端钝或尖，具小尖头，全缘或有疏齿，两面无毛或仅下面脉上及边缘被疏皱曲柔毛，具长柄或短柄；中部叶及上部叶渐变小，无柄，裂片狭窄。头状花序数个单生于枝端，具长梗；总苞卵形或长卵形，长15~25毫米，宽15~20毫米，上部稍收缩，基部宽楔形或圆形；总苞片10~12层，黄绿色，无毛或被微毛，顶部暗绿色，具刺尖头，刺长0.5毫米，有5条脉纹，并被蛛丝状毛，外层者较短，卵形，中层者卵状披针形，内层者披针状条形，顶端渐变成直立而呈皱曲干膜质的附片；管状花淡紫色或白色，长约21毫米，狭管部长约9毫米，檐部长12毫米。瘦果矩圆形，长约5毫米，褐色；冠毛淡黄色，长5~8毫米。花果期6—8月。

【生境】典型草原地带、山地森林草原地带以及夏绿阔叶林地区常见的伴生植物，有时在沙壤质土壤上可成为亚优势种，在老年期撂荒地上局部可形成临时性优势杂草。

产四子王旗、察哈尔右翼中旗、卓资县、兴和县等。

【用途】饲用。

菊科　漏芦属

漏芦　*Rhaponticum uniflorum* (L.) DC.

【别名】祁州漏芦、和尚头、大口袋花、牛馒头

【蒙名】洪古乐朱日

【特征】多年生中旱生草本，植株高 20~60 厘米。主根粗大，圆柱形，直径 1~2 厘米，黑褐色。茎直立，单一，具纵沟棱，被白色绵毛或短柔毛，基部密被褐色残留的枯叶柄。基生叶与下部叶叶片长椭圆形，长 10~20 厘米，宽 2~6 厘

米，羽状深裂至全裂，裂片矩圆形、卵状披针形或条状披针形，长 2~3 厘米，先端尖或钝，边缘具不规则牙齿，或再分出少数深裂或浅裂片，裂片及齿端具短尖头，两面被或疏或密的蛛丝状毛与粗糙的短毛，叶柄较长，密被绵毛；中部叶及上部叶较小，有短柄或无柄。头状花序直径 3~6 厘米；总苞宽钟状，基部凹入；总苞片上部干膜质，外层与中层者卵形或宽卵形，成掌状撕裂，内层者披针形或条形；管状花花冠淡紫红色，长 2.5~3.3 厘米，狭管部与具裂片的檐部近等长。瘦果长 5~6 毫米，棕褐色；冠毛淡褐色，不等长，具羽状短毛，长达 2 厘米。花果期 6—8 月。

【生境】山地草原、山地森林草原地带石质干草原、草甸草原较为常见的伴生种。

产凉城县、卓资县等。

【用途】药用。

菊科 鸦葱属

叉枝鸦葱 *Scorzonera muriculata* Chang

【蒙名】阿查·哈比斯干那

【特征】超旱生半灌木状草本，茎高 15~45 厘米，具纵条棱，淡绿色，有白粉及白色腺点，无毛或近无毛，通常自基部等叉状分枝，多分枝，常形成半球形株丛。茎下部及中部叶条形或丝状条形，长 0.5~2 厘米，宽 2~3 毫米，先端钝或尖，有时反卷弯曲成钩状或镰状；茎上部叶短小。头状花序单生于枝

顶，含 5~7 朵小花；总苞狭钟状，长 13~15 毫米，宽 3~5 毫米，总苞片 3~4 层，疏被白色长柔毛，外层者卵形，内层者条形；舌状花黄色，长约 13 毫米。瘦果圆柱形，长 6~8 毫米，淡黄褐色；冠毛基部连合成环，整体脱落，淡黄褐色，长达 12~15 毫米。花果期 6—8 月。

【生境】生长于石质戈壁。

菊科 鸦葱属

丝叶鸦葱 *Scorzonera curvata* (Popl.) Lipsch.

【蒙名】好您·哈比斯干那

【特征】多年生旱生草本,高 3~9 厘米。根粗壮,圆柱状,褐色;根颈部被稠密而厚实的纤维状撕裂鞘状残遗物,鞘内有稠密的厚绵毛。茎极短,具纵条棱,疏被短柔毛。基生叶丝状,灰绿色,直立或平展,与植株等高或超过,常呈蜿蜒状扭转,长 2~10 厘米,宽 1~1.5 毫米,先端尖,基部扩展或扩大成鞘状,两面近无毛,但下部边缘及背面疏被蛛丝状毛或短柔毛;茎生叶 1~2,较短小,条状披针形,基

部半抱茎。头状花序单生于茎顶;总苞宽圆筒状,长 1.5~2.5 厘米,宽 7~10 毫米;总苞片 4 层,顶端钝或稍尖,边缘膜质,无毛或被微毛;外层者三角状披针形,内层者矩圆状披针形;舌状花黄色,干后带红紫色,长 17~20 毫米;冠毛淡褐色或污白色,长约 10 毫米,基部连合成环,整体脱落。花期 5—6 月。

【生境】生长于典型草原地带的丘陵坡地及干燥山坡。

产四子王旗。

【用途】饲用。

菊科　鸦葱属

桃叶鸦葱 *Scorzonera sinensis* (Lipsch. et Krasch.) Nakai

【别名】老虎嘴

【蒙名】矛日音·哈比斯干那

【特征】多年生中旱生草本,高 5~10 厘米。根粗壮,圆柱形,深褐色。根颈部被稠密而厚实的纤维状残叶,黑褐色。茎单生或 3~4 个聚生,具纵沟棱,无毛,有白粉。基

生叶灰绿色,常呈镰状弯曲,披针形或宽披针形,长 5~20 厘米,宽 1~2 厘米,先端钝或渐尖,基部渐狭成有翅的叶柄,柄基扩大成鞘状而抱茎,边缘显著呈波状皱曲,两面无毛,有白粉,具弧状脉,中脉隆起,白色;茎生叶小,长椭圆状披针形,鳞片状,近无柄,半抱茎。头状花序单生于茎顶,长 2~3.5 厘米;总苞筒形,长 2~3 厘米,宽 8~15 毫米;总苞片 4~5 层,先端钝,边缘膜质,无毛或被微毛,外层者短,三角形或宽卵形,最内层者长披针形或条状披针形;舌状花黄色,外面玫瑰色,长 20~30 毫米。瘦果圆柱状,长 12~14 毫米,暗黄色或白色,稍弯曲,无毛,无喙;冠毛白色,长约 15 毫米。花果期 5—6 月。

【生境】生长于草原地带的山地、丘陵与沟谷中,是常见的草原伴生种。

产乌兰察布市全市。

【用途】根入药,能清热解毒、消炎、通乳,主治疔毒恶疮、乳痈、外感风热。

菊科　鸦葱属

鸦葱　*Scorzonera austriaca* Willd.

【别名】奥国鸦葱

【蒙名】塔拉音·哈比斯干那

【特征】多年生中旱生草本,高 5~35 厘米。根粗壮,圆柱形,深褐色。根颈部被稠密而厚实的纤维状残叶,黑褐色。茎直立,具纵沟棱,无毛。基生叶灰绿色,条形、条状披针形、披针形以至长椭圆状卵形,长 3~30 厘米,宽 0.3~5 厘米,先端长渐尖,基部渐狭成有翅的柄,柄基扩大成鞘状,边缘平展或稍呈波状皱曲,两面无毛或基部边缘有蛛丝状柔毛;茎生叶 2~4,较小,条形或披针形,无柄,基部扩大而抱茎。头状花序单生于茎顶,长 1.8~4.5 厘米;总苞宽圆柱形,宽 0.5~1(1.5)厘米;总苞片 4~5 层,无毛或顶端被微毛及缘毛,边缘膜质,外层者卵形或三角状卵形,先端钝或尖,内层者长椭圆形或披针形,先端钝;舌状花黄色,干后紫红色,长 20~30 毫米,舌片宽 3 毫米。瘦果圆柱形,长 12~15 毫米,黄褐色,稍弯曲,无毛或仅在顶端被疏柔毛,具纵肋,肋棱有瘤状突起或光滑,冠毛污白色至淡褐色,长 12~20 毫米。花果期 5—7 月。

【生境】散生于草原群落及草原带的丘陵坡地或石质山坡。

产乌兰察布市前山地区。

菊科 毛连菜属

毛连菜 *Picris japonica* Thunb.

【别名】枪刀菜

【蒙名】查希巴·其其格

【特征】二年生中生草本,高 30~
80 厘米。茎直立,具纵沟棱,有钩
状分叉的硬毛,基部稍带紫红色,
上部有分枝。基生叶花期凋萎;下
部叶矩圆状披针形或矩圆状倒披
针形,长 6~20 厘米,宽 1~3 厘米,
先端钝尖, 基部渐狭成具窄翅的
叶柄,边缘有微牙齿,两面被具钩
状分叉的硬毛;中部叶披针形,无
叶柄,稍抱茎;上部叶小,条状披
针形。头状花序多数在茎顶排列
成伞房圆锥状,梗较细长,有条形
苞叶;总苞筒状钟形,长 8~12 毫
米,宽约 10 毫米,总苞片 3 层,黑
绿色,先端渐尖,背面被硬毛和短
柔毛,外层者短,条形,内层者较
长,条状披针形;舌状花淡黄色,
长约 12 毫米, 舌片基部疏生柔
毛。瘦果长 3.5~4.5 毫米,稍弯曲,
红褐色;冠毛污白色,长达 7 毫
米。花果期 7—8 月。

【生境】生于山野路旁、林缘、林
下或沟谷中。

　　产卓资县、凉城县、兴和县。

【用途】全草入蒙药(蒙药名:希拉·明站),能清热、消肿、止痛,主治流感、乳痈、阵刺。

菊科　蒲公英属

蒲公英　*Taraxacum mongolicum* Hand.–Mazz.

【别名】蒙古蒲公英、婆婆丁、姑姑英

【蒙名】巴格巴盖·其其格

【特征】中生杂草,植株高 10~30 厘米。根圆锥形,粗壮,褐色。叶倒卵形、倒披针形、矩圆状倒披针形,长 4~20 厘米,宽 1~3.5 厘米,先端锐尖或钝,基部渐狭成柄,通常大头羽状深裂或倒向羽状深裂,顶裂片较

大、三角形、宽菱形、三角状戟形或长三角状戟形,侧裂片 3~5 对,三角形、长三角形或三角状披针形,平展或向下,全缘或有齿,裂片间常夹生小齿,有时为羽状浅裂或不分裂而具波状齿,两面疏被蛛丝状毛或近无毛,叶柄及主脉常带红紫色,有时在边缘有红紫色斑点。花葶数个,与叶等长或长于叶,粗壮,中空,常带红紫色,上部密被蛛丝状毛;总苞钟状,长 12~16 毫米,淡绿色,外层总苞片卵状披针形至披针形,边缘膜质,先端有较大的角状突起或无,边缘有缘毛,内层者矩圆状条形,长于外层 1.5~2 倍,先端红紫色,有小角状突起;舌状花冠黄色,长 1.5~1.8 厘米,舌片宽 1.5~2 毫米,外围舌片的外侧中央具红紫色宽带。瘦果褐色,长约 4 毫米,稍扁,具多数纵沟,并有横纹相连,全部有刺状突起,中部以上较为明显,嘴长约 1 毫米,喙长 6~8 毫米;冠毛白色,长 6~8 毫米。花果期 5—7 月。

【生境】广泛生于山坡草地、路边、田野、河岸砂质地。

产乌兰察布市全市。

【用途】全草入药,能清热解毒、利尿散结。主治急性乳腺炎、淋巴腺炎、瘰疬、疔毒疮肿、急性结膜炎、感冒发热、急性扁桃体炎、急性支气管炎、胃炎、肝炎、胆囊炎、尿路感染。全草入蒙药(蒙药名:巴嘎巴盖·其其格)能清热解毒,主治乳痈、淋巴腺炎、胃热等。

菊科 蒲公英属 药用蒲公英群

华蒲公英 *Taraxacum sinicum* Kitag.

【别名】碱地蒲公英、扑灯儿

【蒙名】胡吉日色格·巴格巴盖·其其格

【特征】耐盐中生草本，叶倒披针形、披针形或条形，长 3~20 厘米，宽 0.4~4 厘米，羽状分裂、倒向羽状分裂或大头羽状分裂，有时近全缘或具波状齿，侧裂片长三角形、披针形、条状披针形或条

形，全缘或有齿。花葶单生或数个，花期长于叶或与叶等长；总苞钟形或筒状钟形，长 8~17 毫米，外层总苞片直立或弯曲，宽卵形、卵形、卵状披针形，边缘膜质，内层总苞片条状披针形或条形，两者先端无角状突起或具不明显的角状突起；舌状花冠黄色、淡黄色或白色。瘦果淡褐色、灰褐色或褐色，果体长 2.5~4 毫米，上部具刺状突起，中部以下具小瘤状突起，果嘴长 0.4~1.2 毫米，喙长 3~12 毫米；冠毛白色，长 5~8 毫米。

【生境】盐化草甸的常见伴生种。

产凉城县岱海滩、察哈尔右翼前旗黄旗海滩周边盐化低湿草甸内。

【用途】药用。

菊科　蒲公英属　裂叶蒲公英群

亚洲蒲公英　*Taraxacum asiaticum Dahlst.*

【特征】多年生中生草本，叶基生，呈莲座状；叶倒卵形、倒披针形、披针形以至条形，长 2~30 厘米，宽 0.5~5 厘米，羽状分裂、倒向羽状分裂、大头羽状分裂，稀全缘，侧裂片三角形、披针形以至条形，全缘、具

齿或有小裂片。花葶数个，花期长于叶或短于叶，有的与叶等长；总苞钟状或宽钟状，长 8~20 毫米，外层总苞片紧贴，宽卵形或卵状披针形，边缘膜质，内层总苞片矩圆状条形或条状披针形，两者先端无角状突起，或有不明显角状突起；舌状花冠黄色或白色。瘦果淡褐色或红褐色，果体长 2.5~3.5 毫米，上部具刺状突起，中部以下或 1/3 以下近光滑，果嘴长 0.5~1 毫米，喙长 4~12 毫米；冠毛白色，长 4~9 毫米。

【生境】广泛生于河滩、草甸、村舍附近。

产乌兰察布市全市。

【用途】药用。

菊科 蒲公英属 裂叶蒲公英群

东北蒲公英 *Taraxacum ohwianum* Kitam.

【别名】婆婆丁

【蒙名】曼吉音·巴格巴盖·其其格

【特征】多年生中生草本,叶倒卵形、倒披针形、披针形以至条形,长 2~30 厘米,宽 0.5~5 厘米,羽状分裂、倒向羽状分裂、大头羽状分

裂,稀全缘,侧裂片三角形、披针形以至条形、全缘、具齿或有小裂片。花葶数个,花期长于叶或短于叶,有的与叶等长;总苞钟状或宽钟状,长 8~20 毫米,外层总苞片紧贴,宽卵形或卵状披针形,边缘膜质,内层总苞片矩圆状条形或条状披针形,两者先端无角状突起,或有不明显角状突起;舌状花冠黄色或白色。瘦果淡褐色或红褐色,果体长 2.5~3.5 毫米,上部具刺状突起,中部以下或 1/3 以下近光滑,果嘴长 0.5~1 毫米,喙长 4~12 毫米;冠毛白色,长 4~9 毫米。

【生境】生于山坡路旁、河边。

【用途】药用。

菊科　苦苣菜属

苣荬菜　*Sonchus brachyotus* DC.

【别名】取麻菜、甜苣、苦菜

【蒙名】嘎希棍·诺高

【特征】多年生中生草本,高 20~80 厘米。茎直立，具纵沟棱，无毛,下部常带紫红色,通常不分枝。叶灰绿色,基生叶与茎下部叶宽披针形、矩圆状披针形或长椭圆形,长 4~20 厘米,宽 1~3 厘米,先端钝或锐尖,具小尖头,基部渐狭成柄状，柄基稍扩大,半抱茎,具稀疏的波状牙齿或羽状浅裂,裂片三角形,边缘有小刺尖齿,两面无毛;中部叶与基生叶相似,但无柄,基部多少呈耳状,抱茎;最上部叶小,披针形或条状披针形。头状花序多数或少数在茎顶排列成伞房状,有时单生,直径 2~4 厘米。总苞钟状,长 1.5~2 厘米,宽 10~15 毫米;总苞

片 3 层,先端钝,背部被短柔毛或微毛,外层者较短,长卵形,内层者较长,披针形;舌状花黄色,长约 2 厘米。瘦果矩圆形,长约 3 毫米,褐色,稍扁,两面各有 3~5 条纵肋,微粗糙;冠毛白色,长 12 毫米。花果期 6—9 月。

【生境】生于田间、村舍附近及路边。

产乌兰察布市全市。

【用途】为农田杂草。其嫩茎叶可供食用,春季挖采挑菜。全草入药(药材名:败酱),能清热解毒、消肿排脓、祛瘀止痛,主治肠痈、疮疖肿毒、肠炎、痢疾、带下、产后瘀血腹痛、痔疮。

菊科 莴苣属

乳苣 *Lactuca tatarica* (L.) C. A. Mey.

【别名】紫花山莴苣、苦菜、蒙山莴苣

【蒙名】嘎鲁棍·伊达日阿

【特征】多年生中生草本,高(10)30~70厘米。具垂直或稍弯曲的长根状茎。茎直立,具纵沟棱,无毛,不分枝或有分枝。茎下部叶稍肉质,灰绿色,长椭圆形、矩圆形或披针形,长 3~14 厘米,宽 0.5~3 厘米,先端锐尖或渐尖,有小尖头,基部渐狭成具狭翅的短柄,柄基扩大而半抱茎,羽状或倒向羽状深裂或浅裂,侧裂片三角形或披针形,边缘具浅刺状小齿,上面绿色,下面灰绿色,无毛;中部叶与下部叶同形,少分裂或全缘,先端渐尖,基部具短柄或无柄而抱茎,边缘具刺状小齿;上部叶小,披针形或条状披针形;有时叶全部全缘而不分裂。头状花序多数,在茎顶排列成开展的圆锥状,梗不等长,纤细;总苞长 10~15 毫米,宽 3~5 毫米;总苞片 4 层,紫红色,先端稍钝,背部有微毛,外层者卵形,内层者条状披针形,边缘膜质;舌状花蓝紫色或淡紫色,长 15~20 毫米。瘦果矩圆形或长椭圆形,长约 5

毫米,稍压扁,灰色至黑色,无边缘或具不明显的狭窄边缘,有 5~7 条纵肋,果喙长约 1 毫米,灰白色;冠毛白色,长 8~12 毫米。花果期 6—9 月。

【生境】常见于河滩、湖边、盐化草甸、田边、固定沙丘等处。

产乌兰察布市全市。

【用途】为中上等饲用植物,家禽、猪、兔最为喜食,牛、羊、马采食叶子和幼嫩的花。

菊科　还阳参属

还阳参　*Crepis crocea* (Lam.) Babc.

【别名】屠还阳参、驴打滚儿、还羊参

【蒙名】宝黑·额布斯

【特征】多年生中旱生草本,高5~30厘米,全体灰绿色。根直伸或倾斜,木质化,深褐色,颈部被覆多数褐色枯叶柄。茎直立,具不明显沟棱,疏被腺毛,混生短柔毛,不分枝或分枝。基生叶丛生,倒披针形,长2~17厘米,宽0.8~2厘米,先端锐尖或尾状渐尖,基部渐狭成具窄翅的长柄或短柄,边缘具波状齿,或倒向锯齿至羽状半裂,裂片条形或三角形,全缘或有小尖齿,两面疏被皱曲柔毛或近无毛,有时边缘疏被硬毛;茎上部叶披针形或条形,全缘或羽状分裂,无柄;最上部叶小,苞叶状。头状花序单生于枝端,或2~4在茎顶排列成疏伞房状;总苞钟状,长10~15毫米,宽4~10毫米,混生蛛丝状毛、长硬毛以及腺毛,外层总苞片6~8,不等长,条状披针形,先端尖,内层者13,较长,矩圆状披针形,边缘膜质,先端钝或尖,舌状花黄色,长12~18毫米。瘦果纺锤形,长5~6毫米,暗紫色或黑色,直或稍弯,具10~12条纵肋,上部有小刺;冠毛白色,长7~8毫米。花果期6—7月。

【生境】常见于典型草原和荒漠草原带的丘陵砂砾质坡地以及田边、路旁。

产商都县、集宁区、卓资县、凉城县、丰镇市等。

【用途】药用。

菊科 苦荬菜属

山苦荬(中华苦荬菜) *Ixeris chinensis* (Thunb.) Kiaga.

【别名】苦菜·燕儿尾

【蒙名】陶来音·伊达日阿

【特征】多年生中旱生草本,高10~30厘米,全体无毛。茎少数或多数簇生,直立或斜升,有时斜倚。基生叶莲座状,条状披针形、倒披针形或条形,长2~15厘米,宽(0.2)0.5~1厘米,先端尖或钝,基部渐狭成柄,柄基扩大,全缘或具疏小牙齿或呈不规则羽状浅裂与深裂,两面灰绿色;茎生叶1~3,与基生叶相似,但无柄,基部稍抱茎。头状花序多数,排列成稀疏的伞房状,梗细;总苞圆筒状或长卵形,长7~9毫米,宽2~3毫米;总苞片无毛,先端尖;外层者6~8,短小,三角形或宽卵形,内层者7~8,较长,条状披针形,舌

状花20~25,花冠黄色、白色或变淡紫色,长10~12毫米。瘦果狭披针形,稍扁,长4~6毫米,红棕色,喙长约2毫米;冠毛白色,长4~5毫米。花果期6—7月。

【生境】生于山野、田间、撂荒地、路旁。

产乌兰察布市全市。

【用途】饲用,药用。

菊科　山柳菊属

山柳菊　*Hieracium umbellatum* L.

【别名】伞花山柳菊

【蒙名】哈日查干那

【特征】多年生中生草本,植株高 40～100 厘米。茎直立,具纵沟棱,基部红紫色,无毛或被短柔毛，不分枝。基生叶花期枯萎;茎生叶披针形、条状披针形或条形,长 3～11 厘米,宽 0.5～1.5 厘米,先端锐尖或渐尖,基部楔形至近圆形,具疏锯齿,稀全缘,上面绿色,有短糙硬毛,下面淡绿色,沿脉亦被糙硬毛,无柄;上部叶变小,披针形至狭条形,全缘或有齿。头状花序多数,在茎顶排列成伞房状,梗长 1～6 厘米,纤细,密被短柔毛混生短糙硬毛;总苞宽钟状或倒圆锥形,长 8～11 毫米;总苞片 3～4 层,黑绿色,先端钝或稍尖,有微毛,外层者较短,披针形,内层者矩圆状披针形。舌状花黄色,长 15～20 毫米,下部有长柔毛。瘦果五棱圆柱状体,长约 3 毫米,黑紫色,具光泽,有 10 条棱,无毛;冠毛浅棕色,长 6～7 毫米。花果期 8—9 月。

【生境】生于山地草甸、林缘、林下。

　　产察哈尔右翼中旗、凉城县、兴和县、丰镇市。

【用途】饲用。

水麦冬科 水麦冬属

海韭菜 *Triglochin maritima* L.

【别名】圆果水麦冬

【蒙名】马日查·西乐·额布苏

【特征】多年生耐盐湿生草本，内蒙古仅有 1 属 2 种。高 20~50 厘米。根状茎粗壮，斜生或横生，被棕色残叶鞘，有多数须根。叶基生，条形，横切面半圆形，长 7~30 厘米，宽 1~2 毫米，较花序短，稍肉质，光滑，生于花葶两侧，基部具宽叶鞘，叶舌长 3~5 毫米。花葶直立，圆柱形，光滑，中上部着生多数花，总状花序，花梗长约 1 毫米，果熟后可延长为 2~4 毫米。花小，直径约 2 毫米；花被 6，两轮排列，卵形，内轮较狭，绿色；雄蕊 6，心皮 6，柱头毛刷状。蒴果椭圆状或卵形，长 3~5

毫米，宽约 2 毫米，具 6 棱。花期 6 月，果期 7—8 月。

【生境】河湖边盐渍化草甸。

产乌兰察布市全市。

【用途】药用，有毒(全株)。

水麦冬科　水麦冬属

水麦冬　*Triglochin palustris* L.

【蒙名】西乐·额布苏

【特征】多年生湿生草本,内蒙古仅有1属2种。根茎缩短,秋季增粗,有密而细的须根。叶基生,条形,一般较花葶短,长10~40厘米,宽约1.5毫米,基部具宽叶鞘,叶鞘边缘膜质,宿存叶鞘纤维状,叶舌膜质,叶片光滑。花葶直立,高20~60厘米,圆柱形光滑,总状花序顶生,花多数,排列疏散,花梗长2~4毫米;花小,直径约2毫米,花被片6,鳞片状,宽卵形,绿色;雄蕊6,花药2室,花丝很短;心皮3,柱头毛刷状。果实棒状条形,长6~10毫米,宽约1.5毫米。花期6月,果期7—8月。

【生境】河滩草甸、沼泽。

　　产乌兰察布市全市。

【用途】药用,有毒(全草含有氢氰酸)。

禾本科 羊茅属

蒙古羊茅 *Festuca mongolica* (S. R. Liou et Y. C. Ma) Y. Z. Zhao

【蒙名】蒙古·宝体乌乐

【特征】多年生旱生密丛禾草。本亚种与原亚种的区别是,植株较矮小;花序长3~5厘米;叶片较狭窄,宽在0.6毫米以下,外稃长4~5毫米;花药长约2毫米。

【生境】生于砾石质丘陵坡地及丘顶。山地草原建群种。

产凉城县、卓资县。

【用途】优良牧草。

禾本科 羊茅属

羊茅 *Festuca ovina* L.

【蒙名】宝体乌乐

【特征】多年生密丛旱中生禾草。秆密丛生,具条棱,高30~60厘米,光滑,仅近花序处具柔毛。叶鞘光滑,基部具叶鞘;叶丝状,脆涩,宽约0.3毫米,常具稀而短的刺毛,横切面圆形,厚壁组织状,为完整的马蹄形。

圆锥花序穗状,长2~5厘米,分枝常偏向一侧;小穗椭圆形,长4~6毫米,具3~6小花,淡绿色,有时淡黄色;颖披针形,先端渐尖,光滑,边缘常细睫毛,第一颖长2~2.5毫米,第二颖长3~3.5毫米;外稃披针形,长3~4毫米,光滑或顶部具短柔毛,芒长1.5~2毫米;花药长约2毫米。花果期6—7月。

【生境】生于山地林缘草甸。

产乌兰察布市大青山一带。

【用途】羊茅适口性良好,牛、羊、马均喜食,特别为绵羊所嗜食。羊茅为密丛型下繁草,基生叶丛发达,形成具有弹性的生草土,因此,耐践踏和耐牧。

禾本科 银穗草属

银穗草 *Leucopoa albida*(Turcz. ex Trin.) V. I. Krecz. et Bobr.

【别名】白莓

【蒙名】孟根·图日图·额布苏

【特征】多年生旱中生草本,须根较坚韧。秆直立,丛生,高 25~60 厘米,基部具密集的残存叶鞘。叶鞘松弛;叶舌几不存在;叶片质地较硬,内卷,多向上直伸,长 5~20 厘米,宽约 2 毫米,常无

毛或微粗糙。圆锥花序紧缩,长 2.5~6 厘米,仅具 5~15 个小穗;分枝极短;小穗长 7~12 毫米,含 3~6 小花,银灰绿色;颖光滑,第一颖长 3~5 毫米,具 1 脉,第二颖长 4~5 毫米,具 3 脉(侧脉极不明显);外稃卵状矩圆形,先端具钝而不规则的裂齿,边缘宽膜质,脊和边脉明显,背部微毛状粗糙,脊具短刺毛,第一外稃长 5~7 毫米;内稃等长或稍长于外稃,脊具刺状纤毛;花药黄棕色,长约 3.5 毫米。颖果长达 4 毫米,具腹沟。花期 6—7 月;果期 7—8 月。

【生境】生于山地草原。

产乌兰察布市全市。

【用途】中等饲用禾草。适口性一般,在春季羊善食。

禾本科　早熟禾属

散穗早熟禾　*Poa subfastigiata* Trin.

【蒙名】萨日巴嘎日·伯页力格·额布苏

【特征】多年生湿中生草本，具粗壮根茎。秆直立，高 30~60 厘米，多单生，粗壮，光滑。叶鞘松弛裹茎，光滑无毛；叶舌纸质，长 0.5~3 毫米；叶片扁平，长 3~21 厘米，宽 2~5 毫米。圆锥花序大而疏展，金字塔形，长 10~25 厘米，花序占秆的 1/3 以上，宽 10~23 厘米，每节具 2~3 分枝，粗糙，近中部或中部以上再行分枝；小穗卵形，稍带紫色，长 7~9 毫米，含 3~5 小花，颖宽披针形，脊上稍粗糙，第一颖长 3~4.5 毫米，具 1 脉，第二颖长 4~5.5 毫米，具 3 脉；外稃宽披针形，全部无毛，具 5 脉，第一外稃长 4~6 毫米；内稃等长于或稍短于外稃，上部者亦可稍长，先端微凹，脊上具纤毛；花药长 3~3.5 毫米。花期 6—7 月。

【生境】多生于河谷滩地草甸，常成为建群种或优势种。

　　产四子王旗吉生太西拉木伦河边。

【用途】良等饲用禾草，青鲜时牛乐食。

禾本科　早熟禾属

草地早熟禾　*Poa pratensis* L.

【蒙名】塔拉音·伯页力格·额布苏

【特征】多年生中生草本,具根茎。秆单生或疏丛生,直立,高 30~75 厘米。叶鞘疏松裹茎,具纵条纹,光滑;叶舌膜质,先端截平,长 1.5~3 毫米;叶片条形,扁平或有时内卷,上面微粗糙,下面光滑,长 6~15 厘米,蘖生者长可超过 40 厘米,宽 2~5 毫米。圆锥花序卵圆形或金字塔形,开展,长 10~20 厘米,宽 2~5 厘米,每节具 3~5 分枝;小穗卵圆形,绿色或罕稍带紫色,成熟后成革黄色,长 4~6 毫米,含 2~5 小花;颖卵状披针形,先端渐尖,脊上稍粗糙,第一颖长 2.5~3 毫米,第二颖长 3~3.5 毫米;外稃披针形,先端尖且略膜质,脊下部 2/3 或 1/2 与边脉基部 1/2 或 1/3 具长柔毛,基盘具稠密而长的白色绵毛,第一外稃长 3~4 毫米;内稃稍短于或最上者等长于外稃,脊具微纤毛;花药长 1.5~2 毫米。花期 6—7 月,果期 7—8 月。

【生境】生于草甸、草甸化草原、山地林缘及林下。

产乌兰察布市大青山一带。

【用途】优等饲用禾草,各种家畜乐食,牛尤其喜食。

禾本科 早熟禾属

硬质早熟禾 *Poa sphondylodes* Trin.

【蒙名】疏如棍·柏页力格·额布苏

【特征】多年生旱生草本。须根纤细,根外常具砂套。秆直立,密丛生,高 20~60 厘米,近花序下稍粗糙。叶鞘长于节间,无毛,基部者常呈淡紫色;叶舌膜质,先端锐尖,易撕裂,长 3~5 毫米;叶片扁平,长 2~9 厘米,宽 1~1.5 毫米,稍粗糙。圆锥花序紧缩,长 3~10 厘米,宽约 1 厘米,每节具 2~5 分枝,粗糙;小穗绿色,成熟后呈草黄色,长 5~7 毫米,含 3~6 小花;颖披针形,先端钳尖,稍粗糙,第一颖长约 2.5

毫米,第二颖长约 3 毫米。外稃披针形,先端狭膜质,脊下部 2/3 与边脉基部 1/2 具较长柔毛,基盘具中量的长绵毛,第一外稃长约 3 毫米;内稃稍短于或上部小花者可稍长于外稃,先端微凹,脊上粗糙以至具极短纤毛;花药长 1~1.5 毫米。花期 6 月,果期 7 月。

【生境】生于草原、沙地、山地、草甸和盐化草甸。

产乌兰察布市大青山一带。

【用途】良等饲用禾草,马、羊喜食。

禾本科 早熟禾属

渐狭早熟禾 *Poa attenuata* Trin.

【别名】葡系早熟禾

【蒙名】胡日查·伯页力格·额布苏

【特征】多年生旱生草本。须根纤细。秆直立，坚硬，密丛生，高8~60厘米，近花序部分稍粗糙。叶鞘无毛，微粗糙，基部者常带紫色叶舌膜质，微钝，长1~3毫米；叶片狭条形，内卷、扁平或对折，上面微粗糙，下面近于平滑，长1.5~7.5厘米，宽0.5~2毫米。圆锥花序紧缩，长2~7厘米，宽0.5~1.5厘米，分枝粗糙；小穗披针形至狭卵圆形，

粉绿色，先端微带紫色，长3~5毫米，含2~5小花；颖狭披针形至狭卵圆形，先端尖，近相等，微粗糙，长2.5~3.5毫米；外稃披针形至卵圆形，先端狭膜质，具不明显5脉，脉间点状粗糙，脊下部1/2与边脉基部1/4被微柔毛，基盘具少量绵毛以至具极稀疏绵毛或完全简化，第一外稃长3~3.5毫米；花药长1~1.5毫米。花期6—7月。

【生境】生于典型草原带与森林草原带以及山地砾石质山坡上。

产乌兰察布市大青山一带。

【用途】良等饲用禾草，各种家畜乐食。

禾本科　早熟禾属

早熟禾　*Poa annua* L.

【蒙名】伯页力格·额布苏

【特征】一年生或二年生中生草本。须根纤细。秆直立或基部稍倾斜,丛生,平滑无毛,高5~30厘米。叶鞘中部以下闭合,短于节间,平滑无毛;叶舌膜质,圆钝,长1~2毫米;叶片狭条形,柔软,扁平,两面无毛,先端边缘粗糙,长3~11厘米,宽1~3毫米。圆锥花序卵形或金字塔形,开展,长3~7厘米,每节具1~2分枝;小穗绿色或有时稍带紫色,长4~5毫米,含3~5小花;颖质薄,先端钝,具较宽的膜质边缘,第一颖长1.5~2毫米,第二颖长2~2.5毫米;外稃卵圆形,先端钝,边缘宽膜质,具明显5脉,脊下部2/3与边脉基部1/2具长柔毛,基盘不具绵毛,第

一外稃长约3毫米;内稃稍短于或等长于外稃,脊上具长柔毛;花药长0.5~0.8毫米。花期6—7月。

【生境】生于森林带和森林草原带的草甸上。

【用途】中等饲用禾草。

禾本科　雀麦属

无芒雀麦　*Bromus inermis* Leyss.

【别名】禾萱草、无芒草

【蒙名】苏日归·扫高布日

【特征】多年生中生草本，具短横走根状茎。秆直立，高 50~100 厘米，节无毛或稀于节下具倒毛。叶鞘通常无毛，近鞘口处开展；叶舌长 1~2 毫米；叶片扁平，长 5~25 厘米，宽 5~10 毫米，通常无毛。圆锥花序开展，长 10~20 厘米，每节具 2~5 分枝，分枝细长，微粗糙，着生 1~5 枚小穗；小穗长（10）15~30（35）毫米，含（5）7~10 小花，小穗轴节间长 2~3 毫米，具小刺毛；颖披针形，先端渐尖，边缘膜质，第一颖长（4）5~7 毫米，具 1 脉，第二颖长（5）6~9 毫米，具 3 脉；外稃宽披针形，具 5~7 脉，无毛或基部疏生短毛，通常无芒或稀具长 1~2 毫米的短芒，第一外稃长（6）8~11 毫米；内稃稍短于外稃，膜质，脊具纤毛；花药长 3~4.5 毫米。花期 7—8 月，果期 8—9 月。

【生境】生于林缘草甸、山坡、谷地、河边路旁，为山地草甸草场优势种。

产乌兰察布市全市。

【用途】无芒雀麦营养价值高，适口性好，为各类家畜所喜食，是广大农牧民广为种植的牧草品种之一，可用来青饲、调制干草和放牧，被誉为"禾草饲料之王"。

禾本科　冰草属

冰草　*Agropyron cristatum* (L.) Gaertn.

【别名】野麦子

【蒙名】优日呼格

【特征】多年生旱生草本。须根稠密,外具沙套。秆疏丛生或密丛,直立或基部节微膝曲,上部被短柔毛,高 15~75 厘米。叶鞘紧密裹茎,粗糙或边缘微具短毛;叶舌膜质,顶端截平而微有细齿,长 0.5~1 毫米;叶片质较硬而粗糙,边缘常内卷,长 4~18 厘米,宽 2~5 毫米。穗状花序较粗壮,矩圆形或两端微窄,长 (1.5)2~7 厘米,宽 (7)8~15 毫米,穗轴生短毛,节间短,长 0.5~1 毫米;小穗紧密平行排列成 2 行,整齐呈篦齿状,含 (3)5~7 小花;颖

舟形,脊上或连同背部脉间被密或疏的长柔毛,第一颖长 2~4 毫米,第二颖长 4~4.5 毫米,具略短或稍长于颖体之芒;外稃舟形,被有稠密的长柔毛或显著地被有稀疏柔毛,边缘狭膜质,被短刺毛,第一外稃长 4.5~6 毫米,顶端芒长 2~4 毫米;内稃与外稃略等长,先端尖且 2 裂,脊具短小刺毛。花果期 7—9 月。

【生境】生于干燥草地、山坡、丘陵以及沙地。

　　　产乌兰察布市全市。

【用途】为优良牧草。一年四季为各种家畜所喜食,营养价值很好,是良等催膘饲草。

禾本科 冰草属

沙芦草 *Agropyron mongolicum* Keng. var. mongolicum

【别名】蒙古冰草

【蒙名】额乐存乃·优日呼格

【特征】多年生旱生草本,疏丛,基部节常膝曲,高25~58厘米。叶鞘紧密裹茎,无毛;叶舌截平具小纤毛,长约0.5毫米;叶片常内卷成针状,长5~15厘米,宽1.5~3.5毫米,光滑无毛。小穗稀疏排列,向上斜升,长5.5~9毫米,含(2)3~8小花,小穗轴无毛或有微毛;颖两侧常不对称,具3~5脉,第一颖长3~4毫米,第二颖长4~6毫米;外稃无毛或具微毛,边缘膜质,先端具短芒尖,长1~1.5毫米,第一外稃长5~8毫米(连同短芒尖在内);内稃略短于外稃或与之等长或略超出,脊具短纤毛,脊间无毛或先端具微毛。颖果椭圆形,长4毫米,淡黄褐色。花果期7—9月。

【生境】生于干燥草原、沙地、石砾质地。

　　产乌兰察布市全市。

【用途】沙芦草是干旱草原地区的优良牧用禾草之一。早春鲜草为羊、牛、马等各类牲畜所喜食,抽穗以后适口性降低,牲畜不太喜食,秋季牲畜喜食再生草,冬季牧草干枯时牛和羊也喜食。蒙古冰草有机物质消化率较高。蒙古冰草也是良好的固沙植物,是干草原和荒漠草原地区退化草场补播的较好材料。典型的旱生植物,极耐干旱和寒冷,并耐风沙的侵袭。

禾本科 披碱草属

披碱草 *Elymus dahuricus* Turcz. ex Griseb.

【别名】直穗大麦草

【蒙名】扎巴干·黑雅嘎

【特征】多年生中生丛生禾草,高 70~85(140)厘米。直立茎,基部常膝曲;叶鞘无毛,叶舌截平,长约 1 毫米。叶片扁平或干后内卷,上面粗糙,下面光滑,有时呈粉绿色,长 10~20 厘米,宽 3.5~7 毫米。穗状花序直立,穗轴边缘具小纤毛,中部各节具 2 小穗而接近顶端和基部各节只具 1 小穗;小穗绿色,熟后变为草黄色,含 3~5 小花,小穗轴密生微毛;颖披针形或条状披针形,具 3~5 脉,两颖几等长,先端具短芒,外稃披针形,脉在上部明显,全部密生短小糙毛,顶端芒粗糙,熟后向外展开,长 9~21 毫米,第一外稃长 9~10 毫米;内稃与外稃等长,先端截平,脊上具纤毛,毛向基部渐少而不明,脊间被稀少短毛。颖果长椭圆形,褐色。花期 7 月,果期 8—9 月。

【生境】生于河谷草甸、沼泽草甸、轻度盐化草甸以及田野、山坡、路旁。

产乌兰察布市全市。

【用途】优等饲用植物。在乌兰察布市有栽培,披碱草开花后迅速衰老,茎秆较粗硬,适口性不如其他禾本科牧草。但在孕穗到始花期刈割,质地则较柔嫩,青绿多汁,青饲、青贮或调制干草,均为家畜喜食。其再生草用于放牧,饲用价值也高。其鲜草、干草的营养成分都较丰富。披碱草除饲用价值外,其抗寒、耐旱、耐碱、抗风沙等特性是相当突出的,有其他禾本科牧草不能比拟的经济价值。

禾本科 赖草属

羊草 *Leymus chinensis* (Trin. ex Bunge) Tzvel.

【别名】碱草

【蒙名】黑雅嘎

【特征】多年生旱生中旱生草本。秆成疏丛或单生,直立,无毛,高45~85厘米。叶鞘光滑,有叶耳,长1.5~3毫米,叶舌纸质,截平,长0.5~1毫米;叶片质厚而硬,叶片扁平或干后内卷,长6~20厘米,宽2~6毫米,上面粗糙而有长柔毛,下面光滑。穗状花序劲直,长7.5~16.5(26)厘米,穗轴强壮,边缘疏生长纤毛;小穗粉绿色,熟后呈黄色,通常在每节孪生或在花序上端及基部者为单生,长8~15(25)毫米,含4~10小花,小穗轴节间光滑;颖锥状,质厚而硬,具1脉,上部粗糙,边缘具微纤毛,其余部分光滑,第一颖长(3)5~7毫米,第二颖长6~8毫米,外稃

披针形,光滑,边缘具狭膜质,顶端渐尖或形成芒状尖头,基盘光滑;第一外稃长7~10毫米;内稃与外稃等长,先端微2裂,脊上半部具微纤毛或近于无毛。颖果长椭圆形,深褐色,长5~7毫米。种子细小,千粒重2克左右,每千克种子约50万粒。花果期6—8月。

【生境】羊草生态幅度较宽,广泛生长于开阔平原、起伏的低山丘陵、以及河滩和盐碱低地,发育在黑钙化栗钙土、碱化草甸土、甚至柱状碱土上。

产乌兰察布市全市。

【用途】羊草叶量多、营养丰富、适口性好,各类家畜一年四季均喜食,有"牲口的细粮"之美称。花期前粗蛋白质含量一般占干物质的11%以上,分蘖期高达18.53%,且矿物质、胡萝卜素含量丰富。每千克干物质中含胡萝卜素49.5~85.87毫克。羊草调制成干草后,粗蛋白质含量仍能保持在10%左右,且气味芳香、适口性好、耐贮藏。羊草根茎穿透侵占能力很强,且能形成强大的根网,盘结固持土壤作用很大,是很好的水土保持植物。羊草的茎秆也是良好的造纸原料。

禾本科　赖草属

赖草　*Leymus secalinus*（Georgi）Tzvel.

【别名】老披碱、厚穗碱草

【蒙名】乌伦·黑雅嘎

【特征】多年生旱中生根茎型禾草。秆单生或成疏丛，质硬，直立，高 45~90 厘米，上部密生柔毛，尤以花序以下部分更多。叶鞘大都光滑，或在幼嫩时上部边缘具纤毛，叶耳长约 1.5 毫米；叶舌膜质，截平，长 1.5~2 毫米；叶片扁平或干时内卷，长 6~25 厘米，宽 2~6 毫米，上面及边缘粗糙或生短柔毛，下面光滑或微糙涩，或两面均被微毛。穗状花序直立，灰绿色，长 7~16 厘米，穗轴被短柔毛，每节着生小穗

2~4 枚；小穗长 10~17 毫米，含 5~7 小花，小穗轴贴生微柔毛；颖锥形，先端尖如芒状，具 1 脉，上半部粗糙，边缘具纤毛，第一颖长 8~10（13）毫米，第二颖长 11~14（17）毫米，外稃披针形，背部被短柔毛，边缘的毛尤长且密，先端渐尖或具长 1~4 毫米的短芒，脉在中部以上明显，基盘具长约 1 毫米的毛，第一外稃长 8~11（14）毫米；内稃与外稃等长，先端微 2 裂，脊的上半部具纤毛。花果期 6—9 月。

【生境】在草原带常见于芨芨草盐化草甸和马兰盐化草甸群落中。

产乌兰察布市全市。

【用途】赖草幼嫩时为山羊、绵羊喜食，夏季适口性降低，秋季又见提高，可作为牲畜的抓膘牧草。牛、骆驼终年喜食。

禾本科 落草属

落草 *Koeleria macrantha* (Ledeb.) Schult.

【蒙名】根达·苏乐

【特征】秆直立，高 20~60 厘米，具 2~3 节，花序下密生短柔毛，秆基部密集枯叶鞘。叶鞘无毛或被短柔毛；叶舌膜质，长 0.5~2 毫米；叶片扁平或内卷，灰绿色，长 1.5~7 厘米，宽 1~2 毫米，蘖生叶密集，长 5~20(30) 厘米，宽约 1 毫米，被短柔毛或上面无毛，上部叶近于无毛。圆锥花序紧缩呈穗状，下部间断，长 5~12 厘米，宽 7~13(18) 毫米，有光泽，草黄色或黄褐色，分枝长 0.5~1 厘米；小穗长 4~5 毫米，含 2~3 小花，小穗轴被微毛或近于无毛；颖长圆状披针形，边缘膜质，先端尖，第一颖具 1 脉，长 2.5~3.5 毫米，第二颖具 3 脉，长 3~4.5 毫米；外稃披针形，第一外稃长

约 4 毫米，背部微粗糙，无芒，先端尖或稀具短尖头；内稃稍短于外稃。花果期 6—7 月。

【生境】生于干燥草地、山坡、丘陵以及沙地。

产乌兰察布市全市。

【用途】为优良牧草。草质柔软，适口性好，羊最喜食，是改良天然草场的优良草种，牧民称之为"细草"。

禾本科　异燕麦属

异燕麦 *Helictotrichon schellianum* (Hack.) Kitag.

【蒙名】宝如格

【特征】寒旱生草本。秆少数丛生，高 50~75 厘米，径 1.5~2 毫米，常具 2 节。叶鞘松弛；叶舌膜质，长 3~6 毫米；叶扁平或稍内卷，长 5~12 厘米（分蘖叶长 20~35 厘米），宽 2~3.5 毫米，两面粗糙。圆锥花序紧缩或稍开展，长 7~15 厘米，宽 1~2 厘米；小穗淡褐色，有光泽，长 11~15 毫米，含 3~5 小花；颖披针形，上部及边缘膜质，具 3 脉，第一颖长 9~11 毫米，第二颖长 10~13 毫米；外稃具 7 脉，基盘有短毛，第一外稃长 10~13 毫米，芒生于稃体背面

中部稍上方，长 12~15 毫米；内稃显著短于外稃。花果期 7—9 月。

【生境】多生长在山地草原、林间及林缘草地，有时可成为优势种，构成异燕麦山地草原群落片断。

【用途】良等饲用禾草。适口性良好，为各种家畜所喜食，特别在青鲜时，马和羊均喜食。营养价值较高，耐干旱的能力较强，是一种有栽培前途的牧草。

禾本科 茅香属

光稃茅香 *Anthoxanthum glabrum* (Trin.) Veldkamp

【蒙名】给鲁给日·搔日乃

【特征】中生根茎禾草。植株较低矮,具细弱根茎。秆高 12~25 厘米。叶鞘密生微毛至平滑无毛;叶舌透明膜质,长 1~1.5 毫米,先端钝;叶片扁平,长 2.5~10 厘米,宽 1.5~3 毫米,两面无毛或略粗糙,边缘具微小刺状纤毛。圆锥花序卵形至三角状卵形。长 3~4.5 厘米,宽 1.5~2 厘米,分枝细,无毛;小穗黄褐色,有光泽,长约 3 毫米;颖膜质,具 1 脉,第一颖长约 2.5 毫米,第二颖较宽,长约 3 毫米;雄花外稃长于颖或与第二颖等长,先端具膜质而钝,背部平滑至粗糙,向上渐被微毛,边缘具密生粗纤毛,孕花外稃披针形,先端渐尖,较密的被有纤毛,其余部分光滑无毛;内稃与外稃等长或较短,具 1 脉,脊的上部疏生微纤毛。花果期 7—9 月。

【生境】生于草原带、森林草原带的河谷草甸、湿润草地和田野。

产察哈尔右翼中旗、察哈尔右翼后旗、卓资县等地。

【用途】适口性较高,青草马、牛等大家畜喜食,还可以喂家兔,春末或初夏,齐地面割下,稍折断,即可用来饲喂家畜,给早春放牧提供可贵的青饲草。

禾本科　看麦娘属

短穗看麦娘　*Alopecurus brachystachyus* M.Bieb.

【蒙名】宝古尼·乌纳根·苏乐

【特征】多年生草本,具根茎。秆直立,单生或少数丛生,基部节有膝曲,高45~55厘米。叶鞘光滑无毛;叶舌膜质,长1.5~2.5毫米,先端钝圆或有微裂;叶片斜向上升,长8~19厘米,宽1~4.5毫米,上面粗糙,脉上疏被微刺毛,下面平滑。圆锥花序矩圆状卵形或圆柱形,长1.5~3厘米,宽(6)7~10毫米;小穗长3~5毫米;颖基部1/4连合,脊上具长1.5~2毫米的柔毛,两侧密生长柔毛;外稃与颖等长或稍短,边缘膜质,先端边缘具微毛,芒膝曲,长5~8毫米,自稃体近基部1/4处伸出。花果期7—9月。

【生境】生于河滩草地、潮湿草地、山沟湿地。

产凉城县。

【用途】嫩叶和幼枝为各类家畜所喜食。抽穗开花期,牛、马等大家畜更喜食,绵羊喜吃叶片和花序。

禾本科 看麦娘属

苇状看麦娘 *Alopecurus arundinaceus* Poir.

【蒙名】呼鲁苏乐格·乌纳根·苏乐

【特征】多年生草本,具根茎。秆常单生,直立,高 60~75厘米。叶鞘平滑无毛;叶舌膜质,先端渐尖,撕裂,长 5~7毫米;叶片长 10~20厘米,宽 4~7 毫米,上面粗糙,下面平滑。

圆锥花序圆柱状,长 3.5~7.5 厘米,宽 8~9 毫米,灰绿色;小穗长 3.5~4.5 毫米;颖基部1/4 连合,顶端尖,向外曲张,脊上具长 1~2 毫米的纤毛,两侧及边缘疏生长纤毛或微毛。外稃稍短于颖,先端及脊上具微毛,芒直,自稃体中部伸出,近于光滑,长 1.5~4 毫米,隐藏于颖内或稍外露。花果期 7—9 月。

【生境】生于沟谷河滩草甸、沼泽草甸及山坡草地。

产乌兰察布市全市。

【用途】苇状看麦娘春季返青后,嫩叶和幼枝为各类家畜所喜食。抽穗开花期,牛、马等大家畜更喜食,绵羊喜吃叶片和花序。

禾本科　菵草属

菵草　*Beckmannia syzigachne* (Steud.) Fernald

【别名】水稗子

【蒙名】没乐黑音·萨木白

【特征】一年生湿中生禾草。秆基部节微膝曲,高 45~65 厘米,平滑。叶鞘无毛;叶舌透明膜质,背部具微毛,或撕裂,长 4~7 毫米;叶片扁平,长 6~13 厘米,宽 2~7 毫米,两面无毛或粗糙或被微毛。圆锥花序狭窄,长 15~25 厘米,分枝直立或斜升;小穗压扁,倒卵圆形至圆形,长 2.5~3 毫米;颖背部较厚,灰绿色,边缘近膜质,绿白色,全体被微刺毛,近基部疏生微细纤毛;超出于颖体,质薄,全体疏被微毛,先端具芒尖,长约 0.5 毫米;内稃等长于外稃或稍短。花果期 6—9 月。

【生境】生于水边,潮湿之处。

产乌兰察布市全市。

【用途】中等饲用禾草。各种家畜均采食。

禾本科 针茅属

长芒草 *Stipa bungeana* Trin.

【别名】本氏针茅

【蒙名】西伯格特·黑拉干那

【特征】多年生密丛型旱生草本。秆直立或斜升,基部膝曲,高30~60厘米。叶鞘光滑,上部粗糙,边缘及鞘口具纤毛;叶舌白色膜质,披针形,长1~3毫米;叶片上面光滑,下面脉上被短刺毛,边缘具短刺毛,秆生叶稀少,长3~5厘米,基生叶密集,长5~20厘米。圆锥花序基部被顶生叶鞘包裹,成熟后伸出鞘外,长10~30厘米,分枝细弱,粗糙或具短刺毛,2~4枝簇生,直立或斜生;小穗稀疏;颖披针形,成熟后淡紫色,上部及边缘白色膜质,顶端延伸成芒状,第一颖长8~15毫米,具3脉,第二颖较第一颖略短;外稃长5~6毫米,顶端关节处具短毛,其下具微刺毛,基盘长约1毫米,密生向上的白色柔毛,芒二回膝曲,扭转,光滑或微粗糙,第一芒柱长1~1.5厘

米,第二芒柱长0.5~1厘米,芒针细发状,长3~5厘米。花期6月,果期7月。

【生境】为暖温型草原植被的主要建群种,也见于夏绿阔叶林区的次生草本植被中。
产乌兰察布市南部。

【用途】为牲畜比较喜食的优良牧草,常与隐子草、胡枝子、冷蒿等优良牧草组成长芒草草原,是黄土高原暖温型草原区的重要牧场。

禾本科 针茅属

克氏针茅 *Stipa krylovii* Roshev.

【别名】西北针茅

【蒙名】塔拉音·黑拉干那

【特征】多年生密丛型旱生草本。秆直立,高 30~60 厘米。叶鞘光滑;叶舌披针形,白色膜质,长 1~3 毫米;叶上面光滑,下面粗糙,秆生叶长 10~20 厘米,基生叶长达 30 厘米。圆锥花序基部包于叶鞘内,长 10~30 厘米,分枝细弱,2~4 枝簇生,向上伸展,被短刺毛;小穗稀疏;颖披针形,草绿色,成熟后淡紫色,光滑,先端白色膜质,长 (17)20~28 毫米,第一颖略长,具 3 脉,第二颖稍短,具 4~5 脉;外稃长 9~11.5 毫米;顶端关节处被短毛,基盘长约 3 毫米,密生白色柔毛;芒二回膝曲,光滑,第一芒柱扭转,

长 2~2.5 厘米,第二芒柱长约 1 厘米,芒针丝状弯曲,长 7~12 厘米。花果期 7—8 月。

【生境】为亚洲中部草原区典型草原植被的建群种。克氏针茅草原是中温型典型草原带和荒漠区山地草原带的地带性群系,也是某些大针茅草原的放牧演替型。此外,在许多荒漠草原群落中也常有零星散生分布。

产乌兰察布市全市。

【用途】克氏针茅是一种良好的牧草,营养价值较高,含有较高的粗蛋白质和粗脂肪,春季和夏季抽穗前牛、马、羊均喜食。到秋季果实成熟时,饲用价值大大降低,因为其颖果具长芒针,基盘锐尖而坚硬,对牲畜,特别是小畜有刺伤危害。

禾本科 针茅属

短花针茅 *Stipa breviflora* Griseb.

【蒙名】阿哈日·黑拉干那

【特征】多年生丛型旱生草本。秆直立,基部节处膝曲,高30~60厘米。叶鞘粗糙或具短柔毛,上部边缘具纤毛;叶舌披针形,白色膜质,长0.5~1.5毫米,叶片上面光滑,下面脉上具细微短刺毛,秆生叶稀疏,长3~7厘米,基生叶密集,长10~15厘米。圆锥花序下部被顶生叶鞘包裹,长10~20厘米,分枝细弱,光滑或具稀疏短刺毛,2~4枝簇生,有时具二回分枝,分枝斜升;小穗稀疏;颖狭披针形,长10~15毫米,绿色或淡紫褐色,中上部白色膜质,第二颖略短于第一颖;外稃长约5.5毫米,顶端关节被短毛,基盘长约1.5毫米,密生柔毛,芒二回膝曲,全芒着

生短于1毫米的柔毛,第一芒柱扭转,长1~1.5厘米,第二芒柱长0.5~1厘米,芒针弧状弯曲,长3~6厘米。花果期6—7月。

【生境】常在某些典型草原群落及草原化荒漠群落中成为伴生成分。

产乌兰察布市全市。

【用途】优等饲用植物,牲畜四季喜食,常与冷蒿、隐子草、锦鸡儿等优等牧草组成短花针茅草原,成为荒漠草原地带的重要放牧场。

禾本科 针茅属

小针茅　*Stipa klemenzii* Roshev.

【别名】克里门茨针茅

【蒙名】吉吉格·黑拉干那

【特征】多年生密丛小型旱生草本。秆斜升或直立，基部节处膝曲，高(10)20~40厘米。叶鞘光滑或微粗糙；叶舌膜质，长约1毫米，边缘具长纤毛；叶片上面光滑，下面脉上被短刺毛；秆生叶长2~4厘米，基生叶长可达20厘米。圆锥花序被膨大的顶生叶鞘包裹，顶生叶鞘常超出圆锥花序，分枝细弱，粗糙，直伸，单生或孪生；小穗稀疏；颖狭披针形，长25~35毫米，绿色，上部及边缘宽膜质，顶端延伸成丝状尾尖，二颖近等长，第一颖具3脉，第二颖具3~4脉，外稃长约10毫米，顶端关节处光滑或具稀疏短毛，基盘尖锐，长2~

3毫米，密被柔毛。芒一回膝曲，芒柱扭转，光滑，长2~2.5厘米，芒针弧状弯曲，长10~13厘米，着生长3~6毫米的柔毛，芒针尖端的柔毛较短。花果期6—7月。

【生境】亚洲中部荒漠草原植被的主要建群种。组成中温型荒漠草原带的地带性群落。也是草原化荒漠群落的伴生植物。

　　　　产四子王旗。

【用途】小针茅是优等饲用植物，全年为各种牲畜最喜食，颖果无危害。全株营养丰富，有抓膘作用，萌发早，枯草可长期保存，常与无芒隐子草、葱属植物等优良牧草组成小针茅草原。小针茅草原是绵羊最理想的放牧场。在小针茅草原牧场上饲养的绵羊肉味格外鲜美，驰名各地。

禾本科　针茅属

戈壁针茅　*Stipa gobica* Roshev.

【蒙名】高壁音·黑拉干那

【特征】多年生密丛型旱生草本。秆斜升或直立，基部膝曲，高(10)20~50厘米。叶鞘光滑或微粗糙；叶舌膜质，长约1毫米，边缘具长纤毛；叶上面光滑，下面脉上被短刺毛，秆生叶长2~4厘米，基生叶长可达20厘米。圆锥花序下部被顶生叶鞘包裹，分枝细弱，光滑，直伸，单生或孪生；小穗绿色或灰绿色；颖狭披针形，长20~25

毫米，上部及边缘宽膜质，顶端延伸成丝状长尾尖，二颖近等长，第一颖具1脉，第二颖具3脉。外稃长7.5~8.5毫米，顶端关节处光滑，基盘尖锐，长0.5~2毫米，密被柔毛；芒一回膝曲，芒柱扭转，光滑，长约1.5厘米，芒针急折弯曲近呈直角，非弧状弯曲，长4~6厘米，着生长3~5毫米的柔毛，柔毛向顶端渐短。花果期6—7月。

【生境】干旱区山地砾石生草原的建群种。也见于草原区石质丘陵的顶部。

产乌兰察布市全市。

【用途】优等饲用植物。

禾本科 针茅属

沙生针茅 *Stipa glareosa* P. A. Smirn.

【蒙名】赛日音·黑拉干那

【特征】多年生密丛型旱生草本。秆斜升或直立,基部膝曲,高(10)20~50厘米。基部叶鞘粗糙或具短柔毛,叶鞘的上部边缘具纤毛；叶舌长约1毫米,边缘具纤毛。叶上面具短刺毛,粗糙或光滑,下面密生短刺毛,秆生叶长2~4厘米,基生叶长达20厘米。圆锥花序基部被顶生叶鞘包裹,分枝单生,短且直伸,被短刺毛；颖狭披针形, 二颖近等长, 长20~30毫米,顶端延伸成长尾尖, 中上部皆为白色膜质,第一颖基部具3脉,中上部仅剩1中脉,第二颖具3脉。外稃长(7)8.5~10(11)毫米,基盘尖锐,长约2毫米,密被白色柔毛；芒一回膝曲,全部着生长2~4毫米的白色柔毛,芒柱扭

转,长约1.5厘米,芒针常弧形弯曲,长4~7厘米。花果期6—7月。

【生境】沙生针茅是草原化荒漠植被的常见伴生种。多生于海拔630~5 150米的石质山坡、丘间洼地、戈壁沙滩及河滩砾石地上。

【用途】为优等饲用植物。饲用价值与小针茅相似,营养丰富,生长季为各种牲畜喜食,特别是冬季枯草能完整地保存,有保膘作用。沙生针茅草原为内蒙古半荒漠地带重要的天然牧场。

禾本科 沙鞭属

沙鞭 *Psammochloa villosa*(Trin.)Bor.

【别名】沙竹

【蒙名】苏乐

【特征】多年生沙生旱生长根茎型草本。水平根茎长达 2~3 米，横生于沙中。秆直立，光滑无毛，高 1~1.5 米，径 3~8 毫米，诸节多密集于秆基部。叶鞘光滑无毛或微粗糙，疏松抱茎，具狭窄的膜质边缘；叶舌膜质，透明，顶端渐尖而通常撕裂状，长 4~8 毫米；叶片质地较坚韧，扁平或边缘内卷，长 30~50 厘米，宽达 1 厘米，上面具较密生的细小短毛，下面光滑无毛。圆锥花序较紧缩，直立，长 20~50 厘米，宽 3~6 厘米，分枝斜向上升，穗轴及分枝均被细短毛；小穗披针形，含 1 小花，白色、灰白色或草黄色，长 10~16 毫米，小穗柄短于小穗，被较密的细短毛；颖草质，近相等或第一颖较短，先端渐尖至稍钝，具 3~5 脉，疏生白色微毛外稃纸质，长 10~12 毫米，具 5~7 脉，背部密生长柔毛，顶端具 2 微裂齿；基盘较钝圆，无毛或疏生细柔毛；芒自外稃顶端裂齿间伸出，直立，长 7~12 毫米，被较密的细小短毛，易脱落；内稃与外稃等长或近等长，背部圆形，无脊，密生柔毛，具 5 脉，中脉不甚明显，边缘内卷，不为外稃紧密所包裹；花药矩圆形或矩圆状条形，长约 7 毫米，顶端具毫毛。颖果圆柱形，长 5~8 毫米，紫黑色。花果期 5—9 月。

【生境】对流动沙地有很强的适应性，为沙地先锋植物群聚的优势种。

产四子王旗北部。

【用途】良等饲用禾草。适口性良好，牛和骆驼喜食，羊乐食，马采食较少。为固沙植物。茎叶纤维可作造纸原料。颖果可作面粉食用。

禾本科　隐子草属

无芒隐子草　*Cleistogenes songorica* (Roshev.) Ohwi.

【蒙名】搔日归·哈扎嘎日·额布苏

【特征】多年生疏丛旱生草本。秆丛生,直立或稍倾斜,高 15~50 厘米,基部具密集枯叶鞘。叶鞘无毛,仅鞘口有长柔毛;叶舌长约 0.5 毫米,具短纤毛。叶片条形,长 2~6 厘米,宽 1.5~2.5 毫米,上面粗糙,扁平或边缘稍内卷。圆锥花序开展,长 2~8 厘米,宽 4~7 厘米,分枝平展或稍斜上,分枝腋间具柔毛;小穗长 4~8 毫米,含 3~6 小花,绿色或带紫褐色;颖卵状披针形,先端尖,具 1 脉,第一颖长 2~3 毫米;第二颖长 3~4 毫米;外稃卵状披针形,边缘膜质,第一外稃长 3~4 毫米,5 脉,先端无芒或具短尖头;内稃短于外稃;花药黄色或紫色,长 1.2~1.6 毫米。花果期 7—9 月。

【生境】为荒漠草原旱生种。是小针茅草原、沙生针茅草原群落及菾状亚菊、女蒿群落的优势成分,也常伴生于草原化荒漠群落中。在荒漠草原带及荒漠带成为糙隐子草的代替种。可适应于壤质土、沙壤质土及砾质化土壤,占据地带性生境。

产乌兰察布市全市。

【用途】为优等饲用禾草,一年四季为各种家畜所喜食。在夏秋季,羊和马最喜食。牧民称之为"细草"。

禾本科　虎尾草属

虎尾草　*Chloris virgata* Swartz.

【蒙名】宝拉根·苏乐

【特征】一年生草本。秆无毛,斜生、铺散或直立，基部节处常膝曲,高10~35厘米。叶鞘背部具脊,上部叶鞘常膨大而包藏花序;叶舌膜质,长0.5~1毫米,顶端截平,具微齿;叶片长2~15厘米,宽1.5~5毫米,平滑无毛或上面及边缘粗糙。穗状花序长2~5厘米,数枝簇生于秆顶;小穗灰白色或黄褐色,长2.5~4毫米(芒除外);颖膜质,第一颖长1.5~2毫米,第二颖长2.5~3毫米,先端具长0.5~2毫米的芒;第一外稃长2.5~3.5毫米,具3脉,脊上微曲,边缘近顶处具长柔毛,背部主脉两侧及边缘下部亦被柔毛,芒自顶端稍下处伸出,长5~12毫米;内稃稍短于外稃,脊上具微纤毛;不孕外稃狭窄,顶端截平,芒长4.5~9毫米。花果期6—9月。

【生境】为一年生农田杂草,多见于农田、撂荒地及路边。在撂荒地上可形成虎尾草占优势的一年生植物群落。在荒漠草原群落中是夏雨型一年生禾草层片的组成成分。

　　产乌兰察布市全市。

【用途】入药,主治感冒头痛、风湿痹痛、泻痢腹痛、疝气、脚气、痈疮肿毒、刀伤。

禾本科　狗尾草属

狗尾草　*Setaria viridis* (L.) Beauv.

【别名】毛莠莠

【蒙名】西日·达日

【特征】一年生中生草本，秆高 20~60 厘米，直立或基生稍膝曲，单生或疏丛生，通常较细弱，于花序下方多少粗糙，叶鞘较松弛，无毛或具柔毛；叶舌由一圈长 1~2 毫米的纤毛所成；叶片扁平，条形或披针形，长 10~30 厘米，宽 2~10(15) 毫米，绿色，先端渐尖，基部略呈钝圆形或渐窄，上面极粗糙，下面稍粗糙，边缘粗糙。圆锥花序紧密成圆柱状，直

立，有时下垂，长 2~8 厘米，宽 4~8 毫米(刚毛除外)，刚毛长于小穗的 2~4 倍，粗糙，绿色、黄色或稍带紫色；小穗椭圆形，先端短，长 2~2.5 毫米；第一颖卵形，长约为小穗的 1/3，具 3 脉，第二颖与小穗几乎等长，具 5 脉；第一外稃与小穗等长，具 5 脉，内稃狭窄，第二外稃具有细点皱纹。谷粒长圆形，顶端钝，成熟时稍肿胀。花期 7—9 月。

【生境】生于荒地、田野、河边、坡地。

产乌兰察布市全市。

【用途】本种在幼嫩时是家畜的优良饲料，为各种家畜所喜食，全草入药，能清热明目、利尿、消肿排脓，主治目翳、砂眼、目赤肿痛、黄疸肝炎、小便不利、淋巴结核(已溃)、骨结核等。颖果也做蒙药用(蒙药名：乌仁素勒)，能止泄涩肠，主治肠痧、痢疾、腹泻、肠刺痛。

禾本科 狼尾草属

白草 *Pennisetum flaccidum* Griseb.

【蒙名】昭巴拉格

【特征】多年生草本,具横走根茎。秆单生或丛生,直立或基部略倾斜,高35~55厘米,节处多少常具髭毛。叶鞘无毛或于鞘口及边缘具纤毛,有时基部叶鞘密披微细倒毛;叶舌膜质,顶端具纤毛,长 1~1.5(3)毫米。叶片条形,长6~24厘米,宽3~8毫米,无毛或有柔毛。穗状圆锥花序呈圆柱形,直立

或微弯曲,长7~12厘米,宽1~2厘米(刚毛在内),主轴具棱,无毛或有微毛,小穗簇总梗极短,最长不及0.5毫米,刚毛绿白色或紫色,长3~14毫米,具向上微小刺毛,小穗多数单生,有时2~3枚成簇,长4~7毫米,总梗不显著;第一颖长0.5~1.5毫米,先端尖或钝,脉不显;第二颖长2.5~4毫米,先端尖,具3~5脉,第一外稃与小穗等长,具7~9脉,先端渐尖成芒状小尖头,内稃膜质而较之为短或退化,具3雄蕊或退化;第二外稃与小穗等长,先端亦具芒状小尖头,具3脉,脉向下渐不明显,内稃较之略短。花果期7—9月。

【生境】生于干燥的丘陵坡地、沙地、沙丘间洼地、田野,为沙质草原和草甸的建群植物,或撂荒地次生群落的建群植物。

　　产乌兰察布市全市。

【用途】良等饲用禾草。适口性良好,为各种家畜所喜食,适应性较强。根茎入药,能清热凉血、利尿,主治急性肾炎尿血,鼻衄、肺热咳嗽、胃热烦渴。根茎也做蒙药(蒙药名:五龙),能利尿、止血、杀虫、敛疮、解毒,主治尿闭、毒热、吐血、衄血、尿血、创伤出血、口舌生疮等症。

莎草科　三棱草属

扁秆蔍草 *Bolboschoenus planiculmis* (F. Schmidt) T. V. Egorova

【别名】三棱草

【蒙名】哈布塔盖·塔布牙

【特征】多年生湿生草本。根状茎匍匐,其顶端增粗成球形或倒卵形的块茎,长 1~2 厘米,径宽 1~1.5 厘米,黑褐色。秆单一,高 10~85 厘米,三棱形。基部叶鞘黄褐色,脉间具横隔;叶片长条形,扁平,宽 2~4(5) 毫米。苞片 1~3,叶状,比花序长 1 至数倍;长侧枝聚伞花序短缩成头状或有时具 1 至数枚短的辐射枝,辐射枝常具 1~4(6) 小穗;小穗卵形或矩圆状卵形,长 1~1.5(2) 厘米,宽 4~7 毫米,黄褐色或深棕褐色,具多数花;鳞片卵状披针形或近椭圆形,长 5~7 毫米,先端微凹或撕裂,深棕色,背部绿色,具 1 脉,顶端延伸成 1~2 毫米的外反曲的短芒;下位刚毛 2~4 条,等于或短于小坚果的一半,具倒刺;雄蕊 3,花药长约 4 毫米,黄色。小坚果倒卵形,长 3~3.5 毫米,扁平或中部微凹,有光泽,柱头 2。花果期 7—9 月。

【生境】生于河边沼泽及盐化草甸。

　　产察哈尔右翼中旗、察哈尔右翼后旗、卓资县等地。

【用途】可作牧草,家畜采食。茎叶亦可作编制及造纸原料,块茎可药用。

莎草科 扁穗草属

华扁穗草 *Blysmus sinocompressus* Tang et Wang

【蒙名】哈布塔盖·阿力乌斯

【特征】多年生湿生草本。根状茎长,匍匐,黄色,光亮,具褐色鳞片。秆近于散生,高 3~30 厘米,扁三棱形,具槽,中部以下生叶,基部有褐色或黑褐色老叶鞘。叶扁平,短于秆,宽 1~3.5 毫米,边缘卷曲,具有疏而细的小齿,向顶端渐狭呈三棱形;叶舌很短,白色,膜质。苞片叶状,短于花序或高出花序;小苞片呈鳞片状,膜质;穗状花序单一,顶生,矩圆形或狭矩圆形,长 1.5~3.5 厘米,宽 6~15 毫米。花序由 6~15 个小穗组成,排列成二列,通常下部有一小穗远离;小穗卵状披针形、卵形或卵状矩圆形,长 5~7 毫米,有 2~9 朵两性花;鳞片螺旋排列,卵状矩圆形,顶端急尖,锈褐色,膜质,背部具 3~5 条脉,中脉呈龙骨状突起,绿色,长 3.5~5 毫米;下位刚毛 3~6 条,细弱,卷曲,高出小坚果约 2 倍,具倒刺;雄蕊 3,花药狭矩圆形,先端具短尖,长 3 毫米。小坚果倒卵形,平凸状,深褐色或灰褐色,长 2 毫米,基部具短柄。柱头 2,与花柱近等长。花果期 6—9 月。

【生境】生于水边沼泽、盐化草甸、山溪边、河床及湿草地。

产四子王旗、凉城县、察哈尔右翼中旗。

【用途】饲用。

莎草科　荸荠属

牛毛毡 *Eleocharis yokoscensis*(Franch. et sav.)Tang et F. T. Wang

【蒙名】何比斯·存·温都苏

【特征】多年生湿生草本。具细长匍匐根状茎。秆密丛生，直立或斜生，高3~12厘米，具沟槽，纤细。叶鞘管状膜质，淡红褐色。小穗卵形，或卵状披针形，长2~3毫米，具花2~4；

所有鳞片皆有花，最下方1枚较大，长约等于小穗1/2，其余较小，淡绿色，中部绿色，边缘白色膜质；下位刚毛4，长于小坚果约1倍，具倒刺；雄蕊3。小坚果矩圆形，长0.7~0.9毫米，表面具十几条纵棱及数十条密集的横纹，呈梯状网纹；花柱基乳突状圆锥形；柱头3。花果期6—8月。

【生境】生于水边沼泽，常片状分布，局部可形成建群作用明显的单种或寡种群落片段。

莎草科 荸荠属

中间型荸荠 *Eleocharis palustris* (L.) Roem. et Schult

【别名】中间型针蔺

【蒙名】扎布苏尔音·存·温都苏

【特征】多年生湿生草本，具匍匐根状茎。秆丛生，直立，高 20~40 厘米，直径 1~3 毫米，具纵沟。叶鞘长筒形，紧贴秆，长可达 7 厘米，基部红褐色，鞘口截平。小穗矩圆状卵形或卵状披针形，长 5~15 厘米，宽 3~5 毫米，红褐色；花两性，多数；鳞片矩圆状卵形，先端急尖，长约 3.2 毫米，宽约 1 毫米，具红褐色纵条纹，中间黄绿色，边缘白色宽膜质，上部和基部膜质较宽；下位刚毛通常 4，长于小坚果，具细倒刺；雄蕊 3，小坚果倒卵形或宽倒卵形，长约 1.2 毫米，

宽约 0.8 毫米，光滑；花柱基三角状圆锥形，高约 0.3 毫米，略大于宽度，海绵质；柱头 2。花果期 6—7 月。

【生境】生于河边及泉边沼泽和盐化草甸，有时可形成密集的沼泽群聚。

莎草科　嵩草属

线叶嵩草　*Kobresia capillifolia*(Decne.)C. B. clarke

【蒙名】希日力格·宝西力吉

照片拍摄者：张磊

【特征】多年生草本，具短的木质根状茎。秆密丛生，高 30~44 厘米，纤细，直径 0.8~1.1 毫米，近圆柱形，具沟槽。基部老叶鞘无叶片，革质，棕褐色至深褐色，具光泽，长约 4 厘米，宽达 4 毫米；叶丝状，灰绿色，柔软或略硬，短于秆，宽 0.5~1 毫米，沟状内卷。花序为简单穗状，矩圆状圆柱形或条状圆柱形，长 1.2~2 厘米，宽 3~4 毫米，上部密生多数支小穗，下部稍疏生，稀基部具 1~2 短枝；支小穗顶生者雄性，侧生者雄雌顺序，在基部雌花的上部含 1~4 朵雄花；鳞片矩圆卵形，长 3~5 毫米，棕褐色或淡褐色，具光泽，有 3 脉，先端钝或近尖，边缘白色膜质；先出叶矩圆形，长 3~4 毫米，质薄，棕褐色，具光泽，先端截形，无脉，近无脊，边缘分离或在 1/4 高处合生；小坚果矩圆状倒卵形，三棱状，褐色，具光泽，长约 2.8 毫米，基部具柄，顶端急缩为圆锥形喙；柱头 3。花果期 6—7 月。

【生境】生于河滩草甸。

【用途】为良等饲用植物。草质柔软，适口性好，营养丰富。

莎草科 嵩草属

丝叶嵩草 *Kobresia filifolia*(Turcz.)C. B. Clarke

【蒙名】那林·宝西力吉

【特征】多年生中生草本，具短的木质根状茎。秆密丛生，纤细，高 10~45 厘米，直径 0.5 毫米。基部老叶鞘无叶片，暗棕褐色，长 1~3(4)厘米，狭

窄，宽 1.5~3.5 毫米；叶细，丝状，内卷，与秆近等长或稍短于秆，宽 0.25~0.5 毫米(平展后宽约 0.8 毫米)，绿色至灰绿色，直立，边缘粗糙。花序穗状，卵形或矩圆状椭圆形，长 1~1.4 厘米，宽 2.5~4.5 毫米，淡棕褐色，下部具 4~5 个小穗，上部为 6~7 个支小穗；苞片鳞片状，具芒尖，长约 4 毫米；支小穗雄雌顺序，在基部雌花的上部具 1~6 朵雄花；鳞片宽卵形，淡棕褐色，具光泽，长约 3.3 毫米，中部色浅，具 3 条脉，两侧脉不明显，先端急尖；先出叶矩圆状卵形，长约 3.3 毫米，棕褐色，具光泽，无脊，无脉，先端钝，腹侧边缘仅基部愈合。小坚果矩圆状椭圆形，具光泽，长 2~2.5 毫米，具喙；柱头 3 或 2。花果期 6—7 月。

【生境】生于海拔 1 900 米以上的亚高山草甸、沼泽化草甸。

产察哈尔右翼中旗、卓资县等地。

【用途】为良等饲用植物。茎叶柔软，营养价值高，适口性好，四季均可利用。

莎草科　苔草属

北苔草　*Carex obtusata* Lilj.

【蒙名】冒呼坦·西日黑

【特征】多年生草本,具长匍匐根状茎。秆纤细,高 10~17 厘米,三棱形,上部常倒向糙涩,下部生叶。基部叶鞘无叶片,紫红色或黑紫褐色,边缘有时细裂;叶片扁平,浅蓝灰色,短于秆,宽 0.5~2 毫米,边缘糙涩。小穗单一,顶生,雄雌顺序,长 1~1.6 厘米,雄花部分条形,长 0.5~0.8 毫米;雌花部分较宽,与雄花部分近等长,具(3)5~7 果囊;雌花鳞片卵形,浅褐色,先端渐尖至急尖,中部具 1 脉,边缘宽膜质,白色,长 3~3.5(4)毫米;果囊革质,倒卵状披针形,有光泽,茶褐色,无毛,具不明显沟状脉,长 2.5~3 毫米,基部渐狭收缩成不明显的柄,顶端具长约 0.5 毫米的短喙,喙口膜质,斜截形。小坚果疏松包于果囊中,近椭圆形,三棱形略压扁,长 1.25~1.5 毫米,基部具细条形退化小穗轴,与小坚果近等长;花柱基部不膨大,柱头 3。果期 6—7 月。

【生境】生于阔叶林林下及林缘、山地草甸或草原。

产乌兰察布市西部。

莎草科 苔草属

寸草苔 *Carex duriuscula C. A. Mey.*

【别名】寸草、卵穗苔草

【蒙名】朱乐格·额布苏(西日黑)

【特征】多年生中旱生草本。根状茎细长,匍匐,黑褐色。秆疏丛生,纤细,高 5~20 厘米,近钝三

棱形,现纵棱槽,平滑。基部叶鞘无叶片,灰褐色,具光泽,细裂成纤维状;叶片内卷成针状,刚硬,灰绿色,短于秆,宽 1~1.5 毫米,两面平滑,边缘稍粗糙。穗状花序通常卵形或宽卵形,长 7~12 毫米,宽 5~10 毫米;苞片鳞片状,短于小穗;小穗 3~6 个,雄雌顺序,密生,卵形,长约 5 毫米,具少数花;雌花鳞片宽卵形或宽椭圆形,锈褐色,先端锐尖,具白色膜质狭边缘,稍短于果囊;果囊革质,宽卵形或近圆形,长 3~3.2 毫米,平凸状,褐色或暗褐色,成熟后微有光泽,两面无脉或具 1~5 条不明显脉,边缘无翅,基部近圆形,具海绵状组织及短柄,顶端急收缩为短喙;喙缘稍粗糙,喙口斜形,白色,膜质,浅 2 齿裂。小坚果疏松包于果囊中,宽卵形或宽椭圆形,长 1.5~2 毫米;花柱短,基部稍膨大,柱头 2。花果期 4—7 月。

【生境】生于轻度盐渍低地及沙质地。在盐化草甸和草原的过牧地段可出现寸草苔占优势的群落片段。

产四子王旗、察哈尔右翼中旗、察哈尔右翼后旗、察哈尔右翼前旗、集宁区、卓资县。

【用途】为一种很有价值的放牧型植物,牛、马、羊喜食。

莎草科 苔草属

脚苔草 *Carex pediformis C.A.Mey.*

【别名】日阴菅、柄状薹草、硬叶薹草

【蒙名】照格得日·西日黑(宝棍·西日黑)

【特征】多年生草本,根状茎短缩,斜升。秆密丛生,高 18~40 厘米,纤细,钝三棱形,平滑,上部微粗糙,下部生叶,老叶基部有时卷曲。基部叶鞘褐色,细裂成纤维状;叶片稍硬,扁平或稍对折,灰绿色或绿色,通常短于秆或近等长,宽 1.5~2.5 毫米,边缘粗糙。苞片佛焰苞状,苞鞘边缘狭膜质,鞘口常截形,最下 1 片先端具明显短叶片(长 1 厘米以上);小穗 3~4 个,上方 2 个常接近生,或全部远离生;顶生者为雄小穗,棍棒状或披针形,长 0.8~1.8 厘米,不超出或超出相邻雌小穗;雄花鳞片矩圆形,锈色或淡锈色,长 3~4 毫米,具 1 条脉,边缘白色膜质;侧生 2~3 个为雌小穗,矩圆状条形,长 1~2 厘米,稍稀疏,具长为 1~3.5 厘米的粗

糙柄;穗轴通常直,稀弯曲;雌花鳞片卵形,锈色或淡锈色,长 3.5~4 毫米,中部绿色,具 1~3 条脉,先端近圆形,具短尖或芒尖,边缘白色宽膜质,稍长于果囊或近等长;果囊倒卵形,钝三棱状,长 3~3.5 毫米,中部以上密被白色短毛,背面无脉或基部稍有脐腹面凸起,具数条不明显脉,基部渐狭为斜向的海绵质柄,顶端骤缩为外倾的喙;喙极短,喙口微凹。小坚果紧包于果囊中,倒卵形,三棱状,长约 3 毫米,淡褐色,具短柄;花柱基部膨大,向背侧倾斜,柱头 3。花果期 5—7 月。

【生境】生于山地、丘陵坡地、湿润沙地、草原、林下及林缘。为草甸草原,山地草原优势种,山地山杨、白桦林伴生种。

产乌兰察布市全市。

【用途】耐践踏,为一种放牧型牧草。牛、马、羊喜食。

莎草科　苔草属

灰脉苔草　*Carex appendiculata*(Trautv.)Kvk.

【蒙名】乌日太·西日黑

【特征】多年生湿生草本。根状茎短，形成踏头。秆密丛生，高 35~75 厘米，平滑或有时粗糙。基部叶鞘无叶，茶褐色或褐色，稍有光泽，老时细裂成纤维状。叶片扁平或有时内卷，淡灰绿色，与秆等长或稍长，宽 2~4.5 毫米，两面平滑，边缘具微细齿。苞叶无鞘，与花序近等长；小穗 3~5 个，上部 1~2(3) 为雄小穗，条形，长 2~3.5 厘米，其余为雌小穗(有时部分小穗顶端具少数雄花)，条状圆柱形，长 1.8~4.5 厘米，最下部小穗可具长 1~1.5 厘米的短柄；雌花鳞片宽披针形，中部具 1~3 脉，2 侧

脉常不显，淡绿色，两侧紫褐色至黑紫色，先端渐尖，边缘白色膜质，短于果囊，且显著较之狭窄；果囊薄革质，椭圆形，长 2.2~3.5 毫米，平凸状，具 5~7(10) 条细脉，顶端具短喙，喙口微凹。小坚果紧包于果囊中，宽倒卵形或近圆形，平凸状，长约 2 毫米；花柱基部不膨大，柱头 2。果期 6—7 月。

【生境】生于河岸湿地踏头沼泽。

莎草科 苔草属

乌苏里苔草 *Carex ussuriensis* Kom.

【蒙名】乌苏苏芮·西日黑

【特征】根状茎具细长的地下匍匐茎。秆疏丛生,高 20~40 厘米,钝三棱形,平滑,基部具无叶片的鞘,叶几与秆等长,宽约 0.5 毫米,边缘微卷,质较软,具黄褐色叶鞘。苞片鞘状,长可达 2 厘米,鞘口具宽的干膜质的边,无苞叶。小穗 2~3 个,稍远离,顶生小穗为雄小穗,通常超过其下面的雌小穗,披针状线性,长 1~2 厘米;侧生小穗为雌小穗,长圆形,长 0.5~1 厘米,具很疏生的 2~4 朵花;小穗轴微呈之字形曲折,小穗柄细长,长可达 3 厘米。雄花鳞片长圆形,顶端钝,膜质,麦秆黄色,具无色透明的边;雌花鳞片卵形或近椭圆形,长约 2 毫米,顶端具硬短尖,膜质,淡黄色,边缘具较宽的无色透明的

边,具 1 条中脉,基部环抱小穗轴。果囊近直立,几等长于鳞片,倒卵圆形,不明显的三棱形,长约 3 毫米,近革质,黄绿色,成熟后呈黑褐色,无毛,具微凹的多条脉,无光泽,基部宽楔形或近钝圆,顶端急狭为短喙,喙口截形。小坚果较紧的包于果囊内,倒卵形,三棱形,长约 2 毫米;花柱基部增粗,柱头 3 个,细长。花果期 6—7 月。

【生境】生于山地林下或沟谷阴湿处。

产凉城县蛮汗山。

【用途】饲用。

百合科　知母属

知母　*Anemarrhena asphodeloides* Bunge.

【别名】兔子油草

【蒙名】闹米乐嘎那(陶来音·汤乃)

【特征】多年生中旱生草本。具横走根状茎,粗 0.5~1.5 厘米,为残存的叶鞘所覆盖。须根较粗,黑褐色。叶基生,长 15~60 厘米,宽 1.5~11 毫米,向先端渐尖而成近丝状,基部渐宽而成鞘状,具多条平行脉,没有明显的中脉。花葶直立,长于叶;总状花序通常较长,长 20~50 厘米;苞片小,卵形或卵圆形,先端长渐尖;花 2~3 朵簇生, 紫红色, 淡紫色至白色;花被片 6,条形,长 5~10 毫米,中央具 3 脉,宿存,基部稍合生;雄蕊 3,生于内,花被片近中部,花丝短,扁平,花药近基着,内向纵裂;子房小,3 室,每室具 2 胚珠;花柱与子房近等长, 柱头小。蒴果狭椭圆形,长 8~13 毫米,宽约 5 毫米,顶端有短喙,室背开裂,每室具 1~2 粒种子;种子黑色,具 3~4 纵狭翅。花期 7—8 月,果期 8—9 月。

【生境】草甸草原种。生于草原、草甸草原、山地砾质草原。

　　产卓资县、凉城县、丰镇市、兴和县。

【用途】根茎入药。

百合科　萱草属

小黄花菜　*Hemerocallis minor* Mill.

【别名】黄花菜

【蒙名】哲日利格·西日·其其格

【特征】中生草本。须根粗壮,绳索状,粗 1.5~2 毫米,表面具横皱纹。叶基生,长 20~50 厘米,宽 5~15 毫米。花葶长于叶或近等长,花序不分枝或稀为假二歧状的分枝,常具 1~2 花,稀具 3~4 花;花梗长短极不一致;苞片卵状披针形至披针形,长 8~20 毫米,宽 4~8 毫米;花被淡黄色,花被管通常长 1~2 .5(3)厘米;花被裂片长 4~6 厘米,内三片宽 1~2 厘米。蒴果椭圆形或矩圆形,长 2~3 厘米,宽 1~1.5 厘米。花期 5—7 月,果期 7—8 月。

【生境】生于杂类草草甸、草甸化草原、林缘、灌丛,可成为杂类草草甸的优势种之一。

　　产卓资县、凉城县、兴和县等。

【用途】花蕾可供食用,根入药。放牧型饲草,四季均可采食。

百合科 萱草属

黄花菜 *Hemerocallis citrina* Baroni

【别名】金针菜

【蒙名】西日·其其格

【特征】多年生中生草本。须根近肉质，中下部常膨大呈纺锤状。叶 7~20，长 30~100 厘米，宽 6~20 毫米。花葶长短不一，一般稍长于叶，基部三棱形，上部多少呈圆柱形，有分枝；苞片披针形或卵状披针形，下面者长达 3~10 厘米，自下向上渐短，宽 3~6 毫米；花梗较短；花 3~5 朵或更多；花被淡黄色，有时在花蕾时顶端带黑紫色；花被管长 3~5 厘米；花被裂片长 6~10 厘

米，内三片宽 2~3 厘米。蒴果钝三棱状椭圆形，长 3~5 厘米。种子黑色，有棱，多达 20 多粒。花果期 7—9 月。

【生境】生于林缘及谷地。

【用途】食用，药用。黄花菜性味甘凉，有止血、消炎、清热、利湿、消食、明目、安神等功效，对吐血、大便带血、小便不通、失眠、乳汁不下等有疗效，可作为病后或产后的调补品。

百合科　顶冰花属

顶冰花　*Gagea chinensis* Y. Z. Zhao et L. Q. Zhao

【特征】多年生早春类短命中生草本。鳞茎卵球形,黄褐色,直径 3~5 毫米,从基部生出数条纤细的匍匐茎状的梗,梗的末端具黄白色的小鳞茎。茎高 10~30 厘米,下部密被短毛。基生叶 1,线形,半圆筒状,近轴面具浅沟,远轴面具 4 棱,下部密被短毛,长 9~20 厘米,宽约 1 毫米;茎生叶 2~4 枚,条形或狭披针形,长 1~6 厘米,宽 1~3 毫米。花单生或 2~4 朵排成总状花序;花梗长 2~10 毫米,果期稍伸长。花被片 6,矩圆状披针形,边缘膜质,外花被片长 15~17 毫米,内花被片长 13~15 毫米;雄蕊 6,长 6~8 毫米;花药矩圆

形,长约 2 毫米;柱头 3 深裂,裂片长约 3 毫米;子房矩圆形,长约 5 毫米。蒴果倒卵球形,长约 1 厘米;基部具有宿存的长 18~20 毫米的萼片。种子不规则的三角形,扁平,红棕色,具黄白色的边缘,长约 2 毫米。花果期 5—7 月。

【生境】生于草原带的山地。

　　　产四子王旗。

【用途】观赏,饲用。

百合科 葱属

野韭 *Allium ramosum* L.

【蒙名】哲日勒格·高戈得

【特征】多年生中旱生草本。根状茎粗壮,横生,略倾斜。鳞茎近圆柱状,簇生,外皮暗黄色至黄褐色,破裂成纤维状,呈网状。叶三棱状条形,背面纵棱隆起呈龙骨状,叶缘及沿纵

棱常具细糙齿,中空,宽1~4毫米,短于花葶。花葶圆柱状,具纵棱或有时不明显,高20~55厘米,下部被叶鞘;总苞单侧开裂或2裂,白色、膜质,宿存;伞形花序半球状或近球状,具多而较疏的花;小花梗近等长,长1~1.5厘米,基部除具膜质小苞片外常在数枚小花梗的基部又为1枚共同的苞片所包围;花白色,稀粉红色;花被片常具红色中脉;外轮花被片矩圆状卵形至矩圆状披针形,先端具短尖头,通常与内轮花被片等长,但较狭窄,宽约2毫米;内轮花被片矩圆状倒卵形或矩圆形。先端亦具短尖头,长6~7毫米,宽2.5~3毫米;花丝等长,长为花被片的1/2~3/4,基部合生并与花被片贴生,合生部位高约1毫米,分离部分呈狭三角形;内轮者稍宽;子房倒圆锥状球形,具3圆棱,外壁具疣状突起;花柱不伸出花被外。花果期7—9月。

【生境】生于草原砾石质坡地、草甸草原、草原化草甸等群落中。

产凉城县、兴和县。

【用途】叶可作蔬菜食用,花和花葶可腌渍做"韭菜花"调味佐食。羊和牛喜食,马乐食,为优等饲用植物。

百合科　葱属

碱葱 *Allium polyrhizum* Turcz. ex Regel

【别名】多根葱

【蒙名】塔干那

【特征】强旱生草本。鳞茎多枚紧密簇生，圆柱状；鳞茎外皮黄褐色，撕裂成纤维状。叶半圆柱状，边缘具密的微糙齿，粗 0.3~1 毫米，短于花葶。花葶圆柱状，高 10~20 厘米，近基部被叶鞘；总苞 2 裂，膜质，宿存；伞形花序半球状，具多而密集的花；小花梗近等长，长 5~8 毫米，基部具膜质小苞片，稀无小苞片；花紫红色至淡紫色，稀粉白色；外轮花被片狭卵形，长 2.5~3.5 毫米，宽 1.5~2 毫米；内轮花被片矩圆形，长 3.5~4 毫米，宽约 2 毫米；花丝等长，稍长于花被片，基部合生并与花被片贴生，外轮者锥形，内轮的

基部扩大，扩大部分每侧各具 1 锐齿，极少无齿；子房卵形，不具凹陷的蜜穴；花柱稍伸出花被外。花果期 7—8 月。

【生境】生于荒漠草原带、干草原带、半荒漠及荒漠地带的壤质、砂壤质棕钙土、淡栗钙土或石质残丘坡地上，是小针茅草原群落中常见的成分，甚至可成为优势种。

产乌兰察布市全市。

【用途】各种牲畜喜食，是一种优等饲用植物。

百合科 葱属

蒙古韭 *Allium mongolicum* Regel

【别名】蒙古葱

【蒙名】呼木乐

【特征】旱生草本。鳞茎数枚紧密丛生，圆柱状；鳞茎外皮灰褐色，撕裂成松散的纤维状。叶半圆柱状至圆柱状，粗0.5~1.5毫米，短于花葶。花葶圆柱状，高10~35厘米，近基部被叶鞘；总苞单侧开裂，膜质，宿存；伞形花序半球状至球状，通常具多而密集的花；小花梗近等长，长0.5~1.5厘米，基部无小苞片；花较大，淡红色至紫红色；花被片卵状矩圆形，先端钝圆，外轮的长6毫米，宽3毫米，内轮的长8毫米，宽4毫米；花丝近等长，长约为花被片的1/3，基部合生并与花被片贴生，外轮者锥形，内轮的基部约1/2扩大成狭卵形；子房卵状球形；花柱长于子房，但不伸出花被外。花果期7—9月。

【生境】生于荒漠草原及荒漠地带的砂地和干旱山坡。

产四子王旗、察哈尔右翼后旗、察哈尔右翼中旗。

【用途】叶及花可食用。地上部分入蒙药，能开胃、消食、杀虫，主治消化不良、不思饮食、秃疮、青腿病等。各种牲畜均喜食，为一种优等饲用植物。

百合科　葱属

细叶韭　*Allium tenuissimum* L.

【别名】细叶葱、札麻

【蒙名】扎芒

【特征】中旱生草本。鳞茎近圆柱状，数枚聚生，多斜生；鳞茎外皮紫褐色至黑褐色，膜质，不规则破裂。叶半圆柱状至近圆柱状，光滑，粗0.3~1毫米，长于或近等长于花葶。花葶圆柱状，具纵棱，光滑，高10~40厘米，中下部被叶鞘；总苞单侧开裂，膜质，具长约5毫米之短喙，宿存；伞形花序半球状或近帚状，松散；小花梗近等长，长5~15毫米，基部无小苞片；花白色或淡红色，稀紫红色；外轮花被片卵状矩圆形，先端钝圆，长3~3.5毫米，宽1.5~2毫米；内轮花被片倒卵状矩圆形，

先端钝圆状平截，长3.5~4毫米，宽2~2.5毫米；花丝长为花被片的1/2~2/3，基部合生并与花被片贴生，外轮的稍短而呈锥形，有时基部稍扩大，内轮的下部扩大成卵圆形，扩大部分约为其花丝的2/3；子房卵球状，花柱不伸出花被外。花果期5—8月。

【生境】生于草原砾石质坡地、草甸草原、草原化草甸等群落中。

　　　　产乌兰察布市全市。

【用途】叶可作蔬菜食用，花和花葶可腌渍做"韭菜花"调味佐食。羊和牛喜食，马乐食，为优等饲用植物。

百合科 葱属

矮韭 *Aliium anisopodium* Ledeb.

【别名】矮葱

【蒙名】那林·冒盖音·好日

【特征】多年生中旱生草本。根状茎横生,外皮黑褐色。鳞茎近圆柱状,数枚聚生;鳞茎外皮黑褐色,膜质,不规则地破裂。叶半圆柱状条形,有时因背面中央的纵棱隆起而成三棱状狭条形,光滑,或有时叶缘和纵棱具细糙齿,宽 1~2 毫米,短于或近等长于花葶;花葶圆柱状,具细纵棱,光滑,高 20~50 厘米,粗 1~2 毫米,下部被叶鞘;总苞单侧开裂,宿存;伞形花序近帚状,松散;小花梗不等长,长 1~3 厘米,具纵棱,光滑,稀沿纵棱略具细糙齿,基部无小苞片;花淡紫色至紫红色;外轮花被片卵状矩圆形,先端钝圆,长约 4 毫米,宽约 2 毫米;内轮花被片倒卵状矩圆形,先端平截,长约 5 毫米,宽约 2.5 毫米;花丝长约为花被片的 2/3,基部合生并与花被片贴生,外轮的锥形,有时基部略扩大,比内轮的稍短,内轮下部扩大成卵圆形,扩大部分约为其花丝长度的 2/3;子房卵球状,基部无凹陷的蜜穴;花柱短于或近等长于子房,不伸出花被外。花果期 6—8 月。

【生境】生于森林草原和草原地带的山坡、草地和固定沙滩上。草原伴生种。

产卓资县、兴和县。

【用途】羊、马和骆驼喜食,为优等饲用植物。

百合科　葱属

黄花葱　*Allium condensatum* Turcz.

【蒙名】西日·松根

【特征】多年生中旱生草本。鳞茎近圆柱形，粗 1~2 厘米。外皮深红褐色，革质。有光泽，条裂。叶圆柱状或半圆柱状，具纵沟槽，中空，粗 1~2 毫米，短于花葶。花葶圆柱状，实心，高 30~60 厘米，近中下部被以具明显脉纹的膜质叶鞘；总苞 2 裂，膜质，宿存；伞形花序球状，具多而密集的花；小花梗近等长，长 5~15 毫米，基部具膜质小苞片；花淡黄色至白色，花被片卵状矩圆形，钝头，长 4~5 毫米，宽约 2 毫米，外轮略短；花丝等长，锥形，无齿，比花被片长 1/3~1/2，基部合生并与花被片贴生；子房倒卵形，腹缝线基部具短帘的凹陷蜜穴，花柱伸出花被外。花果期 7—8 月。

【生境】生于山地草原、草原、草甸化草原及草甸中。

　　　产察哈尔右翼后旗、凉城县。

【用途】羊、马和骆驼喜食，为优等饲用植物。

百合科 葱属

毓泉薤 *Allium yuchuanii* Y. Z. Zhao et J. Y. Chao

【蒙名】温都尔·松根

【特征】鳞茎卵球形，粗 2~.4 厘米；外皮黑褐色或紫褐色,顶端常撕裂成纤维状；内皮白色,膜质,基部具侧生的小鳞茎。叶三棱状条形,中空,背面具 1 纵棱,呈龙骨状隆起,短于花葶,宽 2.5~5 毫米。花葶单一,圆柱形,中空,高 70~140 厘米,粗达 11 毫米,下部被疏离叶鞘;总苞 2 裂,宿存;伞形花序球状,无珠芽,具多而极密集的花;花梗长短不一,比花被片长 2~8 倍,基部具小苞片;花被片上部紫红色,下部白色,中脉紫红色,先端钝尖,长 3~4 毫米,宽 1~2 毫米,外轮舟状;花丝近等长,长约 6 毫米,约为花被片长的 1.5 倍,下部 2/3 明显加宽呈狭三角形,无齿;子房倒卵球形,基部具有帘的凹陷蜜穴;花柱单一,伸出花被外。花期 6 月。

【生境】生于阳坡沙地。见于阴山、阴南丘陵。

百合科　舞鹤草属

舞鹤草　*Maianthemum bifolium* (L.) F. W. Schmidt

【蒙名】转西乐·其其格

【特征】中生草本。根状茎细长，匍匐，有时分枝，直径约 1 毫米，节间长 1~4 厘米，节上有少数根。茎直立，高 13~20 厘米，无毛或散生柔毛。基生叶 1，花期凋萎；茎生叶 2 (3) 枚，互生于茎的上部，二角状卵形，长 2~5.5 厘米，宽 1~4.5 厘米，先端锐尖至渐尖，基部心形，湾缺张开；下面脉上敝生柔毛，边缘有细锯齿状乳突或柔毛；叶柄长 0.5~2.5 厘米，通常被柔毛。总状花序顶生，直立，长 2~4 厘米；有 12~25 朵花；花序轴有柔毛或乳状突起；花白色，单生或成对；花梗细，长约 2~5 毫米，顶端有关节；花被片矩圆形，排成 2 轮，平展至下弯，长约 2 毫米，有 1 脉；花丝比花被片短；花药卵形，长约 0.5 毫米，内向纵裂；子房球形；花柱与子房近等长，约 0.5 毫米，浅 3 裂。浆果球形，熟变红黑色，直径 2~4 毫米；种子卵圆形，种皮黄色，有颗粒状皱纹。花期 6 月，果期 7—8 月。

【生境】高山林下，阴生。

　　　　产卓资县、凉城县。

【用途】全草入药。

百合科 黄精属

玉竹 *Polygonatum odoratum* (Mill.) Druce

【别名】萎蕤

【蒙名】冒呼日·查干

【特征】多年生中生草本。根状茎粗壮,圆柱形,有节,黄白色,生有须根,直径 4~9 毫米,茎有纵棱,高 25~60 厘米,具 7~10 叶。叶互生,椭圆形至卵状矩圆形,长 6~15 厘米,宽 3~5 厘米,两面无毛,下面带灰白色或粉白色。花序具 1~3 花,腋生,总花梗长 0.6~1 厘米,花梗长(包括单花的梗长)0.3~1.6 厘米,具条状披针形苞片或无;花被白色带黄绿,长 14~20 毫米,花被筒较直,裂片长约 3.5 毫米;花丝扁平,近平滑至具乳头状突起,着生于花筒近中部,花药黄色,长约 4 毫米;子房长 3~4 毫米,花柱丝状,内藏,长 6~10 毫米。浆果球形,熟时蓝黑色,直径 4~7 毫米,有种子 3~4 颗。花期 6 月,果期 7—8 月。

【生境】生于林下、灌丛、山地草甸。

产卓资县、凉城县。

【用途】根茎入药,也入蒙药。

百合科　天门冬属
攀援天门冬　*Asparagus brachyphyllus* Turcz.

【蒙名】宝古尼·和日言·努都

【特征】中旱生攀援植物。须根膨大,肉质,呈近圆柱状块根,粗 7~15 毫米。茎近平滑,长 20~100 厘米,分枝具纵凸纹,通常有软骨质齿。叶状枝 4~10 簇生,近扁的圆柱形,略有几条棱,伸直或弧曲,长 4~12 毫米,有软骨质齿,鳞片状叶基部有长 1~2 毫米的刺状短距。花 2(4)朵腋生,淡紫褐色;花梗较短,长 4~8 毫米,关节位于近中部,雄花的花被片长 5~7 毫米,花丝中部以下贴生于花被片上;雌花较小,花被片长约 3 毫米。浆果成熟时紫红色,直径 6~8 毫米,通常有 4~5 粒种子。花期 6—8 月,果期 7—9 月。

【生境】生于山丘阳坡。

　　产乌兰察布市全市。

【用途】根可入药。

百合科 天门冬属

戈壁天门冬 *Asparagus gobicus* N. A. Ivan.ex Grub.

【蒙名】高比音·和日言·努都

【特征】旱生半灌木,具根状茎。须根细长,粗约1.5~2毫米。茎坚挺,下部直立,黄褐色,上部通常回折状,常具纵向剥离的白色薄膜;分枝较密集,强烈回折状,常疏生软骨质齿。叶状枝3~6 (8)簇生,通常下倾和分枝交成锐角;近圆柱形,略有几条不明显的钝棱,长5~25毫米,粗0.8~1毫米,较刚直,稍呈针刺状;鳞片状叶基部具短距。花1~2朵腋生;花梗长2~5毫米,关节位于上部或中部;雄花的花被片长5~7毫米;花丝中部以下贴生于花被片上;雌花略小于雄花。浆果红色,直径5~8毫米,有3~5粒种子。花期5—6月,果期6—8月。

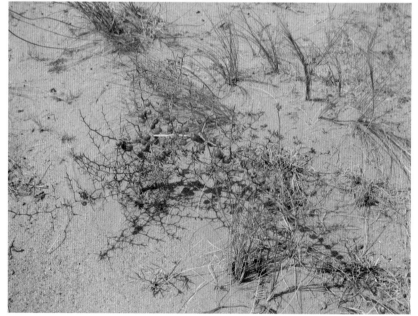

【生境】生于荒漠和荒漠化草原地带的沙地及砂砾质干河床,为荒漠化草原的特征种之一。产四子王旗。

【用途】中等饲用植物。在荒漠和荒漠化草原地带,幼嫩时绵羊和山羊乐食。

百合科　天门冬属

兴安天门冬　*Asparagus dauricus* Link

【别名】山天冬

【蒙名】兴安乃·和日言·努都

【特征】多年生中旱生草本。根状茎粗短;须根细长,粗约2毫米。茎直立,高20~70厘米,具条纹,稍具软骨质齿;分枝斜升,稀与茎交成直角,具条纹,有时具软骨质齿。叶状枝1~6簇生,通常斜立或与分枝交成锐角,稀平展或下倾,稍扁的圆柱形,略有几条不明显的钝棱,长短极不一致,长1~4(5)厘米,粗约0.5毫米,伸直或稍弧曲,有时具软骨质齿;鳞片状叶基部有极短的距,但无刺。花2朵腋生,黄绿色;雄花的花梗与花被片近等长,长3~6

毫米,关节位于中部,花丝大部贴生于花被片上,离生部分很短,只有花药一半长;雌花极小,花被长约1.5毫米,短于花梗,花梗的关节位于上部。浆果球形,直径6~7毫米,红色或黑色,有2~4(6)粒种子。花期6—7月,果期7—8月。

【生境】生于草原、草甸化草原以及干燥的石质山坡和沙地。

【用途】中等饲用植物。幼嫩时绵羊、山羊乐食。

鸢尾科 鸢尾属

射干鸢尾 *Iris dichotoma* Pall.

【别名】歧花鸢尾、白射干、芭蕉扇

【蒙名】海其·欧布苏

【特征】多年生中旱生草本，高 40~100 厘米。根状茎粗壮，具多数黄褐色须根。茎直立，多分枝，分枝处具 1 枚苞片；苞片披针形，长 3~10 厘米，绿色，边缘膜质；茎圆柱形，直径 2~5 毫米，光滑。叶基生，6~8 枚，排列于 1 个平面上，呈扇状；叶片剑形，长 20~30 厘米，宽 1.5~3 厘米，绿色，基部套折状，边缘白色膜质，两面光滑，具多数纵脉；总苞干膜质，宽卵形，长 1~2 厘米。聚伞花序，有花 3~15 朵；花梗较长，长约 4 厘米；花白色或淡紫红色，具紫褐色斑纹；外轮花被片矩圆形，薄片状，具紫褐色斑点，爪部边缘具黄褐色纵条

纹，内轮花被片明显短于外轮，瓣片矩圆形或椭圆形，具紫色网纹，爪部具沟槽；雄蕊 3，贴生于外轮花被片基部，花药基底着生；花柱分枝 3，花瓣状，卵形，基部连合，柱头具 2 齿。蒴果圆柱形，长 3.5~5 厘米，具棱。种子暗褐色，椭圆形，两端翅状。花期 7 月，果期 8—9 月。

【生境】生于草原及山地林缘或灌丛。

　　产卓资县、兴和县。

【用途】药用。

鸢尾科 鸢尾属

细叶鸢尾 *Iris tenuifolia* Pall.

【蒙名】敖汉·萨哈拉

【特征】多年生草本,高20~40厘米,形成稠密草丛。根状茎匍匐;须根细绳状,黑褐色。植株基部被稠密的宿存叶鞘,丝状或薄片状,棕褐色,坚韧。基生叶丝状条形,纵卷,长达40厘米,宽1~1.5毫米,极坚韧,光滑,具5~7条纵脉。花葶长约10厘米;苞片3~4,披针形,鞘状膨大呈纺锤形,长达7~10厘米,白色膜质,果期宿存,内有花1~2朵;花淡蓝色或蓝紫色,花被管细长,可达8厘米,花被裂片长4~6厘米,外轮花被片倒卵状披针形,基部狭,中上部较宽,上面有时被须毛,无沟纹,内轮花被片倒披针形,比外轮略短;花柱狭条形,顶端2裂。蒴果卵球形,具三棱,长1~2厘米。花期5月,果期6—7月。

【生境】生于草原。

产乌兰察布市全市。

【用途】饲用,观赏,药用(根及种子),幼嫩果实可食用,叶可制绳索或脱胶后制麻。

鸢尾科 鸢尾属

大苞鸢尾 *Iris bungei* Maxim.

【蒙名】好您·查黑乐得格

【特征】多年生强旱生草本，高 20~40 厘米，形成稠密草丛。根状茎粗短，着生多数黄褐色细绳状须根。植株基部被稠密的纤维状棕褐色宿存叶鞘。基生叶条形，长 15~30 厘米，宽 2.5~4 毫米，光滑或粗糙，两面具突出的纵脉。花葶高约 15 厘米，短生于基生叶；苞叶鞘状膨大，呈纺锤形，长 6~10 厘米，先端尖锐，边缘白色膜质，光滑或粗糙，具纵脉而无横脉，不形成网状；花 1~2 朵，蓝紫色，花被管长 3~4 厘米；外轮花被片披针形，长约 5.5 厘米，顶部较宽，具紫色脉纹，内轮花被片与外轮略等长或稍短，披针形，具紫色脉纹；花柱狭披针形，顶端 2 裂，边缘宽膜质。蒴果矩圆形，长 4~6 厘米，顶端具长喙。花期 5 月，果期 7 月。

【生境】生于荒漠草原。

产四子王旗。

【用途】中等饲用，观赏。

鸢尾科　鸢尾属

粗根鸢尾　*Iris tigridia* Bunge ex Ledeb.

【蒙名】巴嘎·查黑乐得格

【特征】多年生旱生草本,高 10~30 厘米。根状茎粗短;须根多数,粗壮,稍肉质,直径 3 毫米,黄褐色。茎基部具较柔软的黄褐色宿存叶鞘。基生叶条形,先端渐尖,长 5~30 厘米,宽 1.5~4 毫米,光滑,两面叶脉突出。花葶高 7~10 厘米,短生于基生叶;总苞 2,椭圆状披针形,长 3~5 厘米,顶端尖锐,膜质,具脉纹;花常单生,蓝紫色或淡紫红色,具深紫色脉纹,外轮花被片倒卵形,边缘稍波状,中部有髯毛,内轮花被片较狭较短,直立,顶端微凹;花柱裂片狭披针形,顶端 2 裂。蒴果椭圆形,长约 3 厘米,两端尖锐,具喙。花期 5 月,果期 6—7 月。

【生境】生于砂砾质丘陵或山地草原。

　　　　产乌兰察布市全市。

【用途】中等饲用,观赏。

鸢尾科　鸢尾属

马蔺 *Iris Iactea* Pall. var. *Chinensis* (Fisch.) Koidz.

【蒙名】查黑乐得格

【特征】多年生中生草本，高 20~50 厘米，基部具稠密的红褐色纤维状宿存叶鞘，形成大型草丛。根状茎粗状，着生多数绳状棕褐色须根。基生叶多数，剑形，顶端尖锐，长 20~50 厘米，宽 3~6 毫米，花期与花葶等长或稍超出，后渐渐明显超出花葶，光滑，两面具多数突出的纵脉，绿色或蓝绿色，叶基稍紫色。花葶丛生，高 10~30 厘米，下面被 2~3 叶片所包裹；叶状总苞狭矩圆形或披针形，顶端尖锐，长 6~7 毫米，淡绿色，边缘白色宽膜质，光滑，具多数纵脉；花 1~3 朵，花蓝色；花被管较短，长 1~2 厘米，外轮花被

片倒披针形，稍宽于内花被片，长 3~5 厘米，光滑，中部具黄色脉纹，内轮花被片较小，披针形、先端锐尖，较直立；花柱花瓣状，顶端 2 裂。蒴果长椭圆形，长 4~6 厘米，具纵肋 6 条，顶端有短喙。种子近球形，棕褐色。花期 5 月，果期 6—7 月。

【生境】生于河滩、盐碱滩地为盐化草甸建群种。

　　　产乌兰察布市全市。

【用途】药用、饲用。

鸢尾科　鸢尾属

黄花鸢尾 *Iris flavissima* Pall.

【蒙名】西日·查黑乐得格

【特征】多年生旱中生草本,高 10~30 厘米,丛生。根状茎粗壮,着生多数土黄色细根。植株基部被片状宿存叶鞘。基生叶条形,质薄,较柔软,先端尖锐,长 10~20 厘米,宽 4~10 毫米,黄绿色,光滑,被多条纵脉,主脉不明显。花葶直立,花期稍超出基生叶,具茎生叶 2~3,基部为膜质叶鞘所包裹;总苞 3,椭圆形,顶端尖锐,长约 4 厘米,淡黄绿色,膜质;具花 2~4 朵,花被管顶端较宽,近与子房等长,短于花被片;外轮花被片倒卵形,顶端圆,长 3~4 厘米,亮黄色,具深

褐色脉纹,内轮花被片稍短,黄色;花柱裂片矩圆状卵形,顶端狭,具齿。蒴果椭圆形,长 3~4 厘米,顶端具喙,基部较狭。花期 5—6 月,果期 7 月。

【生境】生于砂砾质丘陵。

　　产四子王旗中部花岗岩丘陵区。

【用途】中等饲用,药用,观赏。

兰科 舌唇兰属

二叶舌唇兰 *Platanthera chlorantha*(Cust.)Reich.

【别名】大叶长距兰

【蒙名】苏尼音·查合日麻

【特征】中生植物,陆生兰,高 25~55 厘米。块茎 1~2,矩圆状卵形,先端变细,伸长。茎直立,无毛,基部具(1~)2 叶鞘,近基部具 2 片近对生的叶。叶椭圆状倒卵形、椭圆形、矩圆形、倒矩圆状披针形,长 7~15 厘米,宽 2~6 厘米,先端钝或急尖,基部渐狭成鞘状柄;茎中部有时具数片苞片状小叶, 苞片状小叶披针形。总状花序长 6~20 厘米;花苞片披针形,先端渐尖;花较大,白绿色;萼片绿色,中萼片宽卵形,长 5~7 毫米,宽 6~9 毫米,具多脉,先端圆形;侧萼片椭圆状卵形或椭圆形,歪斜;长约 10 毫米,宽 4~6 毫米,先端钝,多脉;花瓣白色,偏斜的条状披针形,基部较宽,长 6~7 毫米,基部宽约 2 毫米,向顶端变狭成条状,先端渐尖;唇瓣白色,条形、舌状、肉质,不分裂,长 10~13 毫米,宽 1.5~2.5 毫米,先端圆形;距弧曲,细长,圆筒状,长 17~22 毫米,前端稍膨大增粗,末端钝;蕊柱长约 4 毫米;药室较大叉开,长约 2 毫米,基部具槽,槽长约 2 毫米,药隔较宽;花粉块长约 4 毫米,花粉块柄较细,长约 2 毫米,嵌入槽中;黏盘圆形,径约 0.7 毫米;退化雄蕊小;子房扭转,弓曲,长 13~16 毫米,无毛。花期 6—7 月。

【生境】生于山坡林下或草丛中。

　　产卓资县、凉城县、兴和县、丰镇市。

【用途】药用(块茎入药)。

兰科 凹舌兰属

凹舌兰 *Dactylorhiza viridis* (L.) R. M. Bateman

【别名】手儿参

【蒙名】烘高乐楚格·查合日麻

【特征】中生植物,陆生兰,高11~40厘米,内蒙古有1种。块茎肥厚,掌状分裂,长1~3厘米,向顶端变细长,颈部具数条细长根。茎直立,无毛,基部具2~3片叶鞘。叶2~4片,椭圆形、椭圆状披针形、宽卵状披针形或披针形,长3~10厘米,宽1~4厘米,先端钝、急尖或渐尖,基部渐狭成抱茎叶鞘,具网状弧曲脉序,无毛。总状花序长2.5~11厘米;具多花,疏松;花苞片条形或条状披针形,下部较花长得多,长达3~5厘米,上部稍长于、近等长于或略短于花;花绿色或黄绿色;萼片基部靠合且与花瓣成兜,中萼片卵形或卵状椭圆形,长3~9毫米,宽2~4毫

米,先端钝,具3~5脉;侧萼片斜卵形,与中萼片近等大;花瓣条状披针形,长2~7毫米,宽0.3~1毫米,具1脉;唇瓣下垂,肉质,倒披针形,长4~13毫米,基部具囊状距,在近基部中央具1条短的纵褶片,顶端3浅裂,侧裂片长1~2毫米,中裂片较小,钝三角状;距卵球形,长1.5~3毫米,径约1毫米;蕊柱长1.5~3毫米,直立;退化雄蕊近半圆形;花药近倒卵形,长1~2毫米;花粉块近棒状,柄长0.3~0.5毫米;黏盘近卵圆形;柱头近肾形;子房扭转,长5~10毫米,无毛。花期6—7月。

【生境】生于山坡灌丛或林下、林缘及草甸沟谷草甸和河漫滩。

产卓资县、兴和县。

兰科 角盘兰属

角盘兰 *Herminium monorchis* (L.) R. Br.

【别名】人头七

【蒙名】扎噶日图·查合日麻

【特征】中生植物,陆生兰,高9~40厘米。块茎球形,直径5~8毫米,颈部生数条细长根。茎直立,无毛,基部具棕色叶鞘,下部常具叶2~3(4),上部具1~2苞片状小叶。叶披针形、矩圆形、椭圆形或条形,长2.5~11厘米,宽(3)5~20毫米,先端急尖或渐尖,基部渐狭成鞘,抱茎,无毛,具网状弧曲脉序。总状花序圆柱状,长(1.5)2~14厘米,直径6~10毫米,具多花;花苞片条状披针形或条形,先端锐尖,尾状,短于或近等长于子房;花小,黄绿色,垂头,钩手状;中萼片卵形或卵状披针形,长2~3毫米,宽约1毫米,先端钝,具1脉;侧萼片披针形,与中萼片近等长,但较窄,先端钝,具1脉;花瓣条状披针形,向上部渐狭成条形,先端钝,上部肉质增厚,长3~5毫米,最宽处1~1.5毫米;唇瓣肉质增厚,与花瓣近等长,基部凹陷,呈浅囊状,近中部3裂,中裂片条形,长1.5~3毫米,宽约0.5毫米,先端钝,侧裂片三角状,较中裂片短多;无距;蕊柱长约0.7毫米;退化雄蕊2,显著;花粉块近圆球形,具短的花粉块柄和角状的粘盘;蕊喙矮而阔;柱

头2,隆起,位于蕊喙下;子房无毛;长3~5毫米,扭转。蒴果矩圆形。花期6—7月。

【生境】生于沟谷草甸和河漫滩。

产卓资县、凉城县、兴和县、丰镇市。

【用途】药用(块茎)。

乌兰察布市草地植物中文名索引

参 考 文 献

高娃,邢旗,刘德福,2007.草原"三化"遥感监测技术方法和指标研究[J].草原与草坪
(4).

刘永志,常秉文,邢旗,2006.内蒙古草业可持续发展战略[M].呼和浩特:内蒙古人民
出版社.

内蒙古草地资源编委会,1990.内蒙古草地资源[M].呼和浩特:内蒙古人民出版社.

内蒙古植物志编辑委员会,1982.内蒙古植物志[M].呼和浩特:内蒙古人民出版社.

内蒙古植物志编辑委员会,1998.内蒙古植物志[M].2版.呼和浩特:内蒙古人民出版社.

中国科学院中国植物志编辑委员会,2004.中国植物志[M].北京:科学出版社.

中华人民共和国农业部畜牧兽医司,全国畜牧兽医总站,1996.中国草地资源[M].北
京:中国科学技术出版社.

周禾,陈佐忠,卢欣石,1999.中国草地自然灾害及其防治对策[J].中国草地(2).